Furlo-Paß
Straßentunnel
Fuciner See
Claudius-Tunnel
erge
l für
kung
Cumae/Neapel
Straßentunnel
Nikopolis
Aquädukttunnel
Samos
Eupalinos-Tunnel
Side
Aquädukttunnel
Çevlik
Titus-Tunnel
Jerusalem
Hiskia-Tunnel
Petra
Flußumleitung
0
500 km

KLAUS GREWE

LICHT AM ENDE DES TUNNELS

PLANUNG UND TRASSIERUNG IM ANTIKEN TUNNELBAU

SONDERHEFTE DER ANTIKEN WELT

Zaberns Bildbände zur Archäologie

VERLAG PHILIPP VON ZABERN · GEGRÜNDET 1785 · MAINZ

KLAUS GREWE

Licht am Ende des Tunnels

PLANUNG UND TRASSIERUNG IM ANTIKEN TUNNELBAU

PHZ

VERLAG PHILIPP VON ZABERN · MAINZ AM RHEIN

IV, 218 Seiten mit 149 Farb- und 152 Schwarzweißabbildungen und Plänen

Gedruckt mit Förderung des Ministeriums für Stadtentwicklung, Kultur und Sport
des Landes Nordrhein-Westfalen

Umschlag vorn: Der Titus-Tunnel für eine Flußumleitung bei Çevlik (Antakya) in der Türkei.

Vorsätze: Antike Tunnelbauten in Europa, Nordafrika und Kleinasien (Übersichtskarte).

Umschlag hinten: Der Tunnel «Cave du Curé» bei Lyon in Frankreich.

Die Deutsche Bibliothek – CIP-Einheitsaufnahme

Licht am Ende des Tunnels : Planung und Trassierung im antiken Tunnelbau /
Klaus Grewe. – Mainz am Rhein : von Zabern, 1998
ISBN 3-8053-2492-8 (Zaberns Bildbände zur Archäologie)
ISBN 3-8053-2496-0 (Sonderhefte der Antiken Welt)

ISBN 3-8053-2492-8
ISBN 3-8053-2496-0 (Sonderhefte der Antiken Welt)
Gestaltung: Jörg Freydank, Verlag Philipp von Zabern
Lithos: dpw Verlagsgesellschaft mbH PubliCom, Heusenstamm

Gesamtherstellung: Verlag Philipp von Zabern, Mainz am Rhein
Printed in Germany by Kunze & Partner, Mainz
Printed on fade resistant and archival quality paper (PH 7 neutral) · tcf

Inhalt

Vorwort 3

Einleitung 5

Vom Hohlweg zum Tunnel
Eine Begriffsanalyse 8

Strategie und Trassenführung 18

Vermessungsgeräte beim antiken Tunnelbau 29

Die Qanate des alten Orients
Vorläufer und Vorbilder des Tunnelbaus 33

Aquädukttunnel der israelitischen Königszeit 41
Israel: Megiddo 42 · Gibeon 42
Ibleam 43 · Hazor 43 · Geser 44
Jerusalem 45
Jordanien: Khirbet ez-Zeraqon 52

Aquädukttunnel der archaisch/griechischen Zeit 55
Athen 55 · Syrakus 56
Pergamon 57 · Samos 58

Vorrömischer Tunnelbau im Land um Rom 70
Ponte Terra 71 · Ponte del Ponte 74
Ponte Sodo 75

Römischer Tunnelbau 78

Tunnelbau für Seeabsenkungen und Drainagen 78
Italien: Cosa/Ansedonia 79
Gabii 80 · Ariccia 82 · Nemi-See 83
Albaner See 87 · Pantano Secco 89
Pavona 90 · Giulianello 90
Fuciner See 91
Frankreich: Fontvieille 98
Schweiz: Hagneck 104
Türkei: Dikilitaş 105
Griechenland: Kopais 106

Tunnelbau für Flußumleitungen 108
Türkei: Çevlik (Antakya) 108
Spanien: Rio Sil (Montefurado) 119
Jordanien: Petra 122

Tunnel im Straßenbau 124
Italien: Cumae 124 · Pozzuoli 125
Neapel 126 · Ponza 127
Furlo-Paß 129

Aquädukttunnel 135
Algerien: Saldae (Bougie/Bejaia) 135
Italien: Rom 139 · Bologna 139
Ponza 141
Griechenland: Nikopolis 142
Türkei: Side 144 · Aspendos 146
Korykos 146
Israel/Jordanien/Libanon: Qumran 147
Caesarea 147 · Jerusalem 148
Gadara 149 · Beirut 154
Frankreich: Lyon 154 · Sernhac
(Nîmes) 161 · Briord 170 · Carhaix 173
Aix-en-Provence 176 · Grand 176
Luxemburg: Walferdingen 176
Emerange-Schwarzaerd 181
Noertzange 182
Deutschland: Neuwieder Becken 183
Oberer Moselraum 184 · Brey
(Koblenz) 187 · Saarbrücken 187
Düren 189

Tunnelbau als Kriegslist 193

Die technischen Erben Roms 195
Deutschland: Maria Laach 195
Bad Frankenhausen 196

Anmerkungen und Bildnachweis 197

Literaturverzeichnis 203

Zusammenfassungen
Deutsch, Englisch, Niederländisch 212

Vorwort

Die nachfolgende Arbeit nimmt nicht für sich in Anspruch, die «Geschichte des Tunnelbaus» zu beschreiben – das wäre vom Themenkomplex her eine zu gewaltige Aufgabenstellung. Diese Arbeit widmet sich vielmehr einem speziellen Teilbereich aus dem Gebiet des antiken Tunnelbaus, und zwar der Planung und Trassierung. Die sich daraus ergebende Problematik war und ist allerdings die Problematik des Tunnelbaus schlechthin. Neben den Unwägbarkeiten, die sich aus der Geologie des zu durchfahrenden Gesteins ergaben, waren die Fehlermöglichkeiten bei der Übertragung einer Planungslinie nach unter Tage und deren Einhaltung beim Vortrieb über die gesamte Trassenlänge die größten Risiken im antiken Tunnelbau.

Daß derartige Schwierigkeiten auch heute noch den Tunnelbauer ängstigen können, sei an einer Episode gezeigt, die sich vor wenigen Jahren abgespielt hat: Laut Meldung einer Presseagentur hatte man sich im Jahre 1990 bei einem im Gegenort aufgefahrenen Tunnelbau in Ufredal (Westnorwegen) bei der Richtungsabsteckung in einem Baulos um 10° vertan – man steckte den Vortrieb mit einem Winkel von 120° statt 130° ab. Während die zuständigen Ingenieure bei einem Symposium in der Schweiz über ihren Tunnelbau berichteten, stellte man in der Baustelle den Fehler fest. Durch den weit fortgeschrittenen Baubetrieb war der Fehler nur noch zu beheben, indem man einen 1200 m langen Verbindungstunnel zwischen den beiden Baulosen herstellte.

Das war also das Grundproblem des Tunnelbaus: die Einhaltung einer planmäßigen Trassenlinie, wobei man sich der ständigen Gefahr ausgesetzt sah, sich im Berg zu verfehlen. Bei allen Anstrengungen der antiken Ingenieure ging es stets darum, den angestrebten Treffpunkt auch wirklich zu erreichen.

Der Leser wird es im Folgenden noch des öfteren bemerken, daß die Berufsbezeichnung Ingenieur in dieser Arbeit auch dann nicht in « » gesetzt ist, wenn es sich bei der Beschreibung um antike Berufskollegen handelt. Der Einwand, daß es die Berufsbezeichnung Ingenieur erst seit dem 12. Jh. – im deutschen Sprachraum erst seit 17. Jh. – gibt, ist sicher richtig. Der Respekt vor den in der Antike hervorgebrachten Leistungen erlaubt es m. E. aber, den betroffenen Kollegen Eupalinos, Cocceius, Nonius Datus und sicher noch vielen anderen den Ingenieurstatus verdientermaßen postum zu verleihen.

Es schien eine faszinierende Aufgabe für einen Ingenieur unserer Tage, aus einem alten und vielleicht längst aufgegebenen Tunnelbau dasjenige herauszulesen, was der antike Berufsvorgänger seinerzeit an Planungsideen und Konzepten entwickelt hat. Es galt also, mit modernen Mitteln einen antiken Bauwerkscode zu entschlüsseln! Denn das zeigte sich schon bald: kein Bauwerk glich dem anderen. An jedem Ort waren es andere Probleme, die zu lösen waren – das galt übrigens sowohl für die antike Planung als auch für die Rekonstruktion aus unserer heutigen Sicht.

Wie kam es zu diesem Forschungsschwerpunkt? Mein Interesse an antiken Technikbauten entstand schon während meiner Studienzeit. Mit Beginn des Berufslebens (1967) beim Rheinischen Landesmuseum Bonn wurde ich nicht nur mit der topographischen Erfassung der archäologischen Denkmäler des Rheinlandes betraut, sondern ich hatte mich auch mit der Betreuung des größten antiken Technikdenkmals nördlich der Alpen – der römischen Eifelwasserleitung nach Köln – zu befassen. Daraus wurde ab etwa 1970 das Forschungsprojekt 'Eifelwasserleitung', und es sollte schließlich (1986) zur Herausgabe eines «Atlas der römischen Wasserleitungen nach Köln» führen.

Im Jahre 1975 verstarb Josef Röder, der Leiter der 'Staatlichen Sammlungen für technische Altertümer' auf der Burg Ehrenbreitstein (heute: Landesmuseum Koblenz). Röder hatte vielerlei tiefgreifende Forschungen zu antiken und mittelalterlichen Technikthemen unternommen. Ich bin Frau Gertrud Röder zu großem Dank verpflichtet, daß sie mich auserkor, aus dem Nachlaß ihres Mannes die Unterlagen über seine technikgeschichtlichen Forschungen zu übernehmen. In diesen Unterlagen stieß ich auf wichtige Voruntersuchungen, z. B. bezüglich des Karlsgrabens bei Weißenburg in Bayern und des Fulbert-Stollens am Laacher See. Ehrlich gesagt: Ich bin durch diese Unterlagen überhaupt erst auf den Fulbert-Stollen aufmerksam geworden. Ich war von diesem bis dato unbearbeiteten Technikbauwerk genauso fasziniert, wie Röder es wohl auch gewesen war, und es war eine große Aufgabe, dieses Bauwerk zu vermessen, zu bearbeiten und schließlich auch die Forschungsergebnisse vorzulegen (1979).

Ein wichtiger Anstoß für die vorliegende Arbeit waren die Ergebnisse der im Jahre 1982 durchgeführten archäologischen Untersuchungen am Drover-Berg-Tunnel bei Düren. Nach diesen Ausgrabungen war mir klar geworden, daß eine Betrachtung zur Bauweise dieses einzigen antiken Tunnels in Nordrhein-Westfalen nur mit tiefgreifenden Forschungen an anderen Objekten in der Welt der Antike einhergehen konnte.

In dieser Zeit gab es nicht viele Wissenschaftler, die sich mit antiken Technikbauten beschäftigten. Technikgeschichtliche Forschung hieß in den 70er Jahren eigentlich der Umgang mit den Problemen der Menschen in der Zeit der Frühindustrialisierung. Es war deshalb ein Glücksfall, daß 1976 die Frontinus-Gesellschaft gegründet wurde, zu der ich allerdings erst einige Jahre später stieß. Hier gab es einen Kreis von Wissenschaftlern, die sich mit genau den Themen beschäftigten, die auch mir auf der Seele brannten.

Überhaupt habe ich der Frontinus-Gesellschaft viel zu verdanken. Sie war meinen persönlichen Forschungsvorhaben gegenüber stets aufgeschlossen und hat meine Arbeiten – auch finanziell – gefördert. Daß ich mit der Frontinus-Gesellschaft einige wichtige Publikationen vorlegen konnte, erfüllt mich mit Stolz und Freude. Namentlich danke ich den Vorsitzenden und Präsidenten Karl Albert Tietze, Fritz Gläser und Herbert Oster.

Ich danke aber auch meinen dienstlichen Vorgesetzten im Rheinischen Amt für Bodendenkmalpflege (früher: Rheinisches Landesmuseum Bonn, beide

***Abb. 1** Zwei ausgemauerte Bauschächte ragen aus der bizarren Landschaft über dem Aquädukttunnel von Nikopolis (Griechenland).*

im Landschaftsverband Rheinland), namentlich Harald von Petrikovits, Christoph B. Rüger und Harald Koschik, daß sie mir im Laufe der Zeit die Teilnahme an einigen wissenschaftlichen Kolloquien ermöglicht haben. Das ist zwar im Rahmen meiner dienstlichen Tätigkeit in erster Linie dem Umgang mit den technikgeschichtlichen Denkmälern des Rheinlandes zugute gekommen, hat aber auch meinen Horizont bezüglich der Technikgeschichte allgemein erweitern helfen.

Ich danke meiner Familie – meiner Frau, meiner Tochter Fabia und meinem Sohn Felix – die mit viel Nachsicht die Zeiten meiner Abwesenheit und mit viel Geduld die Zeiten der Manuskriptgestaltung ertragen haben. Meine Frau hat nicht nur Korrektur gelesen, sondern ist auch mit mir in manchen Tunnel hineingekrochen. Auch mein Sohn Felix hat es seit seinem vierzehnten Lebensjahr mit der Nachsicht – die einem Heranwachsenden angemessen ist – ertragen, wenn ich unsere alljährlichen gemeinsamen Exkursionen dazu 'mißbraucht' habe, wieder einmal mit ihm einen römischen Tunnel aufzumessen. Namen wie Briord, Carhaix, Chagnon, Sernhac usw. werden sich ihm wohl unauslöschlich eingeprägt haben.

Ich danke Freunden wie Karin Assmus, die mir bedenkenlos ihre Ferienwohnung zur Verfügung stellte, damit ich in Ruhe an meinem Manuskript arbeiten konnte. Und ich danke nicht zuletzt den vielen Kollegen, die mich mit Material über antike Tunnelbauten versorgt haben. Ich habe versucht, diese Hilfestellung im Rahmen der einzelnen Tunnelbeschreibungen zu würdigen, und bitte schon jetzt um Nachsicht, sollte ich den einen oder anderen Kollegen dabei übersehen haben.

Nicht zuletzt danke ich aber Jos de Waele, Nimwegen, dem ich die Anregung verdanke, diese Arbeit als Dissertation an der Universität Nimwegen vorzulegen. Ich habe das besonders gern deshalb getan, weil sich unter Jos de Waele in Nimwegen ein kleiner, aber äußerst aktiver Kreis von Forschern auf dem Gebiet der antiken Wasserversorgung herausgebildet hat. Aus diesem Kreis sind für die Zukunft noch einige Dissertationen zu diesem Themenbereich zu erwarten. Jos de Waele hat meine Arbeit mit Ermunterung, besonders aber mit wertvollen Hinweisen begleitet. Den Herren Uwe Drewes, Henning Fahlbusch und J. K. Haalebos, als Mitgliedern der Manuskriptkommission, sowie Gerd Weisgerber, als weiterem Promotor, habe ich für die aufmerksame Durchsicht des Manuskriptes und viele wichtige Anregungen herzlich zu danken.

Zu einer gelungenen Dissertation gehört die Publikation des Manuskriptes. Ein jeder Promovend darf sich glücklich schätzen, wenn sein Manuskript in einer Ausgabe vorgelegt wird, wie wir sie hier in den Händen halten. Für die Herausgabe dieses Werkes in der Reihe «Zaberns Bildbände zur Archäologie» danke ich dem Mainzer Verlag Philipp von Zabern, und zwar besonders herzlich dem Verleger Herrn Franz Rutzen. Das Ministerium für Stadtentwicklung, Kultur und Sport des Landes Nordrhein-Westfalen hat durch einen erheblichen finanziellen Beitrag die Publikation in der vorliegenden Weise ermöglicht; dafür habe ich besonders zu danken. Herrn Ministerialrat Heinz Günter Horn danke ich herzlich für seine Unterstützung. Dem Leser wünsche ich eine anregende und vielleicht sogar spannende Lektüre, auf jeden Fall einige neue Einblicke in die antike Welt der Technik.

Klaus Grewe

Einleitung

Straßen und Wege, Aquädukte und Entwässerungskanäle waren auch in der Frühzeit unserer kulturellen Entwicklung nicht ohne Planung und Trassierung zu erbauen. Diese Bauwerke haben gemeinsam, daß sie sich über eine längere Strecke durch die Landschaft ziehen und dabei oftmals Geländehindernisse überwinden müssen. Von den Kunstbauten, die im Zuge dieser Bauwerke zu errichten waren, sind die Talüberquerungen augenfällig und teilweise sogar spektakulär. Die 50 m hohen Brücken, wie die Straßenbrücke über den Tajo bei Alcántara in Spanien und die Aquäduktbrücke Pont du Gard bei Nîmes in Frankreich, zeugen von einer Blüte des Ingenieurbaus in römischer Zeit.

Wenn aber der Planung statt eines Tales ein bergiges Hindernis im Wege lag, gab es oftmals nur die Möglichkeit, mittels eines Tunnelbaus die Passage zu ermöglichen. Da Tunnelbauten naturgemäß nicht in der Weise ins Auge fallen konnten wie die Brücken, standen sie in der bisherigen technikgeschichtlichen Betrachtung immer ein wenig im Hintergrund. Die große technische Leistung, die in den von Eupalinos auf Samos bis Nonius Datus in Saldae gebauten Tunneln steckt, war dabei allerdings nie in Frage gestellt: man bewunderte das Gelingen solcher Tunnelbauten schlechthin.

Es wäre verlockend, einen bis in unsere Tage erhaltenen Tunnel mit seinem ursprünglichen Bauplan vergleichen zu können. Auf diese Weise wären die antiken Planungsgedanken und Arbeitsmethoden am ehesten nachzuvollziehen, auch die erreichbaren Genauigkeiten bei der Richtungsübertragung nach unter Tage wären mit Hilfe des antiken Bauplanes leicht zu ermitteln. Leider hat keiner dieser Originalpläne bis heute überlebt. Auch zeitgenössische Tunnelbeschreibungen geben nur wenig Auskunft über das in den Bauwerken steckende Maß an Technik; diese Quellen beziehen sich eher auf die Umstände, die zum Bau eines Tunnels geführt haben und auf die Auftraggeber eines Bauwerks und deren Beweggründe, ein solches Bauwerk zu veranlassen und schließlich auch die Kosten dafür zu tragen. Selbst die einen Tunnelbau des 2. Jhs. n. Chr. betreffende Inschrift des Nonius Datus, die einen Einblick in die Organisation einer antiken Tunnelbaustelle gewährt, läßt bezüglich der eigentlichen Trassierungsarbeiten viele Fragen offen. Deshalb hoffte schon Theodor Mommsen, der die Nonius Datus-Inschrift als einer der ersten bearbeitet hat: es *«wird vielleicht ein verständiger Ingenieur unserer Epoche aus dem Bauwerk selbst dasjenige zu lösen wissen, was uns im Bericht seines römischen Vorfahren unverständlich bleibt»*.[1]

Damit hat Mommsen schon vor über hundert Jahren ein Grundproblem der technikgeschichtlichen Forschung angesprochen. In Ermangelung authentischer technischer Berichte, auch der Bauzeichnungen und Baupläne, sind die Kenntnisse von der in einem Bauwerk steckenden Technik nur aus dem Bauwerk selbst herauszulesen, eine zweifellos interessante, wenn auch bezüglich der Interpretation und Folgerung nicht immer ungefährliche Aufgabe. Bei der Rekonstruktion der Planungsgedanken und Trassierungsverfahren im antiken Tunnelbau sind demnach die von den Bauleuten hinterlassenen Spuren in den Wandungen und Firsten der Bauwerke von großer Bedeutung.

Ein Hauptanliegen der folgenden Arbeit war es, neben der Zustandsbeschreibung der untersuchten Tunnel, die in den jeweiligen Bauwerken steckende Planungsidee zu entschlüsseln. Für viele Tunnel ließ sich aufgrund der in den Bauwerken abzulesenden Arbeitsspuren die Konzeption und Vorgehensweise der antiken Baumeister nachvollziehen. Dabei zeigte sich in vielerlei Hinsicht Interessantes: Zum einen ist kein antiker Tunnel ohne eine gründliche Planung und Trassierung gebaut worden. Das wird schon durch die in den Tunneln ablesbaren Vortriebskorrekturen deutlich; denn eine Vortriebsrichtung wird man nur dann korrigiert haben, wenn durch Kontrollmessungen eine Abweichung von der Planungslinie festgestellt worden war. Es ist einleuchtend, daß die Schwierigkeit, eine vorgegebene Richtung unter Tage einzuhalten, mit der Länge der Vortriebsstrecke zunahm. Deshalb hat das Gegenortverfahren, also der Bau eines Tunnels in zwei Baulosen von den beiden Seiten eines Bergrückens aus, bezüglich der Trassierung die größeren Schwierigkeiten bereitet. Es ist nur folgerichtig, daß ein zweites Bauverfahren, bei dem diese Risiken minimiert wurden, in der Antike eine häufige Anwendung gefunden hat: Beim Qanatverfahren, auch Lichtlochverfahren genannt, wurde die Tunneltrasse in mehrere kurze Baulose aufgeteilt. Von in kurzen Abständen angelegten Schächten aus, suchte man die unterirdische Verbindung und stellte den Gesamttunnel somit abschnittsweise her. Aber selbst ein auf diese Weise hergestellter Tunnel zeigt bei der nachträglichen Betrachtung noch genügend Merkmale von fehlerhaften Richtungsübertragungen. Auf den Punkt gebracht bestand das größte Problem des Tunnelbaumeisters darin, einen planerischen Treffpunkt auch tatsächlich zu erreichen. Insgesamt betrachtet zeigt sich ein äußerst pragmatisches Vorgehen der antiken Tunnelbauer, denn auch größere Abweichungen von der Planungslinie haben nirgends dazu geführt, einen einmal begonnenen Tunnelbau aufzugeben. Dieses Kernproblem des antiken Tunnelbaus wird in der nachfolgenden Arbeit an mehreren Stellen deutlich.

Der Arbeit vorangestellt ist eine Begriffsanalyse, in der u. a. versucht wird, den Tunnel vom Stollen zu unterscheiden. Dies war notwendig, weil die Begriffe Tunnel und Stollen häufig nicht nach der angewendeten Bautechnik, sondern nach der Nutzung eines Bauwerks verwendet werden. Es wird deutlich gemacht, daß der Tunnelbau mit seinem zielgerichteten Vortrieb vom Bergbau mit seinen Stollenvortrieben zu unterscheiden ist: in einem Bergwerk folgte man den Erzvorkommen, ohne – wie im Tunnelbau – an eine Planungslinie gebunden zu sein. Die Tunnelplanung hingegen mußte zumindest bei größeren Bauwerken eine Strategie beinhalten, die dem Baumeister Möglichkeiten ließ, seine Planung nicht nur stetig überprüfen zu können, sondern die es ihm darüber hinaus möglich machte, auch unentdeckte Vortriebsfehler auszuschalten. So vermied man das völlige Verfehlen des planerischen Treffpunktes beispielsweise dadurch, daß man die Vortriebe zweier Baulose schräg gegeneinander auffuhr. Auch die Anlage eines Vortriebsbogens im Endstück eines der beiden aufeinander zugeführten Baulose erhöhte die Treffsicherheit: Wenn man beim Vortrieb einer fiktiven Richtung gefolgt war, konnten durch einen solchen 'finalen Versicherungshaken' sämtliche unentdeckten Richtungsfehler eliminiert werden. Diese geniale Strategie wurde erstmals von Eupalinos beim Bau des Tunnels auf Samos angewendet.

Unverzichtbar für den antiken Tunnelbauer war eine gewisse Grundausstattung mit einfachen, aber wirkungsvollen Vermessungsgeräten. Aus dem Bereich Tunnelbau sind zwar spezielle Vermessungsgeräte nicht überliefert, es kann aber vermutet werden, daß diese Gerätschaften sich von den in der Vermessung in dieser Zeit allgemein üblichen nicht unterschieden. So werden beim römischen Tunnelbau die Groma für das Abstecken rechter Winkel und der bei Vitruv beschriebene Chorobat für die Höhenvermessung zur Anwendung gekommen sein. Das Abstecken von Gefällelinien, eine beim Wasserleitungsbau wichtige Vermessungsmethode, wird auch im Tunnelbau mittels der Methode des Austafelns vorgenommen worden sein, wenn es sich um Aquädukttunnel gehandelt hat.

Bei der Beschreibung antiken Tunnelbaus schien es unverzichtbar, auch die Herkunft dieser Bautechnik zu beschreiben. Es zeigte sich, daß die Wurzeln des antiken Tunnelbaus einmal in den Qanaten des alten Orients und andererseits in der israelitischen Königszeit liegen. Beides führt in eine Zeit, die um das Jahr 1000 v. Chr. anzusetzen ist, eine Zeit, in der durch die Einführung von Werkzeugen aus Eisen eine neue Art der Steinbearbeitung möglich geworden war. Während man beim Qanatbau im alten Orient oftmals kilometerlange Ketten von Bauschächten durch kurze Stollenvortriebe verband und somit weit entfernt liegende unterirdische Wasservorkommen erschloß, machte man in den israelitischen Königsstädten der Frühzeit in den Außenhängen der Städte liegende Quellen durch kurze Tunnel vom Stadtareal aus zugänglich. Bezüglich der Qanate, die wegen ihrer speziellen Bauart auch namengebend für die Technik der von einer Kette von Bauschächten aus aufgefahrenen Tunnel wurden, liegt erstmals eine primäre Geschichtsquelle offen vor uns. In einem im 11. Jh. n. Chr. erschienenen Handbuch beschreibt der arabische Mathematiker Mohamed Al Karagi die Technik des Qanatbaus in allen Einzelheiten. Dieser authentische Bericht läßt auch Schlüsse für den antiken Tunnelbau in Qanatbauweise zu und ist deshalb in dieser Arbeit eingehend behandelt und auszugsweise wiedergegeben. Die Tunnel der israelitischen Königsstädte sind nicht aus schriftlichen Quellen zu erschließen, hier sind die Ausgrabungsergebnisse der letzten Jahre aufschlußreich.

Noch vor der Mitte des 1. Jts. v. Chr. treten die ersten Großtunnel in das Licht der Technikgeschichte. Während der Hiskia-Tunnel für Jerusalem um 700 v. Chr. gebaut wurde, ist der Eupalinos-Tunnel auf Samos nicht einmal 200 Jahre später anzusetzen. Der Eupalinos-Tunnel kann als erstes ingenieurmäßig völlig durchstrukturiertes Tunnelbauwerk gelten, denn in ihm wird nicht nur eine ursprüngliche Planung ablesbar, sondern darüber hinaus werden zwei strategische Planungsänderungen während der Bauzeit sichtbar. Im Bauwerk des Eupalinos wird aufgrund des Aufmaßes der Trassenführung und nach der Auswertung von erhaltenen Meßmarken sichtbar, durch welche Strategie es Eupalinos gelang, jederzeit über den Stand seines Vortriebs in seinem Gesamtplan Bescheid zu wissen. Die Existenz unerkannter Vortriebsfehler eliminierte er durch den schon zuvor beschriebenen Hakenschlag in der Endstrecke eines seiner beiden Vortriebe.

In den Beschreibungen des frühen Tunnelbaus wird allerdings häufig nicht beachtet, daß auch die etruskischen Tunnel in Mittelitalien in dieser Zeit gebaut wurden und sie deshalb in die Liste der großartigen Ingenieurbauten der vorrömischen Zeit einzureihen sind.

Der römische Tunnelbau, der in fast allen Provinzen des Imperiums anzutreffen ist, nimmt allein wegen der Vielzahl der gebauten Anlagen in der nachfolgenden Arbeit einen großen Raum ein. Die Zweckbestimmung der Tunnel richtete sich nach den Erfordernissen der jeweiligen Regionen. So dienten die frühesten römischen Tunnel der Seespiegelabsenkung in den Albaner Bergen und schlossen damit nahtlos an die vergleichbaren etruskischen Bauwerke an. Tunnel für Flußumleitungen erforderten wegen der zu bewältigenden Wassermassen große Querschnitte. Das machte diese Tunnel für die Erforschung antiker Verfahrensweisen besonders interessant. Es war nämlich im Rahmen einer technikgeschichtlichen Untersuchung von vornherein anzunehmen, daß Tunnel mit Profilen von mehr als 6 m x 6 m nicht in einem Zuge gebaut worden sind, sondern daß man den Fels strossenweise, also auf versetzten Ebenen, abgetragen hat. Den endgültigen Ausbauten vorangegangen ist der Bau von Probetunneln, um vor den gewaltigen Steinbrucharbeiten ein Zusammentreffen der Baulose sicherzustellen und damit unnötige Felsarbeiten zu vermeiden. Da die Probetunnel auf dem Niveau der obersten Strosse aufgefahren wurden, damit der weitere Ausbau zweckmäßigerweise nur nach unten vorgenommen werden konnte, hat man ein Überarbeiten der ersten Arbeitsspuren vernachlässigen können. Durch diese in den Tunnelfirsten erhaltenen Spuren lassen sich die Strategien der antiken Baumeister rekonstruieren. Für die Erforschung von Methoden der Planung und Trassierung, aber auch der Baustellenorganisation derartiger Großraumtunnel ist der Tunnel von Çevlik (Türkei) ein glänzendes und besonders aussagekräftiges Beispiel.

Auch im Zuge von Straßenbaumaßnahmen sind in der Antike Tunnel gebaut worden. Die wenigen Beispiele sind allerdings auf Italien beschränkt. Wenn die Gegend zwischen Neapel und Pozzuoli durch das Vorhandensein mehrerer Straßentunnel auffällt, so hängt das mit den unter dem Ingenieur Cocceius durchgeführten Baumaßnahmen zusammen, der in antiken Quellen als Baumeister von zumindest zwei Tunneln genannt wird.

Im Zuge des Baus von Wasserleitungen waren die häufigsten Tunnelbauten zu errichten, da eine dem natürlichen Gefälle folgende Trassenlinie nicht so variabel zu führen war, wie beispielweise eine Straßentrasse. Aber auch hier wird im römischen Ingenieurbau ein ausgeprägter Pragmatismus sichtbar. Durch Tunnel war im Wasserleitungsbau nicht nur ein bergiges Hindernis zu durchqueren, sondern oftmals auch Strecke einzusparen und damit bei knapp zur Verfügung stehender Energiehöhe ein Projekt überhaupt zu verwirklichen. Für die Erforschung der Strategien ihrer Planung und Trassierung sind die Aquädukttunnel allerdings oftmals nur eingeschränkt zugänglich, da die Tunnel für den Aquäduktbetrieb mit einem Kanalgerinne ausgebaut wurden. Viele kleinere Richtungskorrekturen wurden dadurch überbaut und dabei ausgeglichen; das Mauerwerk des Kanalgerinnes verdeckt die kleinen Fehler des Tunnelvortriebs. Es waren aber auch einige Aquädukttunnel zu untersuchen, die keinerlei Einbauten mehr aufwiesen, da man das antike Mauerwerk der Aquäduktrinne zwischenzeitlich entfernt hatte, um es als Baumaterial zu verwenden.

Für die Betrachtung des geschichtlichen Hintergrundes ist bezüglich des Aquädukttunnelbaus die Inschrift des Nonius Datus von herausragender Bedeutung. Nonius Datus, der mit der Planung und Bauüberwachung des Aquäduktes für das antike Saldae in Nordafrika betraut war, hat uns einen Inschriftenstein hinterlassen, der den Bau des Aquäduktes samt eines Tunnelbaus von der ersten Idee bis zu seiner glücklichen Vollendung beschreibt. Sein Bericht enthält auch die Beschreibung gravierender Mängel beim Bau des Tunnels samt deren Behebung durch ihn als bauleitenden Ingenieur. Dieser authentische Bericht ist eine der wichtigsten Primärquellen der antiken Technikgeschichte. Um seinen guten Ruf als Baumeister auch für die Nachwelt noch sicherzustellen, hat Nonius Datus die Geschichte dieses Tunnelbaus – und besonders seines Anteils daran – niedergeschrieben und ließ sie auf seinen Grabstein meißeln. Er setzte sie unter die Schlagworte PATIENTIA – VIRTUS – SPES, was in diesem Falle statt Geduld, Mut und Hoffnung eher GEDULD, TATKRAFT und ZUVERSICHT heißen sollte.

Im Rheinland und im angrenzenden Luxemburg ist – vermutlich ab dem 2. Jh. n. Chr. – eine große Anzahl von Aquädukttunneln gebaut worden. Hier wurde ausschließlich die Qanatbauweise angewandt. Es ist auffällig, daß es nicht die großen Städte sind, die mittels Tunneln versorgt wurden, sondern ausschließlich kleine Siedlungsplätze, in der Regel reichere *villae rusticae*. Der römische Drover-Berg-Tunnel bei Düren in Nordrhein-Westfalen mit seinen 1660 m Länge und Schachtteufen von bis zu 26 m kann als größter antiker Tunnelbau nördlich der Alpen gelten.

Eine Besonderheit waren die im Zuge von kriegerischen Auseinandersetzungen gebauten Tunnel. Diese den Kriegslisten zuzurechnenden Bauwerke wurden im Falle von Belagerungen gebaut, wobei man Schutzmauern unterminierte, um Befestigungen zu erobern oder um in entgegengesetzter Richtung Belagerungsbauwerke auszuschalten.

Nach den Römern sind für eine lange Zeit keine Tunnel mehr gebaut worden. Nördlich der Alpen sind aus dem hohen Mittelalter lediglich zwei Beispiele bekannt: Maria Laach (Rheinland) mit einem Seeabsenkungstunnel und Salzburg mit einem Aquädukttunnel.

Tunnelbauten waren nie Selbstzweck und dienten im Zuge des Baus von Straßen, Kanälen, Aquädukten und sonstigen Ingenieurbaumaßnahmen in erster Linie der Infrastruktur eines Landes; sie waren ein unverzichtbares technisches Mittel zur Erschließung des menschlichen Lebensraumes. Die nachfolgende Arbeit zeigt, daß Tunnelbau in 3000 Jahren Technikgeschichte zu den schwierigsten Ingenieurdisziplinen gehört hat. Offensichtlich haben sich Ingenieure aber zu allen Zeiten und an vielen Orten dieser technischen Anforderung gestellt. In jedem antiken Tunnelbauwerk steckt eine Strategie der Planung und Trassierung, und damit untrennbar verbunden ist der Baumeister, der eine solche Strategie entwickelt und den Tunnelbau von der ersten Idee bis zum fertigen Bauwerk begleitet hat. In der Entschlüsselung der Bauwerksstrategie wird die Größe der in einem Tunnelbau steckenden Ingenieurleistung deutlich.

Vom Hohlweg zum Tunnel

Eine Begriffsanalyse

Die meisten Tunnel der antiken Welt sind für die Wasserversorgung oder Wasserableitung gebaut worden. Deshalb sei vorweg auf eine Unstimmigkeit bei der Bezeichnung antiker Wasserleitungen hingewiesen: Im deutschen Sprachgebrauch hat es sich seit langem eingebürgert, nicht die antike Wasserleitung mit dem ursprünglich lateinischen Wort «Aquädukt» (von *aquaeductus*: *aqua* = Wasser; *ducere* = leiten) zu bezeichnen, sondern statt dessen die im Zuge antiker Wasserleitungen errichteten Brückenbauwerke. Dadurch, daß sich diese Begriffserklärung in allen gängigen Lexika findet, war sie allerdings nicht weniger verwirrend; eigentlich war diese Bezeichnung sogar unrichtig oder zumindest unpräzise. Dagegen tritt im französischen Sprachgebrauch bei diesem Begriff keinerlei Verwirrung auf, denn mit *l'aqueduc* bezeichnet man die Wasserleitung und mit *pont d'aqueduc* eine Wasserleitungsbrücke.

Auch im deutschen Sprachgebrauch wird die Begriffsunterscheidung zwischen «Aquädukt» und «Aquäduktbrücke» in vielen technikgeschichtlichen Abhandlungen der letzten Zeit konsequent eingehalten. Die Bezeichung «Aquädukttunnel» ist deshalb nur eine konsequente Fortführung in der Bezeichnung technischer Bauwerke im Bereich des Wasserbaus.

Viel gravierender sind allerdings die Unterschiede, die in der Bezeichnung von Tunnelbauwerken seit langem bestehen, wobei nicht nur antike, sondern auch moderne Bauwerke angesprochen sind. In diesen Fällen war immer strittig, ob es sich bei einer Bergdurchörterung um einen «Tunnel» oder um einen «Stollen» handelte. Und auch in diesem Falle sorgten die gängigen Lexika eher für eine größere Verwirrung als für eindeutige Erklärungen.

Der im Deutschen verwendete Begriff «Tunnel» wurde erst im vorigen Jahrhundert aus dem Englischen übernommen. Aber auch in England ist der Begriff nicht ursprünglich, er wurde vielmehr dem altfranzösischen *tonnelle* (Gewölbe) entlehnt. Als Tunnel kam das Wort später aus dem Angelsächsischen wieder nach Frankreich zurück. Hier bezeichnet es im bautechnischen Bereich eine *«Galerie souterraine pratiquée pour donner passage à une voie de communication»*.[2]

Im Englischen ist die Bedeutung des Wortes universeller.[3] Hier wird mit Tunnel *«an essentially horizontal underground passageway»* bezeichnet, der sowohl künstlich als auch auf natürlichem Wege (z. B. im Kalkgebirge) entstanden sein kann. Er dient neben dem Verkehr, wie im französischen und deutschen Sprachgebrauch, auch *«for conducting water and sewage»*, also für Wasser- und Abwasserleitungen. Wie weit im Englischen der Rahmen für die Bezeichnung von einem Hohlraum als Tunnel gespannt ist, zeigt der geschichtliche Hinweis, daß die ersten Tunnel von den prähistorischen Menschen gebaut worden sind, um ihre Höhlen zu vergrößern.

Wenn im deutschen Sprachgebrauch gelten soll, daß «Tunnel» unterirdische Bauwerke sind, *«... die dem Verkehr dienen»*,[4] so läßt das natürlich gleich mehrere Fragen offen. Hier muß hinterfragt werden, was denn unter der Bezeichnung Verkehr grundsätzlich zu verstehen ist. Ist unter «Verkehr» nur der Personen- oder Fahrzeugverkehr zu verstehen, oder gehören dazu auch sonstwie geartete Verkehrsströme? Handelt es sich bei einer unterirdischen Röhre, durch die auf einem Förderband Postpakete befördert werden, um einen Tunnel, während das gleiche Förderband in einem Stollen liegt, wenn darauf Kohle transportiert wird? Oder ist denn z. B. unter Post«verkehr» nicht der Verkehr zu verstehen, der zur Bezeichnung «Tunnel» für die angeführte Röhre berechtigen würde? Es zeigt sich schon in diesen Fragestellungen, daß die Nutzung eines unterirdischen Bauwerks nicht geeignet ist, es als Tunnel oder Stollen zu definieren.

Die deutschen Lexika zeigen sich in ihren Beschreibungen für Tunnelbauten durchaus wandlungsfähig. In Meyers Konversations-Lexikon von 1889 heißt es noch, daß ein Tunnel ein *«unterirdischer Stollen»* ist, *«welcher zur Herstellung entweder eines Land- oder eines*

Abb. 2a.b Die Merkmale oberirdischer Bauwerkstypen zur Überwindung von Geländehindernissen beim Bau von Straßen, Aquädukten usw.

Hohlwege

Felseinschnitt

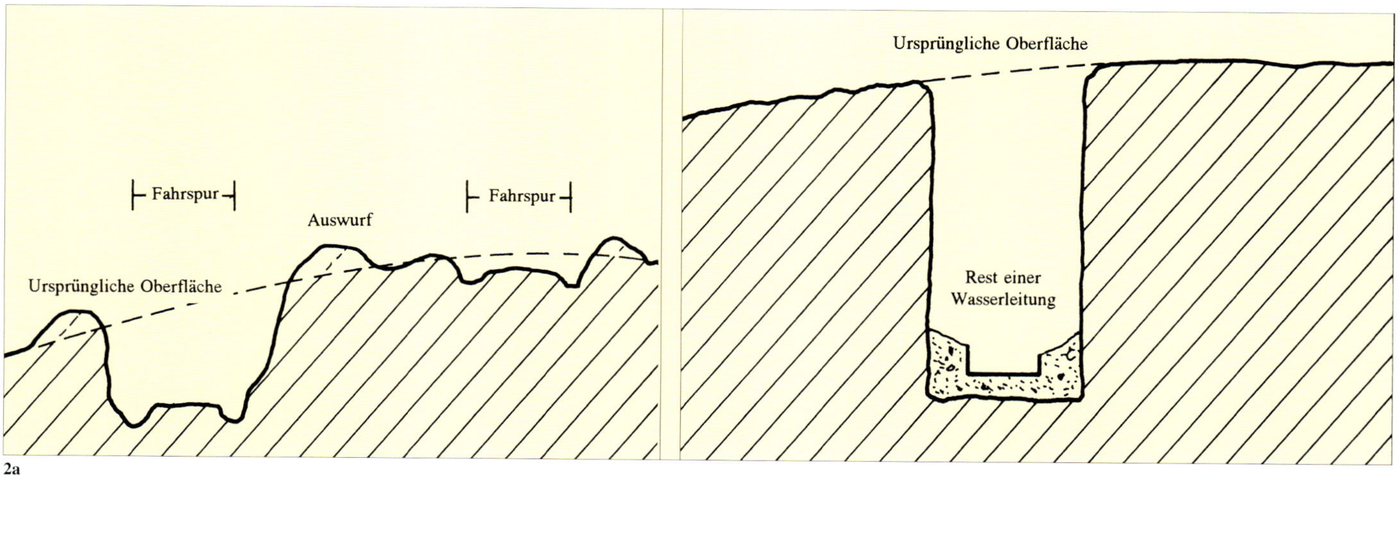

2a

Wasserweges durch hügeliges oder gebirgiges Terrain (Landtunnel), oder zur Herstellung eines Landverkehrs, einer Wasserleitung oder einer Ableitung von Abfallstoffen unter dem Bett eines Flusses, Sees oder Meeresarms (Unterwassertunnel) erbaut wird».[5] Man kann also feststellen, daß 1889 Wasserleitungen durchaus noch durch Tunnel geführt werden konnten, allerdings nicht in gebirgigem Gelände, sondern nur unter Gewässern hindurch. In einer neueren Ausgabe sind Tunnelbauten keine Stollen mehr und dienen auch nicht der Wasserversorgung; als «*Abwasser-Tunnel innerhalb einer städtischen Kanalisation*» werden sie hingegen beschrieben.[6] Brockhaus erwähnt unter seinem Stichwort «Tunnel» weder Wasser noch Abwasser, ein Tunnel ist «*die unterirdisch geführte Strecke eines Verkehrsweges (Eisenbahn, Fußgänger, Straße, Kanal)*».[7]

In einer erst jüngst erschienenen Publikation[8] über Tunnelbauten wird erneut die aus einem anderen Lexikon[9] übernommene Begriffsbestimmung vom «*unterirdischen Bauwerk, das Verkehrswege ... hindurchführt*» vertreten. Einem an anderer Stelle gemachten Hinweis, der aus dem 12. Jh. stammende Tunnel zur Hochwasserentlastung des Laacher Sees bei Maria Laach, nach seinem Bauherrn volkstümlich «Fulbert-Stollen» genannt, müsse doch eigentlich «Fulbert-Tunnel» heißen,[10] wird nachdrücklich widersprochen, da «*das durch ihn* [den Fulbert-Tunnel] *fließende Wasser ... keineswegs als Verkehrsweg für Menschen oder Waren*» gedient habe.[11]

Die Verfasser des Beton-Lexikons schließen sich mit ihrer Beschreibung des Begriffs Tunnel nicht gedankenlos den herkömmlichen Lexikonbeschreibungen an. Tunnelbauten sind zwar auch bei ihnen noch «*unterirdische Verkehrsanlagen*», aber «*sie unterscheiden sich von Stollen dadurch, daß die Tunnelröhre an beiden Seiten zutage tritt*».[12] Der Stollen hingegen wird zwar als «*Sammelbegriff für unterirdische Röhren und Gänge*» beschrieben, gleichzeitig aber auch als Begriff für «*Hilfsbauten im Tunnelbau*».[13] Damit folgen sie der Definition Hetzels, wonach Tunnel dem dauernden Verkehr dienen und sich von den Stollen dadurch unterscheiden, daß sie an zwei Seiten zutagetreten.[14]

Im großen Lueger Lexikon der Technik ist ähnlich definiert: «*Das besondere Kennzeichen dieses Sammelbegriffs Tunnel ist, daß er dem Verkehr dient. Er unterscheidet sich von der Bezeichnung Stollen dadurch, daß die Tunnelröhre an beiden Seiten zutagetritt*».[15] An dieser Stelle muß man allerdings hinterfragen, wie denn ein Bauwerk heißen sollte, das an beiden Seiten zutage tritt und nicht dem Verkehr dient, wenn nur die beiden Begriffe 'Tunnel' und 'Stollen' zur Verfügung stehen?

Fahlbusch umgeht das Problem, indem er das in Wasserleitungen fließende Wasser als «Verkehr» ansieht und danach die Bergdurchörterungen im Zuge von Aquäduktrassen dem Bauwerkstypus Tunnel zuordnet.[16] Er geht dabei aber eigentlich konform mit der hier vertretenen Meinung, daß sich – unabhängig vom Verkehrsbegriff – der Tunnel vom Stollen eben durch das Zutagetreten auf zwei Seiten unterscheidet, der Stollen hingegen nur in einen Berg hineinführt. Wie differenziert die Ansichten in der Praxis sind, zeigt die Benennung von Bauwerken im Zuge von Wasserleitungen. So nennt man das der Wasserversorgung auf Samos dienende Bauwerk nach seinem Baumeister Eupalinos-*Tunnel*, das vergleichbare Bauwerk unserer Tage im Zuge der Wasserversorgung Stuttgarts heißt hingegen Alb-*Stollen*.

Bei genauerem Hinsehen wird der Grund für die Verwirrung beim Sprachbegriff Tunnel schnell klar: die angeführten Erklärungen sind nicht in den Bauwerken selbst begründet, sondern statt dessen in deren Nutzungen. Man sollte aber bedenken, daß es für die Nutzung eines solchen Bauwerks gleichgültig ist, ob sie in einem Tunnel oder in einem Stollen stattfindet: Zwei parallel durch einen Bergrücken geführte Bauwerke könnten von der Bauweise her völlig gleichartig sein, man würde nach den o. a. Definitionen das eine als Tunnel bezeichnen, wenn es Fußgängern zur Passage diente; man würde hingegen das zweite Bauwerk als Stollen bezeichnen, wenn dadurch ein Bach abgeleitet würde. Eine derartige Begriffsunterscheidung erscheint weder notwendig noch sinnvoll.

Bedenkt man, daß das aus dem Englischen stammende Wort Tunnel im deutschen Sprachgebrauch erst seit rund einem Jahrhundert bekannt ist, wird deutlich, daß vor diesem Zeitpunkt zwischen Tunneln und Stollen gar nicht unterschieden worden sein kann. Nun haben wir diesen Begriff aber zur Verfügung – selbst seine Aussprache haben wir eingedeutscht – und sollten ihn deshalb zur Unterscheidung auch nutzen. Eine Unterscheidung zwischen Stollen und Tunnel kann eigentlich nur bei der Betrachtung der Entstehung beider Bauwerke sinnvoll sein, denn auf diese Weise werden schon in der Bezeichnung auf einfache Weise Bauwerkstypen charakterisiert. Eine auf dieser Basis vorgenommene Differenzierung würde zwischen dem *Tunnel* als durch einen Berg hindurchgeführtes Bauwerk und dem *Stollen* als in einen Berg hineingeführtes Bauwerk unterscheiden: Nach dieser Definition würde dann beispielsweise die Autobahn durch den St. Gotthard in einer Tunnelröhre geführt, während man in den Erz- oder Kohlegruben der Bergbaugebiete Stollen aufgefahren hat.

Beim Tunnelbau im Gegenortverfahren wird diese Differenzierung noch deutlicher und hier endlich auch besonders erklärend und sinnvoll: Das Bauwerk wird in zwei Baulosen errichtet,

Felsterrasse

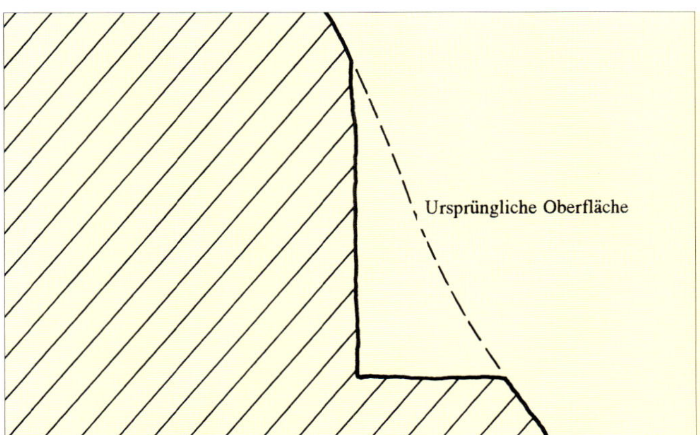

Felsgalerie

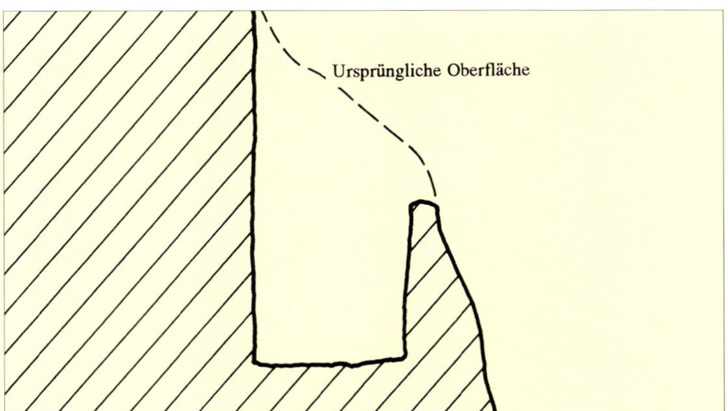

2b

wobei der Tunnel durch die glückliche Verbindung von zwei gegeneinander aufgefahrenen Stollen vollendet ist. Bei der Behandlung dieses Spezialthemas darf nicht unerwähnt bleiben, was den Tunnel vom Bergwerksstollen unterscheidet: Beim Tunnelbau liegt das Generalproblem in der exakten Einhaltung einer geplanten Trasse unter Tage, damit man sich – z. B. beim Bau des Tunnels im Gegenortverfahren – mit den beiden Baulosen überhaupt treffen kann. Der Bergwerksstollen, mittels dessen man beispielsweise einer Erzader folgt, unterscheidet sich vom Stollen als Baulos einer Tunnelbaustelle besonders dadurch, daß für den Vortrieb in erster Linie die Ergiebigkeit der Lagerstätte maßgebend ist.

Definitionen

Um die bauwerksbedingten Unterschiede der angeführten Bauwerkstypen herauszustellen, sei eine Begriffsanalyse versucht (Abb. 2ab). Allen Bauwerkstypen ist gemein, daß es sich bei ihnen um künstliche Eingriffe in eine natürlich vorgegebene oder durch Planung verursachte Situation handelt: derartige Bauwerke werden ausnahmslos errichtet, um Hindernisse in Form von Geländeerhebungen oder Bergrücken passierbar zu machen oder auszuschalten. Beim Hohlweg, vom Typus her das einfachste Bauwerk in dieser Reihe, handelt es sich um eine halb natürlich, halb künstlich verursachte Bergüberquerung.

Der Hohlweg

Hohlwege sind unplanmäßig verursachte Fahrbahneintiefungen vornehmlich in ansteigendem oder abfallendem Gelände. Sie sind nicht als gezielte Wegebaumaßnahmen entstanden, sondern durch stetiges Ausfahren der Fahrspuren. Ursächlich sind u. a. weicher oder brüchiger Untergrund, Witterungseinflüsse, fehlender Fahrbahnausbau und häufige Nutzung. Die nachfolgende Beschreibung gilt besonders für Hohlwege in bergigem Gelände: Waren die Fahrspuren eines Weges derart tief ausgefahren, daß die Fahrzeugachsen über den Boden schrappten, so wurde der zwischen den Fahrspuren stehengebliebene Mittelsteg entfernt. Man lagerte das dabei anfallende Erdreich oder Gestein rechts und links des Weges ab. Die neu entstandene Fahrbahn lag nun tiefer und diente fortan dem ungehinderten Verkehr bis sich die Fahrspuren ein zweites Mal ausgefahren hatten. Man entfernte wiederum den hinderlichen Mittelsteg. So fuhr man nach Notwendigkeit fort, wobei der Weg sich tiefer und tiefer in das Gelände arbeitete.

War ein solcher Weg mit der Zeit zu tief geworden, verlagerte man die Trasse um ein paar Meter, und die Entwicklung begann von neuem. Derartig entstandene Hohlwege sind erkennbar an einer oftmals mehrere Meter tief in den Berg gekerbten Fahrbahn und den links und rechts abgelagerten Erdmassen, die den Weg der Länge nach begleiten.

Im Flachland liegen die Probleme der Hohlwegentstehung etwas anders: Wegen des größeren Spielraumes verlegte man hier die Trassen der Wege, wenn die Fahrspuren zu tief ausgefahren waren. Derartige Situationen zeigen sich im Vorhandensein regelrechter Wegebündel durch die Landschaft, z. B. in Schleswig-Holstein und Jütland.

3

4

5

Der Felseinschnitt

Scharf hervorspringende Felsnasen konnten die Bergumrundung mittels einer Straßen- oder Wasserleitungstrasse behindern, wenn nicht unmöglich machen. Abhilfe war nur zu schaffen, indem das Hindernis auf direktem Wege durchstoßen wurde. Nicht immer war an solchen Stellen gleich ein aufwendiges Tunnelbauwerk zu errichten, vor allem dann nicht, wenn es sich um ein kurzes Hindernis handelte. Ein schräg nach oben ansteigendes Felsmassiv oder die mangelhafte Stabilität des Anstehenden konnten weitere Gründe dafür sein, daß in derartigen Trassenabschnitten die technische Lösung des Problems nicht in einem Felsdurchstich oder gar einem Tunnelbau zu bewältigen war. Die bauliche Vorgehensweise beim Felseinschnitt ist einer Steinbruchtätigkeit sehr ähnlich. Auf der vorher abgesteckten Trasse wurde von oben beginnend genau in der erforderlichen Weite für das zu errichtende Bauwerk das Gestein strossenweise (in Schichten) abgetragen. Man arbeitete bis auf ein Niveau, wie es beim Straßenbau für den Ausbau einer Fahrbahn oder beim Wasserleitungsbau für den Bau des Gerinnes erforderlich war. Für den letzteren Fall ist zu bemerken, das ein solcher Felseinschnitt auf die Bauart des später durch ihn hindurchgeführten Aquäduktes kaum Auswirkungen hatte, denn auch im Bereich des Felseinschnittes verzichtete man in der Regel nicht auf den Einbau einer Rohrleitung oder auf den Ausbau von Sohle und Wangen nebst der Gewölbeabdeckung für das Gerinne. Man kann vereinfacht sagen, daß das Leitungsbauwerk vom Aufbau her den oft unterirdisch geführten Anschlußstrecken vor und hinter dem Felseinschnitt völlig gleich war.

Im Wasserleitungsbau ist das Beispiel des Aquäduktes für das antike Fréjus (Frankreich) sehr anschaulich. Eine Felsnase im gebirgigen Oberlauf der Trasse wurde mehr als 10 m tief eingeschnitten, um eine Passage für den Aquädukt zu ermöglichen (Abb. 3).[17] Die Bezeichnung «Rochetaillée» für diese Stelle ist bezeichnend genug.

Ebenfalls für eine Wasserleitung wurde bei Arles (Frankreich) eine Bergkuppe durchschnitten. Von zwei parallel auf Brücken geführten Aquädukten wurde nach der Taldurchquerung bei Barbegal eine Leitung im anschließenden Hang Richtung Stadt geleitet. Der zweite Aquädukt durchstößt den Bergrücken (Abb. 4) fast an seiner höchsten Stelle, um im dahinterliegenden Hang das natürliche Gefälle für den Betrieb einer Großmühle mit mehreren gestaffelt angelegten Mahlwerken auszunutzen.[18]

Auch im Straßenbau waren vielfach erst Passagen zu schaffen, wenn hinderliche Bergrücken zu durchschneiden waren. In der Türkei gibt es unweit voneinander zwei sehr schöne Beispiele für Felseinschnitte im Straßenbau. Der Felseinschnitt (Abb. 5), durch den die antike Stadt Anazarbos von Osten her zu erreichen war, ist in zweierlei Hinsicht interessant. Einmal gibt es eine Inschrift, die eine Erweiterung dieser Passage für das Jahr 536 n. Chr. belegt,[19] und zum anderen sind die Reste des antiken Einschnittes selbst nach einer neuzeitlichen Straßenverbreiterung noch in einer Felswand zu sehen.

In Hierapolis Kastalaba wurde auf diese Weise eine Verbindung zwischen

***Abb. 3** Fréjus (Frankreich). Felseinschnitt «Rochetaillée» im Zuge der antiken Aquädukttrasse.*

***Abb. 4** Barbegal bei Arles (Frankreich). Felseinschnitt für die Gewerbewasserleitung einer Großmühle.*

***Abb. 5** Anazarbos (Türkei). Die moderne Straßenverbreiterung im Bereich eines Felseinschnittes läßt in der Felswand auf einer Seite die antiken Arbeitsspuren heute noch erkennen.*

6

7

der Stadt und Stadtteilen im Norden geschaffen. Die durch den Felseinschnitt geführte Straße steigt auf beiden Seiten noch leicht an und ist im Fahrbahnbereich getreppt (Abb. 6).[20]

Der Bauwerkstyp des Felseinschnittes setzt als zu durchfahrendes Hindernis einen Bergrücken oder eine leicht abfallende Bergnase voraus, denn das durchschnittene Felsmassiv mußte beidseitig des Einschnitts genügend Standfestigkeit aufweisen.

Die Felsterrasse

Lag der geplanten Trasse einer Straße ein steil abfallender Bergrücken im Wege, so war in manchen Fällen ein Tunnelbau vermeidbar, wenn es gelang, aus der steilen Felswand einen Absatz herauszuarbeiten, auf der die Straße anzulegen war. Bei Donnas, Aostatal (Italien) ist ein antiker Straßenkörper auf eine Strecke von mehreren hundert Meter als Terrasse aus der steilen Felswand herausgearbeitet worden (Abb. 7).[21] Die Straße ist fast 5 m breit und steigt anfangs nach Norden hin an, um im weiteren Verlauf wieder leicht abzufallen. Bemerkenswert sind zwei Bauteile, die man bei den Steinarbeiten im anstehenden Fels stehengelassen hat: einen mächtigen Torbogen, der zugleich den Gefällewechsel der Fahrbahn markiert, sowie einen Meilenstein, der in der senkrechten Felswand zu sehen ist. Als technische Besonderheit fällt eine Ritzlinie auf, die in 2,40 m Höhe über der Fahrbahn auf der gesamten Strecke angebracht ist.

Offensichtlich ist bei der Anlage der Felsterrasse die Fahrbahn zuerst nur grob aus dem Fels herausgearbeitet worden. Dann hat ein Vermessungsfachmann das geplante Gefälle abgesteckt und den Bauleuten als Vorgabe eine Linie in die Felswand geritzt.

Im Zuge der Via Appia sind bei Terracina die Spuren einer ähnlichen Baumaßnahme zu sehen, nur sind die Dimensionen gewaltiger (Abb. 8a).[22] Hier wurde 109 n. Chr. unter Traian eine schwierige Bergüberquerung durch eine Straßenterrasse auf Küstenniveau ersetzt. Erforderlich hierfür waren umfangreiche Steinarbeiten an der Landzunge Pesco Montana. Noch heute ragt die in der Antike zurückgeschnittene Felswand 36 m hoch, und ein Ehrenbogen am Ende der Strecke unterstreicht die Bedeutung dieser Ingenieurarbeit. Die dazugehörende Inschrift ist zwar nicht mehr erhalten, in der Felswand selbst sind allerdings schon von weitem Meßbarken (Abb. 8b) erkennbar, die in römischen Zahlen den Fortschritt der Steinbrucharbeiten von oben nach unten angeben. Die höchste Zahl erreicht den Wert CXX, womit 120 römische Fuß gemeint sind.

Die Felsgalerie

War ein zu umrundender Felsen breit und ausgeformt und stieg das anstehende Gestein in Form einer steilen Wand nahezu senkrecht in die Höhe, dann konnte ein Felseinschnitt (s. o.) nicht angelegt werden. Hier hätte sich eigentlich der Tunnel als die geeignetste Lösung angeboten, aber in manchen Fällen gab es bei diesem Problem eine einfachere Möglichkeit, eine Trasse auszubauen. Zu diesem Zweck schlug man in offener Bauweise einen Absatz oder eine Rinne in die Felsenwand. Diese Bauweise wurde sowohl im Wege- und Straßenbau als auch im Wasserleitungsbau angewandt. Beim Wegebau wurde ein künstlich im Fels hergestellter Absatz meist als Unterkonstruktion für einen hölzernen Fahrbahnausbau benutzt. Eine derartige Konstruktion ist beispielsweise bei Paßüberquerungen an engen und schwierigen Stellen nachgewiesen (z. B. in der Kilikischen Pforte, Türkei). Den Bauwerkstyp der Felsterrasse findet man bevorzugt im Straßenbau.

Bei den kleiner dimensionierten Aquädukten ließ man schon bei den Steinbrucharbeiten talseitig eine Brüstung stehen, um ein dichtes Gerinne herstellen zu können. Im Verlauf von Aquädukttrassen wurden regelrechte Galerien aus dem Fels herausgeschlagen, wobei man zur Vermeidung von Wasserverlust zur Talseite eine kräftige Brüstung stehenließ. In solchen Fällen, z. B. im Verlauf des Aquäduktes nach Side (Türkei), hat man auf diese Weise Rinnen mit begehbarem Querschnitt hergestellt, die auch große Wassermengen bewältigen konnten.[23] Die Brüstung konnte durchaus meterdick und mehr als mannshoch sein; um ihr zusätzliche Stabilität zu verleihen, hat man über dem Wasserdurchfluß in unregelmäßigen Abständen Streben im Fels stehengelassen, die für eine Verbindung zwischen dem anstehenden Fels und der talseitigen Brüstungsmauer sorgten. Diese Streben bilden torartige Öffnungen über dem Kanalbett und auf diese Weise ein reizvolles Spiel von Licht und Schatten, wodurch derartige Aquäduktstrecken ein besonders malerisches Bild bieten (Abb. 9).

Auch in Amasya (Türkei) finden wir eine antike Wasserleitung, die fast über ihren gesamten Verlauf von 25 km Länge als Felsgalerie gebaut worden ist.[24] Dieser Ferhat Su-Kanal genannte Aquädukt liegt heute trocken und ist auf weite Strecken begehbar (Abb. 10). Die Brüstung zur Talseite ist in manchen Streckenabschnitten auffällig breit und mächtig.

In Amasya sind weiterhin, ähnlich wie bei den bekannteren Beispielen in Lykien, Königsgräber aus der steilen Felswand herausgehauen worden, deren Fassaden hoch über dem Tal des Flusses das Landschaftsbild beherrschen.[25] Der treppenartige Zugang zu diesen Grabanlagen ist in Form einer Felsgalerie angelegt worden. Da die Felswand senkrecht in die Höhe steigt, liegt die Felsgalerie in ihrer ganzen Breite wie eine Hohlkehle im Gestein (Abb. 11). Die talseitige Brüstung sichert den gefahrlosen Zugang zu den Gräbern.

In Myra (Türkei) nimmt die als Felsgalerie geführte römische Wasserleitung sogar Rücksicht auf die im Wege liegenden lykischen Königsgräber:[26] Da die Trasse der Galerie einer gleichmäßigen Gefällelinie folgen mußte, hat man, um die Fassaden der Gräber nicht zu zerstören, den Aquädukt im Fels um die Grabbauten herumgeführt.

Felsgalerien folgen in ihrem Verlauf der Felsenwand. Sie konnten durchaus auf längere Strecken aufgefahren werden, wobei sie kaum Probleme bei der Einhaltung der Richtung verursachten, denn durch die offene Bauweise ließ sich der Vortrieb jederzeit kontrollieren.

8a

8b

***Abb. 6** Hierapolis Kastalaba (Türkei). Felseinschnitt zur Verbindung der Stadt mit nördlich liegenden Stadtteilen.*

***Abb. 7** Donnas, Aostatal (Italien). Antike Felsterrasse für einen Straßenbau; bemerkenswert der in der Felswand belassene Meilenstein und die Ritzlinie als Vorgabe für das Straßengefälle.*

***Abb. 8a.b** Terracina (Italien). Unter Traian angelegte Felsterrasse für eine Straßenabkürzung im Zuge der Via Appia. Der Fels wurde auf 36 m Höhe abgeschrotet (a). Eine der im 10 Fuß-Abstand in der Felswand angebrachten Meßmarken; hier die Marke für 90 Fuß (b).*

9

10

Der Felsdurchstich

War ein wie oben beschriebener Felsvorsprung schmal, und bestand der anstehende Fels aus stabilem Gestein, so war es auch möglich, einen Felsdurchstich anzulegen. Ein solcher Durchstich ist – auch im Sinne der später folgenden Definition – eigentlich ein kurzer Tunnel. Da das Bauwerk aber nur kurz und deshalb von der Trassenführung her völlig unproblematisch war, konnten auf der Baustelle keinerlei Richtungsprobleme entstehen. Es ist sogar nicht unwahrscheinlich, daß derartige Durchbrüche nur von einer Seite aus aufgefahren worden sind. In einem solchen Bauwerk im Zuge einer Straßentrasse ließ sich schon beim Bau ohne Schwierigkeiten ein etwa notwendiges Fahrbahngefälle unterbringen. Das war besonders beim Straßenbau im Gebirge von großem Vorteil, da die über Pässe geführten Straßen auf dem größten Teil ihrer Strecken entweder steil bergan oder bergab geführt werden mußten. Der schräg nach oben gerichtete Vortrieb eines Felsdurchstichs wird zweckmäßigerweise von seiner unteren Seite aus aufgefahren worden sein, denn auf diese Weise ließ sich das anfallende Material am einfachsten abtransportieren. Auch Wasserprobleme hat man durch eine derartige Organisation der Baustelle am ehesten vermieden.

Der Pierre Pertuis («*Petra Pertusa*») für die Römerstraße bei Tavannes (Abb. 12) in der Schweiz ist das vielleicht treffendste Beispiel für einen solchen Felsdurchstich. Er ist nur rund 6 m lang, wobei man vor Ort deutlich sehen kann, daß man bei seiner Durchörterung der Schräglage der anstehenden Kalksteinschichten gefolgt ist. Das hatte zur Folge, daß sich seine Höhe von 7 m auf der einen Seite auf 5 m der anderen Seite verringerte.

Im Durchstichbereich stehen 9 m Weite zur Verfügung, um die Römerstraße hindurchzuführen. Eine über dem unteren Portal eingemeißelte Inschrift benennt Marcus Dunius Paternus als den Auftraggeber des Straßenbaus und ermöglicht damit auch die Datierung in die Zeit um 200 n. Chr.:[27]

NVMINI AVGVST(or)VM
VIA(d)VCTA PER M(arcum)
DVNIVM PATER(num)
II[=DVO] VIR(um) COL(oniae)
HELVET(iorum)

Die zuvor schon beschriebenen Felsgalerien in Myra (Abb. 13) und Amasya weisen ebenfalls kurze Felsdurchstiche auf. In beiden Fällen ist in Trassenabschnitten, wo die Galerie eine Felsnase umrundet, das Gestein stehengelassen und durchstochen worden. Hierdurch wurde eine größere Standfestigkeit der beidseitig angeschlossenen Brüstungen erreicht.

***Abb. 9** Side (Türkei). Felsgalerie im Zuge der antiken Wasserleitung.*

***Abb. 10** Amasya (Türkei). Der Ferhat Su-Kanal genannte römische Aquädukt der Stadt ist auf weite Streckenabschnitte als Felsgalerie angelegt worden.*

***Abb. 11** Amasya (Türkei). Felsgalerie für den Zugang zu den in der steilen Felswand angelegten Königsgräbern.*

***Abb. 12** Tavannes (Schweiz). Pierre Pertuis, Felsdurchstich für eine Römerstraße mit Bauinschrift.*

Die Überbauung

Es gibt Bauwerke, die im allgemeinen Sprachgebrauch als Tunnel bezeichnet werden, obwohl sie von der Bautechnik her eher als Brücken anzusprechen wären. Gemeint sind Überbauungen von Geländevertiefungen wie Flußtäler und Felsspalten, um derartige Geländehindernisse in eine großräumige Flächennutzung einbeziehen zu können (z.B. die Flußüberbauungen in Nysa und Bergama, Türkei).[28]

Auch in der antiken Stadtplanung konnte schon das Problem bestehen, daß für neue und ausgreifende Stadtentwicklungsmaßnahmen das erforderliche Terrain nicht in der geeigneten Form und Fläche zur Verfügung stand. Es waren in erster Linie die Niederlegung von alten Stadtvierteln und die Terrassierung von Erweiterungsflächen, die sich als Vorbereitung der Vergrößerung städtischer Baugebiete anboten.

War dies aufgrund der Topographie aber nicht möglich, so konnte man ein Flußbett auch auf eine größere Strecke mittels einer Brückenkonstruktion von der erforderlichen Länge überbauen (s. Nysa, Türkei: 75 m lang, einmal abgeknickt – Abb. 15). Eine zu große Breite des Flußbettes mußte das Bauvorhaben nicht unmöglich machen, denn in solchen Fällen baute man zwei Brückenbögen nebeneinander, die in der Flußmitte von einer durchgängigen Mauer aufgefangen und getragen wurden (s. Bergama, Türkei: zwei parallele Bögen von 200 m Länge – Abb. 14).

Da das Innere eines solchen Bogens wegen seiner für eine Brücke unüblichen Breite den Anschein einer ausgebauten Röhre erweckte, hat sich der Eindruck, hierbei handele es sich um ein Tunnelbauwerk, sehr schnell im allgemeinen Sprachgebrauch verfestigt. Die auf der Brücke errichtete Bebauung konnte das Gefühl, hier einen Tunnel vor sich zu haben, nur verstärken.

Gerade das Beispiel der Überbauungen zeigt noch einmal deutlich, wie problematisch, weil mißverständlich, die vorschnelle Einordnung eines Bauwerks als Tunnel sein kann: Derartige Bauwerke sind Meisterleistungen des Brückenbaus und nicht des Tunnelbaus. Dadurch wird die im Bauwerk steckende Ingenieurleistung in keiner Weise geschmälert, sie wird lediglich einem anderen Sektor der Ingenieurbautechnik zugeordnet.

Die Unterführung

Auch Bauwerke, die unter anderen Verkehrswegen oder Gewässern hindurchführen, werden oftmals als Tunnel bezeichnet. Dabei kommen am häufigsten

11

12

die Fußgängerunterführungen an Straßenkreuzungen oder unter Bahnkörpern in Bahnhofsbereichen vor. Auch hier hat das Erscheinungsbild der fertig ausgebauten Unterführung oftmals zu der Bezeichnung Fußgängertunnel geführt. Von einer dem bautechnischen Begriff Tunnel entsprechenden Bezeichnung kann aber auch in diesem Rahmen keine Rede sein, denn diese Bauwerke sind zumeist in offener Bauweise errichtet worden: entweder wurden sie im Zuge von Großbaustellen in einer offenen Baugrube gebaut oder man hat sie als große Röhre verlegt und den kreuzenden Verkehrsweg auf einem angeschütteten Damm darübergeführt.

13

Wie irreführend die für derartige Bauwerke benutzten Bezeichnungen sein können, zeigt auch, daß sie in manchen Fällen nach dem primär unterführten Verkehrsweg bezeichnet werden und in anderen Fällen nach dem über ihn hinweggeführten Verkehrsweg: Eine von manchen volkstümlich als Fußgängertunnel bezeichnete Passage unter einer Bahnlinie wird von anderen durchaus auch als Bahnunterführung bezeichnet. Diese beiden Bezeichnungen sind im allgemeinen Sprachgebrauch für ein und dasselbe Bauwerk üblich.

Im Gegensatz zur Überbauung, wo die zu überbauende Geländeeintiefung (Fluß, Tal o. ä.) bereits vor der Baumaßnahme vorhanden ist, wird eine Unterführung planerisch im Bauwerkskonzept untergebracht. Es scheint auch hier angebracht, die Bezeichnung nach der Bauweise auszurichten, um einen einigermaßen plausiblen Begriff zu erhalten.

Ein typisches Beispiel unserer Tage ist die Unterführung einer Bahnanlage, um von einer Seite eines auf eine lange Strecke hinderlichen Bahndammes auf die andere Seite zu kommen. In alten Zeiten kommen derartige Unterführungen z. B. beim Theater- oder Amphitheaterbau vor, um die Zuschauerströme unter dem Bauwerk hindurch zu den Sitzreihen zu lenken.

Der Tunnel

Ein Tunnel ist ein künstlich angelegter unterirdischer Hohlraum, der in geschlossener Bauweise (d. h. bergmännisch aufgefahren) errichtet worden ist. Er ist in erster Linie dadurch gekennzeichnet, daß er ein Hindernis durch- oder unterquert, wobei er an seinen beiden Enden an das Tageslicht tritt. Ein Tunnel unterscheidet sich dadurch von einem Stollen, der in der Regel nur ein Mundloch hat. Tunnel sind ingenieurmäßig durchdachte Bauwerke, deren Errichtung eine planerische Konzeption zugrunde liegt. Die Konzeption eines Tunnels muß die Vortriebsstrategie für die Auffahrung der Strecken beinhalten: Ein fertiger Tunnel ist das Ergebnis exakter Planung und Trassierung.

14

15

Im Gegensatz zum modernen Tunnelbau – z. B. mit lasergesteuerten Vortriebsmaschinen – war in der Antike eine Absteckung und Vermarkung der Trassenlinie als Vorgabe für die Tunnelarbeiter erforderlich. Eine solche Markierung der Vortriebsrichtung war aus baubetrieblichen Gründen nur im Bereich der Tunnelfirste möglich, und auch das nur in bereits aufgefahrenen Tunnelabschnitten. Der Bergmann arbeitete also stets mit der Richtungsvorgabe im Rücken, was bedeutete, daß er an der Ortsbrust eigentlich führungslos war und nur auf seine Erfahrung und sein Gefühl gestützt zu arbeiten hatte. Die Linienführung durfte aber nur für kurze Vortriebsabschnitte unkontrolliert sein, um den planerischen Treffpunkt nicht zu verfehlen. Der Bauleiter mußte sich über die tatsächliche Lage des Bauwerkes in bezug auf seine Planung Klarheit verschaffen; deshalb führte er in kurzen Abständen und stetig wiederholt Kontrollvermessungen durch. Eine eventuelle Abweichung von der geplanten Trasse mußte durch Richtungsänderung im weiteren Vortrieb korrigiert werden. Aus diesem Grunde wurden die Kontrollmessungen möglichst häufig wiederholt, und in entsprechend kurzen Abständen finden wir deshalb heute die Auswirkungen von Richtungskorrekturen in den Tunnelwandungen, da bei Abweichungen von der Planungslinie mit dem gesamten Bauwerk auf die vorgegebene Richtung einzuschwenken war.

Im modernen Tunnelbau kommt zumeist das Gegenortverfahren zur Anwendung: Wie in der Antike auch werden von zwei auf beiden Seiten des zu durchfahrenden Hindernisses genau festgelegten Punkten aus zwei Strecken gegeneinander aufgefahren. Der Vortrieb erfolgt auf einer Trasse, die zuvor aufgrund der Lage der beiden Festpunkte zueinander sowie der geologischen Formation des zu durchfahrenden Gebirges planerisch festgelegt worden ist. Im zuvor beschriebenen Sinne ist es nur folgerichtig, die beiden Baulose eines von zwei Seiten aus aufgefahrenen Tunnels solange als Stollen zu bezeichnen, bis sich aus ihrer Verbindung im Treffpunkt der Baustelle die Tunnelröhre ergibt.

Beim Tunnelbau nach dem Qanatverfahren (auch: Lichtlochverfahren) werden die Auswirkungen von Richtungsfehlern minimiert, da die gesamte Tunneltrasse in mehrere kurze Baulose aufgeteilt wird. Dazu wird über den zu durchörternden Berg eine Kette von Festpunkten abgesteckt, die möglichst einer Sattellinie folgt, um die hier abzuteufenden Bauschächte kurz zu halten. Die Schächte werden entweder bis zu einer Linie gleichen Niveaus abgeteuft und dann untereinander zu einem Tunnel verbunden, oder aber man errechnet schon im voraus die für das spätere Gefälle notwendige Teufe im Bereich der einzelnen Schächte, um den aufwendigen Sohlenabgleich im nachhinein zu sparen.

Diesem besonders unter den Etruskern und Römern angewandten Verfahren könnte der Qanatbau im alten Iran als Vorbild gedient haben. Da auch ein Qanat durch Mundloch und Mutterschacht an beiden Enden an das Tageslicht tritt und in ihm die für den Tunnelbau geforderte Strategie der Planung und Trassierung gleichermaßen sichtbar wird, ist auch der Qanat im klassischen Sinne und aus technischer Sicht als Tunnel zu bezeichnen.

***Abb. 13** Myra (Türkei). Die Felsgalerie der antiken Wasserleitung mit Durchstich im Bereich einer Felsnase.*

***Abb. 14** Bergama, Pergamon (Türkei). Flußüberbauung in Form zweier parallel geführter Brückenbögen.*

***Abb. 15** Nysa (Türkei). Flußüberbauung.*

Strategie und Trassenführung

Der Strategiegedanke

'Strategie' ist eigentlich ein militärischer Begriff und meint das große planerische Konzept vor einem Kampf. Daneben hat dieser Begriff im zivilen Bereich am ehesten beim Schachspiel Verwendung gefunden. Heute spricht man von 'Strategie' aber auch dann, wenn einer Aktivität ein exakter Durchführungsplan zugrundeliegt.

Da Tunnelbau ohne einen wohldurchdachten Bauplan nicht denkbar ist, ist in unserem Fall mit dem Begriff 'Strategie' der planerische Grundgedanke des bauleitenden Ingenieurs treffend umschrieben. Im militärischen ist die Strategie begrifflich mit der 'Taktik' verbunden, womit bei einem Kampfgeschehen das Eingehen auf nicht vorhersehbare Unwägbarkeiten gemeint ist. Auch dieser Begriff wäre in der Planung und Trassierung beim Tunnelbau durchaus unterzubringen gewesen, denn die verschiedenen geologischen oder vermessungstechnischen Probleme haben oftmals zu 'taktischen' Planänderungen während des Baubetriebs geführt. Aber wenn die Durchtunnelung eines Berges auch oftmals als Kampf gegen den Berg angesehen worden sein mag, soll die Entlehnung militärischer Begriffe nicht übertrieben werden. 'Strategie' bezeichnet deshalb den Bauplan eines Tunnels samt der planerischen Änderungen während der Auffahrung des Bauwerks.

Das große Problem beim Tunnelbau war zu allen Zeiten die Treffsicherheit im vorgesehenen Treffpunkt. Das gilt sowohl für im Gegenort aufgefahrene als auch für im Qanatverfahren aufgefahrene Tunnel. Dem Bauleiter war schon in der Planungsphase sehr wohl bekannt, daß die Einhaltung der Trasse unter Tage eine gravierende Unwägbarkeit darstellte, gegen die er sich zu versichern hatte. Diese Versicherung war entweder schon im Grundplan unterzubringen oder durch eine Planänderung, wenn sich Schwierigkeiten dieser Art beim Baufortschritt zeigten.

Der Unterschied in den Auswirkungen von Vortriebsfehlern war um so größer, je länger die Vortriebsstrecke geplant war. Deshalb sind in der nachträglichen Betrachtung größere Planänderungen am ehesten in im Gegenort aufgefahrenen Tunneln erkennbar. Aus dieser Sicht ist die Entscheidung für das Qanatverfahren eigentlich schon als strategische Variante zu bezeichnen, denn hierbei wurden lange Vortriebsstrecken vermieden und damit die Treffsicherheit von vornherein erhöht.

Das Aufmaß verschiedener antiker Tunnelbauten mit der danach erfolgten Trassenrekonstruktion zeigt aber, daß Unsicherheiten im Treffpunkt beim Qanatverfahren ebenso auftreten wie beim Gegenortverfahren. Die Auswirkungen des gleichen Winkelfehlers beim Vortrieb waren aber naturgegeben bei kurzen Strecken geringer als bei langen. Vielleicht war es nicht nur eine Frage von technischer Ausbildung und Geschick, ob man sich für das eine oder das andere Verfahren entschieden hat, sondern auch eine Frage des Selbstvertrauens.

Die Auswirkung des finalen Versicherungshakens bei Winkelfehlern im Vortrieb

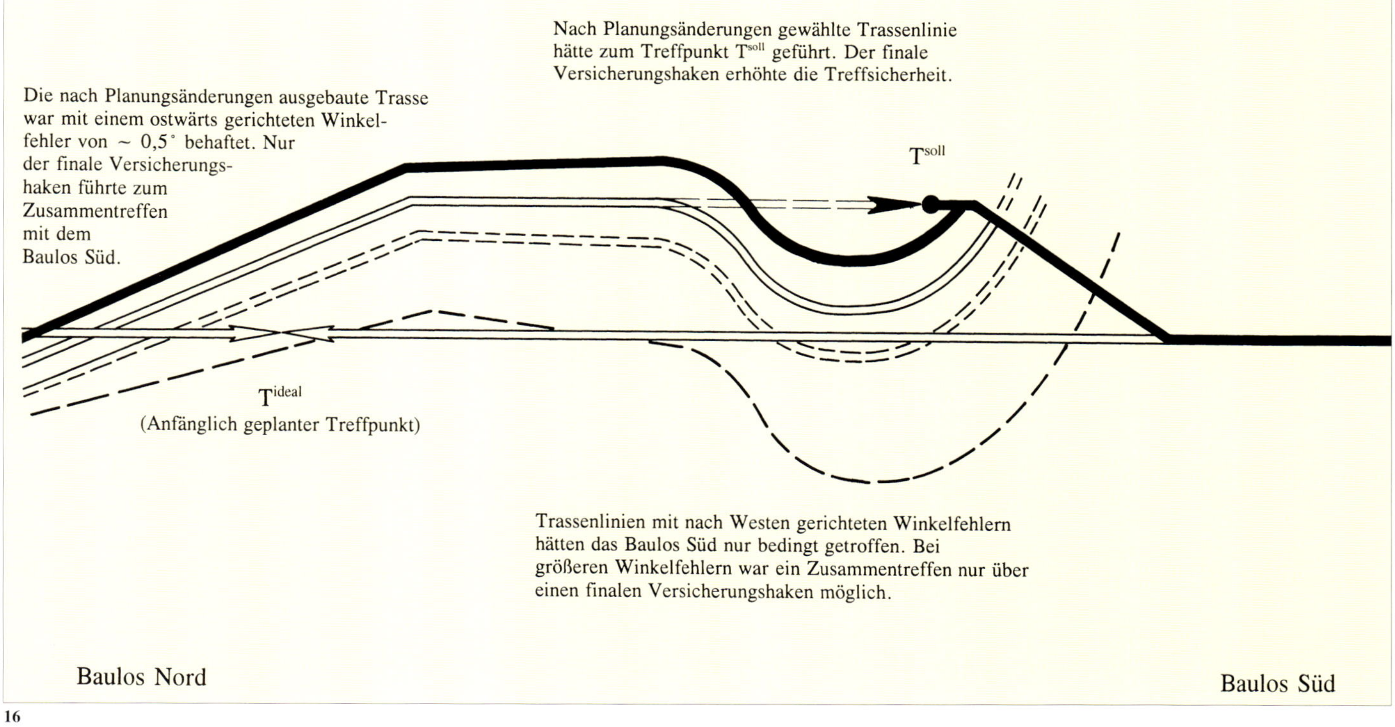

16

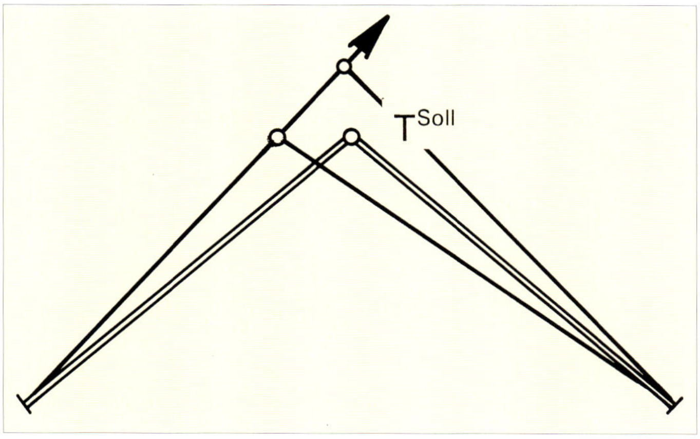

17

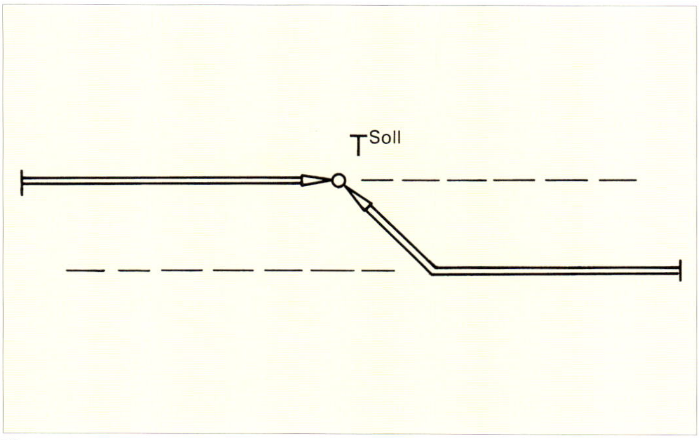

18

Die Betrachtung verschiedener antiker Tunneltrassen in Hinsicht auf die Rekonstruktion der beim Bau eingeschlagenen Strategie zeigt mehrere Versicherungsvarianten der antiken Ingenieure:

a) Das Risiko, sich mit zwei gestreckten Trassenlinien im Berg zu verfehlen, war besonders bei Tunnelbauten mit langen Vortriebsstrecken so groß, daß man zumindest in der Schlußphase Versicherungen unterzubringen hatte. Der Eupalinos-Tunnel auf Samos (s. S. 58) ist ein Beispiel für einen Tunnel, bei dem vermutlich anfangs zwei Suchstollen auf einer Planungslinie direkt aufeinander zugeführt werden sollten. Da aber während des Baus die Linienführung geändert werden mußte, ist die ursprünglich geplante Treffpunktversicherung nicht mehr nachzuvollziehen. Sie dürfte aber ähnlich geplant gewesen sein, wie die in der Schlußphase der beiden Suchstollen erkennbare Lösung: Von einer Seite aus knickt man mit der Linienführung für ein kurzes Stück nach rechts schräg ab und stellt den Vortrieb ein. Von der gegenüberliegenden Seite aus setzt man im Endpunkt der geradlinig aufgefahrenen Strecke mit einer halbkreisförmigen Versicherung an, die zunächst zur rechten Seite weist, dann aber in weitem Bogen zur Planungslinie zurückkehrt, um sie – falls erforderlich – sogar zu queren (Abb. 16).

***Abb. 16** Varianten der Treffpunktversicherung im Eupalinos-Tunnel auf Samos (n. Kienast 1995, Abb. 37).*

***Abb. 17** Werden die zwei Suchstollen eines Gegenort-Tunnels schräg gegeneinander aufgefahren, so ist die Treffsicherheit auch dann hoch, wenn man sich nicht im Solltreffpunkt trifft.*

***Abb. 18** Zwei parallel aufgefahrene Suchstollen werden von einer Seite aus durch einen Querschlag miteinander verbunden.*

H. J. Kienast hat in seiner großen Samos-Publikation[29] die Vorteile dieser Art von Versicherung dargestellt und zeigt an drei Möglichkeiten, daß sie selbst bei verschiedenartigen Vortriebsfehlern zwangsläufig zum Treffpunkt führen mußte.

b) Die einfachste Versicherung ist es, die beiden Suchstollen von vornherein schräg gegeneinander aufzufahren. Dieser Variante kommt ein zu durchtunnelnder Bergsporn als Geländeform entgegen, da sich die Trasse einer durch den Tunnel zu führenden Straße oder Wasserleitung im Berghang vor und hinter dem Tunnel an das Geländerelief anschmiegt. Der von beiden Bergseiten schräg aufgefahrene Tunnel bedingt lediglich einen stumpfen Winkel in den Knickpunkten, was der Linienführung der Straße oder Wasserleitung nur zugutekommt. Wenn der Treffpunkt bei dieser Variante nicht an der geplanten Stelle liegt, so ist das nicht weiter mißlich, denn das Ziel der Stollenverbindung zum Tunnel kommt dann an einer anderen Stelle erfolgreich zustande (Abb. 17).

Geodätisch handelt es sich bei diesem Verfahren um einen Vorwärtseinschnitt, bei dem zwei aufeinander zugeführte Linien zum Schnitt gebracht werden. Je flacher der Schnitt ausfällt, um so unsicherer ist die vorgesehene Lage des Treffpunktes zu erreichen. Je näher man im Schnittpunkt aber einem rechten Winkel kommt, desto höher ist die Treffwahrscheinlichkeit. Als Beispiel für Tunnelbau nach diesem Verfahren kann die Cave du Curé bei (Lyon-)Chagnon (s. S. 156) gelten.

c) Bei einem weiteren Verfahren fährt man die beiden Suchstollen auf zwei parallel versetzten Planungslinien gegeneinander auf. In genau vorherberechneten Punkten beendet man auf der einen Seite den Vortrieb, während man auf der anderen Seite mit dem Vortrieb schräg zum gegenüberliegenden Vortrieb abbiegt (Abb. 18). Der sicherste Weg zum Treffpunkt wäre auch hier in einer rechtwinklig abknickenden Linie zu sehen. Dem späteren Betrieb einer Straße oder Wasserleitung kommt aber ein Knick von der Größe eines halben rechten Winkels mehr entgegen. Dieses Verfahren ist uns aus dem Tunnel von Briord (Frankreich, s. S. 170) bekannt.

Wichtig ist es, nicht zu früh abzuknicken, da man auf diese Weise die gegenüberliegende Trasse vor deren Ortsbrust kreuzt. In Briord war dieser Fehler unterlaufen, und man mußte mit dem Vortrieb in Bogenform wieder zurückfahren, um einen Treffpunkt zu erreichen. Weiterhin ist es wichtig, nur von einer Seite aus die Versicherung aufzufahren, um sich nicht von beiden Seiten aus gegenseitig in die Irre zu führen.

Beim Gegenortverfahren war die wichtigste Kontrollmöglichkeit durch stetiges Nachmessen der aufgefahrenen Strecken gegeben. Hatte man von zwei Seiten aus Strecken aufgefahren, deren Summe länger war als die vorausbestimmte Gesamtstrecke, so war das ein untrügliches Zeichen dafür, daß man sich im Berg verfehlt hatte. In diesem Falle hatte eine genaue Lagebestimmung der beiden Suchörter zu erfolgen. Danach mußte versucht werden, durch Querschläge oder Bogenschläge im weiteren Vortrieb einen neu festgelegten Treffpunkt zu erreichen. Nonius Datus, Vermessungsingenieur und Veteran der 7. Legion, hat uns genau diesen Fall aus der Baugeschichte des Tunnels für den Aquädukt von Saldae (Nordafrika, s. S. 135) beschrieben.

Viele Tunnel zeigen in ihrem Grundriß aber, daß man es in den meisten Fällen so weit gar nicht erst kommen ließ. Häufige Richtungskorrekturen sind ein deutliches Zeichen für nach Kontrollmessungen vorgenommene Änderungen des Vortriebs (Abb. 19).

Man muß sich dabei bewußt sein, daß es für die Vortriebsrichtung keine ständige Kontrolle gab. Heute ist es der fest ausgerichtete Laserstrahl, der dem Bergmann oder der Tunnelvortriebsmaschine die Richtung weist. In der Antike konnte bei den geradlinig aufgefahrenen Strek-

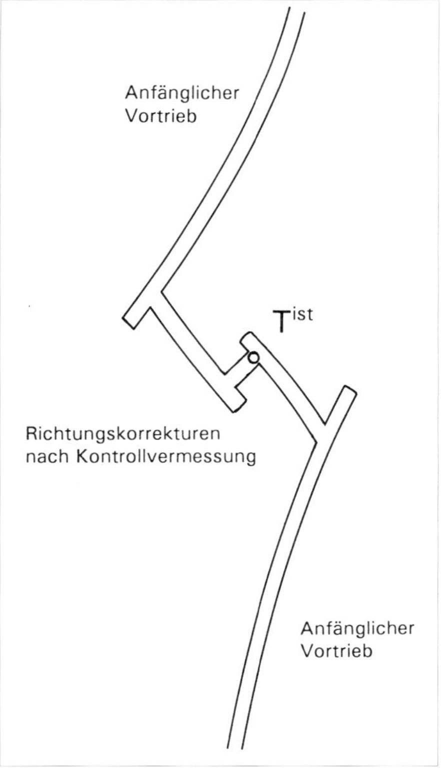

19

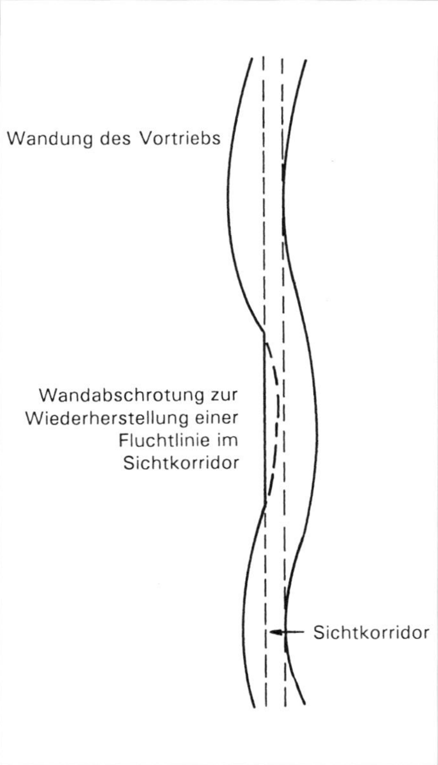

20

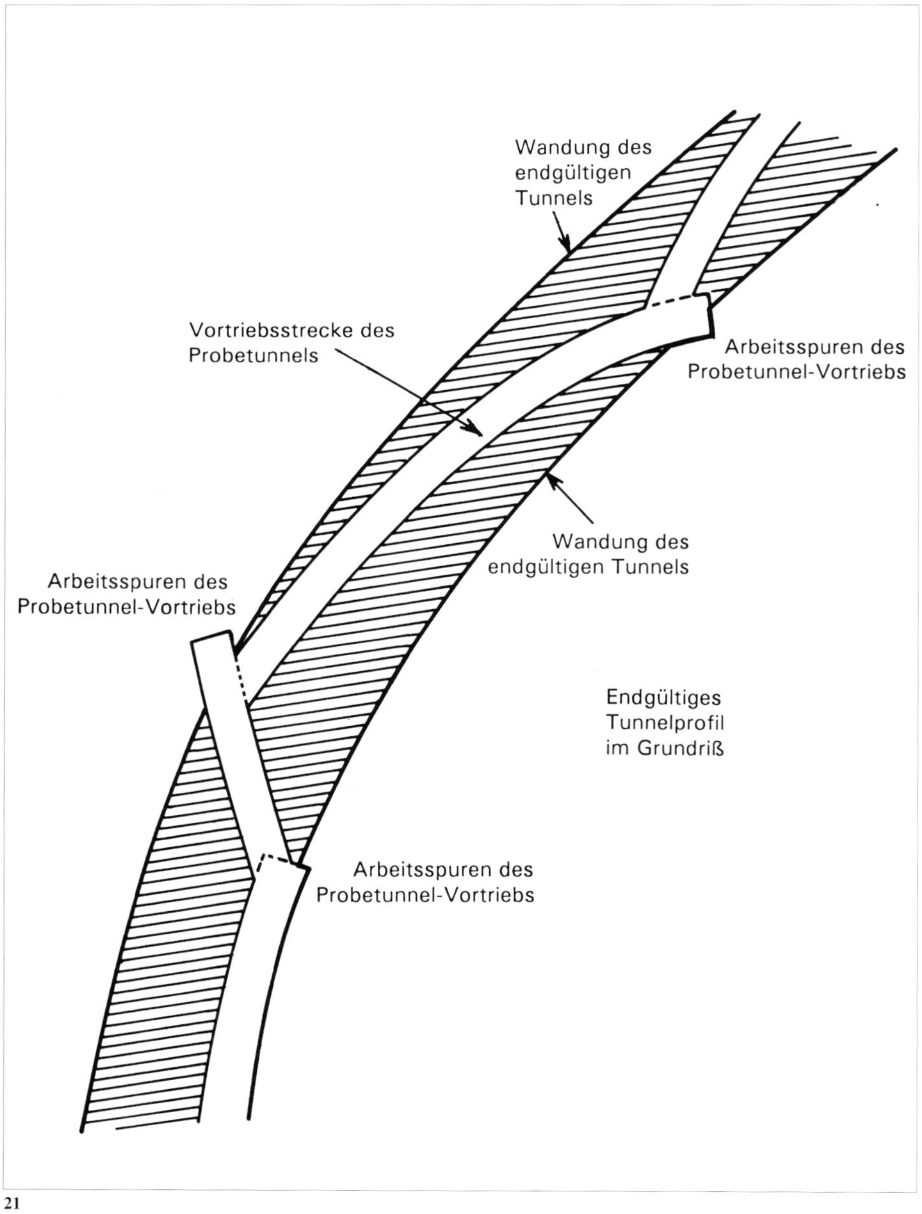

21

ken der Blick zurück zum Mundloch eine Orientierungshilfe sein. Denn solange man das durch das Mundloch einfallende Licht sehen konnte, solange konnte man sicher sein, mit seinem Vortrieb zumindest auf einer Geraden zu liegen. Wir kennen Tunnel, wo man nach einem Abdriften von der Geraden die Wandung an der betreffenden Stelle etwas nachgeschrotet hat (Abb. 20), um den freien Durchblick zum Mundloch wieder herzustellen (Samos, s. S. 58).

Für uns heute sind es diese Richtungskorrekturen, die uns eine Rekonstruktion der Strategie des antiken Ingenieurs erlauben. Dort, wo die beiden zum Tunnel verbundenen Suchstollen keine nachträgliche Erweiterung oder sonstige Nachbearbeitung erfahren haben, ist die Aussagekraft bezüglich ihrer Planung und Trassierung am größten. Da Seeabsenkungstunnel in der Regel nicht mit einem steinernen Gerinne versehen worden sind, eignen sie sich bestens für die Erforschung der Bauverfahren (Fontvieille, Frankreich, s. S. 98). Für Aquädukttunnel hingegen war der Einbau einer wasserführenden Steinrinne notwendig, wobei meist schon der Querschnitt der Suchstollen ausreichend war. In diesem Fall sind Versprünge und Knicke in der Suchstollenwandung aber beim Kanaleinbau überbaut worden, so daß nach der Grundrißvermessung eine abgeglichene Linienführung erkennbar wird (Cave du Curé, Lyon-Chagnon, s. S. 156).

***Abb. 19** Typischer Grundriß eines Tunnels mit Richtungskorrekturen nach wiederholten Kontrollmessungen.*

***Abb. 20** Die Sichtlinie zum rückwärtigen Mundloch war eine wichtige Orientierungshilfe für den geradlinigen Vortrieb. Durch die Abschrotung von Ausbuchtungen konnte der Korridor für die verlorengegangene Durchsicht wiederhergestellt werden.*

***Abb. 21** Typische Nacharbeitungen in einem mehrfach korrigierten Tunnelvortrieb.*

***Abb. 22** Im Tunnel von Khirbet ez-Zeraqon (Jordanien) ist die Firste des Suchstollens auch nach dem endgültigen Ausbau noch gut erkennbar.*

***Abb. 23** Besonders bei Tunneln mit großem Querschnitt wurden erst Suchstollen aufgefahren. Im Portal des Titus-Tunnels von Çevlik (Antakya, Türkei) ist von drei parallel nebeneinander aufgefahrenen Suchstollen nur noch eine Spur in Form einer Einkerbung (Pfeil) zu sehen. Im Inneren des Tunnels sind die Spuren deutlicher.*

Wo die antike Wasserleitung zwischenzeitlich wieder entfernt worden ist, hat man auch heute wieder einen tiefgreifenden Einblick in die Planung und Trassierung des dem Wasserleitungsbau vorausgegangenen Tunnelbaus.

Um die Strategie eines antiken Tunnelbaumeisters nachträglich zu entschlüsseln, ist eine exakte Vermessung und Kartierung des in Frage kommenden Bauwerks Grundbedingung. Schon bei der Vermessung wird sich zeigen, ob man es mit einer nachgearbeiteten Tunnelröhre zu tun hat oder einem Bauwerk, bei dem die verbundenen Suchstollen unverändert übernommen worden sind. In letzterem Fall wird die Aussagekraft des Grundrisses am größten sein (Abb. 21). Beim Tunnel mit nachgearbeiteten Wandungen muß man das Bauwerk sehr sorgfältig auf Arbeitsspuren hin untersuchen. Fündig wird man zumeist in den Außenwänden aufgefahrener Bogenstrecken, da die Nacharbeitungen zumeist an den Innenwänden vorgenommen wurden, um die Linienführungen etwas zu begradigen.

Hilfreich kann auch ein Blick in die Tunnelfirste sein. Oftmals ist in der Firste erkennbar, ob ein Suchstollen von nur einem oder von zwei Bergleuten nebeneinander aufgefahren worden ist; die langgezogene Spur des Suchortes, bzw. die parallel laufenden Spuren zweier Suchörter sind als deutliche Eintiefungen erkennbar. Die Erweiterung der Röhre auf ihre Sollbreite erfolgte meist nur in Bereichen der unterhalb der Firstkanten ansetzenden Wandungen. Bei geradlinigem Trassenverlauf erfolgte die Verbreiterung gleichmäßig nach beiden Seiten hin, aber auch hier wurde in Trassenkurven meist nur die innenseitig liegende Wandung nachgearbeitet, um den Grundriß zu strecken und den Aufwand zu beschränken. Die in der Firste sichtbaren Reste der Suchstollen geben in diesem Fall den Hinweis auf die ältesten Arbeitsspuren (Abb. 22).

Überhaupt wird der Blick zur Tunnelfirste den besten Einblick in den ursprünglichen Zustand des Tunnels während der Bauzeit geben, da Nacharbeitungen wenn möglich nur im Bereich der Wandungen und der Sohle vorgenommen worden sind. So fand ein Gefälleausgleich bei Aquädukttunneln selbstverständlich nur im Sohlenbereich statt.

Tunnel, die der Flußumleitung oder dem Straßenbau dienen sollten, waren ohnehin mit einem größeren Querschnitt auszustatten, als er durch die Suchstollen zu erreichen war. Man wird gleichwohl immer zuerst den Durchschlag der Suchstollen abgewartet haben, ehe man an den Bau des planerisch festgelegten Lichtraumprofils heranging. Den mit großem Querschnitt ausgestatteten Tunneln kann man – ebenfalls im Bereich der Firste – den Ablauf des Baubetriebs auf der antiken Baustelle manchmal heute noch ansehen.

Dabei zeigt sich dann das durchaus folgerichtige Vorgehen der antiken Baumeister, die ihre Suchstollen natürlich im oberen Bereich des späteren Tunnels angelegt haben. Bei breiten Tunneln sieht man in der Firste manchmal sehr deutliche Spuren von Suchstollen; im Tunnel des antiken Seleukia Pieria (heute: Çevlik bei Antakya, s. S. 108) sind gar die Spuren von drei nebeneinander aufgefahrenen Suchstollen sichtbar, von denen nur mit einem der Durchschlag zum Gegenstollen herbeigeführt wurde (Abb. 23). Auffällig ist, daß in Çevlik von einer Seite aus über

22

23

24

die gesamte spätere Tunnelbreite mit drei parallel geführten Suchstollen aufgefahren wurde, während von der gegenüberliegenden Seite nur ein einziger Suchstollen angelegt wurde. Dessen Vortrieb wurde nach kurzer Strecke beendet, um als unbewegliches Ziel für den Vortrieb des Gegenstollens dienen zu können.

War der Durchschlag erfolgreich durchgeführt, konnte man dem Tunnel in Höhe der Suchstollen die geplante Breite geben. Auch hierbei wurde die Linienführung wieder ausgeglichen, um möglichst wenige scharfe Kurven zu erhalten. Das heißt, auch in diesem Fall erfolgten die Haupterweiterungen im Bereich der Innenkurven, wie wir es bei kleiner dimensionierten Bauwerken auch schon gesehen haben.

Die Erweiterung des Tunnels zu seiner vollen Höhe erfolgte dann von dieser obersten Ebene strossenweise nach unten (Abb. 24). Im Tunnel von *Seleukia Pieria* (Çevlik, s. S. 108) ist dieser strossenweise Abbau anhand der Arbeitsspuren in einer Wandung noch deutlich zu sehen: Die Strossen waren unterschiedlich weit fortgeschritten, wobei man das Aushubmaterial jeweils von einer oberen zur nächst unteren geben konnte. Die Baustelle glich also einer überdimensionalen Treppe, bei der die oberste Stufe (= Strosse) am weitesten in den Berg hineinreichte.

Auch der Tunnel von Montefurado (Spanien, s. S. 118) zeigt deutlich die Spuren der beiden gegeneinander aufgefahrenen Suchstollen vor dem Bau des geplanten Endquerschnitts. Auch hier befinden sich die Suchstollen im oberen Bereich des späteren Tunnels. Da es sich um einen Flußtunnel handelte, hatte das den zusätzlichen Vorteil, daß man sich mit der Vortriebsebene hoch über der Wasserlinie befand und im trockenen Bereich arbeiten konnte. Die Verbreiterung des Profils erfolgte nur zu einer Seite hin, so daß man die Spuren des Suchstollens nicht nur in der Firste, sondern auch in der linken Wandung sehen kann.

Die Trassenabsteckung für im Gegenortverfahren aufgefahrene Tunnel

Nonius Datus aus Lambaesis (Nordafrika) beschreibt uns in seiner berühmten Inschrift die Tunnelabsteckung im Zuge der Wasserleitung nach Saldae (s. S. 135). Darin erläutert er die Trassenabsteckung für seinen im Gegenort aufgefahrenen Tunnel: *«Die exakte Linienführung war aber mit Pfählen über den Berg abgesteckt worden.»*[30] Es war also die wichtigste Aufgabe des mit der Tunnelvermessung beauftragten Ingenieurs, die Tunneltrasse aus dem Bauplan in das Gelände zu übertragen. Bei im Gegenort aufzufahrenden Tunneln war diese Linie in der Regel eine Gerade.

Nachdem die Mundlöcher auf beiden Seiten des Berges abgesteckt waren, was immer mit einem Nivellement einhergehen mußte, um den Tunnel beidseitig auf demselben Niveau anzusetzen (s. u.), mußte als nächster Schritt die Trassenverbindung zwischen den Mundlöchern ermittelt werden. Handelte es sich bei dem zu überwindenden Hindernis um einen Bergsporn, so gab es theoretisch zwei Möglichkeiten zur Absteckung der Trasse: Einmal über das Hindernis auf direktem Wege hinweg und zum anderen mittels eines Winkelzuges um den Bergsporn herum.

Für das Verfahren *«Einen Berg in gerader Linie zu durchstechen, wenn die Mündungspunkte des Grabens an dem Berge gegeben sind»* beschreibt Heron eine Anwendungsmöglichkeit für die von ihm entwickelte Dioptra und liefert sogar die Vermessungsskizze (Abb. 25) dazu[31]: Zwischen den in beiden Berghängen festgelegten Mundlöchern des geplanten Tunnels wird ein rechtwinkliger Polygonzug angelegt, der sich mit seinen Standpunkten dem Geländerelief in etwa auf gleicher Höhe anschmiegen muß, damit das Aufstellen der Dioptra gewährleistet ist. Ausgehend von einem Mundloch (B) legt man eine willkürliche, aber dem Gelände angepaßte Gerade fest. In deren Endpunkt (E) setzt man mit der Dioptra einen rechten Winkel ab. Auch der auf diese Weise neu gefundene Punkt (Z) muß zum Aufstellen der Dioptra geeignet sein, denn er dient dazu, von hier aus wieder im rechten Winkel (ZH) abzuknicken.

Man verfährt auf diese Weise weiter (Θ, K ...) bis das zweite geplante Mundloch sichtbar wird. Die Polygonzugseite KΛ wird so angelegt, daß man den Mundlochfestpunkt Δ mittels der Dioptra auf sie aufwinkeln kann. Dieses Lot mit dem Fußpunkt M bildet die abschließende Seite des um den Berg geführten Polygonzuges, wobei M den letzten Knickpunkt darstellt.

Die gegeneinander aufgerechneten Polygonzugstrecken ergeben letztendlich das über dem Berg liegende rechtwinklige Dreieck BΔN mit der Tunnelstrecke BΔ als Hypotenuse. Die Kathetenlängen dieses Dreiecks BN und ΔN lassen sich aus den Meßstrecken des rechtwinkligen Polygonzuges durch Addition und Substraktion auf einfache Weise errechnen.

Als nächstes wird die Strecke BE nach rückwärts über das Mundloch B hinaus verlängert und auf dieser Linie ein Fünftel Streckenlänge der Kathete BN abgesteckt, wonach man den Hilfspunkt O erhält. Ein rechter Winkel mit der Lothöhe von ein Fünftel Streckenlänge der Kathete ΔN ergibt einen Punkt (Ξ), der aufgrund der geometrischen Zusammenhänge exakt auf der Verlängerung der geplanten Tunneltrasse BΔ liegt. Aus der

***Abb. 24** Prinzip des strossenweisen Abbaus eines Großraumtunnels (aus: Antinori 1781).*

***Abb. 25** Herons Skizze zur Vermessungsaufgabe einer Tunnelabsteckung (n. Schöne 1903, 239, Aufgabe XV).*

durch Messung zu ermittelnden Strecke zwischen diesem Punkt und dem Festpunkt am Mundloch B läßt sich die Länge des Tunnels errechnen, denn sie muß ein Fünffaches betragen.

Das gleiche Hilfsdreieck läßt sich beim Mundloch Δ konstruieren: Man steckt auf der letzten Seite (ΔM) des Polygonzuges von Δ ausgehend ein Fünftel der Kathete BN ab und errichtet im neugefundenen Punkt P wiederum ein Lot mit der Höhe von einem Fünftel der Kathete NΔ. Das damit gefundene Hilfsdreieck ΔΠP entspricht dem auf der anderen Seite des Berges beim Mundloch B ermittelten Hilfsdreieck BΞO, denn die Winkel α und β des durch den Polygonzug gefundenen Dreiecks BΔN tauchen in beiden Hilfsdreiecken als Wechselwinkel auf. Somit muß die Hypotenuse ΠΔ exakt der Hypotenuse ΞB des ersten Hilfsdreiecks entsprechen. Stimmen beide Maße überein so ist dadurch nicht nur eine Kontrolle der durchgeführten Vermessungen gegeben, sondern auch der daraus erfolgten Berechnungen: ΞB und ΠΔ bilden die Grundlage für die Ermittlung der gesuchten Tunnellänge, denn die Hypotenusen der Hilfsdreiecke sind jeweils ein Fünftel der Strecke BΔ lang.

Die Hypotenusen der beiden Hilfsdreiecke geben zudem die Richtung für den Tunnelvortrieb an, und Heron schließt seine Beschreibung völlig richtig mit dem Hinweis ab: *«Wird der Tunnel auf diese Weise hergestellt, so werden sich die Arbeiter treffen»*.

Diese antike Beschreibung für die Berechnung einer Tunnellänge mitsamt der Methode für die Trassierung des Tunnels ist auf den ersten Blick beeindruckend, weil sie zudem genial einfach erscheint. Nicht von ungefähr taucht in der Forschungsgeschichte der Versuch auf, diese Beschreibung mit dem Bau des Eupalinos-Tunnels in Einklang zu bringen, zumal das beschriebene Gelände gewisse Ähnlichkeiten aufweist. Nun hat aber Heron gut 500 Jahre nach dem Bau des Eupalinos-Tunnels gelebt, und es könnte allenfalls sein, daß er den Eupalinos-Tunnel als Vorbild für seine theoretische Beschreibung gewählt hat, denn der Tunnel zählte nicht ohne Grund zu den berühmtesten Bauwerken im Mittelmeerraum. Aber wie so oft sind auch hier Theorie und Praxis nicht zueinander zu bringen. Wollte man nämlich den Kastro-Berg auf die bei Heron beschriebene Weise mittels eines rechtwinkligen Polygonzuges umfahren, so hätte man ein Vielfaches von der bei Heron beschriebenen Anzahl an Aufstellungen für die Dioptra gebraucht, da die steilen Berghänge diese Vermessungsmethode nicht begünstigten. Die Heron'sche Übungsaufgabe für die Tunnelabsteckung mittels Dioptra scheint tatsächlich eine rein theoretische Aufgabe zu sein, denn sie ist für keinen der bekannten Tunnel anwendbar. Gleichwohl ist damit eine praktikable Methode erklärt.

Führte der geplante Tunnel allerdings nicht durch einen Bergsporn, sondern durch einen Bergrücken, so war diese Methode ohnehin nicht anwendbar. In solchen Fällen war es erforderlich, die geplante Trasse über den Berg abzustecken, und es ist nicht unwahrscheinlich, daß auch der Eupalinos-Tunnel nach dieser Methode abgesteckt worden ist, zumal sie ohne größere Hilfsmittel – wie etwa die zu Eupalinos' Zeiten gar nicht zur Verfügung stehende Dioptra – durchzuführen war. Von Nonius Datus wissen wir, daß er seine Trasse *«über den Berg abgesteckt»* hatte, bevor die Bauleute beim Vortrieb *«Fehler über Fehler»* machten. Und da man in kaum einem Fall von einem Tunnelmundloch zum anderen sehen konnte, kam nur ein einfaches Absteckverfahren in Frage, das jeder Vermessungstechnikerlehrling unserer Tage unter der Bezeichnung «Gegenseitiges Einrichten einer Geraden» (Abb. 26) kennt.

Man benötigt für dieses Verfahren vier Fluchtstäbe, von denen zwei in den Festpunkten bei den geplanten Mundlöchern aufgestellt werden. Zwei Mann, jeweils mit einem der beiden übrigen Fluchtstäbe ausgestattet, stellen sich nun so hoch im Berghang auf, daß sie soeben über die Bergkuppe schauen und jeweils den im dahinter liegenden Berghang befindlichen Festpunkt einsehen können. Auf diese Weise ergibt es sich, daß zwischen dem einen Vermessungsgehilfen und dem von ihm aus einsehbaren Festpunkt jeweils im oberen Bereich des Gegenhanges der andere Vermessungsgehilfe steht, der die gleiche Situation in der anderen Richtung vor Augen hat.

In dieser Ausgangssituation positioniert nun einer der Vermessungsgehilfen seinen Fluchtstab und richtet den Kollegen auf eine gerade Linie zwischen seinem Standpunkt und dem gegenüberliegenden Mundlochfestpunkt ein. Als nächster Schritt wird er selbst vom Kollegen zwischen dessen Standpunkt und dem anderen Mundlochfestpunkt eingerichtet. So verfährt man wechselseitig, wobei man sich der Geraden zwischen beiden Mundlochfestpunkten zwangsläufig immer mehr nähert. Abgeschlossen ist das Verfahren, wenn beide Vermessungsgehilfen jeweils den anderen genau auf einer Linie zwischen sich und dem gegenüberliegenden Festpunkt sehen; danach liegen alle vier

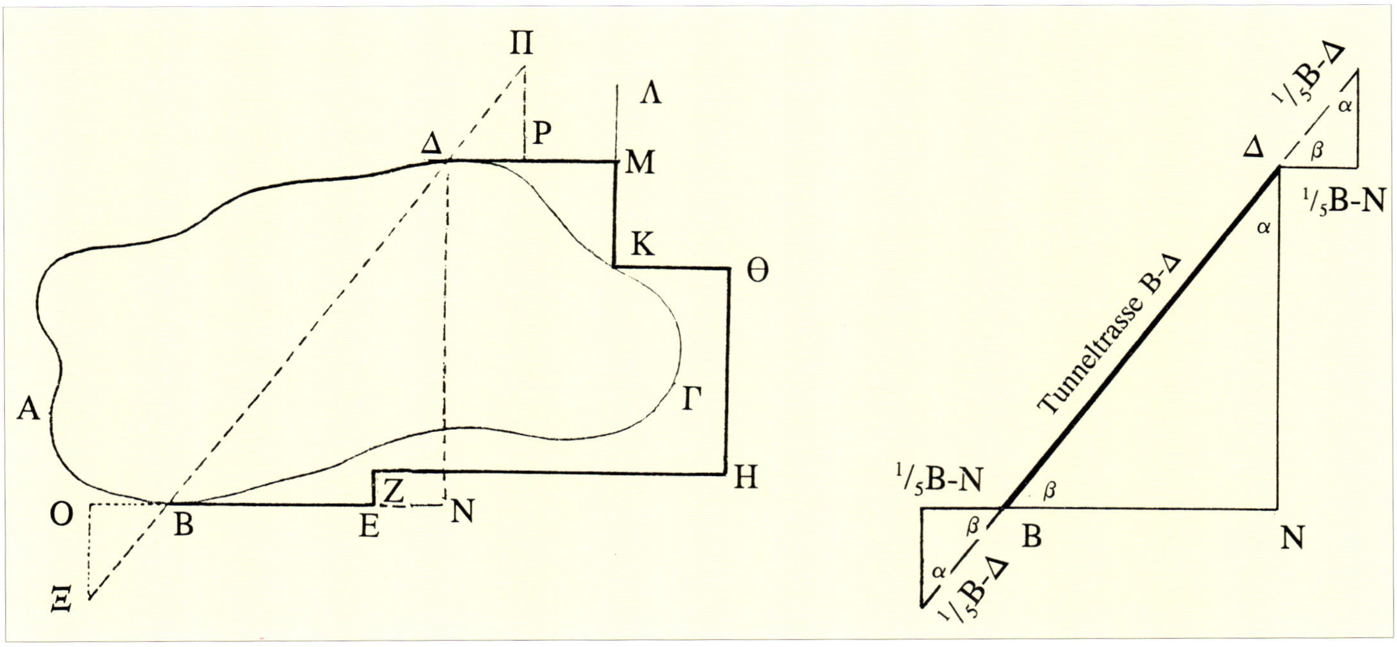

25

Die Absteckung der Tunneltrasse über einen Bergrücken nach der Methode des «Gegenseitigen Einrichtens einer Geraden»

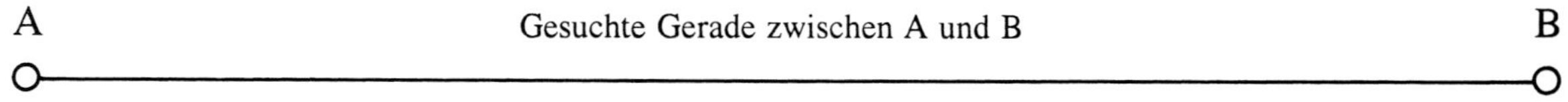

Von zwei Hilfpunkten aus sind gegenseitige Sichten zu den Endpunkten der gesuchten Geraden möglich: von A^1 nach B und von B^1 nach A

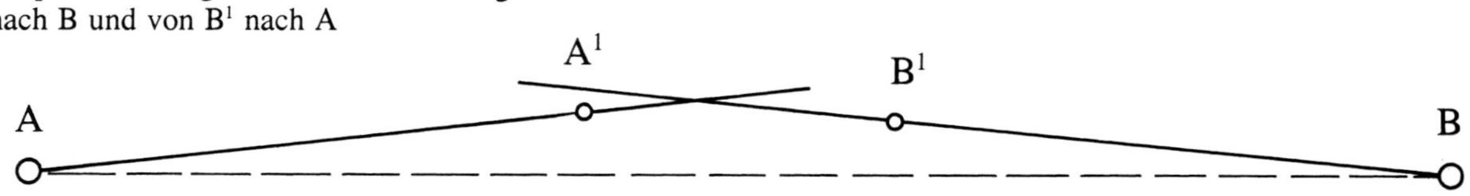

Von B^1 aus wird A^2 auf einer geraden Linie nach A eingerichtet

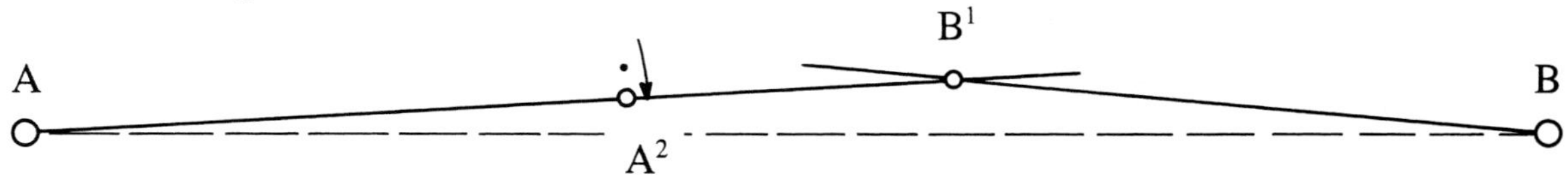

Von A^2 aus wird B^2 auf einer Geraden nach B eingerichtet

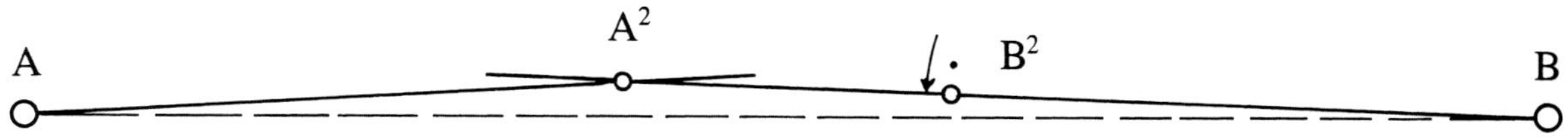

Von B^2 wird A^3 auf einer geraden Linie nach A eingerichtet.
Der Vorgang wird wechselseitig wiederholt …

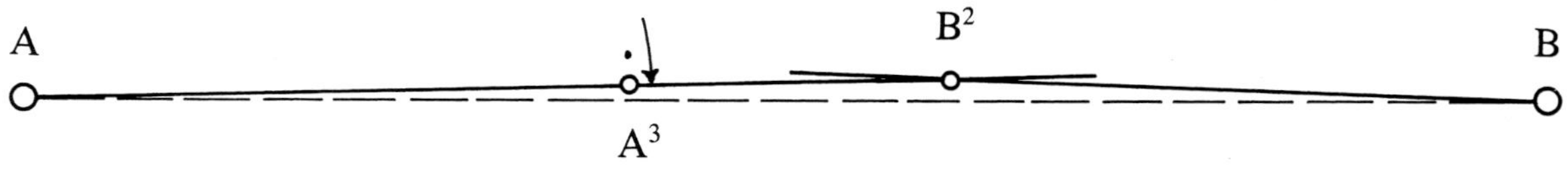

… bis die Punkte A - A^x - B^x - B auf einer Linie liegen.
Die Gerade über den Berg ist eingerichtet.

Die Methode des "Gegenseitigen Einrichtens einer Geraden" funktioniert, wenn auf beiden Seiten des Berges jeweils drei Punkte einsehbar sind.

Längsschnitt

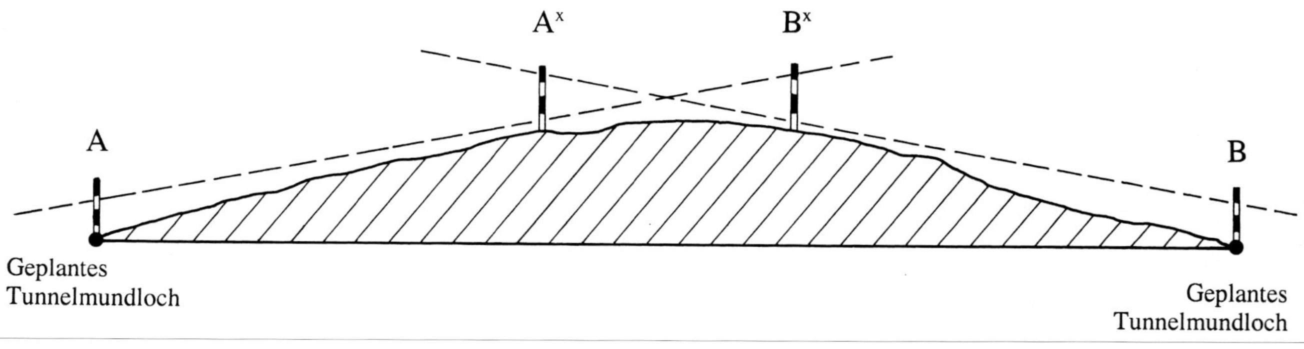

Punkte auf der exakten Geraden zwischen den Mundlöchern, die damit den geraden Verlauf der Tunneltrasse markiert.

Danach gilt es, die so gefundene Trasse von über Tage nach unter Tage zu übertragen (Abb. 27). Das ist nicht einfach, wenn man sich mit der Trassenlinie in einem Steilhang befindet. Und genau da liegt eine weitere Schwäche der von Heron beschriebenen Übungsaufgabe: in einem Hang liegt der für eine Richtungsvorgabe außer dem Festpunkt am Mundloch notwendige zweite Punkt zwangsläufig tiefer, so daß er bei horizontalem Tunnelvortrieb vom Tunnelinneren aus nur auf eine kurze Strecke gesehen werden kann. Zumindest für die Anfangsstrecke des Tunnels bedarf es einer Orientierung über zwei Festpunkte, war man weit genug im Berg, so konnte der Rückblick zum durch das Mundloch einfallenden Licht für den weiteren Vortrieb genügen (s. o.).

Die beiden Festpunkte durften aber auch nicht zu dicht beieinanderliegen, da dadurch die Ungenauigkeit in der Richtungsübertragung begünstigt wurde. Also war es vorteilhaft, wenn dem zu durchtunnelnden Berg ein Tal mit einem Gegenhang vorgelagert war. Dann konnte man nämlich den zweiten der notwendigen Festpunkte dort signalisieren und hatte mitsamt dem Festpunkt am Mundloch eine Ziellinie von ausreichender Länge zur Verfügung. Diese Linie konnte für die Markierung der Vortriebsrichtung und weiterhin für die Kontrolle des Vortriebs herangezogen werden.

Stand kein Gegenhang zur Signalisierung eines zweiten Festpunktes zur Verfügung, so konnte es notwendig sein, im Anfangsverlauf des Tunnels einen Orientierungsschacht (Visierschacht) anzulegen. Dieser wurde dann auf der Trassenlinie abgesteckt und abgeteuft; über diesen Schacht konnte ein auf der Trassenlinie liegender Festpunkt in die Vortriebsstrecke abgelotet werden.

Die Trassenabsteckung für im Qanatverfahren aufgefahrene Tunnel

Tunnel mit vertikalen Schächten

Das Qanatverfahren (auch: Lichtlochverfahren) verkürzt die Vortriebsstrecken im Tunnelbau, da die Gesamttrasse in mehrere Baulose aufgeteilt wird. Damit wird das Risiko von Vortriebsfehlern minimiert. Dem Qanatverfahren liegt also eine gänzlich andere Strategie zugrunde als dem Verfahren des Tunnelbaus im Gegenort. Es wurde schon erwähnt, daß die Entscheidung für dieses oder das andere Verfahren selbst Teil der Strategie des Baumeisters ist. Das Prinzip ist einfach: Man steckt über den Berg eine der Topographie angepaßte Linie ab, auf der man in bestimmten Abständen Schächte abteuft. Hat man mit diesen Schächten eine vorausberechnete Tiefe erreicht, so treibt man einen Stollen auf den nächsten Schacht vor. Die Verbindung sämtlicher Baulose ergibt schließlich den Tunnel.

Beim Qanatverfahren ist es auch nicht mehr erforderlich, zwischen den beiden Mundlöchern eine gerade Trassenlinie aufzufahren, da man hier von Bauschacht zu Bauschacht ohnehin neu abzustecken hat. Deshalb kann man mit der Trassenplanung einer Linie über den Berg folgen, die die geringsten Tiefen bei der Anlage der Bauschächte erfordert. Im Qanatverfahren errichtete Tunnel haben deshalb sehr oft eine gewundene Linienführung, da sie der tiefsten Verbindung über den Berg folgen, etwa einem Geländesattel. Das Beispiel des Drover-Berg-Tunnels bei Düren (Nordrhein-Westfalen, s. S. 189) zeigt aber, daß man der tiefsten Sattellinie leicht seitlich versetzt gefolgt ist, um das Eindringen von Oberflächenwasser in die Schächte zu verhindern.

Es war zu vermuten, daß bei diesem Verfahren von den Schächten jeweils in beiden Richtungen aufgefahren wurde, um die Vortriebsrichtungen noch mehr zu verkürzen und die Bauzeiten zu halbieren, da auf diese Weise die Anzahl der

***Abb. 26** Prinzip des «Gegenseitigen Einrichtens einer Geraden».*

***Abb. 27** Prinzip der Übertragung einer Trassenlinie nach unter Tage (aus: Fabre/Fiches/Paillet 1991, 307).*

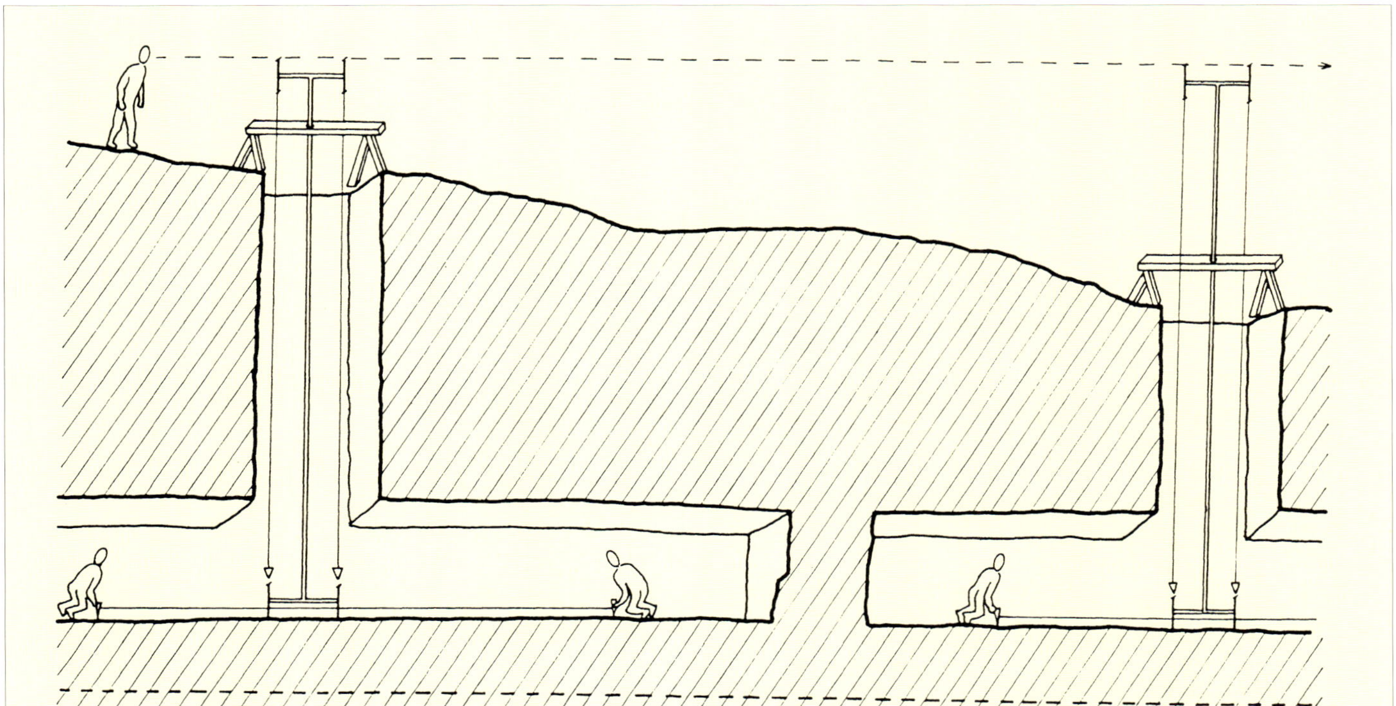

27

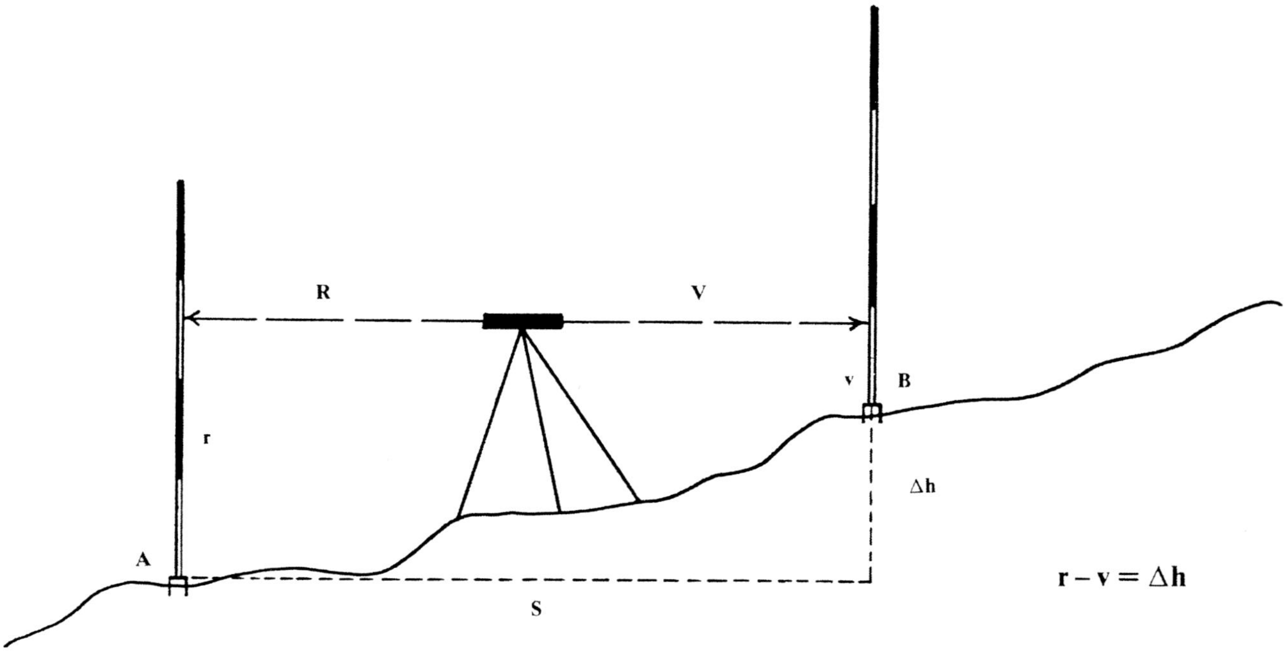

Das Prinzip des Nivellierens

Der eigentliche Meßvorgang des Nivellierens hat sich von der Antike bis heute kaum verändert, und er bedeutet im wesentlichen, mittels eines geeigneten Gerätes oder Instrumentes den Höhenunterschied (Δ h) zwischen einem Punkt bekannter Höhe und einem Punkt unbekannter Höhe zu bestimmen.
Zum Messen wird eine horizontierbare Zieleinrichtung benötigt, die von ein und derselben Aufstellung des Gerätes aus Visuren in Richtung beider Punkte zuläßt (Rückblick R und Vorblick V). Dabei werden an einem auf beiden Punkten nacheinander aufgehaltenen Maßstab (Nivellierlatte) die Werte für die Höhe dieser Ziellinie über beiden Punkten abgelesen (r und v). Aus der Differenz dieser beiden Meßwerte ergibt sich der Höhenunterschied (Δ h). In einem weiteren Rechengang wird durch Addition oder Subtraktion von Δ h zur absoluten Höhe des Ausgangspunktes – je nachdem, ob der neue Punkt höher oder tiefer als der Ausgangspunkt liegt – die absolute Höhe des Neupunktes errechnet. Liegen beide Punkte für das Nivellement von einem Standpunkt aus zu weit voneinander entfernt, so teilt man die Strecke in mehrere Abschnitte auf und bestimmt die Höhe des Neupunktes schrittweise über Zwischenpunkte (Wechselpunkte). Wird in diese Rechnung als weiterer Wert der Abstand zwischen den beiden Punkten (Strecke s) eingebracht, so läßt sich das für den Fernleitungsbau so wichtige Gefälle zwischen zwei Punkten bestimmen.

28

Baulose verdoppelt wurde. Die gefundenen Beispiele zeigen jedoch zumeist den Vortrieb in nur eine Richtung. In Gegenrichtung hat man lediglich eine Nische aus dem Fels herausgearbeitet, um etwas Arbeitsraum zu haben; groß genug, damit ein Arbeiter sich unterstellen konnte, wenn der Förderkorb herabgelassen oder heraufgezogen wurde. Eine Verkürzung der Vortriebsstrecken war darüber hinaus fast nicht mehr möglich, denn Tunnelstrecken mit Schachtabständen von 4 m bis 8 m (Beirut, Libanon, s. S. 154) oder 12 m bis 20 m (Drover-Berg-Tunnel, s. S. 189) ließen es fast gar nicht mehr zu, sich zu verfehlen.

Die Übertragung der Vortriebsrichtungen mußte jeweils durch die Bauschächte erfolgen. Dazu wird man über den Schächten Dreiböcke mit einem Richtscheit aufgestellt haben, an dem zwei Lote hingen. Über Tage wurde über die Lotschnüre zum Festpunkt am nächsten Bauschacht eingerichtet; die festgestellte Richtung wurde über die an langen Schnüren hängenden Lote bis auf die Vortriebsebene übertragen.

Nun wird noch einmal deutlich, warum die Einhaltung von Vortriebsrichtungen ein derart schwieriges Unterfangen war, daß ihre Absteckung in kaum einem Fall fehlerfrei gelungen scheint: Hatte man nämlich mit Hilfe der Ablotung die Vortriebsrichtung in den Suchstollen übertragen, so konnten die danach erfolgten Markierungen der Richtungseinhaltung beim Vortrieb selbst kaum dienen, da sie immer im Rücken der Tunnelarbeiter angebracht waren. Eine eventuell an der Ortsbrust angebrachte Markierung wäre schon beim ersten Hackenschlag zerstört worden und hätte damit einer Orientierung kaum dienlich sein können. Es ist deshalb festzustellen, daß man vielerorts tatsächlich jeweils einen Teil der Vortriebsstrecke nach Gefühl aufgefahren hat, um nach Kontrollmessungen die Richtungen wiederholt zu korrigieren (Fontvieille, Frankreich, s. S. 98). Es war vermutlich ein geringerer Aufwand, nach Kontrollmessungen in gewissem Umfang Korrekturstrecken aufzufahren, als angestrengt zu versuchen, einer Ideallinie zu folgen.

Tunnel mit Fensterstrecken

Es gibt zwei Varianten für dieses Verfahren. Beim einen folgt man im Inneren des Berges dem felsigen Steilhang in einem kurzen parallelen Abstand. Der Tunnel wird wie üblich als Suchstollen aufgefahren, und nach kurzen Vortriebsstrecken wird ein Querschlag nach außen geführt. Damit ist eine Kontrolle des Vortriebs gegeben und gleichzeitig die Orientierung für den nächsten Vortriebsabschnitt möglich. Beim weiteren Vortrieb dienten diese Öffnungen im Fels der Entsorgung des anfallenden Aushubmaterials.

Für dieses Verfahren waren nur Projekte geeignet, bei denen der Tunnel entweder unverhältnismäßig hoch überdeckt war und/oder die zudem einen Bergsporn mit steiler Hanglage zu durchfahren hatten; diese Geländevoraussetzung war besonders in Küstenlage oder im Prallhang von Flüssen gegeben.

Es darf auch nicht außer acht gelassen werden, daß bei der Anlage horizontaler Öffnungen von innen nach außen gearbeitet werden mußte. D. h., das bei der Anlage der ersten seitlichen Öffnung anfallende Hauklein mußte durch das rückwärtige Mundloch abgefahren werden; der Aushub des weiteren Vortriebs und der zweiten Öffnung konnte, bis der Durchbruch erfolgt war, über die erste Öffnung abgekippt werden. So verfuhr man weiter, um den Weg für den Abtransport des Aushubs kurz zu halten.

Ein solcher Tunnel (Korykos und Antakya, Türkei, s. S. 146 bzw. 108) ist auch von außen erkennbar, denn er öffnet sich zur Talseite mittels einer Reihe von «Fenstern», die sich in der Felswand auf einem Niveau wie eine Perlenkette aneinanderreihen.

Tunnel mit Fensterstrecken sind im antiken Tunnelbau eher die Ausnahme und daher recht selten vorzufinden. Der Grund hierfür liegt in der geländebedingten Situation, die nur in den wenigsten Beispielen für diese Technik geeignet schien: Statt dessen konnte/mußte der Berg entweder nach den zuvor beschriebenen Verfahren durchtunnelt werden, oder es konnte genügen, eine Felsgalerie anzulegen (Amasya und Side, Türkei, s. S. 13 bzw. 144).

Tunnel mit Schrägschächten

Die Anlage von Tunneln dieser Art war, ebenso wie die Anlage von Tunneln mit Fensterstrecken, von den Geländegegebenheiten abhängig. Dabei war eine Anlage der Schächte sowohl von außen nach innen, als auch umgekehrt möglich. Die Schächte konnten auch für die Richtungsübertragung auf längere Vortriebsstrecken genutzt werden. Voraussetzung war, daß der Berghang zumindest im Bereich des Schachteingangs nicht zu steil und begehbar war.

Wie Beispiele zeigen, wurden die Schächte (mit ca. 40^{gon} in Bologna, Italien und ca. 45^{gon}–50^{gon} in Gadara, Jordanien, s. S. 139 bzw. 149) zumeist recht steil in den Berg getrieben. Sie bilden in der Regel den Ausgangspunkt für neu orientierte Vortriebsstrecken.

Die Sohlen der Schrägschächte wurden oft in Form von Treppen aus dem Fels herausgearbeitet, damit man darauf einfacher in die Baustelle gelangen konnte. Auf einer Seite konnte die Treppe von einer Art Rutsche, also einer glatt gearbeiteten Spur begleitet sein, auf der die Behältnisse mit dem Hauklein an das Tageslicht gezogen wurden. Diesen Schächten konnte, wenn sie dem Bau eines Tunnels der Wasserversorgung gedient hatten, aber auch eine Doppelfunktion zugewiesen gewesen sein. Nachdem sie nämlich als Bauschächte ausgedient hatten, war es möglich, sie zur direkten Wasserentnahme zu benutzen. Die im Tunnel offenliegende wasserführende Rinne war über die Treppen der Bauschächte zu erreichen, und ein kleines Podest am unteren Treppenende, wenig oberhalb des Wasserspiegels, ermöglichte die Wasserentnahme.

Höhenvermessung und Gefälleabsteckung im Tunnelbau

Die genaue Festlegung der Hauptvermessungspunkte an den Mundlöchern hatte nicht nur der Lage nach möglichst exakt zu sein, sondern sie mußte auch höhenmäßig den Genauigkeitsansprüchen des bauleitenden Ingenieurs genügen. Denn neben der exakten Richtungsvermessung war die richtige Höhenvermessung die zweite Voraussetzung, um ein Zusammentreffen zweier Stollenvortriebe zu erreichen.

Gleichwohl scheint die Höhenvermessung nur selten vergleichbare Probleme verursacht zu haben, wie wir sie in der Orientierung unter Tage feststellen konnten. Das mag unter anderem daran liegen, daß der Arbeiter vor Ort mit einfachen Hilfsmitteln in der Lage war, das Niveau im Bereich des Suchortes mit dem Niveau eines Bezugspunktes zu vergleichen. Eine Holzlatte mit einer selbstkonstruierten Setzwaage leistete die entsprechende Hilfe dort, wo nicht schon am Abfluß des einsickernden Grundwassers die Höhenverhältnisse erkannt werden konnten.

Höhensprünge im Dezimeterbereich, die im Treffpunkt zweier Baulose in der Firste sichtbar werden, zeigen, daß kleine Meßungenauigkeiten durchaus an der Tagesordnung waren (Carhaix, Frankreich, s. S. 173). Aber es sind auch Höhensprünge im Meterbereich feststellbar, wie das Beispiel des Tunnels von Sernhac (s. S. 161) im Zuge der Wasserleitung nach Nîmes (Frankreich) zeigt. Da die zugehörigen Suchstollen aber recht horizontal aufgefahren sind, muß es sich hier um einen Absteckfehler im Nivellement der Bezugspunkte außerhalb des Tunnels vor Beginn der Arbeiten gehandelt haben. Man hat sich mit beiden Baulosen – allerdings in verschiedenen Höhenlagen – zwar auch in Sernhac ge-

29

***Abb. 28** Das Prinzip des geometrischen Nivellements. Die Differenz aus Vor- und Rückblick, vom Standort eines Nivelliergerätes aus ermittelt, ergibt den Höhenunterschied zwischen zwei Punkten.*

***Abb. 29** Gefälleabsteckung nach der Methode des Austafelns.*

troffen, der Fehler ist aber selbst nach dem Bau des endgültigen Tunnelprofils an den Wandungen noch erkennbar.

Einzigartig ist eine größere Höhenkorrektur im Vortrieb des Tunnels von Briord (Frankreich, s. S. 170), die aufgrund einer Kontrollmessung erfolgt sein muß. Merkwürdig ist nur, daß man sich eigentlich auf dem richtigen Niveau befand, jedoch ab einem bestimmtem Punkt im Vortrieb mit einer schräg nach oben gerichteten Vortriebsänderung einem vermeintlich mehrere Meter höher liegenden Niveau zustreben wollte. Nach einigen Metern irrtümlichen Vortriebs scheint eine erneute Kontrollmessung Aufschluß über die fehlerhafte Ausrichtung in der Höhenlage gegeben zu haben, und man setzt am Anfang der fehlerhaften Strecke noch einmal an, um auf dem alten Niveau weiterzufahren.

Fehlerursachen im Bereich der Höhenvermessung im Tunnelbau waren einmal Ungenauigkeiten bei der Festlegung der Höhenfestpunkte vor den Mundlöchern. Weitere Fehlerquellen lagen im Bereich der Kontrollmessungen – sei es durch Nachlässigkeit des Arbeiters, der vor Ort seinen Vortrieb auf Höhenrichtigkeit überprüfte, oder sei es, daß bei den periodischen Kontrollmessungen durch den Bauleiter ein Fehler unterlaufen war. Es ist nicht unbegründet anzunehmen, daß mit der Lagekontrolle der Vortriebsrichtung gleichzeitig auch die Höhe kontrolliert wurde.

Für die Höhenvermessung standen im Tunnelbau dieselben Geräte zur Verfügung, die zeitgleich auch in der Landvermessung Anwendung gefunden haben. Im wesentlichen waren dies die Setzwaage für kleinere Vermessungen sowie Diopter und Chorobates für die grundlegenden Vermessungsarbeiten.

Jüngere Untersuchungen an antiken Wasserleitungen zeigen aber, daß man sich bei der Vermessung des Grundnivellements einer anderen Methode bediente als bei der Gefälleabsteckung.[32] Während das Grundnivellement beim Tunnelbau, also die Höhenabsteckung der Höhenfestpunkte im Bereich der Mundlöcher, nach einem Verfahren vorgenommen wurde, das dem modernen Nivellement mit Vor- und Rückblick ähnlich ist, wurde für die Gefälleabsteckung ein einfacheres Verfahren gewählt. Der Grund hierfür wird in Nonius Datus' Beschreibung seiner Tunnelabsteckung in Saldae (s. S. 135) sichtbar, denn vermutlich war ein geometrisches Nivellement (etwa mit einem Chorobaten) nur von einem ausgebildeten Vermessungsfachmann zu messen, der nur zeitweilig auf einer Baustelle tätig sein konnte (Abb. 28).

Die Gefälleabsteckung konnte nach einem einfacheren Verfahren (etwa nach der Methode des Austafelns) erfolgen, das mit einfacheren Hilfsmitteln auch vom Bauleiter der Baustelle durchgeführt werden konnte (Abb. 29).

Das 'Austafeln' war im Kanalbau vielerorts bis in die 70er Jahre unserer Zeit gebräuchlich und ist erst nach und nach durch mit Laserstrahlen ausgerüstete Instrumente abgelöst worden. Es werden dafür drei T-förmige Tafeln benutzt, deren Querbalken etwa in Brusthöhe angebracht sind. Zwei dieser Tafeln werden auf Holzpfählen aufgestellt, die als Festpunkte mit einem das geplante Gefälle bildenden Höhenunterschied vermarkt worden sind. Durch Peilung mit bloßem Auge werden nun die Oberkanten der beiden T's verlängert, und auf der sich daraus ergebenden Gefällelinie wird die Oberkante des dritten T's eingerichtet. Liegen also alle drei T's auf einer optischen Gefällelinie, so kann am Fuß des dritten T's ein Holzpfahl eingeschlagen werden, wodurch das Gefälle für einen weiteren Punkt der Trasse abgesteckt ist. Beim geometrischen Nivellement wird durch die Messung von Vor- und Rückblicken die Auswirkung der Erdkrümmung auf die Vermessung eliminiert, wogegen die Auswirkung der Erdkrümmung beim Austafeln mit der Länge der Strecke überproportional zunimmt. Da die Bauloslängen im Tunnelbau aber nur selten die oftmals kilometerlangen Bauloslängen antiker Aquädukte erreichten, waren die aufgetretenen Fehler gering und konnten in der Regel vernachlässigt werden.

Die Entscheidung für das richtige Bauverfahren war maßgeblich für das Gelingen eines Tunnelbaus. Die weiteren Ausführungen werden zeigen, daß das Gelingen eines Bauplanes nicht nur von äußeren Schwierigkeiten abhängig war. Die Umsetzung eines Tunnelbauplanes in die Wirklichkeit erforderte Kopf und Hand eines gut ausgebildeten und erfahrenen Baumeisters. Es scheint, als sei die Entscheidung für oder gegen eine bestimmte Bautechnik vom Können des jeweils vor Ort eingesetzten Ingenieurs abhängig gewesen.

Vermessungsgeräte beim antiken Tunnelbau

Die Geräte zur Lagevermessung

Vermessen heißt, eine Strecke unbekannter Länge mit einer bestimmten genormten Maßeinheit zu vergleichen. Dazu bedurfte es eines Normmaßes und eines handlichen Gerätes, auf dem man eine oder mehrere dieser Maßeinheiten markieren konnte. Auf eine Betrachtung zur Geschichte der Maßeinheiten kann an dieser Stelle verzichtet werden. Es mag die Feststellung genügen, daß für die in der Geschichte des Tunnelbaus in Frage kommenden Zeiten allzeit Normmaße zur Verfügung gestanden haben. In dem hier behandelten Zeitraum waren es immer vom menschlichen Körper abgeleitete Maße, die als Elle oder Fuß genormt waren. Der Wechsel von einem Normmaß zu einem anderen in ein und derselben Baustelle, wie Kienast es für den Eupalinos-Tunnel auf Samos (s. S. 58) nachgewiesen hat, war eine Besonderheit und baustellenbedingt.[33] Dieses Problem wird deshalb gesondert behandelt (s. u.). Ansonsten war es für die Bauplanung und Ausführung unwichtig, mit welchem Normmaß gearbeitet wurde; wichtig war einzig und allein, daß das für die Planung benutzte Normmaß auch bei der Bauausführung zur Anwendung kam.

Bezüglich der Meßgeräte für die frühen Tunnelbauten im Raume Palästina sei versucht, Bibel und Talmud als Quellen auszuschöpfen. Als Gerätschaften finden wir dort Meßseile bevorzugt aus Flachs, aber auch aus Binsen, Weiden und Palmbast beschrieben.[34] Wichtig war es, den Ausdehnungskoeffizienten dieser Gerätschaften möglichst klein zu halten, weshalb auch von Meßketten und Meßruten die Rede ist. Zur Anwendung sind sowohl ägyptische als auch babylonische Maßeinheiten gekommen.

Auch im frühen Griechenland sind babylonische und ägyptische Maßeinheiten verwendet worden, und bis zu den ersten exakten Beschreibungen von Maßen und Meßgeräten durch Heron von Alexandria kann man – von schriftlichen Wegstreckenbeschreibungen abgesehen – die Ursprünge der Maßsysteme allein aus den Bauwerken ablesen und zu entschlüsseln versuchen.

Heron beschreibt uns auch Methoden, um das Meßwerkzeug, in diesem Fall ein Meßseil, maßgetreu zu halten: *«Man spannt das Seil stark zwischen zwei Pfähle, läßt es so einige Zeit, dann streckt man es von neuem. Nachdem dieses Verfahren mehrmals wiederholt worden ist, reibt man das Seil mit einer Mischung von Wachs und Harz ein. Noch besser ist es, es senkrecht zu spannen und während ziemlich langer Zeit ein Gewicht daran hängen zu lassen. Ein so behandeltes Seil wird seine ursprüngliche Länge beibehalten oder nur mehr unmerkliche Veränderungen erleiden.»*[35] Aber Heron beschreibt auch die Meßkette als Vermessungsgerät und hebt dabei ausdrücklich hervor, daß diese, im Gegensatz zum Band, nicht weiter geprüft werden müsse, da sie materialbedingt maßgetreu sei.

In römischer Zeit wird die Quellenlage auch bezüglich der Vermessungsinstrumente klarer: Etliche Längenmeßwerkzeuge finden sich auf Grabsteinen dargestellt und geben Aufschluß über römische Vermessungskunst, archäologische Funde ergänzen die Befundsituation.[36]

Geräte zur Winkelmessung

Die Absteckung rechter Winkel war eine der Grundaufgaben der römischen Vermessungstechnik. Deshalb war das wichtigste Gerät in der allgemeinen Landvermessung ohne Zweifel die Groma, von der die antike Berufsbezeichnung 'Gromatiker' abgeleitet ist. Aussehen und Funktionsweise der Groma lassen sich aufgrund eines Fundes in Pompeji sowie nach der Darstellung auf antiken Grabstelen aus Ivrea und Pompeji gut rekonstruieren.[37]

Der Groma-Fund von Pompeji (Abb. 30) offenbart ein ausgereiftes Groma-Modell, das eine Aufstellung direkt über dem Vermessungspunkt zugelassen hat: Auf einem gekröpften Stabstativ ist ein drehbares Achsenkreuz angebracht, an dessen Enden insgesamt vier Lote herabhängen. Der Auslegerarm erlaubte, daß der Schnittpunkt des Achsenkreuzes über einem Vermessungspunkt zentriert werden konnte, und daß weiterhin eine Visur über die jeweils diagonal gegenüberliegenden Lotschnüre möglich war. Diese Anordnung der Peillinien erlaubte in genialer Weise einen Fehlerausgleich bei der Kontrollabsteckung. War nämlich der rechte Winkel über die zwei diagonal gegenüberliegenden Lotschnüre abgesteckt worden, drehte man das Achsenkreuz um 100^{gon} und wiederholte die Messung: Orientierung der Groma auf der Grundlinie, danach Absteckung des rechten Winkels über die beiden freien Lotschnüre. Ergab sich bei der zweiten Messung aufgrund eines (eigentlich unvermeidbaren) Gerätefehlers eine Abweichung, so war der daraus resultierende Absteckfehler durch Mittelung beider Ergebnisse zu eliminieren.

Damit die Kontrollmessung nicht versehentlich über die Schnüre der ersten Vermessung gemacht wurde, hatte man den Loten paarweise eine unterschiedliche Form gegeben. In einem Fundkomplex in Spanien fanden sich Lote in der üblichen spitzen Form sowie in Kugelform.[37a]

Abweichend von dem zuvor beschriebenen Groma-Modell zeigen die beiden Darstellungen auf den Grabstelen von Ivrea[38] und Pompeji die Achsenkreuze

30

***Abb. 30** Nach einem Groma-Fund aus Pompeji rekonstruiertes funktionsfähiges Modell (Sammlung des Förderkreises Vermessungstechnisches Museum e. V., Dortmund).*

auf einem einfachen Stabstativ. Dadurch war eigentlich eine Visur jeweils über die diagonal gegenüberliegenden Lotschnüre nicht möglich. Es hat den Anschein, als seien beide Gromae für den Transport zerlegbar gewesen. Zudem glaubt man bei der Groma von Ivrea (Abb. 31) unter dem Steckzapfen für das Aufsetzen des Achsenkreuzes einen Sehschlitz zu erkennen; das Vorhandensein einer solchen Einrichtung hätte dann die zuvor beschriebene Diagonal-Visur wiederum möglich gemacht. Obwohl die Groma nur für die Absteckung von geraden Linien und rechten Winkeln geeignet war, konnte sie wegen ihrer großen Genauigkeit durchaus auch für schwierige Vermessungen eingesetzt werden.

31

Die vielen rechten Winkel bei dem von Heron beschriebenen Tunnelabsteckverfahren (s. o.) wären auch mit einer Groma abzustecken gewesen. Heron beschreibt allerdings auch ein vermessungstechnisches Vielzweckgerät, seine Dioptra (Abb. 32).[39] Damit waren über den rechten Winkel hinaus beliebige Horizontal- und Vertikalwinkel abzustecken und weiterhin über ein Aufsatzgerät exakte Nivellements durchzuführen.

Geräte zur Höhenvermessung

Schwieriger wird die Betrachtung römischer Geräte zum Höhenvermessen. Hier gibt es nicht einen archäologischen Fund und auch keine antike Abbildung, wodurch die Textbeschreibung des römischen Baumeisters Vitruv (1. Jh. v. Chr.) gestützt werden könnte. Dieser beschreibt die Anwendung der bereits erwähnten Dioptra als zu ungenau und empfiehlt statt dessen den 20 Fuß langen Chorobat, wobei wohl allein die Verlängerung der Ziellinie eine gesteigerte Genauigkeit erzeugen sollte.

«Die erste Arbeit ist das Nivellieren. Nivelliert aber wird mit dem Diopter oder der Wasserwaage oder dem Chorobat, aber ein genaueres Ergebnis erreicht man mit dem Chorobat, weil Diopter und Wasserwaage täuschen. Der Chorobat aber besteht aus einem etwa 20 Fuß langen Richtscheit. Dieses hat an den äußersten Enden ganz gleichmäßig gefertigte Schenkel, die an den Enden (des Richtscheits) nach dem Winkelmaß (im Winkel von 90 Grad) eingefügt sind, und zwischen dem Richtscheit und den Schenkeln durch Einzapfung festgemachte schräge Streben. Diese Streben haben genau lotrecht aufgezeichnete Linien, und jeder einzelnen dieser Linien entsprechend hängen Bleilote von dem Richtscheit herab, die, wenn das Richtscheit aufgestellt ist und alle Bleilote ganz gleichmäßig die eingezeichneten Linien berühren, die waagerechte Lage anzeigen. 2. Wenn aber Wind störend einwirkt und durch die so hervorgerufenen Bewegungen der Bleilote die Linien keine zuverlässige Anzeige mehr bieten können, dann soll das Richtscheit am obersten Teil eine Rinne von 5 Fuß Länge, einem Zoll Breite und 1 ½ Zoll Tiefe haben, und dort hinein soll man Wasser gießen. Wenn nun das Wasser in genau gleicher Höhe die obersten Ränder der Rinne berührt, dann wird man wissen, daß die Länge waagerecht ist. Ebenso wird man, wenn mit diesem Chorobat so nivelliert ist, wissen, wie groß das Gefälle ist. 3. Vielleicht wird jemand, der die Schriften des Aristoteles gelesen hat, sagen, daß mit Hilfe von Wasser keine zuverlässige Nivellierung erzielt werden kann, weil dieser der Meinung ist, daß die Oberfläche des Wassers nicht waagerecht ist, sondern eine kugelähnliche gewölbte Gestalt und (diese Kugel) dort ihren Mittelpunkt hat, wo ihn auch die Erde hat. Mag nun aber die Oberfläche des Wassers waagerecht oder kugelähnlich gewölbt sein, so muß doch das Richtscheit, wenn es waagerecht ist, das Wasser an den äußersten Enden (der Rinne) in gleicher Höhe halten. Wenn es aber an der einen Seite schräg geneigt ist, dann wird an der Seite, die höher liegt, die Rinne des Richtscheits das Wasser nicht am obersten Rand haben. Es ist nämlich notwendig, daß das Wasser, wohin man es auch gießt, in der Mitte (seiner Oberfläche) eine Aufblähung und Krümmung hat, daß aber die Enden rechts und links unter sich in einer waagerechten Linie liegen. Eine Abbildung des Chorobats aber ist am Ende des Buches verzeichnet.»[40]

Leider sind die Zeichnungen zum Text verloren gegangen. Ließe der Text Vitruvs eine originalgetreue Rekonstruktion zu, so wäre die Diskussion um den Chorobat wohl längst beendet; aber seit

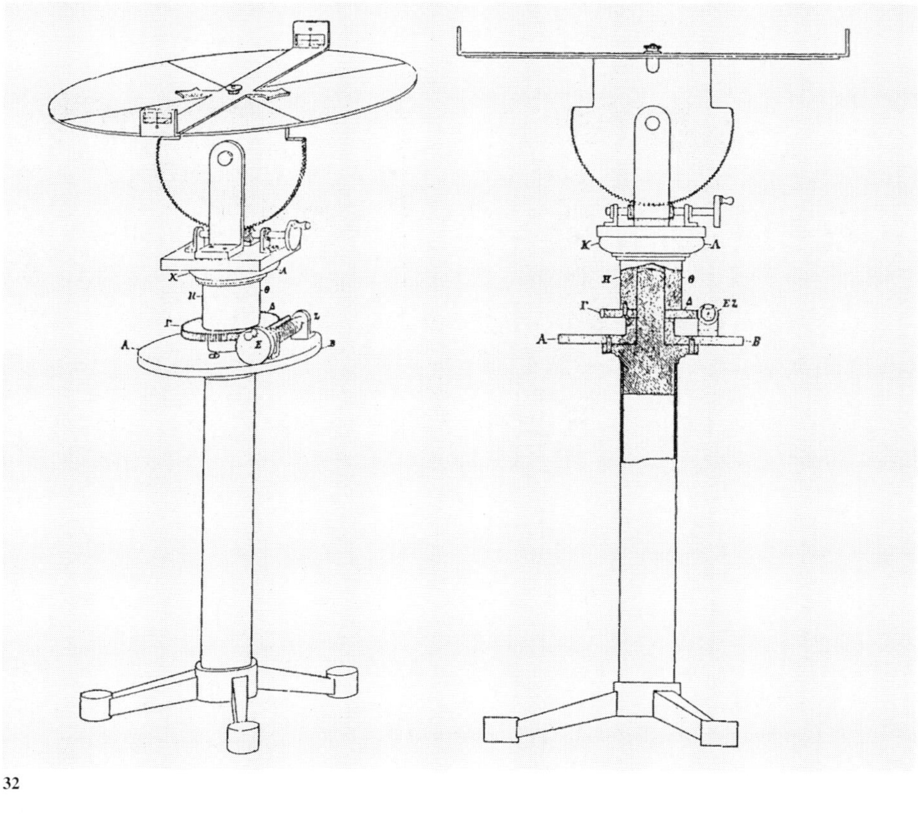
32

Leonardo da Vinci gibt es die verschiedensten Modelle (Abb. 33), die in manchem Falle nicht einmal ein ordentliches Vermessen zulassen.[41]

Zwei Grundideen tauchen in der Diskussion am häufigsten auf: bei der einen, von Leonardo da Vinci begründeten Richtung, wird das Richtscheit auf einem mittig angebrachten Stativ horizontiert. Diesem Zweck dienen die von Vitruv beschriebenen Lote oder die eingelassene Wasserrinne. Diese Version hat den Vorteil, daß die leicht zu horizontierende Ziellinie um eine vertikale Achse drehbar ist und somit von einem Gerätestandpunkt aus Zielungen in alle Richtungen eines Vollkreises möglich sind (Abb. 34).

Die Rekonstruktionsmodelle c, d und f folgen dem Text Vitruvs zwar wortgetreuer, sind im praktischen Einsatz aber erheblich eingeschränkt. Hierbei liegt das Richtscheit auf zwei an seinen Enden angebrachten Beinen und muß durch das Unterlegen von Keilen o. ä. auf die bei Vitruv beschriebene Weise mittels Loten oder Wasserrinne horizontiert werden. Mit diesen Modellen sind dann Nivellements aus der Mitte, also mit Vor- und Rückblicken in verschiedenen Richtungen, ohne Genauigkeitsverlust nicht durchführbar, da sich die Ziellinie nicht mehr drehen läßt, wenn der Chorobat einmal aufgestellt ist. Um dennoch ein Streckennivellement durchzuführen, müßte ein solcher Chorobat beim Standpunktwechsel jeweils über dem angemessenen Zielpunkt aufgestellt werden, von wo aus der nächste Zielpunkt zu bestimmen wäre; von jedem Standpunkt in einem Streckennivellement wären also nur noch Vorblicke möglich.

Da weiterhin die Genauigkeit der Ablesung nur bis zu einer bestimmten Zielweite akzeptabel wäre, würde beim zweiten Verfahren durch das Fehlen der Rückblicke von den jeweiligen Standpunkten aus die doppelte Anzahl von Geräteaufstellungen im Verlaufe eines Streckennivellements notwendig, denn beim ersten Verfahren wurde ja von jedem Standpunkt aus zurück- und vorgemessen.

Es ist gleichgültig, für welche Rekonstruktion wir uns entscheiden; Grundprinzip des Chorobats war, durch eine lange Zieleinrichtung die Genauigkeit eines Nivellements zu steigern, und an den antiken Wasserleitungen läßt sich ablesen, daß auf diese Weise sehr genaue Höhenvermessungen möglich waren. Vitruv hat zwar die für solch genaue Vermessungen notwendigen Zielvorrichtungen an seinem Chorobat nicht beschrieben, sie dürften denen an den frühen neuzeitlichen Geräten ähnlich gewesen sein (Abb. 35).

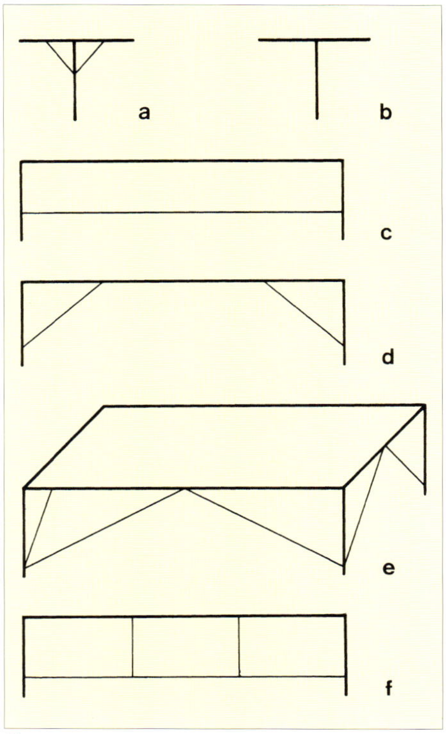

33

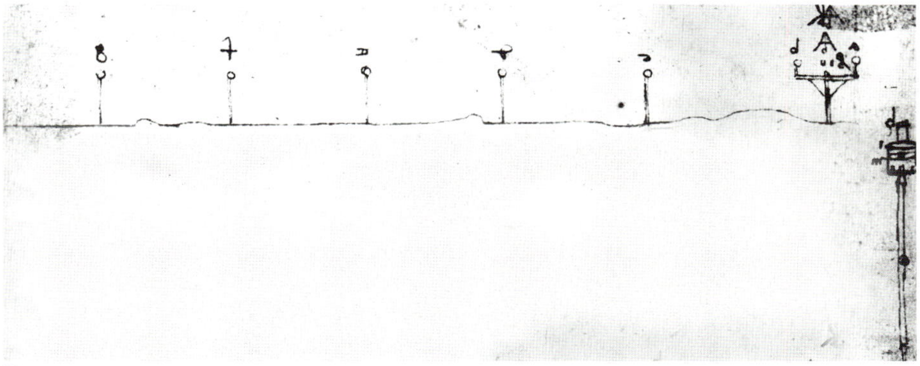

34

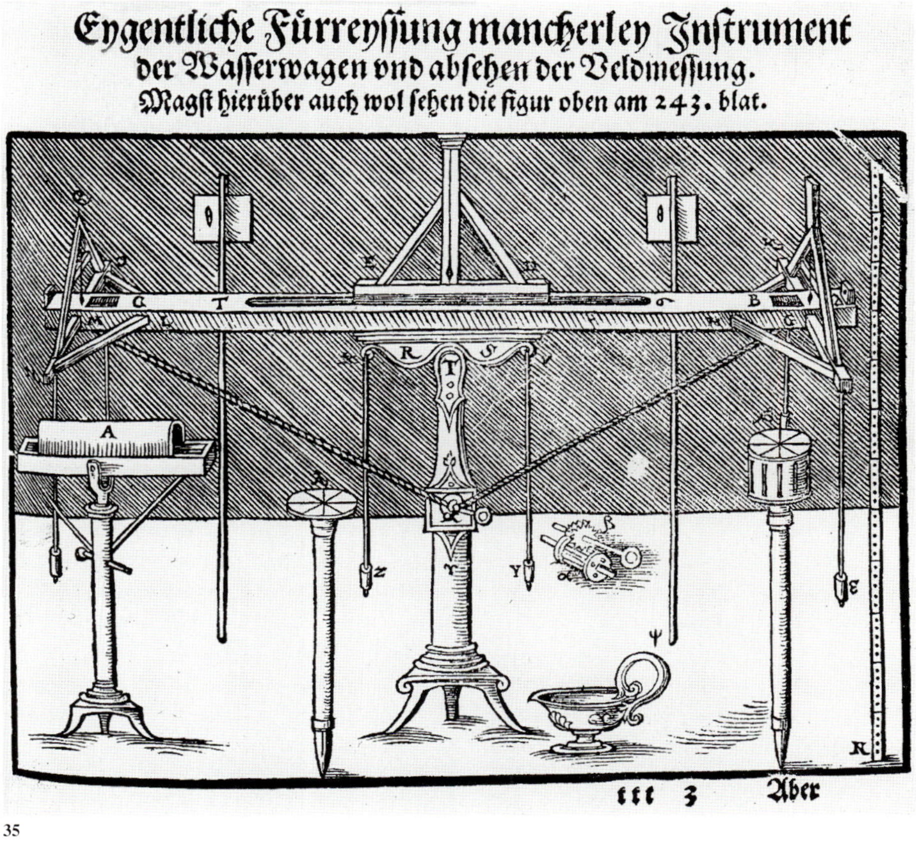

35

Abb. 31 Der Grabstein des Mensors Lucius Aebutius Faustus aus Ivrea zeigt u. a. eine zerlegte Groma.

Abb. 32 Die Dioptra des Heron (aus: Schöne 1903, 91).

Abb. 33 Die verschiedenen Rekonstruktionsmodelle des Vitruvschen Chorobates als Prinzipskizzen: a) n. Leonardo da Vinci (um 1500), b) n. Fra Giovanni da Verona (1513), Cesariano (1514) und Rivius (1514 u. 1548), c) n. Barbarus (1567), d) n. Poleni und Stratico (1815-30), e) n. Neuburger (1921) und f) n. Cozzo (1970).

Abb. 34 Chorobates-Modell nach Vitruv (aus: Leonardo da Vinci, Cod. Atlanticus, Blatt 131a).

Abb. 35 Chorobates-Modell nach Vitruv (aus: Rivius 1548).

36

Wir dürfen annehmen, daß Vitruvs Chorobat dasjenige Gerät war, das dem römischen Ingenieur im Wasserleitungsbau zur Durchführung seines Hauptnivellements gedient hat. Für die Gefälleabsteckung nach der Methode des Austafeln war einfacheres Gerät erforderlich (s. o.); für die Höhenübertragung auf kurzen Strecken innerhalb einer Baustelle wird sogar die Setzwaage, ein hölzernes Dreieck mit Lot, genügt haben.

Zeichenmaterial

Die Feststellung, ohne Planung sei ein Tunnel nicht zu erbauen gewesen, beinhaltet zwangsläufig, daß es Pläne gegeben haben muß, obwohl sich kein einziger davon erhalten hat. In Marmor geritzte Pläne wie die *Forma Urbis Romae* oder das Kataster von Orange können in diesem Zusammenhang nicht als Planungsunterlagen gelten. Hier werden vielmehr Rechtsverhältnisse dokumentiert, weshalb diese Pläne in erster Linie der Verwaltung gedient haben.

In diese Gruppe dürften auch die Pläne gehören, die Frontinus von den bestehenden Wasserleitungen Roms hat anfertigen lassen, als er im Jahre 97 n. Chr. das Amt des *curator aquarum* dortselbst übertragen bekam. Frontins Wasserleitungspläne sind nicht mehr erhalten, da sie auf Papyrus, Pergament oder Leinen gezeichnet waren. Der Fund eines Marmorfragmentes vom Aventin in Rom[42] zeigt den Ausschnitt eines Verwaltungsplanes einer Wasserversorgung. Möglicherweise haben die Pläne Frontins diesem Plan in Aussehen und Aussage geglichen: hier sind neben dem skizzenhaft dargestellten Verlauf einer Wasserleitung einige Entnahmestellen eingetragen, weiterhin schriftliche Zusätze über die Berechtigung bestimmter Personen, zu genau angegebenen Zeiten dort Wasser zu entnehmen.

37

Eine Tunneltrassierung erforderte für die Übertragung des Planes in die Baustelle aber keinen Plan im o. a. Sinne, sondern vielmehr einen Entwurfsplan, der auch Änderungen in der Planung während seiner Entstehung zugelassen hat. Deshalb können wir auch die Marmorpläne mit Darstellung einer Gartenanlage aus Urbino oder die verschiedenen Gebäudedarstellungen nicht der von uns ins Auge gefaßen Gruppe zurechnen.

Weiterführender ist da der Grabstein des *mensor aedificiorum* Titus Statilius Aper, dessen Eltern ihm und seiner Ehefrau einen prachtvollen Grabaltar haben errichten lassen (Abb. 36).[43] Auf diesem Stein sind wertvolle Hinweise zur technischen Ausstattung eines 'technischen Gebäudeinspektors' gegeben. U. a. ist der Verstorbene mit einem zusammengerollten Plan abgebildet, ein Hinweis darauf, daß es durchaus Pläne in unserem Sinne gegeben hat. Das Material ist auf dem Stein nicht zu erkennen, es dürfte sich aber bei der seitlich neben dem verstorbenen abgestellten Rolle um Papyrus oder Pergament gehandelt haben.

Auch die in römischer Zeit allgemein zum Schreiben benutzten Wachstafeln konnten für Planzeichnungen benutzt werden, wie Abbildungen auf diesem Grabaltar belegen. Dort ist sowohl ein Bündel mit fünf Wachstafeln neben einem Köcher für die Schreibgriffel dargestellt als auch eine einzelne Wachstafel (Abb. 37) mit einer angefangenen Vermessungsskizze (Abb. 38).

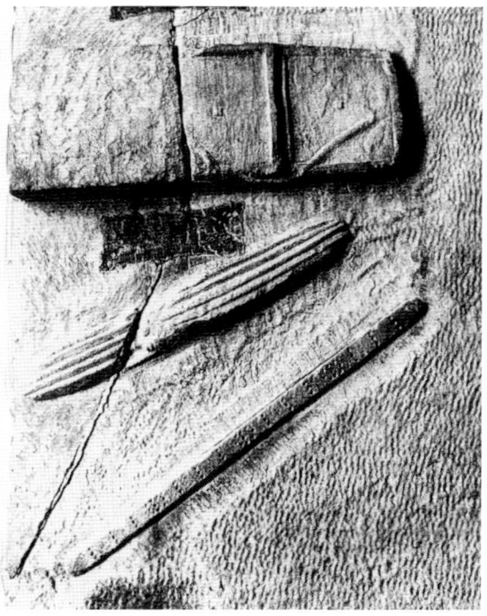

38

Es ist also anzunehmen, daß die im Felde ermittelten Vermessungsergebnisse auf Wachstafeln notiert worden sind (unserem heutigen Feldbuch entsprechend), und danach konnten die Kartierungen und Pläne dann auf geeignetem Material gezeichnet werden. Weiteres Zeichengerät wie Griffel, Anlegedreieck und Zirkel sind sogar aus archäologischen Funden bekannt.[43a] Für die bei einer Planung unabdingbaren Berechnungen gab es in römischer Zeit ein Gerät, das in abgewandelter Form in einigen Ländern heute noch in Gebrauch ist: den Abakus. Berechnungen, die nicht im Kopf oder von Hand durchzuführen waren, wurden damit erleichtert, wobei alle vier Grundrechenarten durchgeführt werden konnten.

Das Vermessungsgerät der Römer, so einfach es auch auf den ersten Blick anmutet, war von einer bewundernswerten Zweckmäßigkeit. In der Hand befähigter und geübter Fachleute waren damit sogar Präzisionsvermessungen möglich, deren Resultate wir an vielen Orten heute noch bewundern.

Abb. 36** Grabaltar des* **mensor aedificiorum** ***Titus Statilius Aper im Kapitolinischen Museum Rom.

Abb. 37** Grabaltar des* **mensor aedificiorum** ***Titus Statilius Aper. Darstellung eines Bündels von Wachstafeln, daneben ein Köcher mit Schreibgriffeln (?).

Abb. 38** Grabaltar des* **mensor aedificiorum** ***Titus Statilius Aper. Neben einem Fußmaßstab und einem Bündel von Zählnadeln ist eine Wachstafel dargestellt, auf der eine angefangene Vermessungsskizze zu sehen ist.

Die Qanate des alten Orients

Vorläufer und Vorbilder des Tunnelbaus

Es soll hier nicht versucht werden, noch einmal die Geschichte der Qanate zu schreiben. Über Qanate ist bereits gründlich geforscht und publiziert worden.[44] Da die Qanate einerseits selbst eine einfache Form des Tunnels darstellen und da sie weiterhin als Vorbild für eine bestimmte Technik des antiken Tunnelbaus angesehen werden können, dürfen sie nicht unerwähnt bleiben. Es soll deshalb hauptsächlich die in den Qanaten sichtbar werdende Bautechnik beschrieben sein und weniger die wasserwirtschaftliche Bedeutung dieser Bauwerke.

In ariden und halbariden Gegenden dieser Erde, in denen Quellwasser oder Wasser von Flüssen oder Bächen für Trinkwasserversorgung und Landwirtschaft nicht zur Verfügung steht, ist man auf eine Ausnutzung des Grundwasserpotentials angewiesen. Das geschieht bei lokal vorhandenem Wasserdargebot heute in der Regel durch Brunnen, an denen nicht selten eine Motorpumpe für die Förderung des Wassers eingesetzt ist.

Ein altes Verfahren, mittels dessen man ebenfalls unterirdische Grundwasservorkommen erschließt, die aber entfernt vorhanden sind, ist aber im Vorderen Orient und in Nordafrika heute noch gebräuchlich: der Qanatbau.[45] Dieses Verfahren hat seine Wurzeln im alten Persien, und man nimmt nicht unbegründet an, daß man diese Technik bereits zu Beginn des 1. Jts. v. Chr. entwickelt hat.

Im Qanatbau eher eine bäuerliche Technik zu sehen, würde den Leistungen der Baumeister (*muqanni*) nicht gerecht, denn dieses Bauverfahren ist einfach und genial zugleich. Eine gründliche Planung war beim Bau der Qanate unverzichtbar, denn oftmals galt es, Wasser über Entfernungen von in Einzelfällen mehr als 70 km heranzuschaffen.

Dieses ingenieurmäßige Denken zeigt sich auch in zwei technischen Handbüchern, die der arabische Mathematiker Mohamed Al Karagi zu Beginn des 11. Jhs. n. Chr. in Persien verfaßt hat. Er lebte zuvor in Chaldäa (Irak) und hatte dort schon Abhandlungen über mathematische Themen verfaßt. Seine Texte bezüglich des Baus von Qanaten sind derart detailliert und präzise, daß sie uns einen tiefen Einblick in die technischen Probleme geben. Da Al Karagi oftmals mehrere Lösungen für ein und dasselbe Problem anbietet, kann man davon ausgehen, in seinen Büchern nicht nur den technischen Stand um die erste Jahrtausendwende n. Chr. zu finden, sondern zugleich den Erfahrungsschatz der vorausgegangenen Generationen. Das wird auch deutlich durch Bemerkungen wie *«Die alten Perser haben ...»*.

Al Karagis Qanatbücher sind das Spiegelbild des frühen Qanatbaus schlechthin, und es ist erstaunlich, daß seine Texte in neueren Publikationen, wenn überhaupt, nur am Rande erwähnt werden.

Es ist das großartige Verdienst von Aly Mazaheri[46], der die französische Übersetzung und den Kommentar anfertigte, und von Georges Faber[47], der große Teile davon ins Deutsche übertrug, daß diese einzigartige Quelle uns heute zur Verfügung steht. Auch in Al Karagis Buch über die Arithmetik finden sich ausführliche Passagen über die Methoden des Nivellierens, diese Übersetzung besorgte Adolf Hochheim schon im Jahre 1880.[48] Da nun sämtliche Probleme des Qanatbaus, von der Wasserfindung bis zur Korrektur von fehlgeleiteten Stollenvortrieben bei Al Karagi abgehandelt sind, erscheint es reizvoll, den Bau eines Qanates anhand dieses Textes nachzuvollziehen:

Dem eigentlichen Qanatbau hatte immer die Suche nach einem Wasserdargebot vorauszugehen. Meist fanden sich wasserführende Schichten am Fuße von Gebirgszügen.

«Das Ursprungsgebiet eines Qanates wird immer ein Becken sein, das sich zwischen wasserreichen Bergen befindet».[49]

Der erste Schritt, nach Auswahl eines für die Wassergewinnung günstig erscheinenden Gebietes, war die Prüfung des zwischen Wassergewinnungszone und Versorgungsgebiet liegenden Terrains auf die Möglichkeit zum Bau eines Qanats. Hierbei bediente man sich der Inaugenscheinnahme des Geländes, wobei große Erfahrung von grundlegender Bedeutung war. Durch Geländebegehung – heute würde man vielleicht sagen: Prospektion – wurde der Standort des 'Mutterschachtes' (*gamana*) festgelegt. Eine genaue Vermessung der Höhenverhältnisse erfolgte dann, nachdem man auf wasserführende Schichten gestoßen war.

«Wenn nunmehr der Trassenverlauf festliegt, kannst Du zur Vermessung des Terrains schreiten, indem Du vom gewählten Stolleneingang am Ende des geplanten Aquäduktes ausgehst und von dort aus bergaufwärts Abschnitt pro Abschnitt bis zu dem Punkte vermißt, an dem Du den Mutterschacht vorgesehen hast. Vorerst kannst Du diese Tätigkeit durch einfache Schätzung bewerkstelligen, danach mußt Du aber eine äußerst genaue Vermessung des Terrains vornehmen, wie in Kapitel 21 über die Meßapparate und in Kapitel 22 über die Vermessung beschrieben.»

Hier legte man einen Versuchsschacht, den sogenannten 'Mutterschacht' an. Erst wenn dieser eine Aussicht auf genügende Wasservorkommen versprach, konnte der Qanat in Angriff genommen werden. Der Personalaufwand für einen Qanatbau muß dabei nicht einmal groß sein, unter einem Baumeister arbeiteten eine oder mehrere Arbeitsgruppen, die lediglich aus drei Mann bestanden: dem Arbeiter vor Ort und zwei Mann am Haspelrad zur Förderung des Aushubs.[50]

«Falls Du, nachdem ein Versuchsschacht gegraben wurde, das Wasser auf einem genügend hohen Niveau antriffst, das über dem Punkt liegt, auf dessen Höhe der Aquädukt austritt, verwendest Du diesen Höhenunterschied als Basis zur Errechnung der Neigung des Stollens. Wenn Du das Wasser im Versuchsschacht allerdings nicht auf einem genügend hohen Niveau antreffen kannst, solltest Du bergauf das Terrain weitervermessen, bis Du das erhoffte Niveau antriffst.»

Hier wird deutlich, daß der Qanat aufgrund der Höhenunterschiede zwischen Wasservorkommen im Mutterschacht und Versorgungsgebiet ein geplantes Gefälle erhielt. Dieses Gefälle sollte gering, aber stetig sein; ein Wert von 1 ‰ wurde als günstig angesehen. Nach anderen Quellen sollte ein Qanat exakt horizontal angelegt, da das nachfließende Wasser genügend Schubkraft hätte, um für den Transport zu sorgen.[51] Dies erscheint aus hydraulischer Sicht unsinnig. Al Karagi schlägt ein nur geringes Minimalgefälle vor, da der Qanat in seiner Substanz Schaden nehmen könnte, wenn das Wasser eine zu starke Strömung hat.

Die Vermessung der Qanate

Danach beschreibt er eine einfache und sichere Methode der Vermessung des zu überwindenden Höhenunterschiedes. Beeindruckend ist die Methode deshalb, weil sie ohne einen Aufschrieb der während des Nivellements gemessenen Zwischenwerte auskommt, sondern statt dessen eine direkte Ermittlung der Werte fordert. Das hat den großen Vorteil, daß Aufschriebfehler vermieden werden, womit eine große Fehlerquelle des Nivellements ausgeschaltet ist (Abb. 39).

«Eine topographische Nivellierung zum Heranbringen von Wasser ist notwendig, um die relativen Höhen der Punkte festzulegen, die das Wasser durchfließen soll.

Man nimmt zwei Latten rechteckigen Querschnitts mit einer Länge von 6 Spannen (etwa 1,4 m). Eine jede wird von einem Manne getragen. Der erste Mann stellt sich am Ursprungspunkt der Nivellierung und der zweite am nächsten Punkt auf, in einer Entfernung von 60 Spannen (14 m) vom ersten. Dies gemäß der Länge des benutzten Seiles, das mittelstark gespannt, beidseitig am Kopfe der Latten zu befestigen ist. Die Latten sind senkrecht zum Horizont zu halten, was durch am Kopfe der Latten zu befestigende Senkbleie festzustellen ist.

Zur Nivellierung verwendet man ein Glasrohr. Das Rohr muß sehr gerade sein, mit gleichem Durchmesser von einem Ende zum anderen, innen wie außen. Es soll eineinhalb Spannen lang sein (35 cm). Drei runde Löcher werden in das Rohr eingearbeitet, auf einer Linie, eines in der Mitte, die beiden anderen an beiden Seiten. Dann nehme man zwei Seile aus Seide oder Leinen von je 15 Ellen Länge (Iran 0,64 m x 15 = 9,6 m), die man an den beiden Löchern am Ende des Rohres befestigt.

Um die Nivellierung anhand des Rohres durchzuführen, nimmt der Ausführende eine Flasche Wasser und einen Baumwollbausch mit. Er benetzt die Baumwolle mit Wasser und läßt einige Tropfen in das Loch in der Mitte des Rohres fallen. Wenn dieses Wasser gleichzeitig an den beiden Enden des Rohres ausläuft, so beweist dies, daß die Punkte, an denen die beiden Stangen aufgestellt sind, auf gleicher Höhe stehen. Wenn aber das Wasser nur an einer Seite austritt, wird dies Dir andeuten, daß der Punkt, der sich zu der Seite befindet, an dem das Wasser ausläuft, ein tieferes Niveau hat im Verhältnis zu dem Punkt, der sich zur trockenen Seite des Rohres befindet. In diesem Fall befiehlst Du dem Mann, der an der trockenen Seite steht, das Ende des Seiles nach und nach längs seiner Stange herunterzuführen, während Du den Baumwollbausch über dem Rohr auspreßt, bis zu dem Augenblick, an dem das Wasser gleichzeitig aus beiden Enden des Rohres ausläuft. Die Höhendifferenz der Standpunkte kann somit auf der Latte gemessen werden, an der das Seilende heruntergeschoben wurde.

Man mißt nun einen Faden von gleicher Länge ab, wie der Abstand vom Kopfe der Stange bis zum Punkte, an dem sich im Augenblick das Ende des Seiles befindet und schneidet den Faden ab. Er wird aufbewahrt.

Der Ausführende befiehlt demjenigen, der die letztgenannte Latte hält, sich nicht zu bewegen und demjenigen, der sich am Ursprungspunkt der Nivellierung befand, sich in 30 Ellen Entfernung (Länge des Seiles) an einem Punkte aufzustellen, der demjenigen, an dem er sich befand, entgegengesetzt liegt. Diese Operation wird nunmehr immer in der gleichen Richtung fortgesetzt, aber bei abfallendem Terrain in entgegengesetztem Sinne, indem Du immer die Differenz an der Latte mißt, die im Niveau höher steht.»

Es steht zu vermuten, daß man in der Praxis unterschiedlich eingefärbte Fäden jeweils für den Plus- und den Minusbereich benutzte, um hier nicht eine neue Fehlerquelle zu erschließen. Nach dieser Arbeit stand jedenfalls fest, wo die Trasse laufen würde und wo und wie tief man die Schächte ausheben mußte.

Der Vortrieb erfolgte von der Talseite, oder, wie Al Karagi schreibt, von der trockenen Seite aus. Er schreibt dies aber nicht zwingend vor, sondern läßt es dem Qanatbauer offen, ob er seinen Qanat von der Bergseite oder der Talseite aus auffährt. Da er für seine Beschreibung aber die Vortriebsrichtung gegen den Berg ausgewählt hat, scheint er diese Richtung auch vorzuziehen. Diese Richtung wäre auch vom praktischen Verständnis her vorzuziehen, da in die Baustelle einsickerndes Grundwasser bei dieser Anlage der Baustelle ablaufen kann.

Der Bau der Schächte

Al Karagi beschreibt dann die Methoden zum Bau der Schächte:

«Wenn Du einen Schacht im sandigen Boden gräbst, wirst Du Rahmen aus dicken Brettern herstellen lassen, ähnlich wie die Formen zur Herstellung von Ziegeln. Ein jeder Rahmen soll so breit sein wie die Öffnung des Schachtes. Sie sol-

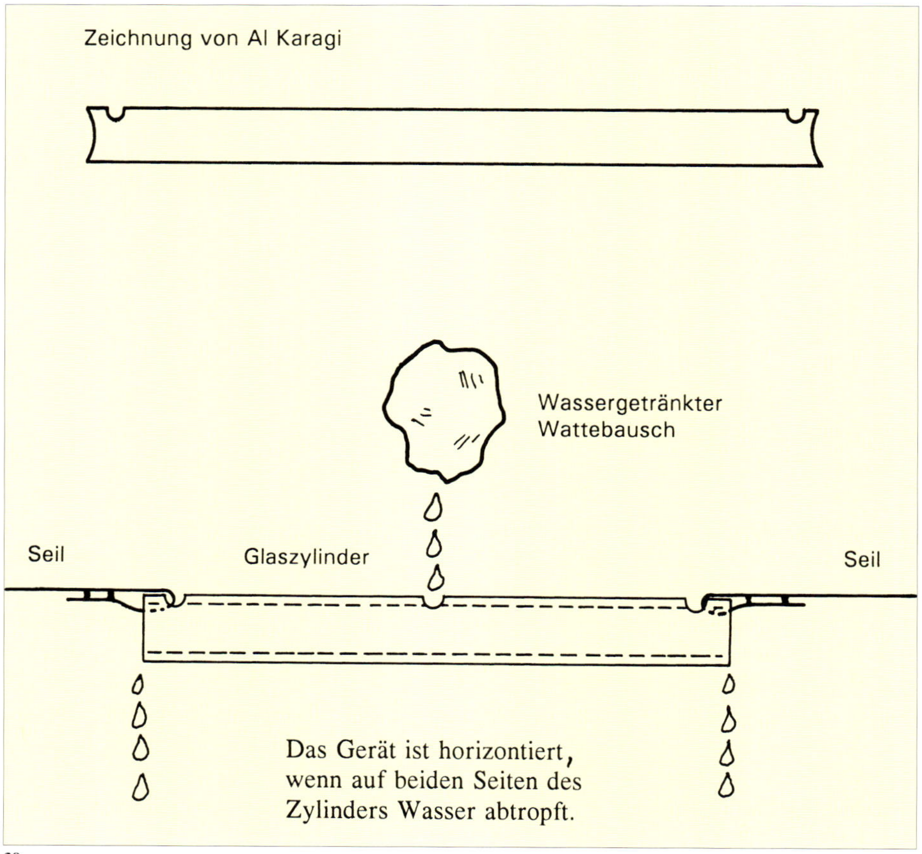

39

Abb. 39 ***Nivellierrohr (n. Al Karagi, Fig. I; Funktionsweise n. G. Faber).***

len unten etwas breiter sein als am oberen Ende, damit sie konisch ineinander passen. Dein Brunnenbauer soll diese Bewehrung später durch eine Ausmauerung mit Ziegeln oder Steinen verstärken. Er soll den ersten Rahmen dort aufsetzen, wo er zu graben beginnt. Er hebt den Sand darunter aus, bis sein Rahmen in das Erdreich eindringt.

Dann legt er einen zweiten Rahmen auf den ersten und fährt fort, den Sand aus dem Inneren auszuheben, bis der zweite, ähnlich wie vorstehend, in den Boden eingedrungen ist. Im Innern der Rahmen angebrachte Riegel aus Eisen gestatten ihm, dieselben miteinander zu verbinden, auf daß sie sich nicht mehr bewegen. Er wird den dritten Rahmen auf den zweiten legen, hebt den Sand aus der Mitte aus, so daß auch dieser in den Boden eindringt, befestigt ihn mit Riegeln am zweiten und so weiter, bis er die Felsoberfläche erreicht.

Vom Fels her wird er diese Verschalung mit weißen oder grünen Ziegeln auskleiden und mit Kalkmörtel verbinden. Danach kann er das Felsgestein bis zur gewollten Tiefe ausgraben.

Falls es sich um Schächte geringer Tiefe handeln sollte, wäre es angebracht, an Stelle der Holzrahmen Ringe aus Ton anzubringen. Dabei hätte es der Arbeiter nicht nötig, eine zusätzliche Ziegelausmauerung anzubringen, wie im Falle der Holzverschalung, deren Bretter auf lange Sicht verfaulen, während der gebrannte Ton standhält. Dies besonders, wenn es sich um weichen Ton für Töpfereien handelt, andernfalls auch er sich auf längere Zeit auflöst. Die beste Töpferware wird hergestellt aus Töpferlehm, aus dem der Sand, den er enthalten könnte, sorgfältig ausgewaschen worden ist.»

Und dann noch einmal der Rat: *«Du sollst einen festeren Boden einem lockeren vorziehen».*

Die Schächte sind nur das Mittel zum Zweck, nämlich der unterirdischen Verbindung. Von einem Schacht zum nächsten werden fortschreitend Stollen aufgefahren, deren Verbindung schließlich den Qanat ergeben wird. Hierin liegt nun eine besondere Schwierigkeit, denn mit dem von einem Schacht vorgetriebenen Stollen muß man unbedingt auf den nächsten Schacht treffen. Diesem Problem hat sich Al Karagi in ganz besonderer Weise angenommen, woran zu erkennen ist, daß wir es hier mit dem Kernproblem des Tunnelbaus schlechthin zu tun haben.

«Wenn Du von der trockenen Seite aus gräbst, bestehen zwei Möglichkeiten. Entweder ist der folgende Entlüftungsschacht, in den der in Bearbeitung befindliche Stollenabschnitt münden soll, vorher vorhanden oder noch nicht gegraben. Im ersteren Fall wird es einfach sein, die geeignete Richtung zu verfolgen.»

Nach Al Karagi war es demnach durchaus möglich, daß ein Qanat mit nur einem Bautrupp hergestellt wurde, der einen neuen Stollenabschnitt immer erst dann auffuhr, wenn eine Verbindung zwischen zwei Schächten vollendet war.

Arbeiten konnten durchaus durch unvorhersehbare Schwierigkeiten in der geologischen Formation behindert werden. Al Karagi beschreibt die Möglichkeiten zur Beseitigung eines unerwarteten Hindernisses.

«Man wird mit einem zu harten Gestein fertig, indem man es mit der Spitzhaue (Fittis) angeht, indem man es mit einem Stößel (Midaqqa) zerstampft oder es mit der Bergmannshacke (Mi'wal) auftrennt. Man kann einen Felsblock erweichen, wenn man daneben ein großes Feuer anzündet, aus Holz, das viel Hitze bringt, wie Eichen- und Fruchtbaumholz. Man kann darauf Naphta schütten und soll das Feuer durchgehend unterhalten. Felsgestein, gleich welcher Art, ist weniger hart, wenn es sich im Untergrund befindet, als wenn es längere Zeit der Luft und Sonne ausgesetzt ist.

Wenn Du Deinen Aquädukt in wenig hartem Gestein gräbst und einem sehr harten Felsbrocken begegnest, sollst Du ihn umgehen oder Du gräbst daneben ein großes Loch, in das Du ihn mit Hebeln hineinkippst, so daß Du Dein Bauwerk von ihm befreist».

Das Problem der Bewetterung geht er sehr pragmatisch an, wobei sogar Empfehlungen für die Ernährung der Bauarbeiter nicht fehlen. Er beschäftigt sich eingehend mit dem Eindringen von Grubengas, das er Bukhar nennt:

«Die alten Perser haben vorgeschrieben, daß in jedem Fall ein Boden mit schlechtem Geruch zu vermeiden ist. Im Prinzip ist jeder Untergrund, in dem eine brennende Kerze verlöscht, unter dem Einfluß des Bukhar. ...

Des weiteren kann er sich mit Häuten einen Schlauch herstellen lassen, so dick wie eine Pfeilhülse und so lang wie die Tiefe des Schachtes. Er läßt den Schlauch in den Schacht hinab, befestigt ein Ende am Schachtkopf, das andere Ende hängt er in den Schacht. Das obere Ende des Schlauches wird an einen Schmiedeblasebalg angeschlossen und ein Hilfsarbeiter bläst solange frische Luft in den Schlauch, wie der Bergmann vor Ort arbeitet. ...

Die Nahrung des Arbeiters, der in einer Tunnelbaustelle arbeitet, in der Bukhar auftreten könnte, soll besonders rein sein. So soll er sich von Knoblauch, Zwiebeln und allen Lebensmitteln enthalten, die unangenehme Gerüche verursachen.»

Diese Empfehlung war gewiß eine Vorsorgemaßnahme für die Sicherheit der Arbeiter, denn unter Tage sollte die Nase möglichst frei sein für die gefährlichen Gase, die aus dem Untergrund kommen konnten.

Auch in der Empfehlung für die Längen und die Querschnittsgrößen der Vortriebe wird Sicherheitsdenken sichtbar.

«Dort, wo der Boden weich ist, mußt Du kürzere Abschnitte anlegen. Dort, wo der Boden fest ist, wirst Du die einzelnen Abschnitte des Qanates verlängern. ...

Dort, wo der Boden hart ist, kannst Du dem Qanat einen weiten Querschnitt geben. Dort jedoch, wo der Boden weich ist, mußt Du engere Querschnitte anlegen als üblich, indem Du ihnen eine rundere, aber niemals platte Form geben wirst.»

Bis hierher wurde der Vortrieb eines Stollens als Verbindung zweier Schächte beschrieben. Die Verbindung mehrerer Schächte ergibt einen Tunnelabschnitt und schließlich den Qanat. Die Schächte waren also die Nahtstellen des Tunnels, und hier war darauf zu achten, daß sowohl die Anschlüsse zwischen den Baulosen, als auch die Sohlenübergänge möglichst ohne Versprünge angelegt waren. Im Text wird mehrfach Al Karagis große Sorge sichtbar, die er bezüglich der Standfestigkeit der Bauwerke und deren Gefährdung besonders an Stellen, die derartige Versprünge im Tunnelverlauf aufweisen, hat. Ein zu starkes Gefälle, ein zu kurvenreicher Verlauf und Versprünge im Sohlenbereich hält er für Gefahrenpunkte, da die hier auftretenden Turbulenzen im Wasserabfluß eine Unterspülung der Wandungen und damit den Einsturz des Qanates bewirken könnten.

Die beiden nächsten Bemerkungen sprechen genau diese Probleme an. Der erste Hinweis geht in Richtung auf ein zu starkes und unterschiedliches Gefälle, der zweite soll auf Streckenabschnitte hinweisen, in denen es im Falle von zu schwachem und dazu unregelmäßigem Gefälle zum Rückstau kommen könnte.

«Die Arbeit der meisten Hydronomen, die ich die Gelegenheit hatte zu untersuchen, gibt dem Bett des Aquäduktes eine unregelmäßige Form, was das Gleichmaß des Niveaus betrifft. Das Niveau fällt und steigt jedesmal zwischen zwei Schächten. Dies ist gefährlich für den Bestand des Aquäduktes, insbesondere derjenigen, die in weichem Gestein gegraben wurden. ...

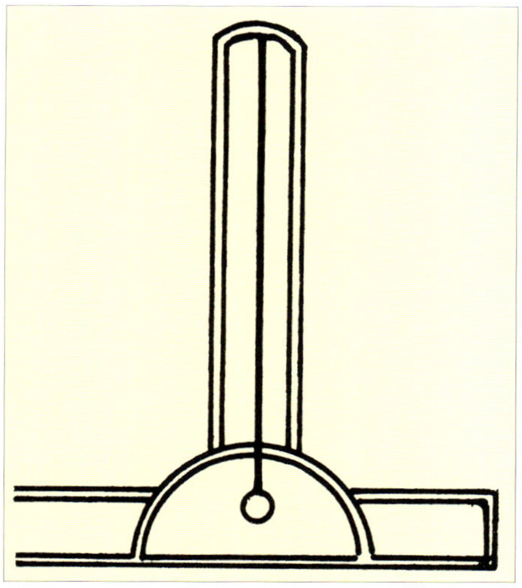

40

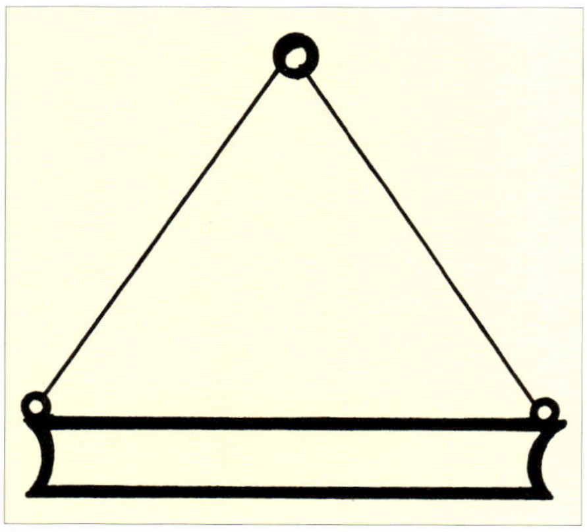

41

Das Kanalbett soll geradlinig über die Gesamtlänge des Qanates verlaufen, um dem Wasser zu gestatten, sehr sanft abzufließen, ohne jegliches Hindernis, das zu Stauungen führen könnte. Für den Arbeiter wäre es nicht nur schwierig, den Schlamm aus einem Teilstück des Qanates zu entfernen, in dem das Wasser sich staut, sondern ein solcher Kanal würde auch Gefahr laufen zu verstopfen.»

Die von Al Karagi angesprochenen Versprünge im Sohlenbereich könnten ihre Ursache im angewendeten Trassierungsverfahren gehabt haben. Da das Gefälle für den Gesamtverlauf des Qanates berechnet war, mußte es Schacht für Schacht in die Baustelle übertragen werden. Da man den Vortrieb von der Schachtsohle aus horizontal anlegte, traf man zwangsläufig im nächsten Schacht etwas zu tief auf die dort vorgegebene Sollhöhe. Schacht für Schacht in dieser Weise aufgefahren, hätte die Sohle im Längsschnitt die Form einer Treppe erhalten, wenn man sie nicht abgeglichen hätte. Um also den Wasserabfluß turbulenzenfrei zu halten, war eine Nachbearbeitung der Sohle erforderlich, die gerade wegen des schwachen Gefälles sehr sorgfältig durchgeführt werden mußte.

Auch bei diesem Kontrollverfahren wird sichtbar, daß der Vortrieb von einem Schacht zum anderen auf einer horizontalen Linie erfolgte. Die Ursache hierfür ist leicht erklärbar, denn unter den widrigen Umständen vor Ort war es einfacher, eine horizontale Hilfslinie zu erzeugen als die für ein geplantes, möglicherweise unrundes Gefälle. So empfiehlt Al Karagi die ständige Kontrolle des aufgefahrenen Vortriebs *«Elle für Elle»*. Die abschließenden Arbeiten zum Ausgleich der Sohle waren zu minimieren, indem schon beim Nivellement für den Vortrieb möglichst genau gearbeitet wurde.

«Man nehme ein Brett, vier Finger breit und drei Ellen lang, an dem man eine vertikale Leiste von etwa einer Elle hoch anbringt, von der ein Senkblei herabhängt. Nach jeder Grabungslänge von einer Elle soll das horizontale Niveau mit diesem Apparat kontrolliert werden. Das Niveau ist korrekt, wenn die von der Leiste herunterhängende Schnur des Senkbleis mit dem an der Leiste angebrachten vertikalen Strich übereinstimmt.

Aber der geeignetste Apparat ist ein Kubus aus gelbem Kupfer mit einem Innendurchmesser, in den man den Ringfinger leicht hineinführen kann. Er soll in etwa einundeinhalb Spannen (etwa 35 cm) lang sein und an seinen beiden Enden je einen Ring tragen. Eine feine Kette aus Eisendraht wird an beiden Enden eingehängt, deren Mitte mit einem Ring an einem Holzkeil an der Decke befestigt wird. Jedes Ende der Kette soll eineinhalb Spannen lang sein. Der Tubus muß, wenn er aufgehängt wird, horizontal ausgerichtet sein. Mit Hilfe des Gerätes visiert man vom Grabungsort aus den Qanateingang an, oder besser eine Kugel, die dort aufgehängt ist. Wenn die anvisierte Kugel sich in Richtung der Decke verschiebt, wird der Grabungsvorgang entgegen dem Bett vorangetrieben und andernfalls in umgekehrter Richtung, also immer im gleichgerichteten Sinne. Derjenige, der die Angaben dieses Apparates befolgt, wird sicher sein, exakt am Grunde des nächsten Belüftungsschachtes anzulangen, ob er nun bereits ausgehoben ist oder nicht.»

Beide Verfahren (Abb. 40 und 41) dienten der ständigen Kontrolle während des Vortriebs. In der Praxis kann man sich den Meßvorgang nur so vorstellen, daß bei beiden Meßverfahren in Augenhöhe gemessen und jeweils von der beim Messen anvisierten Linie aus der vertikale Abstand zur Sohle überprüft wurde. Da dieser während des gesamten Vortriebs gleich sein mußte, konnte ein entsprechend lang abgeschnittener Stab hier seine Dienste leisten.

Die Absteckung und Überprüfung der aufgefahrenen Sohlenhöhe erscheint einfach, wenn man sie mit der Absteckung und Überprüfung der Vortriebsrichtung vergleicht. Hinzu kommt, daß ein Ausgleich von Abweichungen im Sohlenbereich einfacher vorzunehmen war als eine Korrektur der Vortriebsrichtung. Hatte man den Zielschacht in der Richtung gar verfehlt, so waren nicht nur aufwendige Bauarbeiten notwendig, um den Fehler zu beheben, das Bauwerk war zudem mit einem Mangel behaftet, der den Abfluß des Wasser behindern konnte. Über die Ursachen von Turbulenzen, die im Bauwerk möglicherweise Schäden verursachen konnten, hatte Al Karagi bereits geschrieben (s. o.).

Deswegen wendet Al Karagi dem Problem der Einhaltung der Vortriebsrichtung auch sein besonderes Augenmerk zu. Die geplante Trasse zwischen Mutterschacht und zu versorgender Oase war über Tage abgesteckt worden. Dabei mußte es sich nicht zwangsläufig um eine gerade Linie handeln, denn es konnte durchaus sinnvoll sein, Geländehindernissen wie Hügeln oder Felspartien durch einen Bogen in der Trasse auszuweichen. Dem Gesamtkonzept des Qanatbaus war das nicht hinderlich, denn dem kam die Aufteilung der Trasse in viele kurze Baulose entgegen. Das Problem der Richtungsübertragung bestand demnach nur für die kurzen Strecken zwischen den jeweiligen Bauschächten. Aber auch das hat bereits Schwierigkeiten genug bereitet, wie wir es in vielen Qanaten oder in Qanatbauweise errichten Tunneln sehen können. Entsprechend ausführlich sind auch die Richtlinien Al Karagis, die sich zuerst mit der Übertragung der Richtung nach unter Tage beschäftigen.

«Um den Qanat in Richtung eines noch nicht vorhandenen Schachtes voranzutreiben, spannt man ein Seil auf der Erdoberfläche von dem bereits gegrabenen Ausgangsschacht aus bis zu dem Punkt, an dem der nächste Schacht gegraben werden soll. Dabei soll das Seil die bereits bestehende Schachtöffnung und die vorgesehene in zwei gleiche Halbkreise teilen. Dann werden an diesem Seil zwei andere Seile über dem Ausgangsschacht befestigt, beide so weit wie möglich auseinander, bis unten in den Stollen, wo sie eine Elle über dem Schachtgrund aufhören. Der Arbeiter wird sich beim Graben von Zeit zu Zeit umdrehen, um beide Seile mit nur einem Auge zu betrachten. Wenn das näher hängende das weiter hängende Seil verdeckt, hat er geradlinig weitergegraben. Wenn er aber das zweite Seil rechts vom ersten sieht, ist er nach rechts abgewichen und umgekehrt. Er muß dann seinen Irrtum konsequenterweise korrigieren.»

Auch für die Richtungsübertragung empfiehlt Al Karagi ein einfacheres Verfahren neben einem Verfahren, für das eine kleine Geräteausstattung erforderlich war (Abb. 42).

«Wenn der Stollenvortrieb etwas weiter erfolgt ist, in die richtige Richtung, soll der Bergmann sich besser nicht mehr um die Seile kümmern. Er soll nunmehr auf das System von Guckrohr und Kugel übergehen (das bereits erwähnt wurde). Um die gerade Richtung eines Stollenabschnitts, der bereits in Ausgangsrichtung des Qanates fertiggestellt wurde, weiterhin einzuhalten, beginnt man immer, den Stollen etwa anderthalb Ellen vorzutreiben, bevor man das Sichtrohr an der Decke anbringt. So kann man mit dem Rohr den Eingang des bereits fertiggestellten Stollenabschnitts anvisieren oder eine an diesem Eingang aufgehängte Kugel. Jedesmal wenn der Arbeiter die Kugel im Verhältnis zu den Stollenwänden leicht abwärts beobachtet, z. B. zu weit links, wird er mehr zu seiner rechten Seite hin graben und umgekehrt.»

Hinzu kommt noch ein probates Verfahren der Richtungskontrolle, das gänzlich ohne Hilfsmittel auskommt, aber es darf nicht verkannt werden, daß dieses Verfahren erst bei längeren Vortriebsstrecken wirksam wurde. Hierbei wurde einfach davon ausgegangen, daß man sich nach einer gewissen nach den o. b. Verfahren kontrollierten Anfangsstrecke auf den einfachen Blick zurück zum letzten Schacht verlassen konnte. Sah man nämlich den durch den Schacht einfallenden Strahl des Tageslichts noch, so war man auf einer geraden Linie.

«Bei Nichtvorhandensein von Kugel und Sichtrohr sollte der Bergmann von Zeit zu Zeit rückwärts blicken, in Richtung des vorher gegrabenen Abschnitts des Qanates. Jedesmal wenn er feststellt, daß deren Eingang beginnt, sich nach einer Richtung zu verschieben, wird er

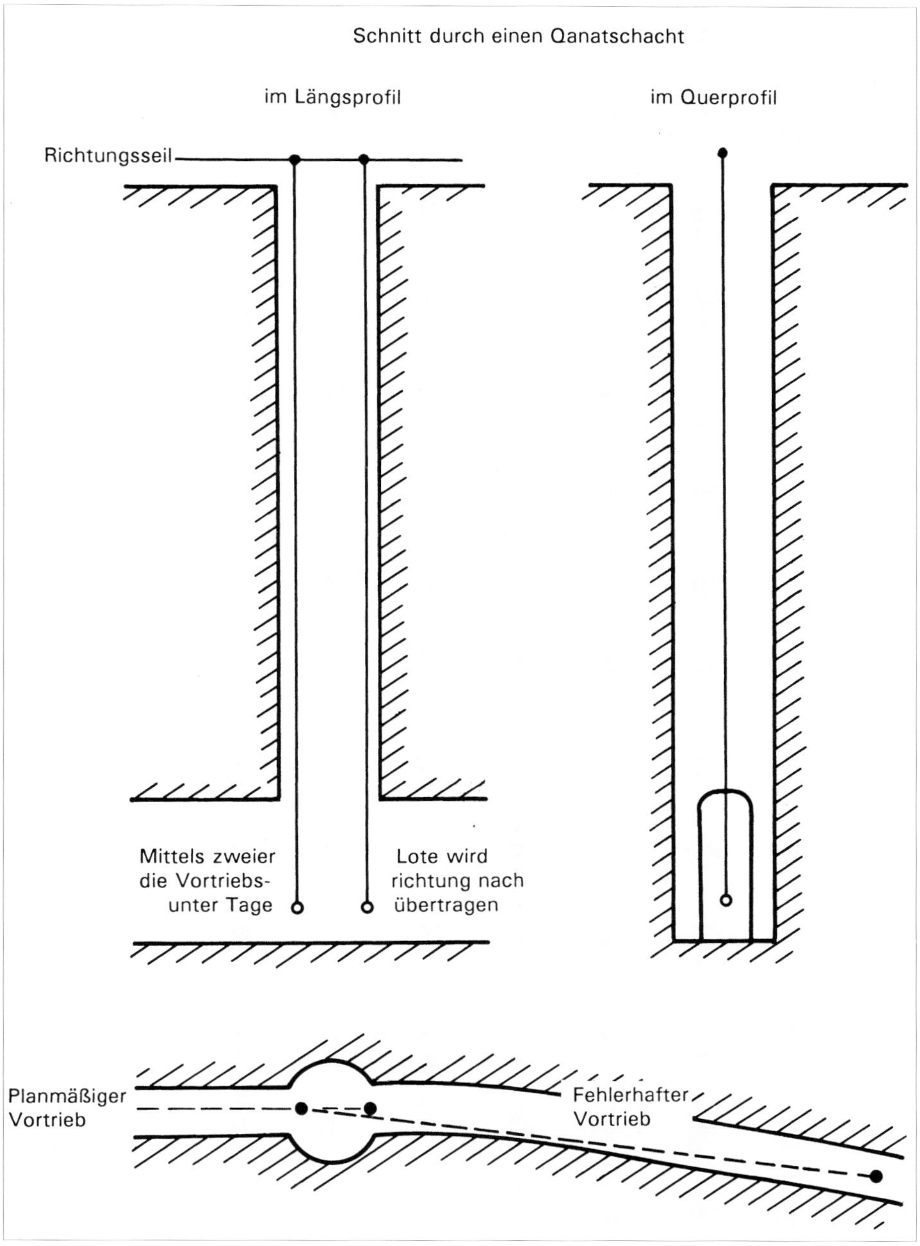

42

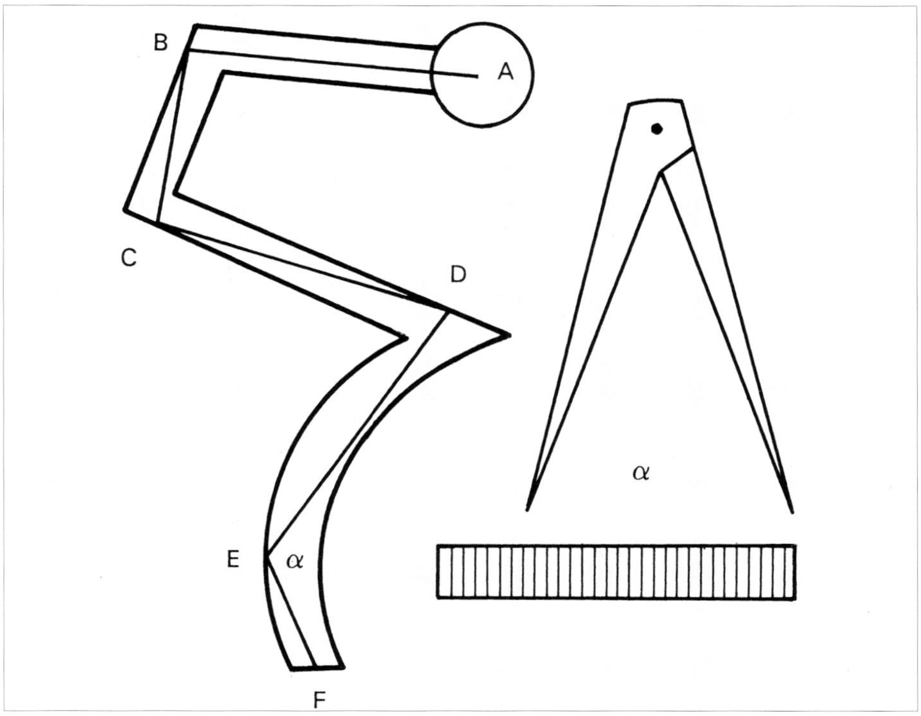

43

***Abb. 40** Nivelliergerät (n. Al Karagi, Fig. XII).*

***Abb. 41** Nivelliergerät (n. Al Karagi, Fig. XIII).*

***Abb. 42** Prinzip der Richtungsübertragung von über Tage nach unter Tage durch Seilspannen nach Al Karagi.*

***Abb. 43** Einfaches Verfahren einer Polygonzugvermessung zur Ermittlung von Richtungsabweichungen (n. Al Karagi, Fig. XIV).*

leicht in entgegengesetzter Richtung weitergraben, um das Gleichgewicht wieder herzustellen.»

Genauer war das als nächstes beschriebene Verfahren, da bei der Richtungskontrolle auch kleinere Abweichungen festgestellt werden konnten.

«Es soll ein Holzkeil im vorherbestehenden Abschnitt angebracht und daran ein Seil befestigt werden, dessen anderes Ende jeweils beim Fortschreiten der Tunnelgrabung an sich herangezogen und an der Decke unter Spannung angebracht wird. Um festzustellen, ob fehlerfrei gearbeitet wurde, müssen die Decke, die Wände und der Tunnelboden allenthalben gleich weit von dem Seil entfernt sein.»

Aber nicht in jedem Falle waren die Trassenabschnitte geradlinig aufzufahren. Hindernisse unter Tage konnten es erforderlich werden lassen, daß die Gerade verlassen werden mußte. In solchen Fällen konnte es notwendig werden, unter Tage einen oder mehrere Bögen oder Knicke aufzufahren, wonach keinerlei direkte Rückwärtsorientierung mehr möglich war.

Das von Al Karagi empfohlene Verfahren, die Anfangsrichtung mit dem nächsten Schacht als Ziel wiederzufinden, ist einfach und zweckmäßig, denn es erfordert – wie auch schon beim Hauptnivellement über Tage – nur einen minimalen Aufschrieb von Maßen. Da das Verfahren der Kontrollmessung mit einem modernen Polygonzug vergleichbar ist, hätte in jedem Meßpunkt sowohl der Brechungswinkel als auch die Länge der Strecke zum nächsten Meßpunkt notiert werden müssen. Unter Tage sind derartige Vorgänge sehr schwierig durchzuführen und werden dadurch leicht zur Fehlerquelle.

Nach Al Karagis Verfahren werden die Brechungswinkel mit einem Zirkel auf einem Maßstab abgegriffen; es wird also kein Winkelmaß auf einem Teilkreis ermittelt, sondern der Abstand zwischen den Schenkelspitzen des Zirkels. Die Strecken werden mit einem Seil direkt abgenommen, um sie bei der Rekonstruktion des Polygonzuges über Tage wieder zu verwenden (Abb. 43). Es wird bei diesem Verfahren also nicht nur auf das Ablesen von Streckenmaßstäben verzichtet, auch eine Berechnung des Polygonzuges entfällt, da die abgenommenen Maße direkt wiederverwendet werden: *«Sollte der Bergmann seine Vortriebsrichtung wegen auftretender Schwierigkeiten absichtlich verändert haben oder ungewollt von der Richtung abgekommen sein, so besteht natürlich eine gewisse Schwierigkeit, den Stollen mit dem nachfolgenden Schacht im Untergrund zu treffen. In diesem Fall nimmst Du einen guten Zirkel aus Holz oder Metall mit geraden Schenkeln an den Außenseiten. Du nimmst ebenfalls ein gutes Lineal mit gleichmäßigen Teilstrichen, ohne daß es auf die Zahl der Striche ankommt. Du steigst in die Baustelle hinunter zu dem Punkt, an dem der Abschnitt des Stollens beginnt. Dort bringst Du ein Seil an und spannst es über die gesamte Länge des geraden Abschnittes bis zu dem Punkt, an dem es wegen einer Stollenbiegung eine Wand trifft. Dort befestigst Du es mit einem Holzkeil (Dübel) und spannst es längs der nächsten Strecke bis zur Wand einer nächsten Stollenbiegung, wo Du es ebenfalls befestigst, und so weiter bis zum Ende des Stollenabschnitts. Das Seil wird demnach an jeder seiner Befestigungen einen Winkel bilden. Der Winkel wird nun mit dem Zirkel und dem Lineal gemessen. Dies, indem die Achse des Zirkels über der Befestigung des Seiles liegt und die Schenkel so weit auseinander gespreizt werden, daß sie parallel zu*

44

***Abb. 44** Marrakesch (Marokko). Streckenweise verstürzter Qanat.*

***Abb. 45** Adrar (Touat, Algerien). Eine Versturzstrecke im Verlauf eine Qanates wird mittels eines Bypasses umfahren (Foto: Sammlung H. Redmer, Brühl).*

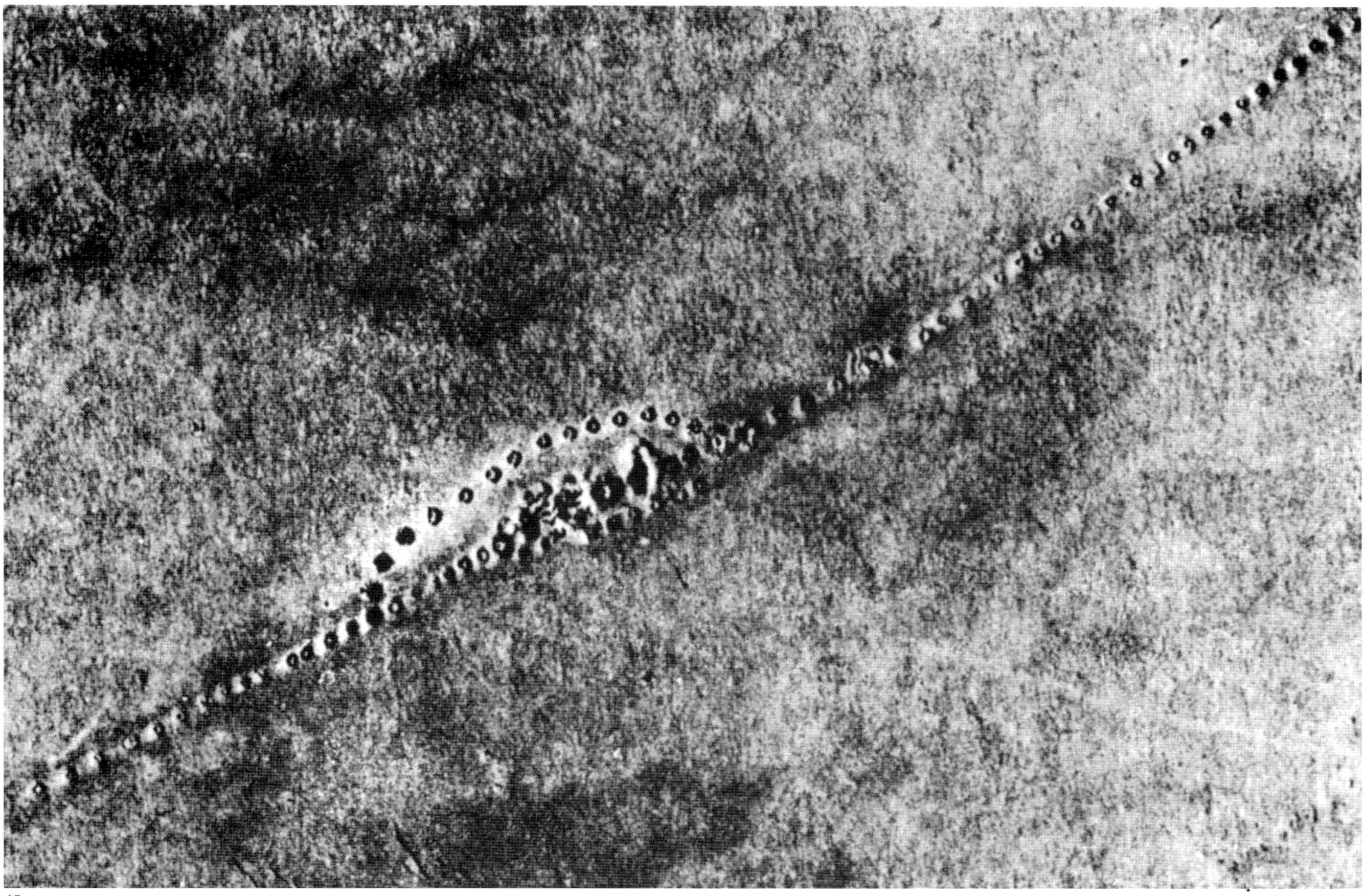

45

den zwei Winkelseiten des Seiles verlaufen. Danach wird der Winkel, den die Spitzenöffnung des Zirkels angibt, auf dem Lineal gemessen, indem die Zahl der umfaßten Teilstriche notiert wird. So vermißt und notiert man die Größe des Winkels an jeder Stollenbiegung sowie die exakte Länge einer jeden Sektion des gespannten Seiles der Reihe nach, vom Stollenbeginn bis zum letzten Befestigungspunkt.

Nun steigt man aus dem bestehenden Schacht an das Tageslicht. Du nimmst das Seil und die Befestigungen des Seiles mit nach oben. Über den Schacht wird eine Stange gelegt, an der zwei Seile, mit Gewichten beschwert, bis in den Stollen reichen. Dies erlaubt Dir, die genaue Richtung des Seilzuges an die Erdoberfläche zu übertragen. Du wirst nunmehr das erste Ende des Seiles bei dieser Stange befestigen und richtest das Seil genau so aus, wie es unten verlief. Du gibst jedem Segment und jedem Winkel dasselbe Maß und den gleichen Winkel wie im Stollen bis zum Ende des Seiles. Der Punkt am Boden, an dem Du die letzte Befestigung des Seiles anbringst, wird Dir dann die Achse des neuzugrabenden Schachtes angeben, mit dem Du das Ende des eben gegrabenen Suchstollens treffen wirst.»

In seinem zweiten Werk beschreibt Al Karagi die Methoden des Nivellierens sozusagen in Kurzform, wobei einige Gerätevarianten vorgestellt werden. Die Art der Ermittlung des Höhenunterschiedes ist dieselbe wie in seinem ersten Werk, obwohl hier zusätzlich beschrieben ist, daß sich bei bewegtem Gelände die aus den einzelnen Meßvorgängen ermittelten Höhenunterschiede im positiven wie im negativen Bereich liegen können. Deshalb gibt er den Hinweis, die einzelnen Meßergebnisse getrennt zu sammeln, um daraus zum Abschluß der Höhenvermessung den wahren Höhenunterschied zwischen Anfangs- und Endpunkt des Gesamtnivellements ermitteln zu können.

Offensichtlich war Al Karagi sich bewußt, sehr ausführliche Empfehlungen gegeben zu haben, denn er meint, daß *«demjenigen, der sich das hier Gesagte nicht zur klaren Vorstellung bringt, … auch weitere Beispiele nicht viel helfen»* würden.[52]

Nach diesen Leitfäden waren die Qanate zu bauen. Al Karagi beschreibt noch Sicherungsmaßnahmen gegen den Einsturz der Schächte und viele andere bautechnische Details, die über die hier angestrebte Beschreibung der planerischen und vermessungstechnischen Aspekte beim Qanatbau hinausgehen.

Bei der Besichtigung von Qanatanlagen werden die Probleme der Instandhaltung oftmals sehr deutlich. So kann man in Marrakesch (Marokko) Qanate sehen (Abb. 44), die zwischen zwei Bauschächten eingestürzt sind, aber dennoch in Betrieb gehalten werden, da die Überdeckung nicht zu hoch war und man den Versturz einfach ausräumen konnte.

In Adrar (Touat, Algerien) zeigt ein Luftbild (Abb. 45) ebenfalls einen streckenweise eingestürzten Qanat. Der anstehende Fels war offensichtlich auf eine längere Strecke nicht standhaft genug, so daß ein Ausräumen der Einsturzstelle keine Abhilfe versprach, um den Qanat wieder in Betrieb nehmen zu können. Hier hat man das Problem durch den Bau eines Bypasses gelöst.

Das mittels eines Qanates erschlossene Wasserdargebot war nicht immer unerschöpflich. Der stetige Abfluß des Wassers konnte irgendwann zum Versiegen der Grundwasservorräte führen. In diesem Falle konnte man das System vom Mutterschacht aus erweitern, oder es mußte tiefer gelegt werden. Am Beispiel der Oase Al-Maysar (Oman) werden die Konsequenzen sichtbar, die eines solche Qanat-Tieferlegung unmittelbar nach sich zog, denn sie hatte durch die Verlagerung der Qanat-Austrittsstelle auch die Verlegung der gesamten Siedlung mitsamt der Gärten zur Folge.[53]

Qanate waren Lebensadern. Mancherorts waren sie die Ursache für Wohlstand und gehobene Lebensweise, an anderen Orten waren sie die Lebensgrundlage schlechthin. Welche Bewunderung der

Bau eines Qanates hervorrufen konnte, belegt ein Text des arabisch-maghrebinischen Geographen Idrisi (1100–1165 n. Chr.), der nicht nur wegen der großen silbernen Erdkarte, die er am Hofe Roger II. von Sizilien fertigte, berühmt war. Er beschreibt die Auswirkungen des Baus eines Qanates in Marrakesch. Gleichzeitig gibt er einen Hinweis darauf, daß die Kenntnis vom Qanatbau erst (wieder) im 11. Jh. n. Chr. im Maghreb Einzug gehalten hat.

«Das Wasser, das die Bewohner für die Bewässerung ihrer Gärten benötigen, wird mit Hilfe eines genialen mechanischen Verfahrens herangeführt, dessen Erfindung Ubayd Allâh Ibn Yûnus Al-Muhandis zu danken ist. Man muß wissen, daß es, um Wasser zu finden, nicht notwendig ist, dort, wo man es braucht, in große Tiefe zu graben. Als nun Ubayd Allâh Ibn Yûnus nach Marrakesch kam – kurz nach Gründung dieser Stadt (470 = 1078 n. Chr.) –, gab es dort nur einen Garten, der Abû'l-Fad'l, einem Günstling des Fürsten der Moslems, gehörte. Der Ingenieur begab sich zu dem höher gelegenen Teil des Geländes, das an den Garten angrenzte. Dort grub er einen quadratischen Schacht von großer Tiefe und von dort einen auf den Garten gerichteten Stollen, der hier die Erdoberfläche wieder erreichte. Dazu baute er, vom Hauptschacht ausgehend, einen Schacht nach dem anderen und richtete dabei das Gefälle so ein, daß das am Garten angelangte Wasser über eine ebene Fläche lief und sich über den Boden verteilte, was seitdem nicht mehr aufgehört hat.

Beim ersten Augenschein kann man keinen Höhenunterschied feststellen, der ausreichen könnte, das Ausströmen des Wassers aus der Tiefe an die Oberfläche zu erklären, und man begreift die Ursache nicht. Nur wer weiß, daß dieses Phänomen mit der richtigen Nivellierung des Bodens zusammenhängt, kann es sich erklären.

Der Fürst der Moslems lobte diese Erfindung sehr und überhäufte ihren Urheber während seines Aufenthaltes bei ihm mit Geschenken und Beweisen seiner Wertschätzung. Als die Bewohner der Stadt sahen, daß das Verfahren funktionierte, beeilten sie sich, in die Erde zu graben und Wasser in die Gärten zu leiten. Seit dieser Zeit nahm die Zahl der Häuser und Gärten zu, und die Stadt Marrakesch bekam ein prächtiges Aussehen.»[54]

Das Beispiel Marrakesch ist im Grunde für alle Länder mit Bewässerungsproblemen dieser Art bezeichnend und zeigt neben der wirtschaftlichen Bedeutung der Qanate in ariden und halbariden Gegenden auch, wie man sich den Technologietransfer in alten Zeiten vorstellen kann. Entweder hat ein Reisender diese Techniken in fremden Ländern kennengelernt oder – wie in Marrakesch – ein reisender Baumeister hat seine Technikkenntnisse angeboten und für beide Seiten gewinnbringend angewandt.

So finden wir diese Bewässerungstechnik nicht nur in der Alten Welt, sondern auch in der Neuen Welt, wie Beispiele in Mexiko und Chile zeigen.[55]

Die Ursprünge dieses Bauverfahrens sieht Kuros schon in den Anfängen der 7000jährigen Kulturgeschichte Irans.[56] Sinnvoll wird eine zeitliche Zuordnung mit dem Beginn der Eisenzeit, als die für den Bau notwendigen Werkzeuge hergestellt werden konnten. Und die ersten Belege finden sich tatsächlich erst nach dieser Zeitgrenze, beispielsweise in der Oase Kharga (Ägypten), wo die Perser im 10. Jh. v. Chr. durch unterirdische Bewässerungsanlagen die Lebensgrundlage schufen,[57] weiterhin im Babylon Nebukadnezars um 600 v. Chr.[58] Auch die Anschlußstrecken vor und hinter dem Eupalinos-Tunnel auf Samos sind in Qanattechnik aufgefahren worden (s. u.). In dieser Zeit war die Qanattechnik jedenfalls bereits entwickelt und sollte sich bald über die ganze bekannte Welt ausbreiten. Jerusalem mit dem Siloah-Kanal und Athen mit seiner archaischen Wasserversorgung sind weitere Stationen. Die Etrusker bringen es zur Meisterschaft im Bau der *cuniculi*, und durch die Römer wird das Verfahren im ganzen Weltreich verbreitet. Vitruv gibt dann die erste schriftliche Bauanleitung, nach der auch Bergdurchtunnelungen für Wasserleitungen nach diesem Verfahren gebaut werden sollen: *«Wenn aber zwischen der Stadtmauer und der Quelle Berge liegen, so wird man so verfahren müssen, daß unterirdische Stollen gegraben und nach dem oben angegebenen Gefälle nivelliert werden. Handelt es sich um Tuff oder Fels, so soll die Kanalsohle in diesen selbst ausgeschnitten werden. Ist jedoch der Boden erdig oder sandig, dann sollen in dem Stollen Sohle und Wände mit der Überwölbung in Mauerwerk ausgeführt und das Wasser so geleitet werden. Luftschächte sind anzulegen, daß zwischen zweien 120 Fuß liegen.»*[59]

Aquäduktunnel der israelitischen Königszeit

Fast könnte man die im alten Israel gebauten Aquäduktunnel für die auf Tells angesiedelten Städte den Kriegslisten zuordnen. Hier galt es nämlich nicht nur, die eigene städtische Wasserversorgung auch für Notzeiten sicherzustellen, sondern darüber hinaus auch, den Feind im Falle von Belagerungen von einer Wasserversorgung abzuschneiden. Der Grundgedanke der angewendeten Technik ist in allen Fällen ähnlich, denn es galt, im Außenhang der Tells liegende Quellen in ihrem natürlichen Abfluß zu sperren und durch einen künstlichen Zugang vom Tellplateau aus zugänglich zu machen. Auch das Grundwasser konnte für die unterirdische Wasserversorgung herangezogen werden.

Mit dieser Art der Wasserversorgung tritt neben den Qanaten eine zweite Art des Tunnelbaus in das Licht der Technikgeschichte. Geschichtlich geht diese Entwicklung einher mit den Stadtgründungen, die mit der Etablierung des Königtums in Israel um 1000 v. Chr. stattfinden.[60] Die israelitischen Städte entstehen entweder auf alten bronzezeitlichen Siedlungsplätzen durch Übernahme kanaanitischer Orte, aber auch an bis dahin unbesiedelten Stellen, allerdings immer an strategisch günstigen Plätzen in der Nähe von Wasserstellen.

Von dieser Art der Sicherstellung der Lebensgrundlagen in frühen Städten geht für viele eine derartige Faszination aus, daß die Wassersysteme der Tells heute zur Touristenattraktion geworden sind. James A. Michener machte den Bau eines Tunnels zur Quelle an seinem «Tell Makor» sogar zum Mittelpunkt seines kolossalen Romans «Die Quelle».[61]

Bei manchen Gemeinsamkeiten gibt es in den einzelnen Wasserversorgungssystemen der Tells technische Unterschiede, die durch die Art des Wasservorkommens am Ort oder durch die Anlage der Stadt bedingt sind.[62] In der technikgeschichtlichen Betrachtung herausragend sind Systeme, die über Schächte und anschließende Tunnel zu einer in ihrer natürlichen Lage nach außerhalb der Stadt entwässernden Quelle führen. Diesen Typ der Wasserversorgung finden wir in Megiddo, Gibeon und Ibleam. Eine Variante besteht darin, das Wasser von einer außerhalb der Stadt liegenden Quelle über einen Tunnel zu einem von der Stadt aus zugänglichen Schacht zu leiten. Diese Technik finden wir als zwischenzeitliche Lösung in Megiddo. Eine dritte Variante der Technik finden wir in Hazor, Gibeon und Geser, wo man durch einen Schacht oder durch Schacht- und Stollenbau einen Zugang zum Quellhorizont und damit zum Grundwasser geschaffen hat. Andere Varianten, wie der offene oder verborgene Zugang zu den Quellen außerhalb der Stadt, sind hier nicht weiter behandelt.

Abb. 46 Megiddo (Israel). Schachtöffnung im Bereich des Zugangs zur Wasserversorgung.

46

47

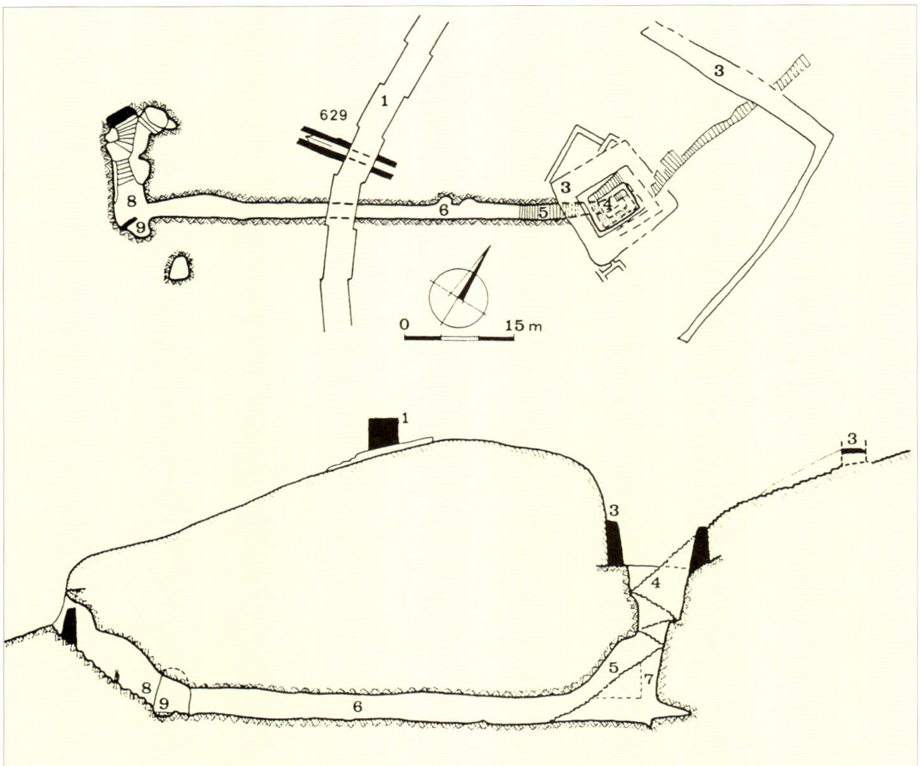

1: Stadtmauer; 3: Stützmauer; 4: Schacht mit Treppe; 5: Gang mit Stufen; 6: Tunnel; 8: Wasserbecken; 9: Quelle.

48

ISRAEL

Megiddo

Das israelitische Megiddo entstand in der 2. Hälfte des 11. Jhs. v. Chr. an Stelle einer spätbronzezeitlichen Stadt, die in der Mitte des 12. Jhs. untergegangen war. Für die Wasserversorgung standen zwei Quellen zur Verfügung; die eine lag im Norden, die andere im Südwesten des Stadthügels. Letztere wurde im 9. Jh. als krisensicheres Versorgungssystem ausgebaut, nachdem sie zuvor durch einen verdeckten Zugang (Galerie 629 in Abb. 48) aus Salomos Zeit (10. Jh.) außerhalb der Stadtmauer zugänglich gewesen war.[63] Das Tunnelsystem wurde unter Ahab (König von 871 bis 852 v. Chr.) gebaut. Innerhalb der Stadtmauer wurde ein Schacht angelegt, der mit seiner Sohle eine Tiefe von 36 m unter der Hügeloberfläche erreichte (Abb. 46). Ab einer Höhe von 20 m über der Schachtsohle wurden Stützmauern hochgezogen, um dem oberen Rand Stabilität zu verleihen.

In der Schachtwand wurde eine Treppe angelegt, die den Abstieg ermöglichte. Im unteren Bereich erreichte man einen schräg geführten Gang, der ebenfalls getreppt war und den Zugang zum eigentlichen Tunnel ermöglichte. Dieser Tunnel führte nach 50 m zu einem neben der Quelle angelegten Wasserbecken (Abb. 47). Der in der Anfangszeit der Wasserversorgung ausgebaute Zugang zur Quelle von außen wurde nach dem Tunnelbau zugemauert und mit Erdreich überdeckt, um ihn für das Auge des Feindes zu verstecken.

Offensichtlich ist der Tunnel im Gegenortverfahren aufgefahren worden, wobei ein Versprung in der Höhe von wenigen cm und in der Richtung von 60 cm eine qualitätvolle Trassierung belegen.

In einer zweiten Bauphase, die aber ebenfalls noch im 9./8. Jh. anzusetzen ist, wurde der Zugang zum Wasser verändert. Man baute den unteren Bereich des Schachtes neben dem schräg geführten Treppengang aus, legte die Tunnelsohle tiefer und leitete auf diese Weise das Quellwasser zum Schacht. Nun konnte man das Wasser direkt aus der Tiefe nach oben fördern, was eine erhebliche Vereinfachung in der Versorgung darstellte. Dieser Ausbau scheint aber nicht lange in Betrieb gewesen zu sein, denn noch im selben Jahrhundert legt man die Treppen neu an und kehrte zur alten Art zurück.

Gibeon

In Gibeon liegen zwei Wasserversorgungssysteme dicht beieinander. Das ältere von beiden ist das Tunnelsystem und stammt aus dem 10. Jh. v. Chr.; der Bau des jüngeren Systems, ein Schacht mit spiralförmiger Treppe, wird in das 9. Jh. v. Chr. datiert, so daß die Stadt von dieser Zeit an bis in das 6. Jh. v. Chr. über zwei Wasserzugänge verfügen konnte (Abb. 49).[64]

Das erste System ist einfach und klar: Aus dem Stadtgebiet hinter der Stadtmauer führte ein schräger Tunnel mit getreppter Sohle in die Tiefe, um den Quellhorizont einer tief im Berg liegenden Quelle zu erreichen. Auf diesem Niveau ist ein horizontaler Leitungsstollen aufgefahren worden, um das Wasserdargebot zu erschließen. An der Schnittstelle beider Tunnel wurde eine Wasserkammer aus dem Fels gearbeitet, zu der das Quellwasser durch den Horizontaltunnel geleitet wurde. Hier versorgte man sich, indem man von der Stadt aus durch den Treppentunnel hinabstieg (Abb. 50).

Der Zugang ist nicht auf seiner ganzen Länge als Tunnel aus dem Felsen gehauen worden, sondern er ist im oberen Abschnitt in offener Bauweise errichtet und danach mit Platten abgedeckt worden. Die Steinplatten sind schräg gegeneinander gestellt worden und überdecken den Zugang giebelartig (Abb. 51).

Der untere Teil des Zugangs ist echter Tunnelbau. Insgesamt ist der Zugang 48 m lang und führt in eine Tiefe von 24 m unter dem Stadtgebiet zum Sammelbecken, wo man das Wasser schöpfen konnte.

Der Leitungsstollen von 28 m Länge führt in mehrfach gewundener Linie zur Quelle. Er ist zwar künstlich ausgebaut worden, dabei dürfte man aber einer natürlichen Felsspalte, durch die das Wasser ehedem an das Tageslicht trat, gefolgt sein. Der Zugang im Berghang ist heute durch eine Tür verschlossen. Beim Bau der Anlage war hier vermutlich einer der beiden Zugänge zur Baustelle, den man nach Abschluß der Arbeiten verschlossen hat, um die Wasserstelle im Falle der Belagerung vor dem Feind zu verbergen.

Das zweite Versorgungssystem nutzt den Grundwasserspiegel des auch durch das Tunnelsystem schon angeschnittenen Quellhorizonts. Der Schacht hat einen Durchmesser von 10 m. Mit 172 Stufen führt eine spiralförmige Treppe in der Schachtwand zum 24 m tief liegenden Wasserspiegel (Abb. 52). Nach anfänglichen Diskussionen wird aufgrund der Befundlage heute angenommen, daß der Schacht (in der englischsprachigen Literatur «Pool» genannt) im Jahrhundert nach dem Tunnelbau angelegt wurde, um das Wasseraufkommen für die städtische Versorgung zu erhöhen.

Ibleam

Auch in Ibleam (Tell Bal'amah) wurde eine im Berghang liegende Quelle vom Stadtgebiet aus durch einen unterirdischen Gang erschlossen, der heute in die Eisenzeit II (nach 1000 v. Chr.) datiert wird.[65] Er führte über eine Länge von 30 m in die Tiefe. Zur besseren Begehbarkeit war er auf seiner Sohle getreppt, der Querschnitt war mit einer Breite von 3 m und einer Höhe von 4,2 m recht großzügig ausgestattet.

Hazor

Die ehemals größte der kanaanitischen Städte lag nach den Zerstörungen von 1200 v. Chr. als Ruinenstätte darnieder, ehe sie von König Salomo wieder-aufgebaut wurde.[66] Auch hier wurde unter König Ahab die Wasserversorgung ausgebaut, indem man mittels einer Schacht- und Stollenanlage das Grundwasser erschloß (Abb. 54). Der Schacht wurde an einer Stelle in der Oberstadt angelegt, die sich durch die Nähe von Quellen im Hang des Stadtberges als günstig erwies. Die Anlage war bei ihrer Ausgrabung im Jahre 1968 relativ gut datierbar, da man beim Bau des Schachtes die bronzezeitlichen Kulturschichten durchstoßen hatte.[67]

Um den bronzezeitlich gewachsenen Schichten im Bereich des Schachtes Halt zu geben, war die 19 m x 15 m messende Schachtöffnung durch starke Mauern zu

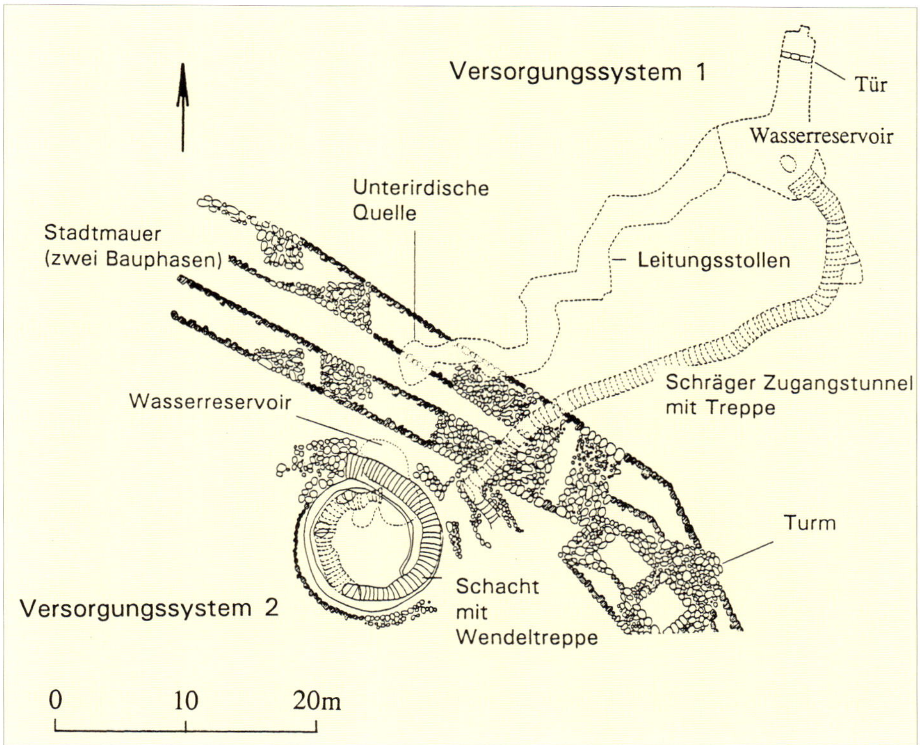

49

50

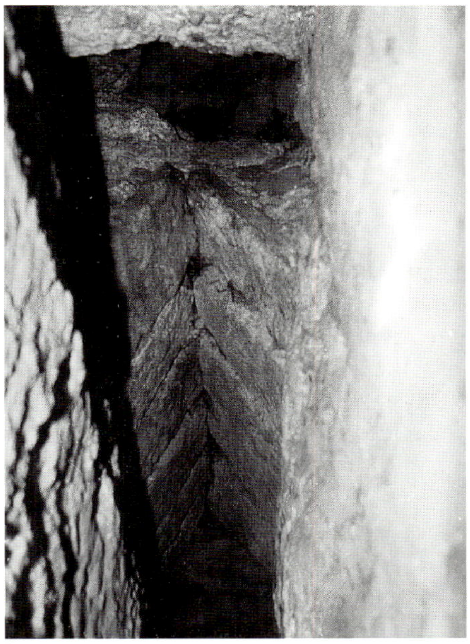
51

***Abb. 47** Megiddo (Israel). Der Zugang zur Quelle ist heute durch einen im Tunnel errichteten Steg möglich.*

***Abb. 48** Megiddo (Israel). Plan der Wasserversorgung in Grundriß und Schnittzeichnung (n. Fritz 1990, 127).*

***Abb. 49** Gibeon (Israel). Plan der Wasserversorgung im Grundriß. 1: Über einen schräg geführten Tunnel wird ein Wasserreservoir erreicht, das von einer unterirdischen Quelle über einen Leitungsstollen gespeist wird; 2: Innerhalb der Stadtmauern wird über einen Schacht mit Wendeltreppe ein Wasserreservoir auf dem Niveau des Quellhorizontes erschlossen (n. Pritchard 1962, 58).*

***Abb. 50** Gibeon (Israel). Der Zugangstunnel vom unteren Knickpunkt aus gesehen.*

***Abb. 51** Gibeon (Israel). Schräg gegeneinander gestellte Steinplatten überdecken den Zugang im oberen Teil.*

sichern. Dieser Teil der Anlage reicht bis in eine Tiefe von 10 m. Darunter setzte der in den natürlichen Fels geschlagene Schachtteil von weiteren 20 m Tiefe an. In dessen Sohlenbereich beginnt der getreppte Schrägstollen, der über eine Treppe in der Wandung des Schachtes erreicht wurde. Die Treppe setzte sich im 22 m langen Stollen fort und über sie kam man schließlich – nunmehr insgesamt 36 m unter Tage – zur Wasserkammer (Abb. 53). Die auffällige Breite der Treppe von 3 m mag bewußt angelegt worden sein, um einen Verkehr in beiden Richtungen zu ermöglichen. Von den 80 Treppenstufen sind die oberen aus dick verputztem Kalkstein gefertigt, die unteren acht Stufen hingegen sind aus Basalt. Damit mag man dem wechselnden Wasserstand in der Wasserkammer Rechnung getragen haben, der im Winter wegen der stärkeren Regenfälle anstieg.

Die im 9. Jh. v. Chr. erbaute Anlage wurde nach Ausweis der Schichten bei den assyrischen Angriffen im Jahre 732 v. Chr. zerstört und danach nur teilweise noch einmal in Betrieb gesetzt.

Geser

Die Wasserversorgung von Geser war ähnlich ausgelegt: Vom Eingangsbereich führte ein getreppter Schrägstollen zu einer Wasserkammer.[68] Hier wurde als erstes ein offener Graben mit schräg geführter Sohle angelegt, um festes Gestein für den Bau des Schrägstollens zu erreichen. Man kommt hier also ohne vertikalen Schacht aus. Der Stollen setzt im Eingangsbereich rechtwinklig an und führt über 41 m in den Fels, um eine Tiefe von 43 m unter der Oberfläche zu erreichen.

52

53

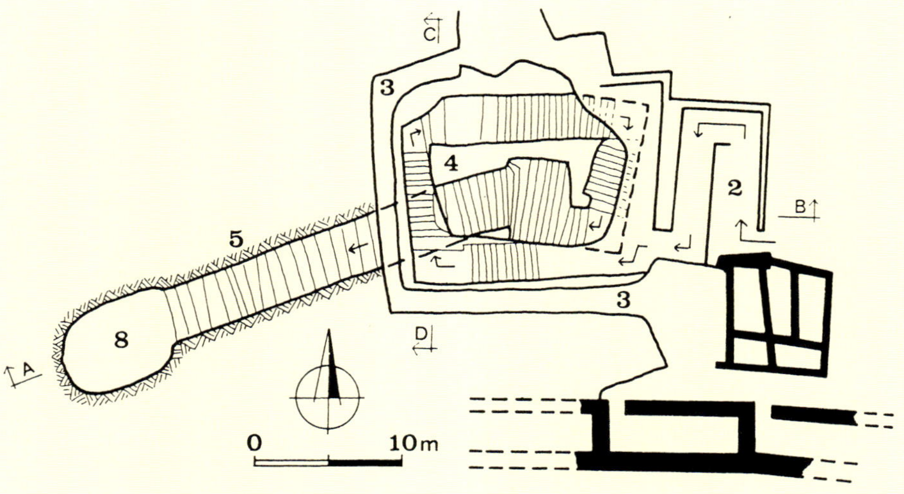

Schacht und Gang zum Grundwasser. 2: Zugang; 3: Stützmauer; 4: Schacht mit Treppe; 5: Gang mit Stufen; 8: Wasserbecken.

54

***Abb. 52** Gibeon (Israel). Der obere Teil des Schachtes mit der spiralförmig hinabführenden Treppe in der Wandung.*

***Abb. 53** Hazor (Israel). Der moderne Zugang zum Wassersystem über der historischen Steintreppe.*

***Abb. 54** Hazor (Israel). Die Schacht-/Stollenanlage der Wasserversorgung im Grundriß (n. Fritz 1990, 126).*

***Abb. 55** Jerusalem (Israel). Plan der drei alten Wasserversorgungssysteme, die das Wasser der Gihon-Quelle nutzten: Warren-Schacht, Siloah-Kanal und Hiskia-Tunnel (n. Mazar 1979, 159).*

***Abb. 56** Jerusalem (Israel). Blick auf das Central Valley mit dem umbauten Becken des Siloah-Teiches vor der Mauer der Davidstadt. (Der Bauzustand des 2. Jh. v. Chr bis 1. Jh. n. Chr. in einem Modell am Holyland-Hotel).*

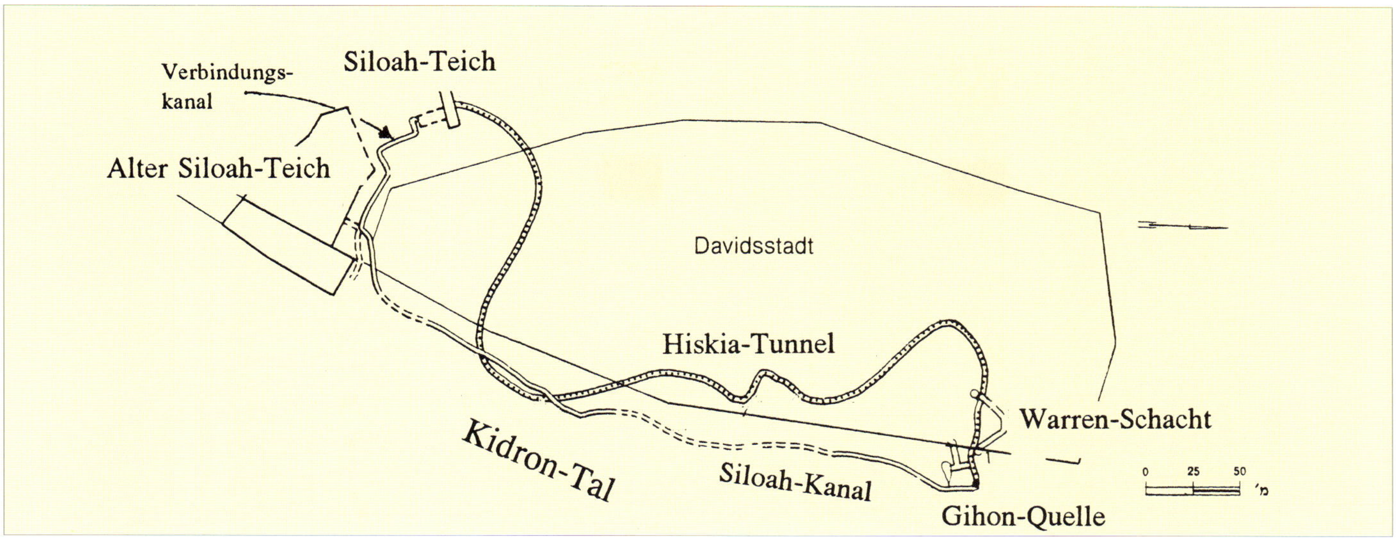

55

Daß am Fuße des Schrägstollens eine außergewöhnlich groß dimensionierte Wasserkammer gefunden wurde, bereitete zunächst Schwierigkeiten in ihrer Deutung. Nach Spekulationen über einen unterirdischen Tempel oder geheime Gänge wurde aber in weiteren Ausgrabungen die Zweckbestimmung als Wasserkammer für die städtische Versorgung erhärtet. Nach der neueren Datierung ist diese Anlage in der Zeit vom 10. bis zum 8. Jh. in Betrieb gewesen.

Die Wasserversorgungen von Geser und Hazor sind nach der anfangs gegebenen Definition dem Stollenbau zuzurechnen, hier aber der Vollständigkeit und des Vergleiches halber angeführt.

56

Der Hiskia-Tunnel und seine Vorgängerbauten für die Wasserversorgung Jerusalems

Kaum ein Tunnel taucht in der technikgeschichtlichen Literatur derart oft auf wie der 705–701 v. Chr. gebaute Hiskia-Tunnel von Jerusalem.[69] Aber auch seine Vorgängerbauten für die Wasserversorgung Jerusalems, der Warren-Schacht und der Siloah-Kanal (Abb. 55), sind vielzitierte Objekte der technikgeschichtlichen, aber auch der bibelarchäologischen Literatur. Das hängt mit den Kernfragen zusammen, die bezüglich dieser Objekte immer aufgeworfen werden, und diese betreffen nicht nur technische Probleme, sondern auch geschichtliche Zusammenhänge.

Dabei ist die Abfolge der Bauten – Warren-Schacht, Siloah-Kanal und Hiskia-Tunnel – unumstritten. Aber ist der Warren-Schacht tatsächlich der Zugang gewesen, über den Joab im Zuge der Eroberung durch David (um 1000 v. Chr.) in die Stadt gelangt war? Diese Frage zu beantworten hieße, den Jebusitern schon einen künstlich und unterirdisch angelegten Zugang von innerhalb der Stadt zur außerhalb der Mauern gelegenen Gihon-Quelle zuzuschreiben. Die zweite Kernfrage bezüglich dieser drei Wasserversorgungssysteme ist die, ob denn zu Hiskias Zeiten (um 700 v. Chr.) tatsächlich ein Tunnel von der Qualität des Hiskia-Tunnels mit den bergbaulichen und markscheiderischen Mitteln dieser Zeit aufgefahren werden konnte. Gerade in der jüngsten Diskussion wird eine Meinung vertreten, wonach das eher verneint wird und statt dessen eine Ausnutzung der geologischen Formation des durchfahrenen Tempelberges als Strategie der Durchörterung vorgeschlagen wird.[70]

Die Wasserversorgung Jerusalems ist in der Technikgeschichte herausragend, nicht nur weil es sich um sehr frühe Beispiele technischer Großbauten handelt, sondern auch, weil für die technikgeschichtliche Forschung aus dreierlei Quellen geschöpft werden kann. Zum einen liegen die Bauwerke offen vor uns und wir können versuchen, über die technischen Details den antiken Bauplan zu entschlüsseln. Weiterhin gibt es zeitgenössische Schriftquellen, die zwar wenig zur Technik, aber viel zum geschichtlichen Hintergrund sagen. Schließlich gibt es eines der wenigen epigraphischen Zeugnisse, das die Bautechnik eines Aquädukttunnels direkt betrifft: eine Inschrift in der Tunnelwand, aus der eindeutig hervorgeht, daß dieser Tunnel im Gegenortverfahren aufgefahren wurde.[71] Zusammen mit der neuen Betrachtungsweise aus geologischer Sicht muß nun versucht werden, ein plausibles Gesamtbild zu erstellen. Denn wie immer, wenn eine neue Theorie ins Spiel kommt, werden gleich sämtliche älteren verworfen und für unakzeptabel erklärt. Nachfolgend soll aus all den nunmehr zur Verfügung stehenden Geschichtsquellen und Forschungsergebnissen die Planungsidee

57

und deren Umsetzung rekonstruiert werden, wobei die vergleichende Betrachtung anderer Technikbauten nicht ausgelassen sein soll.

Vermutlich ist die Jebusiterhauptstadt Jebus auf dem Bergsporn zwischen Kidron-Tal und Tyropoion-Tal (Central Valley) nur angelegt worden, weil im Hang zum Kidron-Tal eine ergiebige Quelle an das Tageslicht trat. Diese Gihon-Quelle lag in einer zum Talhang geöffneten Karsthöhle und schüttete ihr Wasser in regelmäßigen Abständen mit Unterbrechungen (Abb. 56 und 57).[72]

Der Warren-Schacht

In der bisherigen Forschung wurde der Warren-Schacht als künstlich angelegter Zugang vom Stadtberg zur Gihon-Quelle angesehen. Aber schon die Felsformation im Bereich der intermittierenden Gihon-Quelle zeigt, daß sie in einem Karstgebiet liegt, in welchem mit all den hierfür typischen Erscheinungen, wie Spalten, Rissen und Aushöhlungen, im Berg zu rechnen ist. Deshalb sind die Forschungsergebnisse Dan Gills zur Geologie in und um Jerusalem aufschlußreich und einleuchtend.[72a]

Gills Untersuchungen brachten eine Gesteinsformation zutage, deren Schichtung etwa 10° – 15° nach Südwesten abfällt. Der Bergsporn mit der Davidstadt besteht danach aus zwei übereinander liegenden Gesteinsarten: im oberen Bereich ist ein weicher und poröser Kalkstein anzutreffen, darunter liegt der härtere Dolomit. Die Trennlinie zwischen beiden Gesteinsarten ist für die Bildung von Hohlräumen sehr förderlich, denn das durch den Kalkstein sickernde Wasser wird vom Dolomit gestaut und fließt auf der Grenzlinie ab, wobei es den Kalkstein auswäscht. Im Dolomit bilden sich ebenfalls Hohlräume, das Wasser muß hier allerdings Risse im Gestein vorfinden, um wirksam werden zu können. In Jerusalem sind diese Hohlräume vor mehr als 40 000 Jahren entstanden.

Der Warren-Schacht, 1867 von Captain Charles Warren bei archäologischen Untersuchungen im Stadtmauerbereich entdeckt[73] und nach ihm benannt, besteht aus einem 13 m tiefen Senkrechtschacht, der vom Stadtgebiet aus über einen schrägen unterirdischen Gang zu erreichen ist und an seinem unteren Ende über einen Horizontaltunnel mit der Gihon-Quelle verbunden ist (Abb. 58).

Der Zugang liegt in einem kleinen überwölbten Gebäude[74] und führt in einem großen Bogen an den Schacht heran. Vom Anfang dieses Ganges führt ein zweiter Hohlraum ins Leere, und man hat bisher immer angenommen, daß hierin

58

59

***Abb. 57** Jerusalem (Israel). Der Siloah-Teich am Ende des Hiskia-Tunnels im heutigen Bauzustand.*

***Abb. 58** Jerusalem (Israel), Warren-Schacht. Blick in den Schacht von oben.*

***Abb. 59** Jerusalem (Israel), Warren-Schacht. Der Blick in den Schacht von unten zeigt eine deutliche geologische Spalte.*

***Abb. 60** Jerusalem (Israel), Warren-Schacht. Schnitt (n. Weippert 1988, 456).*

***Abb. 61** Jerusalem (Israel), Hiskia-Tunnel. Die hebräische Inschrift mit der Beschreibung des Tunneldurchschlags; heute im Archäologischen Museum in Istanbul.*

ein erster und aufgegebener Versuch, zur Gihon-Quelle vorzustoßen, zu sehen ist. Auffällig ist ein verlängerter Arm des Zugangs, der über den Warren-Schacht hinaus ins Freie führte und durch Felsgestein blockiert und verschlossen wurde. Hierin sah man früher einen Querschlag nach außen, um Aushubmaterial beim Bau in den Berghang entsorgen zu können, heute nimmt man hingegen an, die Hohlräume seien auf natürliche Weise entstanden: Da der Warren-Schacht mit seinem oberen Ende genau an der Grenze zwischen Kalkstein und Dolomit liegt, ist der These Dan Gills, sowohl der Blindschacht als auch der Zugang mit seinem ins freie führenden Arm seien durch Auswaschungen der unteren Kalksteinschichten entstanden, nichts entgegenzusetzen (Abb. 59). Auch der Schacht selbst kann durch Auswaschung im Bereich einer Felsenkluft des Dolomits entstanden sein. Da das untere Ende dieser erweiterten Felsspalte bis zum Niveau der Gihon-Quelle hinabreichte, war es ein Leichtes, eine Verbindung herzustellen. Auch hierbei könnte eine Riß im Gestein wegweisend gewesen sein. Das Gihon-Wasser wurde durch einen kleinen Aufstau zum unteren Ende des Schachtes geführt.

Diese Entstehungsgeschichte ist durchaus nachzuvollziehen. Es leuchtet auch ein, warum man in der Mittelbronzezeit (1950–1750 v. Chr.) hier siedeln konnte, denn anfangs war der Zugang zur Gihon-Quelle von außen her möglich. Irgendwann bis zur Eroberung durch David hat man dann die geologische Formation des Berginneren erkannt und zum Bau einer sicheren Wasserversorgung ausgenutzt (Abb. 60). Von nun an konnte man über den oberen Zugang an den Warren-Schacht herankommen und dort – wie an einem Brunnen – das Wasser schöpfen, das aufgestaut und zum Schacht geleitet worden war.

Zwei Stellen des Alten Testamentes belegen, daß ein geheimer Zugang es einem der Männer Davids ermöglichte, in die ummauerte Stadt der Jebusiter zu gelangen und den Angriff der übrigen vorzubereiten: *«Der König zog mit seinen Männern nach Jerusalem gegen die Jebusiter, die in dieser Gegend wohnten. Die Jebusiter aber sagten zu David: Du kommst hier nicht herein; die Blinden und Lahmen werden dich vertreiben. Das sollte besagen: David wird hier nicht eindringen. Dennoch eroberte David die Burg Zion; sie wurde die Stadt Davids. David sagte an jenem Tag: Jeder, der den Schacht erreicht, soll die Jebusiter erschlagen, auch die Lahmen und Blinden, die David in der Seele verhaßt sind.»* (2. Samuel 5,6–5,8)

«David zog mit ganz Israel nach Jerusalem, das ist Jebus. Dort saßen noch die Jebusiter, die damals im Land wohnten. Die Jebusiter aber sagten zu David: Du wirst nicht in die Stadt hereinkommen. Doch David eroberte die Burg Zion; sie wurde die Stadt Davids. Damals sagte David: Wer als erster die Jebusiter schlägt, soll Hauptmann und Anführer werden. Da stieg Joab, der Sohn des Zeruja, als erster hinauf und wurde Hauptmann.» (1. Chronik 11,4–11,7)

In diesen Texten ist bezeichnend, daß Joab durch einen Schacht und zwar hinaufgestiegen war, um in die Stadt zu gelangen. Die Diskussion ist auch diesbezüglich nicht beendet, denn einerseits wird angeführt, daß das fragliche Wort *tsinnor* im Originaltext schon in den frühesten Bibelübersetzungen mit 'Wasserschacht' oder 'Wasserkanal' übersetzt worden ist,[75] obwohl zu diesen Zeiten vom Warren-Schacht nichts bekannt war. Andererseits aber heißt es, daß der Schacht als technisches Bauwerk zur Zeit Davids noch nicht existiert haben kann.[76]

Da die Entstehung des Warren-Schachtes als Karsthöhle mit künstlichen Erweiterungen naheliegt, ist hier durchaus ein Weg zu sehen, auf dem Joab in die Stadt hätte eindringen können. Als zweiter Weg wäre noch der Hohlraum am oberen Ende des Schachtes in Erwägung zu ziehen, dann müßte Joab einen Zugang über die zugesetzte Öffnung im Kidron-Hang gefunden haben.

Der Siloah-Kanal

Das zweite Bauwerk zur Wasserversorgung Jerusalems ist in der Technikgeschichte immer ein wenig unbeachtet geblieben und taucht in manchen Publikationen nur am Rande auf. Das mag daran liegen, daß es immer im Schatten des berühmten Hiskia-Tunnels gestanden hat; möglicherweise aber auch daran, daß dieser Kanal nicht der Trinkwasserversorgung, sondern Bewässerungszwecken außerhalb der Stadt am südlichen Fuß des Bergsporns gedient hat.

Auch dieser Kanal nutzte das Wasser der Gihon-Quelle und führte im Hang

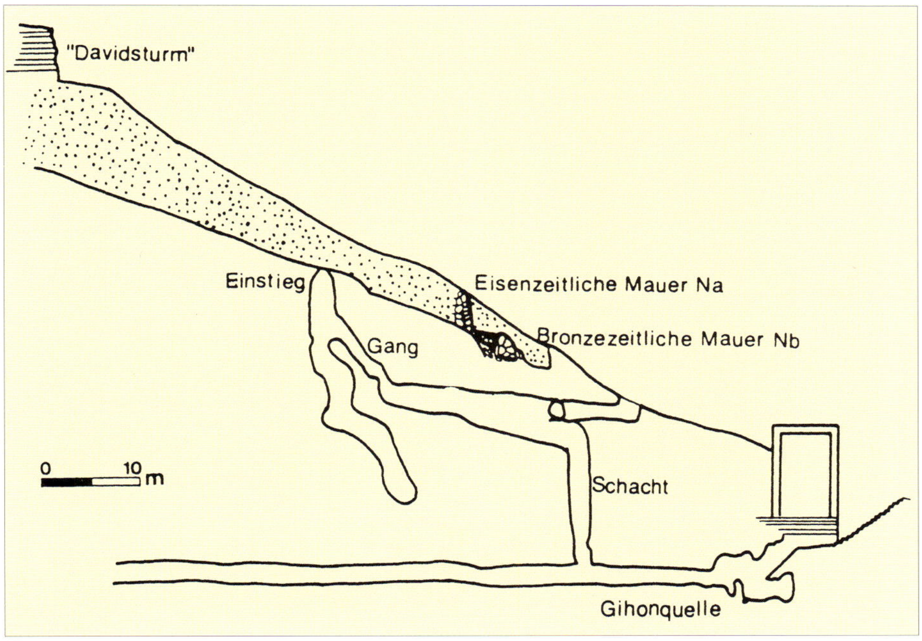

60

61

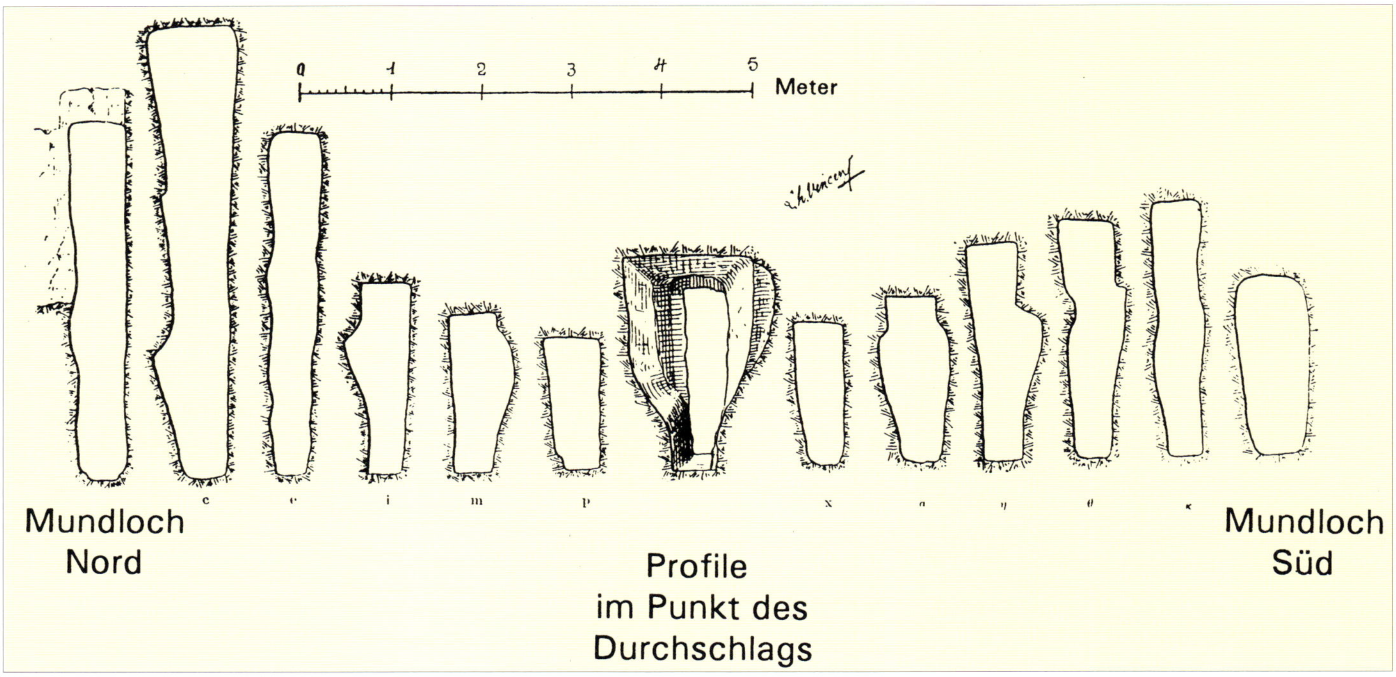

62

63

64

des Kidron-Tales zum Alten Siloah-Teich, der als Reservoir für die Landwirtschaft diente. Gleichwohl ist in seiner Bautechnik ein hoher technischer Stand zu sehen, denn er wird sowohl unterirdisch als auch als offene Felsengalerie und als Tunnel mit Querschlägen nach außen geführt. Die Planung einer Wasserleitungstrasse in ihrem Gesamtverlauf außerhalb der Stadtmauern ist, auch wenn sie nur landwirtschaftlichen Zwecken dienen sollte, nur in friedlichen Zeiten denkbar. Da dieser Kanal in Salomons Zeit (965–928 v. Chr.)[77] datiert wird, kann er als sehr frühes, wenn nicht sogar als das früheste Beispiel für diese Technik gelten.

Die Frage, ob der Siloah-Kanal auch nach dem Bau des Hiskia-Tunnels noch in Betrieb war, ist müßig, da der Alte Siloah-Teich durch einen Kanal mit dem (neuen) Siloah-Teich am Ausgang des Hiskia-Tunnels verbunden war und auch von hier versorgt werden konnte. Das Konzept der Abschneidung des Feindes vom Wasser in Belagerungszeiten wäre schließlich nicht wirksam gewesen, wenn hier noch ein Zugang zum Wasser übriggeblieben wäre.

Der Hiskia-Tunnel

Der Tunnel war vor seiner Wiederentdeckung durch den amerikanischen Forscher Edward Robinson im Jahre 1838[78] nur aufgrund der Bibelstellen im Alten Testament bekannt. Danach wußte man, daß König Hiskia (725–697 v. Chr.) in Erwartung eines assyrischen Angriffs mit einer Belagerung (701 v. Chr.) zu rechnen hatte. Für diesen Fall hatte der König vorgesorgt und die Wasserversorgung innerhalb der in seiner Regierungszeit nach Westen wesentlich erweiterten Stadtmauern sichergestellt:

«Die übrige Geschichte Hiskijas und alle seine Erfolge, wie er den Teich und die Wasserleitung anlegte und das Wasser in die Stadt geleitet hat, das alles ist aufgezeichnet in der Chronik der Könige von Juda.» (2. Könige 20,20)

«Als Hiskija sah, daß Sanherib herankam und sich zum Krieg gegen Jerusalem anschickte, überlegte er mit seinen Obersten und Helden, ob man nicht die Was-

***Abb. 62** Jerusalem (Israel), Hiskia-Tunnel. Die verschiedenen Querschnitte des Tunnels zeigen, daß die Sohle nach geglücktem Durchschlag tiefergelegt werden mußte (n. Vincent 1911a, Abb. 29).*

***Abb. 63** Jerusalem (Israel), Hiskia-Tunnel. Typische Richtungskorrektur nach fehlerhaftem Vortrieb. Der Suchort des Vortriebs wird aufgegeben und bleibt als Blindstollen stehen, nachdem man den Vortrieb mit neuer Richtung angesetzt hat.*

***Abb. 64** Jerusalem (Israel), Hiskia-Tunnel. Vortriebskorrektur unterhalb des Treffpunktes.*

***Abb. 65** Jerusalem (Israel), Hiskia-Tunnel. Grundriß des Tunnels nach der 1909/1910 durchgeführten Tunnelvermessung (n. Vincent 1911a, Pl. IV).*

serquellen außerhalb der Stadt verstopfen solle. Sie unterstützten sein Vorhaben. Man holte viel Volk zusammen und verstopfte alle Quellen und den Bach, der mitten durch das Tal fließt; denn man sagte sich: Wozu sollen die Könige von Assur bei ihrer Ankunft reichlich Wasser finden?» (2. Chronik 32,2–32,4)

«Hiskija war es auch, der den oberen Abfluß des Gihonwassers verstopfte und es nach Westen in die Davidstadt hinableitete. Bei allem, was er unternahm, hatte er Erfolg.» (2. Chronik 32,30)

«Hiskija sicherte seine Stadt, indem er Wasser hineinleitete. Mit dem Eisen durchbrach er Felsen und dämmte den Teich zwischen Felsen ein.» (Jesus Sirach 48,17)

1867 nahm sich Charles Warren auch dieses Bauwerks an und untersuchte es bei einer vierstündigen Entdeckungstour. Der Tunnel war zu dieser Zeit fast vollständig verfüllt und ließ streckenweise nur einen Freiraum von 50 cm Höhe, der dazu noch 30 cm hoch mit Wasser verfüllt war. *«Ich war besonders behindert, denn die eine Hand war notwendigerweise naß und schmutzig, die andere hielt Bleistift, Kompaß und Notizbuch; die Kerze hatte ich meistens zwischen den Zähnen.»*[79] Warren übersah etwas, was einige Jahre später zum aufregenden Erlebnis im Leben eines Jungen wurde. Im Juni 1880 badete ein Schüler des deutschen Architekten Conrad Schick mit einigen Freunden im Siloah-Teich. Bei einer Krabbelei im anschließenden Hiskia-Tunnel entdeckte er eine in althebräisch verfaßte sechszeilige Inschrift (Abb. 61). Schick machte von dieser Entdeckung Mitteilung, und mit einer Abschrift durch A. H. Sayce sowie der Anfertigung eines Abklatsches stand der Forschung fortan eine einzigartige Urkunde vom Bau eines Tunnels zur Verfügung.

Das weitere Schicksal der Inschrift gleicht einer Odyssee. Zehn Jahre nach ihrer Entdeckung wurde sie von einem Raubgräber herausgeschlagen, wobei sie zerbrach. Die einzelnen Stücke wurden bei einem Einwohner Jerusalems, einem Griechen, wiedergefunden. Er behauptete, sie einem Araber für 35 Napoleon abgekauft zu haben, dessen Name sei ihm aber unbekannt. Die Türken beschlagnahmten die Inschrift und brachten sie nach Istanbul, wo sie heute im Archäologischen Museum zu sehen ist.[80]

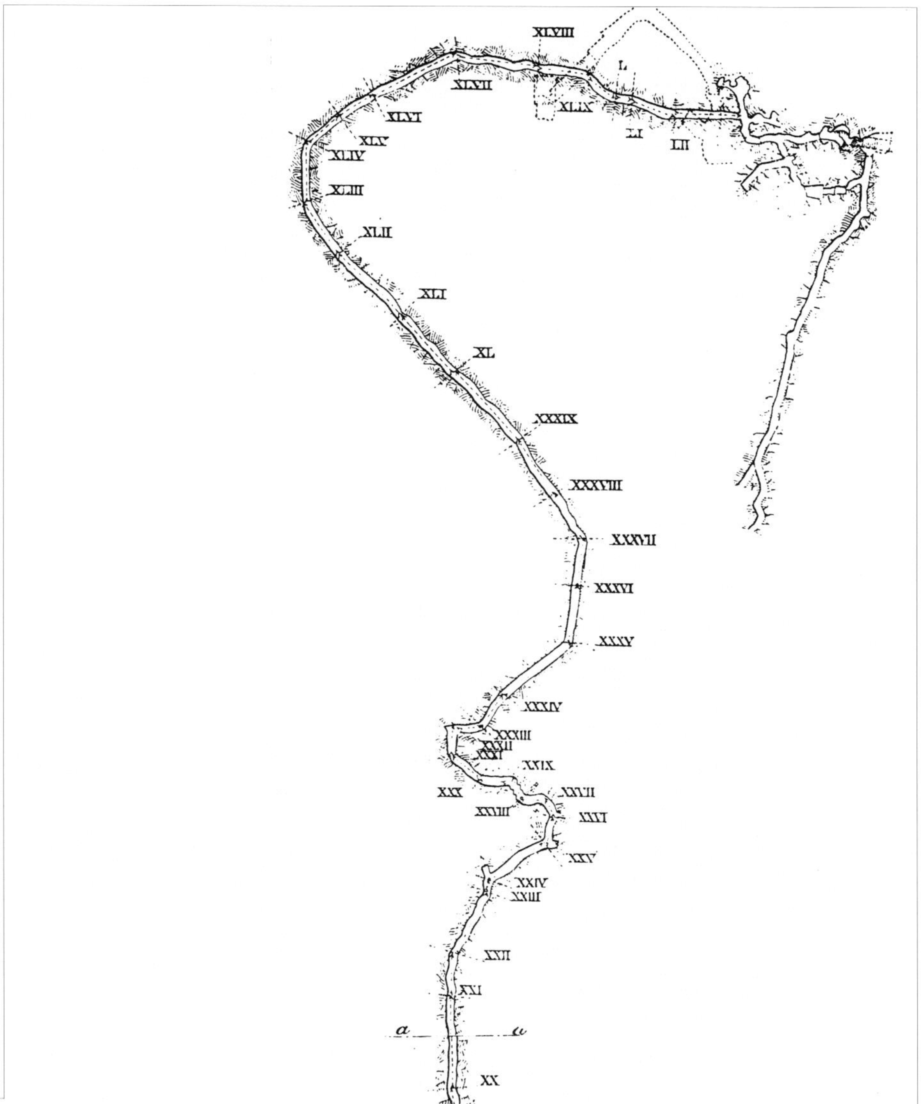
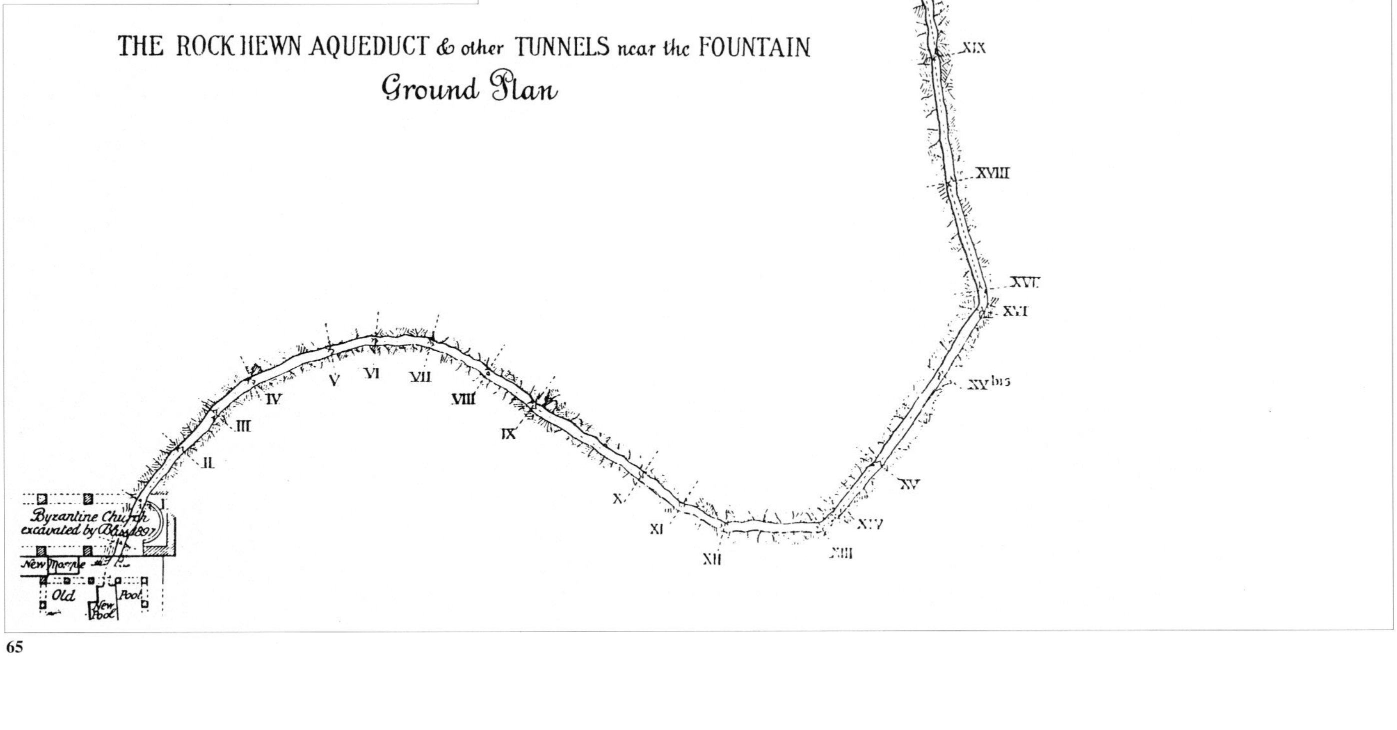

65

66

67

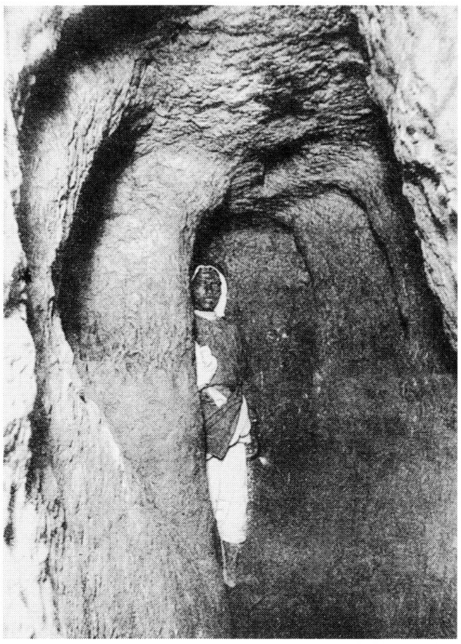

68

In der Zwischenzeit erfuhr die Inschrift viele Übersetzungen.[81] Es soll versucht werden, mit einem neuen Text dem Inhalt auch aus der Sichtweise des Ingenieurs gerecht zu werden: *«[Die Vollendung] des Tunnelbaus. Und dies ist die Geschichte vom erfolgreichen Durchschlag. Während [die Steinhauer] noch ihre Hacken [schwangen], ein jeder in Richtung des Gefährten, bis nur noch drei Ellen zu durchörtern waren, [hörte man] die Stimme eines Mannes, der seinem Gefährten etwas zurief, denn auf der rechten Seite im Felsgestein gab es eine Spalte. Und am Tage des Durchschlags durchbrachen die Steinhauer [den Fels] und standen sich gegenüber, Hacke gegen Hacke. Dann floß das Wasser von der Quelle bis zum Sammelbecken, 1200 Ellen weit, und die Höhe des Felsens über den Köpfen betrug 100 Ellen.»*

1909 begann Captain Montague Parker mit einer Gruppe englischer Ingenieure damit, das Gebiet am oberen Eingang des Tunnels zu erforschen. Das Ziel der Untersuchungen war aber nicht der Tunnel als Ingenieurbauwerk, sondern die Bundeslade mit dem Originalmanuskript der Gesetze Mose. Geführt wurde das Unternehmen durch einen Finnen namens Walter Juvelius. Englische und deutsche Archäologen wurden ferngehalten, worauf sie sich von dieser 'Dilettantengruppe' distanzierten und jede Beziehung zu ihr ablehnten. Die Franzosen durften aus unerfindlichen Gründen die Arbeiten verfolgen. Als Parker, der bei seinen Forschungen nachts in das Haremsgebiet eingedrungen war, überstürzt mit seiner vor Jaffa ankernden Jacht flüchten mußte, war das Forschungsunternehmen beendet. Der französische Dominikanerpater H. Vincent konnte Dokumentationsmaterial retten, denn die Gruppe Parker hatte den Tunnel vollständig freigelegt, untersucht und gründlich vermessen (Abb. 65).[82]

Somit stand durch Parker erstmals eine genaue Vermessung des Tunnels zur Verfügung, aus der Vincent einen ersten Grundrißplan zeichnen konnte. Der in der Siloah-Inschrift mit 1200 Ellen Länge beschriebene Tunnel erwies sich als 1749 Fuß (= 533 m) lang; die direkte Verbindung zwischen den Mundlöchern wäre nur rund 370 m lang geworden. Bei der letzten Richtungskorrektur war man nach diesen Angaben noch 98 Fuß (= 30 m) auseinander.[83] Der Treffpunkt liegt nicht mittig, sondern knapp 300 m vom südlichen und rund 235 m vom nördlichen Mundloch entfernt.

Im Jerusalemer Hiskia-Tunnel haben wir ein Bauwerk vor uns, dessen geschichtlicher Hintergrund durch verschiedene Quellen ziemlich klar ist, dessen Bautechnik aber neuerdings wieder umstritten ist. Bisher gingen viele Forscher davon aus, der Hiskia-Tunnel sei als geplantes und von Menschenhand aufgefahrenes Bauwerk entstanden. Neuerdings fließen die Ergebnisse geologischer Forschungen in die Betrachtung ein, und danach geht die Deutung in eine gänzlich andere Richtung. Nunmehr soll der Tunnel ohne Planung und Trassierung aufgefahren worden sein, indem man eine durch den Berg laufende Felsenspalte lediglich erweiterte und eintiefte.[84] Der Gedanke an sich ist bestechend, denn durch die aufgezeigte Felsformation waren die geologischen Voraussetzungen möglicherweise gegeben, und die Beweisführung für die Entstehung des Warren-Schachtes (s. o.) scheint die These weiter zu unterstützen. In der Argumentation wird als technischer Aspekt angeführt, eine ausreichende Bewetterung der Baustelle sei im Tunnelverfahren nicht gegeben gewesen, und zum anderen, daß die Technik zum Bau eines Tunnels im Gegenort zu dieser Zeit nicht genug entwickelt gewesen sei.

Beide Behauptungen sind allerdings nicht aufrecht zu erhalten, denn der nicht einmal zweihundert Jahre später gebaute Eupalinos-Tunnel auf Samos (s. S. 58) zeigt, daß man durchaus in der Lage war, einen wesentlich längeren Tunnel ohne künstliche Bewetterung aufzufahren und dabei auch einen Tunnelplan erfolgreich in die Tat umsetzen konnte. Erstaunlicherweise werden die etruskischen Tunnel zum Zwecke von Seeabsenkungen in den Albaner Bergen (s. S. 81) nie in einem Vergleich zum Hiskia-Tunnel gesehen, obwohl auch sie in der Reihe der ganz frühen Beispiele zu nennen sind.

Hinzu kommt der Befund im Hiskia-Tunnel selbst: Beim Vortrieb nähert man sich mit zwei jeweils in weiten Bögen aufgefahren Stollen einem angestrebten Treffpunkt. Nach Gill war die Linienführung über die gesamte Strecke durch eine Felsenspalte vorgegeben, die zwar manchmal derart eng war, daß man nur mühsam hindurchkriechen konnte, aber der Erfolg des Unternehmens war abschätzbar und nicht von genauen Trassenabsteckungen im Berg abhängig. Der Befund widerlegt diese Auffassung klar, denn zumindest auf den letzten 30 m im Treffpunktbereich ist eine Trassenführung klar erkennbar: Mehrfach gab man eine aufgefahrene Strecke auf und setzte den Vortrieb mit neuer Orientierung an (Abb. 63–64 und 66–67). Im Mittelteil des Tunnels ist zudem nichts von einer geologischen Spalte zu sehen.

69

70

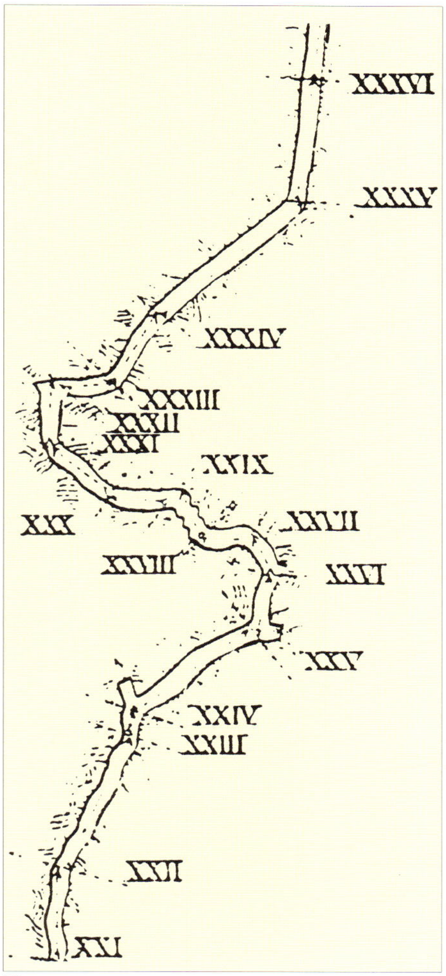

71

In Gills Argumentation gegen einen planmäßigen Tunnelbau heißt es weiter, die im Tunnel verbliebenen Blindstrecken seien künstlich geschaffen, um in der Baustelle als Ausweichnischen bei Gegenverkehr zu dienen. Das wäre zwar nützlich gewesen, und in der Praxis wird man in die kurzen Blindstollen auch ausgewichen sein, wenn einem jemand entgegenkam, aber wenn sie eigens für diesen Zweck angelegt worden wären, sähen sie anders aus. Die Blindstrecken finden sich jeweils in Ausrichtung des aufgegebenen Vortriebs, der kurz vor dem aufgegebenen Suchort neu ansetzt und an diesen Stellen eine deutliche Änderung der Vortriebsrichtung erkennen läßt. Wären sie als Ausweichstellen konzipiert gewesen, so hätte man die Nische rechtwinklig und seitlich zum Vortrieb aus dem Fels herausgearbeitet.

Darüber hinaus erkennt man in Strecken, in denen der Vortrieb einer leichten Biegung folgt, daß wiederholt und in kurzen Abständen kontrolliert und korrigiert worden ist (Abb. 71).

Es ist durchaus möglich, daß es natürlich entstandene Felsspalten gab, die von beiden Seiten des Berges aus weit nach innen führten. Das Vorhandensein dieser Spalten mag sogar das Tunnelprojekt überhaupt erst angeregt haben. Die weiten Bögen, die abseits einer direkten Verbindung aufgefahren wurden, sind anders kaum erklärlich. Die Vortriebssituation im Treffpunktbereich belegt jedoch eindeutig, daß ab einer bestimmten Stelle von beiden Seiten aus nur noch planmäßig vorgegangen wurde (Abb. 68–70).

Unter Einbezug der geologischen Aspekte kann man sich den Bau des Hiskia-Tunnels wie folgt vorstellen: Sowohl von der Gihon-Quelle als auch von der Seite, an der man später den Siloah-Teich anlegte, führten Felsenspalten vom Hang aus ziemlich rechtwinklig in den Berg (Abb. 65). Diese vollzogen im Berg jeweils weite Bögen, deren Ausrichtung aber den Anschein erweckte, sie würden letztendlich doch einander zustreben. Man muß aber mit den Endpunkten der zugänglichen Kluften noch eine Strecke von mindestens 50 m voneinander entfernt gewesen sein, auf der keine Verbindung zueinander bestanden hat. Es galt als erstes, die Lage der am weitesten im Berg befindlichen Stellen zu lokalisieren, und dazu war eine Vermessung unabdingbar. Nun galt es, einen Plan anzufertigen, der die Lage dieser beiden Punkte zueinander darstellte, um zu einer Strategie für das weitere Vorgehen zu kommen.

Dann mußte ein Nivellement um den Berg gemacht werden, um die Höhenlage der Mundlöcher festzulegen. Es scheint, als habe man in einer ersten Bauphase auf gleicher Höhe gearbeitet, und auch hierin ist das Ergebnis einer exakten Vermessung sichtbar. Das Gefälle der Sohle von 4‰ wurde erst nach dem Durchschlag eingetieft.

Beim Vortrieb der beiden Anfangsstrecken mag es genügt haben, die vorhandene Felsenkluft zu erweitern, danach mußte eine Orientierung erfolgen, um den weiteren Vortrieb gezielt ansetzen zu können. In bestimmten und, wie man im Grundriß des Tunnels sehen kann, manchmal sehr kurzen Abständen wurden Kontrollmessungen durchge-

Abb. 66 Jerusalem (Israel), Hiskia-Tunnel. Knick in der Vortriebsrichtung nahe dem Treffpunkt.

Abb. 67 Jerusalem (Israel), Hiskia-Tunnel. Korrektur der Vortriebsrichtung durch allmähliche Angleichung.

Abb. 68 Jerusalem (Israel), Hiskia-Tunnel. Die Treffpunktsituation mit eng beieinanderliegenden Richtungskorrekturen im südlichen Baulos in einem 1909 durch Vincent aufgenommenen Foto. (Blick vom Treffpunkt gegen die Fließrichtung; aus: Vincent 1911a).

Abb. 69 Jerusalem (Israel), Hiskia-Tunnel. Dieselbe Situation heute.

Abb. 70 Jerusalem (Israel), Hiskia-Tunnel. Kurz vor dem Treffpunkt verengt sich der Querschnitt. Kurz aufeinanderfolgende Richtungskorrekturen zeugen von laufenden Kontrollmessungen. (Blick aus dem nördlichen Baulos gegen die Fließrichtung.)

Abb. 71 Jerusalem (Israel), Hiskia-Tunnel. Im Treffpunktbereich sind von beiden Seiten aus mehrfach Richtungskorrekturen untergebracht; worin ein klarer Hinweis auf einen kontrollierten Vortrieb zu sehen ist (n. Vincent 1911a, Pl. IV).

72

führt, um die Richtung des Vortriebs zu überprüfen. Die Ergebnisse dieser Kontrollmessungen sind an den Versprüngen in den Wandungen erkennbar. Wenn die Abweichung zu groß war, hat man eine eingeschlagene Vortriebsrichtung ganz aufgegeben und kurz vor dem verlassenen Suchort in einer neuen Richtung angesetzt. Dieses Verfahren führte schließlich zum Erfolg, wie er in der Siloah-Inschrift beschrieben ist.

Überhaupt scheint auch die Inschrift zu bestätigen, daß man sich bis zum Zeitpunkt des Durchbruchs keineswegs sicher war, sich auch wirklich zu treffen. Man würde ansonsten kaum das Vernehmen einer Stimme aus dem Gegenort derart gefeiert haben.

Jordanien

Khirbet ez-Zeraqon

Ein im jetzigen Forschungsstadium noch rätselhaftes Stollen-/Tunnelsystem findet sich im Stadtberg von Khirbet ez-Zeraqon 12 km nordöstlich von Irbid in Jordanien. Die offenen Fragen betreffen vor allem die Datierung dieses Bauwerks, denn im Tunnel selbst gibt es weder Hinweise auf den Bauherrn, noch gibt es bisher einen direkten Zusammenhang zwischen dem zur Wassergewinnung konzipierten Tunnel und den Siedlungsschichten im Stadtgebiet darüber.

Die Reste der Besiedlung liegen auf einem mächtigen Bergsporn und gehören zu einer ehemals 9 ha großen Stadt, die durch einen geschlossenen Mauerring befestigt war (Abb. 72). Der Bergsporn fällt nach drei Seiten recht steil ab; ihm ist auf der Landseite eine Geländemulde vorgelagert, so daß der natürliche Schutz, den das Gelände bot, in die Stadtbefestigung einbezogen war. Der steilste Abhang fällt auf der Nordost-Seite um mehr als 100 m zum Wadi esh-Shellale ab; er ist als Prallhang des im Winter wasserführenden Wadis entstanden.

Während das Wassergewinnungssystem bezüglich seiner Entstehungsgeschichte noch erforscht werden muß, ist die Geschichte des Siedlungsplatzes gut belegt. Durch archäologische Prospektion und Ausgrabungen in den letzten Jahren trat ein Befund zu Tage, der sich einerseits durch gut erhaltene Bauwerks- und Stadtmauerreste, andererseits durch die Datierung in einen klar begrenzten geschichtlichen Zeitraum hervortut: die Frühbronzezeit II–III (2950–2350 v. Chr.).[85]

Bei der Geländeprospektion wurden auch die Reste eines Stollen-/Tunnelsystems gefunden, das vom Steilhang zum Wadi esh-Shellale aus – 60 m unterhalb der Abbruchkante des Plateaus – zugänglich ist. Bisher sind rund 200 m Stollengänge nachgewiesen, die im Berg anfangs in etwa parallel zum Außenhang liegen, dann aber rechtwinklig in den Berg hinein aufgefahren worden sind.[86]

Außerdem wurden in der Südost-Ecke des Stadtgebiets drei Zugänge zu Schächten gefunden, die schräg nach un-

***Abb. 72** Khirbet ez-Zeraqon (Jordanien). Der Stadtberg von Osten gesehen. Im steilen Hang zum Wadi esh-Shellale wurden die schrägen Bauschächte für ein weitverzweigtes unterirdisches Wassergewinnungssystem gebaut. Vorn die Reste einer römischen Brücke.*

***Abb. 73** Khirbet ez-Zeraqon (Jordanien). Der östliche Bereich des Stadtgebietes mit der Öffnung eines der schrägen Bauschächte.*

***Abb. 74** Khirbet ez-Zeraqon (Jordanien). Ein Bauschacht von innen. Am oberen Ende der sichtbaren Treppe ist ein Knick in der Neigung des Schachtes festzustellen.*

ten führend in den Berg hineingearbeitet worden sind (Abb. 73). Einer von ihnen wurde ausgemessen, wobei sich zeigte, daß er auf eine Strecke von 60 m noch begehbar ist. Von der Lage der Schachtöffnungen und der Ausrichtung der Schächte her könnte es sehr wohl sein, daß sie ehemals einen innerstädtischen Zugang zum System dargestellt haben. In diesem Falle müßte das System auf eine weitere Streckenführung von mindestens 100 m nachgewiesen werden. Da das Endstück der bereits aufgemessenen Strecke aus seinem rechtwinklig zum Berghang gerichteten Verlauf wieder nach Südosten abknickt, ist dieser Zusammenhang nicht unwahrscheinlich. Sollte sich dieser Zusammenhang herstellen lassen, so könnte man das System in eine Zone der Wassergewinnung und eine Zone der Wasserversorgung einteilen, dazwischen läge die Leitungszone, über die die Verbindung hergestellt worden wäre.

Die zum Tunnel führenden Bauschächte sind sämtlich rechtwinklig zum Hangverlauf aufgefahren worden und mit Treppenstufen versehen; ihre Neigungen wurden noch nicht exakt ermittelt, dürften aber in etwa 45° aufweisen.

Auffällig ist, daß sich die Bauschächte dort befinden, wo die Trassenlinie scharfe Knicke vollzieht: Am Fuße von drei Bauschächten knickt die Trasse fast rechtwinklig ab (Abb. 74). Aus dieser Schachtanordnung kann geschlossen werden, daß es sich erstens tatsächlich um Bauschächte handelt, und zweitens, daß von hier aus Strecken aufgefahren worden sind. Die Richtungsübertragung für den Vortrieb muß ebenfalls über diese Schächte nach unter Tage stattgefunden haben. Wie in vielen anderen Beispielen auch, wurden beim Bau dieser Anlage zuerst Suchstollen aufgefahren, die nach dem Zusammentreffen von zwei Baulosen zum Regelquerschnitt erweitert wurden (Abb. 75). Durch die dabei erfolgte Tieferlegung der Sohle ist die Abbauspur des Suchstollens in der Firste mancher Streckenabschnitte noch gut erkennbar. Darin wird ein ökonomisches Vorgehen bei der Fertigstellung des endgültigen Profils erkennbar: auf geradlinigen Streckenabschnitten hat man vom Suchstollen ausgehend das Regelprofil nach beiden Seiten hin erweitert.

In Streckenabschnitten mit gewundener Linienführung – auch hier sind Reste des Suchstollens in der Firste noch erhalten (Abb. 76) – wurde die Erweiterung zum Regelquerschnitt allerdings nur jeweils auf den Innenseiten der Windungen vorgenommen. Dadurch ist nicht nur in gewissen Maßen Arbeit gespart worden, denn die abgetragenen Gesteinsmassen verringerten sich entsprechend, sondern es wurde darüber hinaus eine gestrecktere Linienführung erreicht.

Die Stollen in der Wassergewinnungszone sind in mindestens drei Verästelungen aufgefahren worden, denn streckenweise verlaufen Abschnitte parallel, an anderen Stellen stieß man mit dem Vortrieb auf einen querlaufenden Stollen, oder sie kreuzen sich sogar.

In Khirbet ez-Zeraqon liegt ein Stollen-/Tunnelbauwerk vor uns, das vermutlich der Sicherstellung der Wasserversorgung einer auf einem Bergsporn angelegten Stadt gewidmet war. Besonders in Krisenzeiten, also im Falle von Belagerungen, sollte der Zugang zum Wasser vom ummauerten Stadtgebiet aus möglich sein. Technisch gesehen hat man einen Grundwasserhorizont in 60 m Tiefe durch ein verästeltes System von unterirdischen Gängen angezapft und über einen Leitungstunnel einem Bereich zugeführt, der vom Stadtplateau aus für die Wasserversorgung über lange, schräge Treppengänge zugänglich war. Bei diesen Treppengängen handelt es sich um

73

74

75

76

die nach Beendigung der Bauzeit umfunktionierten schrägen Bauschächte.

Die Wassergewinnungszone dieses Systems wurde vom steilen Prallhang des Wadi esh-Shellale aus erschlossen. Einerseits werden in den steilen Abbruchkanten dieses Hanges die wasserführenden Schichten am ehesten zu erkennen gewesen sein, andererseits waren von hier aus die kürzesten Bauschächte aufzufahren. Es kommt hinzu, daß man im Steilhang tragende Gesteinsschichten eher erreicht als im schwächer geneigten Berghang.

Die hier angetroffene Technik der Wasserversorgung einer Stadt ist nicht weit verbreitet. Hier wird Quell- oder Grundwasser in einer außerhalb der Stadtmauer liegenden Zone gesammelt und durch einen Tunnel einer Entnahmestelle im Stadtareal zugeführt. Am ehesten vergleichbar wäre diese Technik mit der der Wasserversorgungssysteme von Megiddo und Gibeon (s. S. 42), wo man über vom Stadtgebiet ausgehende Tunnel einen Zugang zu Quellen im Berghang außerhalb der Stadtmauer geschaffen hat. Weiterhin könnte man Jerusalem (s. S. 45) zum Vergleich heranziehen, wo man ebenfalls einen Tunnel zu einer Quelle außerhalb der Stadtmauer baute, deren Wasser aber durch einen Bergsporn auf ganzer Breite hindurchführte, um im gegenüberliegenden Hang einen Teich zu speisen. In beiden Fällen konnte nach Fertigstellung des Tunnelsystems die Quellmulde außerhalb der Stadtmauer zugemauert werden, damit sie für den angreifenden Feind verborgen war. Diese Vergleichsbeispiele sind im Falle von Megiddo und Gibeon in das 9. Jh. v. Chr. (König Ahab) und im Falle Jerusalems in die Zeit um 700 v. Chr. (König Hiskia) zu datieren.

Nach den bisherigen Datierungsmöglichkeiten stände das Stollen-/Tunnelsystem von Khirbet ez-Zeraqon einzig da, denn die Besiedlung des Stadtberges ist nur für die Frühbronzezeit II–III (2950–2350 v. Chr.) nachgewiesen. Nun ist das Stadtgebiet im Bereich der Schachtöffnungen, die möglicherweise die Zugänge zu den Treppengängen darstellten, noch nicht archäologisch untersucht worden, aber Oberflächenfunde haben eine über die Frühbronzezeit hinausgehende Besiedlung auch hier nicht nachweisen können. Hauptargument gegen ein derart frühe Datierung dieses Tunnelsystems ist das Fehlen von Eisenwerkzeugen in dieser Zeit. Eisenhacken sind erstmals um 1200 v. Chr. nachgewiesen, womit die Vergleichstunnel sämtlich in die Eisenzeit fallen. Dagegen darf allerdings nicht unerwähnt sein, daß es auch in der Voreisenzeit schon Felsarbeiten gab, die beim Bau von Felsengräbern, aber auch von offenen Kanalgräben erforderlich waren. Schließlich mußte auch in den bronzezeitlichen Kupferminen Erz und Gestein gebrochen werden, und dafür waren Werkzeuge erforderlich.

Das Fehlen von Vergleichsbauwerken allein berechtigt noch nicht dazu, die frühe Datierung dieser Tunnelbaumaßnahme in das 3. Jt. v. Chr. zu verwerfen. Es erscheint aber unwahrscheinlich, als ersten Tunnel der Technikgeschichte ein Bauwerk dieser Dimensionen anzusetzen. Darüber hinaus wird in diesem Bauwerk eine scharfsinnige und detaillierte Planung sichtbar, zu deren Übertragung nach unter Tage wesentliche Kenntnisse der Geometrie und der Vermessungstechnik erforderlich waren.

Es scheint deshalb nicht unangebracht, mit der Datierung zumindest vorsichtig zu sein. Die archäologische Befundsituation außerhalb (!) des Tunnels führt anscheinend unzweideutig in die frühe Bronzezeit, aber Steinbearbeitung und das in Planung und Trassierung sichtbar werdende technische Wissen weisen frühestens in die erste Hälfte des 1. Jts. Auch eine römische Herkunft ist nicht gänzlich ausgeschlossen: zumindest haben die Römer in der Gegend ihre Spuren hinterlassen, denn nicht einmal 500 m vom Tunnelsystem entfernt querte eine mächtige Römerbrücke das Wadi esh-Shellale.

Fritz datiert das System frühestens in die hellenistische Zeit, eher noch in die Römerzeit.[87] Denkbar ist auch, in Brücke und Wasserversorgungssystem den Beginn des Ausbaus der Infrastruktur für eine römische Stadt zu sehen, die dann nie gebaut worden ist.

Nun liegen aber neuere Untersuchungen von Mörtelputzproben aus dem Zeraqon-Tunnel vor, deren Ergebnisse als durchaus überraschend zu bezeichnen sind:[88] Danach kann eine zeitliche Zuordnung vorgenommen werden, die in Vergleich zu setzen ist zu ähnlichen Bauten der frühen Eisenzeit in Megiddo und Hazor (s. S. 42 bzw. 43). Da auf diese Weise immer noch kein Bezug zur bronzezeitlichen Stadt von Khirbet ez-Zeraqon hergestellt ist, muß eine endgültige Datierung des Tunnelbauwerks bis zum Vorliegen weiterer Forschungsergebnisse zurückgestellt werden.

***Abb. 75** Khirbet ez-Zeraqon (Jordanien). Das Endstück eines Stollenabschnitts stößt auf einen querlaufenden zweiten Stollenast. Im Profil sieht man in der Firste den Rest des Suchstollens, darunter die nach beiden Seiten erfolgte Verbreiterung zum Regelquerschnitt.*

***Abb. 76** Khirbet ez-Zeraqon (Jordanien). Der Rest des Suchstollens ist in der Firste dieses Streckenabschnitts gut erkennbar; wegen einer Windung im Verlauf wurde der Ausbau zum endgültigen Stollen nur nach einer Seite hin vorgenommen (im Bild zur linken Seite); siehe auch Abb. 22.*

Aquädukttunnel der archaisch/griechischen Zeit

Eine Geschichte des Tunnelbaus wird ohne eine Beschreibung des Eupalinos-Tunnels auf der griechischen Insel Samos nicht auskommen, da in ihm das herausragende Beispiel für frühen Tunnelbau zu sehen ist. Auch bei der Behandlung von Spezialthemen aus dem Bereich des Tunnelbaus wird man an Eupalinos nicht vorbeikommen. Das gilt in besonderen Maßen für eine Betrachtung zur Planung und Trassierung von Tunnelbauten, denn im Eupalinos-Tunnel werden all die Probleme sichtbar, mit denen ein Tunnelbauer zu kämpfen hatte, wollte er seine zwei Baulose im Berg zu einer glücklichen Vereinigung führen.

Abb. 77 ***Athen (Griechenland). Archaische Wasserleitungen im Stadtkern; Gabelung in Nord- und Südstrang (aus: Tölle-Kastenbein 1994, Plan 4).***

Neben diesem großartigen, schon in der Antike durch Herodot gerühmten Tunnel treten die in gleicher Zeit an anderen Orten gebauten Objekte zwangsläufig ein wenig zurück. Das ist schon deshalb nicht gerechtfertigt, weil es an anderen Orten Tunnel gab, die viel größere Gemeinwesen versorgten und die in ihren Abmessungen durchaus mit dem Samos-Tunnel mithalten konnten.

Athen

Das beste Beispiel hierfür bietet Athen (Abb. 77).[89] Das Wasserleitungsnetz für die Stadt ist in archaischer Zeit im späten 6. Jh. v. Chr. begründet worden. Frühe Bau-, Umbau- und Erweiterungsphasen lassen sich in das 5. und 4. Jh. v. Chr. datieren. Die Befundlage, nach der es am Ort schon sehr früh ein leistungsfähiges Netz aus großkalibrigen Tonrohrleitungen mit Brunnenhäusern (Krene-Bauten) an den Endpunkten gegeben hat, ließ vermuten, daß das Wasser allein von der Menge her nicht innerhalb der unmittelbaren Umgebung der Stadt gewonnen worden sein konnte. Der archäologische Befund führte alsbald zu Quellen im Ilissos-Tal, und zwar an den Fuß des Hymettos-Hanges. Hier sind die antik genutzten Quellen nachweisbar, und in früheren Zeiten war hier sogar noch ein Becken zu sehen, wie es für die Gewinnung des Trinkwassers an Quellen zeitgemäß und üblich war.[90]

Der Verlauf der Leitung zwischen Quellgebiet und Stadt ist durch viele archäologische Befunde fragmentarisch zusammengefügt worden, und schon bei der Betrachtung dieses Trassenverlaufs zeigt sich ein von der technischen Einrichtung her außergewöhnlich aufwendiger

77

Baubefund. Das liegt besonders daran, daß die Athener Zuleitung über weite Strecken als Tunnel aufgefahren worden war. Die Leitung unterquerte zweimal das Bett des Ilissos-Flusses sowie einmal einen Nebenfluß des Ilissos.

Durch eine solche Trassenführung war zwar das für eine obertägig verlegte Leitung schwierige Gelände gemieden, dafür sah man sich aber mit allen Schwierigkeiten des Tunnelbaus konfrontiert.

Durch die Bautätigkeit im Athen der letzten hundert Jahre sind auch bezüglich der Wasserleitungen reichhaltige Funde gemacht worden. Viele technische Details sind von F. Gräber zusammengetragen worden, der in seinen Beschreibungen und Plänen erstmals ein abgerundetes Bild der Wasserversorgung Athens vorgestellt hat.[91]

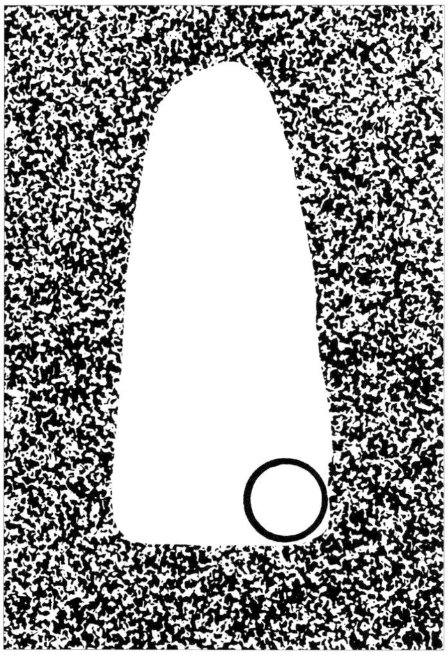

78

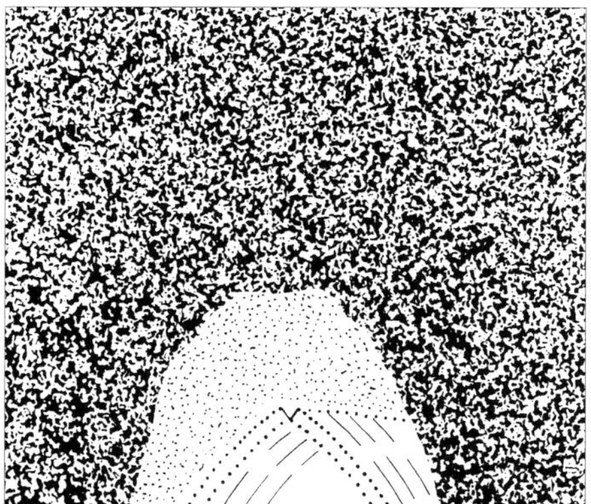

79

Die relativ langen Tunnelstrecken im Stadtgebiet Athens sind geländebedingt. In archaischer bis hellenistischer Zeit ist der Tunnel nie die Wasserleitung selbst, sondern diese ist in den meisten Fällen als Tonrohrleitung im Tunnel verlegt (Abb. 78). Dabei mußte man sich damit abfinden, daß sich der Querschnitt einer solchen Leitung bei kalkhaltigem Wasser mit der Zeit durch Versinterung immer mehr verengen würde. Das Ergebnis ist in vielen Grabungsbefunden sichtbar, denn man hat derartige Leitungen der Länge nach aufgeschlitzt und somit aus einem Rohr ein Gerinne gemacht, um einen weiteren Abfluß zu gewährleisten.

Dort, wo der anstehende Fels sich selbst trug, war ein weiterer Ausbau nicht erforderlich. Der typische archaische Ausbau, wie er in einem problematischen Streckenabschnitt im Eupalinos-Tunnel (s. S. 58) vorgefunden wurde, ist in Athen nicht nachgewiesen. Statt dessen findet man hier an verschiedenen Stellen schräg gegeneinander gestellte Tonschalen, die die Leitung wie ein Satteldach abdecken (Abb. 79). Wo lediglich kleinere Leitungen abzudecken waren, benutzte man auch zweckentfremdete Brunnenwandungen aus Ton.

Ein wenig rätselhaft ist in Athen immer noch die im westlichen Teil des Südstranges der Wasserleitung vorgefundene Strecke mit zwei Tunneln übereinander. Beide Tunnel sind in Qanat-Bauweise aufgefahren worden, und es stellte sich von jeher die Frage, ob sie zu einer einzigen Bauphase gehören oder zu zwei verschiedenen. R. Tölle-Kastenbein ist jüngst mit einer neuen Deutung hervorgetreten, wonach es sich um ein einphasiges Bauwerk handeln soll, das aus geostatischen Gründen in zwei Etagen aufgefahren wurde.[92] Sie führt dabei Erfahrungen aus dem Bergbau ins Feld, wonach durch ein Obergeschoß eines bergmännischen Hohlraumes bei Felseinbrüchen der Druck von einem Hohlraum in der unteren Etage abgefangen würde.[93] Als Vergleichsbeispiele werden von Tölle-Kastenbein die Tunnel im Zuge der drei in klassischer Zeit gebauten Wasserleitungen für Syrakus und der aus archaischer Zeit stammende Eupalinos-Tunnel aus Samos angeführt.[94]

Nun scheidet der angeführte Eupalinos-Tunnel als Vergleichsbeispiel aus, da hier schon für den Laien klar erkennbar keine zwei Tunnel übereinander liegen. Hier haben wir vielmehr einen ziemlich horizontal aufgefahrenen Tunnel vor uns, in dessen Sohle man zum Zwecke der Wasserleitungsinstallation einen seitlichen Graben eingetieft hat. Dieser Graben hat ein Gefälle, wie man es für eine Freispiegelleitung benötigt und liegt deshalb am Ende des Tunnels um 8,26 m tiefer unter der Tunnelsohle als am Anfang. Daß er am Anfang nicht auf Sohlenniveau ansetzt, sondern auch hier schon 3,89 m eingetieft werden mußte, liegt – wie Kienast[95] nachgewiesen hat – an Veränderungen des Grundwasserhorizontes im Quellgebiet während der Bauzeit (s. u.).

Syrakus

Die Beispiele aus der Wasserversorgung von Syrakus[96] liegen mit ihrer Zuordnung in die klassische Zeit deutlich später als der Eupalinos-Tunnel und auch die Athener Tunnel. Nur einer dieser drei Tunnel (Ninfeo-Leitung) ist allerdings mit zwei exakt auf einer Trasse übereinander liegenden Tunnelgeschossen versehen.

Mit 1385 m Länge und mehr als 40 Bauschächten ist der Tunnel der Ninfeo-Leitung beeindruckend. Die Schächte dienen als Ausgangspunkte für den Vortrieb in beiden Tunnelgeschossen. Dadurch ist es von der Anlage her schon unmöglich, daß in beiden Geschossen Wasserleitungen verlegt waren, denn nur das untere ist dafür geeignet, da es eine durchgehende Sohle aufweist.

Der Grund für den Bau einer Wasserversorgung in dieser Weise ist nur schwer nachzuvollziehen. Ein Einsturz des Hangenden im Bereich zwischen zwei Bauschächten hat nur im oberen Geschoß zu Verschüttungen geführt. Daraus zu schließen, das untere Geschoß habe dem Einsturz standgehalten, weil der Gebirgsdruck durch den oberen Stollen abgeleitet wurde, ist zwar möglich, aber auch zu

Abb. 78 Athen (Griechenland). Typisches Tunnelprofil mit auf Sohlenniveau verlegter Tonrohrleitung (n. Gräber 1905, Abb. 11).

Abb. 79 Athen (Griechenland). Schräg gegeneinander gestellte Tonschalen bilden ein Schutzdach für die Leitung im Tunnel (n. Gräber 1905, Abb. 14).

Abb. 80 Syrakus (Italien), Ninfeo-Leitung. Zwei Tunnel übereinander sind von denselben Bauschächten aus gebaut worden. Waren geostatische Gründe ausschlaggebend, um durch den Bau eines Obergeschosses das untere Geschoß zu schützen, oder ist im unteren Tunnel ein zweiter Versuch nach Einsturz im oberen Tunnel zu sehen? (n. Cavallari/Holm 1883, Taf. A 5).

Abb. 81 Athen (Griechenland). Südstrang der archaischen Wasserleitung mit zwei Tunneln übereinander; Längsschnitt und Grundriß (aus: Gräber 1905, Taf. 3).

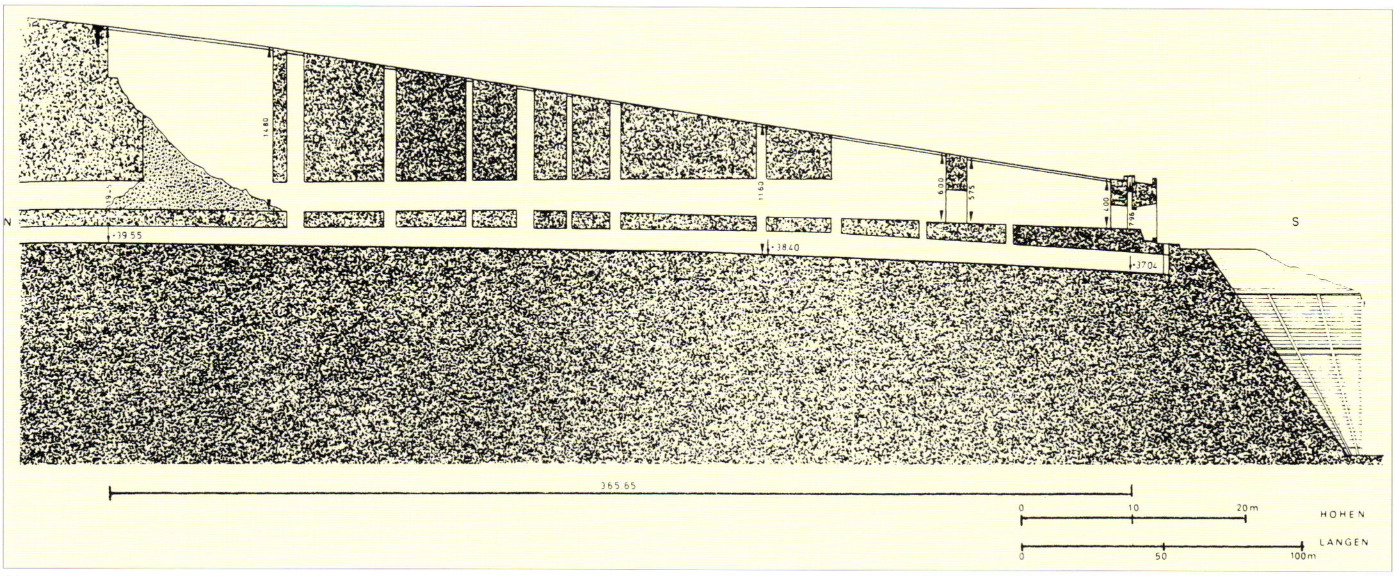

80

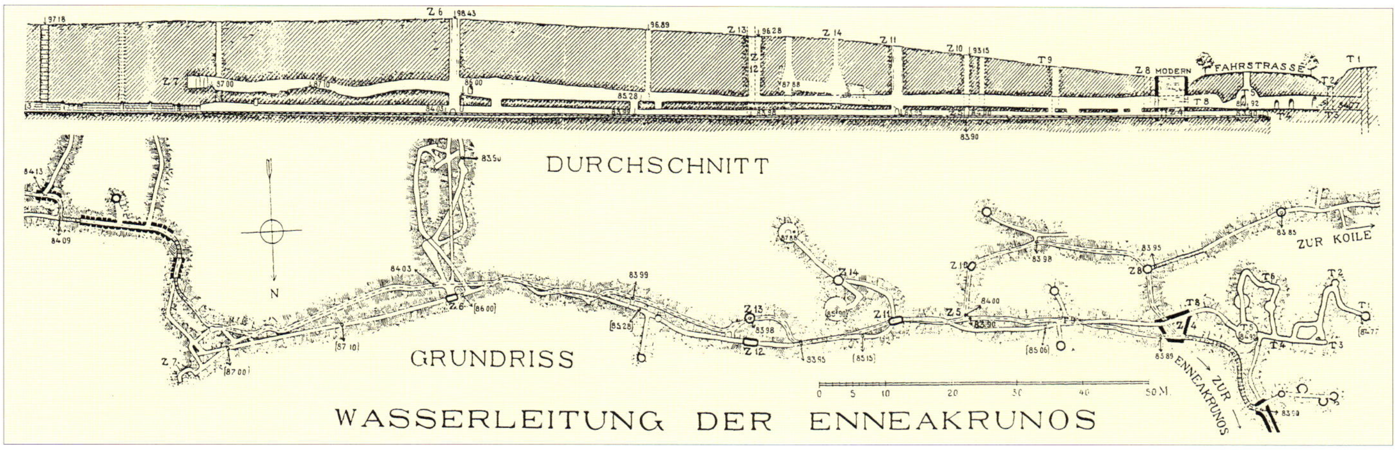

81

hinterfragen. Denn der untere Tunnel kann ebensogut erst nach dem Einsturz im oberen Tunnel gebaut worden sein, um in festerem Gestein einen neuen Bauversuch zu starten. Daß man dazu die alten Bauschächte wiederbenutzte, ist schon aus ökonomischen Gründen nachzuvollziehen (Abb. 80).

Die angeführten Fakten zeigen, daß es äußerst problematisch ist, den zweigeschossigen Tunnel im Südstrang der Athener Wasserleitungen (Abb. 81) mit den Tunneln in Syrakus und auf Samos zu vergleichen. Vergleicht man den Längsschnitt mit dem Grundriß des Tunnels, fällt auf, was vielleicht zur Irritation bei der Betrachtung geführt haben könnte: Während im Längsschnitt die beiden Tunnel augenscheinlich übereinanderliegen, wird im Grundriß sichtbar, daß es nur wenige Partien gibt, in denen die Trassen der Tunnel tatsächlich deckungsgleich verlaufen. Weiterhin zeigt sich, daß beide Tunnel oftmals von voneinander völlig unabhängigen Bauschächten aus aufgefahren worden sind. Allein vom Grundriß her läßt sich keine gleichzeitige Erbauung sowie auch keine Doppelfunktion erklären.

Hier scheint die frühere Deutung durch F. Gräber wesentlich plausibler, der im unteren Tunnel eine Anlage des Peisistratos (ca. 600–528/7 v. Chr.) und in der oberen Anlage einen Vorgängerbau sieht. Auffällig ist nämlich, daß die obere Anlage verschiedene große Zisternen miteinander verbindet, dabei auf manchen Teilstrecken verputzt und auf anderen unverputzt ist. Gräber sieht darin eine große örtliche Wasserversorgung, die kombiniert aus Zisternen und unverputzten Tunnelstrecken zur Wassergewinnung bestand.[97] Das streckenweise zu konstatierende Gegengefälle im oberen Tunnel ist deshalb nicht zwangsläufig als Beweis gegen die Eigenständigkeit des Bauwerks zwecks Wassergewinnung anzuführen,[98] weil durch dieses Gegenfälle möglicherweise eine rückwärtig liegende Zisterne versorgt worden ist.

Den unteren Tunnel hingegen, der als Südstrang die nach Westen gerichtete Verlängerung der Fernwasserleitung darstellt, wird von Gräber dem Peisistratos zugeschrieben.[99] Die Höhenlage dieses Tunnels war vorgegeben durch den Anschluß an die Fernleitung, die zwecks Erreichens des Stadtberges einen Geländesattel durchfahren mußte. In diesem Sattelpunkt (in Abb. 77, Punkt O) verzweigt sich die Leitung in Nord- und Südstrang und mußte, da sie als Gefälleleitung konzipiert war, im Anschluß daran zwangsläufig tiefer liegen. Das mag der Grund gewesen sein, warum der von einer Außenversorgung unabhängige obere Tunnel auf diesen Zwangspunkt im Geländesattel keine Rücksicht nehmen mußte. Daß man beim Bau des unteren Tunnels auch Bauschächte des oberen wiederbenutzt hat, ist nur selbstverständlich.

Eine Besonderheit, die den von einem Schacht aus abgehenden Vortrieb betrifft, war in einem Tunnelabschnitt der Fernleitung zu beobachten. Ziemlich am Anfang der Fernleitung, in einem beim Kloster Ioannis Theologos aufgefundenen Nebenarm, setzt der Vortrieb nicht axial vom Bauschacht ausgehend an, sondern seitlich versetzt (Abb. 82).[100]

Pergamon

Aus hellenistischer Zeit dürfen die Wasserleitungen Pergamons nicht unerwähnt bleiben. Die hellenistische Madradag-Leitung fällt weniger wegen technisch aufwendiger Tunnelbauten als viel mehr durch ein gewaltiges Druckleitungs-Bau-

82

werk zur Durchfahrung der 200 m tiefen Geländesenke vor dem Stadtberg auf.[101] Dagegen ist die 180 m lange Tunnelstrecke durch einen Geländesattel bei Yogurtdöken eher zweitrangig.

Im Tunnel verläuft auf der untersten Sohle die dreisträngige Tonrohrleitung. Derselbe Tunnel wird in römischer Zeit für einen Steinkanal noch einmal benutzt, wobei der archäologische Befund durchaus den gleichzeitigen Betrieb der älteren Tonrohrleitungen zuläßt. Für den Einbau des Steinkanals füllte man den Raum über den Tonleitungen mit Erdreich 1 m hoch auf. Vorher mußte allerdings die Tunnelfirste entsprechend höhergelegt werden, um überhaupt genügend Arbeitsraum zur Verfügung zu haben.[102]

Erst in römischer Zeit, als auch monumentale Brücken gebaut wurden, kam der Tunnelbau in Pergamon verstärkt zum Einsatz. Im Trassenverlauf der um 100 n. Chr. gebauten Kaikos-Leitung sind die Tunnel sogar streckenweise ausgekleidet.[103] Insgesamt wurden für diese Leitung fünf Tunnel mit Längen zwischen 100 m und 1650 m aufgefahren.[104] In der Aksu-Leitung, vermutlich Ende des 2. Jhs. n. Chr. als Ersatz für die bei einem Erdbeben im Jahre 178 n. Chr. eingestürzte Kaikos-Leitung gebaut, wurde über den im Tunnel gebauten Steinkanal ein Sprengwerk aus Tonplatten errichtet und mit *opus caementicium* hinterfüttert.[105]

Der Tunnel des Eupalinos auf Samos

Kein Tunnel hat derartig Aufmerksamkeit erregt wie der 1036 m lange Eupalinos-Tunnel auf der griechischen Insel Samos.[106] Es ist deshalb sehr dankbar festzustellen, daß nunmehr eine Abschlußpublikation der wissenschaftlichen Bearbeitung der letzten Jahre vorgelegt wurde.[107] Damit findet eine Ingenieurleistung eine wissenschaftliche Wertung und nochmalige Anerkennung, die auch in der antiken Welt durchaus schon beeindruckt hat.

Herodot zählt das Werk des Eupalinos, der unter Polykrates gegen Ende des 6. Jhs. v. Chr. Baumeister war, zu den rühmenswertesten Bauwerken der Zeit: *«Ich habe so ausführlich über Samos berichtet, weil die Samier die gewaltigsten Bauwerke geschaffen haben, die sich in ganz Hellas befinden. Erstens haben sie durch einen einhundertfünfzig Klafter hohen Berg einen Tunnel gebohrt, der am Fuße des Berges beginnt und nach beiden Seiten Mündungen hat. Dieser Tunnel ist sieben Stadien lang und acht Fuß hoch und breit. Unter diesem Tunnel ist seiner ganzen Länge nach ein zweiter, zwanzig Ellen tiefer und drei Fuß breiter Tunnel gegraben. Durch diesen letzteren wird aus einer großen Quelle das Wasser in Röhren in die Stadt geleitet. Diese Wasserleitungsanlage wurde gebaut von Eupalinos, Naustrophos' Sohn aus Megara.»*[108]

Keine der großen Technik-Enzyklopädien der Neuzeit kommt ohne eine Beschreibung des Eupalinos-Tunnels aus.[109] Und selbst unter den technikinteressierten Laien ist der Eupalinos-Tunnel nicht unbekannt, wie die rund 2000 Zuschriften mit Interpretationsvorschlägen zur Tunneltrassierung auf eine Fernsehsendung im Jahre 1978 erkennen lassen.[110]

Es ist nicht erkennbar, warum das Konzept des Eupalinos für den Bau einer Wasserleitung nach Samos einen Tunnelbau beinhaltete, denn ohne weiteres wäre auch eine Trasse um den später durchtunnelten Stadtmauerberg herum möglich gewesen. Der Tunnel machte die Wasserversorgung zwar sicherer, aber das Gesamtbauwerk auch aufwendiger und langwieriger (Abb. 83).

Innerhalb der gesamten Wasserleitungstrasse nach Samos nimmt der Tunnel durch den Stadtmauerberg zwar die herausragende Stellung als eigenständiger Technikbau ein, aber auch in den Trassenabschnitten vor und hinter dem Tunnel sind aufwendige Baumaßnahmen erforderlich gewesen. So ist die Zuleitung von der Quelle zum Tunnel bereits eine eingehende Beschreibung wert, da Planung und Bau dieses Abschnitts einiges an technischem Wissen erforderten.

Die Quelle liegt in der Luftlinie 370 m vor dem nördlichen Mundloch des Tunnels.[111] Da die gesamte Wasserleitung einschließlich Zuleitung als Gefälleleitung konzipiert war, mußte sie sich an das Geländerelief anschmiegen, das hier durch zwei ausgeprägte Seitentäler auffällt. Deshalb wurde die Zuleitung schließlich 895 m lang. Von dieser Streckenlänge sind 715 m im offenen Graben gebaut worden, während die letzten 180 m vor dem Haupttunnel in Tunnelbautechnik aufgefahren wurden. Dieser Tunnelabschnitt wurde in Qanatbauweise aufgefahren, wobei man insgesamt vier Bauschächte abgeteuft hat, von denen drei noch erhalten sind. Der geradlinig durchfahrene Ausläufer des Stadtmauerberges erforderte Schachtteufen von 11 m bis 19 m bei Schachtabständen von 20 m bis 32 m. Vom Mundloch am Tunnelanfang aus hat man einen Vortrieb von 85 m Länge aufgefahren. Bemerkenswert ist, daß die Quelle, die in späterer Zeit von einer kleinen, dem hl. Johannes geweihten Kirche überbaut worden ist, in einer Höhenlage zutagetritt, die einen Aufstau von 0,60 m erforderte, um die angeschlossene Wasserleitung speisen zu können. Aber die Austrittshöhe der Quelle wird weiter unten für die Betrachtung der Bauphasen des Tunnels noch eine Rolle spielen.

Im Anfangspunkt des Zuleitungstunnels macht die Leitungstrasse einen leichten, aber deutlichen Knick, der dadurch verursacht ist, daß die Trasse aus dem Hangverlauf in den Zuleitungstunnel übergeht: sie ist ab hier nicht mehr an das Geländerelief gebunden, sondern kann relativ geradlinig dem Mundloch des Haupttunnels zustreben. Die aufgefahrenen Strecken zwischen den Bauschächten zeigen im Grundriß die üblichen Unsicherheiten der Qanatbauweise, die in Versprüngen in den Treffpunkten zwischen den Baulosen sichtbar werden. An seinem Ende trifft der Zuleitungstunnel auf das nördliche Mundloch des Eupalinos-Tunnels, und die auf der Sohle verlegte Tonrohr-Wasserleitung knickt an dieser Stelle fast rechtwinklig in diesen ein. Beide Tunnel treffen sich im Sohlenbereich allerdings nicht niveaugleich, sondern die Sohle des Zuleitungstunnels liegt 3,89 m tiefer als die Sohle des Haupttunnels. Da die Tonrohrleitung auch im Haupttunnel als Freispiegelleitung dem natürlichen Gefälle folgen sollte, mußte der Baugraben für die Installation (Abb. 84) das entsprechende Gefälle aufweisen. Das war nur möglich, indem der Graben im Haupttunnel von Meter zu Meter immer tiefer in die Tunnelsohle eingeschnitten wurde. Am Südausgang des Haupttunnels lag der Leitungsgraben 8,26 m tiefer als die Tunnelsohle. Das absolute Leitungsgefälle von 3,57 m und die Art der Verlegung erlaubte es, der Tonrohrleitung im Graben des Haupttunnels ein Gefälle von 0,36 % zu geben.[112]

Auch im Anschluß an den Haupttunnel war erheblicher technischer Aufwand erforderlich, um die Leitung in die Stadt zu führen.[113] Dieser als Stadtleitung bezeichnete Trassenabschnitt ist 620 m lang und wiederum unterirdisch geführt, und auch hier hat man die Qanatbauweise zur Anwendung gebracht. Die im Vergleich zur Zuleitung größere Streckenlänge erforderte die Anlage von 24 (25) Bauschächten.

Das technikgeschichtlich interessanteste Bauwerk im Rahmen der archaischen Wasserversorgung von Samos ist allerdings der Haupttunnel, der nach seinem Baumeister als Eupalinos-Tunnel in die Technikgeschichte eingegangen ist. Dieses Bauwerk kann als erster Tunnel der Antike, der in allen Einzelheiten ingenieurmäßig durchdacht worden ist, bezeichnet werden. In der nachfolgenden Betrachtung wird versucht, aus dem Aufmaß des vorhandenen Tunnelbauwerks die Trassierungs-Strategie des Baumeisters zu rekonstruieren. Grundlage dieser Rekonstruktion sind der Aufmaßplan von K. Pestal und die von H. Kienast gefundenen und entschlüsselten Meßmarken an der Tunnelwandung.[114] Daß bei der Betrachtung einer solchen Rekonstruktion erhebliche Toleranzen zu akzeptie-

Abb. 82 Athen (Griechenland). In einem Seitenarm der Fernwasserleitung hat man den Tunnelvortrieb seitlich versetzt zum Bauschacht aufgefahren (aus: Tölle-Kastenbein 1994, Abb. 41).

Abb. 83 Samos (Griechenland), Eupalinos-Tunnel. Lage des Tunnels im Stadtmauerberg von Samos (n. Kienast 1977, 109).

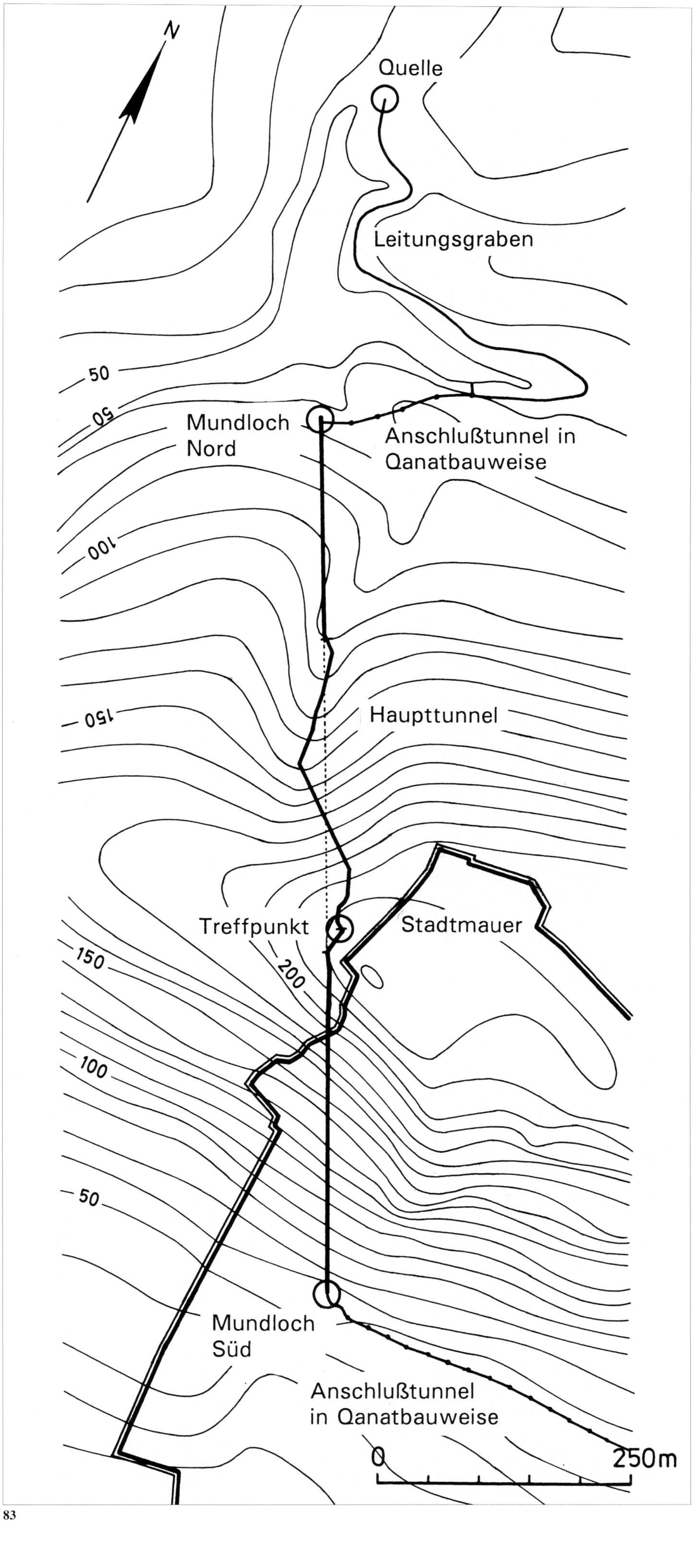

83

84

ren sind, geht schon aus den meßbaren Abweichungen zwischen den Festpunkt-Markierungen an der Tunnelwandung hervor: Das gefundene Grundmaß von 20,6 m mußte als Mittelwert der einwandfrei bestimmbaren Markierungsabstände festgelegt werden, und diese schwanken immerhin zwischen 19,45 m und 21,85 m.[115]

Über die Meßmarken lassen sich die Anfangspunkte (Nullpunkte) der Vermessungslinien in beiden Stollen rechnerisch bestimmen: sie liegen im Südtunnel bei 1013,40 m der Basislinie (LM 1043,60 m) und im Nordtunnel bei -10,28 m. Die sich daraus ergebende Basislinie von insgesamt 1023,68 m weicht um rund 6 m von der vermutlichen Soll-Länge der Basis von (50 ME^{plan} x 20,6 m =) 1030 m ab. Um max. diesen Betrag variiert der theoretische Mittelpunkt des Tunnels, der vermutlich in der ersten Planungsphase zugleich als Treffpunkt (T^{ideal}) der beiden Stollen vorgesehen war.[116]

Der Grundriß des Tunnels läßt mehrere Fakten erkennen, die für die Entschlüsselung der Bauwerksstrategie von Bedeutung sind. Klar erkennbar ist, daß der im Querschnitt 1,8 m x 1,8 m messende Tunnel von zwei Seiten aus im Gegenortverfahren aufgefahren worden ist. Dabei gab es im Südstollen offenbar keine größeren Trassierungsprobleme, denn die Strecke ist relativ geradlinig und vor allem exakt auf der geplanten Trasse angelegt. Man hat den Vortrieb des Südstollens allerdings nicht bis zum rechnerischen Mittelpunkt der Trasse (T^{ideal}) geführt, sondern bereits gut 100 m vorher beendet.

Der Nordstollen weist dagegen auffällige Abweichungen von einer planmäßigen Trassenführung auf. Dazu gehört einmal der in der Vortriebsrichtung festzustellende Fehler von ~ 0,5°, der – einmal in die Trassierung eingeschlichen – bis zur Schlußphase des Vortriebs unbemerkt blieb. Weiterhin ist man im Vortrieb des Nordstollens einer Problemstelle im Berg ausgewichen, indem man diese mittels einer Umgehungsstrecke in Form eines Hakenschlages umging, der über eine Strecke von immerhin rund 250 m geführt worden ist. Daß es trotz dieser an sich mißlichen Ausgangslage gelang, beide Stollen zu einem Tunnel zu vereinigen, ist als eine der großartigsten Ingenieurleistungen der Technikgeschichte zu bezeichnen.

Das Gelingen des Bauwerks setzte voraus, daß der Tunnel in allen Einzelheiten geplant war. Diese Planung mußte so angelegt sein, daß sie – beispielsweise beim Auftreten geologischer Schwierigkeiten – Änderungen zuließ. Dabei durfte der Vortrieb in beiden Stollen zu keiner Zeit unkontrolliert sein, denn der Baumeister mußte jederzeit wissen, wo er sich mit seinen beiden Suchorten gerade befand. Schließlich mußte die Planung eine Versicherung aufweisen, durch die vermeidbare und unvermeidbare Vortriebsfehler eliminiert wurden, so daß schließlich ein Durchschlag an irgendeiner Stelle nahe dem Soll-Treffpunkt (T^{soll}) gewährleistet war.

Eupalinos ist von keiner Schwierigkeit verschont geblieben, aber er hat offensichtlich alle Möglichkeiten gekannt, diesen Anforderungen gerecht zu werden. Plan und Ausführung des Eupalinos-Tunnels lassen eine Strategie des Baumeisters erkennen, die bezüglich ihrer geometrischen Grundlagen zeitgleich keine Parallelen hat und erst in römischer Zeit wieder erreicht werden sollte.

Die Gesamttrasse

Die Gesamttrasse ist offensichtlich als Gegenort-Tunnel mit zwei gleich langen Baulosen, dem Nord-Stollen und dem Süd-Stollen, geplant gewesen. Wenn sich aus dem Aufmaß des Tunnels heute zwei unterschiedlich lang aufgefahrene Stollenvortriebe ergeben, kann daraus nicht geschlossen werden, diese seien von vornherein so geplant gewesen. Schon aus wirtschaftlichen und baubetrieblichen Gründen wird der Baumeister in

***Abb. 84** Samos (Griechenland), Eupalinos-Tunnel. Blick in den Tunnel mit seitlichem Graben für die Installation der Wasserleitung (Foto: DAI Athen).*

***Abb. 85** Samos (Griechenland), Eupalinos-Tunnel. Möglichkeiten der Richtungsübertragung in die Tunnelbaustelle im Südstollen und im Nordstollen.*

seiner ersten Planung von gleich langen Baulosen ausgegangen sein, denn jede andere Planung hätte zur Folge gehabt, daß man mit einem Baulos bereits fertig war, während im anderen noch gearbeitet werden mußte. Außerdem waren die Transportwege für den Aushub in einem der Baulose länger als notwendig.

Wenn hingegen angeführt wird, die Vortriebslängen seien entsprechend der äußeren Form des zu durchfahrenden Berges geplant gewesen, und der geplante Treffpunkt hätte sich aus der Lage der Kammlinie des Berges ergeben,[117] so ist das aus der Sicht des Ingenieurs nicht nachzuvollziehen. Da der Baumeister den geologischen Aufbau des Berges nicht kannte und nicht kennen konnte, wird er eine plausible Trassenlinie mit einem mittigen Treffpunkt (T^{ideal}) geplant haben, wobei sein Plan jederzeit Änderungen aus Unwägbarkeiten zulassen mußte.

Eupalinos muß eine topographische Aufnahme des für den Tunnelbau vorgesehenen Berges vorgenommen haben, und er wird dabei nicht mit einer Inaugenscheinnahme des Geländes ausgekommen sein, sondern er hat zumindest einen groben Plan mit den wichtigsten Geländemerkmalen anfertigen müssen. Auf dieser Grundlage hat er die Lage des Tunnels mitsamt den Mundlöchern planerisch bestimmt, wobei Richtung und Länge der Tunnelröhre wichtige Planungselemente waren. Das Aufmaß des fertigen Tunnels belegt ein exaktes Nivellement um oder über den Berg, denn die höhenmäßige Festlegung der Mundlöcher und damit die Ausgangslage der Stollen ist niveaugleich gelungen.[118] Nun war zwischen den fixierten Mundlöchern noch einmal eine exakte Gerade über den Berg abzustecken, denn diese war die in das Gelände übertragene Planungslinie und damit die Basis für den gesamten Tunnelbau. Auf dieser Basis waren von den zwei Mundlöchern aus Stollen vorzutreiben, und je besser es gelang, die über den Berg abgesteckte Richtung in die Baustelle zu übertragen, um so genauer würde der geplante Durchstich gelingen. Ob der in der Nordbaustelle zu konstatierende Richtungsfehler von ~0,5° bei der Signalisierung der Verbindungsgeraden zwischen den Mundlöchern über den Berg oder bei der Übertragung der Richtung in den Berg entstanden ist, läßt sich nicht mehr sagen. Vermutlich wies aber bereits die über den Berg abgesteckte Gerade einen Fehler auf, denn sie mußte als fehlerfrei angesehen werden und wurde vermutlich bei allen Kontrollmessungen als Orientierung benutzt.

Die Übertragung der Vortriebsrichtung war allerdings nicht einfach durchzuführen, denn die Mundlöcher lagen zwangsläufig in einem Berghang. Da für die Übertragung nur eine visuelle Methode in Frage kam, waren zumindest zwei auf der Planungslinie liegende Festpunkte erforderlich, die vom Suchort in jeder Phase des Vortriebs einsehbar sein mußten. Die über den Berg verlaufende Basislinie mußte also über die Mundlöcher hinaus verlängert und signalisiert werden, um sie aus den Suchstollen heraus einsehen zu können. Mindestens zwei Punkte auf dieser Linie mußten mit Fluchtstäben ausgesteckt sein, um die Richtung in den Berg hineinfluchten zu können. Einer dieser Punkte war in jedem Fall direkt vor dem Mundloch zu signalisieren. Da aber genügend Abstand zwischen den Punkten liegen mußte, um eine höhere Genauigkeit zu erreichen, lag der zweite Punkt oftmals geländebedingt zu tief im Abhang und konnte von der Baustelle aus nicht mehr gesehen werden. Hier war Abhilfe zu schaffen, wenn das Mundloch auf einer Seite des Berges lag, an die sich ein Tal anschloß. In diesem Fall konnte man den zweiten Festpunkt im jenseits des Tales anschließenden Berghang plazieren, und alle Bedingungen für eine genaue Richtungsübertragung waren erfüllt. Stand ein solcher Gegenhang nicht zur Verfügung, z. B. weil das Mundloch in einem zum Meer hin abfallenden Berghang lag, so war auf der Basislinie im Bereich der Tunnelbaustelle ein Visierschacht abzuteufen. Mundloch und Visierschacht waren auf Tunnelniveau miteinander zu verbinden,

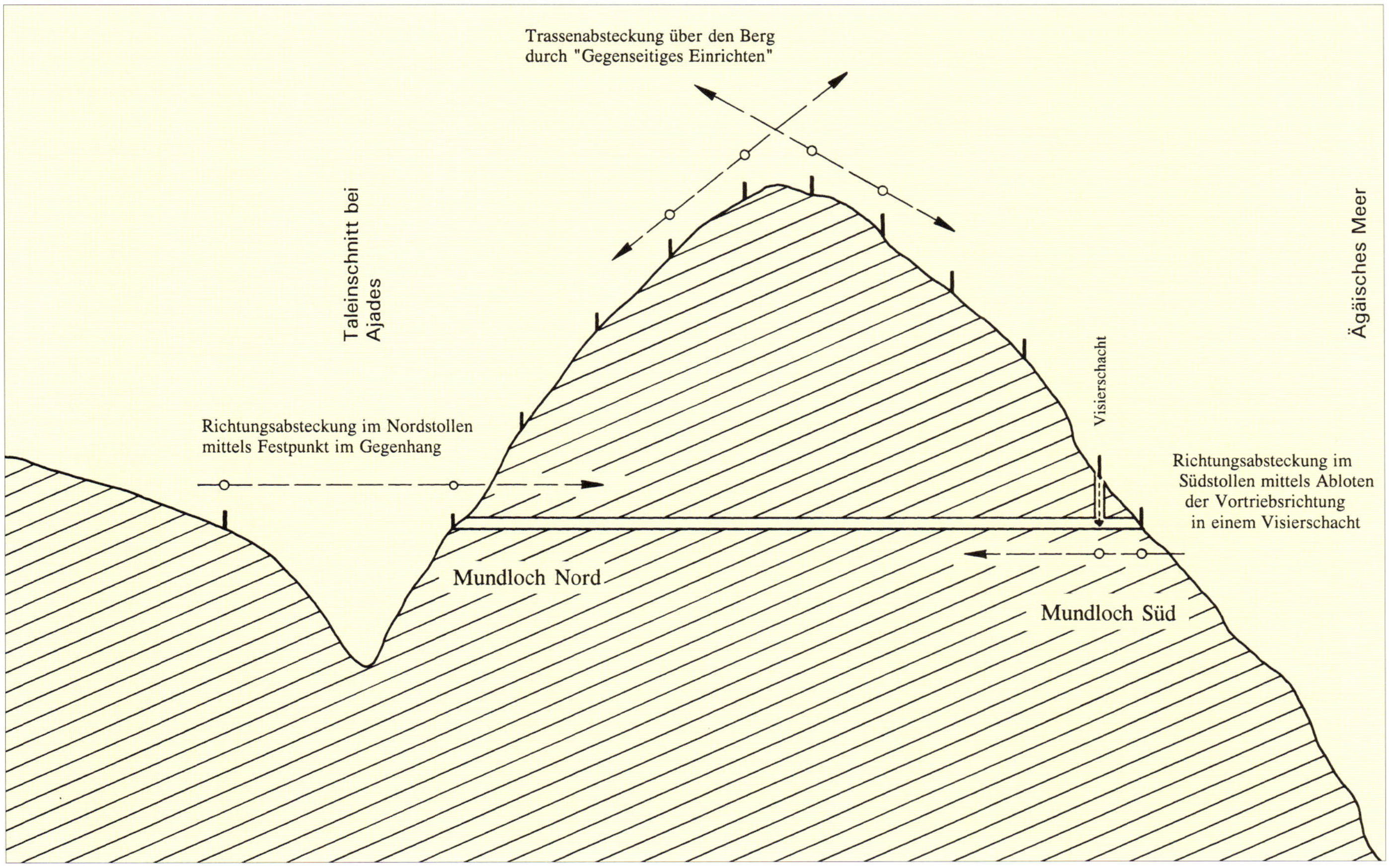

85

wodurch gleichzeitig die Anfangsstrecke des Tunnels aufgefahren war. Ein im Visierschacht fixierter Punkt und der Festpunkt am Mundloch gaben nun die Richtung für den Vortrieb vor (Abb. 85). Eupalinos hatte das Problem, beide Lösungen anwenden zu müssen.

Der Südstollen

Der Südstollen scheint dem Baumeister kaum Trassierungsprobleme bereitet zu haben. Sein Vortrieb ist relativ geradlinig und über die an der Westwand angebrachten Tunnelmarkierungen läßt sich das der Planung und Trassierung zugrundeliegende Grundmaß rekonstruieren. Da es Kienast gelang, nicht nur die Marken aufzufinden, sondern darüber hinaus auch die Zählung zu entschlüsseln,[119] war hier in rückwärtiger Richtung sogar deren Nullpunkt zu bestimmen: Die erste Markierung findet sich anstelle der Meßmarke «20», so daß man 20 Maßeinheiten à 20,6 m zurückmessen muß, um den Nullpunkt der Vermessung im Südstollen zu finden.

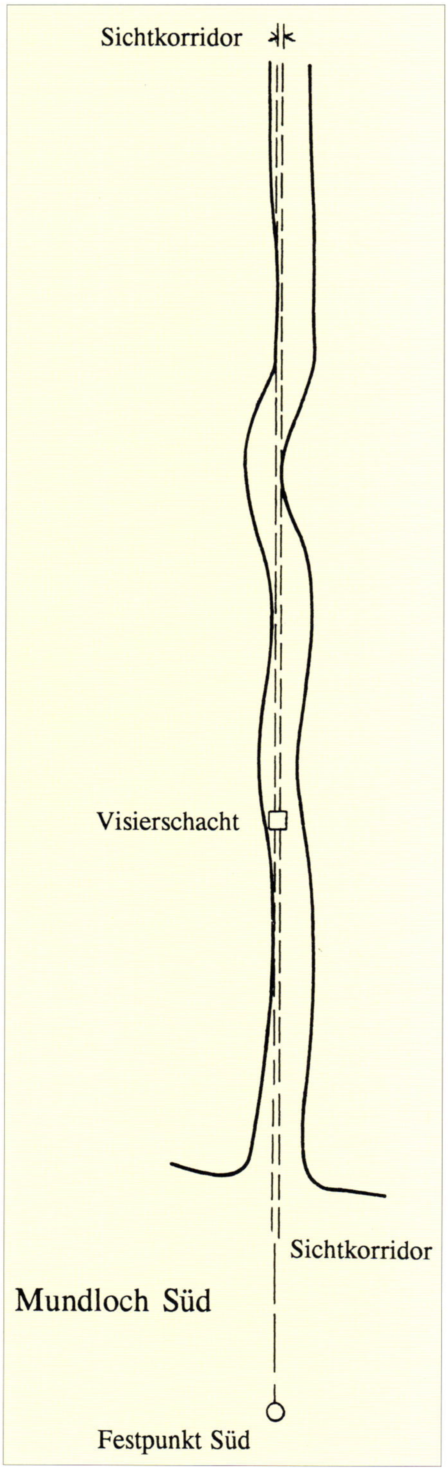

86

Dem richtigen Vortrieb diente als Visurhilfe ein Schacht, der rund 20 m vom Mundloch entfernt exakt auf der Trassenlinie niedergebracht worden war. Die Visur der Vortriebsrichtung erfolgte über einen vor dem Mundloch plazierten Fluchtstab und ein im Visierschacht herabhängendes Schnurlot – so muß man es sich jedenfalls vorstellen. Je weiter der Vortrieb in den Berg aufgefahren war, um so mehr konnte man diese Visurhilfe vernachlässigen, denn nun genügte der einfache Rückblick zum Tunnelmundloch, um sich Klarheit über einen geradlinigen Vortrieb zu verschaffen. Das durch das Mundloch einfallende Licht war nun eine wichtige Orientierungshilfe für den Vortrieb, denn sobald der Lichtfleck im Mundloch aus dem Blickfeld der Arbeiter vor Ort verschwand, war klar, daß man von der geraden Vortriebslinie abgewichen war. Dabei muß man sich aber im Klaren darüber sein, daß auf diese Weise nur die Geradlinigkeit des Vortriebs zu kontrollieren war – Abweichungen von der richtigen Trassenlinie waren auf diese Weise nicht zu kontrollieren, dafür waren von Zeit zu Zeit Kontrollmessungen notwendig.

Drei auffallende Abweichungen von der Trassenlinie im Eingangsbereich des Tunnels werden von Kienast als planmäßige Baumaßnahmen gedeutet, um den Lichteinfall auf Spaltbreite einzuengen.[120] Die auf diese Weise entstandene Zick-Zack-Linie (Abb. 86) hat zwar tatsächlich zur Folge, daß der vom Tunnelinneren aus wahrzunehmende Lichteinfall verschmälert wird. Es ist aber unwahrscheinlich, daß diese Linienführung planmäßig aufgefahren worden ist. Es wird den Bauleuten des Eupalinos nicht anders gegangen sein als den Arbeitern in späteren Tunneln auch: Die Einhaltung der Richtung unter Tage war derart schwierig, daß man der ständigen Vortriebskontrolle abschnittsweise Kontrollen vorzog. Nach einem kurzen Abschnitt der Vortriebsarbeit auf ungefähr kontrollierte man die eingeschlagene Richtung und korrigierte im anschließenden Abschnitt, indem man mit dem Vortrieb zur planmäßigen Trassenlinie hin einbog. Auf diese Weise entstand die Zick-Zack-Linie fast von allein. Die Richtungskorrekturen engten den Sichtkorridor zwar ein, beließen aber genügend Raum zur Aufrechterhaltung einer Sicht- oder Schnurverbindung zu den Festpunkten im rückwärtigen Mundlochbereich.

War man mit einem Vortriebsabschnitt zu weit fortgeschritten, so daß der Sichtkorridor versperrt wurde, hat man sogar nachträgliche Abarbeitungen in der betreffenden Tunnelwand (Abb. 87) vorgenommen, um den freien Durchblick wiederherzustellen.[121]

Im Südstollen ist der Vortrieb nicht nur geradlinig, sondern darüber hinaus auch planmäßig auf der vorgesehenen Trassenlinie gelungen. Wäre man im Nordstollen gleichermaßen erfolgreich gewesen, so hätten sich beide Baulose ohne zusätzliche Versicherungen im anfänglich geplanten Treffpunkt (T^{ideal}) getroffen.

Nun gab es aber im Nordstollen offensichtlich Probleme mit der Festigkeit des durchfahrenen Gesteins. Aus diesem Grunde änderte Eupalinos seine Vortriebsstrategie (Abb. 88). Er wich mit dem Vortrieb von der planmäßigen Trasse ab, um einen nach Westen gerichteten Hakenschlag aufzufahren. Dabei teilte er die bis zum T^{ideal} verbliebene Trasse in zwei Teile: auf der ersten Hälfte wollte er sich von der planmäßigen Trasse entfernen, um danach im gleichen Winkel wieder zu ihr zurückzukehren. Im Endpunkt des Hakenschlages hätte er in T^{ideal} auf den Suchort vom Südstollen stoßen können.

Geht man davon aus, daß der Vortrieb in beiden Stollen zeitlich etwa gleichmäßig aufgefahren worden sein dürfte, so werden beide Baulose stets ziemlich gleich tief in den Berg vorgedrungen sein. In nachträglicher Betrachtung wird klar, daß Eupalinos große Anstrengungen unternommen hat, um den durch Planänderung festgelegten Scheitelpunkt des Hakenschlages (Meßmarke 20) zu erreichen. Die Planänderung einerseits und die Schwierigkeiten im weiteren Vortrieb andererseits haben aber vermutlich zu einer Verunsicherung des Baumeisters geführt. Er konnte sich nun nicht mehr sicher sein, den Treffpunkt T^{ideal} auch tatsächlich zu erreichen. Er ändert seine Strategie noch einmal.

Mit Erreichen des Scheitelpunktes in der Mitte des Hakenschlages im Nordstollen stellt er den geradlinigen Vortrieb im Südstollen ein. Beide Stollen sind in etwa gleich tief in den Berg vorgedrungen, als Eupalinos es vorzieht, seine Strategie auf «Nummer sicher» umzustellen. Im Südstollen verläßt er seine Ausgangsrichtung, um eine schräge Versicherung anzulegen, die er so weit auffährt, bis er eine Parallele zur Basis im Abstand von acht Maßeinheiten erreicht. Danach knickt er in die Parallele zur Ausgangsrichtung ein und fährt noch einmal 5 m in Richtung Norden auf, ehe er mit dem Vortrieb endet.

In dieser Versicherungmaßnahme ist ein kluger Schachzug des Baumeisters zu sehen, denn ihm ist klar geworden, daß man nicht von zwei Seiten aus suchend aufeinander zuarbeiten kann. Es ist vielmehr wesentlich unproblematischer und treffsicherer, von einer Seite aus einem festen Ziel zuzustreben.[122] Da er durch Kontrollmessungen vermutlich längst selbst erkannt hat, daß sein Südstollen planmäßig aufgefahren war, stellt er den Vortrieb von Süden ein und konzentriert sich fortan darauf, die südliche Ortsbrust mit dem Vortrieb von Norden aus zu treffen.

Der Nordstollen

Der Nordstollen hat Eupalinos von Anfang an die größeren Probleme verursacht. Das wird schon daran sichtbar, daß der komplette Eingangsbereich auf eine Strecke von 250 m ausgebaut werden mußte, um die Tunnelröhre gegen Felseinstürze zu schützen. Dennoch gelingt es Eupalinos noch relativ gut, wenigstens eine geradlinige Strecke aufzufahren. Allerdings ist er mit seinem Vortrieb von der geplanten Trasse um ~ 0,5° nach Osten abgewichen. Das Fatale für Eupalinos ist, daß offensichtlich all seine Kontrollmessungen diesen Fehler nicht aufgedeckt haben. Er glaubt, mit seinem Vortrieb an einer anderen Stelle zu sein, als er es in Wirklichkeit ist. Damit befindet sich Eupalinos in der anfangs beschriebenen Situation, einer Phantomtrasse zu folgen (siehe Kapitel «Einleitung»). Sein Suchort liegt nicht auf dem Soll-Punkt (P^{soll}), der ihn geradewegs zum angestrebten Treffpunkt führen würde. Er liegt auch nicht auf einem Ist-Punkt (P^{ist}), wobei die Kenntnis der tatsächlichen Lage eine Vortriebskorrektur ermöglichen würde. Er liegt vielmehr auf einem fiktiven Punkt (P^{fiktiv}), ohne daß dies dem Baumeister aufgefallen war: Eupalinos muß im Nordvortrieb jederzeit geglaubt haben, er befände sich mit seinem Vortrieb auf P^{ist}, denn alle korrigierenden Maßnahmen die wir im Tunnelvortrieb erkennen können, lassen nur den Versuch erkennen, seinen jeweiligen Suchort von P^{ist} nach P^{soll} zurückzuführen.

Unzweifelhaft hat Eupalinos aber befürchtet, daß er mit seinem Vortrieb einem solchen P^{fiktiv} gefolgt sein könnte, ansonsten hätten seine Versicherungsmaßnahmen, die im finalen Trassenbogen sichtbar werden, geringer ausfallen können. Eupalinos hatte im Nordstollen also nicht nur das Problem, durch kleine Korrekturen und einen großen Hakenschlag seinen tatsächlichen Vortrieb immer wieder auf die Sollinie zurückzuführen, er hatte sich zudem auch noch gegen versteckte Fehler zu versichern. Beides gelang ihm meisterhaft und bezeugt seinen hohen mathematischen, geometrischen und vermessungstechnischen Kenntnisstand.

In Kienasts Arbeit ist dem Nordstollen mit all seinen Trassierungsproblemen breiter Raum eingeräumt.[123] Völlig richtig ist der Versuch, die hinter der Trassenführung steckende Strategie über die Meßmarken und die Winkel der Richtungsänderungen zu entschlüsseln. Besonders die von Kienast als System 1 bezeichnete Markierungsgruppe ist zur Problemlösung geeignet, da sie nach gleichem Schema sowohl im Süd- als auch im Nordstollen zu finden ist, und zwar mit zwei jeweils bei den Mundlöchern beginnenden Zählungen. So wurden zwei Festpunktlinien durchnumeriert, die allerdings schon vor dem Durchschlag angelegt worden sein müssen.

Die Zählung erfolgt in Zehnerschritten, wobei die Markierungen jeweils zehn Maßeinheiten zu 2,06 m umfassen, also 20,6 m auseinander liegen. Die Markierungen sind allerdings nicht vollständig aufgefunden worden, was zumindest im

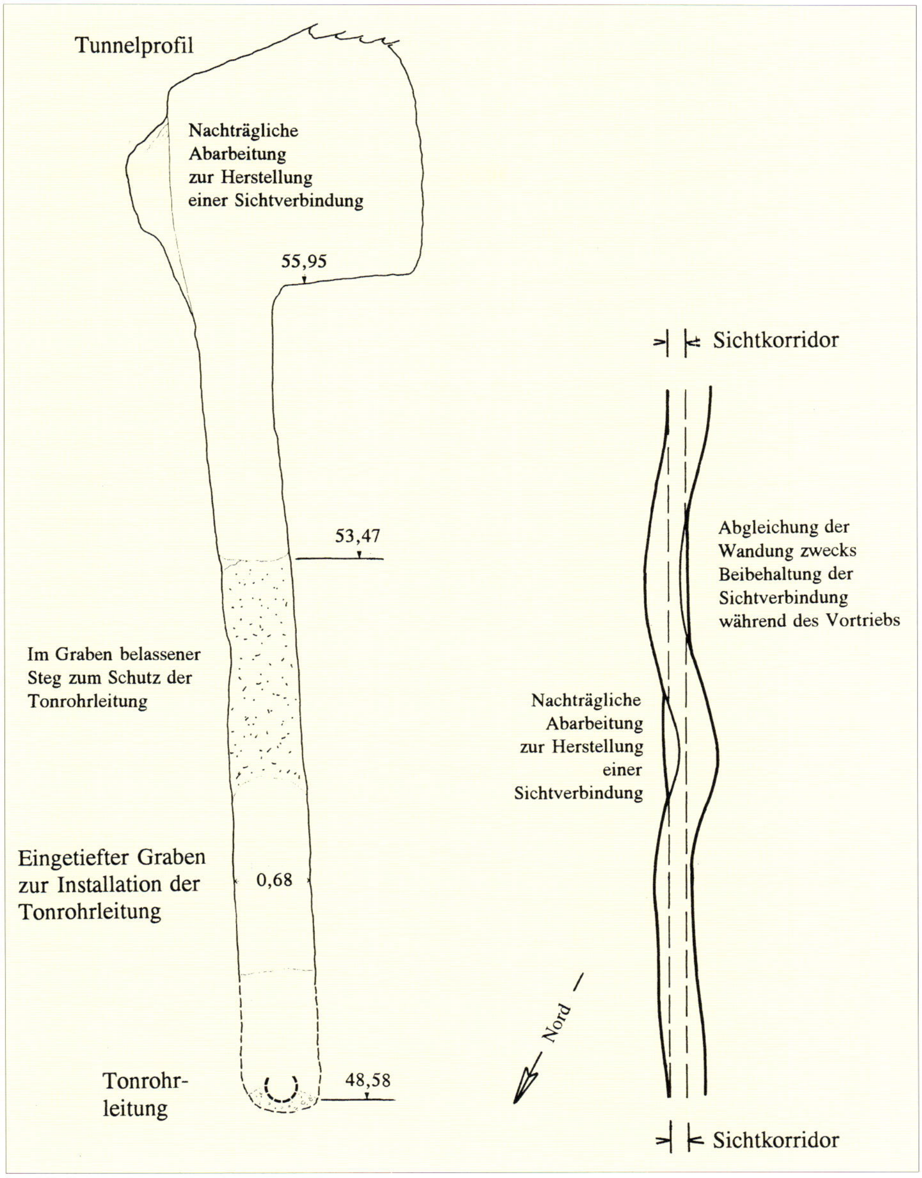

87

Abb. 86 Samos (Griechenland), Eupalinos-Tunnel. Im Anfangsbereich des Südstollens muß der Vortrieb mehrfach korrigiert werden (n. Kienast 1995, 35).

Abb. 87 Samos (Griechenland), Eupalinos-Tunnel. Nachträgliche Abarbeitungen in der Tunnelwand stellten den für die Kontrolle des geradlinigen Vortriebs notwendigen Sichtkorridor zum Mundloch wieder her (n. Kienast 1995, Abb. 19).

Anfangsbereich des Nordtunnels mit dem Ausbau zusammenhängt, der die Markierungen überdeckt hat. Die erste verwertbare Markierung (MM 12) liegt bei 120 Maßeinheiten, also knapp 250 m vom Nullpunkt der Meßlinie entfernt.

Ab der Markierung MM 12 finden sich zahlreiche weitere in fast lückenloser Folge, wodurch die Meßpunkte im Bereich des Hakenschlages gut belegt sind. Die Markierungen befinden sich an der Westwand der ausgebauten Strecke, es muß sich also um eine Streckenkontrolle des Vortriebs gehandelt haben. Eine solche Markierung war für den Baubetrieb sinnvoll, denn ansonsten hätte jede Vortriebskontrolle vom Nullpunkt des Systems aus vorgenommen werden müssen. Sie

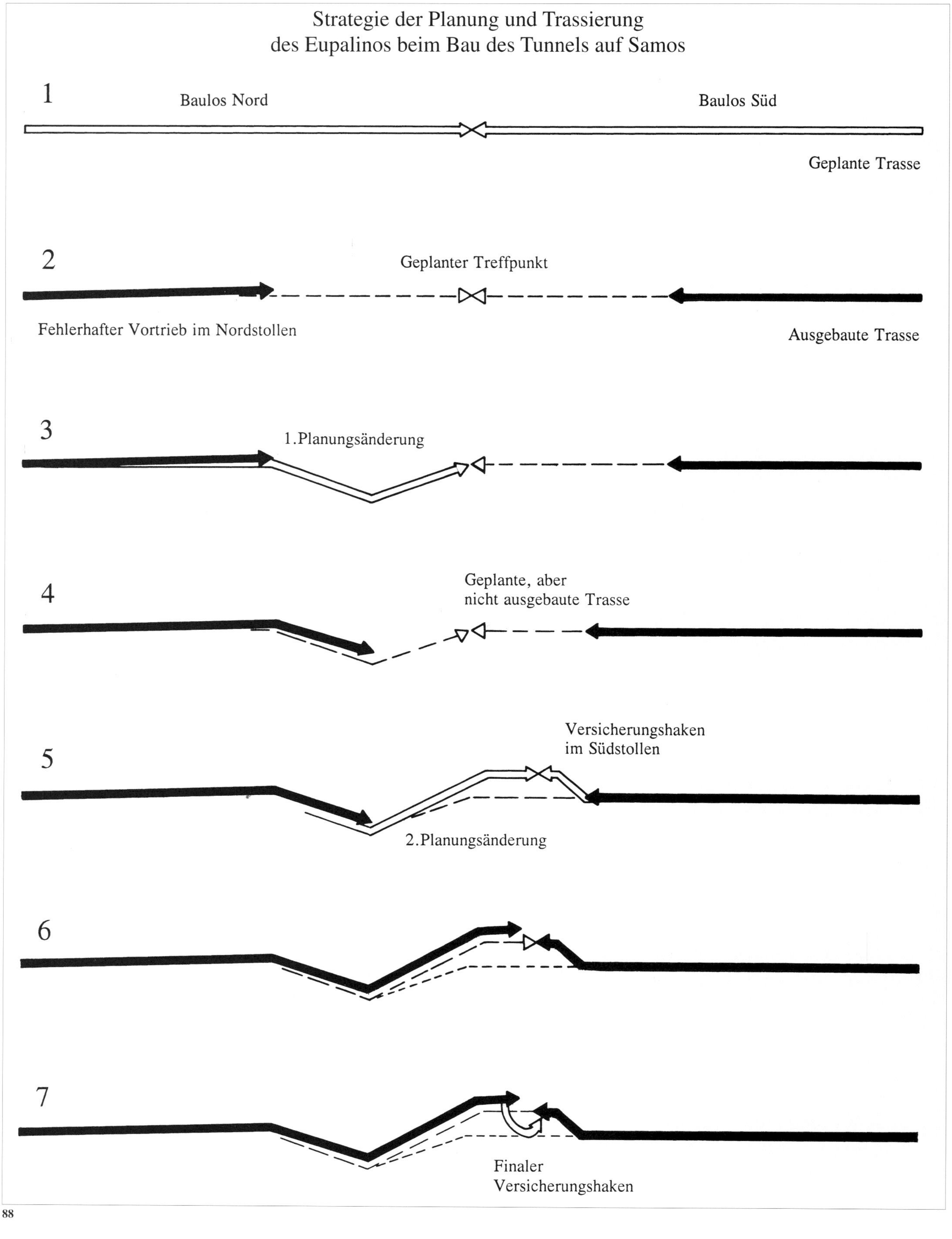

88

bedeutete für den Baumeister aber nur dann eine echte Kontrolle, wenn sich der Vortrieb auf der Basislinie der Planung bewegte. Schräg aufgefahrene Strecken bedeuteten eine Verzerrung des Maßsystems in bezug auf die Basislinie.

Für Eupalinos war es wichtig, jederzeit zu wissen, wo er sich mit seinem Vortrieb befand. Deshalb mußte er beim Verlassen der Basislinie dafür Sorge tragen, jederzeit einen mathematischen oder geometrischen Bezug herstellen zu können, um nicht der Orientierungslosigkeit zu verfallen. Im Anfangspunkt des Hakenschlages, den er zwecks Umgehung einer Problemstrecke aufzufahren gedachte, hatte er einen genauen Plan zu erstellen, um sein Ziel nicht aus den Augen zu verlieren. Bei der Rekonstruktion dieser Trassenänderung erhält eine einzelne Meßmarke Gewicht, die nicht in das System der bisher benutzten Marken paßt. Es handelt sich dabei um eine durch einen auffälligen senkrechten Strich markierte 13, die 3 m hinter der MM 12 des alten Systems zu erkennen ist. Diese 13 liegt rund 2 Meßmarken (etwas mehr als 40 m) vor dem Beginn des großen Hakenschlages und damit vor einer weiteren kleinen Problemstrecke, die eine nach Osten geführte Ausweichstrecke erfordert hatte.

Kienast setzt in seiner Rekonstruktion den Hakenschlag bereits im Scheitelpunkt der kleinen Ausweichstrecke an und rekonstruiert ein gleichschenkliges Umgehungsdreieck mit den Basiswinkeln von 2 : 5.[124] Er errechnet für die 270 m lange Umgehung eine Streckenverlängerung gegenüber der Basis in der Größenordnung von 19,20 m. Da die Markierung der einzelnen 13 gegenüber der MM 13 des fortlaufenden Systems um 17,60 m abweicht, schließt er, Eupalinos habe mit der zweiten Markierung den zusätzlichen Streckenaufwand markiert; die darin enthaltene geringe Differenz von 1,6 m kann vernachlässigt werden. Kienast schließt daraus weiter, daß mit Konzeption der Umgehungsstrecke der Nullpunkt vor dem Mundloch des Nordstollens in dieser Größenordnung verlegt worden sei. Es würde sich bei dem auf diese Weise bestimmten neuen System also nicht um eine Veränderung der Maßeinheit handeln, sondern lediglich um eine Verschiebung der gesamten Skala durch Verlegung des Nullpunktes.

Man muß sich dabei aber vor Augen halten, daß diese Art der Rekonstruktion des geänderten Bauplanes im Umgehungsbereich dem Baumeister als Hilfsmittel für seine neue Trassierung lediglich die Kenntnis der Größe des Anfangswinkels zugesteht. Dieser wäre für ihn nicht einmal auf die Basis zu beziehen, da er mit seinem Umgehungsdreieck außerhalb der Basis ansetzen mußte. Diese Grundlagen erscheinen für eine geometrische Hilfskonstruktion recht dürftig, zumal als zusätzlicher Unsicherheitsfaktor ein neuer Nullpunkt des Vermessungssystems eingeführt wird.[125] Bei einem Tunnelbauwerk dieser Größenordnung und dieses Schwierigkeitsgrades erscheint es grundlegend, daß der Baumeister Planungsänderungen nur einführen kann, wenn trotzdem ein stetiger Bezug zum Grundplan bestehen bleibt. Dieser Bezug muß eine ständige Kontrolle zulassen; dem Baumeister muß es jederzeit möglich sein, auf einfache Weise die Lage seines Vortriebs im Gesamtplan zu überprüfen.

Es soll deshalb im nachfolgenden versucht werden, die Planänderung des Eupalinos nach diesen Prämissen zu rekonstruieren. Dabei wird davon ausgegangen, daß Eupalinos einen Plan in Form einer Grundrißzeichnung vor sich hatte. Es wird weiterhin davon ausgegangen, daß Eupalinos seine große Umgehungsstrecke nach Westen nicht im Scheitelpunkt der kleinen Ausweichstrecke nach Osten ansetzte, sondern diese erst wieder auf die Basislinie zurückführte, um für die Planänderung eine regelmäßige geometrische Figur zu erhalten. Weiterhin liegt diesen Gedanken zugrunde, daß Eupalinos zum Zeitpunkt der Planänderung offensichtlich noch keine Kenntnis vom Fehler der Ausgangsrichtung von ~ 0,5° hatte. Nicht zuletzt ist anzunehmen, daß für Eupalinos bei seiner Planänderung der planerische Treffpunkt für beide Baulose noch in der Mitte der Tunnelstrecke bei T^{ideal} lag. Unter Berücksichtigung dieser Grundlagen ergibt sich eine Trassierungsrekonstruktion, die aus der Sicht eines Ingenieurs plausibel erscheint.[126]

Die geologischen Probleme im Nordstollen zwingen Eupalinos erstmals hinter der Meßmarke 12 zu einem Verlassen der geradlinigen Vortriebsrichtung. Er weicht im Bereich eines Meßmarkenabstandes nach Osten aus, kann den Vortrieb aber im Anschluß daran wieder zur Basis zurückführen. Er befindet sich nun bei Meßmarke 14, also etwa 290 m tief im Berg; auch im Südtunnel dürfte er diese Streckenlänge aufgefahren haben und sich etwa bei der entsprechenden Meßmarke 14 befinden.

Offensichtlich erscheinen Eupalinos die bei einem weiteren geraden Vortrieb auf ihn zukommenden Probleme derart groß, daß er sich zu einem Abweichen von der Basislinie in Form eines Hakenschlages nach Westen entschließt. Er kann seinem Plan entnehmen, daß bis zum planerischen Treffpunkt T^{ideal} noch eine Strecke in der Länge von etwas weniger als 11 Meßmarken, rund 220 m, vor ihm liegt.

Eupalinos sucht nach einer Trasse für die Umgehungsstrecke, die ihm eine weitere Kontrolle des Vortriebs gewährleistet. Er bringt ein gleichschenkliges Dreieck in die Planung ein, weil ihm dadurch eine Rückkehr zur Basislinie auf einfache Weise gewährleistet zu sein scheint, denn die bei der Abdrift von der Basis verwendeten Maße und Winkel entsprechen denen der zweiten Hälfte des Hakenschlages. Er sucht also ein gleichschenkliges Dreieck, das in T^{ideal} endet, und, um den bisherigen Vortrieb zu nutzen, nur wenig hinter der bisher ausgefahrenen Strecke ansetzen soll. Er entscheidet sich für ein Dreieck, das als Anfangs- und Ausgangswinkel das Tangens-Verhältnis von 1 : 3 hat, denn dieser Winkel läßt sich für die Richtungsabsteckung recht einfach konstruieren. Will er sein bisher verwendetes Maßsystem auch beim weiteren Vortrieb nutzen, so muß ihm klar gewesen sein, daß die Strecke bis zum Treffpunkt länger werden mußte. Die Meßmarkenabstände im schräg aufgefahrenen Vortrieb stimmen mit denen auf der Basislinie nicht mehr überein. Durch den klar definierten Ausgangswinkel von 1 : 3 ergibt sich aber ein einfaches Umrechnungsverhältnis, wonach die schräg aufgefahrene Strecke einer Maßeinheit ME^{plan} (20,6 m) sich auf 19,53 m ME^{red} reduziert.

Nun hat Eupalinos das neue Problem, daß auf der Basislinie seines Planes zwei Maßsysteme liegen: Einmal das System der Grundmaße von 20,6 m (ME^{plan}) und zusätzlich im Bereich der Umgehungsstrecke das neue System (ME^{red}) mit 19,53 m Länge. Der Nullpunkt des älteren Systems ist klar definiert, er liegt im Bereich des Mundlochs (s. o.). Der Nullpunkt des neuen Systems muß sich zwangsläufig ergeben, denn jedem Punkt des älteren Systems im Bereich der Umgehungsstrecke muß ein Punkt des neuen Systems auf der Basis entsprechen.

Um die Übersicht nicht zu verlieren, muß Eupalinos das Umgehungsdreieck in seinem Grundplan kartiert haben. Ein auf die Basislinie bezogenes Rastersystem konnte ihm beim weiteren Vortrieb Klarheit darüber geben, wo er sich mit

Abb. 88 Samos (Griechenland), Eupalinos-Tunnel. Strategie und Strategieänderungen des Eupalinos werden in den Ausbauphasen sowohl des Süd- als auch des Nordstollens sichtbar.

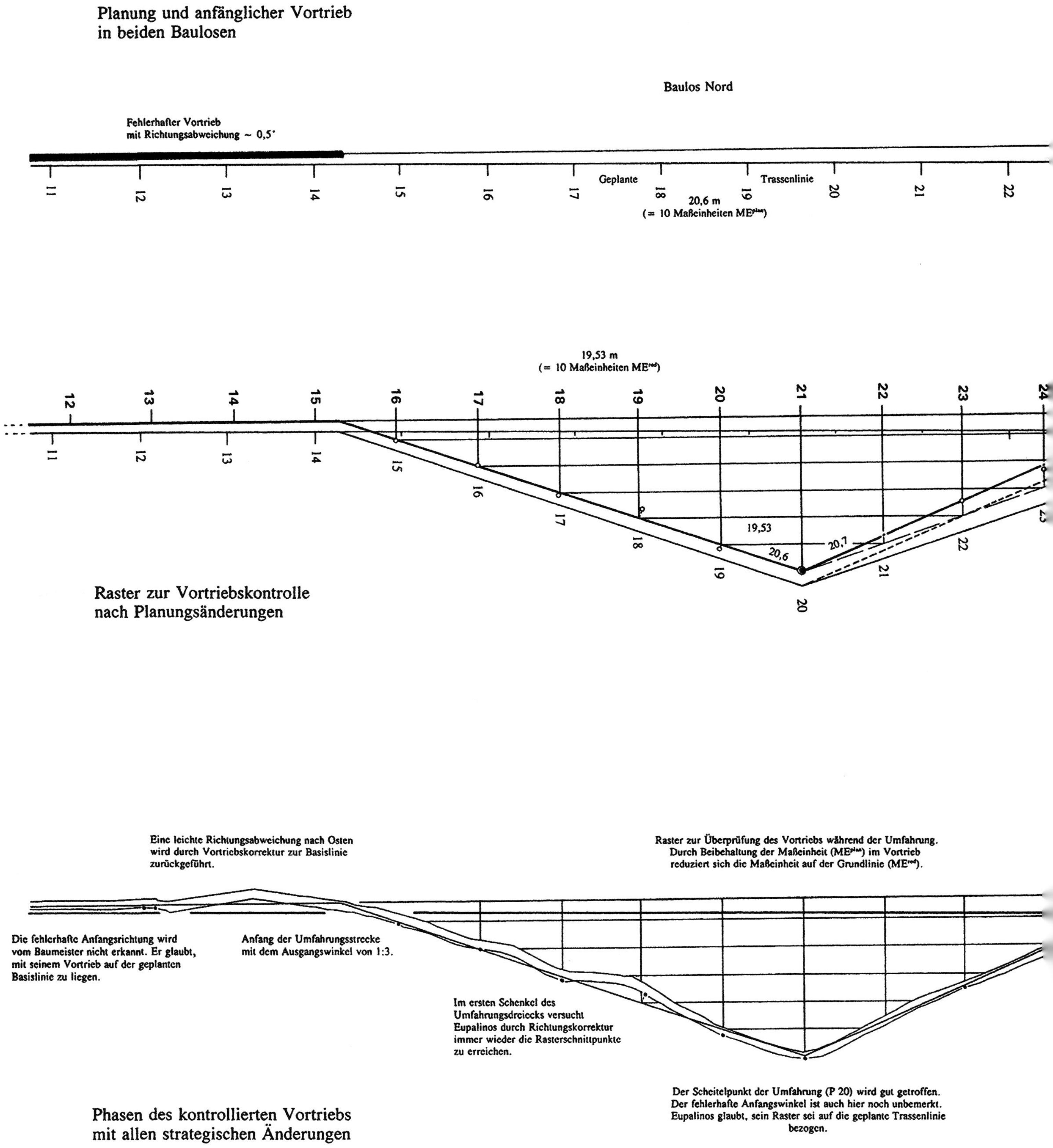

89

seinem Suchort in Bezug auf die Basis befand (Abb. 89).

Nun mußten die Maßeinheiten ME^{red} beim praktischen Vortrieb im Tunnel eigentlich gar nicht in Erscheinung treten, da sie lediglich der Kontrolle dienten und nur im gezeichneten Plan des Eupalinos Bedeutung hatten. Es scheint aber, als habe sich Eupalinos eine Orientierungshilfe geschaffen, indem er einen einzigen Fixpunkt des reduzierten Systems an der Tunnelwandung markierte. Er wählte dafür eine Stelle, die noch vor der kleinen Ausweichung nach Osten liegt, also in einem bezüglich der Standfestigkeit des Gesteins noch unproblematischen Abschnitt. Hier ist die oben schon beschriebene Markierung 13 angebracht, die aber

Der Tunnel des Eupalinos auf Samos

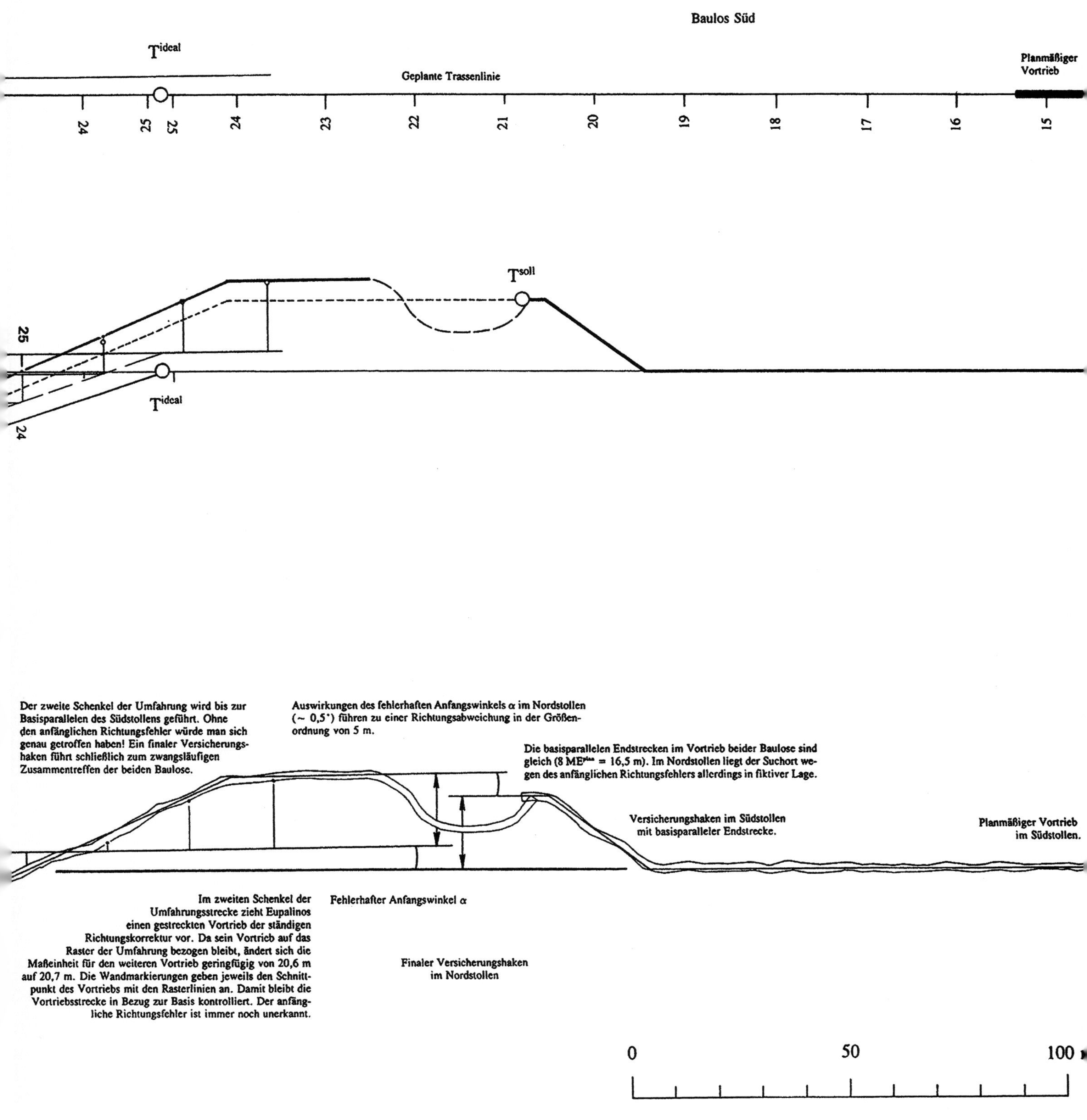

nicht in das ältere System der Tunneltrassierung paßt, sondern 3 m hinter der Meßmarke 12 des älteren Systems angebracht worden ist. Soll diese Meßmarke in das System der ME^{red} passen, dann müßte es einen auffälligen Bezug zu einem Meßpunkt ME^{plan} in der Umgehungsstrecke geben. Der erste in Frage kommende Punkt im Verlauf der Umgehungsstrecke ist als Meßmarke 15 (ME^{plan}) gut ausgewiesen. Mißt man von hier zur Meßmarke 13 (ME^{red}) zurück, so kann man für die drei dazwischenliegenden Maßeinheiten eine Strecke von 58,45 m ermitteln und damit feststellen, daß die gewonne Maßeinheit mit 19,5 m dem auf die Basis reduzierten Maßsystem (ME^{red} = 19,53 m) erstaunlich nahe kommt.

Nehmen wir bei der vorgefundenen Meßmarke 13 (ME^{red}) die Zählung auf und bewegen uns auf der Basislinie fort, so erhalten die Fußpunkte der Meßmarken in der Umgehungsstrecke eine Zählung, die jeweils um eine Ziffer höher liegt als die der Meßmarken in der Umgehung: der Meßmarke ME^{plan} 20 in der Umgehung entspricht die Meßmarke ME^{red} 21 auf der Basis. Das mag seine Ursache darin haben, daß – Zufall oder nicht – die bis zum Scheitelpunkt aufgefahrene Strecke von 20 ME^{plan} in 21 Einheiten eingeteilt einen Wert ergibt, der mit 19,6 m der durch das Dreieck reduzierten Maßeinheit auf der Basislinie (19,53 m ME^{red}) wiederum auffällig nahekommt. Auf diese Weise kommt man zwar zur Meßmarke 13 ME^{red}, aber nur bedingt zu einem für beide Systeme gültigen Nullpunkt. Das ist aber auch überhaupt nicht erforderlich, da das reduzierte Maßsystem nur für die Kontrolle im Bereich des Hakenschlages der Umgehungsstrecke benutzt wurde.

Gleichwohl ist der Punkt bei Meßmarke 20 von großer Bedeutung für die kontrollierte und richtige Ausführung des Hakenschlages, und vermutlich ist es kein Zufall, daß Eupalinos das Umgehungs-Dreieck so anlegt hat, daß der Scheitelpunkt seines Hakenschlages mit der Meßmarke 20 zusammenfällt. Denn hier hat er einen eindeutigen Festpunkt für die Umkehr der Vortriebsrichtung in der Mitte des Hakenschlages.

In den beiden Schenkeln des Umgehungsdreiecks fallen bei näherer Betrachtung zwei Dinge ins Auge. Einmal differieren die Maßeinheiten in der ersten Hälfte leicht von denen der zweiten Hälfte. Sie liegen in der ersten Hälfte leicht unter dem Grundmaß von 20,6, was aber damit zusammenhängt, daß zwei mit 19,8 m und 20,0 m ermittelte Meßmarkenabstände das Mittelmaß nach unten drücken. Vernachlässigt man die beiden Ausreißer, so erhält man wieder das Grundmaß von 20,6 m.

Im zur Basis wieder zurückführenden Schenkel liegen sämtliche zu ermittelnde Meßmarkenabstände bei 20,7 m und damit auffällig einheitlich über dem Grundmaß von 20,6 m. Diese Beobachtung korrespondiert mit einer anderen Auffälligkeit. Betrachten wir die exakte Lage der Meßmarken innerhalb des Kontrollrasters, so erkennen wir, daß die Meßmarken in der ersten Hälfte der Umgehungsstrecke außerhalb der Knotenpunkte des Rasters liegen, aber in der Weise auf die Meßlinie der Umgehungsstrecke aufgemessen wurden, daß die Fußpunkte ihres Lotes exakt mit den Rasterknoten identisch sind.[127] Die leicht gewundene Linienführung dieser Strecke belegt, daß der Baumeister großen Wert darauf gelegt hat, die planmäßige Richtung exakt einzuhalten, um den Scheitelpunkt des Hakenschlages nicht zu verfehlen.

Das Bemühen des Baumeisters, den planmäßigen Extrempunkt der Umfahrung (Meßmarke 20) auch tatsächlich zu erreichen, ist in jeder Phase des Vortriebs zwischen den Meßmarken 14 und 20 sichtbar: So führt er auf allen Zwischenstrecken leichte Richtungskorrekturen durch, um mit den Kontrollpunkten (Meßmarken 15, 16, 17, 18, 19) innerhalb des Tunnelprofils zu liegen. Lediglich die Abweichung zwischen den Meßmarken 17 und 18 ist so groß ausgefallen, daß er erst beim übernächsten Kontrollpunkt (Meßmarke 19) wieder zur Trasse zurückkommt. Meßmarke 20, als Wechselpunkt beim Vortrieb des Hakenschlages, wird bemerkenswert genau getroffen. Da dieser Punkt für die Absteckung der zur Basis zurückführenden Richtung von besonderer Bedeutung war, hat Eupalinos die Richtungsvermessung vor Meßmarke 20 vermutlich mit besonderer Akribie durchgeführt.

Nun war eigentlich zu erwarten, daß die zweite Hälfte des Hakenschlages in der Art zur Basis zurückgeführt wurde, daß dieser Schenkel des Umgehungsdreiecks mit demselben Winkelmaß auf die Basis traf, mit dem er sie verlassen hatte. Möglicherweise haben aber die Schwierigkeiten, die in der ersten Hälfte der Umgehung sichtbar geworden sind, Eupalinos zu einer weiteren Änderung seiner Vortriebsstrategie veranlaßt. In auffällig gerader Linienführung strebt der Vortrieb ab MM 20 nicht mehr dem planmäßig angestrebten Treffpunkt T^{ideal} zu, sondern zielt östlich leicht daneben.

Mit Erreichen des Scheitelpunktes im Hakenschlag hat Eupalinos offensichtlich den anfänglich geplanten Treffpunkt T^{ideal} aufgegeben und sich für einen neuen Treffpunkt T^{soll} entschieden, denn der auf T^{ideal} gerichtete Vortrieb wird gleichzeitig im Nordstollen und im Südstollen aufgegeben. Im Südstollen fährt man den oben schon beschriebenen Versicherungshaken auf und wartet im übrigen auf den entgegenkommenden Stollen vom Norden. Im Norden hat man dafür eine längere Strecke Vortriebs vor sich und bemüht sich, die Übersicht nicht zu verlieren.

Auffällig ist im Streckenabschnitt nach Meßmarke 20 nämlich nicht nur die leichte Änderung der Vortriebsrichtung, sondern auch die Position der Meßmarken an der Tunnelwandung. Da die Vortriebsrichtung von der anfangs geplanten Richtung abweicht, können die Meßmarken natürlich nicht mehr mit Knotenpunkten des Dreiecksrasters identisch sein. Sie liegen aber in allen fünf Punkten exakt auf der jeweils durchschnittenen Rasterlinie. Das heißt, Eupalinos war in der Lage, den Winkel der geänderten Vortriebsrichtung genau zu ermitteln und benutzte das Raster nur noch zur Kontrolle seiner Vortriebsstrecke. Da das Raster etwas schräger geschnitten wurde, als es planmäßig vorgesehen war, muß sich die Maßeinheit zwangsläufig ausdehnen. Eupalinos hat dem Rechnung getragen, denn es findet sich in diesem Streckenabschnitt ein einheitlich auf 20,7 m verlängertes Maß vor – der Bezug zur Basis, und damit die auf der Basis benutzte Maßeinheit ME^{red}, bleiben aber gleich, da er das Raster des Hakenschlages in der zweiten Hälfte der Umgehung nicht ändert.

Das Endstück des Südstollens war so angelegt, daß es 16,5 m (8 ME^{plan}) östlich parallel der Basislinie lag. Damit ist die Strategie klar, nach welcher der Nordstollen ihm entgegenkommen sollte, nämlich ebenfalls 8 ME^{plan} östlich der Basislinie. Vom Scheitelpunkt des Hakenschlages (Meßmarke 20) aus war dazu im Nordstollen die Basislinie schräg zu schneiden, um die 8 ME^{plan}-Parallele östlich davon zu erreichen. Da der Baumeister den neuen Vortriebswinkel selbst bestimmt hatte, und da ihm weiterhin die Lage seines Ausgangspunktes (Meßmarke 20) genau bekannt war, konnte er den nächsten Abschnitt des Nordstollens zielsicher angehen. Auf der gesamten Strecke dieses Abschnittes von fast 135 m Länge gelingt es ihm durch Richtungsausgleich immer wieder, eine Linie der (Schnur- oder) Sichtverbindung im Tunnel freizuhalten; lediglich zwischen MM 25 und MM 26 muß die Planungslinie durch eine kleine Korrektur im Wechselwinkel-Verfahren wieder erreicht werden. Eine neue Richtungsänderung erfährt der Vortrieb im Nordstollen mit Erreichen der Basisparallelen des Südstollens: Hier knickt man mit der Vortriebsrichtung ab, um – ebenfalls parallel zur Basis – auf den Südstollen zu zielen.

Im nachträglichen Aufmaß zeigt sich, daß man mit dem angestrebten Vortrieb auf einen Punkt zielte, der knapp 5 m zu weit östlich von T^{soll} lag: Man war zwar im Berg bemerkenswert planmäßig und äußerst exakt vorgegangen, hatte aber den Ausgangsfehler von ~ 0,5°, der bei der Übertragung der obertägigen Tunnelachse in den Berg entstanden war, nie bemerkt und eliminiert. Die Abweichung der Vortriebsparallelen in der Schlußphase des Nordstollens zeigt die dem Winkelfehler von ~ 0,5° genau entsprechende Größe (Abb. 90).

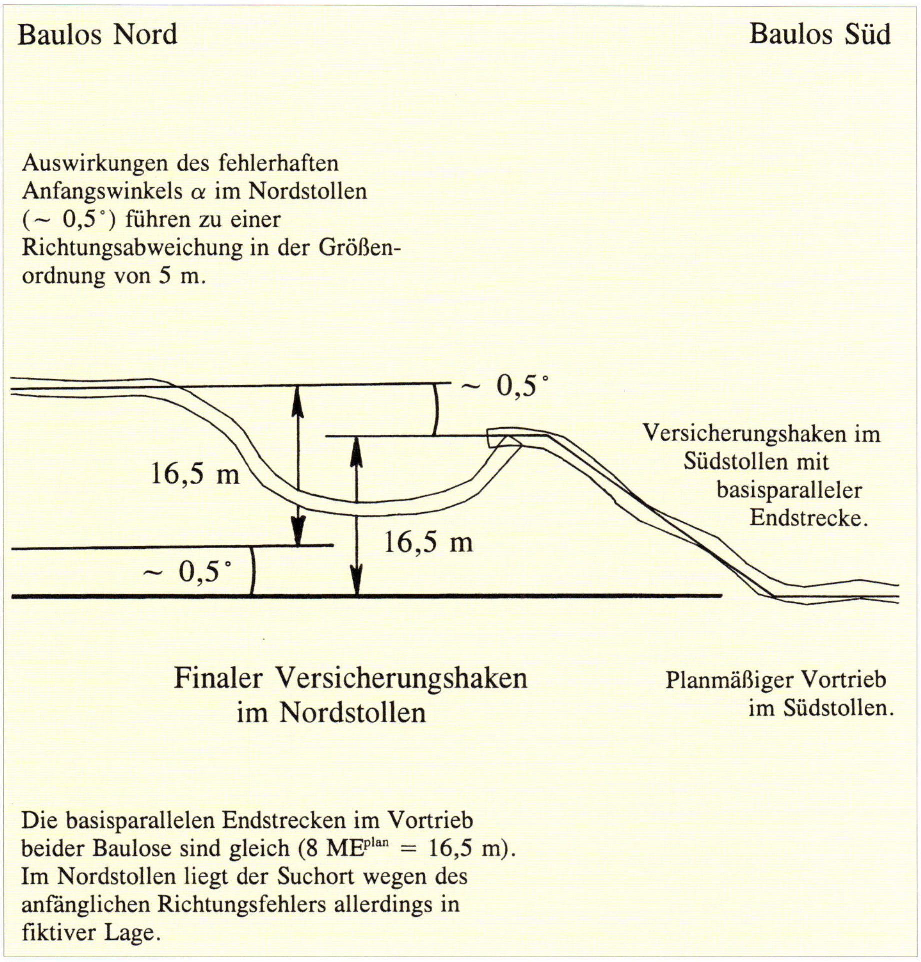

90

Ob der Baumeister mit Erreichen des Endpunktes im basisparallelen Vortrieb eine komplette Kontrollmessung seines gesamten Nordstollens einschließlich der über den Berg abgesteckten Geraden vorgenommen hat und dadurch die Abweichung schließlich doch noch aufdeckte, oder ob er eine solche Abweichung im Bereich des Möglichen einfach einkalkuliert hatte: zum endgültigen Zusammenführen der beiden Stollen bediente er sich eines finalen Versicherungsbogens in der Vortriebsstrecke des Nordstollens. Da die beiden Stollen planmäßig genau aufeinander zustreben sollten, konnte nur eine Abweichung des Nordstollens nach Osten zu einem Nicht-Zusammentreffen führen. Eine Abweichung nach Westen wäre von der Versicherung des Südstollens aufgefangen worden. Dessen muß Eupalinos sich bewußt gewesen sein, denn der weit ausladende Versicherungsbogen im Nordstollen buchtet nach Westen raumholend aus und trifft den Südstollen fast an dessen Spitze.

Auch bezüglich des höhenmäßigen Treffens beider Stollen versichert sich Eupalinos nachhaltig: Von Norden hebt er in der Schlußphase des Vortriebs die Firste des Stollens um 2,50 m kontinuierlich an, während er im Südstollen die Sohle auf die gleiche Weise um 0,6 m tieferlegt. Die auf beiden Seiten wie eine Schere geöffneten Vortriebe hätten sich auch bei einem Fehler in der Größenordnung der Tunnelhöhe nicht verfehlen können. Eine Vorsichtsmaßnahme, die eigentlich nicht nötig war, wie die nachträgliche Höhenbestimmung der Tunnelsohle zeigte: Im Süden lag man nur 0,3 m tiefer als im entgegenkommenden Baulos.[128]

Nun konnte der Tunnel für seinen eigentlichen Zweck hergerichtet werden. Dazu gehörte die Eintiefung des Wasserleitungsgrabens an seiner Seite. Daß dieser Graben ein gewisses Gefälle aufweisen mußte, um überhaupt ein Abfließen des Wassers zu gewährleisten, ist klar, da die Tunnelsohle auf einer horizontalen Nivealinie angelegt worden war. Daß der Rohrleitungsgraben schon an der Stelle, wo er in den Tunnel eintritt, eine Tieflage von 3,89 m aufweist, kann keine planmäßige Ursache haben. Hier hat H. Kienast aber nachvollziehbare Gründe angeführt, die in einem Absinken des Quellhorizontes in entsprechender Größenordnung während der Bauzeit zu suchen sind (s. o.).[129]

Zusammenfassend kann man sich also die Strategie des Eupalinos folgendermaßen vorstellen: Der Tunnel von Samos war als Gegenort-Tunnel mit Treffpunkt in der Mitte geplant. Er wurde von beiden Seiten aus aufgefahren, wobei die Arbeiten im Südstollen planmäßig abliefen. Im Nordstollen zeigten sich nach etwa der Hälfte der Vortriebsstrecke geologische Schwierigkeiten, die zu einer Aufgabe der geradlinigen Vortriebsrichtung zwangen. Der Baumeister vollzog im weiteren Vortrieb einen Hakenschlag nach Westen und wählte dazu als Hilfskonstruktion ein gleichschenkliges Dreieck mit den Winkeln 1 : 3. Dieses Winkelmaß hatte für ihn den Vorteil, auch im Tunnel leicht konstruierbar zu sein. Darüber hinaus legte Eupalinos im Bereich der Umgehungsstrecke ein Raster über seinen Bauplan, über welches er den schrägen Vortrieb auf seiner Basislinie verfolgen konnte.

Mit Erreichen des Scheitelpunktes seiner Umgehungsstrecke änderte er noch einmal seinen Bauplan. Er gab den Mittelpunkt der Basis als Treffpunkt auf. Im Südstollen fuhr er noch einen schräg nach Osten gerichteten Versicherungshaken auf, knickte an dessen Ende für ein kurzes Stück des Vortriebs in eine Basisparallele nach Norden ab und stellte die Arbeiten ein. Von Norden zielte er nun nicht mehr auf den aufgegebenen Treffpunkt, sondern strebte der Basisparallelen des Südstollens zu. Nachdem er diese erreicht hatte, bog er mit seinem Vortrieb in sie ein und strebte auf gerader Linie der Ortsbrust des Südstollens zu.

Das Aufmaß des Tunnels zeigt, daß diese Strategie voll aufgegangen wäre, wenn ein anfänglicher Fehler bei der Richtungsübertragung in den Tunnel in der Größenordnung von ~ 0,5° von Eupalinos erkannt worden wäre. Mit diesem Fehler war der gesamte Vortrieb des Nordstollens behaftet, seine Auswirkungen zeigen sich in der Lage der beiden Suchorte zueinander kurz vor dem Zusammentreffen. Eupalinos fuhr die Schlußstrecke des Nordstollen als finalen Versicherungsbogen auf, der weit nach Westen ausbuchtete und den Versicherungsvortrieb des Südstollens genau an seiner Flanke traf.

Auf den vorhergehenden Seiten:
Abb. 89 Samos (Griechenland), Eupalinos-Tunnel. Zur Kontrolle seines von der Basis abweichenden Vortriebs legt Eupalinos ein gleichschenkliges Hilfsdreieck an. Den schräg aufgefahrenen Vortrieb kann er über ein Raster auf die Basis projizieren und kontrollieren.

Abb. 90 Samos (Griechenland), Eupalinos-Tunnel. Mit einem finalen Versicherungshaken im Vortrieb des Nordstollens gleicht Eupalinos sämtliche versteckten Richtungsfehler aus.

Vorrömischer Tunnelbau im Land um Rom

Den tunnelbaulichen Arbeiten der Etrusker kam die geologische Eigenschaft ihrer Landschaft zugute. Die anstehenden Tuffe und Pozzolane der Region, als leicht zu durchbohrende Gesteine, begünstigten den Tunnelbau nachhaltig. Gleiches galt für Latium, das sich südöstlich von Rom ausbreitete. Und wenn man davon ausgehen kann, daß es in den Jahrhunderten von 900 bis 300 v. Chr. in dieser Gegend klimatisch nicht nur kälter, sondern auch feuchter gewesen ist, so finden viele der unzähligen *cuniculi*[130] schon aus dieser Erkenntnis ihre ehemalige Zweckbestimmung.[131] In vielen Baustellen und Steinbrüchen unserer Tage wurden die antiken Tunnel angeschnitten, und unter der Annahme, daß unzählige gleichartiger Bauten noch gar nicht entdeckt wurden, ergibt sich das Bild einer unterirdisch durchlöcherten Landschaft, was auf eine äußerst intensive Landnutzung in dieser Zeit schließen läßt.

Die Hauptzweckbestimmungen dieser frühen Tunnelbauten sind als Wassersammler in Form von Sickergalerien, Quellwasserfassungen und Aquädukte, Drainagen zur Trockenlegung von Feuchtgebieten, Seeabsenkungen, Abwasserkanäle sowie Umleitungen von Wasserläufen zu beschreiben (Abb. 91).

Das Erscheinungsbild der *cuniculi* im Querschnitt ist in der Regel recht ähnlich: Die Profile sind 1,7 m bis 2,0 m hoch und 0,6 m bis 0,7 m breit.[132] Wegen dieser augenscheinlichen Identität läßt sich beim zufälligen Anschnitt eines *cuniculus* die Zweckbestimmung nicht spontan vornehmen, sondern bedarf einer gründlichen Untersuchung.

Die Bauweise der *cuniculi* entspricht von der Technik der Durchörterung des Gesteins her den Qanaten (s. o.): Zwischen Schächten, die man in Abständen von 40 m bis 60 m abteufte, wurde unterirdisch eine Verbindung hergestellt. In der Regel wurden Sohle und Wandungen nicht verputzt. Nur einige wenige Exemplare weisen im unteren Bereich des Querschnitts einen Verputz auf, der dem römischen *opus signinum*, also einem Mörtel mit einem Zuschlag aus zerstoßenen Ziegeln, nicht unähnlich ist.[133] In manchen Querschnitten ist zudem ein kleiner Sims erkennbar, der den Tunnel unterhalb des Gewölbeansatzes der Länge nach begleitete. Ein solcher Sims konnte den Tunnelarbeitern zur Ablage des Werkzeugs und zur Anbringung des Geleuchts dienen (Abb. 92).

Die Erforschung der *cuniculi*, die anfangs für römischen Ursprungs gehalten wurden, beginnt nach Ravelli/Howarth[134] mit Nardino 1647, der eine antike Textquelle, wonach Veji im Jahre 396 v. Chr. durch einen *cuniculus* erobert wurde[135], erstmals nennt. Danach nimmt sich Nibby erst 1819 wieder der *cuniculi* an, wobei er ihnen eine Zweckbestimmung als Abwasserkanäle zuschreibt[136], ein Jahr später Brocchi, ohne etwas über ihre Zweckbestimmung auszusagen.[137] Braun kommt das Verdienst zu, im Jahre 1852 als erster ihre etruskische Abstammung erkannt zu haben, wobei er sie als Zweckbauten zur Landgewinnung beschreibt.[138] Deschemet, der 1857 ausführlich einen *cuniculus* am Aventin in Rom beschreibt, hält ihn für den Teil eines römischen Aquäduktes.[139] Spätere Deutungen gehen in eine gänzlich andere Richtung, wonach die in verschiedenen Höhenlagen aufgefahren *cuniculi* im Quirinal Roms teilweise als unterirdische Steinbrüche zur Gewinnung des Tuffsteins angelegt waren, teilweise der Entwässerung der Steinbrüche dienten.[140]

Die Diskussion der Zweckbestimmung dieser unterirdischen Bauwerke ist keineswegs beendet. Die Meinungen schwanken zwischen der Zuordnung zu Drainagen und Bewässerungsanlagen sowie der Wassergewinnung aus Grundwasserzonen.[141]

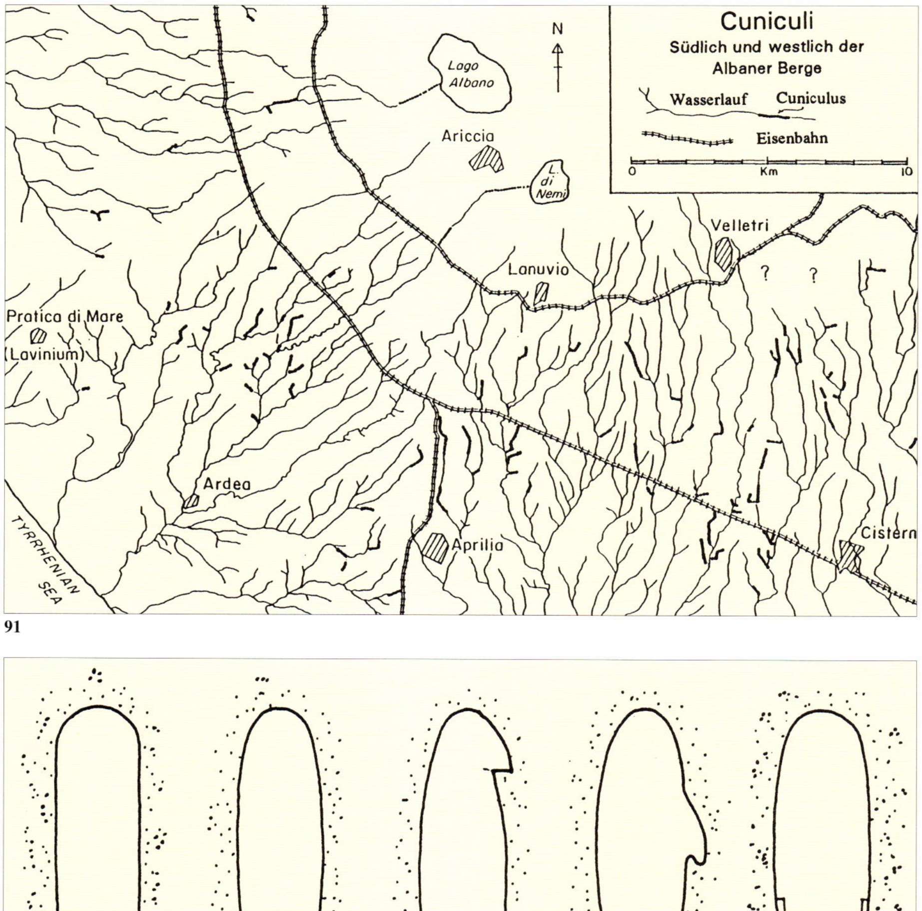

91

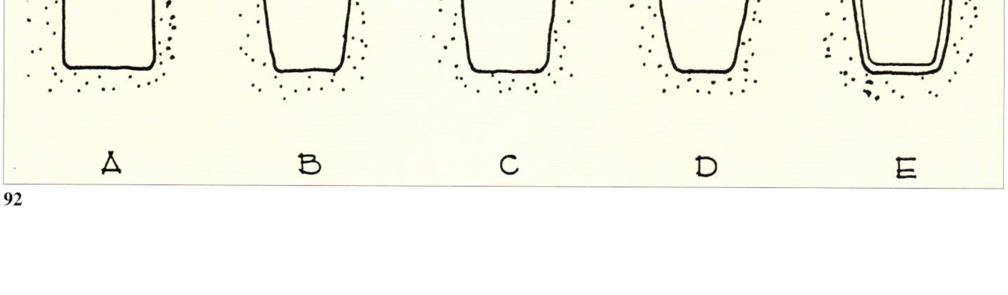

92

Ravelli/Howarth möchten die *cuniculi* deutlich unterschieden wissen von den Qanaten:[142] Nach ihrer Meinung sind die für aridere Zonen typischen Qanate gebaut, um Wasser aus tiefen und ständig wasserführenden Erdschichten zu gewinnen, während die *cuniculi* durch ihre Nähe zur Oberfläche und wegen der Durchlässigkeit des Gesteins auch zeitweilige und ergiebige Niederschläge ausnutzen. Die Qanate seien auch heute noch in Nutzung, während die *cuniculi* wegen der klimatischen Veränderungen heute trockenlägen und ihr Bau nur in der Antike lohnend gewesen sei.

Dieser Abgrenzung in der Begriffsbestimmung ist durchaus zuzustimmen, wenngleich nach wie vor gelten kann, daß die *cuniculi* in Etrurien und Latium in Qanatbauweise errichtet wurden. Damit wird nicht nur die untereinander vergleichbare Technik der Bauweisen bezeichnet, sondern auch ein Hinweis auf die technikgeschichtlichen Quellen und einen möglichen Technologietransfer gegeben.

Die Anfänge dieser Bautechnik in Mittelitalien sind mit der Besiedlung der Flächen beiderseits des Tibers und dem Aufblühen der ersten städtischen Siedlungen im 9. Jh. v. Chr. anzusetzen. Die Topographie der besiedelten Landschaft erforderte die temporäre Ausnutzung der Niederschläge zur Wasserversorgung der Siedlungen. Der Niedergang setzt mit den Klimaveränderungen um 300/200 v. Chr. ein; die *cuniculi* fallen trocken.[143]

Die unzähligen *cuniculi* im Land um Rom waren je nach Erfordernis ein wichtiges Hilfsmittel zur Entwässerung oder Bewässerung des Landes (Abb. 93 und 94). Sie waren dadurch eine unverzichtbare Voraussetzung für die Urbarmachung und letztendlich für die Nutzung der Flächen für die Landwirtschaft; sie waren ein wesentlicher Teil der Infrastruktur. Nun sind sich der Großteil der *cuniculi* vom technischen Aufbau her sehr ähnlich, und es erscheint müßig, anhand dieser Beispiele noch einmal die Technik der Qanatbauweise zu erläutern, zumal die Bauwerke zumeist in unproblematischer Geologie anzutreffen sind. Einig ist sich die Forschung in der Zuweisung des Ursprungs der technischen Kenntnisse in dieser Region, denn der Einfluß auf Latium dürfte von den Etruskern ausgegangen sein. Einige der den Etruskern zuzuschreibenden Tunnelbauten sind jedoch sowohl von den Dimensionen als auch von den Zweckbestimmungen her einem Schwierigkeitsgrad zuzuzählen, der eine eingehendere Betrachtung erfordert. Dabei sollen zwei Bauwerke vorangestellt werden, um sie von den im römischen Einflußbereich von etruskischen Ingenieuren errichteten Anlagen zu unterscheiden.

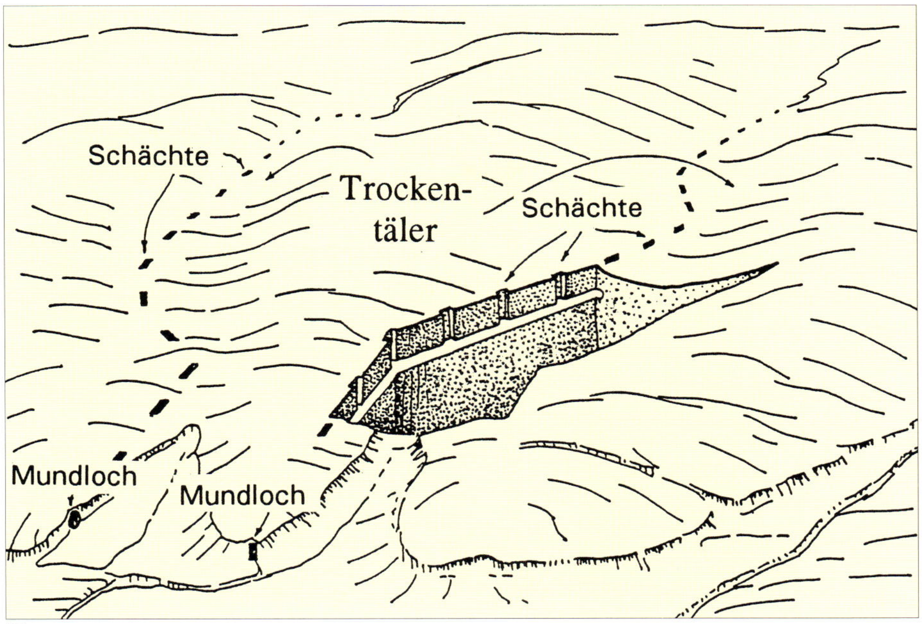

93

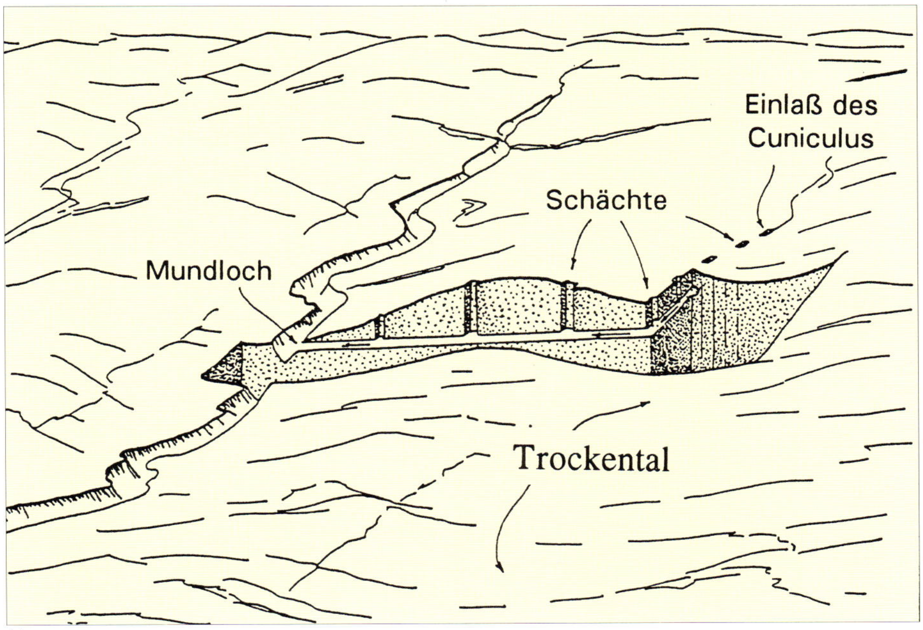

94

Abb. 91 Übersicht der im Südwesten der Albaner Berge (Italien) aufgefundenen Tunnelbauten. Die Einbindung der **cuniculi** *in das natürliche Gewässernetz zeigt ihre Zweckbestimmung für Entwässerung (n. Judson/Kahane 1963).*

Abb. 92 Typische Querschnitte etruskischer **cuniculi**. *In C und D ist das Gesims zur Ablage von Werkzeug und zur Anbringung des Geleuchts zu sehen, in E eine verputzte Variante (aus: Ravelli/Howarth 1984).*

Abb. 93 Schematische Darstellung zweier parallel zu den Talsohlen geführter **cuniculi** *zu Drainagezwecken (n. Judson/Kahane 1963).*

Abb. 94 Schematische Darstellung eines **cuniculus**, *der zu Drainagezwecken Wasser aus einem Tal in das Nachbartal ableitet (n. Judson/Kahane 1963).*

Ponte Terra

Südlich von Tivoli zieht sich der «Fosso di Ponte Terra», ein tief eingeschnittenes Tal, in nordwestlicher Richtung und führt Quell- und Regenwasser aus den Bergen des Hinterlandes in die Campagna. In der Antike hatte man sich die natürlichen Wasservorkommen im oberen Talbereich zunutze gemacht, indem man künstliche Kanäle für die Gewinnung und den Transport des Wassers baute. Wegen der steil aufragenden Wände des Tales war dazu erheblicher Aufwand notwendig,

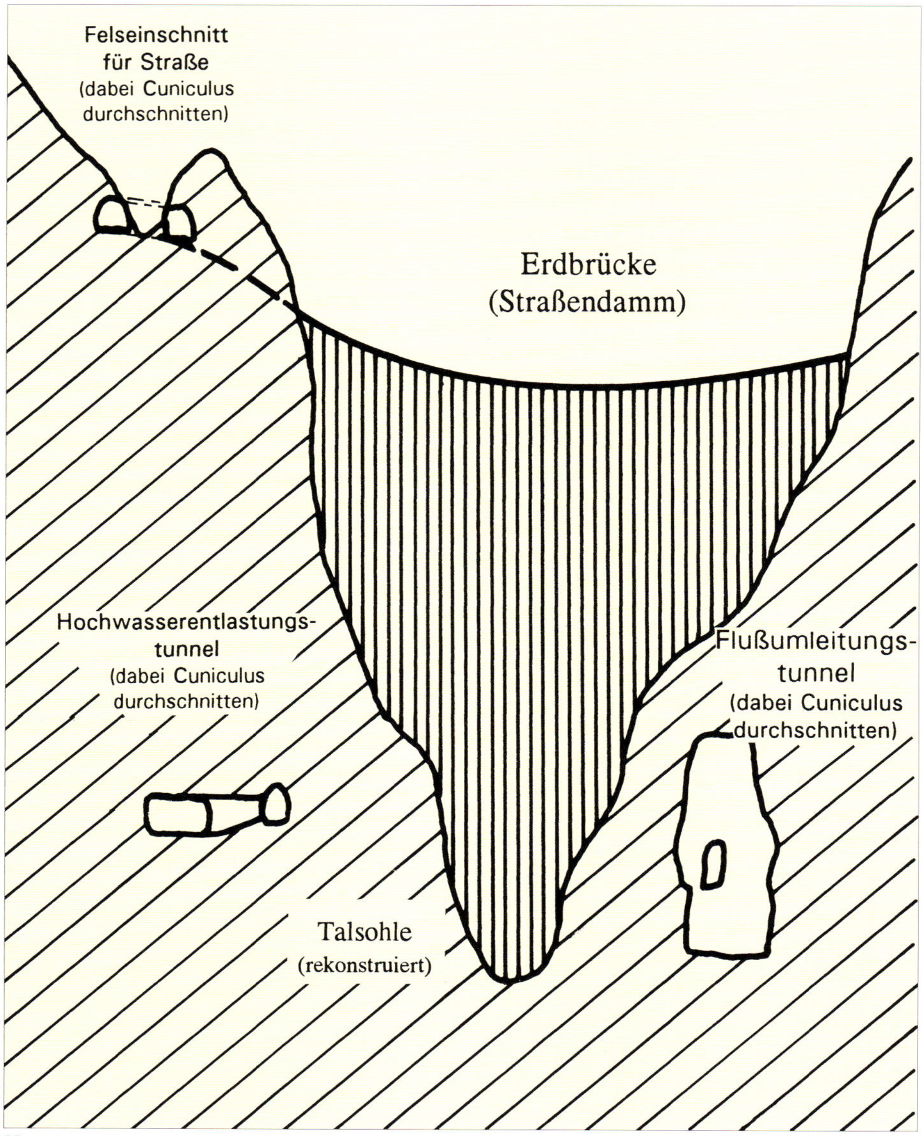

95

den man in der der Zeit entsprechenden Technik bewältigte: man baute *cuniculi*.[144]

Da sich die Reste der *cuniculi* beim Eintritt der Trassen in das Flachland verlieren, ist über das oder die Versorgungsziele in der Antike nur zu spekulieren. Unter Einbeziehung der antik besiedelten Plätze der Region kommt als Zielpunkt des Versorgungsystems nur das untergegangene Querquetula in Frage.[145] Ravelli/Howarth sehen die Zweckbestimmung eher in der Bewässerung für die Landwirtschaft der Region.[146]

Im Fosso (Abb. 95) sind in der Felswand auf der Südwestseite gleich zwei *cuniculi* übereinander nachgewiesen, wovon der untere durch eine spätere Vergrößerung des Querschnitts teilweise stark überprägt worden ist. Schon von der Talsohle aus kann man die im Fels verborgenen Wasserläufe an den zur Talseite angelegten «Fenstern» erkennen; es handelt sich also um Tunnel mit Querschlägen nach außen. Die *cuniculi* sind abschnittsweise heute noch zu begehen (oder besser: zu «bekriechen»), wobei selbst in den sekundär verbreiterten Abschnitten der ältere Vorgängerbau an der typischen Aussparung in der Firste erkennbar ist. In der Felswand auf der gegenüberliegenden Seite des Tales ist ein weiterer *cuniculus* nachweisbar.

Durch die *cuniculi* allein würde der archäologische Befund im Fosso di Ponte Terra aus der Vielzahl der etruskischen Tunnelbauten nicht besonders hervorzuheben sein. Spektakulär wird der Befund durch das Vorhandensein der Reste der Taldurchquerung einer Straße und die damit zusammenhängenden Ingenieurbauten. Die Straße, die von Tivoli kommend zu den südwestlich liegenden Orten Querquetula und Gabii führte, muß den Fosso, der als rund 100 m tiefes Hindernis schräg zu ihrer Verlaufsrichtung liegt, zwangsläufig queren.

Nun wäre für die römische Epoche an diesem Talübergang eine dem Gelände angepaßte Bogenbrücke zu erwarten. Die vorrömische Zeit tritt allerdings technikgeschichtlich nicht durch beeindruckende Brückenbauten in Erscheinung, das sollte den Römern mit ihrem Hang zur Darstellung von Macht und technischem Können in Staatsbauten vorbehalten bleiben. Gleichwohl war die Talüberquerung im Fosso di Ponte Terra ohne Kunstbauten nicht zu verwirklichen. Dem technischen Stand der vorrömischen Zeit entsprechend wählte man als Bauform einen Damm, den man auch als Erdbrücke bezeichnen könnte – der Name «Ponte Terra» sagt es schon. Nun war einerseits eine Erdbrücke nicht in der erforderlichen Höhe zu bauen, so daß man sich im Bereich der Talsohle mit einem 25 m hohen Bauwerk begnügen mußte, das auf beiden Talseiten an in Serpentinen geführte Hohlwege angeschlossen war. Andererseits stellte sich die Erdbrücke neben ihrer Funktion als Teil eines Verkehrsweges zugleich als Talsperre für die im Fosso abfließenden Wasser dar: Ohne entsprechende Vorkehrungen würde sich hinter der Erdbrücke von selbst ein See aufgestaut haben, der später die auf der Dammkrone gelegene Straße überspült hätte. Es ist auch fraglich, ob ein als Straßendamm angelegtes Bauwerk dem Druck des aufgestauten Wassers hätte standhalten können. Aus diesen Gründen war in der Talüberquerung eine Vorrichtung für den Durchfluß des Bachwassers unterzubringen.

Die gefundene – und heute noch wirksame – Lösung bestand im Bau eines Flußtunnels, der vor Einbringung der Erdmassen für den Straßendamm zu errichten war. Für den Bau des Flußtunnels bot sich eine Stelle an, an der das Felsmassiv der rechten Talseite auf ein kurzes Stück ihres Verlaufs in das Tal hinein ausbuchtet. Auf eine Länge von ca. 60 m wurde der massive Fels durchtunnelt, eine Strecke, die einmal durch einen Einsturz unterbrochen ist. Da dieser Einsturz in einem Knickpunkt der Tunneltrasse festzustellen ist, kann es sich an dieser Stelle auch um eine planmäßig angelegte Felsöffnung gehandelt haben, die sich durch Einstürze erweitert hat.

Ein deutlicher Felskragen im Tunnel etwa 2 m oberhalb der Wasserlinie kann zweierlei Ursachen haben. Zum einen kann es sich hierbei um die Reste der ehemaligen Tunnelsohle handeln, die

***Abb. 95** Ponte Terra (Italien). Straßendamm,* **cuniculi** *und Flußtunnel; Querschnitt durch das Tal (n. Skizzen von Cappa/Castellani/Dragoni/Felici 1990/91).*

***Abb. 96** Ponte Terra (Italien). Der Flußtunnel schneidet einen* **cuniculus.**

***Abb. 97** Ponte Terra (Italien). Der Flußtunnel; oberes Mundloch.*

sich durch die Kraft des Wassers entsprechend dem heutigen Befund ausgewaschen hat. Bei diesem in beiden Tunnelwandungen erkennbaren gesimsähnlichen Felskragen kann es sich aber ebensogut um die Reste der ersten Bauphase des Tunnels handeln: Um oberhalb der Wasserlinie arbeiten zu können, hat man für die erste Bauphase sicherlich ein Niveau gewählt, das ein unbehindertes Arbeiten zuließ. Da der Tunnel ohnehin mit einem recht großen Profil ausgestattet sein mußte, um allfällige Hochwasser bewältigen zu können, war ein Vortrieb auf mehreren Strossen nicht nur sinnvoll, sondern eigentlich unumgänglich.

Nach gelungenem Durchschlag konnte der letzte Arbeitsgang darin bestehen, den Tunnel im Sohlenbereich auf das erforderliche Niveau nachzureißen. Dieser Bereich des Tunnels stellt sich streckenweise aber auffällig unregelmäßig in der Steinbearbeitung dar, daß man auf den ersten Blick eine natürliche Entstehungsweise durchaus annehmen könnte, wenn die Wandungen im Endstück des Tunnels nicht bündig durchgehend bearbeitet wären.

Der Flußtunnel schneidet in seinem Verlauf mehrfach einen *cuniculus*, der sich etwa 2 m über der Wasserlinie des Baches durch den Fels windet (Abb. 96). Die Sohle des *cuniculus* liegt also höhenmäßig in etwa auf dem Niveau des Felskragens im Flußtunnel, so daß angenommen werden kann, der *cuniculus* war eine wesentliche Orientierungshilfe für den Vortrieb des Flußtunnels. Da der *cuniculus* in seinem Verlauf auch die Einsturzstrecke in der Tunnelmitte durchfährt, muß diese Felsöffnung dem Tunnelbau zugerechnet werden; von hier aus sind also auf jeden Fall in beiden Richtungen Baulose aufgefahren worden. Der Grundriß des Tunnels läßt danach die Rekonstruktion seines Baus in vier Baulosen zu: Man arbeitete jeweils von den beiden Mundlöchern ausgehend sowie von der Felsöffnung, die – etwas zum Tunnelende versetzt – fast mittig in der Trasse liegt (Abb. 97).

Auf der gegenüberliegenden linken Talseite befindet sich ein zweiter Tunnel, der im unteren Teil seiner Strecke durch Erweiterungen eines vorhandenen *cuniculus* entstanden ist. Der obere Teil der Strecke ist zwischen *cuniculus*-Aufschlüssen neu aufgefahren worden. Die Firste dieses Tunnels liegt niveaumäßig etwas unterhalb der Firste des o.b. Flußtunnels, seine Sohle liegt rund 3 m höher als die Sohle des Flußtunnels; er selbst ist an keiner Stelle höher als 1,6 m. Seine ehemalige Funktion ist nicht einfach zu rekonstruieren: Entweder handelt es sich bei diesem Tunnel um ein begonnenes, aber nicht fertiggestelltes Bauwerk, das man aufgegeben hat, um auf der gegenüberliegenden Talseite einen zweiten Versuch zu starten. Oder aber der Tunnel ist in diesen Dimensionen und dieser Höhenlage durchaus geplant errichtet worden, um bei Spitzenhochwassern für Entlastung zu sorgen.

Der gesamte in der Örtlichkeit einzusehende Baubefund läßt eine Betrachtung der relativen Bauabfolge zu: Zwei *cuniculi* in den Felswänden auf beiden Talseiten sind durch den Bau der Flußtunnel zerstört worden. Beim Bau des vom Damm ausgehenden Hohlweges auf der linken Talseite wurde auch der dritte *cuniculus* durchschnitten, der sich in einer Höhe von etwa 30 m über der Talsohle befand. Die Bauzeit aller drei *cuniculi* ist also zeitlich vor dem Bau von Straßendamm und Flußtunneln anzusetzen. Da nun ein Erddamm statt einer Brücke an dieser Stelle auf vorrömische Baumeister schließen läßt, muß der Straßenbau samt

96

97

Damm und Tunneln vor der römischen Eroberung im 5. oder vielleicht sogar schon im 6. Jh. v. Chr. angesetzt werden. Die *cuniculi* lägen mit ihrer Bauzeit noch früher.

Diesem auf latinischem Gebiet gelegenen Tunneln stehen auffällig ähnliche Anlagen in Etrurien und in der faliskischen Region zur Seite, wobei der etruskische Einfluß in allen Bauwerken sichtbar ist. Wenn für die *cuniculi* im Fosso di Ponte Terra allein wegen ihrer Höhenlage in den Felswänden beiderseits des Tales als Zweckbestimmung nur die Wasserversorgung angegeben werden kann, so gilt für die meisten Bauwerke dieser Art nach wie vor, daß sie Drainagezwecken gedient haben.[147]

Ponte del Ponte

Das kombinierte Damm-Tunnel-Bauwerk von Ponte Terra hat eine auffällige Paralle nahe der faliskischen Siedlung Ponte del Ponte.[148] Hier wurde eine Wasserleitung von einer Talseite auf die andere geführt, wozu man als Talübergang eine massive Steinmauer errichtet hat. Auch hier hat man den Bau eines Brückenbogens vermieden und statt dessen in einem Felsvorsprung einen Tunnel gebaut, durch welchen das Wasser des Rio della Tenuta umgeleitet wurde (Abb. 98). Dem mit großem Querschnitt versehenen Flußtunnel stehen die beiderseits des Tales an die Mauerkrone anschließenden *cuniculi* mit üblichem Querschnitt gegenüber; sie bildeten das Gerinne für die Wasserleitung, die im Bereich der Taldurchquerung vermutlich als abgedeckte Rinne auf der Mauerkrone konstruiert war.

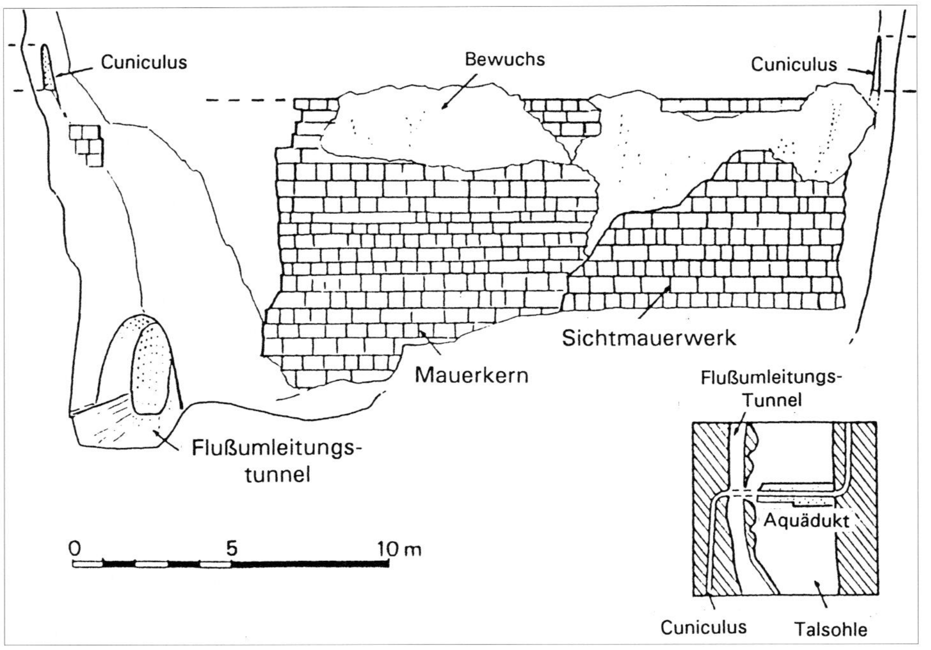

98

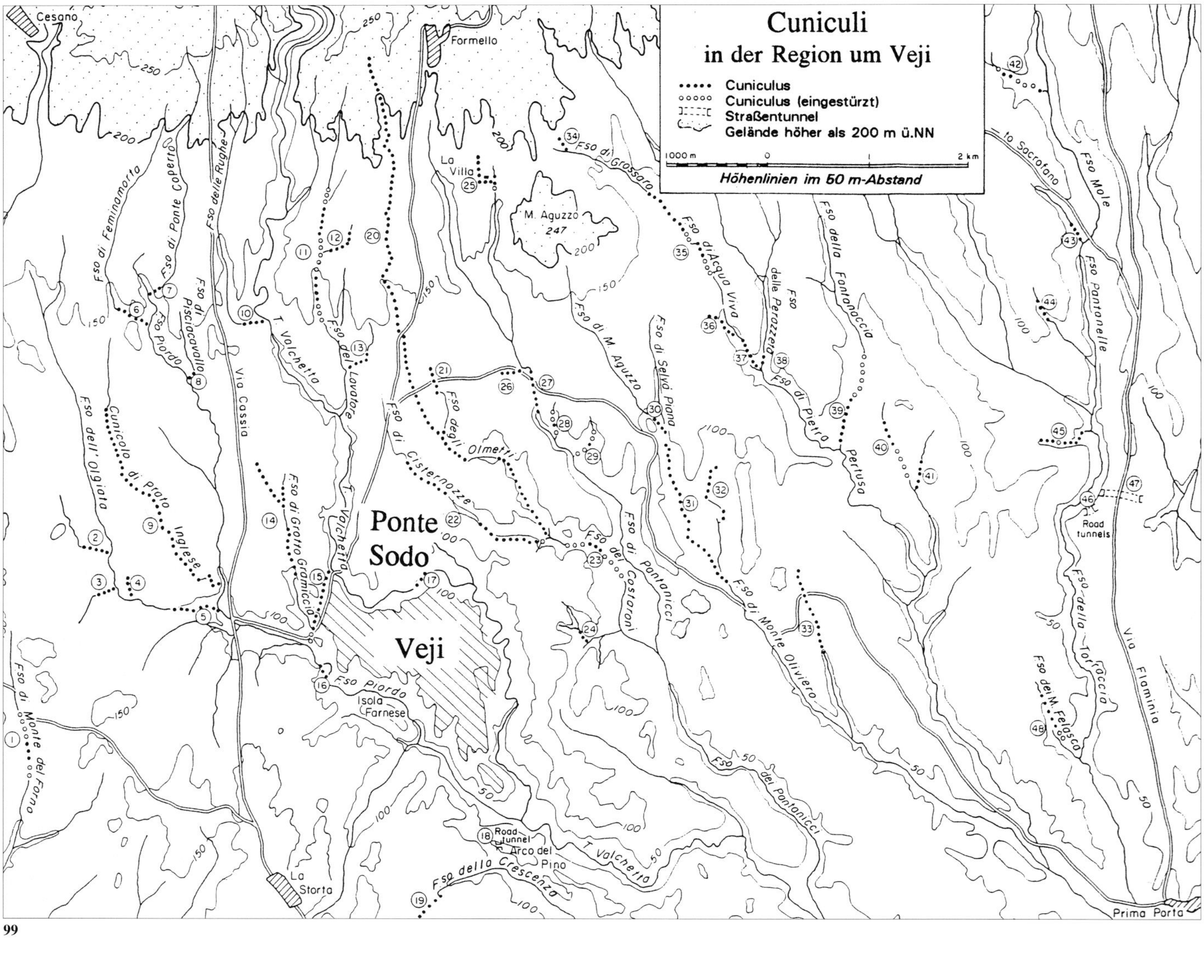

99

100

101

Ponte Sodo

In Veji, der im Norden dicht vor den Toren Roms gelegenen Etruskerstadt, gibt es ebenfalls einen Flußtunnel, in dessen unmittelbarer Nachbarschaft ein *cuniculus* zu finden ist. Der Ponte Sodo von Veji ist wesentlich bekannter als die Ponte Terra-Anlage, und seine Beschreibung findet sich in allen gängigen Etruskerpublikationen.[149] Einer der *cuniculi* von Veji (Abb. 99) ist sogar in einer antiken Quelle schriftlich greifbar, denn laut einer Erwähnung bei Titus Livius soll die Eroberung der Stadt durch die Römer im Jahre 396 v. Chr. durch einen *cuniculus* erfolgt sein.[150]

Der Ponte Sodo ist sowohl von der Bautechnik als auch von der Zweckbestimmung her nicht voll entschlüsselt. Gerade bezüglich der Zweckbestimmung kann man recht einfach wirkende Dinge nachlesen, wozu auch der Vorschlag gehört, den Tunnel mit seinen Schächten als Schöpfanlage für Trinkwasser anzusehen.[151] Auch seine Deutung als großes Drainagesystem, das ein älteres *cuniculi*-Drainagesystem ersetzen sollte, erscheint zumindest für sich alleinstehend zwar nicht schlüssig, aber denkbar.[152] Der Deutungsversuch, durch den Tunnelbau habe man die weit ausladende Flußschleife abkürzen wollen, um dadurch Überschwemmungen in der fruchtbaren Flußniederung zu vermeiden[153], erscheint ebenfalls nicht abwegig, hat aber wenig Überzeugungskraft. Seine Deutung als Erdbrücke, über welche man trockenen Fußes die nördlich der Stadt gelegene Nekropole erreichen konnte[154], scheint unter Berücksichtigung der technischen Lösung beim Bau einer Straße in Latium (Ponte Terra, s. S. 71) nicht von vornherein von der Hand zu weisen.

Eines steht jedenfalls fest: Im nördlichen Bereich des Stadtgebietes von Veji ist in etruskischer Zeit der Cremera-Fluß für eine kurze Strecke seines Verlaufs aus seinem natürlichen Bett in einen Tunnel verlegt worden. Die Bauzeit des Tunnels ist einzugrenzen in die Zeit vor dem Bau der Stadtmauer Ende des 5. Jhs. v. Chr. und nach dem Bau eines vom Tunnel durchschnittenen *cuniculus* (Abb. 100).

Es hat nicht den Anschein, als habe man zum Bau des Tunnels einen bestehenden *cuniculus* erweitert, obwohl am Anfang des Tunnels ein solches Bauwerk durchschnitten worden ist. Es scheint eher, als seien beide Bauwerke unabhängig von- und nacheinander gebaut worden, wobei allerdings beachtet werden muß, daß der Tunnelbau den *cuniculus* außer Betrieb setzte. Jedenfalls gehört der erste senkrechte Bauschacht am Tunneleingang nicht zum Tunnelbau, sondern zum älteren *cuniculus*. Das ähnliche Aussehen der beiden Bauschächte im Tunnelinneren hat sicher dazu verleitet, den Tunnel als Erweiterung eines *cuniculus* anzusehen. Bedenkt man aber, daß

***Abb. 98** Ponte del Ponte (Italien). Überführung eines* **cuniculus** *von einer Talseite auf die andere. Da die massive Steinmauer den freien Abfluß im Tal sperrte, mußte für den Bach ein Tunnel gebaut werden (n. Frederiksen/Ward-Perkins 1957).*

Abb. 99 **Cuniculi** ***in der Gegend von Veji (Italien; n. Judson/Kahane 1963).***

***Abb. 100** Veji (Italien), Ponte Sodo. Oberes Mundloch.*

***Abb. 101** Veji (Italien), Ponte Sodo. Eingangssituation des Tunnels. In der Firste vorn die spitzgiebelige Bearbeitungsspur, im Hintergrund links ein Schacht (s. Abb. 102).*

102

103

nur einer der Schächte bündig in die Tunnelwandung übergeht, der andere hingegen die Tunnelwand anschneidet, erscheint es ausgeschlossen, daß von letzterem Schacht aus ein *cuniculus* oder ein Suchstollen aufgefahren worden sein kann; man muß vielmehr auf diesen Schacht hingearbeitet und ihn dabei nur ungenau getroffen haben.

Der Eingangsbereich des Tunnels, der durch seinen vergrößerten Querschnitt einer Halle gleicht, gibt ein weiteres Rätsel auf. Es sind aber deutliche Hinweise darauf zu sehen, daß man hier mit dem Tunnelbau begonnen hat und daß man schicht- oder strossenweise von oben nach unten gearbeitet hat. Die Halle mit Maßen von 7 m Breite und ca. 7,5 m Höhe verschmälert sich nach 10 m auf 4 m, während die außergewöhnliche Tunnelhöhe noch für weitere 7,5 m beibehalten wird. In Tunnelrichtung verläuft mittig mit leicht gewundener Linienführung eine spitzgiebelige Bearbeitungsspur, die nach 17,5 m – mit Herablegung der Tunnelfirste – endet (Abb. 101).

In dieser Spur, die insgesamt nicht breiter als 1,5 m ist, die Spuren der ersten Arbeiten zum späteren Tunnel zu sehen, erscheint nicht abwegig. Das Ende dieser präzise gehauenen Arbeitsspuren zeichnet sich in der Stirn des Firstversatzes deutlich ab; in der rechten Tunnelwand sind weitere Spuren dieser ersten Vortriebsarbeiten zu sehen, denn hier erkennt man die Wandung des Suchstollens

***Abb. 102** Veji (Italien), Ponte Sodo. Dieser Schacht (Schacht 1) kann nicht als Bauschacht gedient haben, da – deutlich erkennbar – von hier kein Vortrieb begonnen wurde. Eine Richtungskorrektur auf den Schacht hin ist in der Tunnelwandung links erkennbar.*

***Abb. 103** Veji (Italien), Ponte Sodo. Schacht 2 geht von oben bündig in die Tunnelwandung über. Vortriebe von hier scheinen in beide Richtungen aufgefahren worden zu sein, denn in den Schmalkanten des Schachtes sind Seilschleifspuren vom Materialaushub erkennbar.*

***Abb. 104** Veji (Italien), Ponte Sodo. Versprünge in der rechten Tunnelwandung (im Bild links) scheinen Korrekturstellen zu sein, in denen beim abschließenden Profilausbau auf eine Sollbreite von 3,6 m zurückgefahren worden ist. Der Blick in die Firste zeigt, daß die Suchstollen nur auf der gegenüberliegenden Seite im Bereich zwischen den Schächten aufgefahren worden sein können (Blickrichtung gegen die Fließrichtung).*

und den Rest seiner Sohle. Daran ist abzulesen, daß dieser Suchstollen nicht einmal 1,5 m hoch war.

Als nächstes scheint man die Arbeiten um eine Strosse tiefergelegt zu haben, um auf diesem tiefergelegten Niveau den Suchstollen weiter aufzufahren. Der nächste Schacht, auf den man nach knapp 7 m getroffen ist, scheint als Orientierungsschacht angelegt worden zu sein (Abb. 102). Deutlich erkennbar ist, daß man nach 4 m Strecke die Vortriebsrichtung zwar korrigiert hat, aber dennoch den Schacht nur ungenau getroffen hat.

Der restliche Bereich des Tunnels macht bei genauerer Betrachtung des aufgemessenen Grundrisses den Eindruck, als sei er auf seinem rund 50 m langen Verlauf von der Gegenseite aus aufgefahren worden. Ob der zweite Schacht als Bauschacht oder – ebenso wie der erste – lediglich als Orientierungsschacht anzusehen ist, kann nicht gesagt werden, da im Fels der Tunnelwandungen keinerlei Arbeitsspuren, die eine Vortriebsrichtung erkennen ließen, zu sehen sind. Da der Schacht aber bündig in die Tunnelwandung übergeht, kann hier sehr wohl der Ausgangspunkt eines Vortriebs gelegen haben (Abb. 103). Da an den Schmalkanten des Schachtrandes auch Seilschleifspuren zu sehen sind, kann hier ein Materialaushub vermutet werden.

Auffällige Richtungskorrekturen sind nur in der rechten Tunnelwand (in Fließrichtung gesehen) erkennbar. Da die Tunnelwandung in den Korrekturstellen (vom Tunnelende aus gesehen) immer zur Tunnelmitte zurückverspringt, bestätigt sich die Vortriebsrichtung vom unteren Ende des Tunnels aus. Nun müssen diese Korrekturversprünge nicht bei der Auffahrung des Probetunnels entstanden sein; es kann sich durchaus auch um Korrekturmaßnahmen bei der Herstellung des endgültigen Tunnelprofils gehandelt haben. Dafür könnte sprechen, daß die linke Tunnelwandung (in Arbeitsrichtung die rechte Wand) ziemlich bündig aufgefahren wurde, und man in den Korrekturstellen immer wieder versucht hat, eine Sollbreite im Tunnelquerschnitt herzustellen (Abb. 104). Auffälligerweise wird nämlich in den mindestens sechs Korrekturstellen der Tunnelquerschnitt wieder auf eine Profilbreite von jeweils 3,6 m zurückgefahren.

Insgesamt erreicht der Tunnel eine Länge von etwas mehr als 70 m, wobei seine genaue Länge eine Definitionssache ist, da das obere Mundloch wegen des abgeleiteten Flußlaufes schräg zur Tunnelausrichtung liegt.

Es zeigt sich, daß im Land um Rom schon in vorrömischer Zeit ein ausgeprägter Tunnelbau betrieben worden ist. Wenngleich diese rege Bautätigkeit besonders durch Fundstellen unzähliger *cuniculi* auffällt, sind auch einige größere Baumaßnahmen durchgeführt geworden, wie an den Beispielen Ponte Terra, Ponte del Ponte und Ponte Sodo sichtbar wurde.

Im begrenzten Gebiet der Albaner Berge mit seinen Ausläufern südlich von Rom ist neben einer großen Anzahl von *cuniculi* (s. Abb. 110) der Tunnelbau zum Zwecke von Seeabsenkungen besonders häufig vertreten. Es gibt kaum einen Kratersee in dieser einst aktiven Vulkangegend, dessen Seespiegel in der Antike nicht durch einen Tunnel künstlich reguliert worden ist. Auch hier sind die Kenntnisse der für die Durchführung solcher Baumaßnahmen notwendigen Technologie in der vorrömischen Zeit zu suchen. Der etruskische Einfluß wird schon durch die zeitliche Zuordnung verschiedener Tunnel sichtbar, und es lassen sich sowohl rein etruskische Bauwerke, von etruskischen Baumeistern für die Römer gebaute Tunnel, von römischen Baumeistern überprägte etruskische Tunnel als auch die Ergebnisse römischer Baukunst finden.

Wenn die Tunnel zur Absenkung von Kraterseen der Albaner Berge anschließend zusammenhängend behandelt werden, so geschieht das nicht, um die Leistungen der vorrömerzeitlichen Ingenieure zu schmälern, sondern vielmehr, um die etruskischen Wurzeln römischer Tunnelbaukunst klar herauszustellen. Diese Form der Darstellung erlaubt es zudem, die Übersicht über die vielfältige Bautätigkeit in den Albaner Bergen nicht zu verlieren.

104

Römischer Tunnelbau

TUNNELBAU FÜR SEEABSENKUNGEN UND DRAINAGEN

Im Bau von Tunneln für Seeabsenkungen kam römischer Ingenieurgeist in einer Weise zur Entfaltung, die auch in nachträglicher Betrachtung noch höchsten Respekt abverlangt. Dabei ist zu bedenken, daß neben den allgemeinen Problemen des Tunnelbaus ein ganz spezifisches Problem hinzukam, denn man arbeitete bis zur Inbetriebnahme des Abflußtunnels stets unterhalb der Wasserlinie des zu entwässernden Sees. Entsprechend risikoreich werden sich diese Unternehmungen stets gestaltet haben. Ein unplanmäßiger Durchbruch der am Seeufer verbliebenen Abdeichung als Verursacher einer plötzlichen Flutwelle in der Baustelle konnte zur großen Katastrophe für die vor Ort befindlichen Bauarbeiter werden. Kam bei einem solchen Ereignis hinzu, daß der Tunnel durch eingeschwemmte Bauhölzer und Geröllmassen verstopfte, wurde die Gefahr noch vergrößert. Der im Tunnel steckende Pfropfen war wie eine Zeitbombe, denn ein enormer Druck von der Seeseite her machte die Räumungsarbeiten in der Baustelle zu einem gefährlichen Unternehmen.

Die Problematik im Moment der Inbetriebnahme der Seeabsenkung wird für den Claudius-Tunnel bei Tacitus beschrieben. Danach hatte sich beim Öffnen der Absperrvorrichtung gezeigt, daß das Wasser mit ungeahnter Heftigkeit abfloß und das gesamte Abflußbauwerk zu zerstören drohte, zudem war das Bauwerk ungenügend ausgeführt worden und ließ nur eine geringe Seeabsenkung zu. Erst Nacharbeiten im Abflußbereich führten zu einem zeitweiligen Erfolg.

Im Bau des Claudius-Tunnels in der Mitte des 1. Jhs. n. Chr. ist sicherlich einer der Höhepunkte antiken Tunnelbaus zu sehen. Aber auch vor diesem Großprojekt gab es bereits Abflußtunnel mit gewaltigen Ausmaßen. Die Wurzeln des technischen Wissens liegen auch hier bei den Etruskern. Und so nimmt es nicht wunder, daß die Römer nicht nur etruskische Abflußsysteme ausgebaut haben, sondern darüber hinaus auch etruskische Baumeister für den Bau ihrer Tunnel herangezogen haben.

105

***Abb. 105** Cosa/Ansedonia (Italien). Das Endstück des Emissars ist als Tunnel angelegt und stößt auf einen quer verlaufenden Felskanal.*

***Abb. 106** Cosa/Ansedonia (Italien). Zwei raffinierte Bauwerke, der etruskische Spacco della Regina und die etruskisch/römische Tagliata Etrusca, schützten nacheinander die Mündung des Entwässerungskanals der Lagune von Burano vor Versandung (Funktionsskizze n. Rodenwaldt/Lehmann 1962, Karte 2).*

***Abb. 107** Cosa/Ansedonia (Italien). Die Tagliata Etrusca bei aufgewühlter See.*

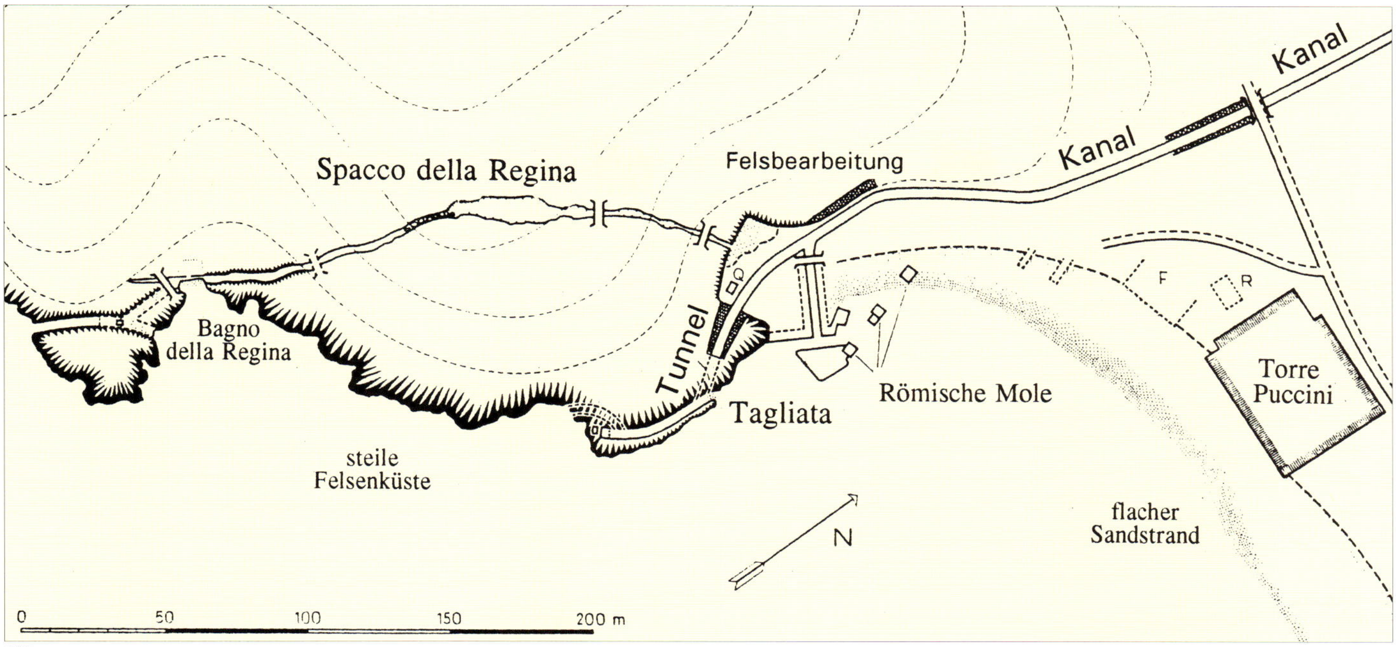

106

Italien

Cosa/Ansedonia

In Cosa/Ansedonia, einer im Jahre 273 v. Chr. gegründeten römischen Siedlung, gibt es zwei Ausbaustufen einer Drainage der im Hinterland liegenden Lagune von Burano. Zweck der Anlage war, das Flachland um den Burano-See vor dem Versumpfen zu bewahren. Die Lagune reichte in der Antike noch bis nahe an die Küste, während sie heute um die 4 km zurückgewichen ist. Beim Bau dieses Abzugskanals (Emissars) hatte man mit dem Problem zu kämpfen, daß ungünstige Meeresströmungen im Zusammenwirken mit den Gezeiten die Mündung stetig zuschwemmten. Es darf vermutet werden, daß es den Etruskern durch den Bau des Spacco della Regina (Spacco = Felsspalt) aber gelang, genau diese Meeresströmungen auszunutzen, um die Funktion des Drainagesystems auf Dauer sicherzustellen.[155]

Spacco della Regina

Die Etrusker hatten dazu eine natürlich vorgegebene Situation im Abflußbereich ausgebaut. Den Emissar ließ man neben einem 30 m hoch aufragenden Felsmassiv in das Meer münden. Den Spacco della Regina, der diese Felsnase auf eine Länge von 260 m parallel zur Küstenlinie teilte, tiefte man soweit ein, daß er fortan vom Meereswasser durchspült wurde. Ständig nachdrückende Wassermassen bewirkten eine Freiräumung des Mündungsbereiches von Sandablagerungen, die von der Flut in regelmäßigen Abständen aufgespült worden waren.

107

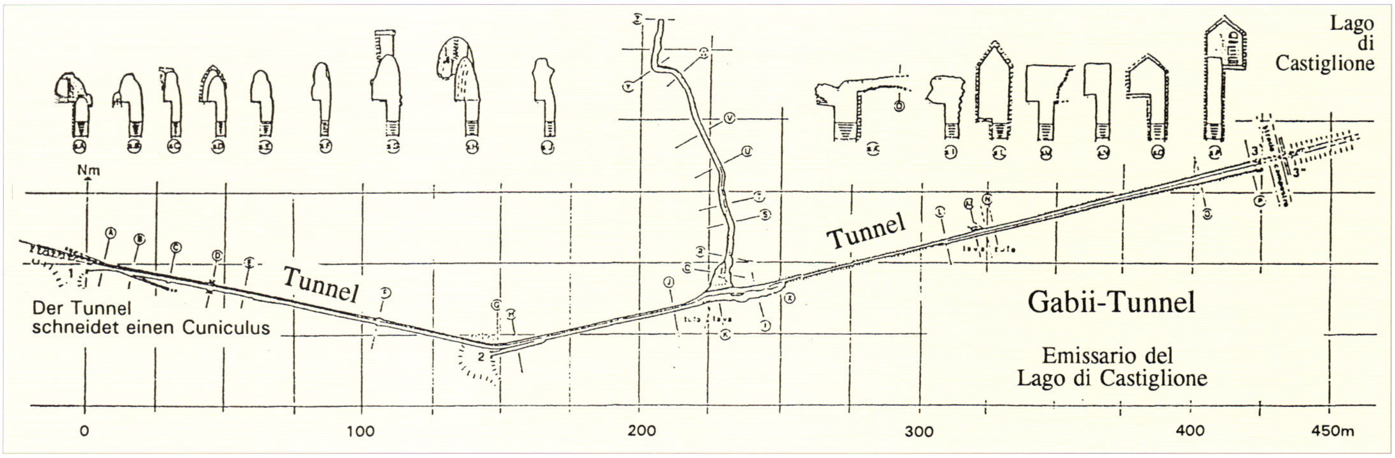

108

109

Vermutlich hat ein Erdbeben diese Anlage zerstört, so daß schon in römischer Zeit durch den Bau einer funktionsgleichen Anlage Ersatz zu schaffen war.

Tagliata etrusca

Während der Spacco als rein etruskische Anlage angesehen wird, folgt im Bau der Tagliata etrusca eine etruskisch/römische Baumaßnahme, die unweit des Spacco ohne die Ausnutzung natürlicher Felsspalten angelegt wurde. Der Abzugskanal ist mit seinem Endstück am Fuß des anstehenden Felses eingeschnitten worden. Er stößt im stumpfen Winkel auf einen Ausläufer des Felsmassivs, das durchtunnelt werden mußte, um einen künstlich angelegten Querkanal zu erreichen (Abb. 105).

Bei dieser Anlage ist das Funktionsprinzip beeindruckend, denn der Tunnel, den man als Innen-Tagliata bezeichnet, ist mit seinen 15,5 m Länge fast noch der Kategorie Felsdurchstich zuzuordnen. Mit seinem Querschnitt von 2,5 m Breite und 2,0 m Höhe gibt er dem Emissar genügend Raum zum Abfluß des Wassers. Dieses mündet hinter dem Tunnel in den künstlich angelegten Querkanal, die Außen-Tagliata, die den Felsvorsprung quer zur Innen-Tagliata schneidet. Ihr Nordende ist offenbar vermauert gewesen. Die Durchspülung wird durch einen zweiten Tunnel erreicht, der von Südwesten an die Außen-Tagliata angeschlossen ist (Abb. 106). Das Funktionsprinzip kennen wir bereits: die von der Flut aufgewirbelten Sandablagerungen werden von der Strömung fortgespült.

Mit dem Verfall der Anlagen im 7. Jh. versumpfte das Gebiet erneut und wurde zur gefürchteten Brutstätte der Malaria, was eine völlige Entvölkerung der Gegend zur Folge hatte. 1859/60 wurde der Emissar wieder instandgesetzt. Für den Ausfluß zum Meer wurde ein neuer Kanal gegraben, der von einer Betonmole vor Versandung geschützt werden sollte. Das Vorhaben mißlang aber, so daß die antike Tagliata wieder geöffnet und in Betrieb genommen wurde. Sie dient bis heute dem Abfluß des Wassers und bietet besonders bei aufgewühlter See ein spektakuläres Bild (Abb. 107).

Der Tunnel von Gabii

Ein anderes Beispiel für einen immer wieder instandgesetzten Abzugskanal befindet sich beim Krater der an der Via Praenestina östlich von Rom gelegenen Latinerstadt Gabii (Abb. 108). Während heute oberirdisch nur noch Reste des bedeutenden Junotempels aus dem 2. Jh. v. Chr. beeindrucken können, liegt die

Technik des Emissars von Gabii vor den Augen des Besuchers nahezu verborgen im Untergrund.[156]

Hat man den Zugang zum Tunnel gefunden, stößt man auf ein mit weiträumigem Querprofil ausgestattetes Bauwerk. Der Abzugskanal ist in die Sohle des Tunnels seitlich eingetieft; auf dem dadurch entstandenen Absatz ist der Tunnel auf eine weite Strecke begehbar. Das aktuelle Bauwerk ist nahezu undatierbar, da verschiedene Änderungen und Erweiterungen bis in die jüngste Zeit reichen.

Auffällig ist aber, daß ein in etwa auf dem Niveau des begehbaren Absatzes bestehender *cuniculus* vom Tunnel mehrfach geschnitten wird (Abb. 109). Die Gesamtsituation des vorgefundenen Baubestandes läßt die Rekonstruktion von zumindest drei Bauperioden zur Entwässerung des Kraters von Gabii zu. Die älteste Anlage dürfte in dem heute trockenliegenden *cuniculus* zu sehen sein, der aufgrund seiner Bauart zur Latinerstadt gehört haben dürfte. Damit wäre er unter etruskischem Einfluß gebaut worden und den unzähligen *cuniculi* dieser Zeit zuzurechnen. Später dann, vielleicht schon in römischer Zeit, hat man einen Tunnel gebaut, dessen Sohle sich teilweise erhalten hat, nämlich als Absatz neben dem rezenten Abzugskanal. Der noch in Funktion befindliche Abzugskanal ist später in halber Breite in die Sohle des Tunnels eingetieft worden; er dürfte jedoch relativ jung sein und vielleicht aus dem 19. Jh. stammen.

Die Trockenlegung von Kraterseen oder die Absenkung von Seespiegeln in den Kratern hatte immense Folgen für die Landwirtschaft einer Region, da auf diese Weise fruchtbares Ackerland zu gewinnen war. Waren diese Auswirkungen einmal erkannt und das technische Know-how entwickelt, so war es nur noch eine Frage der Zeit, bis man bei günstigen geologischen Voraussetzungen daranging und entsprechende Baupläne verwirklichte.

Die Tunnel in den Albaner Bergen

Offensichtlich kamen in den Albaner Bergen schon früh alle Voraussetzungen zusammen, um durch Tunnelbauten Zugewinn an landwirtschaftlichen Flächen zu erreichen: Es gibt kaum einen Krater, und sei er noch so klein, der in den Albaner Bergen nicht auf künstliche Weise entwässert worden ist. Und die meisten der antiken Bauwerke erfüllen nach wie vor auch heute noch ihren Zweck; selbst dort wo man die Landwirtschaft zugunsten der wohl einträglicheren «Golf-Wirtschaft» zwischenzeitlich aufgegeben hat, wie wir es am Beispiel des Kraters von Pavona (s. u.) sehen können, der zu einem der schönsten Golfplätze der Region ausgebaut worden ist.

Die drei großen Tunnel der Region, diejenigen von Ariccia, Nemi und Albano, sind im 6.–4. Jh. v. Chr. gebaut worden (Abb. 110). In der relativen Abfolge muß der Ariccia-Tunnel vor dem Nemi-Tunnel gebaut worden sein, da das Wasser des Nemi-Sees durch den Kessel von Ariccia entwässert wurde.

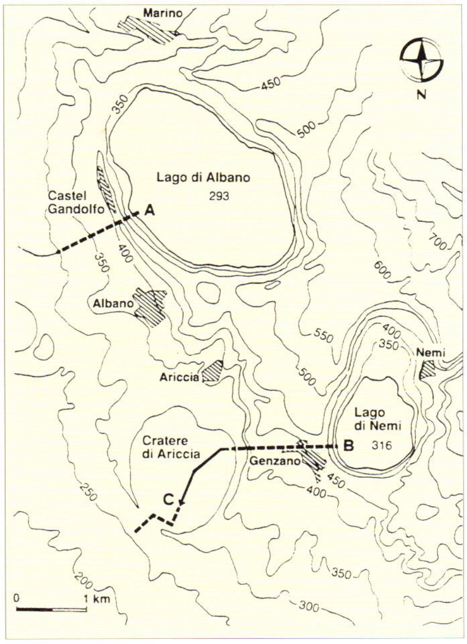

110

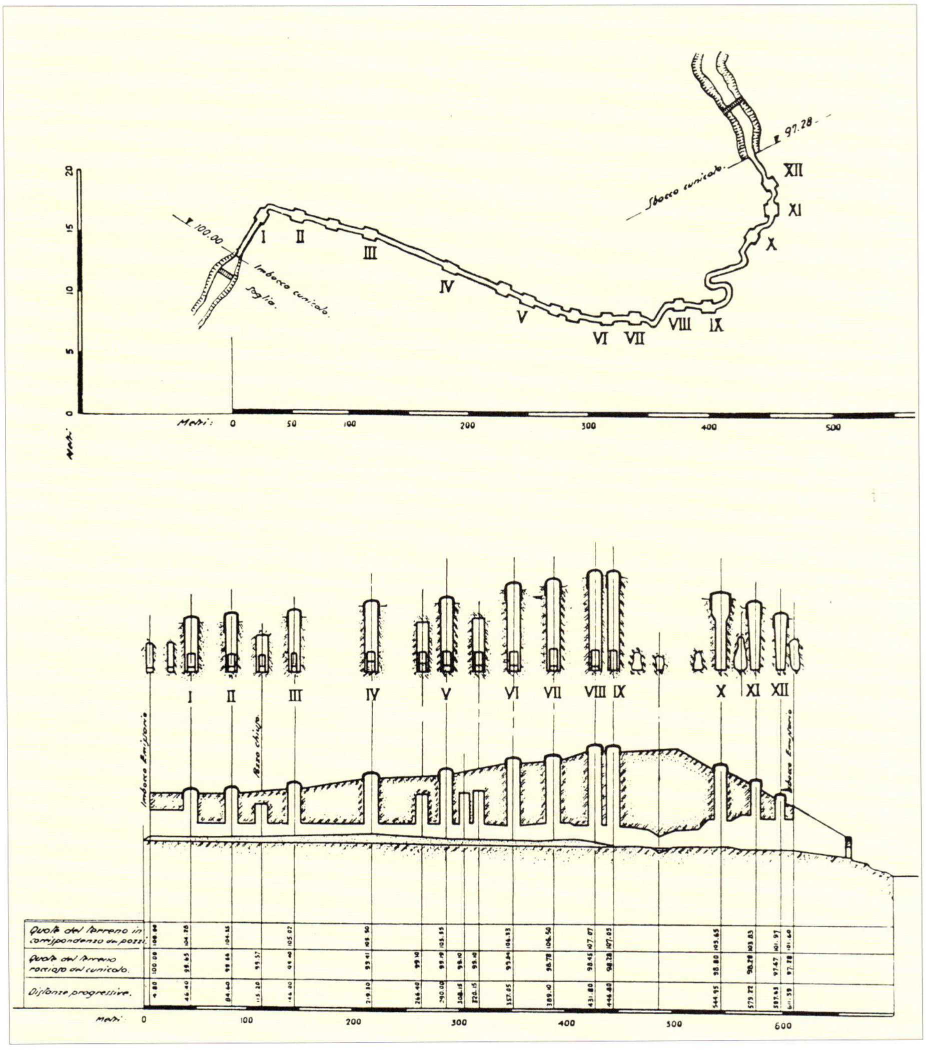

111

***Abb. 108** Gabii (Italien). Lageplan des Tunnelsystems zur Entwässerung des Kraters von Gabii (n. Caloi/Cappa/Castellani).*

***Abb. 109** Gabii (Italien). Beim Bau des Abzugstunnels wurde ein älterer* **cuniculus** *geschnitten. Die Eintiefung für den rezenten Graben (links) ist jünger.*

***Abb. 110** Albaner Berge (Italien). Übersichtsplan der Tunnel (n. Castellani/Dragoni 1991).*

***Abb. 111** Ariccia (Albaner Berge, Italien). Grundriß und Längsprofil des Entwässerungstunnels (n. Ucelli 1940).*

Der Ariccia-Tunnel

Deshalb ist in der Trockenlegung des Kessels von Ariccia wohl auch die älteste dieser Baumaßnahmen zu sehen, die vor 500 v. Chr. durchgeführt wurde (Abb. 111).[157] Der Tunnel durchstößt den Kesselrand an der südwestlichen Seite auf eine Länge von 650 m. Dabei wurden in unregelmäßigen Abständen insgesamt zwölf Schächte (Abb. 112) angelegt, die dem Abtransport des Materials und sicherlich auch der Linienführung dienen sollten. Die Schachtabstände sind sehr unterschiedlich und liegen zwischen >10 m und <100 m.

112

Wie schwierig das Einhalten der Vortriebsrichtung selbst auf kurzen Strecken war, zeigt besonders deutlich der Streckenabschnitt zwischen Schacht IX und X: In einer wahren Schlangenlinie ist es nach mehrfacher Richtungskorrektur schließlich doch gelungen, einen gemeinsamen Treffpunkt zu finden.

Durch den Tunnel von Ariccia war es möglich geworden, einen versumpften Kraterinnenraum (Abb. 113) trockenzulegen, was in diesem Fall zu einem Landgewinn in der Größenordnung von 10,5 km^2 geführt hat.

Der Tunnel von Nemi

Der Tunnel von Nemi entwässert in den Kessel von Ariccia, wo sein Wasser durch den oben beschriebenen Tunnel weitergeleitet wird.[158] Diese Maßnahme hat nicht nur zu einer Stabilisierung des Seespiegels und Landgewinn am Nemi-See (Abb. 114) geführt, sondern auch die Kulturlandschaft im Kessel von Ariccia nachhaltig beeinflußt. Denn nun konnten die neugewonnenen Felder im trockengelegten Ariccia-Becken mit Nemi-Wasser bewässert werden. Das war besonders in trockenen Zeiten von großem Vorteil.

Der Tunnel von Nemi ist also jünger einzuordnen als der Ariccia-Tunnel. Ein archäologischer Befund scheint aber untrüglich zu belegen, daß auch er zum Ausgang des 6. Jhs. v. Chr. schon bestanden haben muß, denn der in dieser Zeit errichtete Tempel der Diana Nemorensis liegt auf einem Terrain, das erst durch die Tieferlegung des Seespiegels zu Bauland geworden war.[159]

Objekt der Forschung ist der Nemi-Tunnel seit der nochmaligen Tieferlegung des Seespiegels im Jahre 1928, die den Zweck hatte, eine Ausgrabung antiker Schiffe im Wasserbereich durchzuführen.[160] In der Publikation der Ausgrabungsergebnisse findet sich auch ein Aufmaß des Nemi-Tunnels. Allerdings weist der Text eine bemerkenswerte Abweichung gegenüber der Zeichnung auf: Während im Längsprofil im Mittelstück des Tunnels keine Bauschächte eingetragen sind, werden solche im Text erwähnt. Das Tunnelmodell im Schiffe-Museum von Nemi übernimmt dann fälschlicherweise die textliche Auslegung.[161] Ein weiteres Mißverständnis scheint Ucelli unterlaufen zu sein. Der Tunnel, der insgesamt gesehen eine ziemlich gestreckte Linienführung aufweist, buchtet im Mit-

113

114

telteil zweimal aus, um Hindernisse zu umgehen. Diese beiden 'Bypasse' seien notwendig geworden, so Ucelli,[162] weil man beim Vortrieb Lava-Linsen meiden wollte. Caloi und Castellani weisen aber darauf hin, daß der gesamte hintere Teil des Tunnels aus Lava bestehe und deshalb evtl. auftretende Lava-Linsen den Arbeitern kaum Schwierigkeiten bereitet haben dürften.[163] Die Gründe für das Anlegen von Bypassen dürften also anders gelagert sein.

Betrachtet man den Nemi-Tunnel im Grundriß (Abb. 115), so fällt auf, daß dem Gesamtplan offensichtlich eine gestreckte Linienführung mit Vortrieben im Gegenortverfahren zugrundegelegen hat. Abweichungen von dieser Strategie gibt es im Anfangsbereich und im Treffpunkt sowie in den Abschnitten der zwei Bypasse; für einen 1600 m langen Tunnel dieser Zeitstellung eine bemerkenswerte Leistung.

Bei Anwendung des Gegenortverfahrens für den Bau eines Emissars ist besonders der Anfang auf der Seeseite problematisch, da hier oberhalb des Wasserspiegels mit einem Tunnel begonnen werden soll, der im Berg unter der Wasserlinie liegen muß. Der Beginn am Tunnelende ist weniger problematisch, da im Mundlochbereich von Anfang an auf dem geplanten Tunnelniveau gearbeitet werden kann. Das Problem der Richtungsübertragung besteht an beiden Mundlöchern und wird im Falle des Nemi-Tunnels durch die Anlage von Orientierungsschächten (Visierschächten) gelöst.

Am Nemi-See begann man den Tunnel auf der Seeseite mit der Anlage eines recht steil geneigten Schrägschachtes, den man außerhalb des Seeufers ansetzte und etwa 30 m tief aushub. Der Richtungsübertragung diente ein Orientierungsschacht, der auf der Trassenlinie im Berg höher angesetzt war. Im Schnittpunkt beider Schächte änderte man das Gefälle des weiteren Vortriebs, nun arbeitete man mit leicht geneigtem Gefälle weiter, um das planmäßige Niveau der Tunnelsohle zu erreichen. Nach erfolgreichem Durchbruch der von beiden Seiten aufgefahrenen Stollen wäre die zwischen dem Anfangsschacht und dem See verbliebene Erdbrüstung kontinuierlich tieferzulegen gewesen, um den Seespiegel langsam abzusenken. Der Befund zeigt aber, daß dieser Plan später noch geändert wurde; zuvor war aber das Ziel des Durchbruchs zu erreichen.

Der Treffpunkt beider Baulose lag nicht in der Mitte der 1600 m langen Tunneltrasse, sondern deutlich zur Talseite verschoben. Die Ursache hierfür wird wahrscheinlich in der Schwierigkeit des zu durchörternden Gesteins gelegen haben, das auf der Seeseite aus Tuff und talseitig aus hartem Lava-Gestein besteht. Der planmäßige Treffpunkt wurde nur ungenau getroffen, denn im nachträglichen Aufmaß ist ein Fehler von 3 m in der Richtung und von 2 m in der Höhe zu konstatieren. Allerdings sind auch die Maßnahmen des Baumeisters erkennbar, mit denen er sich gegen eventuelle Fehler versichert hat. Ähnlich den präventiven Maßnahmen des Eupalinos bei dessen Tunnel auf Samos (s. S. 58) hat der unbekannte Baumeister von Nemi sich sowohl gegen Höhen- als auch gegen Vortriebsfehler abgesichert: Er legt in beiden Baulosen kurz vor dem planmäßigen Treffpunkt die Firsten kontinuierlich höher und knickt mit den Vortrieben schräg ab, um trotz eventueller Fehler im Vortrieb einen Durchschlag zu erreichen.

***Abb. 112** Ariccia (Albaner Berge, Italien). Bei Erdarbeiten freigelegter Bauschacht des Tunnels.*

***Abb. 113** Der Kessel von Ariccia (Italien) vom oberen (nordöstlichen) Kraterrand aus gesehen. Der Ariccia-Tunnel entwässert den Talkessel auf der gegenüberliegenden Seite.*

***Abb. 114** Das «Auge der Diana». Der Nemi-See ist eine Perle der Albaner Berge.*

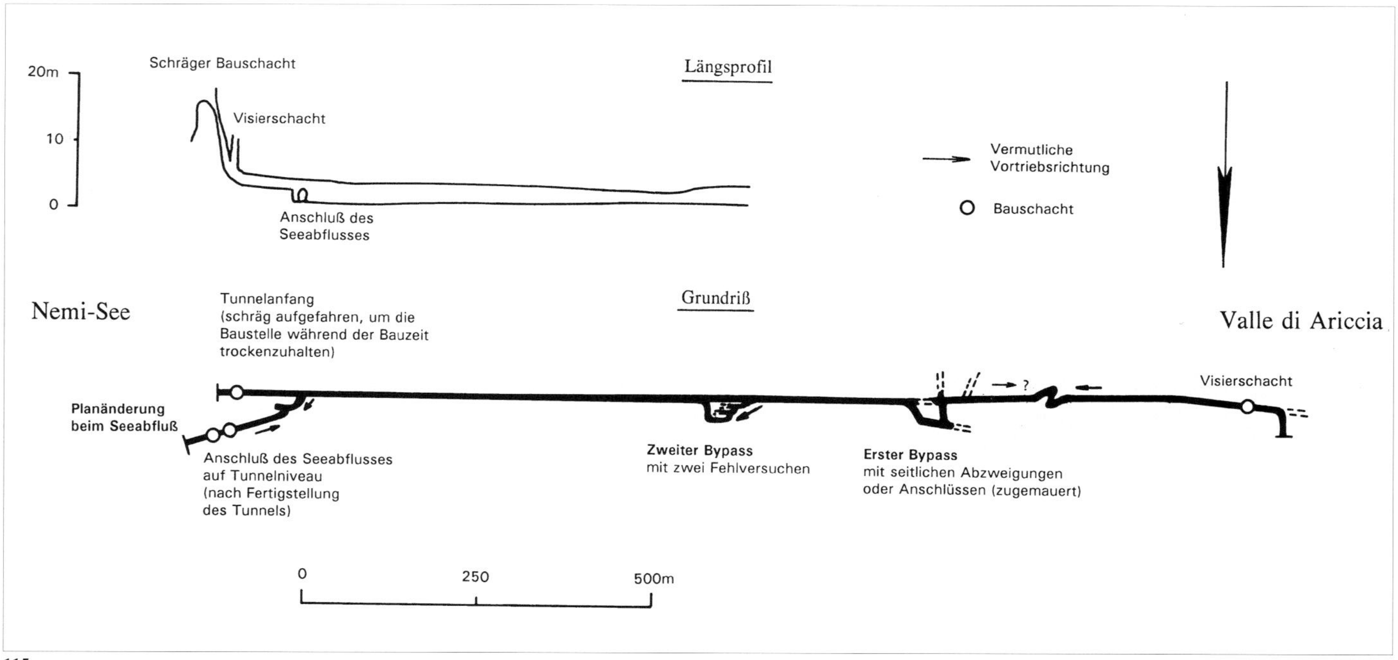

115

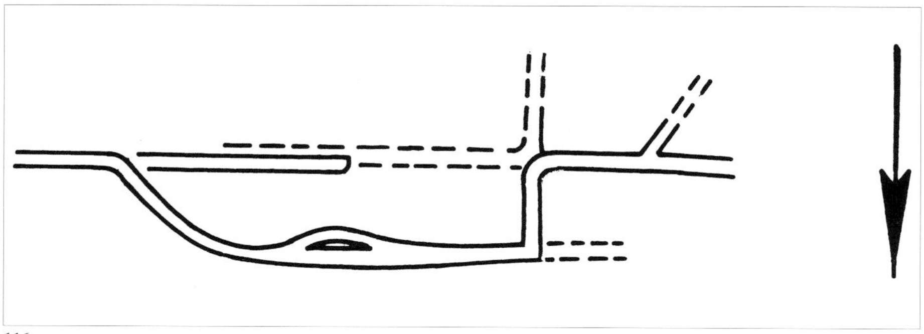

116

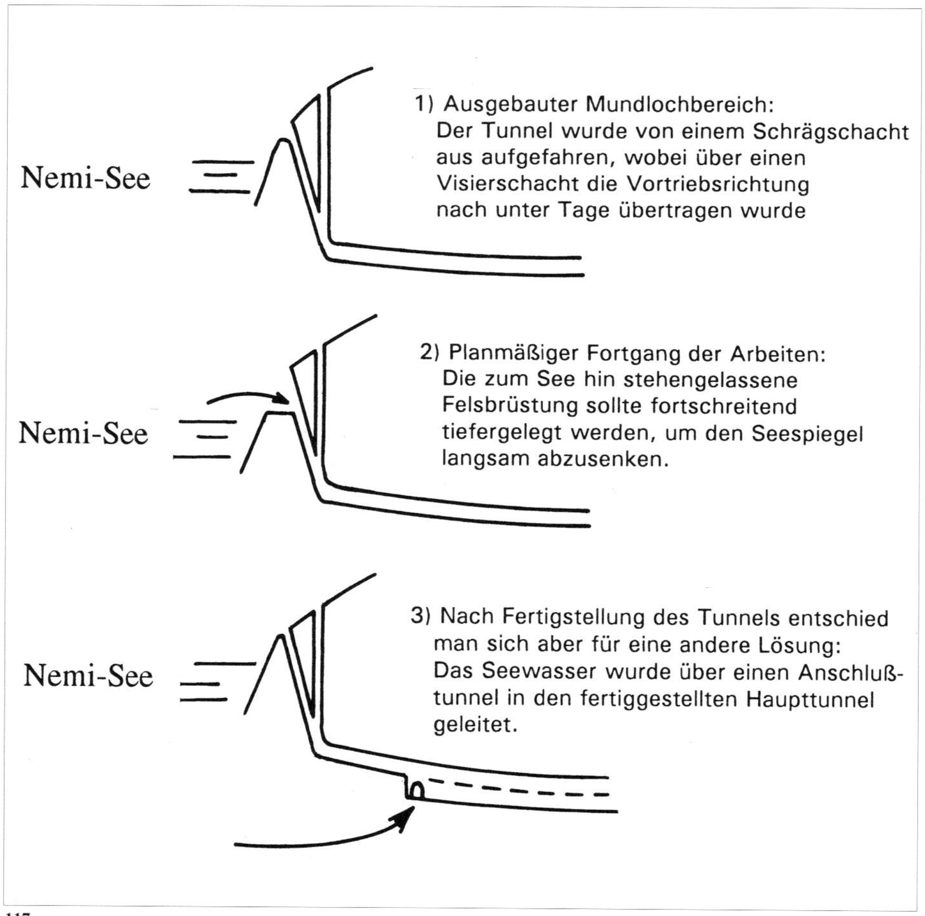

117

Abb. 115 Nemi (Italien). Grundriß des Tunnels (n. Caloi/Castellani 1991, Fig. 4).

Abb. 116 Nemi (Italien). Noch vor Inbetriebnahme des Tunnels, allerdings nach erfolgtem Durchstich mußte eine Einsturzstelle durch einen Bypass (1 in Abb. 115) umgangen werden. Die seitlich abgehenden Stollen sind in ihrer Funktion nicht ohne weiteres erklärbar (n. Caloi/Castellani 1991, Fig. 6).

Abb. 117 Nemi (Italien), Entwässerungstunnel. Die Ausbaustufen des seeseitigen Mundlochbereichs: 1) Ausgeführte Baumaßnahmen auf der planmäßig aufgefahrenen Tunneltrasse; 2) vermutlich geplante Seeableitung nach dem ersten Bauplan, nicht ausgeführt; 3) tatsächlich wurde nach der gleichen Technik eine Seeableitung etwas weiter nördlich gebaut, die an den Tunnel angeschlossen wurde. Vorher wurde für den betroffenen Abschnitt im Haupttunnel die Sohle tiefergelegt (n. Caloi/-Castellani 1991, Fig. 5).

Abb. 118 Nemi (Italien), Entwässerungstunnel. In Richtung des aufgegebenen Mundlochs besteht ein Höhenversprung von 2 m; nach Tieferlegung der Sohle im Haupttunnel wurde die verlegte Seeableitung aufgefahren im Bild stößt sie vor dem Höhenversprung von links auf den Tunnel.

Abb. 119 Nemi (Italien), Entwässerungstunnel. Lochsteine als Auffanggatter für Materialien, die den Tunnel hätten verstopfen können.

Vor der Inbetriebnahme des Tunnels gab es aber offensichtlich drei gewichtige Probleme zu beheben: Dazu gehörte ein Problem, das im Tunnel als Bypass sichtbar ist. Während ein zweiter Bypass nach einem Tunneleinsturz während der Betriebszeit gebaut wurde (s. u.), wurde der erste Bypass nach einem Einsturz noch in der Trockenphase des Tunnels – allerdings nach erfolgtem Durchschlag – erforderlich, denn er wurde offensichtlich von zwei Seiten aus aufgefahren (Abb. 116). Der Gesamtkomplex dieses Bypasses ist nicht ganz durchschaubar, da an dieser Stelle unerklärbare Schrägschächte nach oben abgehen.[164] Das Grundkonzept ist aber erkennbar: Von der Talseite aus wird ein vom Tunnel rechtwinklig abgehender Stollen aufgefahren; von der Seeseite zur selben Tunnelseite ein bogenförmiger Stollen, der letztendlich parallel zum Haupttunnel geführt wird. Beide Stollen müssen sich zwangläufig rechtwinklig schneiden. Nach dem Durchschlag des Bypasses werden keine Maßnahmen zur Räumung der Einsturzstelle getroffen, sondern dieser Bypass soll nach Inbetriebnahme des Tunnels die Emissarfunktion übernehmen. Damit schließt man die Möglichkeit eines ständig nachrutschenden Gerölls in der Einsturzstelle aus.

Nun hätten die erforderlichen Maßnahmen zur Einleitung des Seewassers, die in einer Niederlegung der brüstungsartigen Barriere am See bestanden, eigentlich getroffen werden können. Man gab die Verfolgung des urspünglichen Planes aber offensichtlich auf und verlegte den Abfluß am See (Abb. 117). Der Hintergrund für diese Strategieänderung kann nur vermutet werden: Er mag in einer plötzlichen natürlichen Absenkung des Seespiegels zu suchen sein oder sogar einen politischen Hintergrund haben. Es ist durchaus möglich, daß man den Tunnelbau in diesem Stadium verlassen hatte und bei der späteren Wiederaufnahme der Arbeiten ein neuer Baumeister mit neuer Strategie an die Arbeit gegangen ist.[165]

Im Abflußbereich am See wurde also eine deutliche Planänderung vorgenommen. Erkennbar ist die Durchörterung der neugewählten Strecke von zwei Seiten aus: Im alten Mundlochbereich legt man den Streckenabschnitt mit dem leichten Gefälle bis zu einem ausgewählten Punkt auf das planmäßige Tunnelniveau tiefer. Dadurch entsteht zum aufgegebenen Mundloch hin ein Höhenversprung in Form einer Stufe von 2 m (Abb. 118). Hier hat man in späteren Zeiten eine kleine Treppe angelegt.

Der Vortrieb vom Tunnel aus vollzieht einen rechtwinkligen Haken, womit eine Versicherung gegen ein Verfehlen des Treffpunktes gegeben ist. Vom See aus verfährt man wie beim aufgegebenen Mundloch: Ein Schrägschacht wird bis auf das Tunnelniveau hinabgeführt, ein Senkrechtschacht dient der Orientierung des Vortriebs. Die Funktion eines zweiten Senkrechtschachtes ist ohne weiteres nicht erklärbar, er liegt aber exakt auf der anfänglich eingeschlagenen Richtung. Der Vortrieb vom See aus wird so weit vorgetrieben, bis man sich dem vom Tunnel aus dem entgegenkommenden Stollen nahe weiß. Dann vollzieht man auch aus dieser Richtung einen Versicherungshaken und trifft den Gegenstollen in der Flanke (siehe Grundrißplan, Abb. 115).

Es scheint, als sei der Tunnel nach dieser Baumaßnahme in Betrieb zu nehmen gewesen. Dazu mußte man am Mundloch des Seeabflusses wie zuvor schon beschrieben, die Erdbrüstung kontinuierlich und vorsichtig niederlegen, denn nur auf diese Weise wurde ein sanfter Abfluß

118

119

120

121

gewährleistet, der keine zerstörerischen Kräfte des Wassers freisetzte. Einige Einbauten sicherten den kontrollierten Abfluß des Wassers. Dazu gehörten Schütze, um den Abfluß sperren zu können; die Schützführungen sind noch erkennbar. Mächtige Lochsteine dienten als Auffanggatter für eingeschwemmte Materialien, die den Tunnel hätten verstopfen können (Abb. 119–121).

Unplanmäßig kam es in der Folgezeit zu einem Tunneleinsturz, der wesentlich brisanter war als der zuvor schon beschriebene. Der Einsturz hatte offensichtlich eine Blockade des Tunnels zur Folge, die einen gefährlichen Aufstau des Wassers mit sich brachte. Wollte man dieses Problem lösen, so mußte man vor allen Dingen schnell handeln, denn je höher das Wasser im blockierten Teil des Tunnels anstieg, um so problematischer war es, die Blockade zu öffnen. Vermutlich wird man am Tunneleingang sofort nach dem Unglück den Zufluß abgesperrt haben, so daß lediglich das im Tunnel befindliche Wasser gegen den Blockadepfropfen drückte. Im ungünstigsten Fall stand der Tunnel jedoch bis zur Firste voll Wasser.

Man entschied sich auch hier für die Anlage eines Bypasses (Abb. 115, Bypass 2), der aber wegen der besonderen Problemstellung nur von der Talseite aus aufgefahren werden konnte. Der archäologische Befund zeigt, mit welcher Vorsicht man diese Problemlösung angegangen ist: Man legte rechtwinklig zur Tunneltrasse einen Stollen an, der mit seiner Firste oberhalb der möglichen Wasserlinie im seeseitigen Abschnitt des Tunnels lag, und trieb diesen in festem Gestein vor. Dann knickte man mit dem Vortrieb in die Parallele zum Tunnel ein, merkte aber bald, daß das Gestein an Tragfähigkeit verlor. Man versuchte eine zweite Parallele zum Tunnel zu erreichen und setzte mit einem neuen Stollen kurz hinter dem Knickpunkt des ersten Versuches an. Das gleiche Problem trat wieder ein: man stieß auf nicht tragfähiges Gestein. Der dritte Versuch glich dem zweiten, denn noch einmal setzte man einen Stollen beim Knickpunkt des vorherigen an, um die Parallele noch weiter in den Berg hineinzuverlegen. Bei diesem Versuch blieb der Vortrieb in festem Gestein und konnte bis zu einem Punkt hinter der Einsturzstelle aufgefahren werden. Hier verließ man die Tunnelparallele und knickte nun wieder rechtwinklig zum Tunnel hin ab. Da man sich mit der Firste des Bypasses oberhalb der Tunnelfirste und damit zwangsläufig auch oberhalb Wasserlinie befand, wurde in der Endphase der Umgehung die zwischen Bypass und Tunnel verbliebene Wand vorsichtig von oben nach unten niedergelegt. Das aufgestaute Wasser strömte, sicherlich mit Macht, aber nicht unkontrolliert, über den Bypass und das Tunnelende ins Freie. Nach dem Ablaufen des aufgestauten Wassers wurde in diesem Fall die Blockadestelle freigeräumt und der Tunnel in seinem alten Verlauf wieder in Betrieb genommen.

Besonders eindrucksvoll sind im Nemi-Tunnel die antiken Bearbeitungsspuren an verschiedenen Stellen. Die halbkreisförmigen von oben nach unten verlaufenden Rillen, die kurz vor dem Anschluß der Planänderung beim Seeabfluß an den Haupttunnel zu sehen sind, sind derart regelmäßig ausgeführt, daß sie zu der Vermutung Anlaß gaben, hier seien Abbaumaschinen zum Einsatz gekommen.[166] Die genauere Auswertung von fotographischen Aufnahmen ergab jedoch, daß die Linienführung der Rillen keineswegs exakt halbkreisförmig verläuft, sondern der Radius des Bogens nach unten hin zunimmt (Abb. 122). Versuche haben gezeigt, daß diese Spuren genau der Bewegung entsprechen, die die Hacke eines Arbeiters beim Schlagen vollzieht.

Es darf nicht unerwähnt sein, daß der Nemi-Tunnel nahe seinem talseitigen Mundloch einen *cuniculus* schneidet, der also älter sein muß als der Tunnel. Es zeigt sich dadurch, daß wasserbauliche Maßnahmen in dieser Region eine Tradition haben, die älter ist als die im 6. Jh. v. Chr. erbauten Emissare an Ariccia-Becken und Nemi-See.

Der Tunnel am Albaner See

Vom Nemi-See ist es nicht weit zum nächsten Emissar in den Albaner Bergen: Im Falle des Tunnels von Albano[167] steht nicht nur das Bauwerk selbst für die Rekonstruktion seiner Bauweise und Geschichte zur Verfügung, sondern darüber hinaus hat dieser Tunnel auch noch Eingang in die antike Geschichtsschreibung gefunden. Der Ursprung des Tunnelbau am Albaner See wird nach Titus Livius mit dem letzten Krieg Roms gegen Veji in Verbindung gebracht. Danach soll ein Orakel den Römern geweissagt haben, daß dieser Krieg nicht zu gewinnen sei, wenn man nicht zuvor die plötzlich aufgetretenen Hochwasser des Albaner Sees durch einen Tunnelbau beseitigt hätte.

«Die Sorgen aller richteten sich nur auf das eine, daß der See im Albaner Wald ohne Wassergüsse vom Himmel und ohne einen anderen Grund, der der Sache das Übernatürliche genommen hätte, zu ungeheurer Höhe anschwoll. Um zu erfahren, was die Götter mit diesem Wunderzeichen ankündigten, schickte man Gesandte zum Orakel von Delphi. Aber das Schicksal bot ganz in der Nähe einen Deuter an, einen alten Mann aus Veji, der zwischen den römischen und etruskischen Soldaten, die von ihren Stellungen und Vorposten aus gegeneinander stichelten, nach Art eines Sehers verkündete, bevor das Wasser aus dem Albaner See abgeleitet sei, würden die Römer sich Vejis niemals bemächtigen. …

So jedenfalls sei es in den Schicksalsbüchern, so in der etruskischen Lehre überliefert: Wenn das Wasser des Albaner Sees überlaufe, dann werde, wenn der Römer es auf rechte Weise ableite, ihm der Sieg über die Leute von Veji gegeben. Bevor das geschehe, würden die Götter die Mauern von Veji nicht verlas-

122

***Abb. 120** Nemi (Italien), Entwässerungstunnel. Ausgebauter Bereich des seeseitigen Mundlochs mit Schützführung und Trittlöchern.*

***Abb. 121** Nemi (Italien), Entwässerungstunnel. Der antike Ausbau des seeseitigen Mundlochs im Modell (Museo della Civiltà Romana). Draufsicht gegen die Fließrichtung des Wassers (Foto: H. Lilienthal, Bonn).*

***Abb. 122** Nemi (Italien), Entwässerungstunnel. Spuren in der Tunnelwandung zeigen genau die Schlagrichtung der Hacke des Tunnelarbeiters.*

123

124

sen. Er beschrieb dann, wie man das Wasser vorschriftsmäßig ableite. …

Die übrigen Kriege, vor allem der von Veji, waren in ihrem Ausgang noch ungewiß. Die Römer hatten schon alle Hoffnungen auf menschliche Möglichkeiten begraben und richteten ihre Blicke auf die Schicksalssprüche und die Götter; da kamen die Gesandten aus Delphi zurück und brachten den Spruch des Orakels mit, der mit der Antwort des gefangenen Sehers übereinstimmte: 'Römer, hüte dich, das Albaner Wasser im See festzuhalten, hüte dich, es in eigenem Lauf in das Meer fließen zu lassen. Du sollst es ableiten und durch die Felder führen und auf die Bäche verteilt sich verlieren lassen. Dann nimm dir kühn die Mauern der Feinde vor und denke daran, daß dir durch die Schicksalssprüche, die dir jetzt kundgetan werden, der Sieg über die Stadt gegeben ist, die du schon so viele Jahre belagerst. …'

Schon waren die Spiele und das Latinerfest wiederholt, schon das Wasser aus dem Albaner See auf die Felder abgeleitet worden, und Veji ging seinem Schicksal entgegen. …

Ihr werdet finden, daß alles glücklich ausging, wenn wir den Göttern folgten, jedoch unglücklich, wenn wir sie mißachteten. Zuallererst schon der Krieg gegen Veji – wie viele Jahre mit solcher Mühe geführt! –; er ging nicht eher zu Ende, als bis auf Mahnen der Götter das Wasser aus dem Albaner See abgeleitet war.» [168]

Da Veji von den Römern im Jahre 396 v. Chr. erobert worden ist, scheint die Datierung des Tunnelbaus in die Jahre 398 und 397 klar. Im Vergleich mit den Nachbartunneln von Nemi und Ariccia sind aber Zweifel möglich, und es ist danach offen, ob nicht auch dieser Tunnel bereits früher gebaut worden ist.[169] Diese Version hat einen interessanten Aspekt bezüglich

Abb. 123 Albano (Italien), Entwässerungstunnel. Antiker Ausbau des Tunnelanfangs am Albaner See.

Abb. 124 Albano (Italien), Entwässerungstunnel. Das Mundloch am Albaner See im Modell (Museo della Civiltà Romana, Foto: H. Lilienthal, Bonn).

Abb. 125 Albano (Italien), Entwässerungstunnel. Grundriß und Profil (n. Castellani/Dragoni 1991, 47).

Abb. 126 Albaner See (Italien). Abendstimmung, Blick aus den Albaner Bergen auf die Campania.

des bei Livius erwähnten plötzlichen Hochwassers des Albaner Sees, das *«ohne Wassergüsse vom Himmel und ohne einen anderen Grund, der der Sache das Übernatürliche genommen hätte, zu ungeheurer Höhe anschwoll»*. Und es bietet sich tatsächlich an, als Grund für dieses unerklärbare Hochwasser die Verstopfung eines schon früher existenten Tunnels anzunehmen. Wie dem auch sei, der Albano-Tunnel ist nach Aussage der Geschichtsquellen spätestens Anfang des 4. Jhs. v. Chr. gebaut worden und erfüllt nach wie vor seine Aufgabe (Abb. 123 und 124).

Der Tunnel ist 1400 m lang und hat einen annähernd rechtwinkligen Querschnitt von 1 m Breite und 3 m Höhe bei einem durchschnittlichen Gefälle von 1,2 ‰. Ein Ausbau seines Profils war nicht erforderlich, da er durch hartes und tragfähiges Gestein aus Tuff und Lava führt. Sein Bau wurde im Gegenort aufgefahren, wobei zwei Orientierungsschächte auf der Westseite der Übertragung der Vortriebsrichtung nach unter Tage dienten (Abb. 125). Offensichtlich gelang hier die Richtungsübertragung mit bemerkenswerter Genauigkeit, denn im talseitigen Teil des Tunnels ist auf eine Strecke von 580 m das durch das Mundloch einfallende Tageslicht im Tunnel zu sehen. Vermutlich bestand die Sichtlinie beim Bau über eine noch größere Strecke, denn der weitere Durchblick ist heute durch einen mächtigen Stalagmiten versperrt.

Der Landgewinn durch Seeabsenkungen in den Albaner Bergen war sicherlich eine lukrative Angelegenheit, denn er bot eine lebenswichtige Grundlage für die Versorgung der Bevölkerung. In der Regel war es bestes Ackerland, was durch die mit Drainagen erreichte Trockenlegung gewonnen wurde. Im Falle des Nemi-Tunnels wie auch des Albano-Tunnel ist aber erkennbar, daß von der Konzeption her nur eine Regulierung des Wasserstandes beabsichtigt war. Das entsprach einerseits zwar indirekt auch einem Landgewinn, da die Uferbereiche in der Folgezeit vor Überschwemmungen geschützt und dadurch besser landwirschaftlich zu nutzen waren, hatte aber darüber hinaus zur Folge, daß auch die zwischen den Albaner Bergen und dem Meer liegenden landwirtschaftlichen Flächen künstlich bewässert werden konnten.

Die Tunnel von Pantano Secco, Pavona und Giulianello

Von den Emissaren in den Albaner Bergen sollen noch drei kleinere Bauwerke vorgestellt werden, da nur die Zusammenschau dieser wasserbaulichen Meisterwerke das wahre Ausmaß von Landgewinnung und Wassernutzung und der damit verbundenen Produktionssteigerung erkennen läßt.

Pantano Secco

In der Nähe von Frascati gibt es einen kleinen Krater, Pantano Secco, von nur rund einem Kilometer Durchmesser, der heute landwirtschaftlich genutzt wird.[170] Vermutlich in klassischer Zeit wurde auch hier ein Emissar durch den Kraterrand gebaut, um die Innenfläche trockenzulegen. Der Tunnel wurde in Qanatbauweise ge-

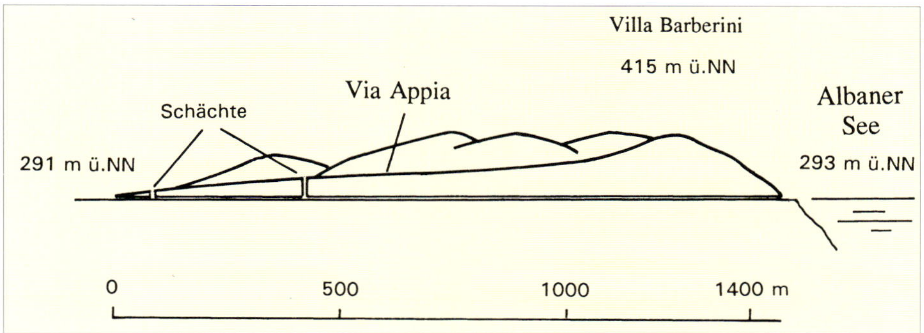

125

126

baut und entspricht damit vom Typus her den *cuniculi* (Abb. 127). Seine Länge von rund 400 m machte bei dieser Bauweise die Anlage von vier Bauschächten erforderlich, die nicht auf einer gestreckten Trassenlinie lagen, sondern einer Sattellinie über den Kraterrand folgen – allerdings ein wenig nach Süden versetzt.

Pavona

Von vergleichbarer Bauart ist der Tunnel am Krater von Pavona, im Westhang der Albaner Berge gelegen (Abb. 128).[171] Der Kraterinnenraum dient heute dem Country-Club als malerisch gelegener Golfplatz, wobei kaum ein Golfspieler wahrnehmen wird, daß er nur dank eines antiken Emissars hier trockenen Fußes seinem Hobby nachgehen kann (Abb. 129). Auch dieser Tunnel ist ungefähr 400 m lang, aber heute nicht mehr durchgängig begehbar. Auf seiner Wasserseite sind fünf Bauschächte nachgewiesen, auf der Talseite nur zwei; das Mittelstück ist bezüglich seiner Bauweise unbekannt.

Lago di Giulianello

Im Südosten der Albaner Berge liegt recht versteckt und abseits der Landstraßen ein kleiner See, der Lago di Giulianello (Abb. 130). Hier liegt ein recht bemerkenswertes Ensemble der Regulierung des Wasserhaushalts zweier verschieden hoch hintereinander gestaffelter Senken.[172] Da ist einmal der Kessel mit dem Giulianello-See, wassergefüllt und von der Tiefe her nicht abzuschätzen, weiterhin eine oberhalb des Sees gelegene weit ausladende, aber flache Depression (Piana di Cioccati), die heute trockenliegt. Ein System von zwei Emissaren sorgt für die Drainage der oberen Senke und die Regulierung des Wasserspiegels im Lago di Giulianello.

Der obere *cuniculus* reicht etwa bis in die Mitte der Senke und wird durch ein System von Abzugsgräben gespeist. Sein Verlauf ist anhand der Schächte gut zu verfolgen, denn diese sind nach oben hin nicht verschlossen. An ihren Rändern hat sich Buschwerk gebildet, so daß die Kette der Schächte gut zu erkennen ist (Abb. 131).

Mit Erreichen des Talrandes tritt der *cuniculus* in einen Waldstreifen ein, der mit einem größeren Gefälle durchfahren wird, um den Giulianello-See zu erreichen. Auch hier sind seine Bauschächte streckenweise gut zu verfolgen. Das letzte Stück vor dem See verläuft der Emissar als offener Graben. Sein Wasser speist den See, führt damit aber nicht zu einem Anstieg des Wasserspiegels, da der See in südwestlicher Richtung über einen eigenen Emissar verfügt, mittels dessen der Seespiegel konstant gehalten wird. Beide Emissare sind zeitgleich und werden der klassischen Zeit zugerechnet.

Faßt man die archäologischen Befunde bezüglich der Eingriffe in den natürlichen Wasserhaushalt im Gebiet der Albaner Berge zusammen, so entsteht ein komplexes Bild einer bereits in frühester geschichtlicher Zeit geprägten Kulturlandschaft. Eng angepaßt an die natürlich vorgegebenen Möglichkeiten hat man sowohl die Fragen der Bewässerung als auch die Fragen der Entwässerung pragmatisch gelöst. Durch Absenkung von

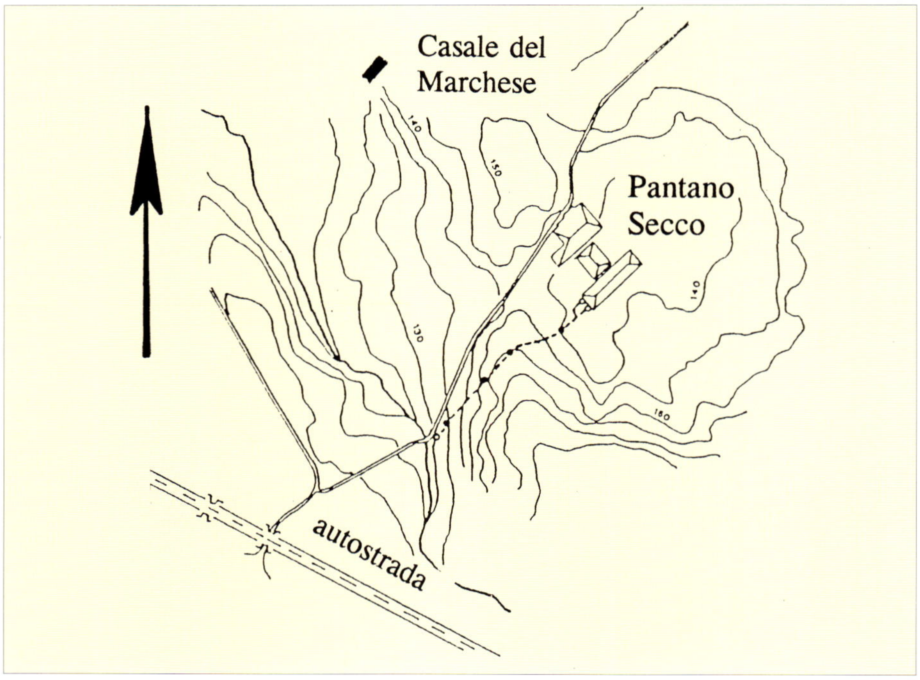

127a

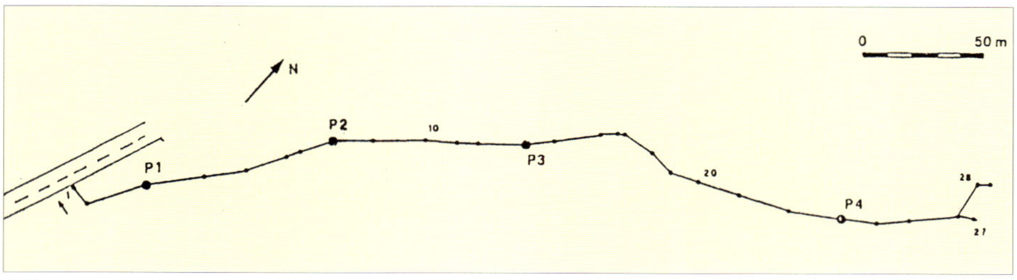

127b

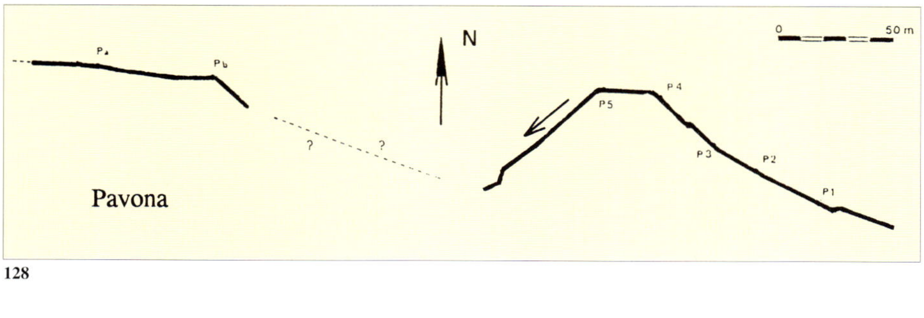

128

***Abb. 127a.b** Pantano Secco, Frascati (Albaner Berge, Italien). Der Tunnel zur Trockenlegung des Kraters im Grundriß (n. Caloi/ Cappa/Castellani).*

***Abb. 128** Pavona (Albaner Berge, Italien). Der Tunnel zur Trockenlegung des Kraters im Grundriß (n. Caloi/Cappa/Castellani).*

***Abb. 129** Pavona (Albaner Berge, Italien). Heute wird der Kraterinnenraum als pittoresker Golfplatz genutzt.*

***Abb. 130** Lago di Giulianello (Albaner Berge, Italien).*

***Abb. 131** Lago di Giulianello (Albaner Berge, Italien). Eine oberhalb des Giulianello-Sees gelegene Geländedepression (Piana di Cioccati) wird durch einen* **cuniculus** *trockengelegt, der in den Giulianello-See entwässert; Abzugsgraben und anschließende Bauschächte.*

129

Kraterseen und Trockenlegung von Sumpfgebieten wurden fruchtbare Flächen erschlossen, die eine erhebliche Steigerung der landwirtschaftlichen Produktion dieser Region bewirkt haben. Da die meisten Emissare schon zu Zeiten des Beginns der Ausbreitung Roms als Stadtstaat gebaut worden sind, wäre es eine durchaus interessante Fragestellung, inwieweit diese Produktionssteigerung zur Festigung der Macht Roms auf seinem Wege zur Weltmacht beigetragen hat.

Es folgt eine Zeitspanne, die nicht durch spektakuläre Tunnelbauten zum Zwecke der Seeabsenkung auffällt. Als Ursache hierfür wäre anzuführen, daß derartige Tunnel in der Regel nur in durch Vulkane geprägter Landschaft zu bauen waren, denn nur dort gab es Kraterseen und nur dort war aufgrund des vulkanisch aufgebauten Erdreichs ein Tunnelbau relativ einfach durchzuführen. Für das frühe Rom kam also nur die Landschaft in seiner unmittelbaren Nachbarschaft in Frage, wo die in Frage kommenden Projekte auch sehr früh in Angriff genommen und verwirklicht worden sind. Hier galt es, die vorhandenen Emissare zu pflegen und instandzuhalten, was ja in allen bekannten Fällen bis auf den heutigen Tag gelungen ist.

Der Claudius-Tunnel am Fuciner See

In Italien tritt Kaiser Claudius (41–54 n. Chr.) mit einem Tunnel in das Rampenlicht der Technikgeschichte, der alles

130

131

bis dahin an technischem Aufwand gebotene in den Schatten stellt. Das allein von seinen technischen Daten her auch in den folgenden Jahrhunderten nicht mehr überbotene Bauwerk entsteht am Fuciner See, um hier – am ehemals größten italienischen Binnensee – für einen konstanten Wasserstand zu sorgen. Daß bei dieser Maßnahme nebenbei auch große Landflächen für die Bewirtschaftung gewonnen wurden, sollte zwar nur Nebensache sein, führte aber dennoch zu Begehrlichkeiten.

Der Fuciner See bei Avezzano in Mittelitalien liegt rund 100 km östlich von Rom im Kalksteinmassiv der Abruzzen. Es handelt sich hier also nicht um einen vulkanisch entstandenen Krater, sondern um eine im Karst liegende tektonische Senke von immerhin 140 km² Fläche (Abb. 132). Die Niederschläge eines riesigen Einzugsgebietes haben seit Menschengedenken zu Problemen mit dem Wasserstand des Sees geführt, der bis zu 20 m über den Normalstand ansteigen konnte und damit in der flachen Uferregion des Sees zu katastrophalen Überschwemmungen führte (Abb. 133).

Im Jahre 52 n. Chr. wurde unter Claudius ein Tunnelbau vollendet und eingeweiht, der nach 11 Jahren Bauzeit für einen konstanten Wasserspiegel und dadurch für eine Lösung der Probleme sorgen sollte. Unter dem Namen seines Bauherrn ist das Bauwerk in die Geschichte eingegangen: Der Claudius-Tunnel. Der Bau erfüllte nicht von Anfang an die in ihn gesteckten Erwartungen: Nachbesserungen folgten schon in claudischer Zeit, voll in Funktion war er aber erst unter Traian und Hadrian. Der Kollaps wegen mangelhafter Wartung erfolgte schon bald nach dem Ende der römischen Herrschaft, und auch die Wiederherstellungsversuche unter den Staufern führten zu nichts. Erst in den Jahren 1854 bis 1876 gelang es mit enormem finanziellen Aufwand des Fürstenhauses Torlonia, einen Tunnel auf der Trasse seines antiken Vorgängerbaus neu auszubauen. Der Claudius-Tunnel wurde dabei zwar archäologisch untersucht, aber vollständig zerstört. Da der Torlonia-Tunnel etwa 3 m tiefer lag, konnte der Fuciner See völlig entwässert werden, was zu einem Landgewinn in der anfangs erwähnten Größenordnung führte. Den allerdings hatten die Torlonias sich zusichern lassen, bevor sie in das Projekt eingestiegen waren.

Der Claudius-Tunnel hat die Technikgeschichte ähnlich bewegt wie der Eupalinos-Tunnel auf Samos (s. S. 58), entsprechend lang ist die Liste der Publikationen zu diesem Thema.[173] Es gibt aber auch eine Reihe zeitgenössischer schriftlicher Erwähnungen, die im Falle der Aufzeichnungen von Plinius sogar den Charakter einer offiziellen Berichterstattung haben. Außer Plinius d. Ä., der bei der Eröffnung zugegen war, haben sich Tacitus, Cassius Dio und Sueton mit diesem Tunnel beschäftigt. Ein knapper Hinweis findet sich in der Hadriansvita der *Historia Augusta*[174] und bei Martial,[175] der Bezug auf die Naumachie[176] nimmt, die zu den Einweihungsfeierlichkeiten auf dem See veranstaltet wurde.

Der erste Plan zum Bau eines Emissars am Fuciner See geht nach Sueton auf Iulius Caesar zurück.[177] Die Marser, die die Gegend am Fuciner See bewohnten, ließen nicht locker, so daß Sueton von einem weiteren, allerdings erfolglosen

132

***Abb. 132** Avezzano (Ialien). Der Talkessel des trockengelegten Fuciner Sees im Hintergrund, in der Bildmitte verläuft quer der Monte Salviano, ganz vorn das Liri-Tal.*

***Abb. 133** Der Fuciner See in einem Stich von Piranesi (1766).*

***Abb. 134** Avezzano (Italien), Claudius-Tunnel am Fuciner See. Arbeiter an einer doppelläufigen Seilwinde, dargestellt auf einem im Tunnel gefundenen Relief.*

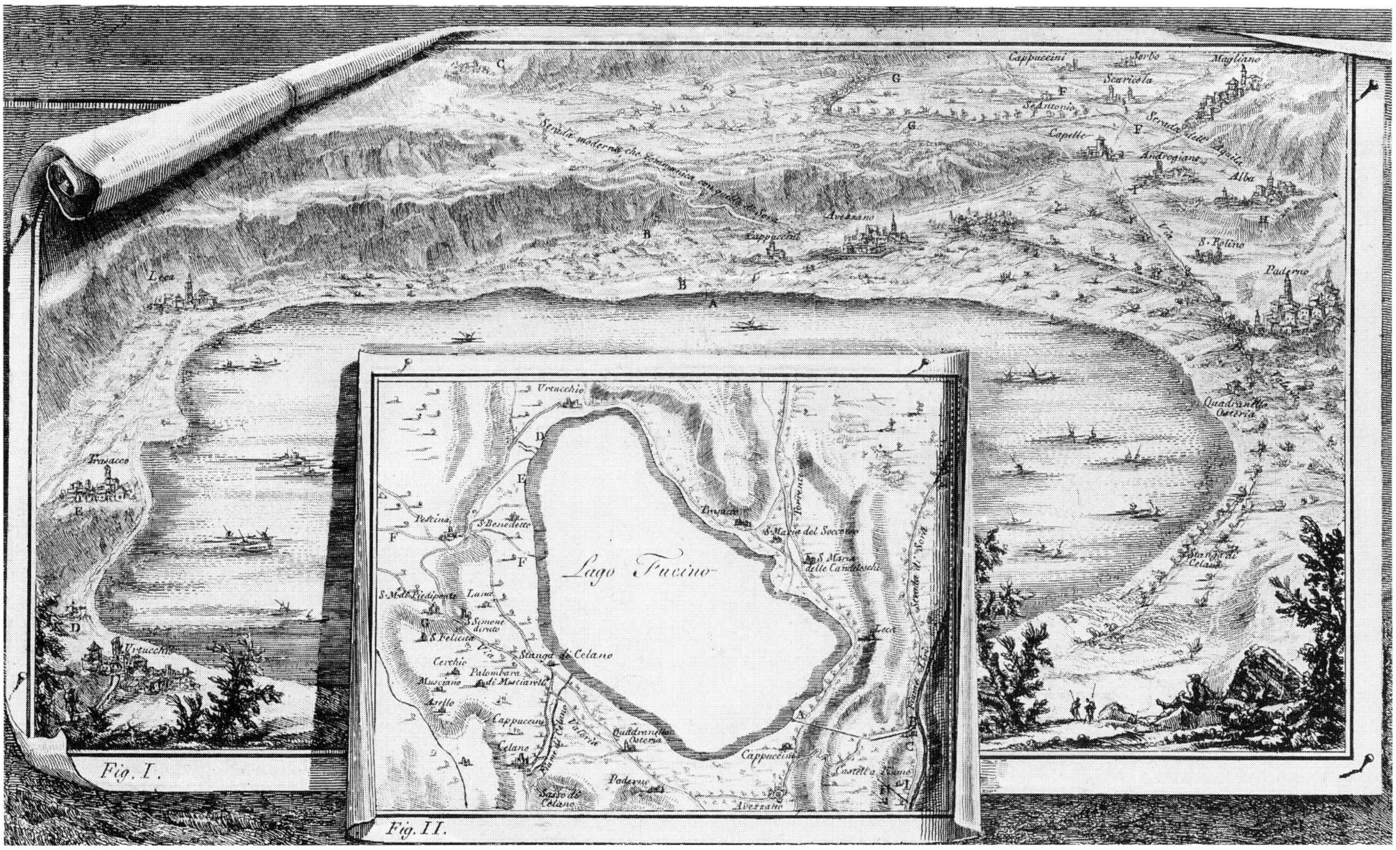

133

Vorstoß bei Augustus berichtet.[178] Über die Gründe, die zur Wiederaufnahme des Caesar-Projektes unter Claudius führten, gibt es gleich zwei Quellen: Nach Sueton war es das Verlangen nach Ruhm, das den Kaiser zur Durchführung dieses großartigen Projektes veranlaßte,[179] nach Cassius Dio die Notwendigkeit, die Fläche *«um den See herum»* zu kultivieren und den Fluß schiffbarer zu machen.[180] Mit dem Fluß ist der Liri gemeint, in welchen der Tunnel dann auch tatsächlich entwässerte.[181]

Im Cassius Dio-Text ist die Passage *«um den See herum»* von großer Wichtigkeit, denn sie belegt, daß der Claudius-Plan keine völlige Trockenlegung des Sees beinhaltete, sondern lediglich eine Reduzierung der Wasserfläche und eine Stabilisierung des Seespiegels.[182] Sueton überliefert uns die Dauer der Arbeiten mit elf Jahren. Da das Jahr 52 n. Chr. für die Einweihung aus den Quellen bekannt ist, kann also der Zeitraum von 41 bis 52 n. Chr. als Bauzeit angesehen werden.[183] Die angeführte Anzahl von 30 000 Arbeitern scheint aus heutiger Sicht überhöht zu sein, vielleicht sollte auf diese Weise aber auch lediglich angedeutet werden, daß immens viele Arbeiter im Einsatz waren.

Wie schon gesagt, war Plinius d. Ä. der einzige Augenzeuge beim Bau des Tunnels. Wir erhalten zwar auch von ihm keine detaillierte Beschreibung von der Planung bis zur Ausführung des Bauwerks. Einige wenige technische Details sind aber, wenn auch mehr zwischen den Zeilen zu lesen, bei ihm zu gewinnen. Die Bemerkung *«... Es mußten dazu Wasseransammlungen da, wo der Berg aus lockerer Erde bestand, durch Werkzeuge in die Höhe gehoben, es mußte der Fels gesprengt und alles im Berge selbst im Dunkeln verrichtet werden, Arbeiten, die nur derjenige begreift, der sie mit eigenen Augen angesehen hat und welche sich mit menschlichen Worten nur ungenügend malen lassen»*[184] wird noch von Bedeutung sein, wenn es um die Beschreibung eines Tunneleinsturzes geht, der den Bau eines Bypasses erforderlich machte. An dieser Stelle sei auf die angeführten «Werkzeuge» verwiesen, bei denen es sich um Pumpen oder sonstige Schöpfeinrichtungen zur Beseitigung des eindringenden Grundwassers gehandelt haben muß. Pumpen waren in der Antike sehr wohl bekannt,[185] ob aber bei einem Bauwerk dieser Größenordnung mit den vor Ort zu überwindenden Höhenunterschieden tatsächlich Pumpen zum Einsatz gekommen sind, ist eher fraglich. Vom erforderlichen Aufwand her werden sich die Hebevorrichtungen für das Grundwasser möglicherweise nicht von den Hebevorrichtungen für das Aushubmaterial unterschieden haben. Ein am Tunnel gefundenes zeitgenössisches Relief (Abb. 134) gibt einen anschaulichen Eindruck von der Arbeit am Schacht: Zwei Arbeiter bedienen eine Winde mit doppelter

134

Haspel, mittels der zwei Transportgefäße gegenläufig in einen Schacht hinabgelassen und heraufbefördert werden konnten: Ein Arbeitsvorgang, der aus heutigen Anlagen nicht unbekannt ist, hier wird die Winde allerdings als Göpel von den Arbeitern bedient.[186] Einige der halbkugelförmigen Förderkörbe sind im Tunnel gefunden worden.[187]

Bemerkenswert sind einige im Tunnel gefundene Marmortäfelchen, die in die Wandung im Abstand von jeweils 100 Fuß eingelassen waren und eine Art 'Kilometrierung' darstellten. Diese Ausschilderung des Tunnels dürfte erst nach

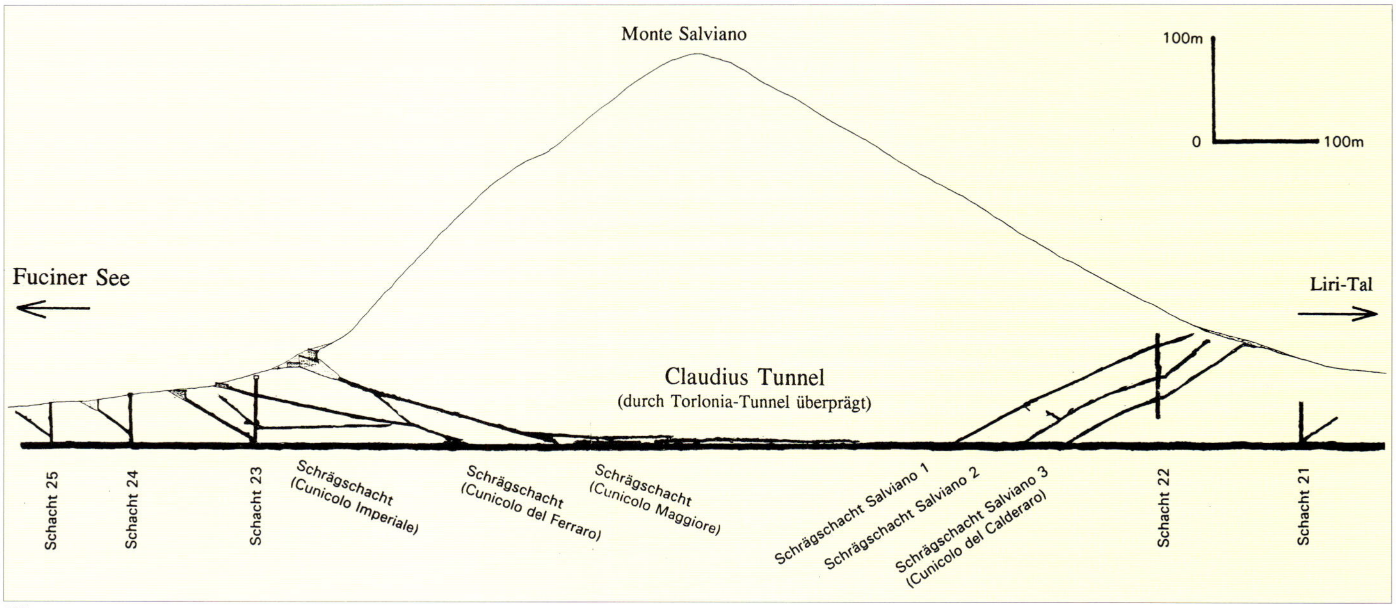

135

der kompletten Fertigstellung erfolgt sein und den Zweck gehabt haben, bei Inspektionen entdeckte Problemstellen besser bezeichnen zu können.[188]

Über die Bauleitung ist uns im Rahmen der Beschreibung der Eröffnungsfeierlichkeiten bei Tacitus berichtet: *«Doch nach beendigtem Schauspiele öffnete man die Wasserbahn. Die Sorglosigkeit des Werkes ward offenbar, welches zum Grunde des Sees nicht tief genug hinabging. Deshalb wurden nach Verlauf einiger Zeit die Kanäle tiefer ausgegraben und, um wieder eine Volksmenge herbeizuziehen, ein Fechterspiel gegeben, nachdem man Brücken darüber geschlagen zum Fußgefecht. Sogar ein Gastmahl wurde am Ausflusse des Sees veranstaltet, was alle insgesamt mit großer Furcht erfüllte, weil die hervorbrechende Gewalt des Wassers die nächste Umgebung mit fortriß, wodurch auch die entferntere auseinandergeworfen oder doch durch das Gekrach und Getöse in Schrecken versetzt wurde. Dabei benutzte Agrippina die Bestürzung des Fürsten und klagte Narcissus, den Unternehmer des Werkes, der Habsucht und des Raubes an. Aber auch er schwieg nicht, indem er sie weiblicher Herrschsucht und hochfahrender Hoffnungen bezichtigte.»*[189]

Auch Cassius Dio berichtet darüber.[190] Beide erwähnen den Freigelassenen Narcissus, der von Agrippina während der Eröffnungsfeierlichkeiten angeklagt wird, durch Betrügereien das Gelingen der Arbeit gefährdet zu haben. Ihm wird vorgeworfen, Gelder eingespart zu haben, indem im Tunnel notwendige Ausbauten nicht durchgeführt worden seien.

Was ist das nun für ein Bauwerk, das *«niemand zu beschreiben in der Lage ist, der es nicht selbst gesehen hat»*?[191] Aus antiken Schriftquellen sind frühe Bemühungen der in dieser Gegend siedelnden Marser bekannt, die das Ziel hatten, die jeweiligen Herrscher zum Bau eines Emissars am Fuciner See zu bewegen. Vermutlich wurden unter Caesar schon Pläne entworfen, die durch seinen Tod aber nicht weiter verfolgt worden sind. Sein Nachfolger Augustus nimmt sich dieses Projektes trotz erneuter Anträge der Marser nicht an. Erst in der Mitte des 1. Jhs. n. Chr. werden unter Claudius konkrete Pläne gemacht und schließlich auch durchgeführt. Wir kennen sogar den vom Kaiser mit der Finanzverwaltung dieses riesigen Bauvorhabens Betrauten, nämlich den Freigelassenen Narcissus, unter dessen Leitung das Bauwerk mit immensem Aufwand erstellt wird, so daß es im Jahre 52 n. Chr. eingeweiht werden kann. Da aber weder Baupläne noch konkrete Baubeschreibungen überliefert sind, um daraus die Strategie des Baumeisters nachvollziehen zu können, sind die Baugedanken wieder einmal aus dem Bauwerk selbst zu entschlüsseln.

Aus den verschiedenen zeichnerischen Darstellungen des Tunnelverlaufs[192] läßt das Bauwerk sich wie folgt beschreiben (Abb. 135): Die Strecke zwischen dem Einlaufbauwerk am Fuciner See und dem Tunnelauslauf am Liri-Fluß beträgt in der Luftlinie 5595 m. Der Höhenunterschied zwischen dem Mundloch am See und dem Tunnelausgang am Liri beträgt 8,44 m, so daß ein mittleres Gefälle von 1,5‰ vorhanden war. Da der Tunnel in seinem Verlauf zweimal abknickt, ergibt sich eine anfänglich ausgebaute Strecke von 5642 m, die sich durch den Bypass zwischen den Schächten 19 und 20 noch einmal auf 5653 m verlängert. Der erste der beiden Knicke wurde vermutlich erforderlich, um eine Trasse zu finden, die möglichst kurze Bauschächte zuließ. Der Knick kurz vor Erreichen des Liri-Flusses erfolgte wegen der Auswahl einer günstigen Stelle für den Bau des Auslaufbauwerks in der Steilwand des Liri.

Als Bauverfahren wählte man die Qanatbauweise, d. h. man teilte die gesamte Baustelle in möglicherweise bis zu 40 Baulose ein.[193] Auf diese Weise konnte an entsprechend vielen Stellen im Tunnel gleichzeitig gearbeitet werden, was erheblich zu einer Verkürzung der Bauzeit beigetragen haben dürfte; der Kaiser wollte schließlich die Einweihung dieses Großprojektes noch erleben. Der Schachtabstand war offensichtlich abhängig vom zu durchörternden Gestein[194] und von der Höhe des Deckgebirges. Einige der im Grundriß 4,3 m x 4,3 m messenden Schächte sind schon in der Antike vollständig verfüllt worden, so daß Kenntnis von ihnen erst beim Bau des Torlonia-Tunnels gewonnen werden konnte. Dabei fand sich in einem Fall ein

***Abb. 135** Avezzano (Italien), Claudius-Tunnel am Fuciner See. Längsprofil (n. Burri 1994, Taf. A).*

***Abb. 136** Avezzano (Italien), Claudius-Tunnel am Fuciner See. Ausgebaute Bauschachtöffnungen auf der Seeseite des Tunnels, vorn «Cunicolo del Ferraro», im Hintergrund «Cunicolo Maggiore».*

***Abb. 137** Avezzano (Italien), Claudius-Tunnel am Fuciner See. Blick in den Überbau des Schrägschachtes «Cunicolo Maggiore».*

***Abb. 138** Avezzano (Italien), Claudius-Tunnel am Fuciner See. Lage der Bauschächte unter dem Monte Salviano (n. Brisse/Rotrou 1883).*

136

137

vollständig erhaltener hölzerner Ausbau: kreuzförmig in den Schacht eingebrachte Strebebalken stützten die Wandungen ab. Bei dieser Art der Aussteifung wurde der Schacht in vier Freiräume unterteilt, durch die er befahren werden konnte (Abb. 136 und 137).

Auf der Seeseite des Monte Salviano (Ostseite) liegen die 11 Senkrechtschächte augenfällig dichter beieinander als die 27 Senkrechtschächte auf der Liri-Seite (Westseite). Das mag geologische Gründe gehabt haben, kann aber auch wegen eines höheren Grundwasserstandes notwendig geworden sein. Dieselben Gründe könnten auch maßgebend gewesen sein für die Ausmauerung der Schächte auf der Ostseite des Monte Salviano, während auf der Westseite vornehmlich in Holz ausgebaut wurde. Eine Ausnahme bildet auf der Westseite der einzige runde Schacht, der ausgemauert worden ist. Vielleicht sollte dieser Schacht nach der Fertigstellung des Tunnels als Revisionsschacht genutzt werden, zumal er ziemlich mittig in der Gesamttrasse liegt.[195]

Die Schachtabstände liegen zwischen 60 m und 230 m, die Schachtteufen zwischen 17 m und 122 m, wobei der kürzeste Schacht dem See am nächsten liegt. Auf der Westseite des Monte Salviano sind die Schächte mit 75 m bis 90 m recht gleichmäßig tief, da die Trasse hier eine leichte Senke durchfährt, ehe sie an den Steilhang des Liri-Flusses stößt (Abb. 138 und 139).

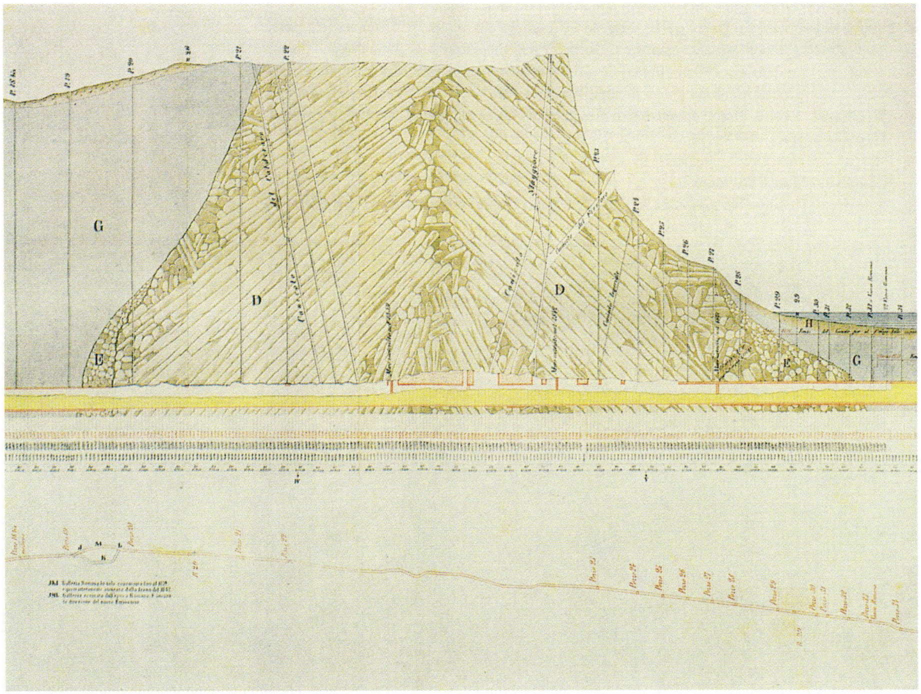

138

Unter dem Monte Salviano mit seiner Höhe von 310 m über der Tunnelsohle finden sich keine Senkrechtschächte. Auf einer Strecke von 890 m zwischen dem letzten Schacht auf der Liri-Seite und dem ersten Schacht auf der Seeseite

139

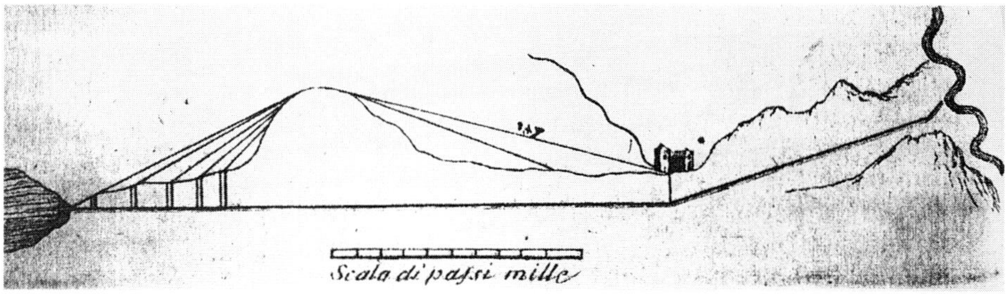

140

konnten wegen der hohen Überdeckung keine Schächte abgeteuft werden. Bei 122 m Teufe war offensichtlich die Grenze des Möglichen erreicht.

Dennoch wurde die Strecke unter dem Monte Salviano nicht komplett im Gegenort durchörtert, sondern man schuf sich über Schrägschächte weitere Zugänge in den Berg. Von Westen wurden zwischen den beiden letzten Senkrechtschächten drei Schrägschächte aufgefahren, die bis zur projektierten Tunnelsohle in den Berg führten. Auf der Ostseite wurden zwei Schrägschächte – ebenfalls zur Bergmitte gerichtet – aufgefahren. Diese Schrägschächte schnitten zum Teil Senkrechtschächte, wobei man im Kreuzungsbereich kleine Umlaufgänge um die Senkrechtschächte herum angelegt hat, damit man sich im Baubetrieb gegenseitig nicht in die Quere kam (Abb. 140). Mit Erreichen des Sohlenniveaus war man mit den beiden Suchorten nur noch rund 400 m auseinander, die mittels Stollenvortrieb im Gegenort aufgefahren wurden.

Zwei weitere Schrägschächte auf der Westseite und ein weiterer auf der Ostseite des Berges sind zusätzlich exakt auf der Trassenlinie angelegt worden und mußten deshalb zwangsläufig jeweils Senkrechtschächte schneiden (Abb. 141). Ihre ehemalige Funktion ist nur in einer Aufteilung und Lenkung des Baustellenverkehrs zu sehen, weiterhin dürften sie Bewetterungs- und Beleuchtungszwecken gedient haben.

Die Schrägschächte sind besonders auf der Seeseite in ihrem Mundlochbereich stark vergrößert und mit Ziegelstein ausgebaut worden; auch hat man zwischen den beiden ersten Schrägschächten noch eine Verbindungsgalerie angelegt. Das mag dieselben Gründe gehabt haben, die auch schon für die größere Dichte der Schächte auf dieser Seite des Berges sprachen, nämlich geologische Probleme oder der höhere Grundwasserstand sowie der damit verbundene stärkere Baustellenverkehr. Die abgetreppte Sohle in den Schrägschächten deutet darauf hin, daß hierin eher die Zugangswege zur Baustelle zu sehen sind, während die Senkrechtschächte dem Materialtransport dienten.

Bei Kilometer 3,4 (vom Liri-Fluß gemessen) gab es eine Problemstelle, die Gegenstand jeder Publikation des Claudius-Tunnels geworden ist. Hier liegt ein gut hundert Meter langer Bypass, mittels dessen ein durch starke Mauerplomben an beiden Enden verschlossener Abschnitt des Tunnels umgangen wird (Abb. 142).[196] Eine grundsätzliche Frage besteht darin, ob die Plinius-Stelle, wonach der Fortschritt der Arbeiten sich deshalb *«so viele Jahre hinzog, weil ein Wassereinbruch auftrat, wo der Berg aus Erde bestand …»*,[197] mit diesem Bypass in Verbindung zu bringen ist. Tatsächlich befinden wir uns hier an einer Stelle, wo das Kalksteinmassiv des Monte Salviano nach Osten endet und in einen Abschnitt aus Ton und Felsgeröll übergeht.

***Abb. 139** Avezzano (Italien), Claudius-Tunnel am Fuciner See. Der Tunnelausfluß im Liri-Tal im Stich von Piranesi 1766.*

***Abb. 140** Avezzano (Italien), Claudius-Tunnel am Fuciner See. Die Trassenabsteckung über den Monte Salviano ist in einer Zeichnung von Antinori (1781) recht anschaulich dargestellt.*

***Abb. 141** Avezzano (Italien), Claudius-Tunnel am Fuciner See. Der Tunnel mit seitlichem Schrägschacht im Stich von Piranesi 1766.*

***Abb. 142** Avezzano (Italien), Claudius-Tunnel am Fuciner See. Eine Einsturzstelle wurde mittels Bypass umfahren (n. Brisse/Rotrou 1883, aus Döring 1995, Abb. 16).*

Man mag viel über die Ursachen, die für den Bau dieses Bypasses ausschlaggebend waren, spekuliert haben – es gibt eigentlich nur eine einzige Erklärung: An dieser Problemstelle gab es noch während der Arbeiten im Tunnel einen Felseinsturz. Den Bauleuten war offensichtlich sofort klar, daß eine Räumung der Einsturzstelle zwecklos war, da stetig weiteres Geröll nachrutschen würde. Also gab man diesen Abschnitt auf und baute einen Bypass. Es ist heute nicht mehr nachzuvollziehen, ob dieser Bypass von beiden Seiten aus aufgefahren werden konnte. Seewasser konnte zwar noch nicht in den Tunnel eintreten, da er noch nicht fertiggestellt war, aber möglicherweise sammelte sich alsbald Grundwasser auf der Seeseite, so daß nur von Westen aus gearbeitet werden konnte. In diesem Falle begann ein Wettlauf mit der Zeit, denn je höher das Wasser in der östlichen Baustelle anstieg, um so schwieriger wurde der Durchschlag.

Daß der Tunnel beiderseits der Einsturzstelle schon aufgefahren war, wird daran deutlich, daß man genau wußte, wie lang die Problemstrecke war, denn man ist, nachdem man sie passiert hatte, mit dem Bypass alsbald wieder zur alten Trasse hin abgebogen.

Es macht durchaus Sinn, diese Stelle mit dem Plinius-Zitat in Verbindung zu bringen, denn der Vortrieb eines hundert Meter langen Bypasses mit all den erforderlichen Vorsichtsmaßnahmen brauchte seine Zeit. Und in dieser Zeit konnte vermutlich im östlich anschließenden Tunnelteil nicht gearbeitet werden, da er unter Wasser stand. Die von Plinius angesprochenen Verzögerungen im Baufortschritt könnten durchaus an dieser Stelle ihre Ursachen gehabt haben.

Einer anderen Problemstelle lag offensichtlich eine Fehlkonstruktion zugrunde. Der Einlaufbereich zum Tunnel lag bei der ersten Inbetriebnahme zu hoch, so daß die beabsichtigte Wirkung bezüglich der Seeabsenkung nicht erzielt werden konnte. Da der Abzugskanal am See und die Einlaufbecken vor dem Tunnel aber 5,48 m höher lagen als die Tunnelsohle, war hier erst einmal Abhilfe zu schaffen, indem man den Tunnel unter dem Ablaufbecken hindurch zum See hin verlängerte. Auch der Auslaufgraben am See mußte entsprechend verlängert werden. Danach konnte der Tunnel endlich in Betrieb genommen werden, wobei auch von der neuen Höhenlage des Abflusses her keine völlige Trockenlegung des Fuciner Sees beabsichtigt gewesen sein kann.[198]

Die bei Hirt vorgestellte Grundrißlösung (Abb. 143) für das Einlaufbecken könnte der bei Tacitus beschriebenen

141

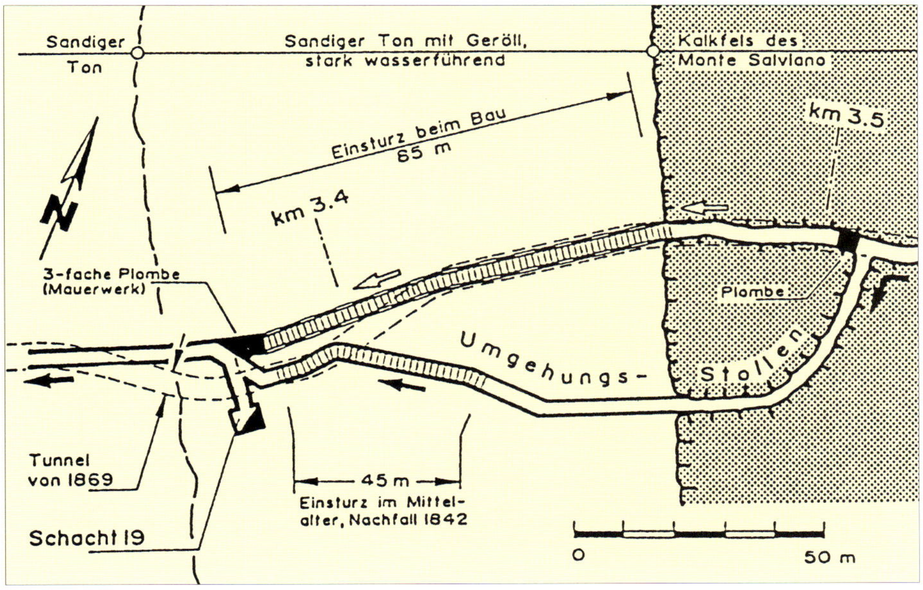

142

claudischen Anlage entsprechen,[199] während Piranesi den von ihm dargestellten Grundriß (Abb. 144) tatsächlich gesehen haben will, es sich demnach also nur um den hadrianischen, im Mittelalter ausgebesserten Bau handeln müßte.[200]

Bei den Eröffnungsfeierlichkeiten, bei denen die kaiserliche Familie anwesend war, kam es zu der für den Baumeister peinlichen Situation, daß das mit viel Gepränge und einem gewaltigen Naumachie-Spektakel auf dem See eingeweihte Tunnelbauwerk nicht das erfüllte, was man sich vorgestellt hatte. Aber: Vielleicht war die immer wieder als Fehlkonstruktion bezeichnete Situation am Tunneleinlauf doch nicht so mangelhaft, wie es auf den ersten Blick erscheinen mag; denn der Baumeister hatte sich doch einen 'Spielraum' von mehr als 5 m zugestanden, in dem er den Seeabfluß nachbessern konnte.[201]

Der Claudius-Tunnel am Fuciner See ist von den Dimensionen her das gewaltigste Tunnelbauwerk, das antike Ingenieure je in Angriff genommen haben. Die besondere Leistung liegt darin, ein solches Bauwerk in einem relativ eng begrenzten Zeitraum durchzuführen, was einer großartigen organisatorischen Leistung des Baumeisters gleichkommt. Dem unbekannten technischen Bauleiter, dem der aus der antiken Literatur bekannte kaiserliche Finanzverwalter Narcissus vorgesetzt gewesen sein dürfte, stand dazu ein Heer von Bauarbeitern in offensichtlich unbegrenzter Anzahl zur Verfügung. Das technische Know-how im Bau von Tunneln für Seeabsenkungen war bereits vorhanden, denn ähnliche Tunnel waren bereits ein halbes Jahrtausend vorher in den Albaner Bergen gebaut worden. Alle erforderlichen Grundlagen für die Planung und Trassierung eines solchen Bauwerks waren im kleineren Rahmen seit langem erprobt. Die Kenntnisse vermessungstechnischer Verfahren und Geräte waren auf einem hohen Stand, der in vielen Straßen, Brücken und Aquädukten der römischen Kaiserzeit sichtbar wird. Das Bauwerk ist insgesamt vortrefflich gelungen, denn der Baumeister beherrschte die Technik perfekt; er kann als großer Planer, Stratege und Organisator in einem der schwierigsten Bereiche der Bautechnik gelten.

Frankreich

Der Tunnel «Les Taillades» bei Fontvieille

Folgt man der D17 von Paradou kommend nach Fontvieille (Dept. Bouches du Rhône), so passiert man – fast unmerklich – eine Geländesenke, die sich erst bei genauerer Betrachtung der entsprechenden topographischen Karte als zu einem geschlossenen Talkessel gehörig darstellt. Das Terrain dieses Kessels wird heute landwirtschaftlich genutzt; das muß aber wegen der von der Natur vorgebenen Kessellage und der damit verbundenen hydrologischen Schwierigkeiten nicht zu allen Zeiten möglich gewesen sein. Es hat den Anschein, als habe man erst durch einen künstlichen Eingriff mit dem Ziel einer Verbesserung der Entwässerung dieses Geländes zu einer intensiven landwirtschaftlichen Nutzung am Ort kommen können.

Eindrucksvoller Zeuge dieser Kultivierungsarbeiten ist der Tunnel «Les Taillades» am Nordwestrand des Talkessels. Bis in unsere Tage war nicht eindeutig geklärt, ob dieser Tunnel der

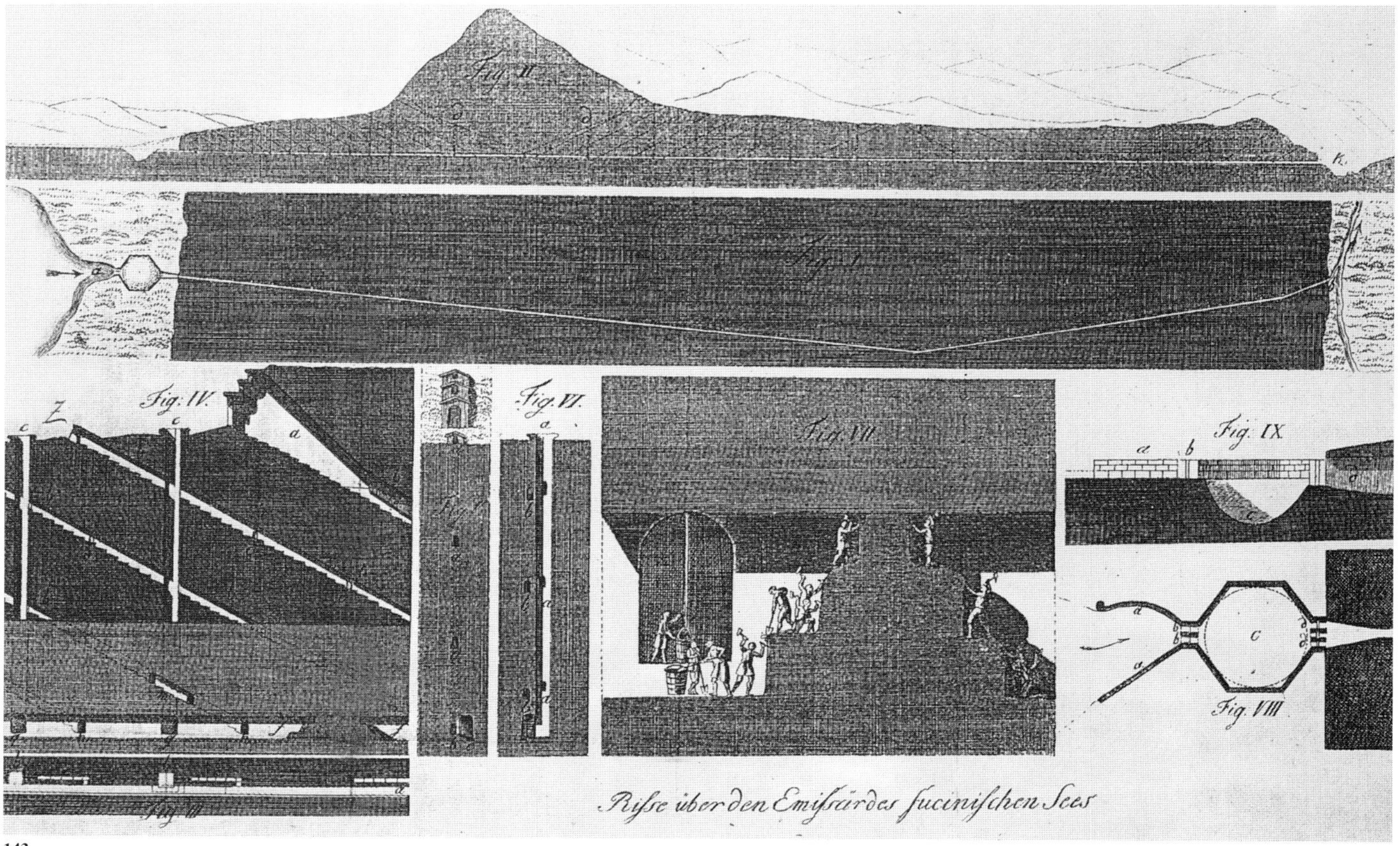

143

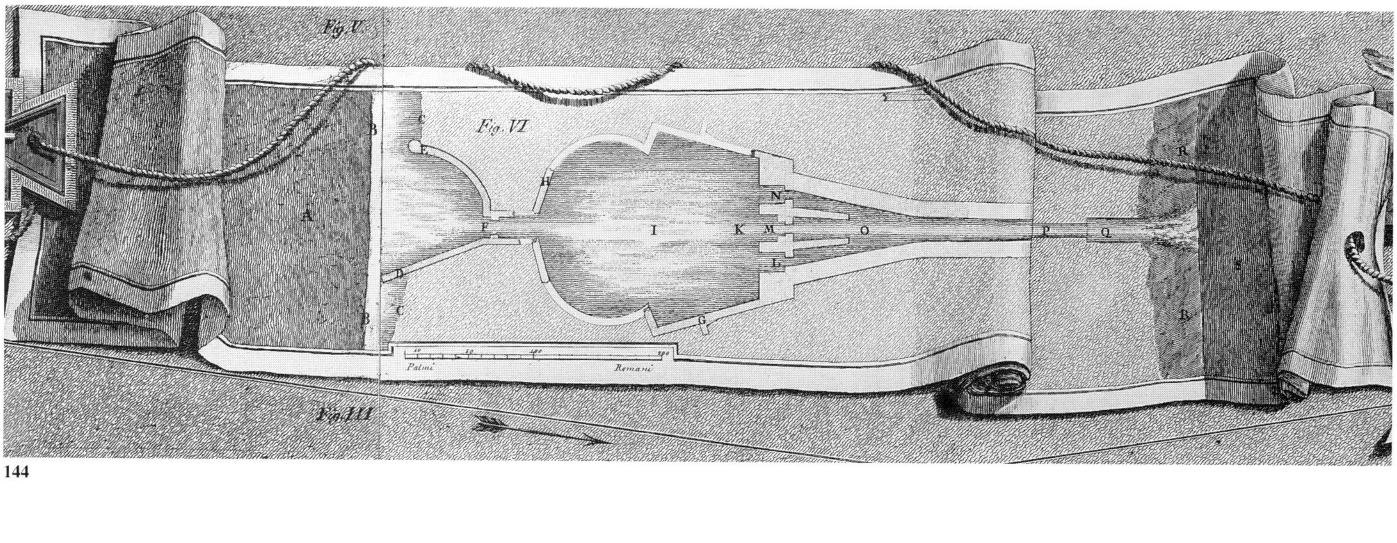

144

Be- oder der Entwässerung gedient hat. Eine Erklärung für seine bis heute wirkende Zweckbestimmung wird aber die archäologische Untersuchung vom September 1989 und die in diesem Rahmen erfolgte vermessungstechnische Aufnahme anbieten.[202]

Die beim Les Taillades-Tunnel vorgefundene archäologische Befundlage zeugt von einer Kultivierung dieser Gegend in römischer Zeit: Eine *villa rustica*, aufgrund von Bauresten und Keramifunden nachgewiesen, lag ehemals am Nordostrand des Kessels; eine römische Straße ist im östlichen Bereich ebenfalls nachgewiesen.[203]

Von besonderem Interesse ist ein kleines römisches Heiligtum in der Kalksandstein-Wand, die den Kessel nach Nordwesten begrenzt. Es ist fast ein Wunder, daß dieser Muschel-Altar (Abb. 146) heute noch erhalten ist, denn der anstehende Kalksandstein ist hier von der Römerzeit bis heute kontinuierlich abgebaut worden. Ein großer Steinbruch hat sich im Laufe der Zeit von Norden kommend in den äußeren Rand des Kessels hineingefressen. Der Altar ist aus der steil abfallenden Felswand herausgearbeitet worden und zeigt neben dem Altartisch mit der Muschel einen Stier, der wohl ein Opfertier darstellen soll. Schon die Verwendung des Muschel-Motivs, beim Bau von Nymphäen häufig verwendet, kann einen Bezug auf das in unmittelbarer Nähe errichtete Wasserbauwerk bedeuten.[204]

Eine einige Meter östlich des Altars in derselben Felswand angebrachte Inschrifttafel (*tabula ansata*) ist hingegen nicht mehr zu lesen (Abb. 147). Es darf wegen fehlender anderer Bezüge als sicher gelten, daß beide Inschriften mit dem Tunnel zusammenhängen, der auch dadurch in die römische Zeit zu datieren ist.

Das Tunnelmundloch befindet sich unterhalb der beiden zuvor beschriebenen Steindenkmäler, es ist durch den vorgelagerten Graben, über den der anfangs beschriebene Feldweg geführt wird, gebückt zu betreten. Vom Tunnel ist die zum Talkessel weisende Teilstrecke, einschließlich des Ausbaus im Bereich des südlichen Mundlochs, noch hervorragend erhalten. Hingegen ist der nördliche Teil des Tunnels durch den Steinbruchbetrieb zwischenzeitlich nicht mehr vorhanden. Ältere Anwohner haben auch diesen Tunnelteil noch streckenweise begehen können, ehe er Meter für Meter ein Opfer des Steinabbaus wurde. Aus der Zeit vor der Einstellung der zerstörerischen Steinbruchtätigkeit ist eine Ritzung in der Tunnelwand bekannt, bei der es sich um eine Niveauangabe aus der Zeit des Tunnelbaus gehandelt haben könnte. Durch Beschreibung ist darüber hinaus auch noch die Inschrift MPS III bekannt. Beide Zeichen sind einige Dutzend Meter nördlich des heutigen Befundendes, aber noch vor dem nächsten zu vermutenden Bauschacht gesehen worden. Ein Relief (Abb. 148), vermutlich eine weibliche Figur und einen Phallus darstellend, ist in einer Seitenwand von Schacht III erhalten.

Schon bei der ersten Besichtigung des Tunnels wurde klar, daß dieses Bauwerk nur der Entwässerung des Talkessels von Les Taillades gedient haben konnte. Das gilt zum einen deshalb, weil durch den Tunnel auch heute noch Oberflächen-

145

Abb. 143 Avezzano (Italien), Claudius-Tunnel am Fuciner See. Grundriß und Längsprofil mit einigen Detaildarstellungen (n. Hirt 1796).

Abb. 144 Avezzano (Italien), Claudius-Tunnel am Fuciner See. Das Einlaufbecken am See im Piranesi-Stich von 1766.

Abb. 145 Avezzano (Italien), Fuciner See. Das Portal des Seeabflusses für den Torlonia-Tunnel (19. Jh.).

146

147

148

wasser von den Feldern abgeleitet wird. Darüber hinaus liefert aber auch die Bauweise des Tunnels eindeutige Hinweise auf seine ursprüngliche Zweckbestimmung: Bezieht man nämlich bei diesen Überlegungen den Gedanken ein, daß ein solcher Tunnel unterhalb des für die Entwässerung vorgesehenen Niveaus angelegt werden mußte, so wird deutlich, daß beim Tunnelbau Vorkehrungen zu treffen waren, die ein Überschwemmen der Tunnelbaustelle während der Bauzeit ausschlossen.

Dieser Anforderung kam das vom bauleitenden Ingenieur ausgewählte Bauverfahren entgegen. Er hatte sich hier nicht für das Gegenortverfahren entschieden, sondern für das Qanatverfahren. Im Tunnel sind von den drei übriggebliebenen Bauschächten aus drei Stollenvortriebe mit Längen zwischen 20 m und 30 m nachweisbar. Daß selbst bei diesen relativ kurzen Stollenvortrieben Abweichungen in der Vortriebsrichtung bis zu 6 m (!) auftraten, zeigt, daß man sich mit diesem Bauwerk sehr schwergetan hat (Abb. 150).

Um seine Zweckbestimmung erfüllen zu können, mußte der Tunnel am Les Taillades-Kessel unterhalb der Linie des geplanten Entwässerungshorizontes geführt werden. Aus diesem Grunde hat man den ersten Bauschacht (Schacht I) außerhalb der Überschwemmungszone des Talkessels niedergebracht und von hier aus einen Stollen von 22 m Länge auf der geplanten Tunnelachse vorgetrieben. Auf diese Weise blieb in der rückwärtigen Richtung ein rund 13 m starker Damm stehen, der für die Bauzeit eine trockene Baustelle gewährleistete.

Gleichzeitig brachte man einen zwei-

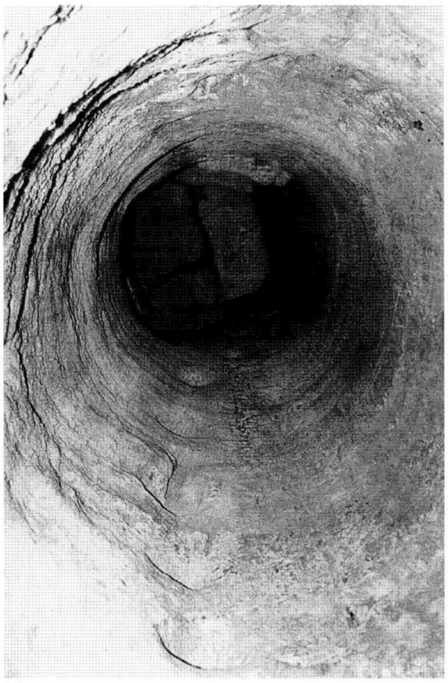

149

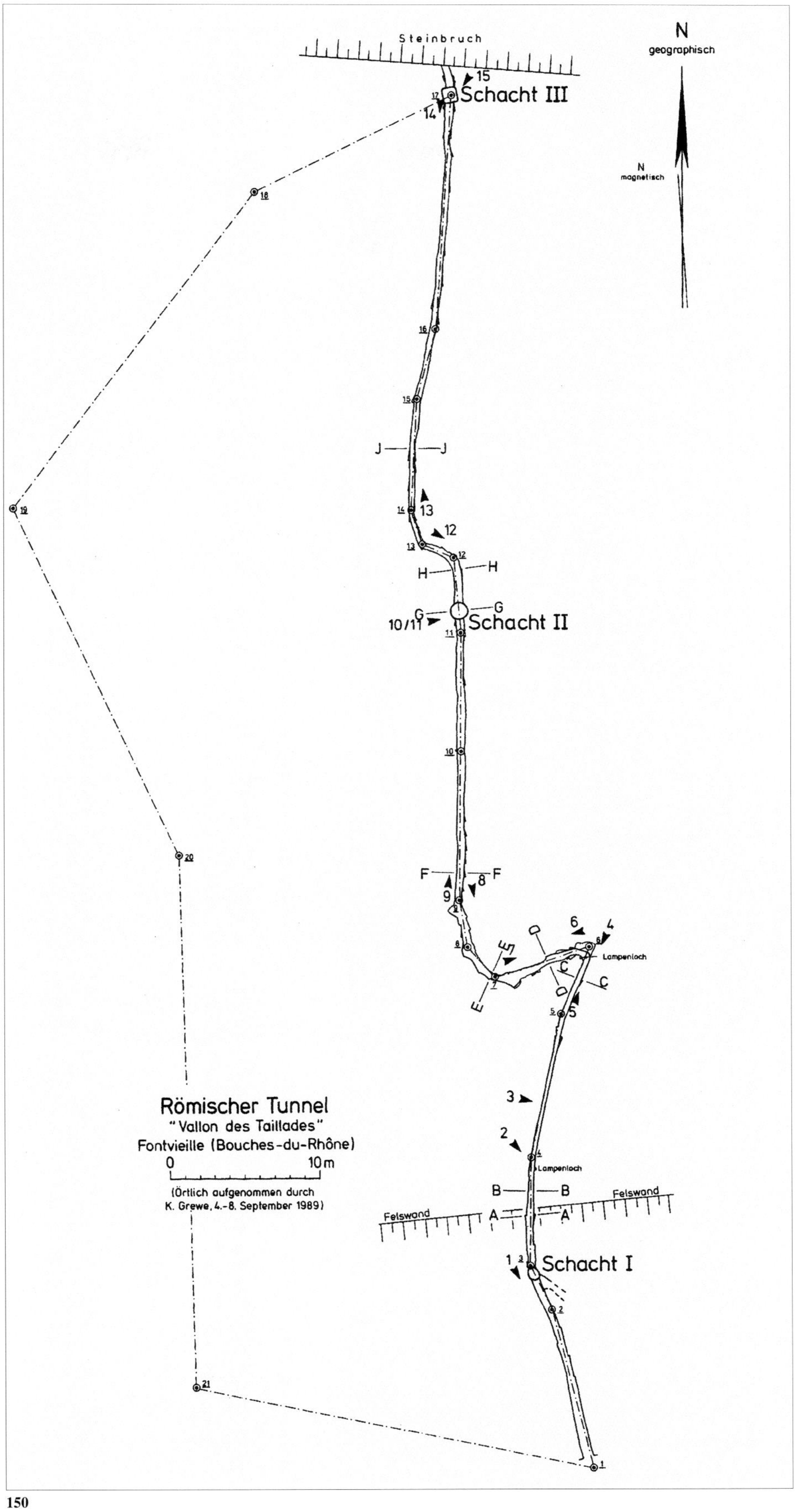

150

ten Bauschacht nieder (Schacht II) und trieb von hier aus den Gegenstollen nach Süden in Richtung von Schacht I vor (Abb. 149). Auch dieser Stollen war mit rund 22 m Länge projektiert worden. Nach vollendetem Vortrieb aus den beiden Richtungen mußte man feststellen, daß man sich mit der ausgebauten Trasse nicht in einem vorausbestimmten Punkt treffen konnte. Mit beiden Stollen war man jeweils nach rechts abgedriftet, und zwar von Schacht I aus um sechs Meter und von Schacht II aus um zwei Meter. Diese Abweichungen konnten in den ausgebauten Stollen nunmehr recht genau ermittelt werden, wonach die Auswirkungen der Richtungsfehler durch einen Querstollen, den man von beiden Seiten aus vortrieb, aufgehoben worden sind (Abb. 151–155).

Bemerkenswert ist, daß man von Schacht II aus nur in südlicher Richtung gearbeitet hat, wenn man von einem 3 m-Vortrieb nach Norden einmal absieht, da dieser nur dazu diente, unter dem Bauschacht etwas Arbeitsraum für die Arbeiter zu schaffen. Das anschließende dritte Baulos wurde vielmehr nur vom dritten Bauschacht (Schacht III) aus nach Süden konzipiert und ausgebaut. Dieser Vortrieb wurde auf eine Strecke von 30 m angelegt, und nach dessen Abschluß

***Abb. 146** Fontvieille (Frankreich), Les Taillades-Tunnel. Muschelaltar in der Felswand links oberhalb des Tunnelanfangs.*

***Abb. 147** Fontvieille (Frankreich), Les Taillades-Tunnel. Inschrifttafel* **(tabula ansata)** *mit abgewitterter Inschrift in der Felswand rechts oberhalb des Tunnelanfangs.*

***Abb. 148** Fontvieille (Frankreich), Les Taillades-Tunnel. Relief mit Darstellung eines weiblichen Unterkörpers und Phallus (Pfeil) in Bauschacht III.*

***Abb. 149** Fontvieille (Frankreich), Les Taillades-Tunnel. Bauschacht II mit Trittlöchern von unten.*

***Abb. 150** Fontvieille (Frankreich), Les Taillades-Tunnel. Gesamtplan des erhaltenen südlichen Tunnelteils.*

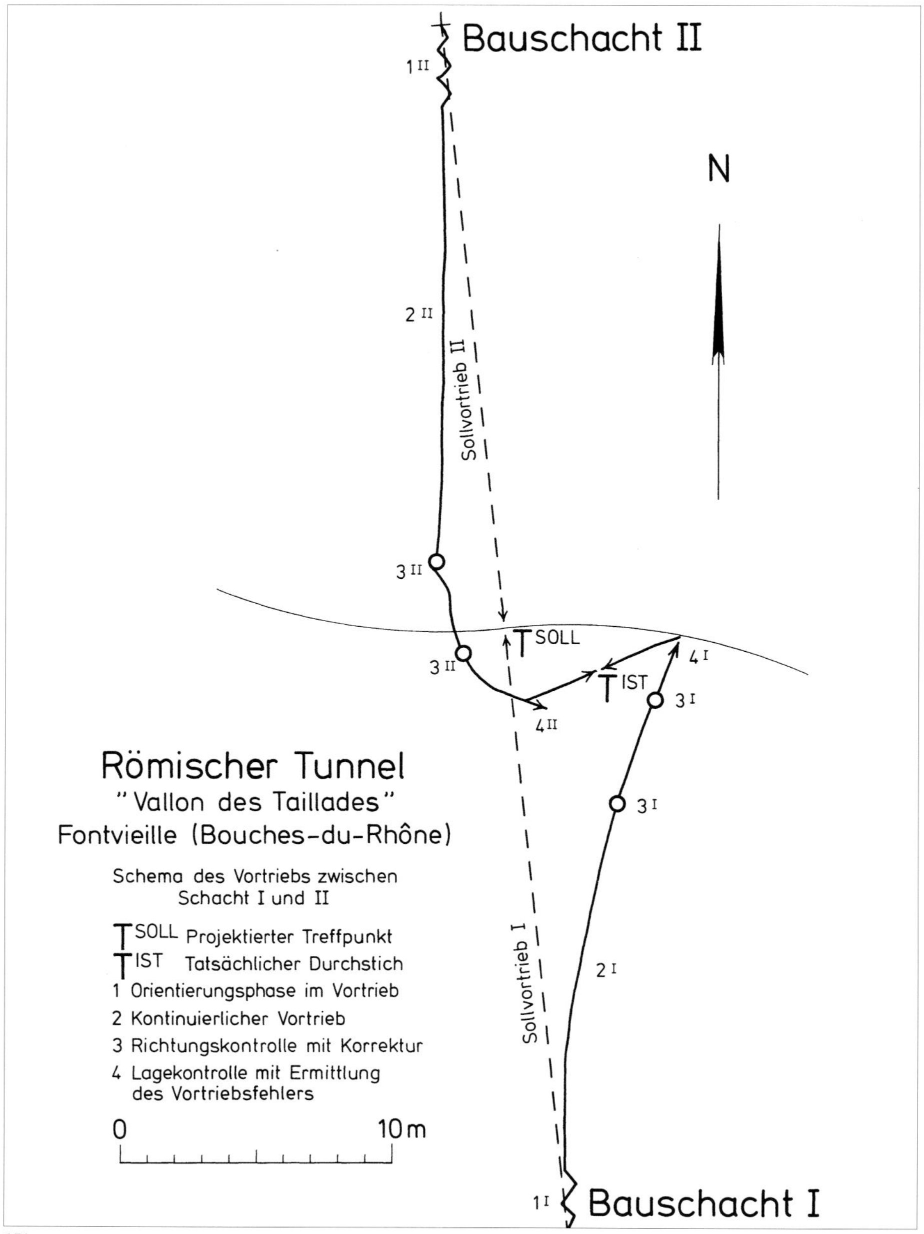

151

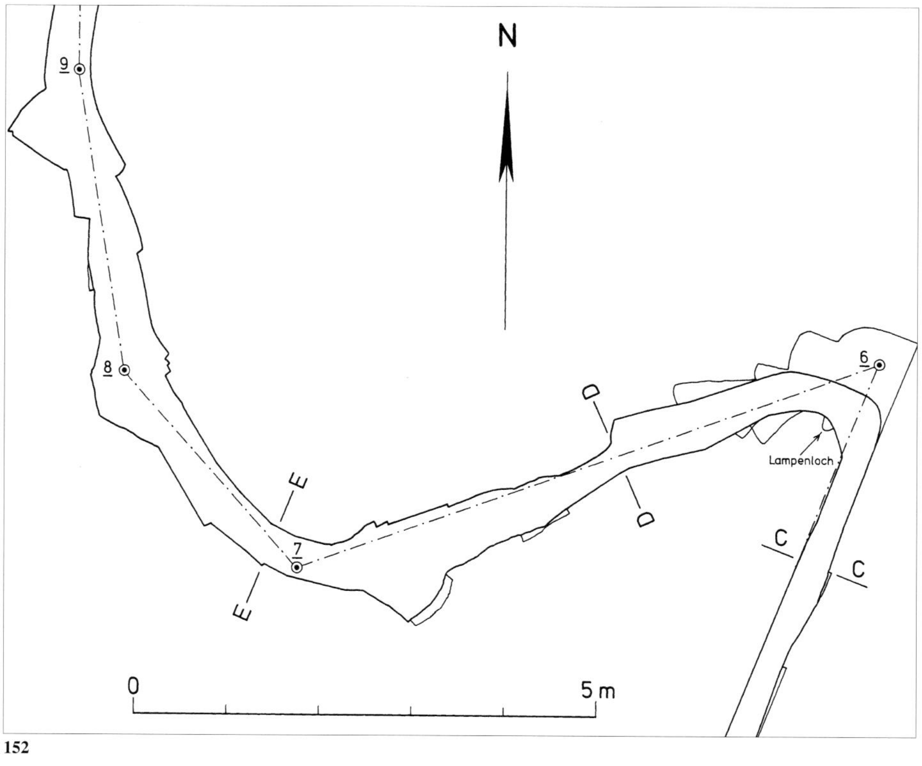

152

mußte man eine seitliche Abdrift von 3 m konstatieren und auch hier wieder durch einen Querschlag ausgleichen.

Auch von Schacht III aus scheint man nur in südlicher Richtung gearbeitet zu haben, darauf deuten die im nördlich anschließenden Tunnelteil schon unmittelbar hinter dem Schacht erkennbaren Richtungskorrekturen hin. Diese scheinen daher zu rühren, daß man den Richtungsfehler des von Norden kommenden vierten Bauloses auszugleichen hatte. Ganz ohne Zweifel läßt sich das allerdings nicht nachweisen, da der Tunnel zwei Meter hinter dem Mittelpunkt von Schacht III endet, weil er hier von der südlichen Steilkante des modernen Steinbruchs abgeschnitten worden ist.

Durch diese Störung ist es auch unmöglich geworden, die ehemalige Gesamtlänge des Tunnels und die Lage seines nördlichen Mundlochs zu bestimmen. Es ist aber durchaus anzunehmen,

***Abb. 151** Fontvieille (Frankreich), Les Taillades-Tunnel. Der Schemaplan der Bauausführung zeigt, daß die Vortriebsstrecken von zwei Bauschächten (I und II) aus kontinuierlich aufgefahren waren, ehe man im Bereich des projektierten Treffpunktes die ersten Kontrollmessungen vornahm. Der dabei festgestellte Richtungsfehler wurde durch einen Querschlag ausgeglichen.*

***Abb. 152** Fontvieille (Frankreich), Les Taillades-Tunnel. Der Bereich des Querschlags zwecks Ausgleichs des Vortriebsfehlers im Bereich des Treffpunktes zwischen den Bauschächten I und II. Deutlich erkennbar die ständigen Richtungskorrekturen im Vortrieb, bis man sich bei D-D traf.*

***Abb. 153** Fontvieille (Frankreich), Les Taillades-Tunnel. Eine der Lampennischen.*

***Abb. 154** Fontvieille (Frankreich), Les Taillades-Tunnel. Die engste Stelle im Tunnelprofil stellt den Durchschlagpunkt dar; Blick aus dem Baulos I. Nach geglücktem Durchschlag wurde das Profil nur auf das Mindestmaß erweitert.*

***Abb. 155** Fontvieille (Frankreich), Les Taillades-Tunnel. Die Durchschlagstelle aus Baulos II gesehen.*

***Abb. 156** Fontvieille (Frankreich), Les Taillades-Tunnel. Das letzte Stück des Bauloses II vor dem Treffpunkt. Der Streckenabschnitt zeigt mehrere Richtungskorrekturen.*

***Abb. 157** Fontvieille (Frankreich), Les Taillades-Tunnel. Profilplan; jeweils in den Treffpunktbereichen (D und H) sind die engsten Profile zu finden.*

daß in der Bauweise der Baulose I bis III auch die weiteren Baulose gebaut waren.

Der archäologische Befund legt dar, daß man offensichtlich von jedem Bauschacht nur in einer Richtung vorgetrieben hat. Diese Anordnung des Baubetriebs hatte den Vorteil, daß man das anfallende Aushubmaterial nach über Tage befördern konnte, ohne sich unter den Bauschächten gegenseitig zu behindern. Es ist weiterhin anzunehmen, daß man auf der gesamten Tunnelbaustelle in allen Baulosen gleichzeitig gearbeitet hat, darauf deuten zumindest die gleichlangen Baulose I und II hin.

Nach einem letztendlich und glücklich erfolgten Durchschlag zwischen den letzten beiden Baulosen war der Tunnel vollendet. Nun mußte nur noch der oberhalb von Schacht I stehengebliebene Damm abgetragen werden, damit das im Talkessel angesammelte Wasser abfließen konnte. Dazu durchstieß man den Damm mit einem Graben, den man Schicht für Schicht in das Erdreich eintiefte, bis man auch hier das Niveau der Tunnelsohle erreicht hatte.

Die heutige Plattenabdeckung des intakten Abflußgrabens mag neuzeitlich sein, um den Feldweg zur Mas des Tailades darüber hinwegzuführen; es ist aber wahrscheinlich, daß man hier auch in der Antike schon eine Überführung geschaffen hatte. Zumindest ist sicher, daß die zwischen der landwirtschaftlich genutzten Fläche des Talkessels und der Felswand bestehende Geländeterrasse, auf der heute der Feldweg verläuft, schon in römischer Zeit bestanden hat. Die in der Felswand angebrachten Reliefs sind ein eindeutiges Indiz dafür, daß zumindest in nachrömischer Zeit hier keine Abschrotungen mehr vorgenommen worden sind.

Das Profil des Tunnels ist nicht über seine gesamte Länge einheitlich (Abb. 157). Mittels Lichtschnittverfahren wurden im Sommer 1989 einige besonders prägnante Lichtraumprofile ermittelt, die zeigen, daß sich die lichten Maße sowohl in der Breite als auch in der Höhe sehr verändern (Profile A–J). In den Treffpunkten zwischen den Baulosen I und II, wie auch im Treffpunkt zwischen II und III, hat der Tunnel Profile, die gerade Raum für das Hindurchkriechen eines ausgewachsenen Mannes freilassen. Außerdem sind lediglich die Baulose I und III begehbar, während das Baulos II nur durchkrochen werden kann. Auch die Verringerung der lichten Bauwerksmaße in den Durchschlagpunkten scheint ein Hinweis darauf zu sein, daß dieser Tunnel Entwässerungszwecken gedient hat. In diesem Fall war nämlich der Tunnel nicht weiter auszubauen, wie es für die Installation einer Trinkwasserleitung üblich gewesen wäre. Auch das Gefälle mußte für einen Entwässerungstunnel nicht mit der gleichen Exaktheit angelegt werden, wie es für einen Trinkwasserkanal notwendig gewesen wäre.[205]

Im Inneren des Tunnels fallen in den Wandungen einige Besonderheiten auf. Dazu gehören die durch Richtungskorrekturen sichtbaren Versprünge und be-

153

154

155

156

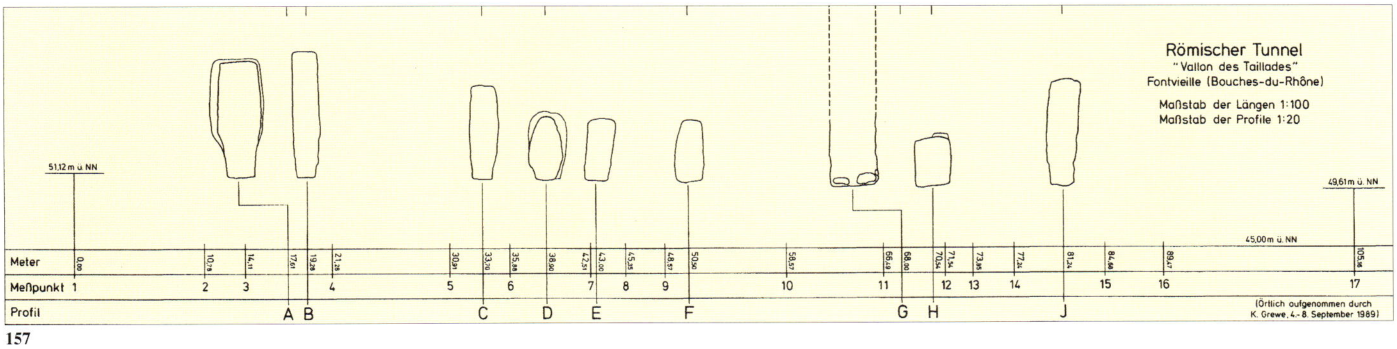

157

sonders die Ausbuchtung am Ende des Bauloses I: Hier mußte, um mit dem Korrektur-Querschlag das Baulos II zu erreichen, die Trasse im spitzen Winkel nach links abknicken; die Ausbuchtung in Verlängerung des Bauloses I verschaffte dem Tunnelarbeiter den erforderlichen Arbeitsraum. Auffällig ist in manchen Profilen auch eine Vergrößerung des Querschnitts in den oberen Bereichen. Das kann seine Ursachen in einer nachträglichen Eintiefung für die Sohle gehabt haben, wahrscheinlicher ist aber, daß sich der Tunnelarbeiter hier einen günstigeren Arbeitsraum geschaffen hat, um größere Schulterfreiheit zu haben.

Insgesamt betrachtet, zählt der Tunnel von Les Taillades zwar zu den vielen gleichartigen Bauwerken, die in römischer Zeit zu Entwässerungszwecken oder für die Trinkwasserversorgung errichtet worden sind. Da der Tunnel aber mit dem kleinstmöglichen Querschnitt errichtet worden ist, läßt sich die Trassenführung besonders gut erkennen. Da er darüber hinaus keine Nacharbeitungen erfahren hat, liegt hier praktisch ein Rohtunnel vor uns, der über das Stadium der durch Querschläge verbundenen Suchstollen nicht hinaus bearbeitet worden ist. Ein solcher Befund ist für die technikgeschichtliche Forschung deshalb ein Glücksfall, weil an den Knicken und Versprüngen des Tunnels keinerlei Retuschen angebracht wurden und somit sämtliche Fehler des Vortriebs sichtbar geblieben sind. Da es sich um einen Entwässerungstunnel handelt, fehlen auch die für den Aquädukttunnel üblichen Einbauten, womit auch auf diese Weise der Einblick in die Technik des Bauwerks nicht verdeckt worden ist (Abb. 153).

Wenn man davon ausgeht, daß der geplante Bau exakt auf der Verbindungslinie zwischen jeweils zwei Bauschächten erfolgen sollte, ist der tatsächlich ausgeführte Vortrieb mit seinen Abweichungen von dieser Idealtrasse sehr auffällig. Daraus den Schluß zu ziehen, hier seien laienhafte Baumeister am Werk gewesen, ist deshalb aber nicht von vornherein zulässig, denn hinter dieser Vorgehensweise kann durchaus eine Strategie stecken: Möglicherweise hat man nach der ersten Vortriebsabsteckung nicht in gewissen Abständen seine Orientierung überprüft, wie es an anderen Orten anhand der ständig durchgeführten Richtungskorrekturen erkennbar ist, sondern hat die Stollen ohne Zwischenkorrekturen bis zu den vorausberechneten Streckenlängen aufgefahren. Erst danach hat man durch Kontrollmessungen die Abweichungen ermittelt und Korrekturen vorgenommen.

Diese Verfahrenweise scheint laienhaft, hat aber den Vorteil, ohne ständige Kontrollmessungen und Richtungsänderungen auszukommen; sie scheint darüber hinaus ohnehin nur für den Bau von Entwässerungstunneln vorstellbar, da man in einem Aquädukttunnel die hier konstatierten scharfen Knicke nicht hätte belassen können.

Schweiz

Der Hagneck-Tunnel (Hagneck)

Von dem im folgenden behandelten Tunnel ist heute als Befund nichts mehr vorhanden. Statt dessen existiert hier ein tiefer Geländeeinschnitt, der eine Entwässerung des Aare-Hagneck-Kanals (Abb. 158) in den Bieler See ermöglicht. An gleicher Stelle war man schon 1858 bei der Anlage eines Torfstollens auf einen mit Holz verbauten Stollen getroffen, der beim Bau des Hagneck-Durchstichs 1874 noch einmal angeschnitten wurde. Dabei konnte er genauer untersucht werden und erwies sich als Rest eines in Qanatbauweise errichteten Tunnels (Abb. 159), denn außer dem Tunnelgang

158

konnten auch einige der alten Bauschächte gefunden werden.[206]

Der Tunnel hatte einen Querschnitt von 2,1 m Höhe und maximal 1,2 m Breite. Zum Erstaunen des Bearbeiters war der hölzerne Ausbau des Tunnels in Form einer doppelten Türstockzimmerung streckenweise noch erhalten (Abb. 160).

Die kreisrunden Bauschächte hatten Abstände von 40 m bis 45 m und ihre größte Teufe lag bei 25 m. Ihr Durchmesser betrug 1,2 m. Bei den Arbeiten des 19. Jhs. wurden etwa zwei Drittel der gesamten Tunnelstrecke freigelegt, wobei man auf insgesamt sechs Bauschächte traf. Aufgrund des durchfahrenen Geländes ließ sich ein Tunnel mit einer Gesamtlänge von 670 m mit etwa 15 Bauschächten rekonstruieren. Der gewundene Verlauf der Tunneltrasse legt die Vermutung nahe, man habe sich auch hier dem Gelände angepaßt, um möglichst kurze Bauschachtteufen zu erreichen. Einzelfunde in Form von einem Bronzekessel, einem Terrakotta-Krug und einer Kelle aus Eisen lassen für die zeitliche Zuordnung nur die Römerzeit in Frage kommen.

Die Existenz eines rezenten Abzugskanals führt bezüglich der Zweckbestimmung für einen römischen Tunnel an dieser Stelle sofort in die gleiche Richtung. Obwohl auch andere Erfordernisse für den Bau eines Tunnels in Frage kommen könnten. In der Diskussion sind Zweckbestimmungen als Tunnel für die Entwässerung (Emissar) des Hagneck-Mooses, als Aquädukttunnel und als Tunnel für die Entwässerung der Begleitgräben einer Römerstraße.

Das Fehlen einer Wasserleitungsrinne im Tunnelprofil war schon v. Fellenberg aufgefallen, wodurch eine Zuordnung des Tunnels als Aquädukt eigentlich von vornherein auszuschließen ist. Im Tunnel einen Emissar für das Hagneck-Moos zu sehen, fiel deshalb schwer, weil das Tunnelniveau höher liegt, als die Oberfläche des zu entwässernden Geländes. Aus diesem Grunde kam die Zweckbestimmung Straßenentwässerung zustande. Da allerdings nicht einmal sicher ist, ob die in Frage kommende Straße überhaupt römischen Ursprungs ist, erscheint die Diskussion in dieser Richtung eher müßig.

Die für einen Emissar sprechenden Gründe sind nicht von der Hand zu weisen, weshalb diese Zuordnung auch von den meisten Autoren vertreten wird. Es wird dabei darauf verwiesen, daß viele Emissare nicht für die Trockenlegung von Gewässerflächen gebaut wurden, sondern lediglich für die Seespiegelabsenkung bei gleichzeitigem Hochwasserschutz. Ob im Bereich des Hagneck-Mooses ehemals ein See vorhanden war und welchen Wasserstand dieser aufwies, läßt sich ohne weitere Forschungen allerdings nicht sagen. Aus diesem Grund wären weitergehendere Ermittlungen mit modernen Mitteln durchaus wünschenswert.

Türkei

Der Duruca Göl-Tunnel bei Dikilitaş

Der kleine Tunnel zur Wasserspiegel-Absenkung der Duruca-Sees[207] soll in dieser Arbeit nicht fehlen. Dieser Tunnel hat alle Merkmale eines antiken Emissars und dazu noch den Vorteil, daß alle Elemente dieses Bauwerkstypus offenliegen.

In den Bergen oberhalb des abgelegenen Dorfes Dikilitaş[208] liegen zwei kleinere Seen, der Duruca Göl und der Sülüklü Göl. Letzerer wurde durch einen Abfluß-

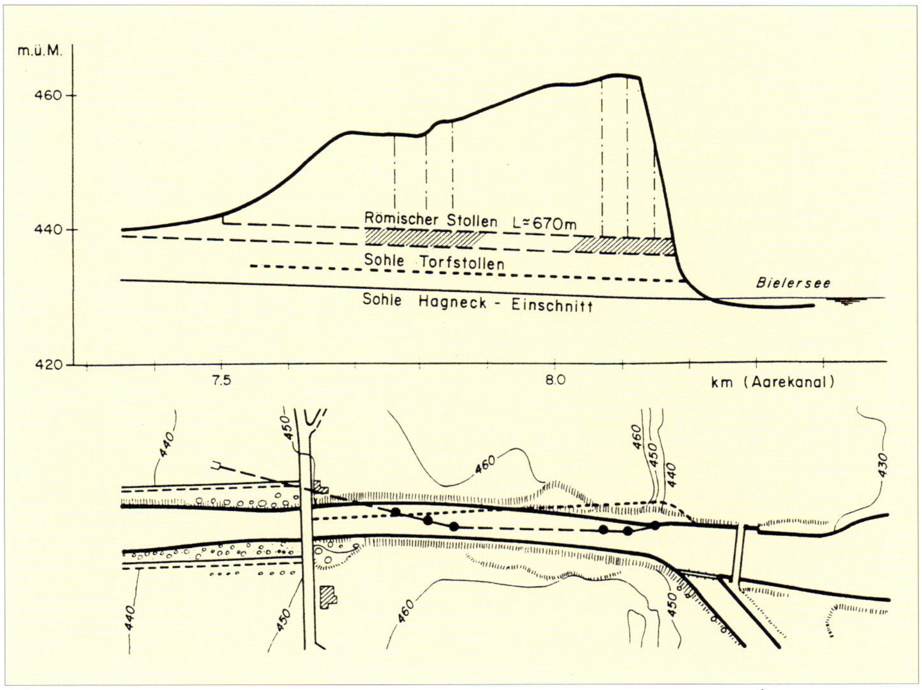

159

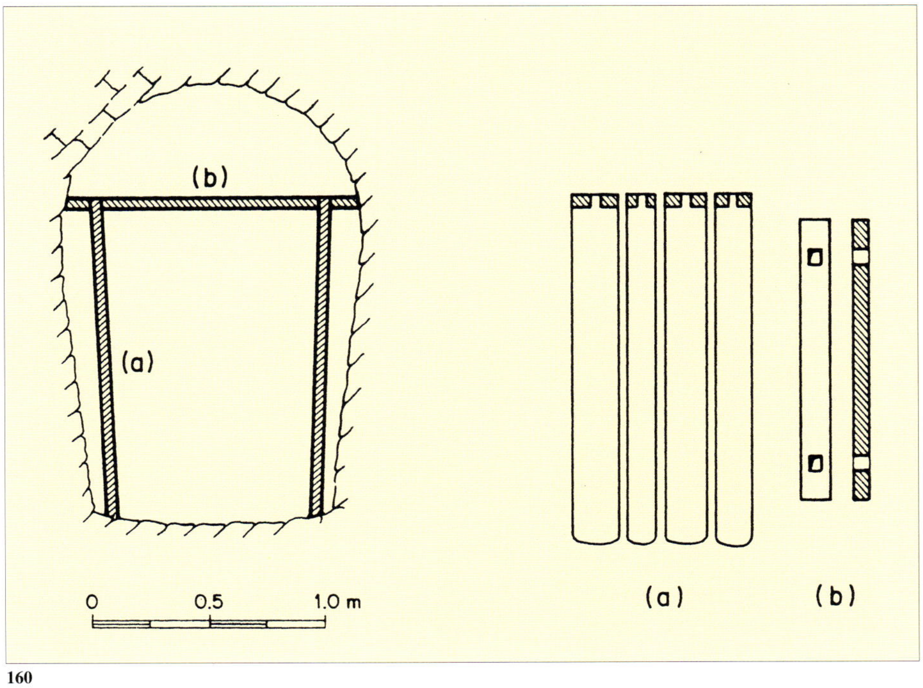

160

Abb. 158 Hagneck-Tunnel (Schweiz). Der Aare-Hagneck-Kanal durchschneidet einen Bergrücken an der gleichen Stelle wie sein römischer Vorgängerbau.

Abb. 159 Hagneck-Tunnel (Schweiz). Grundriß und Längsschnitt (aus: Fellenberg 1875).

Abb. 160 Hagneck-Tunnel (Schweiz). Tunnelquerschnitt mit streckenweise vorgefundenem Holzausbau: (a) Stempel, (b) Kappen (aus: Fellenberg 1875).

161

162

163

graben entwässert, der aber heute von einem modernen Staudamm überbaut ist. Der Duruca-See hingegen wird immer noch durch einen vermutlich antiken Abzugstunnel entwässert, wobei der Hauptgrund für den Bau beider Emissare in der Bewässerung der unterhalb der beiden Talkessel befindlichen Felder gelegen zu haben scheint. Auch heute noch wird das abgeleitete Wasser zu Irrigationszwecken genutzt. Am See führt ein Abzugsgraben zu einem kleinen Einlaufbauwerk (Abb. 161), wo mittels eines Schützes der Wasserabfluß zu regeln ist.

Der anschließende Tunnel ist nach allen Regeln der Kunst gebaut. Er hat zwar nur einen kleinen Querschnitt von ca. 0,5 m Breite und ca. 1 m Höhe, ist aber mit Großsteinquadern sauber ausgemauert und mit Steinplatten abgedeckt (Abb. 162). Seine Länge ist nicht bedeutend, sie dürfte grob geschätzt kaum mehr als 300 m betragen.[209]

Der Tunnelverlauf ist im äußeren Hang des Kesselrandes anhand der Öffnungen einiger Bauschächte gut zu verfolgen. Mit Erreichen des unterhalb liegenden Tales tritt der Tunnel wieder an das Tageslicht (Abb. 163). Ein anschließender Graben führt das Wasser ab und dient seiner Verteilung über die Felder.

Griechenland

Der Kephalari-Tunnel in der Kopais

Abschließend zum Thema Tunnelbauten für Seeabsenkungen und Drainagen soll noch ein Bauwerk angeführt werden, das durch große Bauwerksdimensionen auffällt, aber nicht fertiggestellt worden ist.[210]

Durch ein gleichermaßen raffiniertes wie technisch aufwendiges Kanalsystem war es den Minyern (zwischen 1600 und 1200 v. Chr.) gelungen, die winterlichen Hochwasser im Kopais-See bezüglich ihrer Wasserspiegelhöhe zu begrenzen. Damit war im Kopais-Becken Raum geschaffen für die Anlage von Siedlungen und für die Landwirtschaft. Das Hochwasser wurde über künstlich angelegte Kanäle, die zu den im Karstgebiet natürlich entstandenen Katavothren[211] führten, abgeleitet.

In der Nordostbucht des Kopais-Sees befinden sich die Reste eines begonnenen, aber nie fertiggestellten Tunnels, der mit dem Ziel der Hochwasserableitung begonnen worden sein könnte. Dieser Tunnel gibt bis heute das Rätsel seiner Urheberschaft auf. Vom Tunnel sind 16 Schächte mit unregelmäßigen Schachtabständen zwischen 64 m und 203 m im Gelände erkennbar, insgesamt ist eine Strecke von 1750 m in Angriff genommen worden. In den teilweise nicht fertiggestellten und auch wieder verfüllten Schächten sind nachträglich Teufen von bis zu 60 m (mehrere Schächte mit ca. 25 m Teufe) gemessen worden, sie haben quadratische Querschnitte von mindestens 1,5 m x 1,5 m.

Im Jahre 1985 wurde einer der Bauschächte genauer untersucht und dabei festgestellt, daß sein Querschnitt sich in drei Schritten von oben nach unten verengt und zwar ausgehend von 2,10 m x 2,10 m in zwei Absätzen von 0,15 m. Übereck befinden sich in zwei Wandungen herausgearbeitete Bühnlöcher, in die man Strebebalken als Kletterhilfen zur Befahrung des Schachtes eingelegt haben dürfte. Der Sprossenabstand beträgt uneinheitlich zwischen 0,5 m und 0,6 m.[212]

Der Tunnelbau ist offensichtlich sehr beherzt in Angriff genommen worden, denn einige Merkmale deuten auf nachlässige Kontrollen während der Bauzeit hin. Am auffälligsten in dieser Hinsicht ist, daß einige Schächte tiefer als notwendig abgeteuft wurden und andererseits, daß zweimal mit den Stollenvortrieb begonnen wurde, ehe die planmäßige Teufe erreicht war. Der Tunnel zieht sich, am äußersten Rand der Ebene beginnend, in einer gestreckten S-Form (Abb. 164) über den Kephalari-Paß nach Nordosten. Die Abschnitte zwischen den Bauschächten sind geradlinig, wobei in einigen Abschnitten mehrere Baulose auf einer Geraden liegen. Die Schachtöffnungen liegen allerdings nicht exakt auf der Sattellinie des Passes, sondern seitlich etwas versetzt, damit die Bauarbeiten nicht durch eindringendes Regenwasser behindert werden konnten. Einige der Schächte sind nicht bis zur erforderlichen Teufe ausgehoben worden, also fehlt im entsprechenden Abschnitt auch die Tunnelverbindung; das Bauwerk blieb unvollendet.

Seit der ersten Beobachtung dieses Bauwerks bei seiner Wiederentdeckung im Jahre 1805 ist die Zweckbestimmung, aber noch mehr die Urheberschaft in der Diskussion. Anfangs wurde angenommen, durch die Schächte sollte eine eingestürzte Katavothre ausgeräumt werden, es wurde aber schon bald klar, daß hier ein Tunnel zur See-Entwässerung geplant war.

In der wissenschaftlichen Literatur werden als Bauherren vor allem die Minyer[213] und die Makedonier[214], aber auch die Römer[215] genannt. Eine um 300 v. Chr. datierte Inschrift[216], die einen Vertrag zwischen der Stadt Eretria und einem Unternehmer über die Durchführung eines Tunnelbaus zur Ableitung und Trockenlegung eines Sees von Ptechai beinhaltet, hilft nicht unbedingt weiter, da der hier für den Tunnelbau angesprochene Ort Ptechai sich nicht zuordnen läßt. Ließe sich diese Inschrift eindeutig auf den Tunnelbauversuch am Kephalari-Paß beziehen, so wäre die Diskussion um die Zeitstellung damit erledigt, und die Makedonier (vielleicht mit Krates als Ingenieur Alexanders d. Gr.) als Baumeister belegt. Es bleiben also neben den Makedoniern die Minyer und auch die Römer weiter in der Diskussion.

In jüngster Zeit wird die Minyer-Theorie präferiert und dabei vermutet, daß der Abfluß des Sees durch den Einsturz der natürlichen Katavothre eingeengt oder verstopft war und man durch den Bau dieses Tunnels einen künstlichen Seeabfluß herstellen wollte.[217] Dabei wird die Bauzeit an das Ende der Minyer-Epoche (Anfang 12. Jh. v. Chr.) gelegt, und es ist kein Hinderungsgrund, daß man den Tunnel in dieser Zeit hätte mit Bronzewerkzeugen bauen müssen, da auch in dieser Zeit größere Felsarbeiten für den Grab- oder auch den Kanalbau getätigt worden sind.

Aber auch der Theorie, diesen Tunnelbau den Römern zuzuschreiben, könnte man durchaus begründete Fakten zugrundelegen, denn es gibt hadrianische Inschriften, die den Hochwasserschutz am Zulauf der Kopais betreffen. Leider gibt es keine, die sich direkt auf einen Tunnelbau beziehen. Daraus allerdings zu schließen, diesen Tunnelbauversuch Hadrian nicht zuschreiben zu können, ist nicht unbedingt haltbar, denn man könnte dagegenhalten, daß eine solche Inschrift

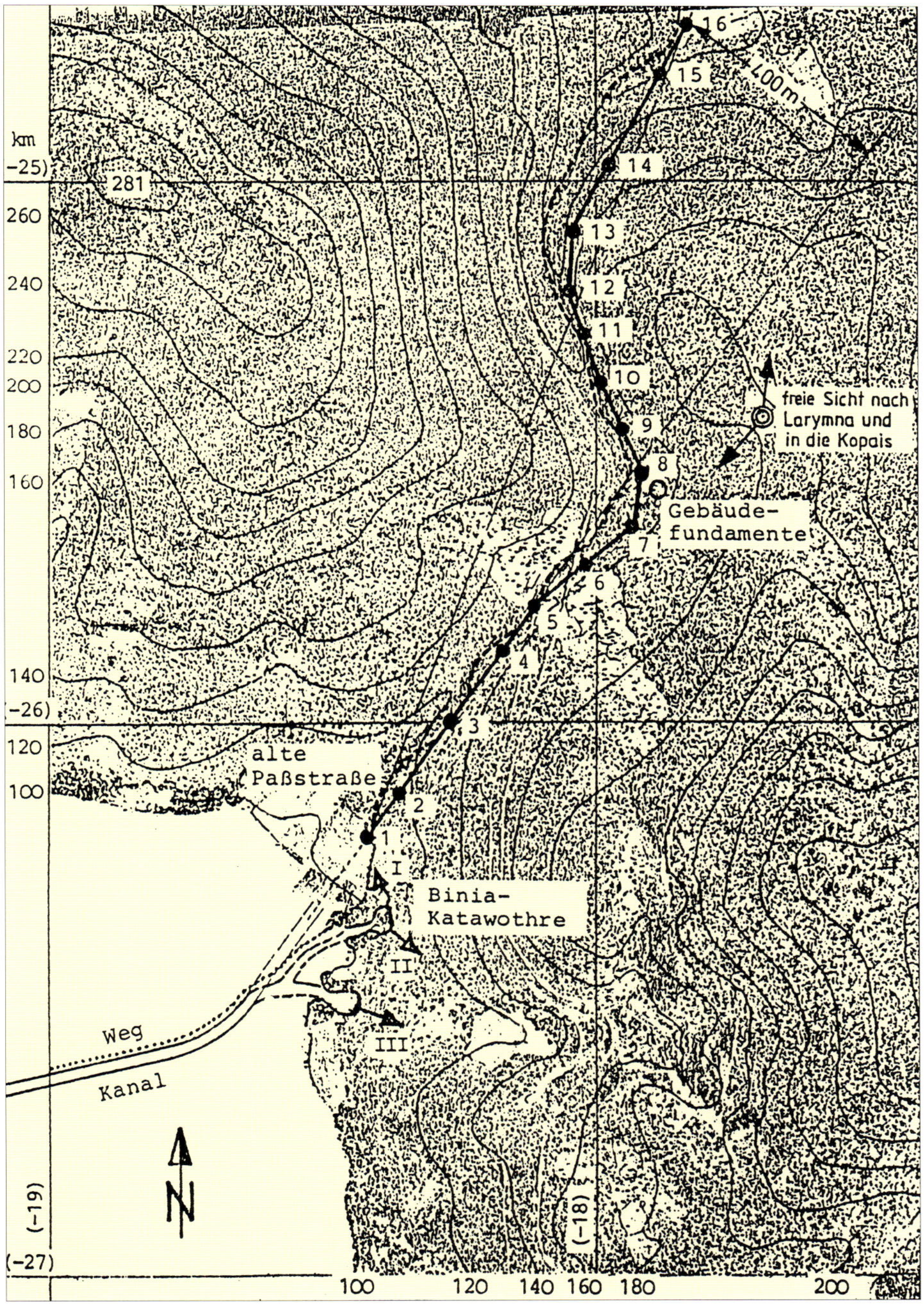

164

Abb. 161 Dikilitaş (Türkei), Duruca Göl-Tunnel. Der entwässerte See mit dem Abzugsgraben und dem Einlaufbauwerk des Tunnels.

Abb. 162 Dikilitaş (Türkei), Duruca Göl-Tunnel. Blick in den sorgfältig gemauerten Tunnel.

Abb. 163 Dikilitaş (Türkei), Duruca Göl-Tunnel. Im Tal unterhalb des Sees tritt der Tunnel wieder an das Tageslicht; der letzte Tunnelabschnitt ist anhand der Öffnungen einiger Bauschächte gut zu verfolgen.

Abb. 164 Kopais (Griechenland). In der Nordostbucht des Beckens liegt auf der Sattellinie des Kephalari-Passes eine Reihe von Bauschächten des Tunnels (aus: Knauss 1990, Abb. 2.31).

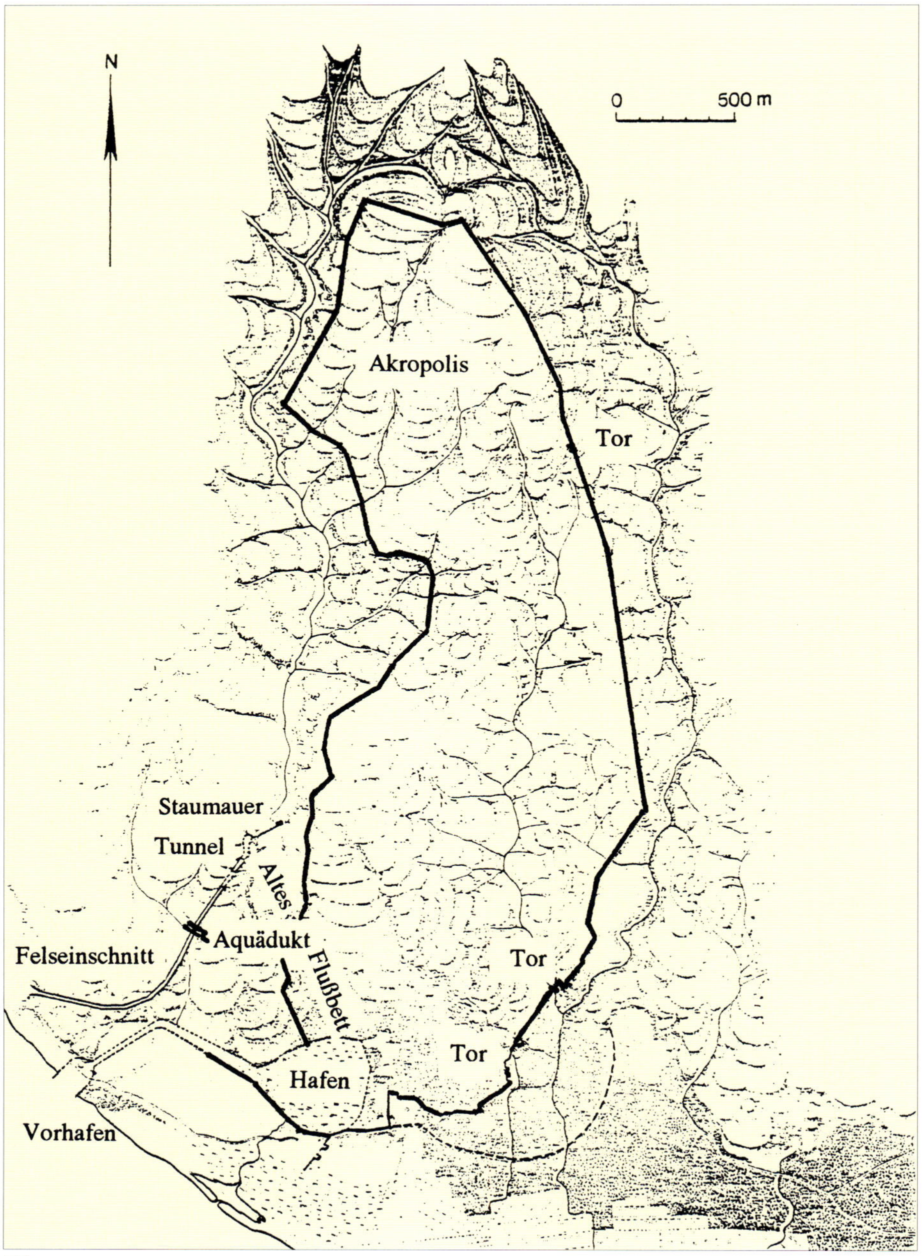

165

166

natürlich erst nach der Fertigstellung des Bauwerks angefertigt worden wäre. Da der Tunnel nie fertig geworden ist, gab es auch nichts, für das der Kaiser zu rühmen gewesen wäre.

Auch aus der Linienführung des Tunnels zwangsläufig auf die Minyer zu schließen, ist leichtfertig. Denn, daß man der niedrigsten Linie über den Berg gefolgt ist, daß man zwischen den Schächten geradlinige Strecken aufgefahren hat und daß die Trassenlinie aus der Sattellinie des Passes leicht seitwärts versetzt ist, um kein Regenwasser in die Bauschächte geraten zu lassen, mag Assoziationen zum mykenischen Festungsmauerbau wecken,[218] ist aber keineswegs zwingend für eine solche Datierung. Eine zeitliche Zuordnung gerade dieser technischen Elemente des Tunnelbaus würde im Gegenteil eher in die römische Zeit weisen, denn dort gibt es viele Tunnelbauten, die genau diese Merkmale aufweisen.

So wird die Datierung des Tunnels am Kephalari-Paß noch einige Zeit in der Diskussion bleiben. Man muß, da es eine zweifelsfreie Bauinschrift am Ort nicht gibt, zugestehen, daß alle Theorien etwas für sich haben. Für die Makedonier spräche die Eretria-Inschrift, wenn sie sich schließlich doch noch mit dem Kephalari-Paß in Verbindung bringen ließe; weiterhin spräche die Zeitstellung an sich durchaus für die Makedonier, da es um 300 v. Chr. bereits die Tunnelgroßbauten von Athen, Samos und in den Albaner Bergen (s. S. 55, 58 bzw. 81) als Vorbilder gab. Für die Römer spricht die Bautechnik und die Tatsache, daß Hadrian in unmittelbarer Nähe durch Inschriften belegte Wasserbauten durchführen ließ.

TUNNELBAU FÜR FLUSS-UMLEITUNGEN

Türkei

Der Titus-Tunnel von Çevlik

Wenn man von Antakya (antiker Stadtname: *Antiochia*) dem Asi Nehri (antiker Flußname: *Orontes*) bis zur Küste folgt, kommt man nach etwa 20 km nach Samandağ, einem geschäftigen Ort voll von Handwerkerläden. Hinter Samandağ folgt Çevlik, eine verträumte Sommerfrische, die einen verschlafenen Eindruck macht und außerhalb der Saison ein wenig von der Welt vergessen zu sein scheint. Nahe beim heutigen Çevlik lag das antike *Seleukia Pieria*, die unweit der Flußmündung des Orontes gelegene Hafenstadt für Antiochia (Abb. 165).[219]

In Çevlik weist ein halb verrostetes

167

Hinweisschild den Weg zum «Titus tüneli», und schon beim Anmarsch erkennt man die Dimensionen dieser Flußumleitung in ihren ganzen Ausmaßen.[220] Man folgt einem tief in den anstehenden Fels eingeschnittenen Kanalbett, das sich eng an den Hang des Gebirges anschmiegt und dabei den Weg aus den Bergen zum Meer sucht, in entgegengesetzter Richtung. Der Felseinschnitt ist etwa 6 m breit, und bergseitig steigt die Felswand bis zu 20 m senkrecht an.

***Abb. 165** Çevlik (Türkei). Stadtplan des antiken Seleukia Pieria mit Flußumleitung (n. van Berchem 1985, 55).*

***Abb. 166** Çevlik (Türkei). Inschrift nahe der Felsbrücke in der linken Wandung des Kanalgrabens.*

***Abb. 167** Çevlik (Türkei). Kanalgraben mit antiker Aquäduktbrücke.*

Talseitig hat man eine mächtige Brüstung stehengelassen, die eine Wand von bis zu 10 m Höhe bildet. Bei günstigem Licht sieht man hier halbverwitterte Inschriften des 2. Jhs. (Abb. 166), die sich auf die Flußumleitung und damit verbundene Bau- und Erhaltungsmaßnahmen beziehen.[221] An einer Stelle bildet eine Felsbrücke die Verbindung zwischen Bergmassiv und Brüstung.

Dieser offene Kanalgraben ist ca. 635 m lang und führt nach ergiebigen Regenfällen heute noch das Gebirgswasser zu Tale. Allerdings sorgt ein Durchbruch in der Brüstung auf halber Strecke heute für eine vorzeitige Ableitung und damit dafür, daß Çevlik von diesen Wassern verschont bleibt.

Nachdem man den Bogen einer Aquäduktbrücke vermutlich römischer Zeitstellung (Abb. 167) unterquert hat, erreicht man das Herzstück der Flußumleitung: den aus zwei Teilen bestehenden Tunnel. Zur Anlage gehört noch eine mächtige Gewichtsstaumauer oberhalb der Tunnel, durch die der natürliche Lauf des Baches gesperrt wurde. Diese Doppelmauer mit Betonkern besteht aus großen Steinquadern und hat allen Angriffen des Wassers bis auf den heutigen Tag standgehalten. Sie liegt ein wenig schräg zur Talachse und leitet das Wasser in sein neues Bett.

Die Erfordernis für eine derart große Baumaßnahme ist durch die Topographie zu begründen. Hier, an einer Stelle, wo das Tal eines Gebirgsbaches sich zur Küste hin weit öffnet, fand man in der Antike das geeignete Gelände für die Gründung der Hafenstadt *Seleukia Pieria*. Während die ummauerte Stadt sich im Hang des Berges beiderseits des Baches weit nach oben ausdehnte, nutzte man den Küstenstreifen für die Anlage eines großzügigen Hafens. Das Hafenbecken war von starken Mauern umringt, wobei zur Seeseite natürlich eine Öffnung für die Schiffahrt belassen war. Vom Berg durchströmte der Gebirgsbach das Hafenbecken, doch anstatt für eine ständige Durchspülung zu sorgen, führten die vom Wasser mitgeführten Geröllmassen zu einer steten Verlandung des Hafenbeckens (Abb. 168).

Diese für den Hafenbetrieb unerwünschte Erscheinung war nur durch ein ständiges Freiräumen des Beckens zu beseitigen – oder durch den Bau einer Flußumleitung oberhalb des Hafens. Es war

168

den römischen Ingenieuren unter Vespasian (Kaiser von 69–79 n. Chr.) vorbehalten, hier für Abhilfe zu sorgen. Sie konzipierten die aus Staumauer, zwei Tunneln und offenem Graben bestehende 875 m lange Gesamtanlage für eine Umleitung des Gebirgsbaches.

Durch eine Bauinschrift (Abb. 169) sind die Auftraggeber dieses Flußumleitungssystems genau bekannt. Die Inschrift
DIVVS VESPASIANVS ET DIVVS TITUS F(aciendum) C(uraverunt)
belegt darüber hinaus die Jahre um 79 n. Chr. als Bauzeit für diese außergewöhnlichen Tunnel.[222] Der Bauinschrift können wir entnehmen, daß mit dem Bau noch unter Vespasian begonnen wurde, die Arbeiten aber möglicherweise erst nach dem Tod dessen Nachfolgers Titus (79–81 n. Chr.) abgeschlossen worden sind. Deshalb der Name 'Titus-Tunnel'. Die Bauzeit dürfte also in der Übergangszeit zwischen diesen beiden Regentschaften anzusetzen sein.

Der Wasserableitung aus dem natürlichen Gerinne diente eine respektable Talsperre. Sie hat eine Gesamtlänge von 175 m, wovon ein 49 m langer Abschnitt die eigentliche Sperrmauer darstellt. Der nordöstlich anschließende Flügeldeich mißt 126 m. Im Bereich der Talsohle hat die Talsperre eine Bauhöhe von 16 m, die allerdings heute auf der Wasserseite 12 m hoch verlandet ist. Der Querschnitt mit einer Kronenbreite von 5 m ist luftseitig zweimal leicht abgetreppt; er besteht aus einem zweischaligen Mauerwerk, das innen mit *opus caementicium* verfüllt ist. Die Steinblöcke sind auf beiden Mauerseiten unterschiedlich bearbeitet: Während sie auf der Luftseite in grobem Zustand belassen worden sind, hat man sie wasserseitig fein geglättet und in einem sauberen Mauerverband gesetzt.

Die im Grundriß leicht konkave Wölbung gegen den Wasserdruck mag dafür gesorgt haben, daß diese Talsperre bis heute überleben konnte. Als reine Gewichtsstaumauer mit relativ schmaler Mauerkrone hätte sie einer vollen Belastung vermutlich nicht standhalten können. Wegen des tief eingeschnittenen Tales nimmt die Höhe der Mauer aber zu den Flanken hin schnell ab; eine gewisse Keilwirkung mag ein übriges getan haben, denn die Mauer geht ziemlich bündig in die Wange des Zulaufgrabens zum oberen Tunnel über (Abb. 170).[223]

Dessen Bauwerkslänge wurde von der vorgegebenen Situation des zu durchfahrenden Berges bestimmt, während sein Lichtraumprofil den zu erwartenden Wassermengen anzupassen war. Mit seinen Minimalprofilen von jeweils etwa 6 m x 6 m waren diese Tunnel allerdings nicht in der Lage, Jahrhunderthochwasser zu bewältigen. Berechnungen der maximalen Leistungsfähigkeit des Tunnels ergaben etwa 70 m^3/s, ein Wert, der durchschnittlich alle zehn Jahre überschritten wurde.[224] Da die Dammkrone der Talsperre zudem um 0,85 m höher lag als die Firste im oberen Tunnelmundloch, wäre eigentlich eine Vorrichtung zur Hochwasserentlastung am Damm zu erwarten gewesen, konnte aber bisher nicht nachgewiesen werden. Die Lösung dieses Problems ist also noch offen. (Möglicherweise standen die Mar-

***Abb. 168** Çevlik (Türkei). Der ehemalige Hafen von Seleukia Pieria ist heute verlandet. Das fruchtbare Gelände wird zum intensiven Gemüseanbau genutzt.*

***Abb. 169** Çevlik (Türkei), Titus-Tunnel. Die Bauinschrift verweist auf die Kaiser Vespasianus und Titus als Bauherren (IGLS 1131).*

***Abb. 170** Çevlik (Türkei), Titus-Tunnel. Die Frontmauer der Talsperre ist mit ihrer Flanke gut in den anstehenden Fels des Zulaufgrabens zum Tunnel eingebunden.*

kierungen in Form eines Auges und einer Ritzlinie, die in der Felswand beim Mundloch des oberen Tunnels gefunden wurden, mit diesem Problem in Zusammenhang, s. u.).

Dem Tunnelbau, als Herzstück der Gesamtanlage, gilt das besondere technische Interesse. Die Flußumleitung durchstößt den Berg in drei Abschnitten. Am Anfang und am Ende des Berges befinden sich zwei 89 m bzw. 31 m lange Tunnelbauten, die über einen 64 m langen offenen Felseinschnitt verbunden sind. Alle drei Abschnitte weisen technische Besonderheiten auf, die das Ensemble von Çevlik zu einem interessanten technikgeschichtlichen Forschungsobjekt machen. Es besteht zwar auch hier wieder das Dilemma, daß keinerlei zeitgenössische Bauzeichnungen oder -beschreibungen zur Verfügung stehen, aber das Bauwerk selbst wird bei einer intensiven Untersuchung sehr 'gesprächig': Verschiedene Grundgedanken der Planung sowie einige der strategischen Schritte des Baumeisters können heute noch aus dem Bauwerk abgelesen werden und zur Entschlüsselung des antiken Bauplanes beitragen.

Erstaunlicherweise hat man den Bergdurchstich nicht auf der ganzen Trasse als ein durchgängiges Tunnelbauwerk konzipiert, sondern den Bau in die drei oben erwähnten Abschnitte unterteilt (Abb. 171). Ob diese Konzeption mit der Qualität und Tragfähigkeit des zu durchörternden Gesteins zusammenhing oder ob eine natürlich vorhandene Eintiefung im anstehenden Fels dazu den Ausschlag gab, ist ohne eine weitere geologische Untersuchung nicht zu sagen. Fest steht, daß man einen künstlichen Felseinschnitt anlegte und die dadurch entstandenen

169

170

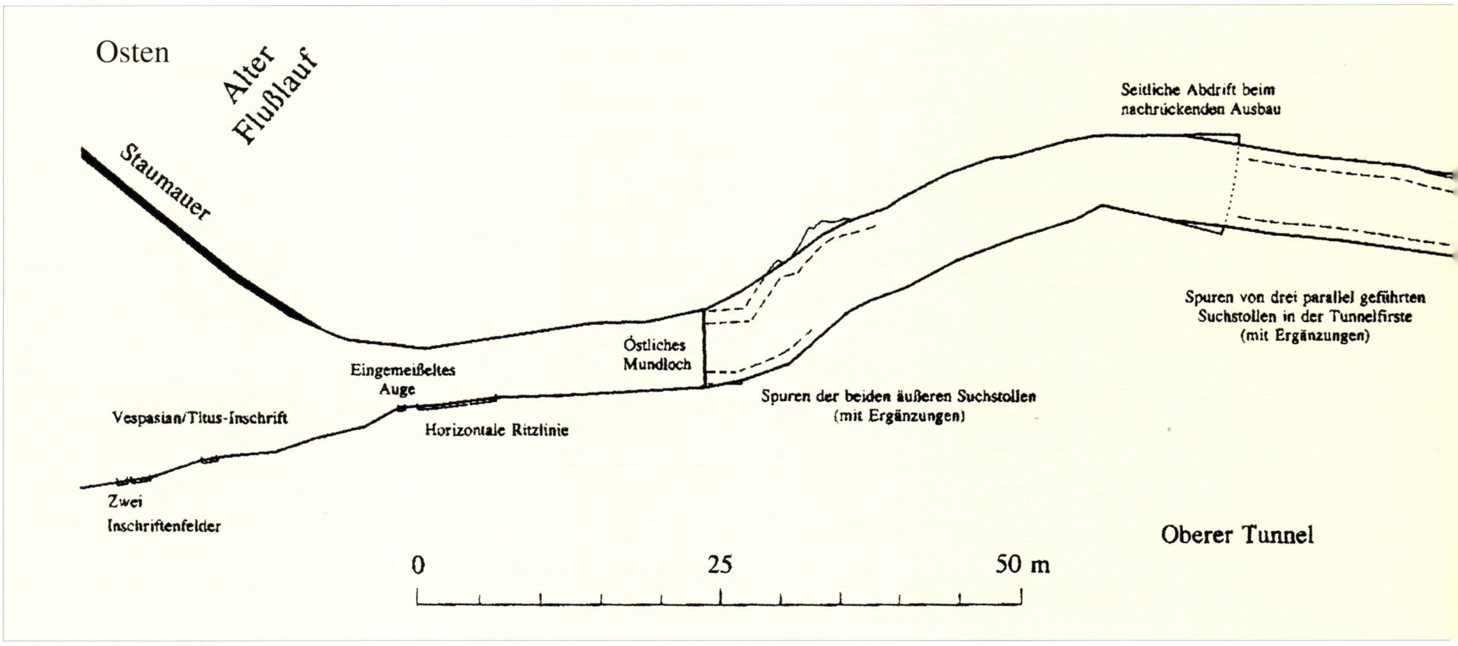

171

172

zwei Tunnelbaustellen jeweils von zwei Seiten aus in Angriff nehmen konnte (Abb. 172).

Der Felseinschnitt

Der Felseinschnitt war durch eine aus dem Fels herausgearbeitete Treppe erschlossen worden, die heute noch an der linken Wandung 'klebt' (Abb. 173). Es ist nicht klar zu sehen, ob dieser Treppengang vor dem Felseinschnitt angelegt wurde oder ob er mit dem Felseinschnitt sukzessiv tiefergelegt worden ist. Letzteres ist wahrscheinlicher, da er im anderen Falle blind in den Berg hineingeführt hätte.

Das untere Ende der Treppe ist durch Auswaschung ein wenig zerstört, liegt aber deutlich über dem Niveau der Sohle der Flußumleitung; die erste als solche erkennbare Stufe liegt gar in einer Höhe von 5,6 m über Grund. Dieser Umstand hat sicherlich mit dem Baubetrieb auf dieser Baustelle zu tun: Man legte den Felseinschnitt als erstes offensichtlich nur bis zu einer Tiefe an, die dem oberen Bereich der von hier aufzufahrenden Tunnelbaulose entsprach, also dem Niveau der Suchstollen, mit denen man die beiden Tunneldurchschläge sozusagen probte. Nachdem die Durchschläge zwischen den Suchstollen in beiden Baustellen gelungen waren und die Probetunnel auf die Breite der ersten Strossen ausgebaut worden waren, konnte das bei der folgenden Tieferlegung anfallende Abraummaterial durch die Mundlöcher nach draußen befördert werden, und die Treppe verlor ihre Zweckbestimmung (Abb. 174).

Die Oberflächen der Wandungen im

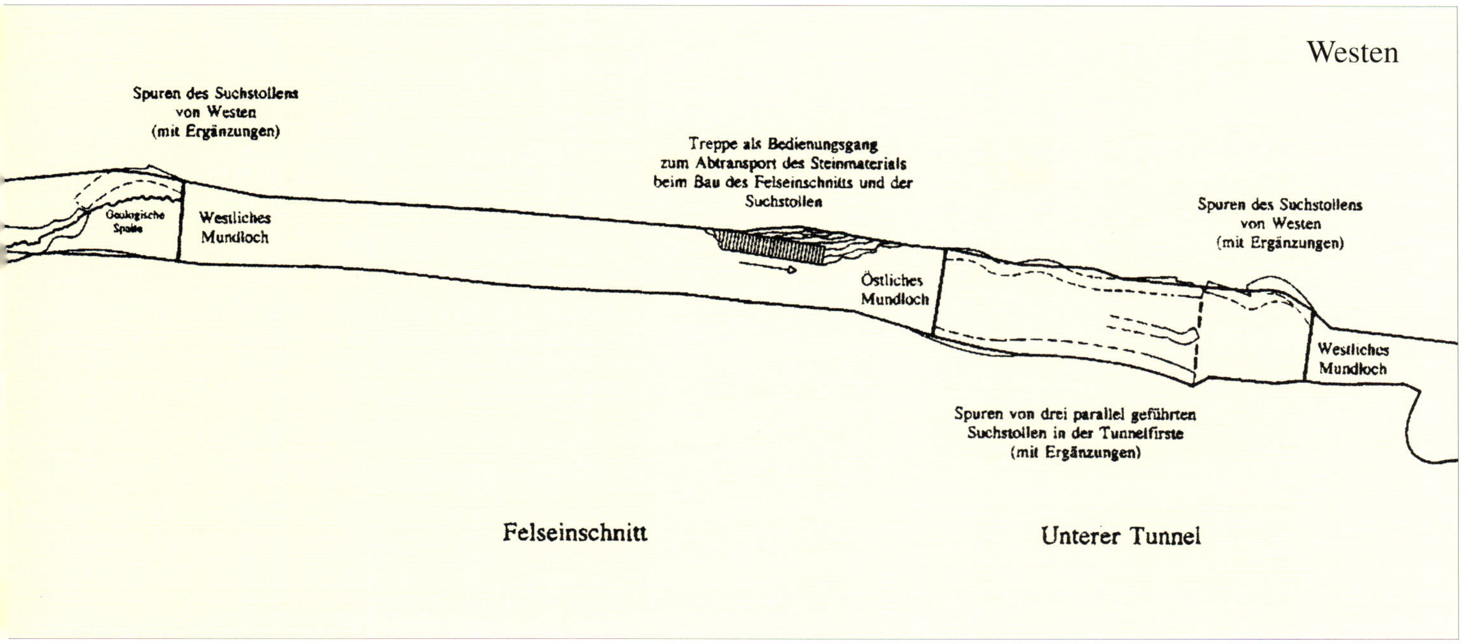

Bereich des Felseinschnitts belegen eine quälitätvolle Steinbruchtätigkeit, so daß man an eine abschließende durchgängige Überarbeitung der Wandflächen denken könnte. Da das aber den Einbau eines Gerüstes über die gesamte Höhe erfordert hätte, erscheint eine solche Annahme unwahrscheinlich. Die Wandungen müssen also schon während der sukzessiven Niederlegung des Felseinschnitts geglättet worden sein. Schließlich ist auch der Erhalt der nach erfolgtem Durchschlag nutzlos gewordenen Felstreppe in der südlichen Wandung ein Beleg für eine nicht vorgenommene Überarbeitung.

Oberer Tunnel

Der obere Tunnel hat einen leicht gewundenen Verlauf. Sein oberes Mundloch zeigt in etwa das Tunnelprofil an, das über weite Strecken einen hufeisen-

***Abb. 171** Çevlik (Türkei), Titus-Tunnel. Lageplan der beiden Tunnel mit dem verbindenden Felseinschnitt.*

***Abb. 172** Çevlik (Türkei), Titus-Tunnel. Der Felseinschnitt vom unteren Tunnel aus gesehen.*

***Abb. 173** Çevlik (Türkei), Titus-Tunnel. Eine aus dem Fels herausgearbeitete Treppe diente ehemals als Bedienungsgang für die Arbeiten im Felseinschnitt. Nach dem Durchschlag der Probetunnel konnte das Abraummaterial leichter abtransportiert werden; die Treppe verlor für die weiteren Arbeiten ihre Bedeutung und wurde aufgegeben. Sie endet deshalb 5,6 m über der Sohle des Felseinschnitts.*

173

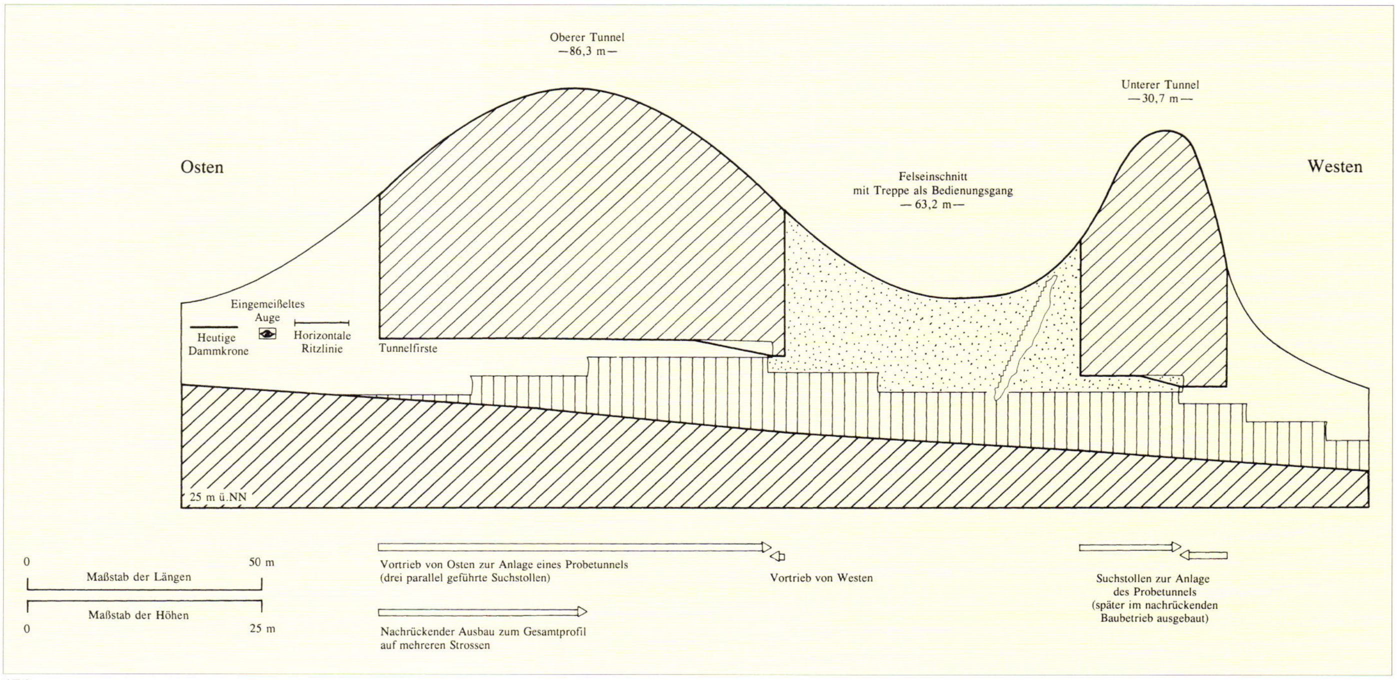

174

175

förmigen Querschnitt hat. Zum Mundloch führt ein offener Graben, der als Felseinschnitt mit der Breite des anschließenden Tunnels angelegt worden ist. Seine Länge war von der Tragfähigkeit des zu durchfahrenden Gesteins abhängig, denn mit dem Tunnel konnte man erst bei ausreichender Überdeckung beginnen. Dieser offene Kanalgraben ist gut 50 m lang und mit seiner linken Flanke an die Staumauer bündig angeschlossen. In der rechten Wand des Zulaufgrabens sind mehrere Inschriftenfelder zu sehen, von denen allerdings nur das mit der Bauinschrift ausgefüllt ist. Die anderen sind entweder nicht beschriftet worden oder man hat die Beschriftung entfernt, denn man kann in einem Fall die Dübellöcher der Befestigung einer Platte sehen. In größerer Höhe sind zwei merkwürdige Steinbearbeitungen zu sehen (Abb. 175). Eine davon stellt ein reliefiertes Auge (Abb. 176) dar, das in einem rechteckigen Feld in etwa 5,2 m Höhe angebracht ist. Noch einmal 1,5 m höher verläuft in Richtung zum Tunnel eine 6,5 m lange horizontale Ritzlinie (Abb. 177). Möglicherweise ist hierin eine Höhenangabe für den Tunnelbau zu sehen, eine solche Zweckbestimmung ist in römischen Bauwerken nicht unwahrscheinlich. Weiterhin ist denkbar, daß in diesen Zeichen Hochwassermarken zu sehen sind.[225]

Deutlich erkennbar ist die Anlage eines Probetunnels vor dem Bau des Gesamtprofils. Allerdings erkennt man die Spuren der Suchstollen nicht im gesamten Tunnelverlauf, sondern nur noch im Bereich der Wandung unmittelbar unter der Firste und in der Firste im Treffpunktbereich.

Gleich beim östlichen Tunnelmundloch erkennt man einen fehlerhaften Vortrieb in der rechten Wandung, bald darauf die gleiche Situation in der linken Wandung, wo man mehrfach hintereinander gestaffelt Richtungskorrekturen vorgenommen hat. Die Lage dieser Korrekturen nur in einem Bereich der Wandung von max. 1,5 m unterhalb der Firste macht klar, daß diese Spuren nur beim Vortrieb der Suchstollen entstanden sein können.

Etwa auf halber Länge des Tunnels vollzieht dieser einen deutlichen Knick nach rechts. Kurz nach dem Knick erkennen wir die gleiche Situation wie beim Mundloch: Im Höhenbereich des Suchstollens unterhalb der Firste deutliche Ausbuchtungen in den Tunnelwandungen auf beiden Seiten. Hier ist man offensichtlich auf beiden Seiten zu weit nach außen abgedriftet und mußte den weiteren Vortrieb entsprechend zurücknehmen. Die letzten 20 m des Tunnels, der Bereich vor dem westlichen Mundloch also (Abb. 178), geben Aufschluß über die Verfahrensweise beim Vortrieb der Suchstollen. Hier befinden sich in der Firste die Spuren zweier Suchstollen, die auch hier seitlich ein wenig über die Tunnelwandung hinausreichen (Abb. 179). Zwischen den Spuren dieser beiden Suchstollen sieht man in der Mitte der Tunnelfirste noch eine weitere deutliche

176

177

178

Abb. 174 Çevlik (Türkei), Titus-Tunnel. Die Tunnel für die Flußumleitung wurden von beiden Seiten des Berges und von einem in der Mitte angelegten Felseinschnitt aus in Angriff genommen. Nach dem Durchschlag der Probetunnel verlor die Treppe im Felseinschnitt ihre Bedeutung, denn das Abraummaterial konnte nun auf Tunnelniveau leichter abtransportiert werden. Der Abbau des anstehenden Gesteins erfolgte (strossenweise) auf versetzten Ebenen (Prinzipskizze).

Abb. 175 Çevlik (Türkei), Titus-Tunnel. Das obere Mundloch des oberen Tunnels; rechts in der Wandung sind das reliefierte Auge und die Ritzlinie zu erkennen.

Abb. 176 Çevlik (Türkei), Titus-Tunnel. Das Auge.

Abb. 177 Çevlik (Türkei), Titus-Tunnel. Das Auge und die horizontale Ritzlinie.

Abb. 178 Çevlik (Türkei), Titus-Tunnel, oberer Tunnel. Das Tunnelinnere gegen das obere Mundloch gesehen.

179

180

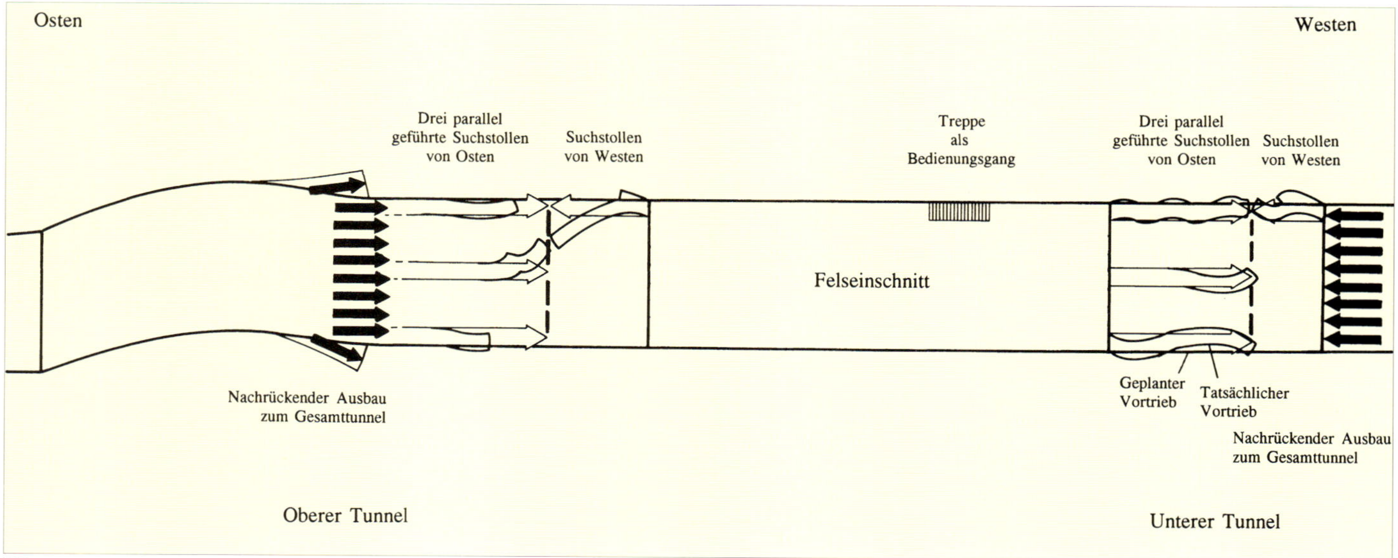

181

Suchstollenspur, die nach links hin zweimal abknickt, wobei man möglicherweise einer natürlichen Felsspalte gefolgt ist, ehe man 8 m vor dem Erreichen des westlichen Mundlochs endete (Abb. 180). Alle drei 'Finger' des Vortriebs von Osten enden auf einer Linie, die in der Firste durch einen Höhenversprung gekennzeichnet ist.

Vom westlichen Mundloch aus ist nur mit einem Suchstollen gearbeitet worden, dessen Spuren man anhand von Richtungskorrekturen in der Südwandung erkennen kann. Mit dessen Suchort hat man den auf der Südseite entgegenkommenden Suchstollen des Ostbauloses getroffen, womit die beabsichtigte Probetunnel-Verbindung hergestellt war.

Es stellt sich nun die Frage, warum nur im Treffpunktbereich die Spuren der Suchstollen in der Firste so klar erhalten geblieben sind und nicht im gesamten Tunnelbereich. Das hat einmal mit dem von Westen aus auf tieferem Niveau aufgefahrenen Suchstollen zu tun. Besonders im mittleren der von Osten aufgefahrenen Suchstollen ist der erwähnte Höhenversprung von fast einem Meter in der Firste gut zu erkennen. In diesem Höhenversprung kann nun aber nicht die ganze Ursache für den Erhalt der Suchstollenspuren nur im Treffpunktbereich zu sehen sein.

Die Ursache hierfür kann eigentlich nur in der Art der Anlage der Suchstollen, also der Organisation des Baubetriebs, liegen (Abb. 181). Da wir im Treffpunktbereich insgesamt drei parallel von Osten aus aufgefahrene Suchstollen erkennen können, scheint die Annahme berechtigt, daß man den gesamten Vortrieb von Osten in dieser Weise aufgefahren hat.

Allerdings scheint man die drei Stollen immer nur eine gewisse Strecke vorgetrieben und dann die zwischen den Stollen verbliebenen Stege abgetragen zu haben. Dabei formte man in einem Arbeitsgang die Firste endgültig aus, wobei sämtliche Arbeitsspuren der Suchstollen überschrotet worden sind.

Nach erfolgtem Durchschlag der Suchstollen hat man diese Vorgehensweise offensichtlich aufgegeben und sich nur noch der Tieferlegung des Gesamtprofils zugewendet. Für eine Rekonstruktion des Baubetriebs in dieser Weise sprechen auch die Versprünge im Suchstollenbereich am östlichen Mundloch und im Bereich des Tunnelknicks: Da die Korrekturen auf beiden Seiten des Tunnels zu sehen sind, scheint dies auch die Gesamtbreite des Vortriebs der drei parallel geführten Suchstollen gewesen zu sein. Im dem Trassenknick folgenden Tunnelabschnitt bis zum Treffpunkt erkennt man bei schräg einfallendem Nachmittagslicht noch die Spuren der beiden äußeren Suchstollen in der Firste, der Bereich dazwischen ist sauber abgeschrotet, wobei alle Spuren des Mittelstollens überprägt worden sind.

182

183

***Abb. 179** Çevlik (Türkei), Titus-Tunnel, oberer Tunnel. Im Treffpunktbereich sind in der Firste die Spuren der Suchstollen sichtbar: im Bild der nördliche der drei parallel von Osten aufgefahrenen Suchstollen. (Man beachte: Das Foto zeigt die Ansicht von unten. Da im Lageplan (Abb. 171) die Draufsicht dargestellt ist, verhalten sich beide Darstellungen zueinander, als wäre eine von ihnen spiegelverkehrt.)*

***Abb. 180** Çevlik (Türkei), Titus-Tunnel, oberer Tunnel. Mittlerer der drei von Osten parallel aufgefahrenen Suchstollen; Blick gegen die Tunnelfirste.*

***Abb. 181** Çevlik (Türkei), Titus-Tunnel. Aus den Spuren der Suchstollen entwickelter Strategieplan zur Anlage der Probetunnel.*

***Abb. 182** Çevlik (Türkei), Titus-Tunnel, oberer Tunnel. Bearbeitungsspuren in der südlichen Tunnelwandung zeugen von einem strossenweisen Abbau des Resttunnels nach gelungenem Durchstich des Probetunnels.*

***Abb. 183** Çevlik (Türkei), Titus-Tunnel, unterer Tunnel. Das Tunnelinnere gegen das westliche (untere) Mundloch gesehen. In der Tunnelfirste sind deutliche Spuren der Suchstollen sowie die querlaufende Linie des Zusammentreffens beider Baulose zu sehen.*

184

185

Die Art der Tieferlegung der Tunnelsohle ist im Bereich des Trassenknicks noch gut erkennbar. Besonders in der südlichen Wandung ist eine treppenartige Abbaukante mit mehreren Stufen erkennbar. Hierin ist ein deutlicher Hinweis auf einen strossenweisen Abbau (Abb. 182) zu sehen, bei dem auf mehreren Niveaus gleichzeitig gearbeitet werden konnte. Bei dieser Vorgehensweise bildete die Ebene der Suchstollen gleichzeitig die erste Strosse für die Tieferlegung.

Unterer Tunnel

Der untere Tunnel ist mit seinen 31 m Länge zwar auffallend kürzer als der östliche, zeigt aber im wesentlichen dieselbe Art der Vorgehensweise beim Bau. Auch hier sind im Treffpunktbereich die Spuren dreier von Osten aus aufgefahrener Suchstollen erkennbar, während diesen von Westen nur eine Spur wiederum auf der Südseite entgegenkommt (Abb. 183). Auch hier sind die Spuren nur im Treffpunktbereich (Abb. 184) erhalten geblieben, wobei anzunehmen ist, daß die restlichen Spuren von einem nachrückenden Bautrupp beim Abbau der zwischen den Suchstollen verbliebenen Stege und der damit verbundenen Ausformung der Firste abgearbeitet worden sind. Von den beiden äußeren Suchstollen sind allerdings auch hier Spuren in der Wandung unterhalb der Firste erhalten und besonders nahe dem östlichen Mundloch gut erkennbar.

Der Vortrieb von Westen erfolgte wiederum nur mit einem Gegenstollen, der gegenüber dem südlichen der drei östlichen Suchstollen aufgefahren worden ist. Er vollzog in seinem Verlauf allerdings einen ausgeprägten Bogen, der weit über die südliche Tunnelwandung hinaus ausbuchtete, ehe er mittels eines scharfen Knicks auf die richtige Vortriebsrichtung zurückgeführt wurde (Abb. 185).

Auch hier hat man das Abglätten der Firste mit dem Moment des Durchschlags aufgegeben und von da an nur noch den Fels nach unten abgetragen, um das endgültige Tunnelprofil herzustellen.

Da die Vortriebe der Suchstollen auf den langen Vortriebsstrecken relativ horizontal aufgefahren worden sind, ist im Bereich der Firste ein Tunnelgefälle nur an den Höhenversprüngen in den Treffpunkten erkennbar. Im Sohlenbereich haben fast 2000 Jahre Durchspülung für einen starken Felsabtrag gesorgt, so daß hier ein planmäßiges Gefälle nicht mehr ermittelt werden kann. Es gibt zwar an den Rändern der Sohle deutliche Bearbeitungsspuren, die mehr als einen Meter höher liegen als die heutige Sohle, aber auch hier kann nur schwer auf ein früheres Tunnelgefälle geschlossen werden, zumal in verschiedenen Abschnitten Spuren späterer Steingewinnung erkennbar sind. Legt man die Höhen der Firsten in den Mundlöchern der Tunnel einer Gefälleberechnung zugrunde, so ergeben sich Gefälle von 2,0 % bis 2,7 %.

Sind die Tunnel von Çevlik für die Baugeschichte allein schon exemplarisch, so sind sie für eine darüber hinausgehende technikgeschichtliche Betrachtung von noch größerer Bedeutung, da die Strategie des Baumeisters bezüglich seiner Planung und Trassierung anhand der Abbauspuren so gut rekonstruierbar ist.

***Abb. 184** Çevlik (Türkei), Titus-Tunnel, unterer Tunnel. Die Spuren der Suchstollen im Treffpunktbereich; Blick gegen die Tunnelfirste.*

***Abb. 185** Çevlik (Türkei), Titus-Tunnel, unterer Tunnel. Die Spuren des von Westen aufgefahrenen Suchstollens sind in der Wandung unterhalb der Tunnelfirste gut zu erkennen.*

***Abb. 186** Montefurado (Spanien), Rio Sil-Tunnel. Lageplan, Quer- und Längsprofil der Flußumleitung (n. Domergue 1970, Fig. 2).*

***Abb. 187** Das antike Bergbaugebiet von Las Medulas (Spanien).*

Spanien

Der Flußtunnel im Rio Sil bei Montefurado

Der Verlauf des Rio Sil vollzieht sich in den für Gebirgslandschaften üblichen gewundenen Linien, bei Montefurado (Nordwest-Spanien) umfährt der Fluß einen lang ausgedehnten Bergsporn in einer fast geschlossenen Schleife. Heute liegt diese Flußschleife trocken, und statt dessen durchströmt das Wasser in stetigem Fluß den unter dem Hals des Bergsporns angelegten antiken Tunnel.[226]

Die Geländesituation stellt sich heute etwas anders dar als noch vor wenigen Jahren, denn der Bau einer Fernstraße mit einem seitlich über dem Flußtunnel gebauten Straßentunnel hat das Gesicht der betroffenen Landschaft nachhaltig verändert. Das betrifft auch den Verlauf des Rio Sil, dessen Bett vom modernen Straßendamm durchschnitten worden ist. Dadurch wurde die weit ausladende Flußschleife, durch die der Fluß ehemals von der Flanke an den Tunnel herangeführt wurde, abgeschnitten. Um für den Straßenbau zwei aufwendige Brückenbauten zu vermeiden, hat man in diesem Bereich ein neues Flußbett südlich der Straße angelegt, wodurch nun allerdings der Rio Sil in gerader Linie auf den antiken Tunnel trifft. Bei diesen Baumaßnahmen wurde der Geländebereich um den Tunnel einschließlich des gesamten Bergsporns mit dem alten Bett des Rio Sil allerdings geschont, so daß das Tunnelbauwerk noch gut zu sehen ist; auch der einstige Zweck für dessen Anlage ist aus der Geländesituation noch gut erklärbar.

Der ursächliche Grund für die Anlage dieses aufwendigen Bauwerks lag in der Gegebenheit begründet, daß der Rio Sil in

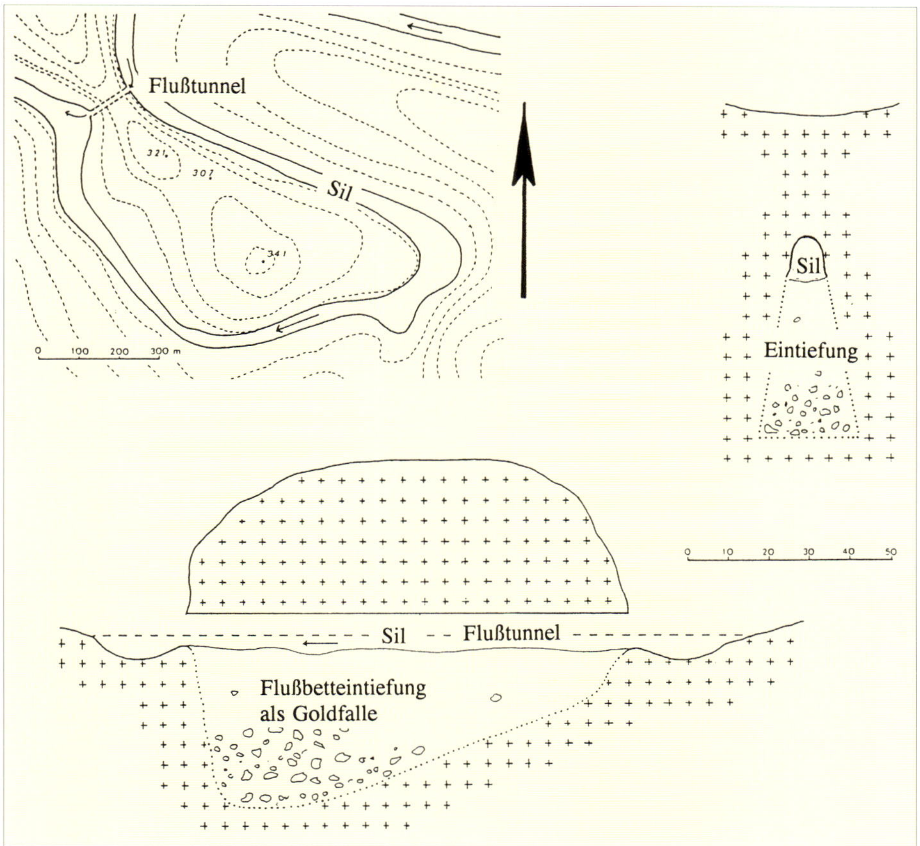

186

187

der Antike ein goldführender Fluß war. Nicht weit von hier lagen die antiken Goldminen von Las Medulas, deren gigantische Tagebaue man heute noch sehen kann (Abb. 187), und der Fluß brachte aus seinem Verlauf in den Bergen mitsamt dem anderen fluviatilen Material, wie Kieselsteinen und Sand, auch Goldflitter und -körnchen mit. Diese aus dem Flußgeröll herauszuwaschen, war eine einträgliche Beschäftigung.

Wenn man sich das alte, heute im Bereich des Bergsporns trockenliegende Flußbett anschaut, so findet man darin große Felsblöcke, deren Oberfläche im Verlauf der Jahrtausende glattgewaschen worden sind. In die Oberflächen hat der Fluß aber auch kleine Vertiefungen hineingefressen, die von Wasser durchspült wurden und in denen sich in geringen Maßen mitgeschwemmtes Material ablagern konnte. Diese Vertiefungen sind kreisrund – fest installierten Pfannen der Goldwäscher gleich – und hier mag sich aufgrund seines Gewichtes auch manches Klümpchen Goldes abgelagert haben.

Man kann sich des Eindrucks nicht erwehren, daß hier die kleinmaßstäbigen Vorbilder zu sehen sind, die die Anregung für den Bau einer solchen Anlage im großen Stil gegeben haben: Der Goldgewinnung in solchen kleinen natürlichen «Goldfallen» mußte man die Ausbeutemöglichkeit in einer großen künstlichen «Goldfalle» zur Seite stellen.

Das Prinzip einer solchen großen «Goldfalle» ist einfach zu erklären: Um den angestrebten Zweck zu erfüllen, mußte man im Fluß eine große Vertiefung anlegen, die flußabwärts mit einer Steilwand abschloß. Durch den Aufprall des Wassers auf dieser Wand wurde der natürliche Durchfluß gebremst. Dadurch wirbelten die fluviatilen Teile durcheinander: die leichten Schwebstoffe wurden mit dem Wasser fortgespült, die schwereren Teile, wie größere Kieselsteine und eben das Gold, lagerten sich auf der Sohle der Eintiefung ab. Von hier konnten sie von Zeit zu Zeit geborgen werden, wobei man dann nur noch das Gold vom unedlen Material zu trennen hatte.

Die Installation einer solchen großen «Goldfalle» im ständig durchströmten Flußbett war aber allein deshalb unmöglich, weil zu ihrem Bau und zur Ausbeute des abgelagerten Materials der Wasserlauf nicht zu stoppen war; eine Umleitung des gesamten Flusses wäre notwendig geworden, war aber am Ort nicht durchzuführen. Die erwartete Goldausbeute scheint groß genug gewesen zu sein, um für den angestrebten Zweck ein Ingenieurbauprojekt noch größerer Dimensionen in Angriff zu nehmen. Die Geländesituation hierfür war optimal. Der Hals des vom Rio Sil umrundeten Bergsporns war nur gut 100 m breit, und wenn es gelänge, hier ein künstliches Flußbett anzulegen, so konnte man darin auch die zur Goldgewinnung notwendige Vertiefung unterbringen. Der große Vorteil des Baus an dieser Stelle lag darin, daß sämtliche Bauarbeiten im Trockenen durchzuführen waren. Nach deren Abschluß konnte man nach Belieben das Wasser des Rio Sil durchfließen lassen oder den Durchfluß absperren, um das eingeschwemmte Material zu heben.

Die Frage war nur, ob man hier einen großdimensionierten Felseinschnitt oder einen Tunnel anlegen sollte. Man entschied sich für eine kombinierte Maßnahme, die sowohl die zweckmäßigste als auch sicherlich die kostengünstigste war. Offensichtlich ist man den Berg von beiden Seiten aus angegangen. Da der Probetunnel auch hier auf dem Niveau der obersten Strosse aufgefahren wurde, konnte man anfangs oberhalb der Wasserlinie des Flusses arbeiten. Später, als die Arbeiten in tiefere Bereiche kamen, ließ man gegen das Wasser auf beiden Seiten eine Felsbarriere stehen und schützte somit die Baustelle vor Überflutung.

Flußabwärts ist über dem Graben eine gewaltige Felsöffnung vorhanden, die

188

entweder als solche gebaut worden ist oder durch Einsturz des auch von dieser Seite vorgetriebenen Tunnels entstanden ist. Ein solcher Einsturz müßte dann allerdings schon in römischer Zeit erfolgt sein, denn das abgestürzte Material ist sicherlich nur während der Bauzeit oder in der Betriebszeit der «Goldfalle» beseitigt worden; spätere Generationen hätten kein Interesse mehr daran gehabt, da der Fluß sich auf Dauer in sein altes Bett verlagert hätte. Es ist aber auch gar nicht unwahrscheinlich, daß man das Bauwerk auf der flußabwärtigen Seite als offenen Felseinschnitt angelegt hat. Der Zweckbestimmung kam eine solche Bauweise durchaus entgegen, denn dadurch kam die tiefste Stelle der «Goldfalle» in einen Bereich, der nach oben hin nicht vom Hangendem überdeckt war. Dadurch war Platz genug vorhanden, um das Hebezeug für den Aushub des abgelagerten Materials ungehindert aufstellen zu können. Auch das auf diese Weise einfallende Tageslicht konnte für die Bergung des Materials nur günstig sein. Wie dem auch sei, die ursprüngliche Bauweise in diesem westlichen Baulos ist heute nicht mehr nachvollziehbar, da von einem eventuell vorhanden gewesenen Tunnel in diesem Bereich nichts mehr zu sehen ist. Gleichwohl wird auch von dieser Seite vor der Anlage des Felseinschnitts erst einmal der Suchstollen des Probetunnels vorgetrieben worden sein.

Heute ist besonders von der flußaufwärtigen Seite zu erkennen, wie das Bauwerk als Tunnel angelegt worden ist. Hier allerdings ist bei genauem Hinsehen sogar die Strategie des Baumeisters zu erkennen. Der erste Arbeitsschritt war der Bau eines Probetunnels, dessen Reste heute noch zu sehen sind. Betrachtet man vom heutigen Flußtunnel die obere, linke Ecke (Südseite des Tunnels), so erkennt man, daß die Tunneldecke in einem Bereich von gut einem Meter parallel zur Wand und die Tunnelwandung in einem Bereich von fast zwei Meter (von der Firste aus gemessen) eine feinere Bearbeitung erfahren hat als der Rest des gesamten Tunnels. In dem beschriebenen Bereich ist die Felswand glatt abgeschrotet, während die restlichen Wandungen des Tunnels nur grob bearbeitet sind. Zudem sind die glatten Flächen sowohl im Bereich der Firste als auch im Bereich der Wandung leicht konkav gewölbt, so wie es von vielen kleinen Tunnelquerschnitten her bekannt ist. Ohne Zweifel sind dies Spuren der Firste und der linken Wandung des in einer ersten Bauphase aufgefahrenen Probetunnels (Abb. 189).

189

Um dessen ehemaligen Gesamtquerschnitt zu ergänzen, muß man nur die sauber geglätteten Flächen um die beim Bau des Gesamtprofils abgegangenen Flächen ergänzen: Gegenüber der Firste des Probetunnels kann die Sohle an der unteren Kante der glatt zugeschlagenen linken Wandung ansetzend ergänzt werden; die rechte Wange lag ehemals der linken gegenüber und setzte dort an, wo die Spuren des Probetunnels ihre rechte Begrenzung haben (Abb. 190).

190

Mit diesen Ergänzungen entsteht vor uns der Querschnitt eines gut 1 m breiten und fast 2 m hohen Suchstollens, mit dem man weit oberhalb der Wasserlinie des Rio Sil in den Berg gestoßen war und der sich in der Bergmitte mit einem von Westen vorgetriebenen Suchstollen treffen mußte. Wegen des zuvor beschriebenen Felseinschnitts im Westteil der «Goldfalle» sind dessen Spuren allerdings nicht mehr vorhanden.

In den Resten des von Osten vorgetriebenen Probetunnels sind noch mindestens zwei Änderungen der Vortriebsrichtung zu erkennen.[227] Die, vom Mundloch aus gesehen, erste Richtungsänderung ist als Knick nach rechts zu erkennen; die zweite Änderung ist die Auswirkung einer Höhenkorrektur, denn dem Vortrieb wurde durch eine leichte Abwärtsneigung eine andere Richtung gegeben. Gerade die zweite Korrektur scheint darauf hinzudeuten, daß auch von der Gegenseite als erstes ein Stollen vorgetrieben worden war. Denn die beschriebene Höhenkorrektur war sicherlich nur notwendig, wenn es galt, auf einen mit relativ kleinem Querschnitt versehenen Gegenstollen zu treffen. Hätte man nur auf die Stirnwand des gegenüberliegenden Felseinschnitts treffen wollen, so wäre die Höhenlage des Treffpunktes ziemlich gleichgültig gewesen.

Abb. 188 Das antike Bergbaugebiet von Las Medulas (Spanien). Aus diesem Vorkommen führte der Rio Sil Gold mit sich.

Abb. 189 Montefurado (Spanien), Rio Sil-Tunnel. Das wasserseitige Tunnelmundloch, oben links im Portal die Reste des Probetunnels (Pfeile).

Abb. 190 Montefurado (Spanien), Rio Sil-Tunnel. Der Tunnel von der unteren Seite gesehen; oben rechts ist das fast vollständige Profil des Probetunnels erkennbar.

Die Anlage eines Probetunnels war notwendig und zweckmäßig. Sie brachte nicht nur Aufschluß über die Qualität des zu durchfahrenden Gesteins, sondern sie gab auch die Richtung vor für den Bau des Gesamttunnels, wobei dann Richtungskorrekturen mit großem Querschnitt vermieden werden konnten. Nach geglücktem Durchschlag konnte das Profil auf die für den Durchfluß des Rio Sil benötigten Ausmaße vergrößert werden, indem man das Profil des Probetunnels nach rechts und nach unten erweiterte. Mit Erreichen der unteren Strossen entstand beim Vortrieb die Gefahr, daß Wasser den Baufortschritt stören konnte. Man wird auf beiden Seiten der Baustelle Felsbarrieren stehengelassen haben, um das Flußwasser abzuhalten.

Mit Erreichen des Niveaus der Sohle des Flußbettes war der Flußtunnel als solcher fertig. Nun erfolgte die Anlage der «Goldfalle». Dazu war das Gelände im Bereich der Baustelle weiter einzutiefen. Man hob einen Graben aus, dessen Querschnitt man nach unten hin erweiterte. In seiner Längsrichtung führte die Sohle des Grabens bis zu einer Tiefe von 30 oder 40 m schräg nach unten. An der tiefsten Stelle endete der Graben mit einer senkrecht aufsteigenden Wand. Damit war die Anlage betriebsbereit, man mußte nur noch die beiden Felsbarrieren abtragen und den natürlichen Flußlauf sperren; nun ergoß sich das Flußwasser in die Vertiefung. Die Anlage wirkte wie ein Absetzbecken, und die fluviatilen Teile mit großem spezifischen Gewicht lagerten sich ab. Von Zeit zu Zeit sperrte man den Durchfluß des Rio Sil vor dem Tunnel und leitete den Fluß wieder in sein natürliches Bett. Nun war das im Graben abgelagerte Material auszuheben und der darin befindliche Goldanteil auszuwaschen. Nach der vollständigen Entleerung des Grabens war die «Goldfalle» erneut betriebsbereit, und man begann das Verfahren erneut.

Jordanien

Der Flußtunnel von Petra

Wie die antiken Stätten von Petra heute, so war auch die antike Stadt nur durch eine schmale Felsenschlucht zugänglich (Abb. 191).[228] Dieser «Sik» stellte schon in der Antike eine Gefahr für die Besucher der Stadt dar, denn bei plötzlich auftretenden Regenfällen im Einzugsgebiet des Wadis oberhalb konnte es zu gefährlichen Sturzbächen kommen.[229] In der Antike hatte man sich mittels eines quer vor dem Zugang zum Sik errichteten Schutzdammes vor den unerwünschten Fluten geschützt. Dieser Damm sperrte dem Wasser den natürlichen Ablauf und leitete es in das benachbarte Wadi ab.

Um dem Wasser in seinem neuen Verlauf eine Abflußmöglichkeit zu schaffen, war allerdings ein den natürlichen Abfluß sperrendes Felsmassiv in der entsprechenden Höhe zu durchtunneln. Die Baumaßnahme insgesamt stellt eine Ingenieurleistung dar, die sich mit dem

191

Abb. 191 Petra (Jordanien). Die antike Stadt mit ihrer großartigen Gräberarchitektur war nur durch den Sik, eine schmale Felsenschlucht, zugänglich.

Abb. 192 Petra (Jordanien), Flußumleitungstunnel. Felseinstürze habe weite Teile der antiken Tunnelwandung zerstört; hier sind oben links Reste der Wandung erhalten.

Abb. 193 Petra (Jordanien), Flußumleitungstunnel. Spuren des Suchstollens (Pfeil) im Bereich des unteren Tunnelmundlochs links.

Abb. 194 Petra (Jordanien), Flußumleitungstunnel. Spuren des Suchstollens (Pfeil) im Bereich des unteren Tunnelmundlochs rechts.

192

großartigen Flußumleitungssystem von *Seleukia Pieria* (Çevlik bei Antakya, s. S. 108) durchaus vergleichen läßt.

Der Tunnel ist 90 m lang und weist einen Querschnitt von 4,8 m Breite und 7,5 m bis 8 m Höhe auf. Genau läßt sich die Vorgehensweise beim Bau heute nicht mehr nachweisen, da im Tunnel große Felseinbrüche die antiken Arbeitsspuren weitgehend vernichtet haben (Abb. 192). Dennoch kann man den Bauwerksresten noch ansehen, daß der Tunnel von beiden Seiten aus im Gegenortverfahren gebaut worden ist. Die Spuren der ersten Strosse, auf deren Niveau man von beiden Seiten aus die Suchstollen aufgefahren hat, sind im Bereich des Hangenden beider Mundlöcher noch zu erkennen.

Im Bereich des oberen Mundloches zeigen sich Spuren des Suchstollens auf dem Niveau der obersten Strosse auf eine Länge von insgesamt rund 20 m. Die 1,5 m hohen Spuren sind nur in der rechten Tunnelwandung erkennbar. Schon das Anfangsstück ist leicht gebogen aufgefahren worden, und ein Knick in der Wandung des Suchstollens belegt eine erste Richtungskorrektur nach 13 m des Vortriebs.

Im Bereich des unteren Mundlochs sind Spuren der ersten Strosse in beiden Tunnelwänden (Abb. 193 und 194) zu sehen. Entweder hat man den Suchstollen von hier aus auf der gesamten Breite des späteren Tunnels aufgefahren, oder es handelt sich dabei um die Reste zweier schmaler Suchstollen, die bei den späteren Arbeiten zum Gesamtprofil verbunden wurden.

Die Durchhörterung des Berges läßt sich einigermaßen plausibel nachvoll-

193

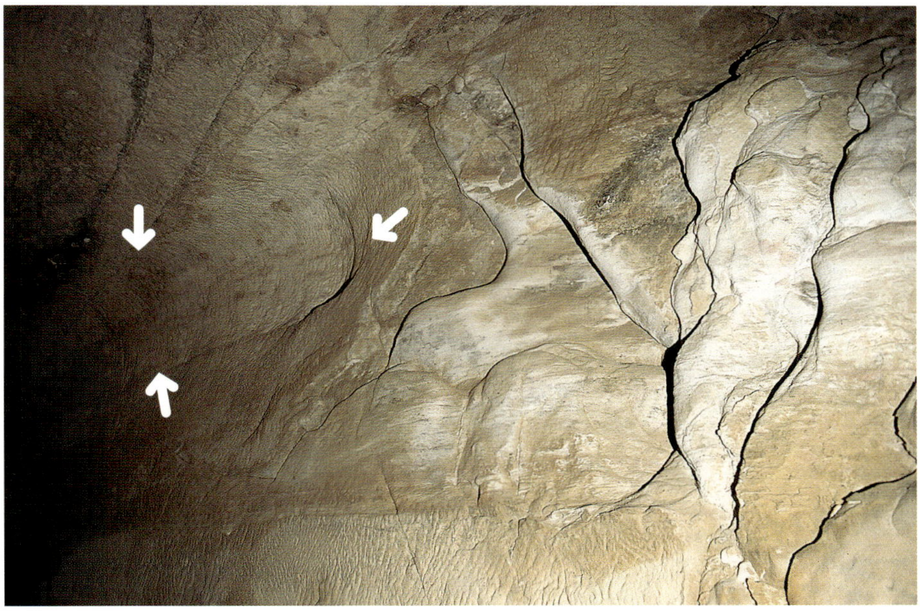
194

195

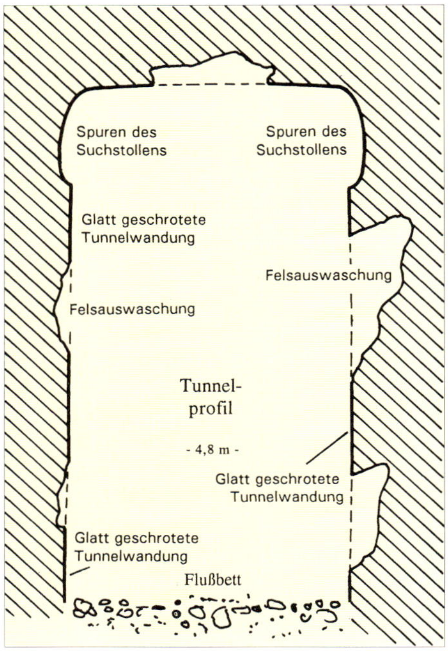

196

ziehen, wenn man die Spuren dieser Suchstollen in die Rekonstruktion einbezieht. Danach hat man bergseitig einen Suchstollen aufgefahren, dem von der Talseite aus mit einem zweiten Suchstollen entgegengearbeitet wurde. Da von diesem zweiten Suchstollen Spuren in beiden Wandungen des Gesamttunnels zu erkennen sind, haben wir es augenscheinlich mit einer Planungsstrategie zu tun, die der des Tunnels von Çevlik sehr ähnlich ist. Mit zwei (vielleicht wie im Falle Çevliks auch drei) parallel zueinander aufgefahrenen Suchstollen, die die gesamte Breite des endgültigen Tunnelprofils bedeckten, durchörtete man den Berg von einer Seite aus, während gegenüber nur ein Suchstollen im Bereich der geplanten Tunnelwandung aufgefahren wurde. Im Unterschied zu Çevlik, wo der dreispurige Suchstollen von der Bergseite aus aufgefahren wurde, ist man in Petra von der Talseite aus vorgegangen.

Beim Vortrieb waren nur kleine Richtungsänderungen vorzunehmen; man hat sich im vorgesehenen Treffpunkt offensichtlich ohne große Korrekturen getroffen. Nach erfolgtem Durchschlag hat man den Tunnel über die gesamte Bauwerkslänge strossenweise tiefergelegt, bis man das für den Abfluß der Wadihochwasser erforderliche Niveau erreicht hatte.

Durch Felseinstürze sind in der Zwischenzeit viele Arbeitsspuren vernichtet worden, aber an den Stellen, wo sich die ursprüngliche Steinbearbeitung erhalten hat, läßt sich eine äußerst qualitätvolle Arbeit erkennen (Abb. 195). Das wird besonders in den Übergängen von den Suchstollen zu den nachfolgend bearbeiteten Tunnelwandungen sichtbar (Abb. 196).

TUNNEL IM STRASSENBAU

Echte Straßentunnel sind – genau wie die Flußtunnel – in der Antike recht selten zu finden. Daß wir sie relativ häufig in der Gegend von Neapel finden, mag mit den Aktivitäten eines Baumeisters zusammenhängen, nämlich des Lucius Cocceius Auctus, der unter Agrippa tätig war.[230] Auch der Tunnel von Ponza wird ihm noch zugeschrieben. Der Straßentunnel am Furlo-Paß ist ein Werk der vespasianischen Zeit, sein nahebei gelegener Vorgängerbau ist im Sinne der anfangs vorgelegten Begriffsanalyse ein Felsdurchstich, wird aber nachfolgend beschrieben, um die Kontinuität am Ort zu belegen. Der Pierre Pertuis (*«Petra Pertusa»*) bei Tavannes in der Schweiz (s. S. 14), ebenfalls ein Felsdurchstich, wurde anfangs bereits abgehandelt.

Italien

Antike Straßentunnel in Kampanien

Zwei dieser Tunnel stehen mit dem Ausbau des antiken Kriegshafens *Portus Iulius* in direkter Verbindung. Einer von ihnen, die Grotta della Sibilla, ermöglichte die Verbindung zwischen dem Hafenbecken, dessen Rest als Lucriner See erhalten ist, und dem Averner See. Der zweite, größere Cocceius-Tunnel (Grotta di Cocceio, auch Grotta della Pace genannt) machte Zugang und Zufahrt zum hinter dem Hafen gelegenen Flottenstützpunkt im Averner See von Cumae aus möglich. Die Hafenanlagen waren von Agrippa im Jahre 37 v. Chr. für Augustus angelegt worden, erwiesen sich wegen der Seichtheit des Sees aber schon bald als ungeeignet, weshalb am Kap Misenum Ersatz geschaffen wurde.

Cumae: Cocceius-Tunnel

Der Cocceius-Tunnel ist eines der wenigen Bauwerke der Antike, die den Bezug auf ihren Baumeister zulassen. L. Cocceius Auctus hat für seine Zeit sicherlich nicht die Bedeutung erlangt wie beispielsweise Apollodoros für die Zeit Kaiser Traians, dennoch gilt er als Architekt und Ingenieur, dem zu Zeiten Agrippas größere Bauwerke zugeschrieben werden. Sein voller Name mit der Berufsbezeichnung *architectus* ergibt sich aus einer in Pozzuoli gefundenen Inschrift.[231] Weiterhin ist der Inschrift zu entnehmen, daß er der Freigelassene zweier Herren war.

***Abb. 195** Petra (Jordanien), Flußumleitungstunnel. Schrotspuren in den Tunnelwänden zeugen von einer qualitätvollen Arbeit der Steinhauer.*

***Abb. 196** Petra (Jordanien), Flußumleitungstunnel. Querprofil des Flußtunnels in einem Abschnitt mit typischem Erhaltungszustand. Trotz Felseinstürzen sind Bearbeitungsspuren sichtbar geblieben und zeigen einen hohen Stand der Qualität der Steinbearbeitung. (Prinzipskizze).*

***Abb. 197** Neapel (Italien), Cripta Neapolitana. Die Mundlöcher des Straßentunnels (Pfeil) dargestellt in der Tabula Peutingeriana.*

***Abb. 198** Neapel (Italien), Grotta di Seiano. Lage des Tunnels unter dem Posilip.*

Der Tunnel zwischen Averner See und Cumae wird ihm von Strabo zugeschrieben: *«Cocceius, der jenen Gang anlegte, folgte dabei wohl der … Sage, indem er es vielleicht auch als eine dieser Gegend eigentümliche Gewohnheit betrachtete, die Wege unter der Erde fortgehen zu lassen.»*[232] Der Cocceius-Tunnel mit seinen rund 1000 m Länge verfügt über ausgebaute Mundlöcher und gepflasterte Zufahrten.[233]

Auch der Cripta Romana genannte Stadttunnel von Cumae könnte ein Werk des Cocceius sein. Der Tunnel verband die antike Stadt mit dem Hafen und war groß genug dimensioniert, um Gespanne passieren zu lassen. Bei dem mitten im Tunnel zu sehenden Schacht dürfte es sich um einen antiken Bauschacht handeln. Besonders das auf der Hafenseite gelegene nicht überbaute Ende der Tunnelstrecke ist mit einem gut erhaltenen Retikulat-Mauerwerk versehen, wodurch nicht nur die Wandungen des offenen Bergeinschnittes standfest gemacht worden sind, sondern wodurch auch die qualitätvolle Ausführung der Bauarbeiten sichtbar wird.[233a]

Pozzuoli: Cripta Neapolitana

Regen Verkehr dürfte der von Neapel Richtung Pozzuoli führende Tunnel, der als Cripta Neapolitana Eingang in die Literatur gefunden hat, bewältigt haben. Auch dieser Tunnel wird Cocceius zugeschrieben. Gleich zwei antike Quellen behandeln ihn. Zum einen gibt uns die Beschreibung Senecas einen kleinen Einblick in die Verkehrslage eines antiken Tunnels. Er schreibt in einem Brief an seinen Freund Lucilius (*«Seneca Lucilio suo salutem»*): *«Nichts ist länger als dieser Kerker, nichts trüber als diese Fackeln, die uns nicht durch die Dunkelheit, sondern nur die Fackeln selbst sehen lassen. Im übrigen, auch wenn der Ort Licht hätte, würde der Staub es schlucken, selbst in freiem Gelände eine beschwerliche und lästige Plage: erst recht dort, wo er in sich herumwirbelt, und da er ohne jeden Luftzug eingeschlossen ist, gerade auf die zurückfällt, von denen er aufgewirbelt worden ist.»*[234]

Der Tunnel hat eine Länge von 705 m und war im Altertum 3–4 m breit und 3–5 m hoch. Im 15./16. Jh. hat man ihn auf mehr als den vierfachen Querschnitt vergrößert, so daß er bis zum Ende des 19. Jhs. seinen Zweck erfüllen konnte. 1885 wurde er durch einen unweit daneben liegenden Neubau ersetzt, der heute noch seinen Dienst tut.

Es ist vermutlich diese Cripta Neapolitana, die als einziger antiker Tunnelbau sogar in der Tabula Peutingeriana (Abb. 197) verzeichnet ist. Dabei handelt es sich um eine in mittelalterlicher Kopie erhaltene spätantike Straßenkarte, in der das gesamte, fast 100 000 km umfassende Fernstraßennetz des römischen Reiches dargestellt ist.[235] In dieser Straßenkarte sind die Straßenstationen entsprechend ihrer Ausstattung und die verbindenden Straßen mitsamt Entfernungsangaben verzeichnet. Außer den Straßen und Stationen sind nur wenige Details eingetragen, die einen technischen Bezug haben. Dazu gehören die Häfen von Ostia oder Arles, die Aquäduktbrücke von Antakya und eben die Signatur für einen Straßentunnel zwischen Neapel und Pozzuoli.

Dargestellt ist ein Berg, vermutlich der

197

198

199

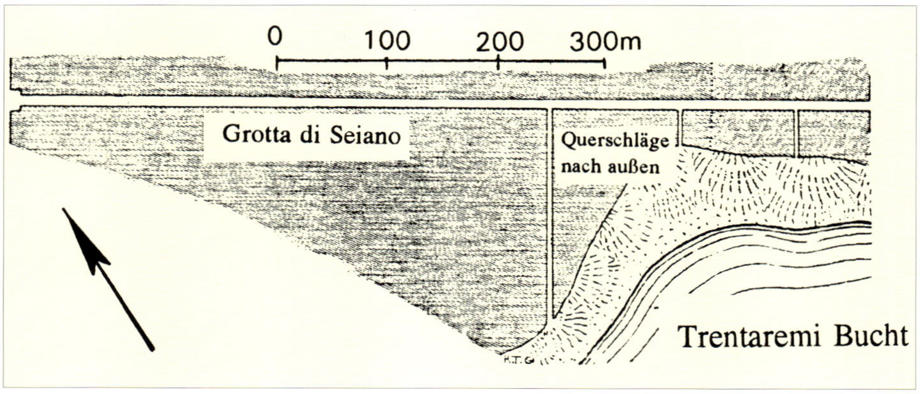

200

Posilip, der durch zwei torartige Öffnungen als von einem Tunnel durchstochen erkennbar ist. Die beiden Mundlöcher scheinen zu ein und demselben Tunnel zu gehören, denn sie liegen auf einer Höhe; perspektivisch sind sie in der Zeichnung ein wenig verzerrt, denn sie sind beide in frontaler Ansicht dargestellt. Die zugehörige Straße, die von Neapel nach Pozzuoli führte, ist in der Karte gar nicht verzeichnet; dem Zeichner scheint der Tunnel als solcher wichtiger gewesen zu sein als die durch ihn hindurchführende Straßenverbindung. Möglicherweise ist die Straße aber auch ein Opfer des mittelalterlichen Kopisten geworden, denn die dazugehörige Meilenangabe (V Meilen) ist zwischen Tunnel und Pozzuoli eingetragen.

Neapel: Grotta di Seiano

Der Posilip wird noch von einem weiteren Tunnel durchstochen: der Grotta di Seiano (Abb. 198 und 199). Seine Bezeichnung soll dieser Tunnel nach dem Prätorianerpräfekten des Kaisers Tiberius erhalten haben. Damit kann aber kein Hinweis auf seine Erbauungszeit verbunden sein, denn auch dieser Tunnel wird dem zuvor erwähnten Cocceius zugeschrieben. Seianus (ca. 20 n. Chr.) könnte danach allenfalls mit einer Reparatur in Verbindung gebracht werden; weitergehende Belege fehlen allerdings.

Möglicherweise hat Strabo die Grotta di Seiano gemeint, als er schrieb: *«Es ist auch hier ein unterirdischer Gang durch den Berg zwischen Dikaiarcheia (Pozzuoli) und Neapolis, ebenso gebaut wie der bei Cumae; es ist ein mehrere Stadien langer gangbarer Weg, auf dem zwei Gespanne einander ausweichen können: das Licht fällt von der Oberfläche des Berges durch Löcher, die an vielen Stellen eingehauen sind, in die Tiefe.»*[236] Mit den Lichtlöchern könnten die drei Querschläge gemeint sein, die vom Tunnelinneren zur Trentaremi-Bucht führen (Abb. 200). Sie dienten der Beleuchtung des Inneren, haben aber während der Bauzeit auch dem Abtransport des beim Tunnelbau angefallenen Steinmaterials gedient. Der längste dieser drei Stollen ist 130 m lang.

***Abb. 199** Neapel (Italien), Grotta di Seiano. Blick auf den Posilip von Pozzuoli aus. Bei klarer Sicht kann man das nordwestliche Mundloch des Tunnels sehen (Pfeil).*

***Abb. 200** Neapel (Italien), Grotta di Seiano. Grundriß (n. Coralini, Fig. 11).*

***Abb. 201** Neapel (Italien), Grotta di Seiano. Nordende des Tunnels mit den nach der Tieferlegung der Tunnelsohle unter Ferdinand II. 1840 eingebauten Stützrippen.*

***Abb. 202** Insel Ponza (Italien), Chiaia di Luna-Tunnel. Grundriß und Längsschnitt.*

Der 780 m lange Tunnel hatte in der Antike Querschnittsmaße von 4–6 m in der Breite und 4–8 m in der Höhe. Das scheint ein weiteres Indiz dafür zu sein, daß Strabo mit seinen Text die Grotta di Seiano gemeint hat, denn nur bei dieser Breite war ein Gegenverkehr mit Ausweichstellen möglich.

Mag der Tunnel anfangs nur eine Verkehrsverbindung zur Villa Pausilypum des Vedius Pollio gewesen sein, spätestens seit der Spätantike war er das Bindeglied einer von Neapel nach Pozzuoli führenden Straße. Die Strecke war zwei Meilen länger als die durch die Cripta Neapolitana, die Inschrift eines Meilensteins nennt eine Entfernung von sieben Meilen zwischen Cumae und dem Westmundloch des Tunnels.[237] Sie führt weiterhin in die Regierungszeit von Kaiser Constantius II. (337–361 n. Chr.). Die zweite im Tunnel gefundene Inschrift belegt eine Reparaturmaßnahme unter Kaiser Honorius (395–414 n. Chr.).[238]

Danach verliert sich die Geschichte des Tunnels für eine lange Zeit. Bergrutsche und Einstürze machten seine Passage unmöglich, und es ist anzunehmen, daß er in mittelalterlicher Zeit außer Nutzung war. Angeregt durch Berichte seiner Ingenieure, ließ Bourbonenkönig Ferdinand II. den Tunnel im Jahre 1840 erneut ausbauen. Zu seinem Westende hin wurde die Fahrbahnsohle bis 5–6 m tiefergelegt (Abb. 201); dadurch war der Anschluß an die Küstenstraße Richtung Pozzuoli einfacher geworden, denn die abwärtsführende Serpentine konnte mit weniger Kurven ausgestattet werden. Im Juli 1841 wurde der Tunnel erneut dem Verkehr übergeben. Nach Nutzung als Luftschutzraum und Depot im Zweiten Weltkrieg ist der Tunnel in jüngster Zeit erneut freigelegt und für den öffentlichen Besuch hergerichtet worden.

Der Chiaia di Luna-Tunnel (Insel Ponza)

Auf halber Strecke zwischen Neapel und Rom ist der Küste die Insel Ponza vorgelagert. Quer durch die Insel führt ein antiker Tunnel, der heute noch den Hafen mit der Bucht Chiaia di Luna verbindet und von den Badegästen eifrig genutzt wird.[239] Der Tunnel ist bei einem Höhenunterschied zwischen seinen beiden Enden von 2 m knapp 170 m lang geworden und beinhaltet im Verlauf seiner Trasse einen auffälligen Versprung. Seine Breite beträgt im Schnitt 2,2 m, wobei am Westende eine deutliche Verbreiterung festzustellen ist (Abb. 202).[240]

Insgesamt weist der Tunnel vier Bauschächte auf, von denen die zwei westlichen als vertikale Schächte gut erhalten sind. Der östliche (Bauschacht 4) befand sich im Bereich einer Einsturzstelle, seine Spuren sind aber in der südlichen Tunnelwandung noch erkennbar.

Im Tunnel fällt ein sorgfältig ausgeführter Ausbau in Form einer in Retikulat-Mauerwerk gestalteten Verkleidung auf. Das aber nicht allein, mehr noch die ungewöhnliche Anlage des Bauschachtes 3 läßt in diesem Tunnel ein bis ins Detail durchdachtes Bauwerk erkennen. Im Bereich des üblichen vertikalen Schachtes existieren hier zwei zusätzliche Schrägschächte (Abb. 203), die an der Erdoberfläche im Bereich der Schachtöffnung ansetzen und in beiden Richtungen schräg zum Tunnel hinunterführen.

Diese Schrägschächte haben bautechnisch überhaupt keine Bedeutung. Sie sind aber, wie der Bauschacht 3 auch,

201

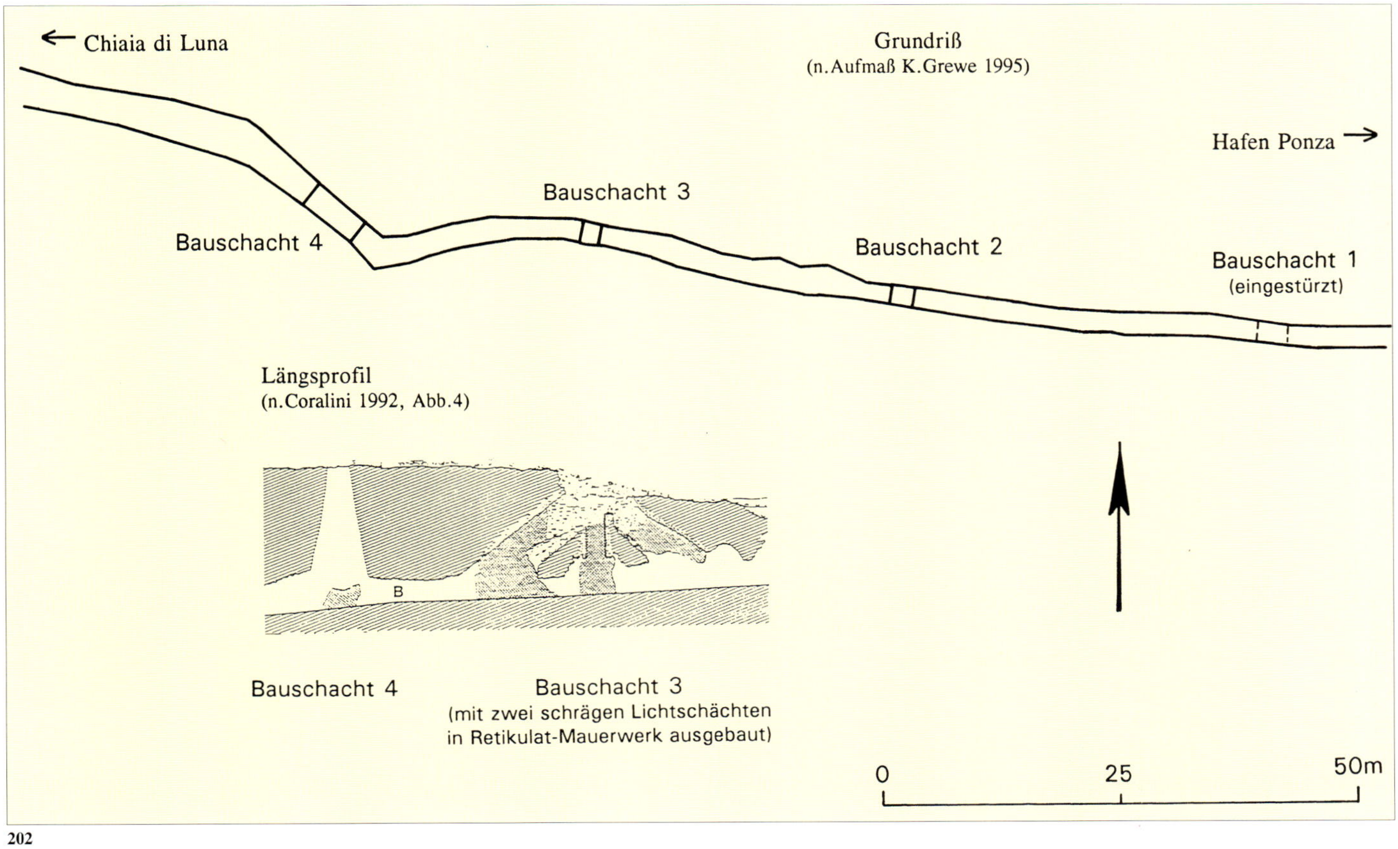

202

sorgfältig mit Retikulat-Mauerwerk (Abb. 204) ausgestaltet, so daß man in diesem Ensemble eine gezielt angelegte und zweckgerichtete Maßnahme sehen muß. Da Bauschacht 3 mit seinen beiden Schrägschächten ziemlich in der Mitte des Tunnels liegt, fällt es leicht, in dieser Konstruktion eine Einrichtung zur Beleuchtung des Tunnels zu sehen. Die Senkrechtschächte mögen bei hochstehender Sonne für eine ausreichende Beleuchtung des Tunnels gesorgt haben. Bei Morgen- und Abendlicht wurde der Lichteinfall dann durch die Schrägschächte verstärkt. Die geringe Überdeckung des Tunnels hat es erlaubt, diese Einrichtung im Tunnel unterzubringen. Im Vergleich zu den anderen antiken Tunneln ist sie in dieser Form einzigartig; man möchte meinen, hier hat ein tüchtiger Ingenieur durch eine kluge Zutat zu seiner Planung die Zweckmäßigkeit seines Bauwerks wesentlich erhöht – ein kleines Meisterstück im ansonsten so nüchternen Ingenieurbau.

Zwischen Bauschacht 2 und dem östlichen Mundloch ist der Tunnel in einer ziemlich gestreckten Linienführung aufgefahren worden. Jedenfalls haben die Vortriebe zwischen den Bauschächten von der Orientierung her offensichtlich keinerlei Probleme gemacht.

Etwas kompliziert wird die Trassenführung im Westende des Tunnels, denn hier ist ein aufälliger Hakenschlag in der Linienführung festzustellen. Dieser Versprung ist aber sicherlich nicht durch einen Vortriebsfehler verursacht worden, sondern muß Gründe haben, die mit dem Zustand der Oberfläche zu tun haben, denn nicht nur der Vortrieb unter Tage weicht von der Generalrichtung des Tunnels ab, sondern auch der Bauschacht ist abweichend ausgerichtet.

Von Bauschacht 1 ist in Richtung Osten nur ein kurzes Stück aufgefahren worden. Der Suchort dieses Vortriebs wurde von Schacht 2 aus recht gut getroffen, der von Schacht 2 aus aufgefahrene Vortrieb mußte dazu allerdings ständig nachgebessert werden und erhielt schließlich eine leichte Bogenform.

Auch zwischen dem Mundloch West und Bauschacht 1 finden wir keine Trasse vor, die auf einer geraden Linie liegt. Da die Wandungen in diesem Bereich nicht verbaut worden sind, sind die Reste der Suchstollen, wie sie in der ersten Bauphase aufgefahren worden sind, aber noch gut erkennen: Von Schacht 1 aus wurde ein Suchstollen Richtung Westen mit Schachtbreite von 2,5 m auf eine Länge von 10 m aufgefahren. Kontrollmessungen hatten wohl ergeben, daß der Gegenstollen südlicher lag als erwartet, so daß man das letzte Stück des Vortriebs ständig korrigieren mußte und dabei leicht nach Süden verlegte. Die durch die Kurskorrektur verursachten Versprünge sind heute nur noch an der nördlichen Tunnelwand zu sehen, da die gegenüberliegende Wand zwecks Angleichung der beiden Baulose abgeschrotet wurde.

Das analoge Gegenstück findet sich im Vortrieb des Gegenstollens vom Mundloch West aus: Vermutlich hatte man den Suchstollen auch hier in einer Breite von 2,5 m aufgefahren und merkte im letzten Drittel der 28 m langen Vortriebsstrecke, daß man nach (in diesem Fall) Norden korrigieren mußte, wenn man den Gegenstollen treffen wollte. Die Auswirkungen dieser Korrekturmaßnahmen sieht man in diesem Abschnitt heute noch in der Südwand. Rekonstruiert man den Vortrieb zwischen Mundloch West und Bauschacht 1 auf diese Weise, so ergibt sich, daß man jeweils mit der linken Ecke seines Suchortes aufeinandergetroffen ist (Abb. 205 und 206).

203

204

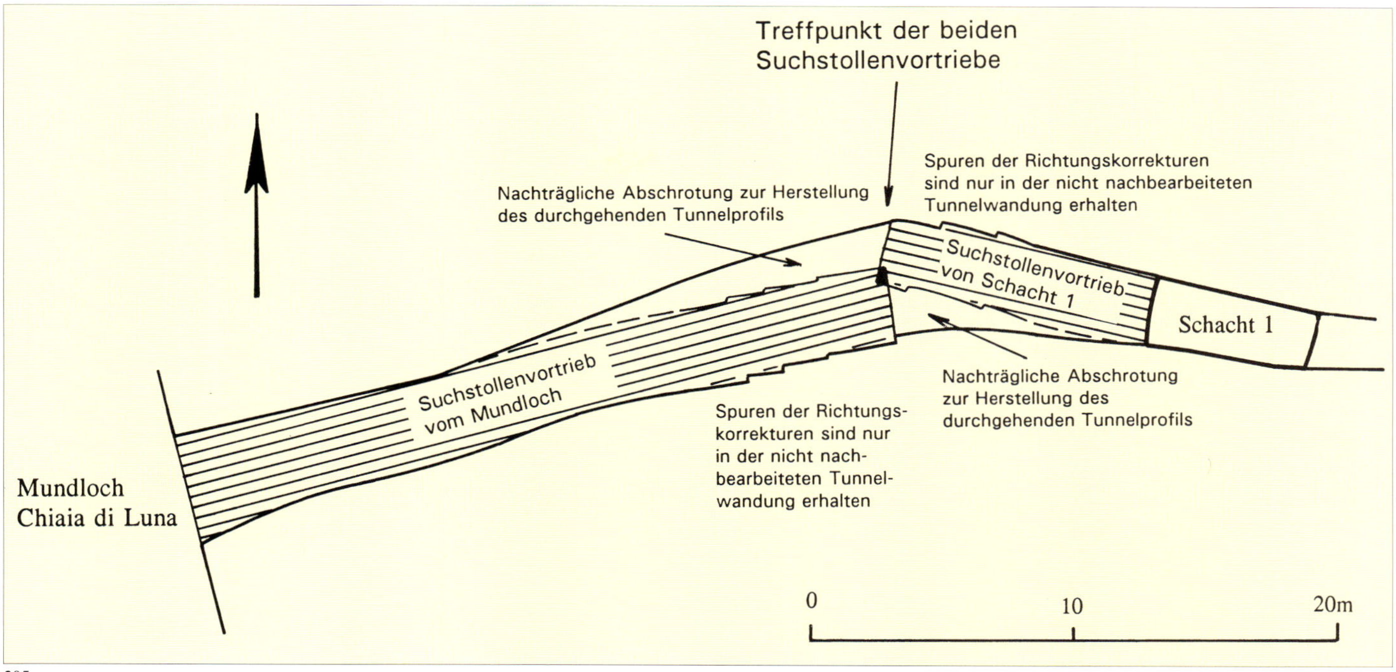

205

Man nahm von Bauschacht 1 aus den Versprung auf der südlichen Seite zurück, während man im Vortrieb vom Mundloch aus den Versprung auf der Nordseite beseitigte. Dadurch entstand ein Tunnelprofil ohne größere Ecken und Kanten aber mit gegenüber dem Resttunnel erheblich vergrößerter Breite.

206

Der Passo del Furlo-Tunnel (Furlo-Paß)

Seit ältesten Zeiten besteht als wichtige Straßenverbindung zwischen Rom und dem Adriatischen Meer die Via Flaminia.[241] Wenngleich die antike Straßenführung heute durch den Neubau einer Fernstraße und einer Autobahn ersetzt ist, dient diese Straße immer noch dem Verkehr. Dabei erscheint fast unglaublich, welche Größenordnungen von Lastwagen sich trotz der neuen Straßen heute noch durch die Schlucht am Furlo-Paß quälen. Manche dieser Lastwagen haben Dimensionen, die das Profil des Tunnels am Furlo-Paß fast vollständig ausfüllen; um Kollisionen mit dem Gegenverkehr zu vermeiden, ist die Tunnelstrecke vom ständigen Lärm hupender Fahrzeuge erfüllt. Der ursprüngliche Verkehr auf dieser Strecke wird ruhiger gewesen sein. Allenfalls das Gerufe der Gespannführer wird am Paß zu vernehmen gewesen sein; aber auch das sicher von beiden Seiten, um auch damals schon – auf der noch schmaler ausgebauten Paßstrecke – Zusammenstöße zu vermeiden.

Ohne technische Eingriffe war das Tal des Candigliano-Flusses, eines Nebenflusses des Metauro, nicht passierbar. Zwar ließ das Flußtal vor und hinter dem von Monte Pietralata und Monte Paganuccio gebildeten Bergrücken auf beiden Seiten genügend Raum, dort Straßen anzulegen; der Durchbruch des Flusses an der höchsten Stelle des Berges ist aber derart schmal und von mehreren hundert Meter steil aufragenden Felswänden eingeschnürt (Abb. 207), daß sich hier kein Naturweg anbieten konnte.

Das gesamte Felsmassiv mußte entweder umgangen werden oder war nur durch den Bau einer Kunststraße mit Tunnel passierbar zu machen. Allerdings bildete die Candigliano-Schlucht die di-

***Abb. 203** Insel Ponza (Italien), Chiaia di Luna-Tunnel. Im Bereich von Bauschacht 3 wurden zusätzlich zwei Schrägschächte angelegt, um eine bessere Ausleuchtung des Tunnels mit Tageslicht zu erreichen; Blick in den Tunnel (unten) von Osten, darüber einer der Schrägschächte.*

***Abb. 204** Insel Ponza (Italien), Chiaia di Luna-Tunnel. Der Tunnel unter Bauschacht 3 von Westen.*

***Abb. 205** Insel Ponza (Italien), Chiaia di Luna-Tunnel. Prinzip des Vortriebs zwischen Mundloch West und Bauschacht 1 mit anschließender Ausgleichung des Tunnelprofils.*

***Abb. 206** Insel Ponza (Italien), Chiaia di Luna-Tunnel. Der Blick von Bauschacht 1 zum Mundloch West zeigt Versprünge in der Wandung, die durch Richtungskorrekturen entstanden sind.*

207

rekte Verbindung von der Adria bei Fano in das Hinterland bis nach Rom.

Der augusteische Felsdurchstich

Aus diesem Grunde war die Paßstrecke schon in früher Zeit ausgebaut worden. Aber entgegen der bisher oft vertretenen Meinung, daß es die Etrusker (oder die Umbrier) waren, die hier durch Anwendung ingenieurmäßigen Denkens die von der Natur vorgegebenen Hindernisse überwunden hätten, kommt Mario Luni zu dem Schluß, daß dieser Felsdurchstich erst unter Augustus gebrochen worden sein kann.[242] Er bezieht sich in seiner Begründung auf die Konstruktionsweise des mächtigen Straßenunterbaus in diesem Streckenabschnitt.

An der schmalsten Stelle der Candigliano-Schlucht rücken die Felswände ganz dicht an das Flußbett heran. Besonders auf der linken Flußseite, dort wo man die Straße zu bauen gedachte, engte ein Felssporn das Tal besonders markant ein. Der Felsen bildete zwar nur eine wenige Meter breite Nase, diese ließ aber den Bau einer aus dem Fels herauszuschlagenden Galerie offensichtlich nicht zu: Als Galerie mit talwärts stehengelassenen Brüstungen sind zwar die beiderseitigen Anschlußstrecken konzipiert und gebaut worden, der Nasenrücken des Felsens hingegen war nur durch einen kleinen, ca. 8 m langen Durchstich zu meistern gewesen (Abb. 208).

Den Baumeistern hat sich das größte Problem des Tunnelbaus kaum gestellt, da sie sich beim Vortrieb der beiden 4 m-

208

209

***Abb. 207** Furlo-Paß (Italien). Steil aufragende Felswände schnüren das Flußbett im Bereich des Passes eng ein.*

***Abb. 208** Furlo-Paß (Italien). Der augusteische Felsdurchstich.*

***Abb. 209** Furlo-Paß (Italien). Im Anschluß an den augusteischen Felsdurchstich wurde die Straße als Galerie geführt.*

***Abb. 210** Furlo-Paß (Italien). Der augusteische Felsdurchstich und der vespasianische Tunnel; Grundrißskizze und Längsprofil (ohne Maßstab).*

***Abb. 211** Furlo-Paß (Italien), vespasianischer Straßentunnel. In der westlichen Tunnelwandung zeigen sich deutlich die Spuren der neuzeitlichen Fahrbahn-Tieferlegung; (Pfeil zeigt antike Fahrbahnsohle).*

Strecken zwecks Richtungseinhaltung jederzeit um die Felsnase herum orientieren konnten. Schon von der Kürze der Vortriebsstollen her war dieses Bauwerk kaum geeignet, größere Fehler auftreten zu lassen. Mit knapp 3 m Breite und 4 m Höhe war darüber hinaus genug Raum gegeben, eventuell aufgetretene Abweichungen auszugleichen, zumal man auch hier als erstes erheblich enger bemessene Suchstollen aufgefahren haben dürfte. Spuren dieser Suchstollen sind vor Ort allerdings nicht auszumachen; sie sind sicherlich beim Bau des endgültigen Profils überschrotet worden.

Noch einmal: Die augusteische Straße umfuhr den Felsen so weit wie es ging als aus dem Felsen herausgehauene Galerie oder Terrasse (Abb. 209). Lediglich die steile Felsnase an der engsten Stelle der Schlucht wurde mittels eines kurzen Tunnels durchstoßen. Die anschließende Straßenstrecke Richtung Meer wies ein Gefälle von knapp 10 % auf. Für den späteren Verkehr war die Straße offensichtlich nicht breit genug. Es hat zwar den Anschein, als sei der Straßenabschnitt hinter dem Durchstich sekundär verbreitert worden, der Durchstich selbst hat aber den neuen Verkehrsströmen offensichtlich nicht mehr genügt. Eine Verbreiterung der vorhandenen Trasse hätte den Verkehr kaum flüssiger gemacht, da an beiden Enden scharfe Knicke in der Linienführung entstanden wären. Es blieb also nichts anderes übrig, als den Bergvorsprung großzügiger zu durchfahren. Dazu war die Straßengalerie vor und hinter dem Felsvorsprung ohne Umgehung um die Felsnase herum miteinander zu verbinden; es war also – bildlich gesprochen: im Bereich der Nasenwurzel – ein neuer Tunnel zu bauen, der nunmehr eine Länge von knapp 40 m erreichen würde.

Der vespasianische Straßentunnel

Auch dieser Tunnel ist nicht unbedingt den ganz großen Ingenieurleistungen der Antike zuzurechnen; aber er weist doch einige Besonderheiten auf, die ihn aus der Reihe anderer Tunnelbauten hervorheben.

Dazu gehört das Gefälle von rund 10 %,[243] mit dem die Fahrbahn im Tunnelbereich versehen worden ist. Man hätte der Einfachheit halber die Tunnelstrecke horizontal auffahren können, dann wären allerdings die beiden durch die augusteische Straße vorhandenen Anschlußstrecken nicht nutzbar gewesen. Wollte man also von der vorhandenen Straße aus in den neuen Tunnel ein-

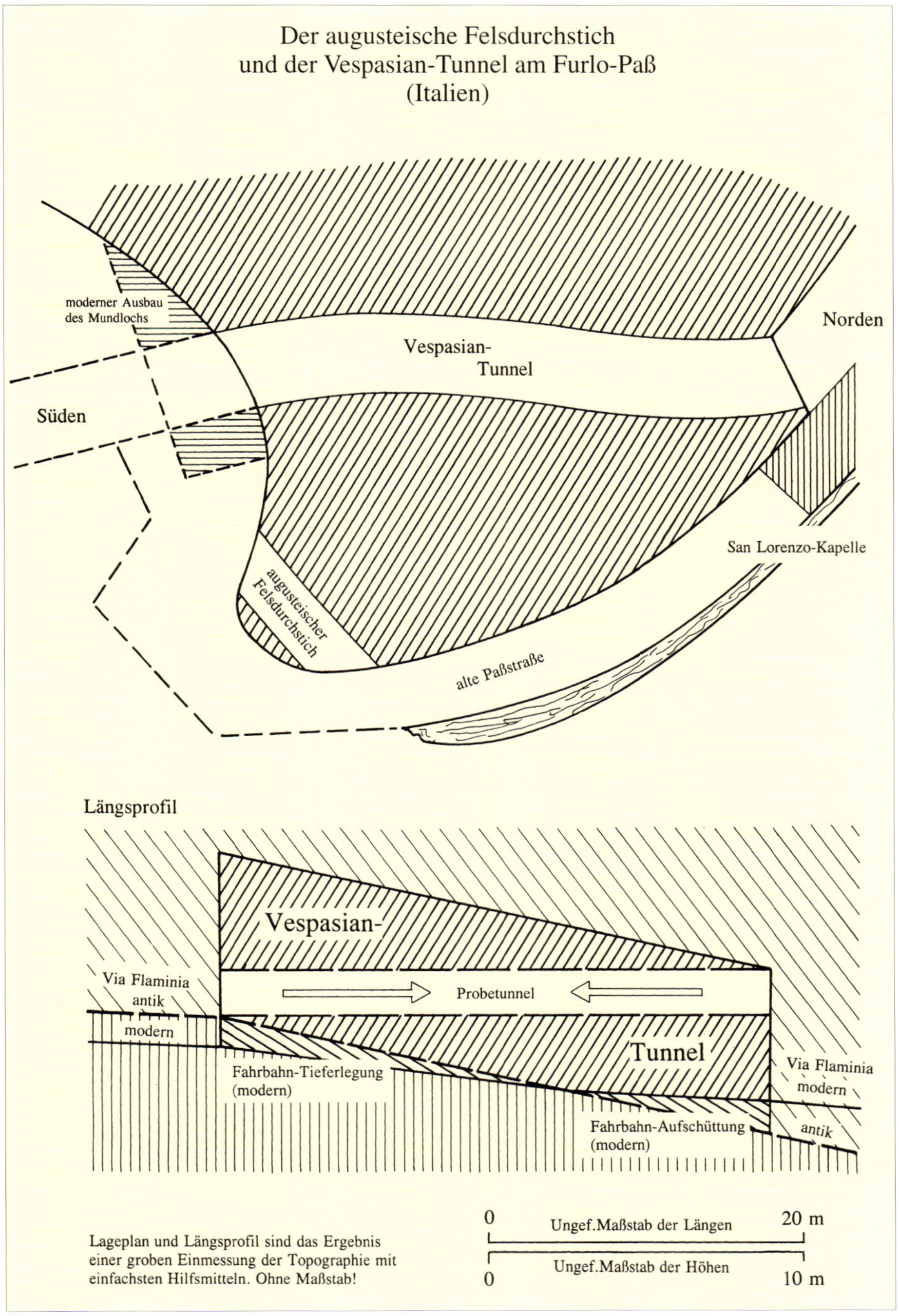

210

211

212

213

biegen, um hinter dem Tunnel wieder auf die Straße zu gelangen, so mußte die Tunnelstrecke entsprechend geneigt aufgefahren werden.

Der aktuelle Tunnel hat im südlichen Mundloch eine lichte Höhe von ca. 6,2 m und im nördlichen Mundloch von ca. 4,0 m; seine lichte Weite beträgt durchgängig ca. 4,5–5,0 m; die im Bereich des nördlichen Mundlochs zu messende Breite von 6 m ergibt sich aus dessen schräger Lage zur Tunnelachse.

Eine interessante Frage zur Bautechnik besteht nun darin, ob die vespasianischen Ingenieure den Tunnel schon in der ersten Bauphase schräg aufgefahren oder ob sie ihn erst beim endgültigen Bau mit der 10%igen Neigung in der Sohle versehen haben. Aufgrund des vorhandenen Bauwerks läßt sich eine Bauweise rekonstruieren, die sowohl die örtlichen Gegebenheiten berücksichtigt als auch die herkömmlichen römischen Tunnelbauverfahren (Abb. 210). Zu dieser Betrachtung kann vorausgeschickt werden, daß Tunnelbauten dieses Lichtraumprofils in römischer Zeit in der Regel nicht ohne die vorherige Verbindung zweier von beiden Seiten aufgefahrener Suchstollen gebaut worden sind. Diese Suchstollen hatten ein Profil, wie es sich aus dem Suchort jeweils eines Tunnelarbeiters ergab: also etwa 0,7 m bis 1,0 m breit und ca. 1,2 m bis 1,5 m hoch. Derartige Suchstollen, deren Verbindung den überzeugenden und beruhigenden Probetunnel ergeben sollten, wurden der größeren Treffsicherheit wegen nach Möglichkeit horizontal aufgefahren. Von einem solchen Probetunnel ist am Furlo-Paß heute nichts mehr zu sehen, was aber nichts heißen muß, da er vom endgültigen Tunnelbau völlig überprägt worden sein kann. Daher muß der Tunnel nach anderen Kriterien untersucht werden.

Bei der Betrachtung des Längsprofils des 37 m langen Tunnels fällt auf, daß die Tunnelfirste zum Meer hin abfällt: Und zwar liegt die Firste im nördlichen Mundloch rund 4 m tiefer als die Firste im Bereich des südlichen Mundlochs. Die heutige Fahrbahndecke im Tunnel weist für dieselbe Strecke einen Höhenunterschied von 2,5 m auf. Diese Diskrepanz macht stutzig, denn dieser Unterschied entspricht nicht der an sich klaren Konzeption antiker Ingenieure, die nur durch unüberwindliche Hindernisse von klaren und daher ökonomischen Linienführungen abzubringen waren.

Bei näherer Betrachtung zeigt sich, daß die festgestellte Abweichung das Ergebnis einer neuzeitlichen Korrektur im Ausbau des Fahrbahnbereichs ist. Man hat, um eine gestrecktere und weniger steile Linienführung zu erreichen, die Fahrbahn von Süden kommend eingeschnitten und dadurch tiefergelegt und etwa ab dem zweiten Tunneldrittel kontinuierlich aufgefüllt und damit höhergelegt. Die neue Fahrbahn hat nach diesem Massenausgleich im Tunnelbereich nur noch ein Gefälle von 2,5 m. Die Korrekturmaßnahme ist in beiden Wandungen des Tunnels klar zu erkennen: Die Tieferlegung im Süden tritt als deutlicher Qualitätsunterschied in der Steinbearbeitung hervor. Besonders in der westlichen Tunnelwand erkennt man die römische Arbeitsweise an den gleichmäßig in Arbeitsrichtung verlaufenden Schrotspuren, während sich die Arbeitsweise unserer Tage als grober Ausbruch ohne Nachbearbeitung darstellt (Abb. 211).

Die Trennlinie zwischen beiden Arbeitsgängen liegt im Bereich des südlichen Tunnelmundlochs 0,9 m bis 1,0 m über der heutigen Fahrbahndecke, und man kann sie auf eine Strecke von 25 m – kontinuierlich abnehmend – gut verfolgen, ehe sie die Fahrbahn schneidet und unter der Auffüllung im Norddrittel

***Abb. 212** Furlo Paß (Italien), vespasianischer Straßentunnel vom südlichen Mundloch aus gesehen. Das Tunnelprofil ist hier modern tiefergelegt und am hinteren Ende aufgefüllt worden.*

***Abb. 213** Furlo Paß-Tunnel (Italien). Das modern ausgebaute Mundloch des vespasianischen Straßentunnels von Süden; rechts dahinter das Mundloch des augusteischen Felsdurchstichs.*

***Abb. 214** Furlo Paß (Italien), vespasianischer Straßentunnel. Das Mundloch von Norden mit dem vespasianischen Inschriftenfeld; links in der Tunnelkante der Schein-Sattelkämpfer; die Fahrbahn ist hier modern höhergelegt.*

***Abb. 215** Furlo Paß (Italien), vespasianischer Straßentunnel. Im Tunnelinneren hat man beim Ausbau zwei Straßenbegrenzungsteine im Fels stehengelassen (Pfeil).*

***Abb. 216** Furlo-Paß (Italien). Die moderne Straße nördlich des Tunnels; in der Felswand ist deutlich eine Spur der höher gelegenen antiken Fahrbahn erkennbar (Pfeil).*

214

215

verschwindet. Führt man die Trennlinie gedanklich oder rechnerisch gleichmäßig nach Norden fort, so kommt man zum Niveau der antiken Straße im nördlichen Mundloch. Da man im letzten Drittel das Fahrbahngefälle aber deutlicher flacher ausgeführt hat als im südlichen Teil, ergibt sich für die moderne Überdeckung der antiken Fahrbahn ein Wert von ca. 1,2 m (Abb. 212 und 213).

Auch in der Frontseite der kleinen San Lorenzo-Kapelle direkt am Nordende des Tunnels kann man die Straßenaufschüttung in diesem Bereich erkennen. Das Kapelleninnere liegt heute etwa 1 m tiefer als die Straße; ursprünglich dürfte die Kapelle aber über ein oder zwei Stufen, zumindest aber über eine Schwelle von der Straße aus zu betreten gewesen sein, denn nur so war das auf der Straße talwärts geführte Regenwasser von der Kapelle fernzuhalten. Die Eingangssituation läßt diese nachträgliche Veränderung im Straßenverlauf klar erkennen.

Mittels dieser Rekonstruktionshilfen ergibt sich ein 37 m langer Tunnel, der in der Antike mit einer Höhe von 5,2 m und einem Gefälle von 10 % durchgängig ausgestattet war. Es kann bei unseren Betrachtungen davon ausgegangen werden, daß neuzeitliche Veränderungen am Tunnel nur im Sohlenbereich, nicht im Bereich der Firste vorgenommen worden sind.

Soll nun diesem Tunnelbau die Durchörterung eines horizontalen Probetunnels vorausgegangen sein, so muß die Sohle des fertigen Tunnels am Südende um die Arbeitshöhe der zwei Suchstollen tiefer liegen als die Höhe der Firste am anderen Ende. Das Ergebnis ist schnell ermittelt:

216

217

Bei 4 m Höhenunterschied in der Firste eines 5,2 m hohen Tunnels verbleibt einfach gerechnet ein Höhenunterschied von 1,2 m für den Probetunnel, der sich wegen der angetroffenen Unregelmäßigkeiten, aber auch, weil Suchstollen in der Regel leicht nach oben gerichtet aufgefahren wurden, auf bis zu 1,6 m Arbeitshöhe hochrechnen läßt.

Durch einige Details tritt der Tunnel einen winzigen Schritt aus der Reihe reiner Zweckbauten heraus. Die Profile beider Mundlöcher zeigen am Ansatz der gewölbten Firste «Kämpfersteine», die optisch den Bau eines Bogens und damit eines Eingangsportales vortäuschen sollen. Diese zu einer Scheinarchitektur gehörigen Steine, die im südlichen Mundloch 4 m hoch liegen und beidseitig vorhanden sind, haben keinerlei Funktion gehabt, sind auch nicht eingesetzt, sondern bei der Bearbeitung des Felsens stehengelassen worden.[244] Im nördlichen Mundloch (Abb. 214) sind sie wegen der Fahrbahnerhöhung in eine Lage gekommen, die nur noch 1,7 m Höhe über der Straße aufweist. Das hat dazu geführt, daß der Scheinkämpfer nur noch auf der linken Seite erhalten ist, während er auf der anderen Seite in der Innenkurve der Fahrspur lag und mitsamt der zugehörigen Tunnelkante glatt abgefahren worden ist.

Nach diesen Recherchen kann man den Ablauf der Arbeiten zum Bau des Tunnels am Furlo-Paß einigermaßen rekonstruieren. Als erstes nahm man die Fixierung der Mundlöcher zweier Suchstollen auf gleicher Höhe auf beiden Seiten der Felsnase vor. Wegen der steil aufragenden Felsen mußten die Vortriebsrichtungen über ein Hilfsdreieck oder ein Hilfspolygon um die Bergnase herum abgesteckt werden. Der Vortrieb und die Verbindung der beiden Suchstollen erfolgte auf einer horizontalen Trasse, wobei auf einer ein wenig ansteigenden Linie gearbeitet wurde, um Sickerwasser abfließen zu lassen. Nach erfolgtem Durchschlag konnte die Firste nach Süden hin höhergelegt und die Sohle durchgängig tiefergelegt werden, um dem Tunnel seine endgültige Form mit einem 10%igen Gefälle zu geben.

Ein interessantes Detail ist noch in Höhe des antiken Fahrbahnniveaus im Tunnelinneren zu sehen, und zwar zwar in Form von zwei Fahrbahn-Begrenzungssteinen (Abb. 215), die man – ähnlich der Kämpfersteine in den Portalen – bei der Felsbearbeitung stehengelassen hat. Die 0,29 m und 0,30 m breiten Steine liegen von Mitte zu Mitte 15,98 m auseinander und waren sicherlich dazu bestimmt, die Tunnelwandung vor Beschädigungen durch die Radnaben der Fuhrwerke zu schützen.

Von unschätzbarer Bedeutung für die Datierung des Bauwerks ist aber die Inschrift über dem Nordportal,[245]

IMP(erator) CAESAR AVG(ustus)
VESPASIANVS PONT(ifex)
MAX(imus) TRIB(unicia)
POT(estate) VII IMP(erator) XVII
P(ater) P(atriae) CO(n)S(ul) VII
CENSOR FACIVND CVRAVIT,

***Abb. 217** Saldae/Bejaia (Algerien). Erstes der drei Inschriftenfelder des Nonius Datus-Steins: PATIENTIA (Foto der Kopie des Steins im Museo della Civiltà Romana. H. Lilienthal, Bonn).*

wonach dieser Tunnelbau eindeutig in die Spätzeit Vespasians (Kaiser von 69–79 n. Chr.) zu datieren ist.[246]

Interessant ist es noch, die Straße nördlich des Tunnels weiterzuverfolgen. Die als Terrasse geführte Straße wird auf eine lange Strecke linker Hand von der steilen Felswand begleitet. Durch den neuzeitlichen Fahrbahnausbau ist die antike Fahrbahnoberkante oftmals verlassen worden; sie ist als gleichmäßig geneigte Linie dennoch in der Felswand sichtbar geblieben, wo die neue Straße das alte Fahrbahnniveau unterschreitet (Abb. 216).

AQUÄDUKTTUNNEL

Antike Fernwasserleitungen sind in der Regel als Gefälleleitungen gebaut worden. Sie leiteten das kostbare Trinkwasser aus oftmals viele Kilometer entfernten Quellgebieten zu den Versorgungsplätzen, waren es Städte, *villae rusticae* oder auch militärische Siedlungsplätze. Dabei folgten sie in Wald und Flur einer geplanten und in das Gelände übertragenen Trasse, welche die vorhandene Landschaftsform auf günstigste Weise ausnutzte. Diese Trasse folgte – mit dem Gelände angepaßtem Gefälle – den Höhenlinien und schmiegte sich dabei eng an das durchfahrene Landschaftsrelief an. Auf diese Weise wurden Täler weit ausgefahren und Berge umrundet.[247] Größere Geländehindernisse konnten es erfordern, in der Leitungstrasse Kunstbauten unterzubringen: Waren z. B. Taleinschnitte zu tief, so mußten sie überbrückt oder mittels einer Druckwasserleitung durchfahren werden. Auch eine bei zu geringen Höhenunterschieden knappe Energiehöhe konnte es erfordern, die Trasse abzukürzen und Brücken zu bauen.

Genau wie die Täler konnten aber auch Bergrücken oder Felsvorsprünge es erfordern, vom Konzept einer in einem Baugraben verlegten Leitung abzugehen und Kunstbauten zu errichten. Traten im Trassenverlauf bergige Hindernisse auf, waren Tunnelbauten gefragt. Auch mittels Tunnelbauten war es möglich, nicht nur das Geländehindernis auszuschalten, sondern zudem eine Trasse abzukürzen und an Energiehöhe zu sparen, wenn es notwendig gewesen war. Der Bau von Tunneln ist im Aquäduktbau häufiger anzutreffen als für Seeabsenkungen, Flußumleitungen und Straßenbau. Das hat seinen Grund in der wenig flexiblen Linienführung von Aquädukttrassen, die nach den o. b. Kriterien ohne große Alternativen dem jeweiligen Geländemodell anzupassen waren. Andererseits hat ein schwieriges Gelände die römischen Ingenieure selten am Bau einer Wasserleitung gehindert, wenn es galt, ein ausgesuchtes Quellgebiet zu erschließen und an ein Versorgungsgebiet anzuschließen.

Der Tunnelbau erscheint als schwierige Ingenieurdisziplin, trotzdem finden wir im Gegensatz zu den Brückenbauten nur in ganz wenigen Fällen Bauinschriften, die etwas über die Bauherren oder die Ingenieure aussagen könnten. Das mag damit zusammenhängen, daß ein im Berg verborgenes Bauwerk nicht wie ein protzig in der Landschaft stehender Brückenbau geeignet war, den Ruhm seines Baumeisters oder dessen Auftraggebers zu mehren – ganz einfach deshalb, weil er von der Öffentlichkeit kaum wahrgenommen wurde.

In Ausnahmefällen sind aber Primärquellen zur Baugeschichte eines Tunnels durchaus erhalten. Es sei nur an die durch Plinius und andere Geschichtsschreiber mehr oder weniger gut dokumentierte Baugeschichte des Claudius-Tunnels am Fuciner See (s. S. 91) in Italien erinnert oder an die auf die Kaiser Vespasianus und Titus verweisende Bauinschrift am Titus-Tunnel von Çevlik in der Türkei (s. S. 108).

Ein einziger Baumeister hat die Geschichte von der Planung und Trassierung seines Tunnels in ungewöhnlicher Weise und dabei sehr detailliert aufgeschrieben. Offensichtlich wollte er seinen Anteil an einem schwierigen Tunnelbau für die Nachwelt gewürdigt wissen und beschreibt uns den Tunnelbau im Rahmen der Planung und Trassierung einer Wasserleitung für die Römerstadt Saldae in Nordafrika in einzigartiger Weise (Abb. 217). Der Tunnel von Saldae und der darauf bezogene Text des Militärfeldmessers Nonius Datus aus der Mitte des 2. Jhs. n. Chr. sei deshalb der Beschreibung aller anderen Aquädukttunnel vorangestellt. Er gibt uns einen kleinen, aber aussagekräftigen Einblick in die Organisation einer römischen Großbaustelle, auch bezüglich der Stellung eines antiken Ingenieurs.

ALGERIEN

Der Aquädukttunnel von Saldae

Das antike Saldae (frz. Bougie; heute Bejaia, Algerien) war eine Küstenstadt in Nordafrika, deren Ursprünge bis in die karthagische Zeit zurückreichen. Unter Augustus wurde hier für die Veteranen der 7. Legion eine Siedlung errichtet. Aber es sollte noch einmal 150 Jahre dauern, bis diese Stadt mittels eines Aquäduktes mit Trinkwasser versorgt wurde.[248]

Der in der 1. Hälfte des 2. Jhs. n. Chr. geplante Aquädukt sollte Wasser aus einem Quellgebiet 17 km westlich der Stadt heranführen (Abb. 218). Am Fuß des Arbalou, des letzten westlichen Gipfels der großen Kabylei, lagen Quellen, die den Ansprüchen der Römer sowohl von der Qualität als auch von der Quantität her genügten. Die für eine Wasserleitung gewählte Trasse wies zwei wesentliche Geländeschwierigkeiten auf, die mit den technischen Mitteln der Zeit zu lösen waren.[249] In seinem Oberlauf folgte die Aquädukttrasse mit leichten Gefälle dem ost-westlich ausgerichteten Kamm des Djebel Gouraya. Ein tiefer Geländesattel im Verlauf der Kammlinie konnte nicht natürlich ausgefahren werden, da man dabei zuviel von der zur Verfügung stehenden Energiehöhe verloren hätte. Um für die noch folgenden Geländeprobleme genügend Gefällereserve zu behalten, mußte die Senke mittels einer 300 m langen Aquäduktbrücke durchfahren werden. Die mittleren Pfeiler dieser massiven Brücke wurden bis zu 15 m hoch. In ihrem weiteren Verlauf stößt die Trasse auf einen zweiten Gebirgszug, der sich als mächtiges Hindernis von Nordwesten nach Südosten quer in den Trassenverlauf schiebt. Dieses Hindernis war nur durch den Bau eines Tunnels zu überwinden.

Ingesamt betrachtet bietet der Aquädukt von Saldae also das übliche Bild der Wasserversorgung einer antiken Stadt. Eine im Trassenverlauf errichtete Brücke mit den oben beschriebenen Ausmaßen und ein Tunnel von 428 m Länge waren kaum geeignet, diese Wasserleitung unter den an anderen Orten mit wesentlich größerem technischen Aufwand errichteten Aquädukten hervortreten zu lassen (Abb. 219).

Das ist wahrscheinlich auch der Grund dafür, daß in der archäologischen oder auch technikhistorischen Literatur außerhalb der französischen Afrikaforschung kaum etwas über den Aquädukt von Saldae zu finden ist. Was diese Wasserleitung interessant gemacht hat, ist ein Inschriftenstein (Abb. 220a und b), der im Jahre 1866 als Einzelfund in Lambaesis zutagetrat. Er bestand aus einer dreiseitigen Halbsäule von 1,70 m Höhe und einem dazugehörigen sechsseitigen Sockel; beide Stücke waren als Spolien in einer Mauer verbaut worden und hatten dabei gelitten. So ist die Inschrift zwar weitgehend lesbar geblieben, die drei im oberen Teil der beschrifteten Flächen angebrachten Köpfe waren jedoch zerstört. Der

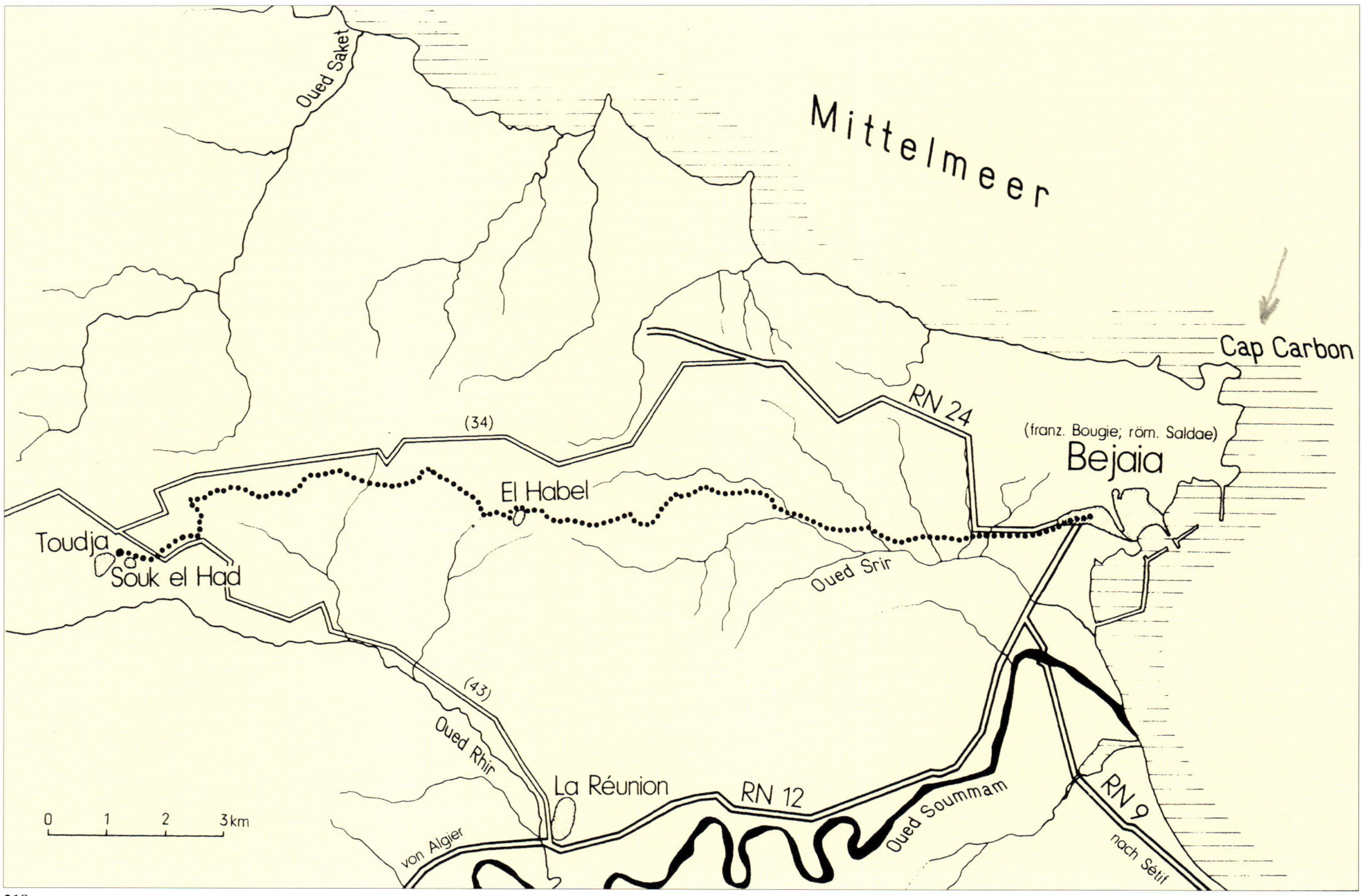

218

Fürsorge eines Herrn Barnéod, Direktor des Strafhauses in Lambaesis, war es zu verdanken, daß der Stein geborgen und aufgestellt wurde. Schon zwei Jahre später wurde die Inschrift erstmals publiziert.[250] Die Vorstellung des Steins und seiner Inschrift in der deutschen archäologischen Literatur folgte erstaunlich rasch.[251] Mommsen weist darauf hin, daß die Inschrift nicht vollständig ist, der aufgefundene Stein vielleicht sogar zu einer Gruppe von mehreren nebeneinander aufgestellten Säulen gehört haben könnte.

Der Wortlaut der erhaltenen Inschrift ist von überragender Bedeutung für die Technikgeschichte, denn er gibt nicht nur einige technische Details über den Bau des Tunnels von Saldae wieder, sondern er behandelt darüber hinaus auch Fragen aus dem technischen Umfeld. So erfahren wir aus diesem authentischen Bericht, wer die Planung fertigte und wer die technischen Grundlagen für einen Tunnelbau schuf. Wir erfahren am praktischen Beispiel, daß das technische Personal für die Ausführung derartiger Bauwerke nur bei der Legion vorhanden war. Denn auf die Bitte des Statthalters der Provinz *Mauretania Caesariensis* an den Legaten von Numidien wird Nonius Datus, *librator* und späterer Veteran der *legio III Augusta*, abgestellt.[252] Wir erfahren von Nonius Datus auch etwas über das Hauptproblem des Tunnelbaus im Gegenortverfahren und seine Lösung, denn er beschreibt uns, wie sich die beiden Bautrupps im Berg verfehlt haben und wie er bei einem zweiten Einsatz die zuvor gemachten Fehler behebt.

Dieser Bericht geht also weit über den Inhalt einer Bauinschrift hinaus; da der Text von dem mit der Bauleitung des Tunnels Beauftragten selbst gefertigt wurde, steht uns hiermit eine einzigartige Primärquelle zur Technikgeschichte zur Verfügung:[253]

(Brief des Statthalters) Varius Clemens an (den Legionslegaten) Valerius Etruscus: «Sowohl die herrlichste Stadt Saldae als auch ich mit den Salditanern bitten Dich, Herr, daß Du Nonius Datus, Feldmesser und Veteran der legio III Augusta, *aufforderst, nach Saldae zu kommen, um von seinem Werk fertigzustellen, was noch aussteht.*

Ich habe mich aufgemacht und bin auf dem Wege unter Räuber geraten; ausgeraubt und verwundet bin ich mit den meinen entronnen; ich bin nach Saldae gekommen und habe den Prokurator Clemens aufgesucht. Er hat mich zu dem Berg geführt, wo man über den mißlungenen Tunnelbau klagte; man glaubte, ihn aufgeben zu müssen, weil der Vortrieb der beiden Stollen bereits länger ausgeführt war, als der Berg breit war.

Es war offensichtlich, daß man mit den Vortrieben von der Trasse abgekommen war; so wie der obere Teil des Tunnels nach rechts, also nach Süden abwich, so ist in ähnlicher Weise der untere Teil ebenfalls nach rechts, also nach Norden abgewichen; beide Baulose haben also die Richtung verfehlt, weil man der Trasse nicht gefolgt war. Die exakte Trassenlinie war aber mit Pfählen von Ost nach West über den Berg abgesteckt worden.

Damit aber beim Leser kein Mißverständnis bezüglich der Stollen entsteht, wenn es hier «oberer» und «unterer» heißt, so ist das so zu verstehen: Mit «oberer» ist der Teil gemeint, in dem der Tunnel das Wasser aufnimmt, mit «unterer» der Teil, wo das Wasser wieder herauskommt.

Als ich die Arbeiten zuteilte, damit sich jeder darüber im Klaren war, welche Strecken des Vortriebs er aufzufahren hatte, habe ich die classici *(Flottensoldaten) und die* gaesates *(Soldaten aus gallischen Hilfstruppen) um die Wette arbeiten lassen (von beiden Seiten her), und so haben sie sich beim Durchstich des Berges getroffen.*

Ich also war es, der zuerst das Nivellement gemacht und den Bau der Wasserleitung organisiert und in die Wege geleitet hatte nach den Plänen, die ich dem Prokurator Petronius Celer gegeben hatte. Das vollendete Bauwerk hat der Prokurator Varius Clemens durch die Einleitung des Wassers seiner Bestimmung übergegen. [?? Die Transportleistung des Aquäduktes beträgt ??] Fünf Scheffel.

Damit mein Bemühen um diesen Aquädukt von Saldae deutlicher erscheint, habe ich einige Briefe angefügt.

(Brief des Prokurators) Porcius Vetustinus an (den Legaten) Crispinus: «Äußerst gütig und wie es deiner sonstigen Freundlichkeit und Güte entspricht, hast Du gehandelt, Herr, indem Du den Nonius Datus gebeten und zu mir geschickt hast, so daß ich mit ihm über ein Bauvorhaben verhandeln konnte, für dessen Ausführung er die Leitung übernahm. Deshalb habe ich, obwohl ich zeitlich recht gedrängt war und dringend nach Caesarea mußte, dennoch einen Abstecher nach Saldae gemacht, um die glücklich begonnene Aquäduktbaustelle in Augenschein zu nehmen; ein großartiges Projekt, das ohne die treibende Kraft des Nonius Datus, der den Bau mit Sorgfalt und Zuverlässigkeit leitet, nicht zu Ende geführt werden kann. Darum hätte ich Dich bitten wollen, uns zuzugestehen, daß er einige Monate bei dieser Sache bleiben könne, wenn er sich nicht bei der Arbeit eine schwere Krankheit zugezogen hätte ...»

Der Ablauf der Ereignisse um diesen Tunnelbau stellt sich nach diesem Text wie folgt dar: In der ersten Hälfte des 2. Jhs. n. Chr. planten die Bewohner von Saldae den Bau eines Aquäduktes vom Djebel Toujda, um das Wasserdargebot in der Stadt zu erhöhen. Sie wandten sich an den für sie zuständigen Prokurator von Mauretanien, Petronius Celer, mit der Bitte, ihnen bei der Suche nach einem fähigen Ingenieur behilflich zu sein. Der wiederum bat seinen Kollegen, den Legaten von Numidien, ihm aus dem Hauptquartier der *legio III Augusta* einen Fachmann für technische Aufgaben zur Verfügung zu stellen, damit er das Vorhaben der Salditaner prüfe.

Man wählte den *librator* Nonius Datus aus, der nach Saldae reiste und dort entsprechende Vermessungen durchführte; seine Pläne zum Bau des Aquäduktes übergab er dem Prokurator Petronius Celer. Dies alles muß sich bis zum Jahre 138 n. Chr. abgespielt haben, denn Petronius Celer war nur bis zum Ende der Herrschaft Hadrians Prokurator von Mauretanien.

Die Arbeiten wurden aber nicht sofort begonnen, sondern bis zur Prokuratur unter Porcius Vetustinus 147–150 n. Chr. zurückgestellt. Zu dieser Zeit war Crispinus Statthalter in Numidien; er wies Nonius Datus an, sich mit dem Prokurator Vetustinus in Verbindung zu setzen, um das Projekt erneut zu besprechen. Crispinus war in den Jahren 147 und 148 n. Chr. im Amt, so daß der Baubeginn am Aquädukt in diese Zeit zu datieren ist. Nonius Datus verständigte sich mit den Bauleuten, die die Ausführung des Bauwerks übernommen hatten, organisierte die Arbeiten und leitete für einige Zeit den Baubetrieb. Er wäre einige Monate in Saldae geblieben, wenn er nicht durch eine Krankheit zur Rückreise nach Lambaesis gezwungen gewesen wäre.

Auch während seiner Abwesenheit gingen die Arbeiten gut voran und schienen pünktlich fertig zu werden, wenn es nicht plötzlich Probleme in der Tunnelbaustelle gegeben hätte. Nonius Datus hatte den Bauleuten die Trasse des Tunnels über den Berg abgesteckt, und es war geplant, den Tunnel von zwei Seiten aus in Angriff zu nehmen. In seiner Abwesenheit hatten die Bauleute unter Tage aber Schwierigkeiten mit der Richtungsübertragung, denn in jedem der beiden Baulose war man von der geplanten Trasse nach rechts abgedriftet. Da man aus den Bauplänen die Streckenlänge der Baulose genau kannte, merkte man irgendwann, daß man den vorgesehenen Treffpunkt längst verfehlt hatte; man hatte aneinander vorbeigearbeitet. Diese Erkenntnis brachte die Bauleute zum Verzweifeln, und sie kamen an den Punkt, wo sie das gesamte Projekt am liebsten aufgegeben hätten.

Noch einmal wandte sich der Prokurator Mauretaniens, inzwischen ist Varius Clemens im Amt (151 n. Chr.), an den Legaten Numidiens, inzwischen M. Valerius Etruscus, damit er den Nonius Datus erneut schicke. Nonius Datus, inzwischen Veteran geworden, brach noch einmal nach Saldae auf. Obwohl im eine Eskorte beigegeben war, wurde er unterwegs von Straßenräubern überfallen. Schwer verwundet und seiner Kleidung beraubt, konnte er jedoch fliehen und erreichte Saldae. Da Nonius Datus in offizieller Mission reiste, wirft das ein besonderes Licht auf die Verhältnisse beim Reisen zumindest in Nordafrika.[254] In Saldae angekommen wurde er sogleich zum Berg gebracht und mit den Problemen der Tunnelbaustelle konfrontiert. Durch Nachmessungen stellte er die Auswirkungen des fehlerhaften Vortriebs fest und ließ danach eine Querverbindung zwischen den beiden Baulosen herstellen. Mit dem wenig später erfolgten Durchschlag im Tunnel war der Aquädukt fertig und einsatzbereit. Der Prokurator Varius Clemens reiste nach Saldae, um die neue Wasserleitung einzuweihen.

Beim Bau des Aquäduktes von Saldae mit seinem problembeladenen Tunnel scheint es sich für Nonius Datus um die größte Herausforderung seines gesamten Berufslebens gehandelt zu haben. Er nutzte diese Aufgabe, um sich auf seinem Grabstein als Ingenieur, dem man ein herausragendes Bauprojekt übertragen hatte, darzustellen. Er rückte in dieser Inschrift seine Leistung beim Bau und zur Vollendung des Aquädukttunnels in den Vordergrund. Die Wiedergabe des Briefwechsels zwischen den Prokuratoren von Mauretanien und den Legaten von Numi-

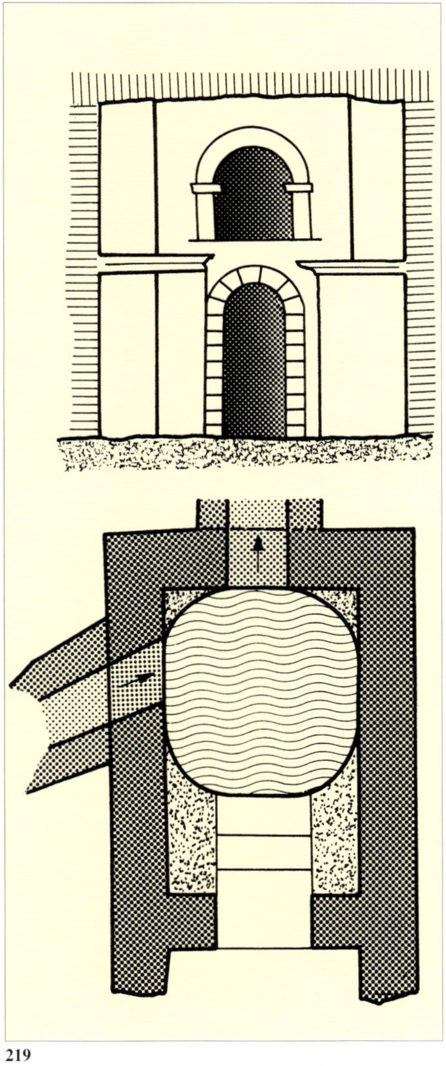

219

Abb. 218 ***Saldae/Bejaia (Algerien). Trassenverlauf der antiken Wasserleitung; der Nonius Datus-Tunnel liegt bei El Habel.***

Abb. 219 ***Saldae/Bejaia (Algerien). Portal des antiken Tunnelmundlochs und Grundriß des Einlaufbeckens (n. Revue africaine 1875, 335).***

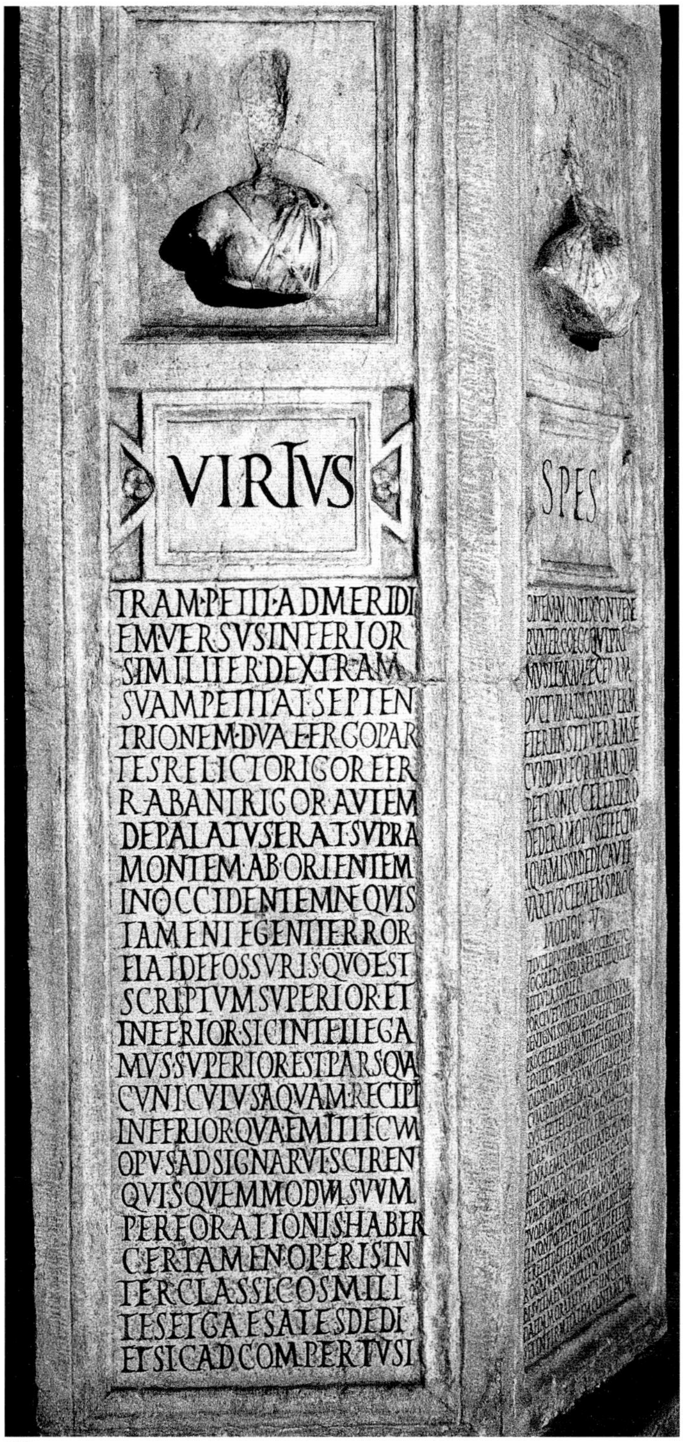

220a

220b

dien stellte das Projekt auf die höchste Ebene und ließ dadurch Zweifel an seinem Bericht gar nicht erst aufkommen.

Derartige Inschriftensteine sind nicht selten, so haben die Besitzer der afrikanischen Landgüter oftmals ihren Schriftwechsel mit den kaiserlichen Behörden auf ihren Grabsteinen verewigen lassen.[255] Als technischer Bericht steht der Text des Nonius Datus jedoch einzig da.

Der Bericht des Nonius Datus enthält noch den Hinweis auf die Herkunft der Bauleute, die beim Tunnelbau eingesetzt waren. Er beschreibt, daß er *classici* und *gaesates* in einer Art Wettstreit in den beiden Baulosen arbeiten ließ. Damit wird deutlich, daß auch die Bautrupps beim Militär ausgeliehen waren, denn die *classici* waren Marinesoldaten aus Caesarea (Cherchel), während die *gaesates* aus einer Auxiliarformation abkommandiert waren.[256]

Zur Zeit der Entdeckung des Inschriftensteins wußte man zwar von der Existenz des Aquäduktes, aber über die Lage und die Existenz des Salditaner Tunnels war nichts bekannt. Er wurde erst später entdeckt und gegen Ende des 19. Jhs. von den Franzosen nicht nur freigelegt, sondern für eine neue Wasserleitung wieder benutzbar gemacht. Dabei wurde auch seine genaue Länge ermittelt, die sich zu 428 m ergab; er durchfährt das Gebirge 86 m unterhalb seiner Kammlinie. Messungen der Abflußmengen an den Quellen von Toujda lassen für den insgesamt ca. 21 km langen Aquädukt eine Transportleistung von bis zu 10 000 m^3/Tag errechnen.

Wir haben schon in der Einleitung auf die drei Schlagworte hingewiesen, unter die Nonius Datus seinen Bericht gestellt hat: PATIENTIA, VIRTUS und SPES. Vermutlich wollte er auf diese Weise weniger drei Gottheiten anrufen[257] als die drei Tugenden deutlich herausstellen, die einem mit derart schwierigen Aufgaben beauftragten Ingenieur abverlangt wurden, und vermutlich bezog er sich dabei besonders auf den Tunnelbau. Deshalb wäre es zu allgemein, diese Schlagworte einfach mit

«Geduld, Mut und Hoffnung» zu übersetzen. Schon Mommsen ersetzte den Mut durch Tapferkeit. Hier soll noch ein wenig weitergegangen werden: Die Schwierigkeit der gestellten Aufgabe verlangt im Tunnelbau nicht nach Mut oder Tapferkeit, sondern eher nach Tatkraft, und was die Hoffnung angeht, so läßt sie sich vielleicht als die Zuversicht des Fachmannes deuten, der auf seine Kenntnisse gestützt darauf vertraut, daß das schwierige Werk gelingen wird. Wenn also zu den Tugenden GEDULD und TATKRAFT dem Tunnelbauer noch die ZUVERSICHT gegeben war, konnte das Werk wohl gelingen.

Italien

Rom

Wenn für eine antike Stadt bezüglich ihrer Wasserversorgung Aufwand betrieben worden ist, dann für die Hauptstadt des Imperiums, für Rom selbst. Mit der 312 v. Chr. gebauten Aqua Appia wurde eine technische Leistung begründet, die an keinem anderen Ort übertroffen worden ist.[258] Der technische Aufwand war enorm und führte schließlich dazu, daß die Stadt über 11 Leitungen mit einer Gesamtlänge von mehr als 500 km täglich mit ungefähr einer halben Million m^3 Frischwasser versorgt wurde. Man kann allerdings nicht feststellen, daß neben den aufwendigen Brückenbauten[259] auch überdurchschnittliche Leistungen auf dem Gebiet des Tunnelbaus erforderlich gewesen sind. Brücken- wie auch Tunnelbauten wurden dann erforderlich, wenn das zu durchfahrende Gelände es erforderte. Dieser Pragmatismus römischen Ingenieurgeistes wird auch in den Wasserleitungen Roms sichtbar, und so finden wir Tunnelbauten in einem üblichen, geländebedingt erforderlichen Umfang.

Nun sind nicht sämtliche Tunnel im Zuge der Wasserleitungen Roms tatsächlich bekannt oder gar erforscht; manche lassen sich aufgrund des durchfahrenen Geländes sogar nur vermuten. Aber selbst nicht begehbare oder näher untersuchte Tunnel konnten streckenweise nachgewiesen werden, weil die Öffnungen ihrer verschütteten Bauschächte (*putei*[260]) noch gefunden wurden. Auch *cippi*[261], also Streckensteine, konnten den Verlauf eines unterirdisch geführten Aquäduktes angeben, obwohl auch Beispiele dafür bekannt sind, in denen die *cippi*-Linien erheblich vom durch *putei*-Standorte nachgewiesenen Aquäduktverlauf abwichen.[262] Zudem war es in Fällen, wo mehrere Aquädukt-Trassen dicht beieinanderlagen, schwierig, *putei*-Linien bestimmten Aquädukten zuzuordnen.[263]

Gleichwohl finden sich auch im Falle Roms im Verlauf der Aquädukttrassen Tunnelstrecken, die teilweise sogar begehbar sind. Diese liegen im Verlauf der aus dem Anio-Tal herangeführten Aquädukte, und zwar naturgemäß im oberen Teil des Anio-Tales.[264] Im Verlauf des Anio Vetus sind dies Tunnelstrecken bei S. Cosimato[265], im Valle della Mola[266] und beim Monte Falcone[267]. In letzterem Fall werden mehrere Bergrücken hintereinander mittels Tunnelstrecken durchfahren. Im Zuge der Aqua Marcia finden sich Tunnel zwischen Ponte Arcinelli und Acqua Raminga[268] und bei Colonna. Bei Colonna liegen nordwestlich ausgerichtete Geländeeinschnitte dicht beieinander, die dazwischenliegenden Bergrücken mußten in mehreren Fällen durchtunnelt werden.[269] Im Verlauf des Anio Novus-Aquäduktes sind südlich von Tivoli bei Arcinelli Tunnelstrecken aufgrund mehrerer Gruppen von *putei* nachgewiesen.[270] Leicht zu finden und mit einigen Mühen auch begehbar ist eine Tunnelstrecke im Verlauf der Aqua Claudia vor der Anio-Überquerung bei S. Cosimato im rechten Hang des Flusses.[271] Hier sind in der steilen Felswand auch drei Öffnungen zu sehen, die seitliche Bauschächte darstellen.

Der Aquädukttunnel von Bologna

Völlig anders stellt sich das Beispiel des Tunnels von Bologna dar, der Ende des 1. Jhs. n. Chr. gebaut worden ist. Die 20 km lange Wasserleitung für das antike *Bononia* ist insofern ein unter den Technikdenkmälern der Antike herausragendes Beispiel, als sie fast über ihre gesamte Länge als Tunnelbauwerk aufgefahren wurde.[272]

Sie beginnt im Tal des Reno bei Sasso Marconi und folgt dem Fluß auf seiner rechten Seite. In ihrem Verlauf sind sowohl senkrechte Bauschächte als auch seitliche Öffnungen zu sehen: Da wo man mit der Trasse dem Flußtal folgen konnte, verlief die Tunneltrasse im Berg etwa 6 m bis 10 m parallel zur steilen Felskante. Über Fensterstrecken hat man den Aushub in den Berghang abkippen können. Waren jedoch regelrechte Bergkuppen zu durchqueren, hat man geradlinige Tunnelstrecken mit senkrechten Bauschächten aufgefahren.

Für die Wiederherstellung dieses jahrhundertelang vernachlässigten Versorgungssystems in den Jahren 1862 und 1868 hat man umfangreiche Ausbesserungsarbeiten ausgeführt. Die schon in der Antike genutzten Quellen konnten für die Versorgung wieder herangezogen werden und sind auch heute noch in Benutzung. Genaue Vermessungen konnten im Tunnel erst in den vergangenen Jahren

***Abb. 220a.b** Saldae/Bejaia (Algerien). Die drei erhaltenen Seiten des Nonius Datus-Steins mit der Inschrift; jedes der drei Schriftfelder steht unter einem Schlagwort: PATIENTIA – VIRTUS – SPES. (Siehe auch Abb. 217; Fotos der Kopie des Steins im Museo della Civiltà Romana: H. Lilienthal, Bonn).*

221

***Abb. 221** Bologna (Italien). Ritzung und Markierung (IIII) in der Tunnelwandung gaben den Arbeitern die geplante Höhenlage der Tunnelsohle vor (Foto: D. Giorgetti, Bologna).*

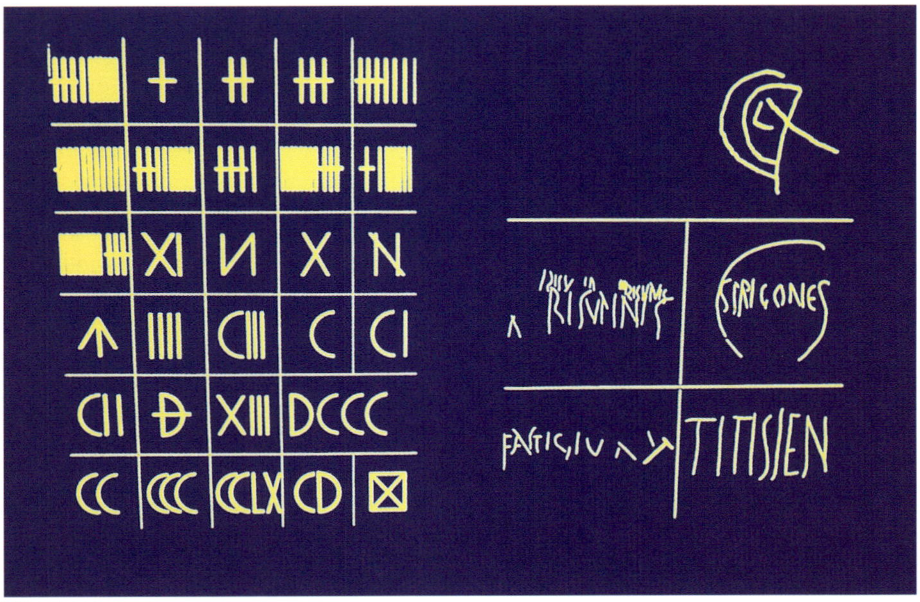

222

223

vorgenommen werden. Zusammen mit archäologischen Untersuchungen fanden deren Ergebnisse ihren Niederschlag in einer großen Ausstellung in Bologna 1985.[273] Bei diesen Arbeiten gab der Tunnel einige wichtige Details frei, die Aufschluß über die Methoden zu seiner Errichtung gegeben haben.

Die Ermittlung eines Höhenunterschiedes im Bereich der Tunnelsohle von 17,76 m auf eine gemessene Strecke von 17 835 m ergibt mit fast exakt 1 ‰ für das mittlere Gefälle einen 'glatten' Wert. Damit wurden die anderenorts gemachten Befunde, nach denen planerische 'glatte' Gefällewerte bei der Trassierung von Fernwasserleitungen auf die Baustelle übertragen worden sind, bestätigt.[274]

In bezüglich des anstehenden Felsgesteins problemlosen Streckenabschnitten fuhr man ein Tunnelprofil auf, das man mit h = 1,90 m und b = 0,65 m als Regelprofil bezeichnen kann. Hier wurden keine Weiterungen vorgenommen, und der Tunnel bildete mit seinem Profil das Wasserleitungsgerinne. In Problemstrecken waren Ausbauten nötig, die erheblichen Arbeitsraum erforderten. Um Platz für den Einbau von hölzernen Lehrgerüsten zur Verfügung zu haben, wurde ein vergrößertes Profil aus dem Fels herausgeschlagen. Das Lehrgerüst diente zum Einbringen eines Betongewölbes im Firstebereich, das durch Hinterfüttern der hölzernen Schalung mit *opus caementicium* mit Flußgeröll als Zuschlag hergestellt wurde. Die negativen Abdrücke der Bretter und Bohlen dieser Schalung sind heute noch sichtbar und lassen deren genaue Abmessungen nachträglich ermitteln: Die Wandverschalungen waren mit Längen von 10 römischen Fuß (2,96 m) genormt, während die Firste für gleiche Abschnitte jeweils vier Schalgerüste von 0,75 m Länge erkennen läßt. Das hatte durchaus praktische Gründe, denn die Lehrgerüste wurden nach Abbinden des eingebrachten Betons wieder ausgebaut und weiterverwendet.

Zahlreiche Ritz- und Rötelmarkierungen legen Zeugnis von der praktischen Vermessungsarbeit in der Tunnelbaustelle ab. Dabei ist zu unterscheiden zwischen vermessungstechnischen Vorgaben des Bauleiters für den weiteren Vortrieb und Markierungen, die einen geleisteten Arbeitsaufwand markierten. Als Vermessungsmarken sind beispielsweise eingeritzte Kreuze im Abstand von zehn Fuß oder horizontale Striche mit nach unten zeigenden Pfeilen zu verstehen. Neben diesen Pfeilen ist in Rötel eine Zahl angebracht worden. Wenn einer solchen Marke eine römische «Vier» (IIII) beigegeben ist (Abb. 221), kann hierin nur eine Vorgabe für den Tunnelarbeiter gesehen werden, dem damit angezeigt worden war, daß die Tunnelsohle vier Fuß unterhalb dieser Ritzlinie anzulegen war. Und tatsächlich ergibt sich im nachträglichen Aufmaß das Niveau der Tunnelsohle exakt 1,20 m unterhalb der Ritzung.

In einem Tunnelabschnitt nahe der Stadt sind in der linken Tunnelwandung senkrechte Striche in gleichmäßigen Abständen von exakt 7,40 m (= 25 römische Fuß) eingeritzt (Abb. 222). Diesen Zeichen sind Zahlen beigegeben, deren Werte zwischen «17» und «38» liegen. Statt Vermessungsmarken sind hierin eher Notizen zum Fortschritt der Bauarbeiten zu sehen, denn die angegebenen Werte betreffen immer Trassenabschnitte von gleicher Länge. Es liegt deshalb auf der Hand, aus diesen Angaben zu ermitteln, in wieviel Arbeitstagen der betreffende Vortrieb von 25 Fuß jeweils aufgefahren worden ist. Damit ergibt sich für die 7,40 m langen Vortriebsstrecken jeweils ein Aufwand, der zwischen 17 und maximal 38 Arbeitstagen gelegen hat. Daraus läßt sich weiterhin ableiten, daß der mittlere Arbeitsfortschritt bei 27 Tagen für die 25 Fuß-Strecke gelegen hat; die Tagesleistung also bei etwa einem Fuß.[275]

Zwischen den Bauschächten wurden die Vortriebsstrecken jeweils in beiden Richtungen aufgefahren. Und – wie nicht anders zu erwarten – kam es auch in Bologna zu den üblichen Vortriebsfehlern, die sich in seitlichen Abweichungen von der direkten und geradlinigen Trassenverbindung zeigen. Nach Ermittlung des Fehlers wurde jeweils eine zielstrebige Verbindung zwischen den Suchörtern der beiden Suchstollen hergestellt.

Neben senkrechten Bauschächten und Fensterstrecken finden wir im Bologneser Tunnel noch eine Besonderheit in Form einer schrägen Schachttreppe von 111 m Länge (Abb. 223). Der mittels dieses 318stufigen Treppenganges überwundene Höhenunterschied beträgt 66,28 m, und anhand der an der Wandung vorgefundenen Meßmarken kann auf einen Vortrieb von außen nach innen geschlossen werden. Der Gang ist mit einem Betongewölbe überdeckt. Anhand der Abdrücke der Schalbretter lassen sich 148 Gerüstbögen auszählen. Die Sohle des Ganges ist der Länge nach zweigeteilt, denn die 318 Treppenstufen werden von einer Rutsche begleitet, die etwa ein Drittel der Breite einnimmt. Dadurch wird deutlich, daß dieser Gang nicht nur als Einstieg für die Arbeiter diente, sondern auch für den Abtransport des Aushubmaterials, das – etwa in ledernen Behältern oder Strohkörben – auf dieser Rutsche an das Tageslicht gezogen werden konnte.

Die Neigung des Treppenganges von 360° 40' (~ 2 : 3) läßt auf eine exakte Planung schließen, die allerdings auch erforderlich war, wenn man vom Fußpunkt der Treppe aus einen vorausberechneten Suchstollen auffahren wollte. Die Unterbringung eines solchen Elementes als schrägen Einstieg in die Tunnelbaustelle war nur mit elementaren Kenntnissen der ebenen Trigonometrie möglich, wobei auch die Kenntnis des pythagoreischen Lehrsatzes vorauszusetzen ist. In späteren Zeiten wird dieser Treppengang der Revision des Tunnels gedient haben, denn hier fanden die Inspektoren einen bequemen Zugang.

Der Aquädukttunnel von Ponza

Dem Tunnel von Bologna, als herausragendem Bauwerk unter den Technikbauten, soll in der Beschreibung ein eher unscheinbarer Tunnel folgen. Dieser zeigt aber einmal mehr, mit welcher Selbstverständlichkeit in der Antike allerorten Aquädukttunnel gebaut worden sind.

Im Nordteil der Insel Ponza führt von der Straße, die hier dem schmalen Geländesattel folgt, eine aus dem Fels gehauene Treppe zur Meeresbucht Baia del Inferno hinunter. Die Bucht wird von abgestürzten Felsbrocken gesäumt, hinter denen die Felswand steil, fast senkrecht, auf über hundert Meter ansteigt. In der offenen Wunde dieser Felswand, die hier von Wind und Wetter ständig aufs neue bloßgelegt wird, kann man Studien über die Entstehung der Insel betreiben: Deutlich sind mit Tuffstein gefüllte Schlote der vulkanischen Aktivitäten zu sehen, die hochgedrückten älteren Erdschichten sind verlagert und fallen heute in schräger Schichtung ab. Beim Abstieg sieht man schon aus großer Höhe in der gegenüberliegenden Steilwand der Bucht eine torartige Öffnung, die sich in der hellgrauen Tuffwand dunkel abzeichnet (Abb. 224). Das Loch befindet sich etwa 2 m über dem Meeresspiegel und deutet aufgrund der ansonsten recht ungestörten Felswand auf einen anthropogenen Eingriff hin, der nur als Rest eines ehemals durchgängigen Aquädukttunnels zu deuten ist.[276] Hier im Scheitel der Inferno-Bucht ist offensichtlich ein Großteil des Gesteins abgegangen. Dabei ist das Felsmassiv mitsamt dem Tunnel auf ein langes Stück vom Meer herausgefressen worden. Das zugehörige Mundloch auf der anderen Seite dieses Aufschlusses kann wegen eines Felsvorsprungs nicht eingesehen werden.

Beim weiteren Abstieg in die Bucht passiert man in ähnlicher Höhe über dem Meeresspiegel eine weitere torartige Öffnung in der Felswand, die durch Bretter und Bohlen fest verschlossen worden ist (Abb. 225).

Nimmt man von unten aus die Felswand zwischen den beim Abstieg beobachteten Öffnungen in näheren Augenschein, fallen dazwischenliegend zwei weitere Tunnelaufschlüsse in passender Höhenlage auf. Die Öffnungen führen zu anschließenden Tunnelstrecken gleichen Querschnitts von 1,5 m Höhe und 0,5 m Breite. Als Öffnungen sind sie nur deshalb zutagegetreten, weil große Teile des Felsmassivs wegen der Angriffe des Meeres abgestürzt sind. Ehemals müssen

224

***Abb. 222** Bologna (Italien). Grafitti an der Tunnelwandung; Zählstriche, Zahlen und Markierungen belegen die Vermessungsarbeiten im Tunnel, an anderen Stellen haben Arbeiter oder Aufseher sich namentlich verewigt (aus: Giorgetti 1988, 183).*

***Abb. 223** Bologna (Italien). Eine 318stufige Treppe diente als Bauschacht und Bedienungsgang, die Rinne neben den Stufen diente zum Transport der Körbe mit Abraum (Foto: D. Giorgetti, Bologna).*

***Abb. 224** Insel Ponza (Italien), Baia del Inferno-Tunnel. In der vom Meer angegriffenen Felswand sieht man den freigelegten Querschnitt eines Aquädukttunnels (Pfeil).*

die einzelnen Tunnelstrecken zu einem durchgehenden Bauwerk gehört haben, das als Wasserleitung diente.

Der Anfang dieses Aquäduktunnels kann unmittelbar in der Nähe des unteren Endes der Felsenstiege gelegen haben, denn hier befindet sich ein Süßwasservorkommen, das heute mittels einer modernen Wassergewinnungsanlage ausgenutzt wird. Möglicherweise überlagert dieses Bauwerk den antiken Vorgängerbau. Der durch die Felseinstürze angeschnittene Tunnel ist hier mit seiner bergseitigen Wandung und dem Ansatz des Gewölbes noch auf einige Meter seines ehemaligen Verlaufs zu erkennen. Nach Süden hin ist der Tunnel hinter einer Felswand verborgen, ist aber schon bald auf ein kurzes Stück wieder einsehbar: die herausgebrochene Felswand macht den Tunnel nach zwei Seiten hin einsehbar. Das weitere – wiederum nach Süden – anschließende Tunnelstück ist dann wieder im Felsmassiv verborgen (Abb. 226).

Der Aquädukt, der nur als eine Verbindung zwischen dem Wasservorkommen in der Inferno-Bucht und dem Hafen von Ponza Sinn macht, muß über weite Strecken seines Verlaufs als Tunnel geführt worden sein, denn eine andere Linienführung war aufgrund der angetroffenen Steilküste nicht auszubauen.

Griechenland

Nikopolis

Unter den Städten Griechenlands nimmt Nikopolis eine Sonderstellung ein, da es sich um eine rein römische Stadtgründung handelt: Kaiser Augustus hatte zum Gedenken an den Sieg in der Seeschlacht beim nahen Actium (Abb. 227) die Gründung dieser 'Siegesstadt' befohlen. Hier hatten er und sein Feldherr Agrippa am 2. September 31 v. Chr. die Flotte von Antonius und Kleopatra besiegt und damit eine wesentliche Voraussetzung für die Alleinherrschaft im römischen Weltreich geschaffen.

Die 2 km^2 große Stadt wurde prächtig ausgestattet und erhielt schon in der augusteischen Phase eine Stadtmauer, die in der Frühzeit aber einen wohl mehr repräsentativen Charakter hatte. Die Westseite der Stadtmauer diente zugleich als Unterbau für das Endstück der Fernwasserleitung aus dem Louros-Tal bei H.

225

226

Georgios. Diese außergewöhnliche Bauwerksnutzung hatte den Vorteil, daß das Wasser das Stadtgebiet in einer Höhe erreichte, die für eine Weiterverteilung über das Stadtgebiet günstig war. So finden wir nicht nur die Reste zweier rund 100 m³ fassender Vorratsbecken rechts und links des westlichen Stadttores, die der direkten Wasserentnahme dienten, sondern darüber hinaus auch Zweigleitungen, die die Thermen versorgten.[277]

Die Quellen dieser Leitung liegen 30 km NNO von Nikopolis bei H. Georgios nahe dem östlichen Flußufer des Louros und werden auch heute noch genutzt. Auf dem Weg zur Stadt mußte das Wasser alsbald über den Louros geführt werden. Heute sind hier zwei unweit voneinander gelegene Aquäduktbrücken zu sehen, die aus zwei verschiedenen Perioden stammen müssen. Dabei ist davon auszugehen, daß die flußabwärts gelegene Brücke aus der augusteischen Bauphase stammt, während die zweite Brücke – südlich davon – diesen Bau in einer späteren Bauphase ersetzt hat. Es kann vermutet werden, daß dieser Neubau unter Iulian Apostata (Kaiser von 361–363 n. Chr.) gebaut wurde.[278]

Etwa 2 km unterhalb von H. Georgios – bei Filipias – mußte die Wasserleitung einen Bergrücken durchfahren. Die Hügellandschaft Kokkinopoulo oberhalb des Tunnels ist von einer bizarren Schönheit, denn die in der Sonne rot leuchtende Erde mutet fremdartig an. Durchstreift man das Gelände, so trifft man auf mehrere kaminartige Öffnungen, die nur als Bauschächte des antiken Tunnels gedeutet werden können (Abb. 228). Das Tunnel-

227

228

***Abb. 225** Insel Ponza (Italien), Baia del Inferno-Tunnel. Beim Abstieg zur Inferno-Bucht passiert man einen Aufschluß des Aquädukttunnels (heute durch Bretter verschlossen).*

***Abb. 226** Insel Ponza (Italien), Baia del Inferno-Tunnel. Zwei Tunnelaufschlüsse (Pfeile) in der Nähe der Wassergewinnung; das Tunnelstück dazwischen ist mitsamt dem Felsmassiv dem Meer zum Opfer gefallen.*

***Abb. 227** Nikopolis (Griechenland). Teil der Inschrift des Siegesdenkmals.*

***Abb. 228** Nikopolis (Griechenland). Zwei ausgemauerte Bauschächte ragen aus der bizarren Landschaft über dem Tunnel aus dem Erdreich.*

innere ist nicht zu betreten, da das Bauwerk schon 30 m vom nördlichen Mundloch entfernt eingestürzt ist (Abb. 229).

Ein solcher Einsturz war sicherlich die Ursache für den Kollaps des Kokkinopoulo-Tunnels. Gleichwohl scheinen auch früher schon Einsturzgefahren bestanden zu haben, denn es findet sich am Beginn der Versturzstrecke eine quer zum Tunnel verlaufende Bruchzone. Hier beginnt auch ein massiver Ausbau des Tunnels, der durch 0,4 m starkes Mauerwerk erkennbar ist. Nach dem Ausbau war für den Durchfluß des Wassers eine lichte Weite von 0,9 m verblieben. Aber auch dieser Ausbau hat den Erdbewegungen auf Dauer nicht standgehalten, wie nach dem endgültigen Einsturz des Tunnels ersichtlich ist.[279]

229

Schon die 30 m lange Anfangsstrecke des Tunnels zeigt uns verschiedene Merkmale der Technik antiken Tunnelbaus. Etwa 5 m der Anfangsstrecke wurden in offener Bauweise errichtet, um tragendes Erdreich zu erreichen. Das erste Stück des Vortriebs wurde auf eine Strecke von 13 m ohne Korrekturen aufgefahren, wenngleich eine leichte Abdrift nach links erkennbar ist. Danach liegen an Versprüngen erkennbare Richtungsänderungen dichter beieinander.

Die lichte Weite der Durchörterung liegt bei durchschnittlich 1,1 m. Deutlich erkennbar ist auch, daß vor dem endgültigen Bau ein Probetunnel aufgefahren worden war. Die lichte Höhe des Tunnels schwankt beträchtlich, wobei der obere Teil des Gesamtprofils mit einer Höhe von 1,7 m durchgängig als Vorabvortrieb zu erkennen ist. Von den Mundlöchern und von den Bauschächten aus wurden also Suchstollen mit Querschnitten von 1,1 m Breite und 1,7 m Höhe aufgefahren, deren Sohle später auf das für den Einbau der Wasserleitung notwendige Niveau herabgelegt wurde, wobei dann lichte Höhen von insgesamt bis zu 4,2 m erreicht wurden.

Da im Trassenverlauf des Nikopolis-Aquäduktes ein Brückenneubau des 4. Jhs. n. Chr. zu finden ist, kann zumindest für diese Zeit auch eine Funktionstüchtigkeit des Kokkinopoulo-Tunnels angenommen werden. Nach der Wiederherstellung der Stadt durch Kaiser Julian tritt sie durch Nachrichten zu ihrer Plünderung durch die Ostgoten (551 n. Chr.) an das Licht der Geschichte, auch ist sie beim Konzil von 787 vertreten – bezüglich der Wasserversorgung liegen aus Spätantike und Frühmittelalter allerdings keine Nachrichten mehr vor.

Türkei

Die Aquädukttunnel von Side

Der Aquädukt für das römische Side fällt wegen des guten Erhalts einiger seiner technischen Elemente auf.[280] Über eine knapp 30 km lange Leitung nutzte man ab der 2. Hälfte des 2. Jhs. n. Chr. für die Wasserversorgung der Stadt die Dumanlı-Quelle, die mit 50 m^3/s Schüttmenge die stärkste Karstquelle der Welt war. Heute ist die Quelle vom Wasser des Oymapınar-Stausees überdeckt. Von den zahlreichen Brücken sind eindrucksvolle Reste erhal-

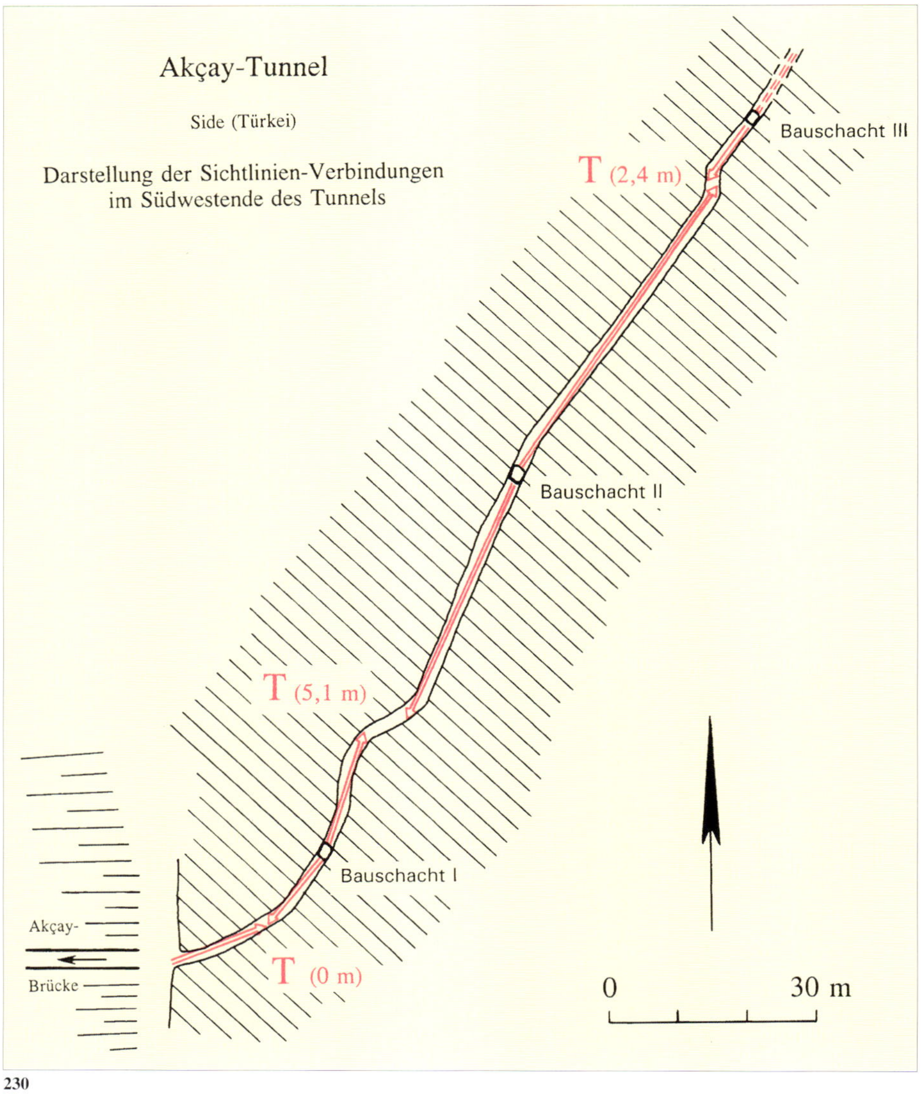

230

Abb. 229 Nikopolis (Griechenland). Einsturzstelle im Tunnel.

Abb. 230 Side (Türkei), Akçay-Tunnel. Das Aufmaß des westlichen Tunnelabschnitts zeigt, daß in den jeweils bei den Bauschächten beginnenden Baulosen ein Sichtkorridor bestand. Richtungsfehler im Vortrieb wurden im Treffpunktbereich ausgeglichen.

Abb. 231 Side (Türkei), Akçay-Tunnel. Nicht ausgebauter Tunnelabschnitt.

Abb. 232 Side (Türkei), Akçay-Tunnel. In diesem Tunnelabschnitt zeigt sich der negative Abdruck von Schalbrettern für den Bau des Gewölbes.

231

232

ten; auch von den Felsgalerie- (siehe: Kapitel «Vom Hohlweg zum Tunnel», Felsgalerie, S. 12) und Tunnelstrecken gibt es gut erhaltene Abschnitte.[281]

Die im Rahmen dieser Arbeit interessierenden Tunnelstrecken nehmen von 30 km Gesamttrasse eine Strecke von 13 km (44 %) ein. Ursache hierfür ist, daß für den Bau des Aquäduktes nur 36 m Höhenunterschied zwischen Quelle und Stadt zur Verfügung standen. Das erforderte eine gestreckte Linienführung der Trasse, die nur durch den Bau zahlreicher Brücken und Tunnel zu verwirklichen war. Brücken und Tunnel waren die wesentlichen Elemente, um eine weite Ausfahrung von Tälern einerseits und die Umfahrung von Bergnasen andererseits zu vermeiden. Um das geringe Gefälle von 1,2 ‰ überhaupt zu erreichen, war der Bau zahlreicher Brücken und langer Tunnelstrecken unvermeidbar.

Der 13 km lange Tunnelbau teilt sich auf 16 Einzeltunnel auf, die Längen zwischen 100 m und 2260 m aufweisen. Für den Bau der Tunnel war in Konglomerat (Nagelfluh) und Sandstein aufzufahren, wobei die Nagelfluhstrecken mit 11 700 m den größeren Anteil einnahmen. Da die Tunnel in Qanatbauweise errichtet worden sind, finden wir heute noch die zugehörigen Schächte, wenngleich wegen Einsturzes nicht mehr sämtliche Streckenabschnitte und Schächte zugänglich sind. Gefunden wurden 39 Schächte mit Teufen zwischen 4 m und 61 m.

Ein am Tal des Akçay-Flusses endender Tunnel ist besonders gut begehbar. In dem auf 300 m begehbaren Abschnitt offenbaren sich die Schwierigkeiten der antiken Tunnelbauer. Die gewundene, streckenweise verspringende Trasse macht die Probleme der Richtungseinhaltung deutlich.[282] Rund 30 m oberhalb des Mundlochs erreicht man den ersten Bauschacht. In den Tunnel gefallenes Erdreich macht ein Überklettern dieses Hindernisses erforderlich. Der Schacht ist aus dem anstehenden Fels herausgehauen worden und unverbaut geblieben. Durch Witterungseinflüsse sind die Schachtwände teilweise spröde geworden und abgegangen. In den vier Ecken des Schachtes hat sich der Fels aber gut erhalten können, und an der sauberen Ausarbeitung läßt sich erkennen, daß auch die Wandungen ehemals gleichmäßig abgeschrotet gewesen sein müssen. Im Anschluß daran sind noch zwei komplette Baulose begehbar. In beiden sind die Richtungskorrekturen erkennbar, durch die der endgültige Durchbruch zur Verbindung der Vortriebsstollen innerhalb der Baulose geschafft wurde. Weiterhin wird deutlich, daß man bis zum Erreichen des jeweiligen Vortriebsendes immer in Sicht- (oder Schnur-)verbindung zum rückwärtigen Bauschacht stand (Abb. 230).

Gebaut wurde im Qanatverfahren, und zwar wurde von den Schächten aus in beiden Richtungen aus aufgefahren. Bemerkenswert sind die relativ großen Richtungsabweichungen in den vier Vortriebsstrecken zwischen den Bauschächten I und III. Während der vom Mundloch aus aufgefahrene Vortrieb den Gegenort ziemlich genau getroffen hat, fallen in den Anschlußbaulosen Richtungsfehler von 5,1 m und 2,4 m auf, die durch Querschläge behoben werden mußten. Da diese Richtungsfehler auf recht kurzen Vortriebsstrecken aufgetreten sind, wird die Schwierigkeit der antiken Tunnelbauer, eine planmäßig vorgegebene Richtung im Suchstollenvortrieb auch einzuhalten, noch einmal besonders deutlich.

Einige Bauwerksabschnitte zeigen sehr schön den nachträglich eingebrachten Ausbau, wobei die Abdrücke der Schalbretter im Gewölbe besonders beeindrucken (Abb. 231 und 232). An den Wänden sind starke Kalksinterschichten erkennbar, die streckenweise von der Wand abgeplatzt sind. Die Kalksinterablagerungen sind u. a. ein Hinweis darauf, daß die Tunnelwand in diesem Streckenabschnitt nicht verputzt war, sondern der Rohtunnel als Aquädukt benutzt worden ist. Das ist nicht in allen Streckenabschnitten so, denn der Ausbau eines Gewölbes setzte an anderen Stellen den Bau von Wandungen als tragendem Element voraus.

Die Berechnung von Mann-Tage-Leistungen im Tunnelbau ist für die Ermittlung von Bauzeiten und damit auch der Baukosten von großem Interesse. Aber gerade die Anwendung der Qanatbauweise macht hier Schwierigkeiten, da im Bauwerk nicht erkennbar ist, ob in allen Baulosen gleichzeitig gearbeitet wurde. Beim Gegenort-Tunnel ist es da einfacher, denn dieses Bauverfahren setzte den gleichzeitigen Einsatz zweier Bautrupps in der Regel voraus. Dennoch sollen die Ergebnisse der Ermittlung eines Gesamtaufwandes für die Tunnel im Verlauf des Aquäduktes von Side nicht unerwähnt sein.[283] Dabei wurde von den Durchschnittswerten für die Bauschächte (15 m Teufe) und die Vortriebslängen (120 m) ausgegangen. Ermittelt wurde für das Abteufen eines Bauschachtes eine Zeit von 83 Tagen, wobei 4 Arbeiter im Einsatz waren: Zwei Mann arbeiteten im Schacht, ein Mann bediente das Hebezeug und ein weiterer Mann verteilte das Material. Für den Bau des Schachtes wurden noch einmal 9 Tage benötigt, wobei 6 Mann zum Einsatz kamen. Im Stollenvortrieb kamen 10 Mann zum Einsatz; hinzuzurechnen sind der Bauleiter und weitere Hilfskräfte. Da in Side von jedem Schacht aus in zwei Richtungen (2 x 60 m) gearbeitet wurde, waren vor jedem Suchort zwei Mann im Einsatz; die übrigen waren für das Verladen, den Transport und die Verteilung des Abraums zuständig. Da wechselweise durchörtert und ausgebaut werden mußte, kamen dieselben Bauleute auch als Maurer zum Einsatz. Nach den vorliegenden Berechnungen wurden für das Auffahren der Suchstollen 194 Tage benötigt, der Tunnelbau erforderte noch einmal 97 Tage. Unter Ausschluß aller Unwägbarkeiten waren in einem Tunnelbaulos von 120 m Länge mitsamt Bauschacht etwa 15 Mann im Einsatz und demnach in der Lage, ihr Baulos in 383 Tagen fertigzustellen.[284]

Die Aquädukttunnel von Aspendos

In Aspendos, unweit von Side (s. S. 144) in der Südtürkei gelegen, ist der Aquädukt in erster Linie wegen seiner großartigen Druckleitungsstrecke kurz vor der antiken Stadt berühmt. Hier wird das aus den Bergen herangeführte Wasser durch ein 1600 m breites und 40 m tiefes Tal mittels eines entsprechend dimensionierten Dükers zum Stadtberg gebracht, um dort u. a. ein imposantes Nyphäum zu speisen.[285]

Erst in jüngster Zeit wurde die Existenz von mindestens vier Tunneln im Verlauf der Aquädukttrasse nachgewiesen. Zwei der Tunnel sind aufgrund von jeweils einem ausgebauten Bauschacht nachgewiesen worden. In einem Fall ist der Bauschacht von rechteckigen Querschnitt mit einer kreisrunden zentrischen Öffnung von 1,2 m Durchmesser (Abb. 233).

Die beiden anderen Tunnel gehören eigentlich zu ein und derselben Problemstrecke, die sie durchfahren, sind aber von einem kleinen Bachlauf durchschnitten, so daß sich zwei eigenständige Bauwerke ergeben. Der durch den Bach verursachte Geländeeinschnitt bot den römischen Ingenieuren Gelegenheit, hier jeweils in entgegengesetzter Richtung zwei Tunnel aufzufahren. Beide Mundlöcher sind vorhanden und der Einbau einer Wasserleitung mit versinterter Rinne ist archäologisch nachgewiesen. Die Tunnelstrecken sind aber beidseitig nach wenigen Metern durch eingeschwemmtes Material verstopft.

Der Aquädukttunnel von Korykos

Besonders interessant ist ein im oberen Teil des Lamos-Tals gelegener Abschnitt in der Wasserleitung für das antike Korykos.[286] Hier hat der Fluß sich tief in den Berg eingeschnitten und dabei auf der Seite seines Prallhanges eine annähernd senkrechte Wand entstehen lassen. Eine auf dieser Talseite geplante Wasserleitung war nur im anstehenden Fels selbst unterzubringen. Von den zur Auswahl stehenden Techniken entschied man sich für einen in Qanatbauweise zu errichtenden Tunnel, der rund 50 m über dem Fluß aufzufahren war. Von der gegenüberliegenden Talseite kann man einen eindrucksvollen Blick auf dieses Bauwerk nehmen, denn dieser Tunnel hat seitlich angelegte Strecken, die sich wie Fenster zum Tal hin öffnen (Abb. 234). Der Tunnel durchschneidet den Berg nicht auf gerader Linie, sondern sein Verlauf lehnt sich mit paralleler Linienführung innen an die Felswand an. Die Vortriebsstrecken waren recht kurz gehalten, was sich durch die Fensterabstände dokumentiert.

Die Fensteröffnungen liegen natürlich nicht auf Sohlenhöhe, sondern setzen erst brusthoch darüber an. Hierdurch und durch die Stärke der stehengelassenen Brüstung entstand eine stabile Aquäduktrinne. Macht man sich die Mühe, in den Steilhang hinaufzuklettern, so kann man

233

Abb. 233 Aspendos (Türkei). Öffnung eines ausgemauerten Bauschachtes zu einem der Tunnel.

Abb. 234 Korykos (Türkei). In der steilen Felswand des Lamos-Tals fällt eine Reihe von seitlichen Öffnungen des Aquädukttunnels auf.

Abb. 235 Korykos (Türkei). Der Aquädukt ist abschnittsweise auch als Felsgalerie angelegt und begehbar; hinter einer Trassenkurve sieht man die Fenster der Tunnelstrecke.

den Aquädukt sogar begehen (Abb. 235). Der Bau der Wasserversorgung wird in die römische Kaiserzeit datiert, und es sind für die frühbyzantinische Zeit durch eine Inschrift noch Reparaturen nachgewiesen. Durch diesen aufwendigen Aquädukt, in dessen Trasse zwischen Limonlu und Korykos mehrere bis zu zweigeschossige Brücken nachgewiesen sind, wurde neben Korykos auch noch das antike Elaioussa Sebaste versorgt.

234

235

Israel, Jordanien, Libanon

Der Aquädukttunnel von Qumran

Die Wasserleitung von Qumran, dem Ort, der in den vergangenen Jahrzehnten durch die spektakulären Schriftenfunde in aller Munde war, macht bezüglich ihres technischen Aufwandes keinen nachhaltigen Eindruck.[287] Qumran wurde als klosterähnliche Anlage um 180 v. Chr. gegründet und bestand – mit einer Unterbrechung um die Zeitenwende – bis es 68 n. Chr. im ersten jüdischen Krieg aufgelöst wurde. Die Wasserleitung ist zeitlich am ehesten in das 2./1. Jh. v. Chr. einzuordnen und kann eigentlich nur das Werk einheimischer Baumeister sein. Die Leitung läßt sich von Qumran aus bis zum Fuß des gewaltigen Felsmassivs verfolgen, weil sie in diesem letzten Abschnitt ihres Verlaufs als oberflächennahe Steinrinne im Boden verlegt worden ist. Ihr Wasser bezog sie aus einem der in den Bergen gelegenen Täler, weshalb sie in ihrem oberen Verlauf schwieriges Gelände durchfahren mußte. Dabei mußte sie einen Streckenabschnitt passieren, in dem sich steile Felsvorsprünge und abrupt zurückspringende Felswände abwechseln. So kommt es, daß sich im Trassenverlauf kleine Tunnelstrecken (Abb. 236) und waghalsige Unterkonstruktionen in kurzen Abschnitten abwechseln.

Die Tunnelstrecken sind allein von den Dimensionen her nicht geeignet, hinter ihrem Bau großartige Strategien zu vermuten. Doch der in der Bauausführung sichtbar werdende Aufwand trotzt Bewunderung ab. So kommt es abschnittsweise vor, daß Tunnelstrecken durch Felsspalten derart zerklüftet waren, daß als Unterbau für die Sohle der Wasserleitung eine Steinplattenkonstruktion einzubauen war (Abb. 237). Im Gelände macht diese Bauart einen besonderen Eindruck, weil es hier sogar möglich ist, einen Tunnelabschnitt nicht nur von innen zu inspizieren, sondern weil man wegen seiner Lage hoch in der Felswand sogar einen Einblick unter seine Unterkonstruktion nehmen kann.

Die Aquädukttunnel von Caesarea

Einfacher zu datieren ist die Wasserversorgung von Caesarea Maritima, einer herodianischen Stadtgründung am Mittelmeer zur Anlage eines Hafens.[288] Mit der Stadtgründung im Jahre 22 v. Chr. oder kurze Zeit danach wurde ein 8,5 km langer Aquädukt gebaut, der Wasser von Quellen im Südosthang des Karmel-Gebirges in die Stadt leitete. Dieser Aquädukt, der über weiteste Strecken seines Verlaufs oberirdisch geführt wurde, mußte kurz vor dem Erreichen der Küstenlinie eine kleine Hügelkette durchqueren. Zu diesem Zweck baute man einen Tunnel.

Der 420 m lange Tunnel wurde in Qanatbauweise aufgefahren, und es sind 15 Bauschächte mit unterschiedlichen Teufen zwischen 11 m und 36 m gefunden worden. Bei lichten Weiten zwischen 1,0 m und 1,1 m kann vor Ort immer nur ein Arbeiter gearbeitet haben. Die lichten Höhen variieren stärker, da es galt, Fehler in der Höhenabsteckung beim Bau nachträglich auszugleichen, um eine durchgängige Sohle für den Betrieb des Aquäduktes zu erreichen. Lichte Höhen im Bereich von 1,8 m scheinen in etwa die Arbeitshöhe anzugeben, wobei Werte von 2,3 m schon das Ergebnis nachträglicher Sohleneintiefung zu sein scheinen. Da es beim Vortrieb nicht immer gelang, die Horizontale einzuhalten, mußten Abweichungen nach oben in einer Größenordnung von 1 m durch Tieferlegung der Sohle in entsprechender Abmessung ausgeglichen werden. Die verschiedenartige

236

237

Bauausführung der Schächte läßt vermuten, daß die Baustelle in drei Baulose eingeteilt war. Es finden sich sogar Bauschächte mit rundum eingearbeiteten Wendeltreppen für den Zugang zur Baustelle.

Bauinschriften am oberirdischen Aquädukt belegen, daß es unter Kaiser Hadrian zwischen 132 und 135 n. Chr. zu einer erheblichen Erweiterung des Aquäduktes gekommen ist. Nun wurde die Wassergewinnungszone weiter in die Berge hineinverlegt. Hierzu waren erhebliche unterirdische Arbeiten erforderlich, denn das Wasser wurde in Form einer Sickergalerie gewonnen. Einstiege in dieses Tunnelsystem hat man heute noch von mehreren Schrägschächten aus, die als treppenartige Zugänge angelegt worden sind (Abb. 238).

Die Wassergewinnungstunnel am Hang des Karmel-Gebirges sind seit einigen Jahren Objekte eingehender Forschung. Erste Vorberichte dieses Forschungsprojektes deuten auf eine ausgedehnte Anlage hin, die sowohl von senkrechten Bauschächten aus als auch von weiteren als den oben genannten Schrägschächten aus aufgefahren worden ist.[289]

Die Aquädukttunnel bei Jerusalem

Der Wasserversorgung von Jerusalem dienten neben dem zu König Hiskias Zeiten gebauten Tunnel, der Wasser von der

***Abb. 236** Qumran (Israel). Tunnelmundloch im oberen Abschnitt der Aquädukttrasse.*

***Abb. 237** Qumran (Israel). Streckenweise waghalsige Unterkonstruktionen ermöglichten die Durchführung des Aquädukttunnelbaus; Blick unter die durch Plattenverlegung hergestellte Sohle des Aquädukttunnels.*

***Abb. 238** Caesarea (Israel). Bauschacht eines Tunnelabschnitts im oberen Lauf der Aquädukttrasse mit doppelt angelegtem Mundloch.*

***Abb. 239** Jerusalem (Israel), Wadi Biyar-Tunnel. Die Tunneltrasse wurde in die Mitte des Tales gelegt, damit zusätzlich zum Quellwasser auch noch Regenwasser aufgenommen werden konnte.*

***Abb. 240** Jerusalem (Israel), Wadi Biyar-Tunnel. Hinter quer zum Talverlauf angelegten Mauern staute sich Regenwasser auf und konnte durch die Bauschächte zum Tunnel durchsickern.*

Gihon-Quelle in die Stadt leitete (Hiskia-Tunnel, s. S. 48), zahlreiche künstlich angelegte Teiche und Zisternen. In der Periode der Hasmonäer (166 bis 37 v. Chr.) begann man damit, Wasser aus entfernteren Quellen in die Stadt zu führen: Man baute die sog. «Untere Leitung» von vier Quellen in den Wadis Hoh und Artas 11 km Luftlinie von Jerusalem entfernt.[290]

Unter Herodes d. Gr. (34 bis 4 v. Chr.) wurde das Versorgungssystem ausgebaut. Damit wurde es zugleich möglich, auch das neu errichtete Herodium zu versorgen. Als Zwischenspeicher dienten drei große künstliche Becken, die sogenannten 'Salomonischen Teiche'; der Wassergewinnung dienten Quellen im Wadi Biyar. Hier erschloß man die größte Quellhöhle Israels. Von deren großer Halle aus baute man einen 84 m langen Stollen zur eigentlichen Quelle. Das war aber nur ein Teil der Wassergewinnung, denn der an die Höhle anschließende Tunnel diente nicht nur der Leitung des gewonnenen Quellwassers, sondern darüber hinaus auch selbst zur Wassergewinnung. Das besondere dieser 2,8 km langen Tunneltrasse ist nämlich ihre Lage mitten im Wadi (Abb. 239) und nicht etwa seitlich davon, wie wir es von anderen Orten gewöhnt sind. Anderenorts wollte man das Einsickern von Oberflächenwasser durch eine seitliche Verlagerung des Tunnels verhindern – hier im Wadi Biyar nutzte man die Lage in der Talachse als Wassergewinnungszone. Um das Wasseraufkommen zu steigern, tat man noch ein Übriges: Quer zur Talachse baute man in gewissen Abständen Terrassenmauern (Abb. 240), die einen natürlichen Abfluß von Regenwasser verhinderten und es statt dessen abschnittsweise aufstauten. Auf diese Weise steigerte man die Wassermenge, die zum Tunnel durchsickern konnte, ganz erheblich: Der Tunnel wurde zur 2,8 km langen Sickergalerie.

Ein besonderes Element des Tunnelbaus zeigt sich im ersten Schacht unterhalb der Quelle. Hier besteht im Sohlenbereich ein Höhenversprung von 6 m, so daß hier ein kleiner künstlicher Wasserfall vorhanden ist. Im Anschluß an diesen Tunnel verlief die Wasserleitung als 500 m langer offener Kanal, ehe sie wieder in einen Tunnel geführt wurde. Dieser ist 500 m lang und wurde in Qanatbauweise mit schrägen Bauschächten errichtet. Der letzte Abschnitt dieser Leitung bis zum Erreichen der Salomonischen Teiche ist als 900 m langer offener Kanal gebaut worden.

Ein weiterer Tunnel befindet sich im Verlauf dieser Leitung in einem Berg im Weichbild Jerusalems. Dieser Tunnel wurde später von den Türken und noch einmal von den Engländern für den Einbau von Rohrleitungen benutzt. Die Engländer legten zu diesem Zweck die Tunnelsohle um 2 m tiefer. Auf dem Berg befindet sich eine Aussichtsplattform, in deren Boden ein Mosaik eingelassen ist, das als Plan den Verlauf der antiken Wasserleitung nach Jerusalem wiedergibt.

Die Aquädukttunnel von Gadara

Gadara (heute: Umm Qais) ist eine hellenistische Stadtgründung und liegt im heutigen Jordanien rund 10 km südöstlich des Sees Genezareth. Nach Zeiten unter den Seleukiden (um 200 v. Chr.) und unter den Makkabäern (nach 98 v. Chr.) wurde es 63 v. Chr. durch Pompeius für die Römer erobert, dabei zerstört und anschließend neu aufgebaut. Anfangs war die römische Stadt der

238

239

240

Dekapolis zugehörig, später dem Machtbereich Herodes I. zugeschlagen, danach der Provinz Syria, ab Trajan zur Provinz Arabia. 636 n. Chr. eroberten die Araber die Stadt.

Diese Liste von Machthabern und Zugehörigkeiten Gadaras ist bei der Betrachtung der Wasserversorgung der Stadt nicht unwichtig, da allein in der antiken Epoche drei unterschiedliche Versorgungssysteme unterzubringen sind.[291] Das älteste System der Wasserversorgung am Ort besteht aus einer großen Anzahl von Zisternen, die über die Stadt verteilt waren. Diese Zisternen hatten einen birnenförmigen Querschnitt mit einem Mannloch als Öffnung nach oben. Sie waren dabei recht großvolumig und hatten Durchmesser bis zu 6 m.

Außer den Zisternen finden wir in Gadara zwei unterschiedliche Tunnelsysteme (Abb. 241), die den Stadtberg leicht höhenversetzt von Ost nach West durchziehen. Der Höhenunterschied der beiden Tunnelsohlen liegt im Eingangsbereich der Tunnel bei etwa 0,3 m, im Endbereich bei etwa 1,5 m, weshalb im weiteren von einem unteren und einem oberen Tunnelsystem gesprochen werden kann.

Der untere Tunnel

Der untere Tunnel liegt im Vergleich zum oberen Tunnel ein wenig nach Nordosten verschoben, er rückt durch diese Lage näher an den Hang des Stadtberges heran. Dieser Tunnel zeigt deutliche Benutzungsspuren: er ist auf der Sohle und den Wandungen mit Grob- und Feinputz verputzt und im ehemals wasserführenden Bereich mit einer Kruste aus Kalksinter überdeckt.

Die Wasserzuleitung kam von Osten her, und da die Stadt auf einem Berghügel angelegt worden war, mußte mit dem Aquädukt der Geländesattel vor der Stadt durchfahren werden. Hier finden sich auch tatsächlich die Reste von Pfeilern einer Aquäduktbrücke. Damit ist eigentlich schon eine Datierungshilfe für den Bau des unteren (und älteren) Tunnels gegeben, denn ein derartiges Bauwerk ist erst in der römischen Epoche vorstellbar. Wenn sich im Befund allerdings ein Vorgängerbau für diese Brücke finden ließe, etwa in Form einer Druckrohrleitung, könnte die Datierung auch in die hellenistische Zeit führen.

Der obere Tunnel ist jünger und offensichtlich niemals seiner Bestimmung als Aquädukt übergeben worden, denn er zeigt sich im Rohzustand. Er ist zwischen 1,6 m und 2,5 m hoch und zwischen 0,8 m und 1,5 m breit. Lediglich auf einer 8,40 m langen Strecke im östlichen Eingangsbereich ist auch er verputzt. Beim Bau dieses Tunnels wurden fünf Zisternen im unteren Bereich aufgeschlitzt und dadurch unbrauchbar gemacht. Es steht zu vermuten, daß sie schon zur Bauzeit dieses Tunnels nicht mehr in Funktion waren, da zwischen-

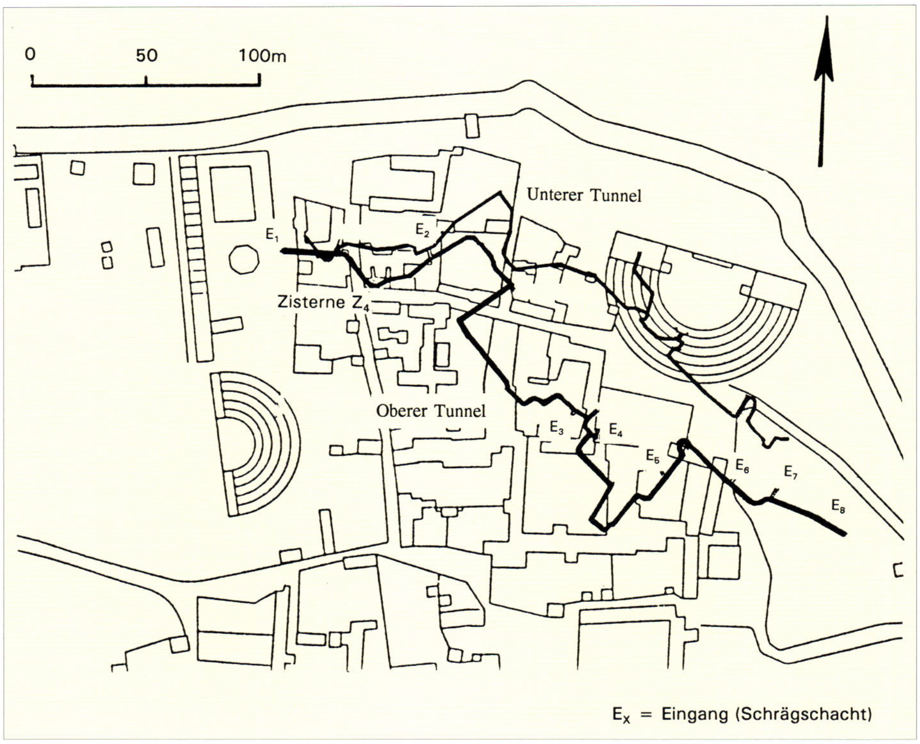

241

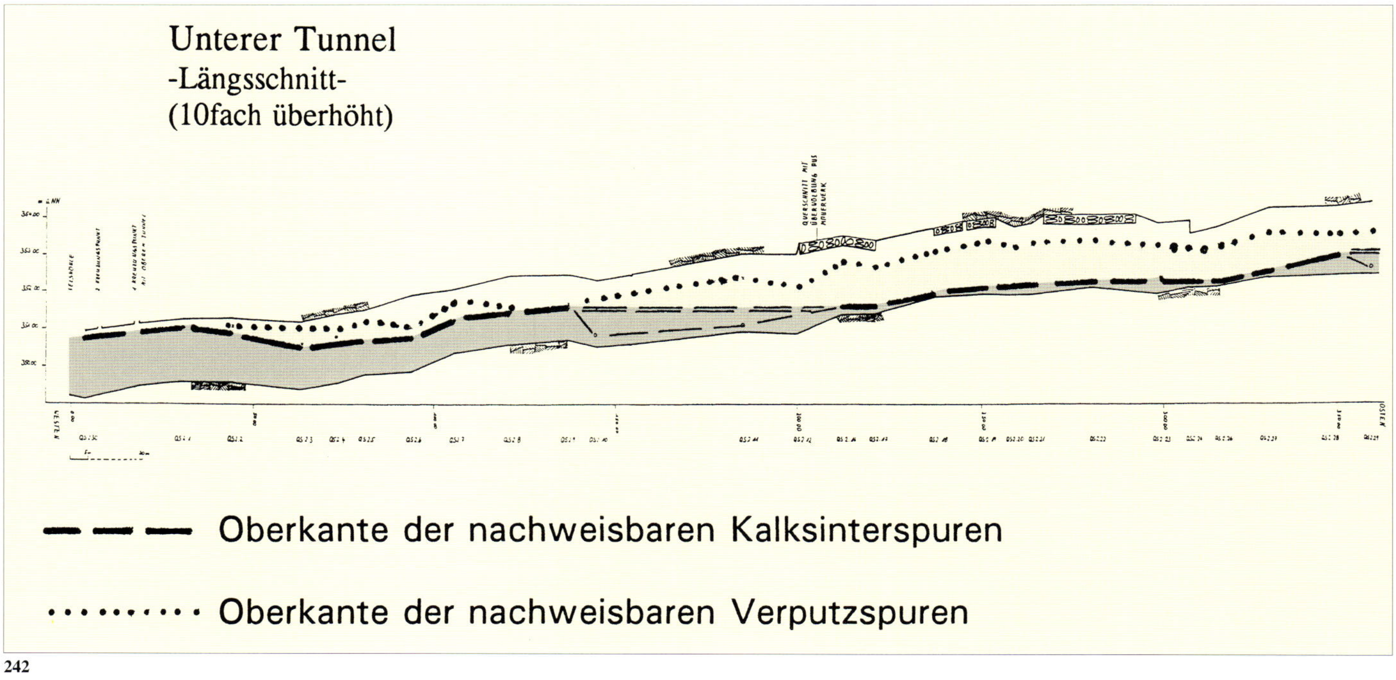

242

243

244

245

zeitlich der untere Tunnel die Wasserversorgung der Stadt übernommen hatte.

Auffällig ist der ähnliche Planungsgedanke, der in beiden Trassenführungen sichtbar wird. Beide Male führt der Tunnel durch den gesamten nordöstlichen Bereich des Stadtberges. Beide Grundrisse lassen sehr verwinkelte Linienführungen erkennen, dabei fällt besonders der obere Tunnel durch offensichtlich planmäßig aufgefahrene Rechtwinkelsprünge auf. Beide Tunnel haben neben den beiden Mundlöchern weitere Einstiegsmöglichkeiten, die in Form von getreppten Schrägschächten zuerst als Bauschächte dienten und wohl in der Planung schon als spätere Versorgungsschächte konzipiert waren. Im unteren Tunnel wurden acht, im oberen Tunnel sieben solcher Zugänge vorgefunden. Es ist anhand der Schrotspuren in den Tunnelwandungen offensichtlich, daß viele dieser Schächte Ausgangspunkte für Vortriebe in verschiedene Richtungen waren.

***Abb. 241** Gadara (Jordanien). Lageplan der beiden Tunnelsysteme (nach Krebs/ Michaelis 1994, Abb. 3).*

***Abb. 242** Gadara (Jordanien). Das stark geneigte Endstück des unteren Tunnels zeigt an der Wandung Kalksinterspuren, die auf einen Aufstau am Tunnelende hindeuten (n. Krebs/Michaelis 1994, Abb. 18).*

***Abb. 243** Gadara (Jordanien). Kurz vor dem Zusammentreffen mit einem Gegenort mußte in diesem Vortrieb die Höhe der Firste um etwa 1 m reduziert werden. In der Firste erkennt man den Höhenversprung (Pfeile).*

***Abb. 244** Gadara (Jordanien). In der Firste erkennt man die Spur des Suchstollens (Pfeile), der zum endgültigen Ausbau nach beiden Seiten hin verbreitert wurde.*

***Abb. 245** Gadara (Jordanien). Der glatt gearbeitete Suchstollen (Pfeile) wurde hier recht grob zur rechten Seite hin verbreitert, um den endgültigen Querschnitt zu erreichen.*

Im unteren Tunnel sind die Richtungskorrekturen, die nach fehlerhaften Vortrieben erforderlich waren, besonders auffällig. Auch von der Größenordnung her sind die Fehler auffälliger als im oberen Tunnel. Kreuzungsstellen in der Trassenführung sind dabei allerdings nicht einfach als Fehler abzutun, sondern, da sie sich lagemäßig unter den ansteigenden Zuschauerrängen des Nordtheaters befanden, kann es sich hierbei auch um geplante Verzweigungen zur Versorgung des Theaters gehandelt haben. Am Beginn des unteren Drittels der Tunnelstrecke verzweigte sich das System mittels eines nach Norden führenden Astes. Ausgehend von einer kleinen Kammer führte dieser Tunnelast Wasser aus dem Haupttunnel in einer Röhrenleitung zu einem unbestimmten Versorgungsziel.

Am Ende des Tunnels befindet sich ein kleines *castellum divisorium*, an dessen Becken in unterschiedlichen Höhen einmal zwei und noch einmal drei Rohrleitungen angeschlossen sind, durch die das Wasser – vermutlich auf mehrere Stadtteile – verteilt wurde.

Während die Kalksinterablagerungen an den Wandungen anfänglich nur Höhenlagen von 8–20 cm erreichen, steigen sie im Verlaufe des Tunnels bis zum *castellum divisorium* kontinuierlich bis zu einer Höhenlage von mehr als 1,60 über der Tunnelsohle (Abb. 242). Das hat seine Ursache in einem Aufstau, der planmäßig im Bereich des *castellum divisorium* herbeiführt wurde. Dieser hatte durchaus praktische Gründe, denn nur so waren die höhenmäßig übereinander gestaffelten Abflußöffnungen zu versorgen.[292] Die Abflußöffnungen liegen 0,5 m, bzw. 1,0 m über der Tunnelsohle, vom Wasser konnten sie also nur durch einen entsprechenden Aufstau erreicht werden.

Der obere Tunnel

Der obere Tunnel ist zwischen den Mundlöchern über eine Gesamtstrecke von 417 m aufgefahren worden; die direkt gemessene Strecke in der Luftlinie ergibt sich zu lediglich 250 m. Ursache hierfür ist der mehrfach rechtwinklig verspringende Verlauf in der Trassenführung.[293] Nun sind diese Versprünge nicht einfach mit Fehlern bei der Absteckung der Vortriebsrichtungen zu erklären, dafür sind sie zu regelmäßig und scheinen dadurch planmäßig zu sein. Die echten Vortriebsfehler (Abb. 243) sind in ihren Auswirkungen wesentlich kleiner als im unteren Tunnel und sind an typischen Korrekturmaßnahmen zu erkennen (s. u.).

Ein wichtiges Indiz für die Bautechnik sind auch in diesem Tunnel die erkennbaren Bauspuren von Suchstollen. Der spätere Tunnel wurde entweder nach beiden Seiten verbreitert oder nur nach einer Seite (Abb. 244 und 245).

246a

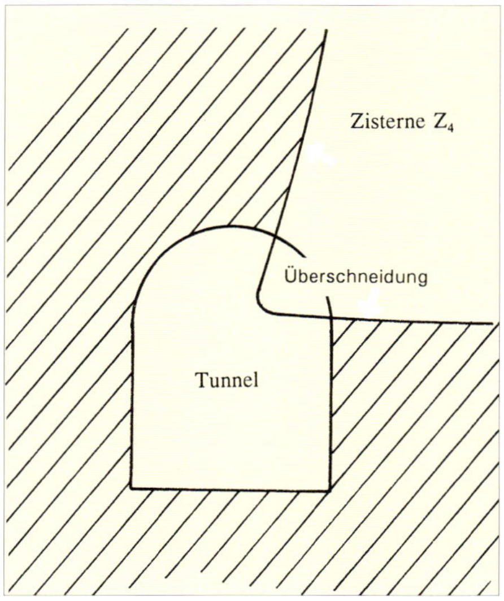

246b

Trotz allem sind aber immer noch zwei Abschnitte in der Trassenführung unerklärlich. Dabei handelt es sich um die mehrfach rechtwinklig abknickenden Umwegstrecken zwischen den Schrägschächten E_5 und E_4 sowie zwischen E_3 und E_2. In beiden Fällen ist nicht versucht worden, die Strecke zwischen den Bauschächten geradlinig aufzufahren, sondern man ist mit merkwürdigen Winkelzügen nach Südwesten ausgebuchtet. Man könnte nun glauben, hier sei versucht worden, mit dem Tunnel unter bestimmte Hausgrundstücke zu gelangen, etwa um einflußreichen Besitzern einen Zugang zum Wasser zu ermöglichen, es sind aber keinerlei Öffnungen zu erkennen. So mag man annehmen, daß man sich die Möglichkeit zum Bau derartiger Zugänge für spätere Baumaßnahmen offenhalten wollte. Insgesamt drei Abzweigungen in diesem Bereich deuten auf eine weitere Verästelung des Systems zwischen E_4 und E_2 hin, wodurch von weiteren Häusern aus ein Anschluß an die Wasserver-

Auffällig ist neben der im Vergleich mit dem unteren Tunnel fast gleich großen Anzahl von sieben Bau-/Versorgungsschächten (gegenüber acht im unteren Tunnel) das wiederholte Anschneiden von Zisternen, die vermutlich aus den Gründungsjahren Gadaras stammten. Insgesamt fünfmal auf eines dieser alten Versorgungssysteme zu treffen, scheint kein Zufall gewesen zu sein (Abb. 246a.b). Eine der Zisternen (Z_2) ist nicht nur vom Tunnelvortrieb angeschnitten worden, sondern zudem mit einem Schrägschacht erschlossen und als Zugang zur Baustelle genutzt worden. Möglicherweise sind die übrigen Zisternen als Orientierungshilfen benutzt worden, wozu sie sich durch eine Signalisierung über Tage und den Anschnitt beim Vortrieb unter Tage bestens eigneten.

Geht man davon aus, daß die Bauschächte nicht nur während der Bauzeit von Bedeutung waren, sondern auch später noch der Versorgung dienen sollten, so wären damit einige Winkelzüge in der Trassenführung erklärbar, denn der Zugang zum Wasser sollte natürlich in bequemer Nähe zur Bebauung liegen. Auch die angeschnittenen Zisternen sind ein Hinweis darauf, denn diese lagen sicherlich im Hofbereich des bebauten Stadtareals; da sie durch den oberen Tunnelbau unbrauchbar geworden waren, mußte die Versorgung über in der Nähe liegende und zum Tunnel führende Entnahmestellen erfolgen können.

***Abb. 246a.b** Gadara (Jordanien). Zisterne (Z_4)wurde im unteren Bereich vom Tunnel angeschnitten (oberer Pfeil: Zisternenwandung; unterer Pfeil: Unterkante der Zisterne).*

***Abb. 247** Gadara (Jordanien). Die Treppe des Bauschachtes E_4 reicht mit einer Hälfte in das Tunnelprofil hinein.*

***Abb. 248** Beirut (Libanon). Die Aquäduktbrücke über den Beirut-Fluß (Pfeil unten) stieß ehemals an das Mundloch des im gegenüberliegenden Steilhang beginnenden Tunnels (Pfeil Mitte). Der Tunnel knickt im Fels nach rechts ab; oben ist eine der Überwölbungen der Bauschächte zu sehen (Pfeil oben).*

sorgung möglich geworden wäre (Abb. 247). Die Situation bei Schrägschacht E_7 könnte diese These erhärten, denn er scheint nicht zum Bau des Tunnels gedient zu haben, sondern lediglich für die Versorgung angelegt worden zu sein. Mit E_7 ist man offensichtlich auf den fertigen Vortrieb gestoßen, denn der Tunnel wurde im Firstenbereich angeschnitten. Da der als Absatz ausgearbeitete Fuß der Treppe von E_7 mit 1,4 m Höhenversatz deutlich über der Sohle des Tunnels liegt, kann es sich hierbei um einen reinen Versorgungsschacht gehandelt haben.[294]

Zeigt schon die Linienführung des Tunnels insgesamt, daß dem Bau eine klare Planung zugrunde gelegen hat, so geben einige Details des Baus noch einmal Hinweise auf Korrekturen nach Kontrollmessungen.[295] Die scharfe Kehre zwischen E_6 und E_5 sowie die von beiden Seiten untergebrachten Korrekturen zwischen E_2 und dem westlichen Mundloch zeugen vom Vortrieb im Gegenort in diesen beiden Baulosen. Der Höhenunterschied zwischen den beiden Mundlöchern beträgt 1,77 m, er wird aber erst auf den letzten Metern im westlichen Bereich des Tunnels erreicht; kurz vor Zisterne Z_4 hat die Tunnelsohle dieselbe Höhe wie am Mundloch Ost.[296] Dazwischen gibt es Abschnitte, in denen die Höhe bis zu 1,1 m über der Ausgangshöhe Ost liegt.

Das könnte nun bedeuten, daß man den Bau des Suchstollens an beiden Mundlöchern in der gleichen Höhenlage begonnen hat. Um dem Tunnel das erforderliche Gefälle zu geben, mußte seine Sohle kontinuierlich tiefergelegt werden. Es hat den Anschein, als habe man an beiden Seiten mit genau diesen Arbeiten begonnen, sie aber schon bald wieder eingestellt. Wäre die am Westende des Tunnels hergestellte Betriebshöhe auf die gesamte Tunnellänge durchgezogen worden, so hätte er ein Sohlengefälle von 4,3 ‰ erhalten. Dafür könnte sprechen, daß die vom östlichen Mundloch ausgehende verputzte Anfangsstrecke von 8,4 m Länge genau diesen Gefällewert aufweist. Nun kann man derart kurze Gefällestrecken nicht in eine Gesamtbetrachtung einbeziehen, weshalb diese Augenfälligkeit mit Vorsicht zu behandeln ist. Um den Tunnel allerdings als Aquädukt in Betrieb nehmen zu können, wäre eine weitere Sohlenabgleichung unabdingbar gewesen. Damit liegt ein weiterer Hinweis dafür vor, daß der Tunnel vor seiner Fertigstellung und endgültigen Zweckbestimmung aufgegeben wurde.

Der Anschnitt der Firste des unteren Tunnels mit der Sohle des oberen Tunnels ist erst bei der vom westlichen Mundloch ausgehenden Sohleneintiefung geschehen. Das bedeutet, daß man im Bereich des Tunnelendes bei der Durchörterung des oberen Suchstollens lagemäßig zwar die Nähe zum unteren Tunnel gesucht hat, höhenmäßig aber deutlich darüber lag.

Die Eingänge der Tunnel liegen unweit voneinander; ihre Zulaufkanäle scheinen sogar im selben Punkt ihren Anfang zu haben. Dieser ist als massives Bauwerk im Gelände sichtbar, und vermutlich handelt es sich dabei um den Rest des stadtseitigen Brückenkopfes der Aquädukt-

247

248

brücke durch die Talsenke vor dem Stadtberg. Rechnet man die Gefällelinien von 8,8‰ für den unteren Tunnel und 4,3‰ für den oberen Tunnel bis zu ihrem Anschluß an der Aquäduktbrücke fort, so scheinen – wegen des längeren Zulaufgrabens für den unteren Tunnel – die Anfangshöhen der beiden Systeme identisch zu sein. Das von außerhalb der Stadt herangeführte Quellwasser hätte nach Fertigstellung des oberen Tunnels, von der Aquäduktbrücke ausgehend, in diesen umgeleitet werden können. Technisch wäre sogar eine gleichzeitige Bedienung beider Tunnel möglich gewesen, wodurch dann ein erheblich größeres Stadtgebiet zu versorgen gewesen wäre.

Der Aquädukttunnel von Beirut

Eine Kombination von Brücke und Tunnel gibt es im Verlauf des Aquäduktes für das antike Berytus/Beirut zu sehen.[297] Im Bereich eines tiefen Taleinschnittes (Qanater Zbeide) des Beirut-Flusses findet sich eine ehemals dreigeschossige römische Aquäduktbrücke, von der auf beiden Seiten des Flusses zwei Geschosse erhalten geblieben sind. Die Brücke war insgesamt 44 m hoch und trug auf dem Niveau des dritten Geschosses eine Wasserleitung, daneben aber auch noch eine zweite Wasserleitung auf dem breiteren zweiten Geschoß. Die Wasserleitung des oberen Geschosses sticht in den steilen und felsigen Hang des Beirut-Flusses ein und ist zumindest bis zum Ende der nächsten Felsnase als Tunnelbau nachgewiesen. Das Mundloch des Tunnels zeigt den Querschnitt eines Regelprofils, das auch im weiteren Verlauf eingehalten wird: Der aus dem Kalkfelsen gearbeitete Tunnel hat mit ca. 6 m eine wesentlich größere lichte Höhe als es für den Einbau der nur 3 m hohen Wasserleitung notwendig gewesen wäre, er ist somit doppelt so hoch wie die später eingebaute und begehbare Wasserleitung. Der Tunnel ist in einer merkwürdigen Schachtbauweise nach dem Qanatverfahren aufgefahren worden. Die erhaltenen Bauschächte – dreizehn sind im begehbaren Abschnitt festgestellt – haben Abstände von lediglich 4 m bis 8 m. Die Kette der Schächte verläuft nur wenige Meter parallel zur Felsenkante. Da die Schächte von einer ausgeprägten Felsterrasse aus abgeteuft worden sind, dürfte die Auswahl der Festpunkte für deren Anlage keine Schwierigkeiten gemacht haben.

Auch die Treffsicherheit beim Vortrieb der Suchstollen dürfte wegen des geringen Schachtabstandes keine Schwierigkeiten bereitet haben. Unsicherheiten in den Treffpunkten sind im grob gebrochenen Kalkfelsen deshalb auch heute nicht mehr zu erkennen. Es scheint aber, daß von jedem Schacht aus nur in einer Richtung gearbeitet wurde, wobei man sich allerdings in den Bereichen der Bauschächte in rückwärtiger Richtung jeweils etwas Arbeitsraum geschaffen hatte. Die Bauschächte sind ziemlich gleichmäßig um die 15 m hoch und haben rechteckige Querschnitte. In einem der Schächte sind übereck kleine Vorsprünge als Tritte für das Auf- und Absteigen der Arbeiter stehengelassen worden. Die im Grundriß ca. 1,2 m x 1,2 m messenden Schächte sind nach oben offen. Man hat sie mit aus behauenen Steinen gesetzten Bögen dachförmig überwölbt. Da man von der gegenüberliegenden Talseite aus seitlich auf diese Bögen schaut (Abb. 248), stellen sie sich als halbkreisförmige Fenster in der Felsenwand dar.

Im Tunnel ist die Wasserleitung als eigenständiges Bauwerk errichtet worden. Die aus *opus caementicium* gegossene Sohle und die Wangen sind mit *opus signinum* verputzt und mit einem spitzgiebeligem Gewölbe aus schräg gegeneinander gestellten Steinplatten überdeckt. Der Innenraum ist meterhoch versintert; eine wulstartige Verdickung des Sinters liegt in 80 cm Höhe über der Sohle, was auf eine hauptsächliche Wasserführung in dieser Höhe schließen läßt.

Frankreich

Die Tunnel von Lyon

Die vier großen Aquädukte für Lugdunum/Lyon fanden in technikgeschichtlichen Betrachtungen bisher in erster Linie wegen der gewaltigen Druckleitungsstrecken Beachtung. Besonders der Gier-Aquädukt hat neben den großartigen Dükern in seinem Verlauf aber auch noch elf Tunnel aufzuweisen. Diese sind teilweise zugänglich und Gegenstand einer intensiven Forschung auch im Rahmen dieser Arbeit geworden.[298]

Der Aquädukt vom Mont d'Or (26 km lang) und der Yzeron-Aquädukt (27 km, resp. 40 km lang), beide augusteisch zu datieren, haben im Verlauf ihrer Trassen keine Tunnel integriert.[299]

Der 70 km lange Brévenne-Aquädukt (datiert Anfang des 1. Jhs. n. Chr.) ist zwar aufgrund der Befundlage nicht ergiebiger, aber obwohl keine Reste vorgefunden wurden, scheint es nach Ausweis der durchfahrenen Landschaft vier Tunnel gegeben zu haben.[300] Deren Ausmaße scheinen allerdings bescheiden gewesen zu sein: zwischen 80 und 150 m Länge. Insgesamt wird eine Strecke von kaum mehr als 430 m aufgefahren gewesen sein. Die durchfahrenen Strecken waren im Mittel zwischen 12 und 16 m überdeckt.

Die Vermutung von Tunnelabschnitten im Verlauf der Gesamttrasse ist nicht unbegründet, denn sie wären in zweierlei Hinsicht äußerst wirtschaftlich gewesen. Besonders wenn man die eingesparten Strecken zu einer im offenen Graben gebauten Leitung in Vergleich zieht, wären in den vier Streckenabschnitten im Einzelfall 500 m bis 3000 m Strecke eingespart worden. Die Gesamttrasse hätte sich um 5400 m verkürzt, was bei einem Gefälle von 1‰ eine Ersparnis von 5,4 m bezüglich der Energiehöhe eingebracht hätte. Das mag auf die Länge der Gesamttrasse betrachtet unbedeutend erscheinen, da aber bei einer Fernwasserleitung die Gefälleprobleme oftmals nur abschnittsweise bestanden, hätten Tunnel durchaus Sinn gemacht.

Die neuesten Forschungen zum Gier-Aquädukt (86 km lang, datiert auf Mitte 1. Jh. n. Chr.) belegen die Existenz von 11 Tunneln.[301] Die Tunnel in der Reihenfolge ihrer Lage im Trassenverlauf: Von den vier Tunneln bei Saint-Chamond sind zwei aufgrund des Geländes hergeleitet. Tunnel 5, die «Cave du Curé» bei Chagnon, wird weiter unten noch ausführlich behandelt.

Tunnel de Fontanes

Der «Tunnel de Fontanes» bei Saint-Martin-la-Plaine (Tunnel 6) ist 200 m lang und 12 m überdeckt. Ein Bauschacht wurde nahe beim Eingang, zwei weitere wurden im Verlauf der Tunnelstrecke nachgewiesen. Eine Eigentümlichkeit ist der Knick im Trassenverlauf von ca. 30°, der sicherlich zur Strategie des Baumeisters gehörte (Abb. 249). Eine vergleichbare Strategie finden wir in der «Cave du Curé» (s. u.).

Nur unweit nördlich vom Knick gibt es eine Stelle, in der die Nahtstelle zwischen den zwei Suchstollen zwischen den Schächten R20 und R21 zu sehen ist. Man scheint sich aber nur auf Umwegen getroffen zu haben, denn es hat eine regelrechte Verknüpfung im Übergang stattgefunden. Ursache war vermutlich eine Unsicherheit über die tatsächliche Lage des von Schacht R20 aus aufgefahrenen Suchortes. Die ursprüngliche Planungsidee sah sicherlich ein direktes Treffen zwischen beiden Baulosen vor, das nahe beim Schacht R21 stattfinden sollte. Da dieses Treffen planmäßig nicht zustandekam, wurde es über mehrere Korrekturschritte herbeigeführt: Von

Schacht R21 aus legte man einen kurzen Sicherheitshaken Richtung Westen und verlegte die Suche nach dem Treffpunkt ganz in den Vortrieb von Schacht R20 aus. Hier knickte man nun Richtung Norden ab, um den Sicherheitshaken bei R21 zu erreichen.

Als man sich in dessen Nähe wähnte, knickte man nach rechts ab, um ihn frontal zu treffen. Man lag aber 3 m zu weit südlich und erreichte T[ist] erst nach einer weiteren Richtungsänderung nach Norden (Abb. 250).

Nach geglücktem Durchschlag hat man die Vorsprünge in den Wandungen ein wenig abgeschrotet, um zu einem gestreckteren Verlauf zu kommen. Aus demselben Grund hat man auch die Wangen des in den Querschnitt eingebauten Kanals unterschiedlich stark ausgemauert. Die engste Stelle im Übergang der beiden Baulose hat man allerdings nicht auf den Regelquerschnitt erweitert, sondern unausgebaut gelassen und somit das Wasser für ein kurzes Stück im Rohtunnel geführt.

Ein interessanter Einblick in die Arbeitsweise der antiken Bauleute ist im Zugang zum Tunnel zu sehen. Im Inneren des Tunnels trifft man auf gemauerte und verputzte Wangen, die von einem Gewölbe überdeckt sind. Das Gewölbe zeigt noch deutlich die Spuren der Schalbretter des Lehrgerüstes; auffällig sind aber darüber hinaus kleine Mörtelhäufchen, die in großer Zahl im Gewölbe zu sehen sind. Bei näherem Hinsehen erkennt man den Grund: Durchaus unüblich wurde hier das Gerinne nicht mit *opus signinum* verputzt, bevor das Gewölbe eingezogen wurde, sondern erst nach dem fertigen Bau. In anderen Wasserleitungen sieht man, daß die *opus signinum*-Schicht als hydraulischer Putz nicht nur die Wangen bekleidet, sondern daß sie darüber hinaus auch noch die Hälfte der Oberkante der Wangen bedeckt – erst danach hat man üblicherweise das Gewölbe aufgesetzt.

Beim Verputzen der Wangen blieben nach jedem Verputzvorgang kleine Reste Mörtel übrig. Diese klopften die Maurer gewöhnlich von ihren Kellen ab, ehe sie eine neue Portion Mörtel aufnahmen. Normalerweise klopfte man die Kellen an der Tunneldecke ab, und der spätere Gewölbeausbau verdeckte diese Arbeitsspuren dann. Da das Gewölbe aber bereits eingezogen war, bestand diese Möglichkeit nicht mehr, und man klopfte die Mörtelreste einfach unter das Gewölbe (Abb. 251).

Der nächste Tunnel (7) im Verlauf der Gier-Leitung ist ungefähr 400 m lang und zwischen 9 und 15 m überdeckt. Aufgrund des durchfahrenen Geländes ist anzunehmen, daß er die Trasse um 900 m verkürzt hat. Tunnel 8 ist durch zwei Bauschächte nachgewiesen.

Der mit 825 m längste Tunnel (9) verläuft unter der Burg von Mornant. Seine Überdeckung erreicht an der tiefsten Stelle 20 m. In seinem Verlauf sind sieben Bauschächte gefunden worden; errechnet man aus den ermittelten Strecken einen Regelabstand zwischen den Bauschächten, so kann das Vorhandensein von drei weiteren Schächten vermutet werden. Einer der vorgefundenen Bauschächte, auf halber Strecke der Tunneltrasse, ist vollständig freigelegt und ergab eine Teufe von 19 m. Der Bau dieses Tunnels führte zu einer Streckenersparnis gegenüber einer Umrundung des Berges in einer Größenordnung von 2800 m.

Tunnel 10 bei Orliénas ist 200 m lang und durch einen 8 m tiefen Bauschacht bekannt. Tunnel 11 in Sainte-Foy-lès-Lyon hat einen schnurgeraden Verlauf bei einer Länge von 420 m und 11 m Überdeckung. Bevor dieser Tunnel kürzlich zerstört wurde, war er durch fünf Bauschächte nachgewiesen.

Die Tunnel des Gier-Aquäduktes sind insgesamt etwa 3,4 km lang, was 4 % der

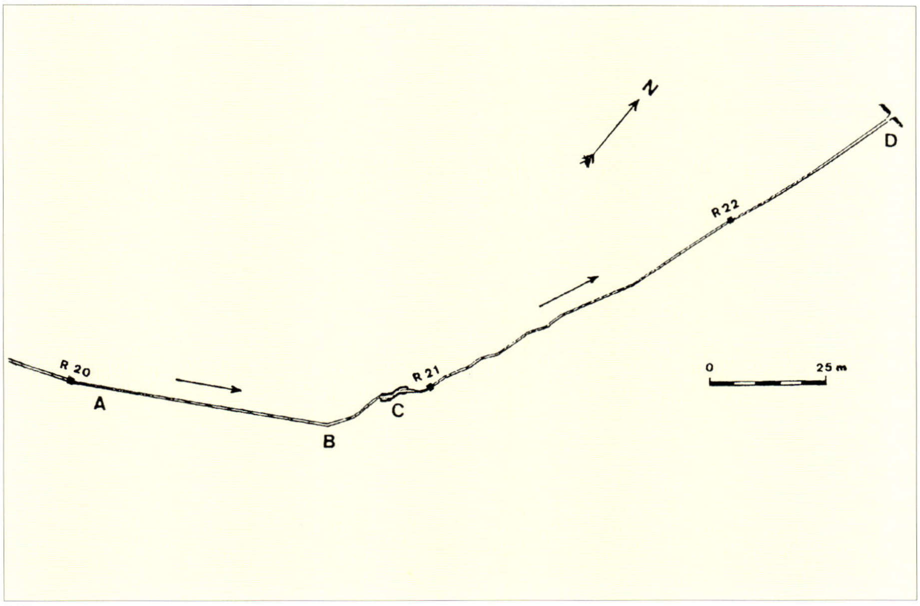

249

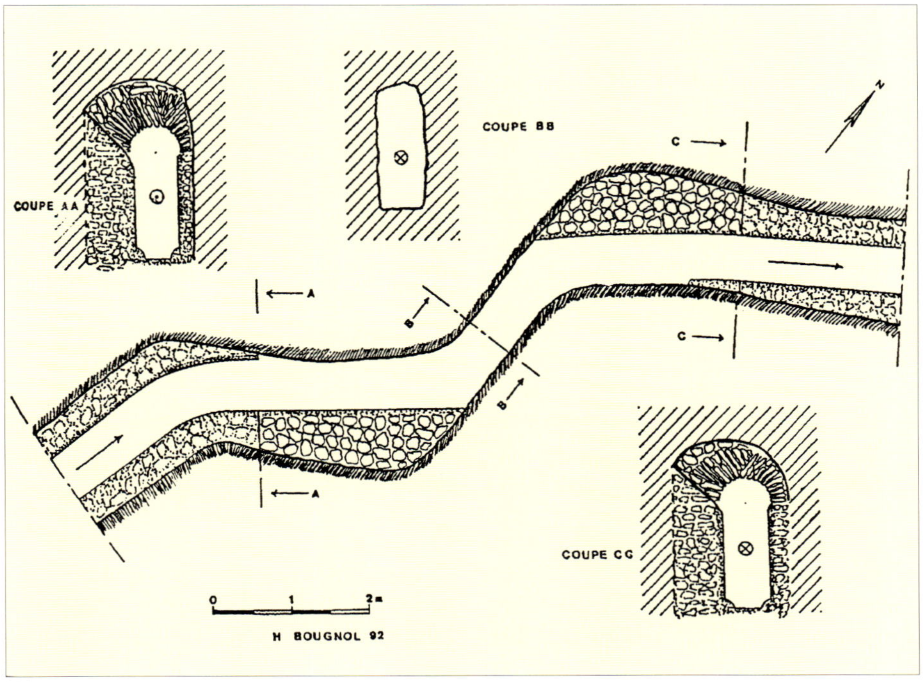

250

***Abb. 249** Lyon (Frankreich), Tunnel de Fontanes. Trassenverlauf des Tunnels (n. Burdy 1996, 195).*

***Abb. 250** Lyon (Frankreich), Tunnel de Fontanes. Treffpunktbereich mit Richtungskorrekturen im Vortrieb (n. Burdy 1996, 197).*

251

Gesamttrasse ausmacht. Die Ersparnis gegenüber einer dem Geländerelief folgenden Trasse macht ungefähr 6 km aus. Dieser Wert scheint den Aufwand für derartige Technikbauten innerhalb der Gesamtplanung nicht gelohnt zu haben, weshalb als Notwendigkeit für die Tunnelbauten lokale Schwierigkeiten im Verlauf der Trasse anzunehmen sind: Es waren also topographiebedingte Gegebenheiten, wie der Bergsporn bei Chagnon, oder abschnittsweise bedingte Höhenprobleme, die diesen Aufwand gerechtfertigt haben. Die Tunnelbauten wirken sich zwar auf die Länge der Trasse nur geringfügig aus, allerdings wäre wegen der zuvor beschriebenen Geländeprobleme ohne die Tunnel das Gesamtkonzept des Gier-Aquäduktes nicht zu verwirklichen gewesen.

Cave du Curé (Chagnon)

Der Tunnel «Cave du Curé» liegt in der Anfangsstrecke der Gier-Wasserleitung nach Lyon nahe dem Dorfe Chagnon im linken Hang des Durèze-Tales.[302] Da der Hang hier felsig ist und sehr steil abfällt, hätte man mit einem dicht unter der Erdoberfläche geführten Steinkanal eine äußerst spitze Felsnase umfahren müssen, um die Trasse im Hang fortführen zu können. Statt dessen hat man es vorgezogen, den Felssporn mittels eines Tunnels zu durchstoßen, um auf diese Weise mangelnder Standfestigkeit des Gesteins zu begegnen, die beim Bau in einer hangparallelen Trassenführung hätte auftreten können.[303]

Der Tunnel ist zwar nur rund 80 m lang geworden, sein Bau bereitete aber einige für den Tunnelbau übliche Schwierigkeiten, die aus dem Bauwerk noch gut abzulesen sind. Die Schwierigkeiten lagen wie üblich in der Einhaltung der Vortriebsrichtung, sie werden in der Betrachtung des Grundrisses sichtbar. Bei dieser Betrachtung darf man aber nicht verkennen, daß man vom eigentlichen Tunnelbauwerk heute nur noch die Anfangsstrecke sehen kann, denn die Reststrecke ist von der Baumasse des eingebauten Aquäduktes vollständig ausgefüllt (Abb. 252).

Nur am Westende des Tunnels ist die Wandung des gesamten Lichtraumprofils einzusehen, da hier auf einer Strecke von 13 m die Wasserleitung herausgebrochen worden ist, um aus dem Material in Chagnon Häuser zu bauen. Der Abbruch des Kanals war hier recht einfach, da auf eine kurze Anfangsstrecke im Tunnelprofil mehr Raum zur Verfügung gestanden hat, als man für den Bau der Wasserleitung benötigt hat.

Auf eine Strecke von 4,4 m – gemessen vom Anfang des im Tunnel verbliebenen Kanals – ist über dem Aquäduktgewölbe bis zur Tunneldecke ein Freiraum von 0,4 m verblieben. In seiner Breite nimmt der Aquädukt allerdings das gesamte Tunnelprofil ein. Dieses zur Tunneldecke hin vergrößerte Profil ist aber nur auf einer Strecke von 4,4 m erkennbar, denn danach hat man dem Tunnel offensichtlich genau das Lichtraumprofil gegeben, wie man es für den Kanalbau benötigte. Das Regelprofil des Tunnels betrug b = 1,7 m und h = bis zu 2,2 m bei gewölbter Firste.[304]

In der Cave du Curé müssen also, abgesehen von der zuvor beschriebenen Anfangsstrecke, die Rückschlüsse auf die Tunneltrassierung aus der Linienführung des eingebauten Kanals gezogen werden. Daß man beim Einbau des Kanals kleine Unebenheiten in der Felswand, vermutlich aber auch beim Tunnelvortrieb durch Richtungskorrekturen verursachte Versprünge ausgeglichen hat, erschwert zwar die Rekonstruktion von Tunnelplanung und -bau, ist aber notgedrungen hinzunehmen.

Auch eventuell vorhandene Bauschächte wären durch den Kanalbau überdeckt und nicht mehr zu sehen. Damit fehlen diese für das Erkennen von einzelnen Baulosen so wichtigen Indikatoren. Bezüglich der Rekonstruktion der Bauloseinteilung müssen also Auffälligkeiten zugrundegelegt werden, die aus dem Grundriß des Kanalbauwerks ablesbar sind. Zu diesem Zweck wurde ein genaues Aufmaß des Kanalinnenraums vorgenommen (Abb. 253). Die an seinem Westende ermittelten Wangenstärken der eingebauten Wasserleitung wurden in der Kartierung des Grundrisses über die gesamte Länge beibehalten und führen damit auf Umwegen zu einem Grundriß des Tunnels. Der auf diese Weise ermittelte Grundriß entspricht aber dem Tunnel nach Felskorrekturen vor dem Kanaleinbau. Der Versuch einer Rekonstruktion des Rohtunnels muß nach den Erkenntnissen aus anderen Tunnelbauten vollzogen werden.

Als sicher kann gelten, daß der Chagnon-Tunnel von seinen beiden Mundlöchern im Westen und im Osten aus aufgefahren worden ist. Damit ergäben sich zwei in schrägen Winkeln aufeinander zugeführte Baulose, deren planerischer Treffpunkt T^{soll} im Schnittpunkt der beiden Strecken liegen müßte.

Beim Vortrieb von Osten hatte man den Vorteil, daß außerhalb des Tunnels ein breites Vorfeld zur Verfügung stand und somit Raum gegeben war, zwei Fixpunkte für die Richtung in ausreichender Entfernung zu markieren und zu signalisieren. Dementsprechend gelang auch die Einhaltung der geplanten Vortriebsrichtung recht gut: Auf 11 m schnurgerade, auf die anschließenden 26,5 m mit leicht gewundener Linienführung war von jedem Punkt der Vortriebsstrecke aus ein Rückblick auf das Mundloch und damit auf die außerhalb des Tunnels liegenden Richtungsfestpunkte möglich. Offensichtlich hat man Richtungskorrekturen solange vermieden, wie man die Festpunkte außerhalb des Tunnels sehen konnte. Denn wegen der guten Orientierung war man sich über die Größenordnung des Vortriebsfehlers jederzeit im Klaren. Im letzten Drittel des Vortriebs schwenkt man wieder leicht nordwärts, um sich der Planungslinie zu nähern.

Im Vortrieb von Westen waren die Möglichkeiten der Orientierung eingeschränkt. Hier stand dem Bautrupp wegen des steil abfallenden Durèze-Hanges nur soviel Vorfeld zur Verfügung, wie man durch Terrassierung und (spätere) Anschüttung von Aushub künstlich herstellen konnte. Die Fixpunkte für die Orientierung müssen deshalb entsprechend dicht beieinander gelegen haben.

Das Ergebnis sehen wir im Grundriß, denn schon nach 7,1 m mußte eine Richtungskorrektur nach links (Norden) vorgenommen werden, wonach ein Felsvorsprung die Sicht zurück verdeckte. Um danach noch den freien Rückblick auf die Festpunkte zu ermöglichen, hat man den Teil der Wandung, der den Blick zurück behinderte, abgeschrotet. Diese Maßnahme reichte für die anschließenden 13 m des Vortriebs, dann war man so weit nach links abgedriftet, daß man zwar die Planungslinie wieder erreicht hatte, andererseits aber der freie Blick rückwärts verloren war.

An dieser Stelle hatte man ziemlich genau die Hälfte der westlichen Vortriebsstrecke aufgefahren. Für die Rekonstruktion des Vortriebs in der zweiten Hälfte der Strecke bieten sich zwei Möglichkeiten an.

Am einfachsten macht man es sich mit der Erklärung, der Vortrieb wäre auf der begonnenen Trasse fortgeführt worden, und nach mehreren groben Richtungskorrekturen habe man den angestrebten Treffpunkt schließlich auch erreicht. Dabei vollzog man als nächstes einen Bogen, der sich im Grundriß als Richtungsänderung in einer Größenordnung von rund 45° darstellt. Nach 6 m hat dieser Vortrieb mit 3 m seine größte Abweichung von der Planungslinie erreicht. Man biegt wieder nach rechts und erreicht nach weiteren 6 m wieder die Planungslinie, der man in leicht gewundenem Verlauf bis zum planmäßigen Treffpunkt folgt.

Der klare Vortrieb im östlichen Baulos sowie der ebenso klare Vortrieb in der ersten Hälfte des westlichen Bauloses läßt die zuvor beschriebenen Abweichungen von der Planungslinie in der zweiten Hälfte des westlichen Bauloses als Unsicherheit, wenn nicht als Orientierungslosigkeit im Baubetrieb erscheinen. Auf jeden Fall erscheinen sie unnötig, wenn nicht vermeidbar. Es ist deshalb nicht unangebracht, an ein drittes Baulos in diesem Bereich zu denken.

Der für den Tunnel ermittelte Grundriß läßt für den Westteil eine weitere Aufteilung zu. Diese Variante setzt die Anlage eines Bauschachtes in der Tunnelmitte voraus. Ein solcher Bauschacht wäre dann nicht nur Ausgangspunkt für die dritte Vortriebsstrecke gewesen, sondern könnte zudem auch als weitere Orientierungshilfe für das östliche Baulos gedient haben.

Abb. 251 Lyon (Frankreich), Tunnel de Fontanes. Das Bild zeigt unten links die Schulter einer Kanalwange, darauf setzt das Gewölbe an. Die Gewölbeunterseite ist bedeckt mit kleinen Mörtelhäufchen, die vom Abklopfen der Maurerkellen beim Verputzen der Wangen mit **opus signinum** *herrühren.*

Abb. 252 Lyon (Frankreich), Tunnel «Cave du Curé» bei Chagnon. Die steinerne Wasserleitung ist im Tunnel als eigenständiges Bauwerk errichtet worden.

Auf den folgenden Seiten:
Abb. 253 Lyon (Frankreich), Tunnel «Cave du Curé» bei Chagnon. Der Aufmaßplan und das daraus entwickelte Planungsdreieck. Danach erscheinen zwei Planungsvarianten für den Ausbau des Tunnels möglich. Variante I liegt ein Vortrieb im Gegenort von zwei Mundlöchern aus zugrunde; Variante II setzt ein drittes Baulos voraus, das bei einem Bauschacht im Scheitelpunkt des Planungsdreiecks beginnt. Da der Tunnelinnenraum mit der steinernen Wasserleitung zugebaut ist, muß die endgültige Klärung der Frage nach dem tatsächlichen Strategieplan des Baumeisters offenbleiben.

252

Nehmen wir an, daß der Bauschacht einen Durchmesser von der Breite des Tunnels hatte, so ist dieser mit maximal 1,7 m anzunehmen. Der Bauschacht wurde bis zur errechneten Sohle des Tunnels abgeteuft, danach wurde die Vortriebsrichtung nach unter Tage übertragen. Man darf vermuten, daß dies mittels zweier an Schnüren hängender Lote gemacht wurde, wobei über Tage über die Lotschnüre die Sollrichtung anvisiert wurde. Die unteren Enden der Schnüre mit den Loten ließen eine Orientierung im Tunnel zu (siehe auch: Kapitel «Strategie und Trassenführung», S. 18).

Da die Lotschnüre wegen der Weite des Schachtes nur etwa 1,5 m voneinander entfernt herabhängen konnten, bildeten sie eine entsprechend kurze Basis für die Richtungsübertragung. Das könnte einer der Gründe dafür sein, daß der Vortrieb im dritten Baulos einer derart gewundenen Linie folgt. Dagegen war in den beiden anderen Baulosen durch die horizontale Verbindung zu den Mundlöchern eine Richtungskontrolle nahezu ständig gegeben. Die Richtungsübertragung durch einen Bauschacht war im Gegensatz dazu erheblich aufwendiger, da der Schacht jedes Mal sowohl von Einbauten als auch vom Fördergerät freigeräumt werden mußte. Letzteres waren sicherlich gute Gründe dafür, die Rich-

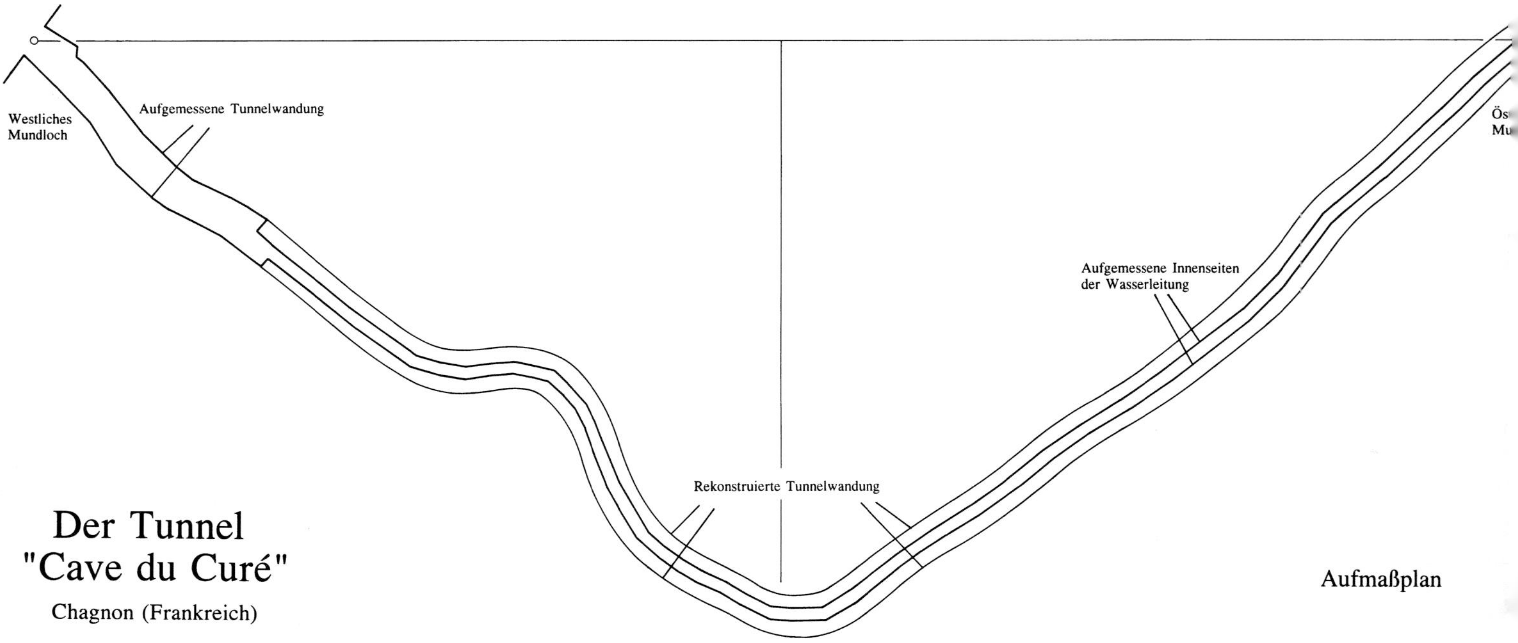

Der Tunnel "Cave du Curé"

Chagnon (Frankreich)

Aufmaßplan

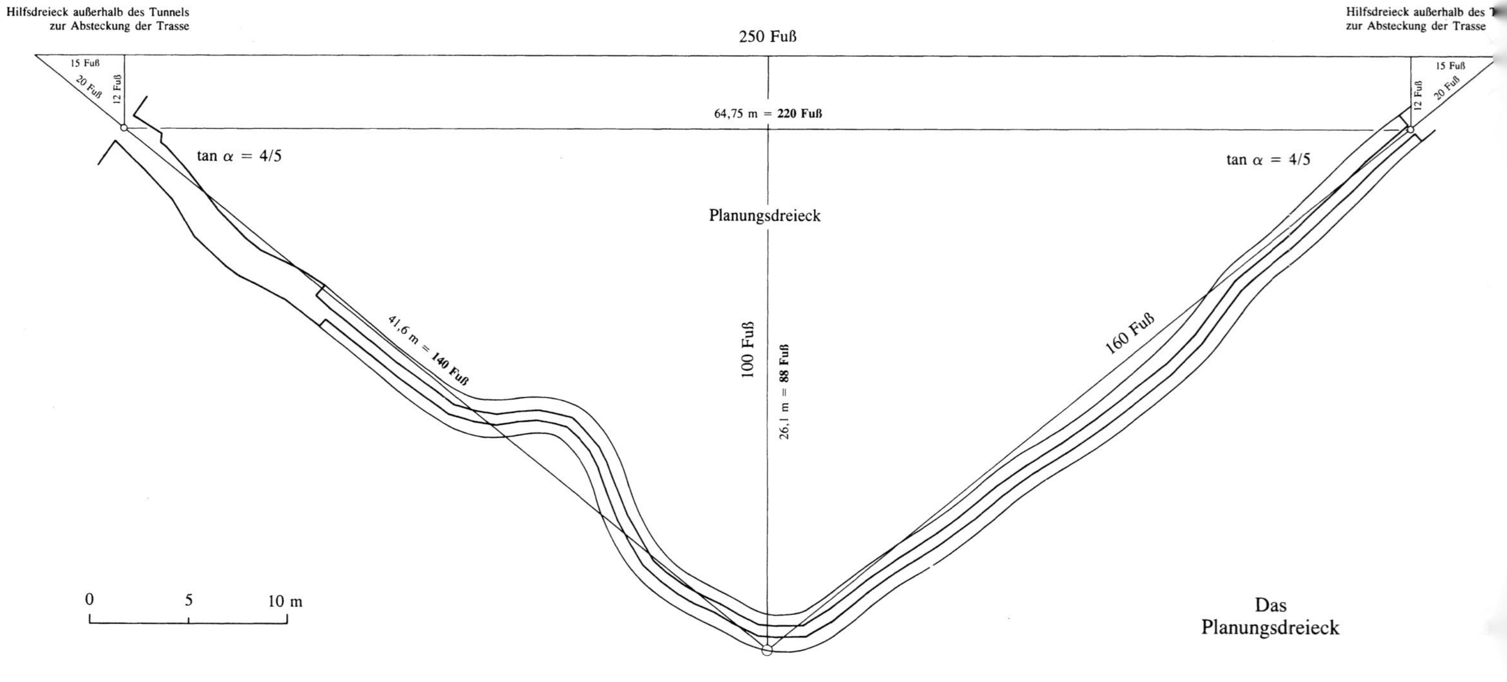

Das Planungsdreieck

tungskontrolle nicht ständig, sondern immer erst nach gewissen Strecken des Vortriebs vorzunehmen. Dabei nahm man dann bewußt in Kauf, sich von der Planungslinie zu entfernen; die Kontrolle ergab die Richtung für den anschließenden Vortrieb.

Auf der Sohle des Bauschachtes fuhr man den Suchstollen Richtung westlichem Mundloch auf und arbeitete in rückwärtiger Richtung zum Vortrieb eine Nische aus dem Fels, die als Arbeitsraum diente. In diese Nische konnte sich der Tunnelarbeiter zurückziehen, wenn der Förderkorb hinaufgezogen oder heruntergelassen wurde.

Die Situation im dritten Baulos zeigt, daß man sich auf der Anfangsstrecke nahe beim Bauschacht noch sicher auf der Planungslinie vorgearbeitet hat. Mit dem Größerwerden der Entfernung zum Bauschacht nahm auch die Unsicherheit im Vortrieb zu: Eine weit nach Norden ausbuchtende Abdrift erreichte eine Abweichung von fast 3 m. Nach einer Kontrollmessung wurde der Vortrieb wieder auf die Sollinie zurückgeführt. In der Schlußphase, wohl nach erneuter Kontrollmessung, bog man nach Westen ab und durchstieß mit der rechten Ecke des Suchortes die Ortsbrust des Weststollens. Die Verbindung war hergestellt.

In den Stoßstellen ragten nun auf einer

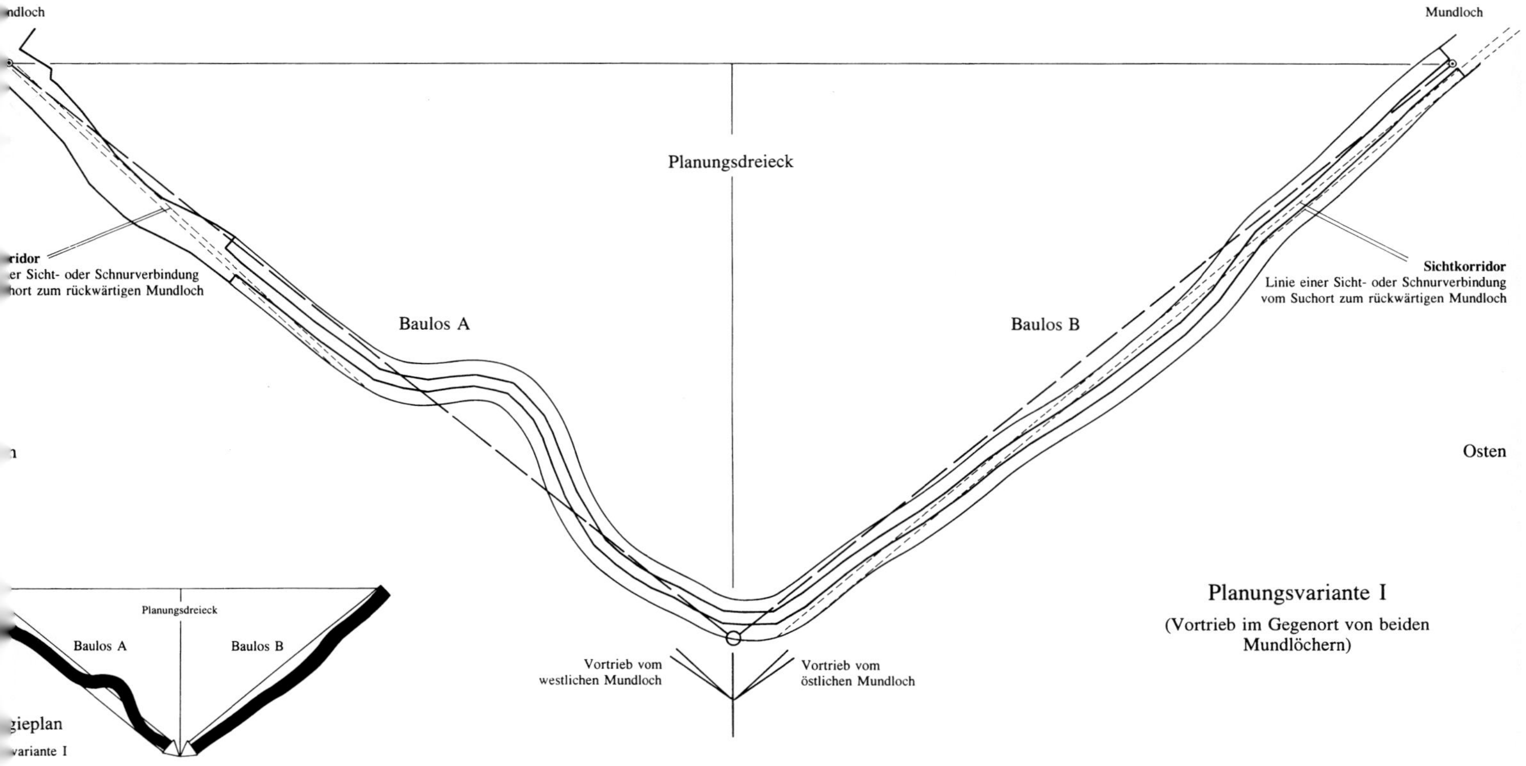

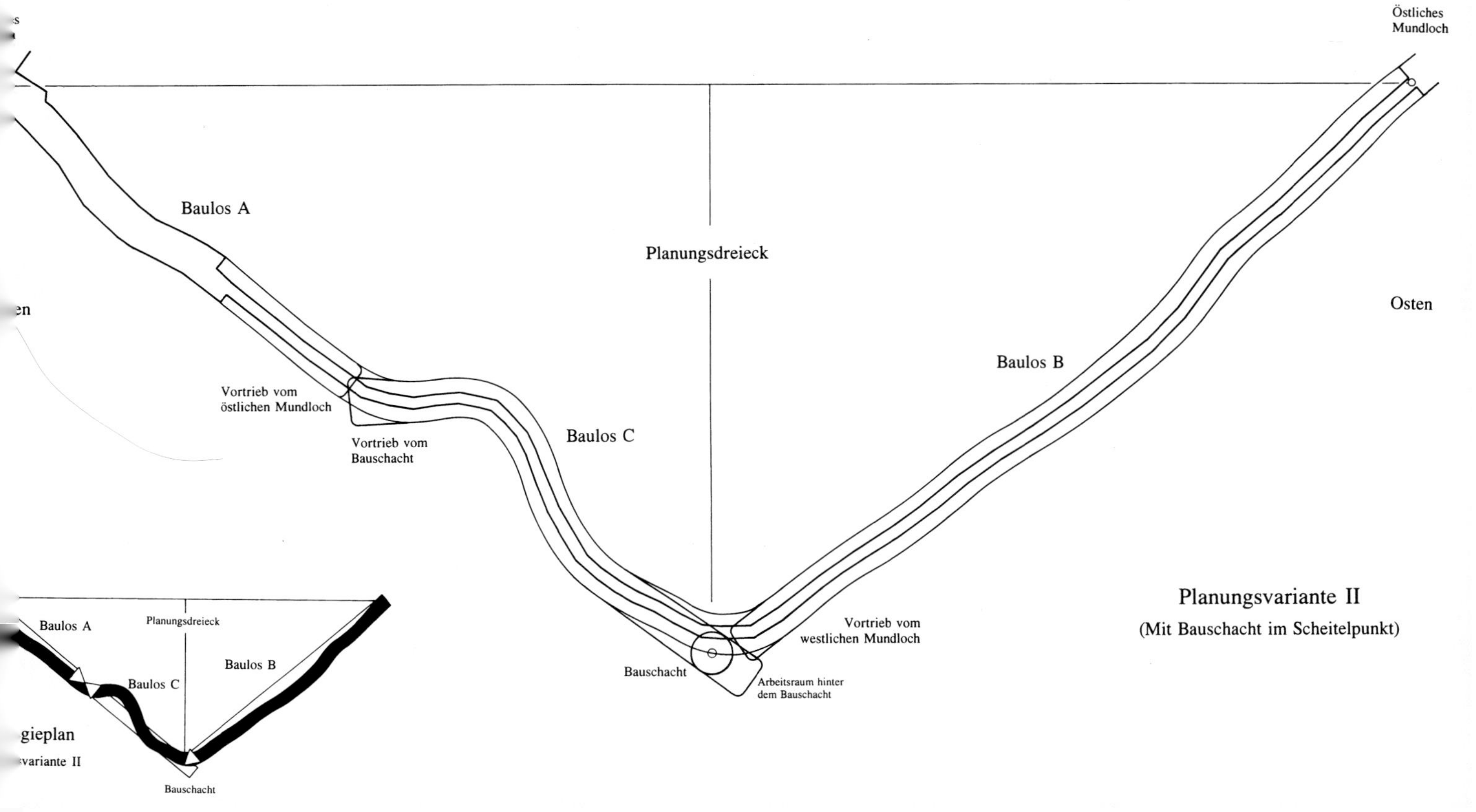

Seite Felsversprünge in den Tunnelhohlraum hinein, während auf der gegenüberliegenden Seite zuviel abgetragener Fels unliebsame Hohlräume gebildet hat. Das erforderte Nacharbeiten in Form von Abschrotungen und Mauerplomben. Im Bereich des Schachtes wurde die nördliche Tunnelwandung abgerundet, um dem einzubauenden Aquädukt den scharfen Knick zu nehmen. Der auf der Gegenseite verbleibende Hohlraum wurde aufgemauert, um die Wasserleitung zu hinterfüttern. Auch eine Verfüllung des Schachtes ist wahrscheinlich, um das Durchsickern von Oberflächenwasser zu verhindern.

Der Grundriß der Cave du Curé macht den Eindruck, als hätte der Tunnelplanung eine geometrisch begründete Konzeption in Form eines Dreiecks zugrundegelegen. Es soll deshalb einmal versucht werden, das Planungsdreieck dieses Tunnelbaus zu rekonstruieren, um damit Rückschlüsse auf die Strategie des Baumeisters ziehen zu können.

Die gesamte Anlage des Tunnels läßt erkennen, daß man sich für den Bau eine auf Vortriebssicherheit bedachte Strategie zurechtgelegt hat. Die beiden Planungslinien wurden schräg zueinander aufgefahren, um auf diese Weise ein Zusammentreffen zwangsweise herbeizuführen.

In der Planung mußten die beiden Vortriebsstollen in einem Winkel zur Grundlinie aufgefahren werden, der sich nicht nur leicht verplanen ließ, sondern der zudem leicht auf die Baustelle zu übertragen war. Da Winkelmeßinstrumente – außer für den rechten Winkel oder den halben rechten Winkel – in römischer Zeit nicht üblich sind, können über einen Teilkreis abzusteckende Winkelmaße nicht verwendet worden sein. Als einzige praktikable Möglichkeit blieb dem Baumeister die Planung von Winkeln über deren Tangenswerte, d. h. über das Verhältnis der beiden Katheten in einem rechtwinkligen Dreieck. Ein solches Dreieck war sowohl in der Planungsphase als auch auf der Baustelle leicht zu konstruieren und zu benutzen.

254

255

Im Beispiel der Cave du Curé läßt sich über dem Grundriß des Baubefundes ein Dreieck konstruieren, das als Verbindung der beiden Mundlöcher eine Grundlinie erhält. Darauf bilden die beiden Tunnelachsen von jeweils 41,60 m Länge ein gleichschenkliges Dreieck, das eine Grundlinie von 64,75 m erhält. Fällt man von der Spitze des Dreieckes (Bauschacht) das Lot auf die Grundlinie, so ergibt sich eine Lothöhe von 26,10 m, wobei der Lotfußpunkt die Grundlinie exakt halbiert. Die beiden Absteckwinkel an beiden Enden der Grundlinie erhalten auf diese Weise Tangenswerte, die auffällig nahe bei 0,8 liegen, also das Verhältnis von 4 zu 5 aufweisen.

Rechnet man nun die gemessenen und errechneten Maße in ein römisches Fußmaß (1 Fuß = 0,296 m) um, so sollte sich ein Planungsdreieck ergeben, das für den Gebrauch auf einer antiken Baustelle praktikable Maße aufweist.

Damit ergeben sich für die Grundlinie:
64,75 m = 218,75 Fuß = ~ 220 Fuß,
die Lothöhe:
26,10 m = 88,17 Fuß = ~ 88 Fuß,
die Tunnelachsen:
41,60 m = 140,54 Fuß = ~ 140 Fuß.

Verschob der Baumeister in diesem Planungsdreieck die Grundlinie parallel bis zu einem glatten Fußmaß von 250 Fuß, so ergaben sich aufgrund des Tangenswertes von 0,8 auch für die anderen Konstruktionslinien in seinem Dreieck ziemlich glatte Meßwerte.

Und zwar für
die Grundlinie 250 Fuß,
die Lothöhe 100 Fuß,
die verlängerten Tunnelachsen 160 Fuß.

Durch die Vergrößerung des Dreiecks ergab sich an beiden Enden der Grundlinie zwischen Planungsgrundlinie (250 Fuß) und Tunnelgrundlinie (220 Fuß) jeweils ein kleines Hilfsdreieck mit dem Tangenswert 0,8, das zur Absteckung der Vortriebsrichtung dienen konnte. Hatte der Baumeister nämlich die Planungsgrundlinie im Gelände abgesteckt, so konnte er an beiden Enden ein Hilfsdreieck mit den Katheten 15 Fuß und 12 Fuß (= tan 0,8) abstecken und erhielt dadurch die Festpunkte in den Mundlöchern an beiden Enden des Tunnels. Durch Absteckung des Lotes über dem Mittelpunkt der Grundlinie erhielt der Baumeister den Punkt für die Anlage des Schachtes (oder den Treffpunkt T^{soll}, wenn man dem Tunnelbau nur zwei Baulose zugrundelegt).

Nach dieser Planungsstrategie vorgegangen, war ein plausibler und kontrollierbarer Bauplan gefunden, der sich mit den einfachen Mitteln antiker Bautechnik auf die Baustelle übertragen ließ. Die Errechnung der Differenz zwischen dem aus glatten Maßen des Bauplans errechneten Vortriebsstrecken und der aufgrund des Aufmaßes ermittelten Strecken ergibt sich in der Größenordnung von 140,80 Fuß (errechnet) zu 140,54 Fuß (= 41,60 m). Damit ergibt sich für die Vortriebsstrecken zwischen den Planungsmaßen, die nach der hier rekonstruierten Strategie entwickelt wurden, und den tatsächlich gemessenen Bauwerksmaßen eine Differenz von ~ 1/4 Fuß (= 0,08 cm).

256

Die Tunnel von Sernhac

Die Wasserleitung für das römische Nîmes ist in erster Linie bekannt wegen des Pont du Gard, einer der großartigsten Aquäduktbrücken, die von den Römern gebaut worden sind.[305] Nur wenige Kilometer unterhalb des Pont du Gard muß die Wasserleitung den Sporn eines Kalksteinmassivs durchfahren. Es handelt sich um einen bei der Ortschaft Sernhac gelegenen Gebirgsausläufer, der durch ein mittig verlaufendes Tal getrennt ist. Wer hier die Trasse eines Aquäduktes plante, mußte also praktisch zwei Bergsporne durchfahren.[306]

Heute ist auf den ersten Blick unerfindlich, warum die Römer die Trasse nicht im Hang verlegt haben, sondern statt dessen beide Sporne durchtunnelt haben. Vermutlich lagen die Gründe für diese aufwendigen Bauarbeiten in der Qualität des anstehenden Gesteins. Die Tunnel sind heute noch außergewöhnlich gut erhalten, wenn man von den Zerstörungen absieht, die durch neuzeitliche Steinbrucharbeiten im Bereich des Südtunnels verursacht sind. Hier ist der nördliche Eingangsbereich auf eine Strecke von rund 7 m abgegangen; der Steinbruch hat allerdings einen glatten Schnitt in der Felswand verursacht, so daß der anschließende Tunnelverlauf klar erkennbar erhalten blieb.

Die Wasserleitung war im Tunnel als selbständiges Bauwerk verlegt. Sie nahm zwar die gesamte Breite des Tunnels ein, konnte aber von der lichten Höhe nur die untere Hälfte belegen, so daß ehemals der obere Bereich des Lichtraumprofils frei war. Heute ist die Wasserleitung fast vollständig aus den Tunneln entfernt, angeblich das Werk eines Pioniertrupps, der den Auftrag zur Säuberung der Tunnel zu ernst genommen hat. Aquäduktreste finden sich vor allem im Sohlenbereich, wo er durch eine mächtige Kalksinterschicht in Erscheinung tritt. Als optische Hilfslinie verläuft durch den Nordtunnel auf seiner ganzen Länge eine aus Kalkmörtel bestehende Linie. Bei dieser nur wenige Zentimeter breiten Spur, die in 1,40 m Höhe parallel zur Sohle verläuft, handelt es sich um den Rest der *opus signinum*-Verkleidung des Kanalgerinnes. Dieser hydraulische Innenverputz bedeckte ehemals die Sohle und die Wangen des Kanals. Mit ihm waren in der Regel auch die Schultern der Kanalseitenwände überzogen, wobei er Verbindung mit der Tunnelwandung auf beiden Seiten bekam.

Beim Herausbrechen des Kanalgerinnes hat sich gezeigt, daß diese Verbindung recht dauerhaft war, denn eine Spur des *opus signinum* ist an beiden Felswänden des Tunnels haften geblieben. Diese fast horizontal verlaufende Linie gibt im Tunnel einen guten Anhalt, um die Höhenverhältnisse in den einzelnen Baulosen rein optisch zueinander in Verbindung setzen zu können.

Der Nordtunnel (Galerie de la Perrotte)

Der Nordtunnel ist insgesamt 65,5 m lang, und in seinem Verlauf finden sich drei Bauschächte. Schon dadurch ist klar, daß der Tunnel nach dem Qanatverfahren aufgefahren worden ist und unter Einbeziehung der beiden Mundlöcher mit fünf Baulosen gerechnet werden kann. Die Prospektion des Tunnelinneren und die Vermessung des Grundrisses sollten über die Strategie des Baumeisters und die Umsetzung seiner Planung Aufschluß geben.

Geplant war offensichtlich eine aus zwei gestreckten Linien bestehende Tun-

Abb. 254 Nîmes (Frankreich), Tunnel «Galerie de la Perrotte» bei Sernhac. Blick in das von Norden aufgefahrene Baulos A: Die Ortsbrust des Suchstollens lag zu weit rechts, seine Sohle liegt höher als die endgültige Tunnelsohle.

Abb. 255 Nîmes (Frankreich), Tunnel «Galerie de la Perrotte» bei Sernhac. Blick in das von Norden aufgefahrene Baulos A: Oben rechts die Ortsbrust des Bauloses A, dessen Firste für den endgültigen Tunnel tiefergelegt worden ist; in der linken Wandung sind Arbeitsspuren des entgegenkommenden Bauloses B zu sehen.

Abb. 256 Nîmes (Frankreich), Tunnel «Galerie de la Perrotte» bei Sernhac. Das einfallende Licht stammt von Bauschacht II, von dort aus wurde Baulos C in Richtung des Aufnahmestandpunktes aufgefahren. In der rechten Wandung zwei deutliche Richtungskorrekturen im Vortrieb (Foto: Centre Camille Jullian, Aix-en-Provence).

neltrasse, die im Bereich des mittleren Bauschachtes einmal abknickte. Diese Art der Tunneltrassierung ist besonders bei der Durchörterung von Bergspornen üblich, da sie eine Signalisierung der abgesteckten Tunneltrasse in den Flanken der Berghänge vor und hinter dem Tunnel ermöglicht (siehe: Kapitel «Strategie und Trassenführung»).

Durch die Entscheidung für das Qanatverfahren sollte die Treffsicherheit zwischen den Baulosen erhöht werden. Dieses Ziel hat man im Nordtunnel von Sernhac zwischen mehreren Baulosen erreicht. Das Aufmaß des Tunnels zeigt aber auch, daß man zwischen Bauschacht III und dem südlichen Mundloch gravierende Vortriebsfehler sowohl im Höhen- als auch im Richtungsbereich auszugleichen hatte, ehe man sich im Bereich des geplanten Treffpunktes tatsächlich traf.

Ohnehin sind die von den einzelnen Bauschächten ausgehenden Vortriebe nicht nach einem einheitlichen Schema vorgenommen worden, denn die aufgefahrenen Streckenlängen sind sehr uneinheitlich. Auffällig ist auch, daß in diesem Tunnel von den Bauschächten aus jeweils in zwei Richtungen aufgefahren wurde. Obwohl auf diese Weise die Anzahl der Baulose fast verdoppelt wurde und die benötigte Bauzeit sich deutlich verkürzen konnte, hat man in nach der Qanatbauweise gebauten Tunneln von den Bauschächten aus zumeist nur in einer Richtung gearbeitet (z.B. Sernhac, Südtunnel, s. S. 165). Die Suchstollen wurden allesamt in einer Höhe aufgefahren, weshalb ihre Firsten auch die Firste des späteren Tunnels bilden konnten. Die zur Herstellung des notwendigen Lichtraumprofils notwendigen Nacharbeitungen fanden also immer im Sohlenbereich statt. Das kann als Regel für den gesamten Tunnelbau gelten.

***Abb. 257** Nîmes (Frankreich), Tunnel «Galerie de la Perrotte» bei Sernhac. Der Grundriß des Tunnelverlaufs zeigt neben dem endgültigen Ausbau auch die fehlerbehafteten Vortriebe der Suchstollen besonders in den Baulosen A und F. Die Längsschnitte im Bereich der Baulose A/B und F/G zeigen auch die Höhenprobleme beim Bau dieses Tunnels.*

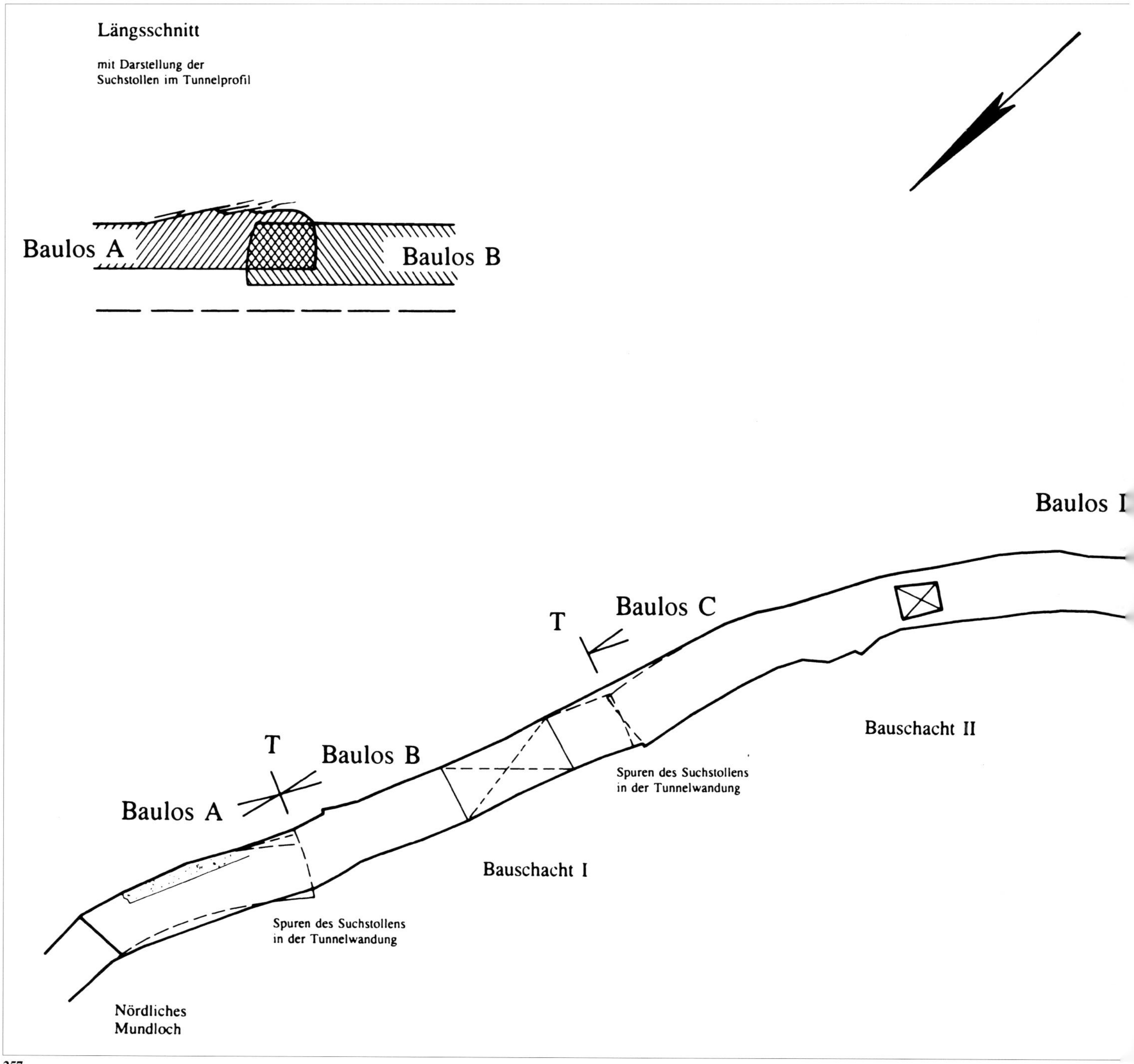

257

Im hier zu beschreibenden Nordtunnel von Sernhac wurde allerdings von einem Schacht aus (Bauschacht III) ein fehlerhafter Vortrieb angesetzt, so daß die Anschlüsse in den Baulosen F und G nur nach größeren Korrekturmaßnahmen möglich waren.

Baulos A wurde vom nördlichen Mundloch aus aufgefahren. Der offene Anschlußgraben außerhalb des Mundlochs knickte schräg in die Flanke des Berghanges ab, ließ aber dennoch genügend Raum für die Signalisierung der Vortriebsrichtung. Im Tunnel erkennt man deutlich die Spuren des Suchstollens. Dieser wurde in der Breite des Mundlochs aufgefahren, das allerdings schräg zur Vortriebsrichtung liegt. Der Suchstollen hatte mit 1,83 m bereits die volle Breite des späteren Tunnels; man vollzog beim Vortrieb einen leichten Bogen nach rechts (Abb. 254 und 255).

Durch diesen leichten Bogen erhielt der Suchstollen einen Verlauf, der der Linienführung des Gesamttunnels nicht ganz entsprach. Um eine gestrecktere Linienführung zu erhalten, wurden nach dem Durchschlag zwischen den Baulosen A und B einige Korrekturen vorgenommen, die in den Wandungen und der Firste noch gut erkennbar sind. Der Suchort in Baulos A lag für den Gesamttunnel 0,4 m zu weit westlich, so daß bei der Abgleichung der Wandungen zwischen beiden Baulosen hier ein entsprechender Versprung stehengeblieben ist. An dieser Stelle ist auch die lichte Höhe des Suchstollens A ablesbar, denn bei dieser Korrekturmaßnahme blieb in Sohlenhöhe eine 0,6 m hohe Bank in der Wandung stehen. Der Raum zwischen dieser Bank und der Firste zeigt uns die lichte Höhe des Suchstollens A (1,7 m).

Der bogenförmige Verlauf des Suchstollens erforderte eine Abschrotung der Westwandung und eine Hinterfütterung der Kanalwange auf der gegenüberliegenden Seite.

Baulos B wurde vom ersten Schacht (Bauschacht I) aus in rückwärtiger Richtung aufgefahren; der Vortrieb sollte also auf Baulos A treffen. Bauschacht I hat eine außergewöhnliche Form, denn er ist 3,7 m lang und nimmt mit 1,8 m die gesamte Breite des Tunnelprofils ein. Da er in dieser Form von allen anderen Bauschächten in Sernhac abweicht, kann es

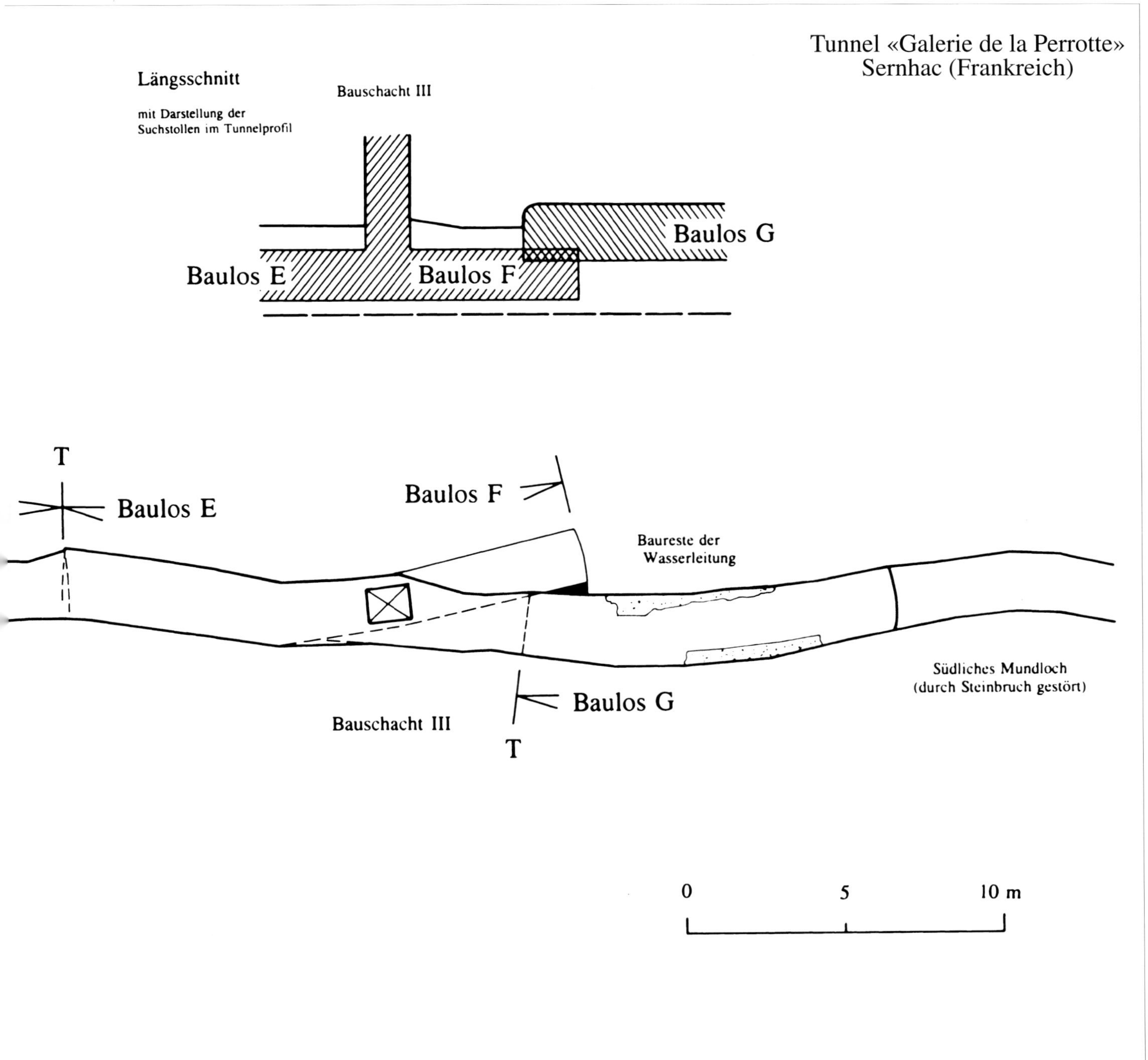

258

durchaus sein, daß er nachgearbeitet worden ist. Darauf könnten auch Arbeitsspuren hindeuten, die nur in der südlichen Felskante zwischen Schachtwand und Tunnelfirste zu sehen sind. Die nördliche Kante zum Baulos B hin ist völlig rechtwinklig und zeigt keine Seilschleifspuren; in dieser Richtung könnte also eine nachrömische Erweiterung des Schachtes vorgenommen worden sein.

Der von Schacht I ausgehende Vortrieb ist über eine Strecke von 4,0 m geführt, und auch er vollzieht einen leichten Bogen nach rechts. (Legt man einen kleineren römischen Schacht zugrunde: 6 m). Den Vortrieb kontrollierte man 1,2 m vor dem Zusammentreffen mit Baulos A. Die Kontrollmessung ergab, daß sich die Suchorte zwar nicht exakt treffen würden, sie sich aber mit einer Überlappung in einer Breite von 1 m beim weiteren Vortrieb durchaus vereinigen ließen. Das galt auch für den Vortrieb im Höhenbereich, denn in Baulos B lag man zwar 0,5 m–0,6 m tiefer als in Baulos A, aber damit immer noch genau genug, um die beiden Baulose zu verbinden.

Wäre man in der begonnenen Weise weiter verfahren, so hätten in der Firste ein Höhenversprung in den zuvor beschriebenen Abmessungen sowie die beiden seitlichen Versprünge in den Wandungen in Kauf genommen werden müssen. Der Firstversprung wäre für den weiteren Bau des Tunnels unerheblich gewesen, und man hätte ihn belassen können. Die Versprünge in den beiden Wandungen hingegen hätten das Tunnelprofil aber derart eingeengt, daß das Kanalgerinne darin nicht unterzubringen gewesen wäre. Eine Angleichung der Vortriebsstrecken im Überlappungsbereich wurde deshalb schon beim Durchbruch des noch verbliebenen 1,2 m-Steges als letztem Vortriebsabschnitt in Baulos B vorgenommen.

Dazu versetzte man den weiteren Vortrieb in Baulos B um einige cm nach links und arbeitete von hier aus den verbliebenen Steg ab. In Baulos A versetzte man den Suchort um 0,64 m nach links, wozu man die linke Stollenwand auf eine Länge von 1,9 m abschroten mußte. Nunmehr gelang der Durchbruch mit einer Treffsicherheit, die mit 1,8 m fast die gesamte Sollbreite des Tunnels einnahm.

Bei der Tieferlegung der Tunnelsohle auf das für den Kanaleinbau nötige Niveau wurde auf beiden Seiten noch einmal nachgearbeitet, wobei auch die restlichen Versprünge beseitigt wurden. Der Versatz des Suchortes in Baulos A ist danach am deutlichsten zu erkennen geblieben: Man sieht im Höhenversprung den Rest des in der Durchbruchphase versetzen Suchortes, in der linken Wand die auf eine Länge von 1,9 m abgeschrotete Wand, während rechts die oben beschriebene 0,4 m breite Bank ebenfalls auf eine Länge von 1,9 m stehengeblieben ist.

Von Bauschacht I ist nach Süden nur eine Strecke von max. 2,3 m aufgefahren worden. Man sollte hier deshalb nicht von einem Baulos, sondern nur von einem Arbeitsraum zur Bedienung des Schachtes I sprechen. Spuren des Vortriebs sind in der westlichen Tunnelwand zu sehen, während die gegenüberliegende Stollenwand für das endgültige Tunnelprofil abgeschrotet werden mußte.

Baulos C ist von Bauschacht II aus über eine Länge von 9,5 m aufgefahren worden. Der Bauschacht ist 1,4 m lang und nimmt mit seiner Breite von 1,0 m nur einen Teil der Breite des Suchstollens ein. Richtungskorrekturen sind auf beiden Seiten des Suchstollens erkennbar, wobei es sich auf der rechten Seite lediglich um einen Versprung von 0,06 m handelt, während links zwei auffällige Versprünge sowie die Spuren von Abschrotungen auf eine Länge von 2,5 m sichtbar sind (Abb. 256).

Man hat sich im Treffpunkt offensichtlich recht genau getroffen, denn zur Verbindung der beiden Baulose war in der linken Wand lediglich ein kleiner Versprung unterzubringen und rechts von der Wandung ein wenig abzuschroten, um das notwendige Lichtraumprofil herzustellen.

Auch das von Bauschacht II in südlicher Richtung vorgetriebene Baulos D ist bezüglich seiner Vortriebsrichtung gut gelungen. Windungen in der Tunnelwand lassen zwar auch hier Richtungskorrekturen erkennen, man kommt danach aber immer wieder auf die geplante Trassenlinie zurück. Das Baulos ist 10,5 m lang (Abb. 257).

Probleme gab es allerdings in den von Bauschacht III aufgefahrenen Baulosen E und F. Hier sind offensichtlich sowohl Höhen- als auch Richtungsfehler aufgetreten, die sehr aufwendige Korrekturen erforderten. Da man die beiden Baulose im Bauschacht III um 0,7 m zu tief angesetzt hat, gab es Höhenprobleme in beiden Richtungen, die erstmals auch ein Nacharbeiten im Bereich der Firste erforderlich machten. Aber auch in der Richtung war man gegenüber dem Soll-Vortrieb derart abgedriftet, daß man auf 5 m Vortrieb bereits um 2 m neben der Soll-Richtung lag. Die Anlage des Schachtes III war offensichtlich nicht exakt erfolgt, denn seine Seitenkanten liegen schräg zur Soll-Vortriebsrichtung.

Merkwürdigerweise ist man beim Vortrieb in den Baulosen E und F erst einmal – anscheinend unkontrolliert – der Ausrichtung des Schachtes gefolgt. In dieser Richtung aufgefahren, hätte man den Suchort von Baulos D glatt verfehlt. Man bemerkte den fehlerhaften Vortrieb erstmals bei einer nach 3,85 m vorgenommenen Richtungskontrolle und versetzte den Suchort um 0,15 m nach rechts. Eine Kontrollmessung nach weiteren 2,0 m führte zu einer weiteren Nachbesserung um 0,1 m, womit jedes Mal neben dem Versprung auch eine Richtungsnachbesserung verbunden war. Die letzte Richtungskorrektur führte zu einem Auftreffen auf Baulos E mit einer Abweichung im cm-Bereich. Dieser Richtungsversprung ist in der östlichen Wandung im Sohlenbereich zu erkennen.

Gleichzeitig sieht man hier aber auch den Fehler in der Höhenlage des Suchstollenvortriebs: Die Firste des Suchstollens E liegt im Treffpunkt etwa 1,1 m tiefer als die Firste von Baulos D. Im gesamten Baulos E war die Firste nachzuarbeiten; diese Nacharbeitung erfolgte in einer Stärke von 1,1 m im Treffpunktbereich und 0,7 m bei Schacht III.

Von Bauschacht III aus wurde Baulos F auf gleicher Höhe wie Baulos E aufgefahren und zwar nach Süden. Auch hier lag man schon beim Ansatz sowohl in der Richtung als auch in der Höhe falsch. Der Vortrieb endete nach 5,5 m und hatte den vom Mundloch Süd ausgehenden Gegenstollen G in voller Breite und voller Höhe verfehlt. Beide Stollen waren schon um 1,8 m aneinander vorbei aufgefahren, als man mit der oberen östlichen Ecke von Suchort G die untere westliche Kante des Suchstollens F anschnitt (Abb. 258). Die Ursache hierfür lag nicht nur an den Fehlern in Baulos F begründet, die Auswirkungen waren vielmehr deshalb so gravierend, weil sich auch im Baulos G ein Höhenfehler eingeschlichen hatte. Die Firste von Baulos G lag 0,75 m höher als das mittlere Niveau der übrigen Baulose und damit 1,45 m höher als die von Schacht III um 0,7 m zu tief ausgehenden Baulose E und F.

Der fehlerhafte Vortrieb des Bauloses F wurde als Blindstollen stehengelassen, während man vom südlichen Mundloch das Baulos G weiter auffuhr, um bei Schacht III den Anschluß an die nördlichen Baulose zu schaffen. Dazu mußten 3,6 m Felsgestein durchörtert werden. In dieser Durchschlagzone wurde die Firste auf das Niveau der nördlichen Anschlußstrecken tiefergelegt, wodurch ein Versprung von 0,8 m entstand. Der Steinzwickel im Bereich der fehlerhaften Überlappung zwischen den Baulosen F und G verblieb im Sohlenbereich als 1,8 m lange und bis zu 0,4 m breite Bank in der Baustelle.

Der bezüglich seiner Höhe fehlerhafte Ansatz des Bauloses G im Mundloch Süd führte auch im Außenbereich des Tunnels zu erheblichem Nacharbeiten. Der in der begonnenen Höhenlage angelegte Graben war wegen des Höhenfehlers nachträglich um 0,7 m einzutiefen, wodurch er sich erheblich verlängert haben dürfte.

Der Südtunnel (Galerie des Cantarelles)

Wie schon im Nordtunnel, sind auch im Südtunnel einige Besonderheiten zu erkennen, die für das geübte Auge recht eindeutige Schlüsse auf die Bauverfahrensweise zulassen. Der gut zu begehende Tunnel hat eine Gesamtlänge von rund 60 m. Allerdings ist nur das südliche Mundloch (Tunnelausgang) als antiker Baubestand klar zu erkennen; das nördliche Mundloch ist durch Steinbruchtätigkeit bezüglich seiner Lage und seines ursprünglichen Zustands nicht mehr eindeutig zu rekonstruieren. Der ursprüngliche Anfang des Südtunnels wird aber nur wenige Meter weiter nördlich im Steinbruchbereich gelegen haben; das kann man zumindest aus der ähnlichen Situation am Ausgang des Nordtunnels erkennen, wo die Lage des urprünglichen Mundlochs trotz Steinbrucharbeiten noch erkennbar ist.

Abb. 258 Nîmes (Frankreich), Tunnel «Galerie de la Perrotte» bei Sernhac. Zwischen den Baulosen F und G werden die gravierendsten Richtungsfehler dieses Tunnels sichtbar. Das Foto zeigt in Vortriebsrichtung des Bauloses G einen Höhenfehler, denn die Firste muß am Baulosende tiefergelegt werden. Das entgegenkommende Baulos F liegt dagegen nicht nur zu tief, sondern ist auch völlig aus der planmäßigen Trasse abgedriftet. Es stößt weit in die rechte Wange des Bauloses G – man hätte sich fast nicht einmal getroffen.

259

Abb 259 Nîmes (Frankreich), Tunnel «Galerie des Cantarelles» bei Sernhac. Im endgültigen Profil des Tunnels ist ein Rest des von Bauschacht I ausgehenden Suchstollens hervorragend zu erkennen: Der Bauschacht sitzt seitlich auf dem Tunnel und ragt dabei sogar ein wenig über die Wandung hinaus; die Nische in der Wandung ist ein Rest des Arbeitsraumes hinter Schacht I. Die Höhe dieser Nische ist mit der Arbeitshöhe des Suchstollens identisch. Im Bildhintergrund das entgegenkommende Baulos A, das vom nördlichen Mundloch aus aufgefahren wurde (Foto: Centre Camille Jullian, Aix-en-Provence).

Als eine der ersten Aufgaben zur Ausführung eines projektierten Tunnelbaus kann die Festlegung der beiden Mundlöcher beiderseits des zu durchbohrenden Berges gelten. Hatte man sich aus gegebenen, meist topographischen Gründen dafür entschieden, den Tunnel nicht im Gegenort, sondern in der Qanatbauweise anzulegen, so war danach die Lage der erforderlichen Bauschächte zu markieren. Da diese Bauschächte eigentlich nie auf der geraden Verbindungslinie zwischen den Mundlöchern lagen, waren als nächstes die projektierten Vortriebslinien sowohl von den Mundlöchern, als auch von den Bauschächten aus abzustecken. Diese Soll-Richtungen einzuhalten, war das Tunnelbauproblem schlechthin. Im Südtunnel von Sernhac sind vielfältige Merkmale erhalten, die als Schlüssel zur Lösung der Tunnelbauprobleme am Ort gelten können. Besonders wichtig ist der Nachweis, daß auch hier vor dem eigentlichen Tunnelbau ein aus mehreren Suchstollen verbundener Probetunnel aufgefahren wurde.

Vom Mundloch Nord aus wurde Baulos A mit dem längsten Vortrieb beim Bau des Südtunnels von Sernhac angelegt. Da das zugehörige Mundloch durch die Steinbruchtätigkeit nicht mehr vorhanden ist, muß nicht nur dessen Lage, sondern damit auch die Lage des Nullpunktes für die Absteckung von Baulos A sowie die projektierte Vortriebsrichtung rekonstruiert werden. Aus dem Grundriß des vorhandenen Tunnels läßt sich aber unzweifelhaft erklären, daß der Suchstollen in Baulos A vom Mundloch aus aufgefahren wurde und etwa 1 m vor dem Bauschacht I endete.

Der im Bauwerk zu konstatierende Verlauf des Vortriebs zeugt von den üblichen Problemen, die auch im Nordtunnel schon sichtbar wurden. Der Vortrieb verlief nicht geradlinig, sondern wurde immer wieder korrigiert, worin nur das Ergebnis von Kontrollmessungen gesehen werden kann. Um die Lage eines Suchstollens in einem endgültig ausgebauten Tunnel zu bestimmen, bedarf es verschiedener charakteristischer Bauformen, und dazu gehören nun einmal in erster Linie die Versprünge in den Wandungen. Lassen sich in einem Tunnel nur in einer Wandung Versprünge und Korrekturen feststellen, wogegen die gegenüberliegende Wandung

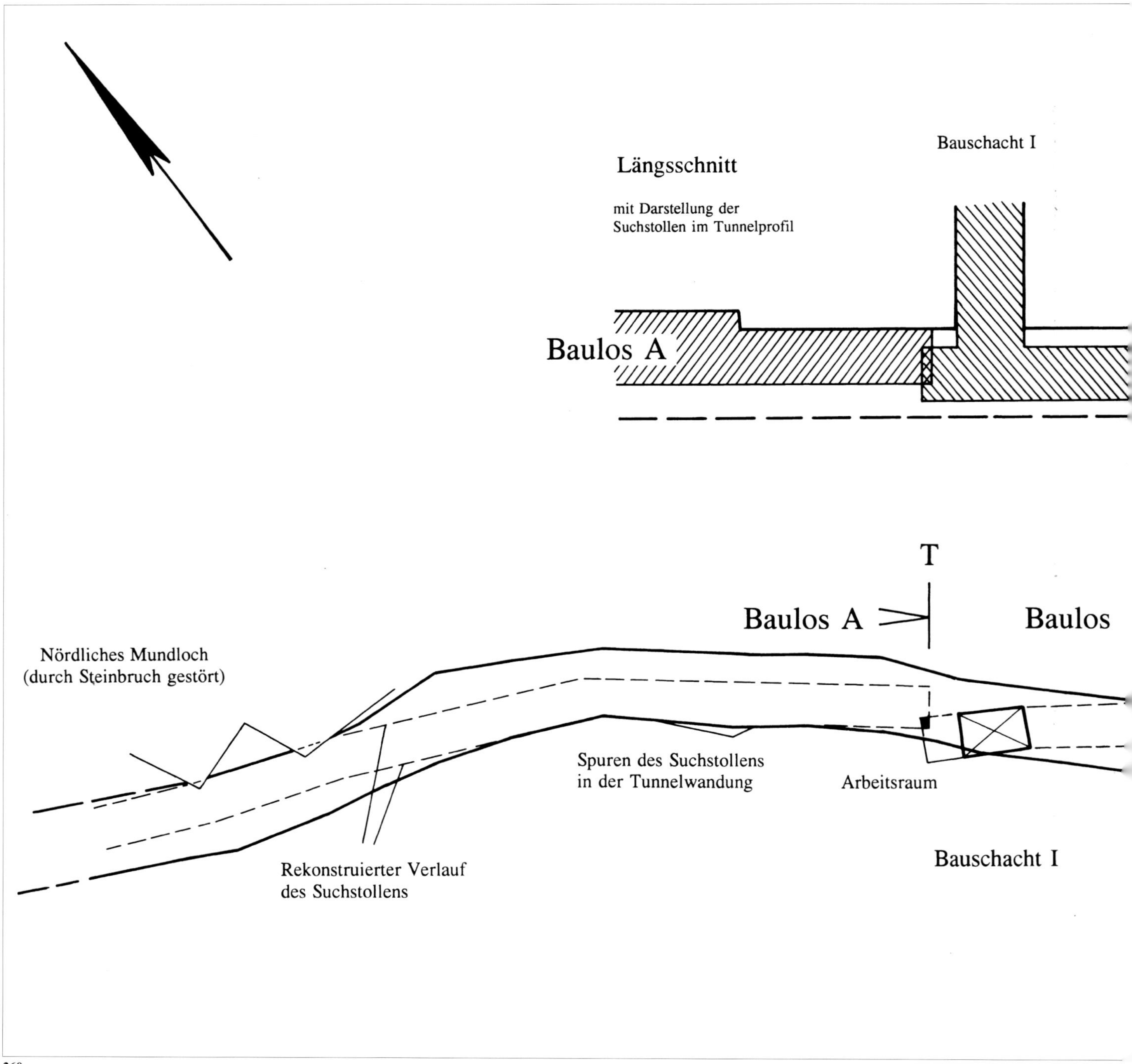

sich glatt bearbeitet zeigt, so kann man daraus auf zwei Bauphasen schließen. Bei der ersten handelt es sich um den Suchstollen, dessen Arbeitsspuren sich erhalten haben, während die Erweiterung zum endgültigen Tunnelprofil nur nach einer Seite hin vorgenommen wurde und dabei die Spuren des Suchstollens vernichtet wurden. Da es bei der Erweiterung nicht mehr um die Einhaltung der Vortriebsrichtung ging, konnte man die entstehende Wandfläche glatt und ohne Versprünge bearbeiten. Das fand übrigens seine Entsprechung bei der Erweiterung zur endgültigen lichten Höhe, die in der Regel nur durch eine Tieferlegung der Sohle erreicht wurde. Was dann zur Folge hat, daß die Arbeitsspuren der Suchstollen in der Firste am deutlichsten erkennbar sind.

In Baulos A des Cantarelles-Tunnels sind diese Arbeitsspuren in der westlichen Wand deutlich zu sehen. 5 m vor dem ermittelten Treffpunkt ist die deutlichste Richtungskorrektur auszumachen, denn man brachte im Vortrieb einen deutlichen Versprung nach links unter.

Der Suchstollen erreichte seinen Durchschlag zum Baulos B an der Nordwestkante des Arbeitsraumes unter Bauschacht I. Die beiden Suchörter werden sich beim Durchschlag nicht mehr als 30 bis 40 cm überlappt haben.

Die Tunneldecke zeigt bei der zuvor beschriebenen Richtungskorrektur weiterhin einen Höhenversprung in der Größenordnung von 0,53 m, der das Ergebnis einer Höhenkorrektur schon beim Vortrieb des Suchstollens sein dürfte. Hier ist in der Wandung auch die lichte Höhe des Suchstollens meßbar, die mit 1,5 m der Arbeitshöhe in den übrigen Suchstollen entspricht.

Besonders aufschlußreich ist die Situation im 11,8 m langen Baulos B bei Schacht I. Der Schacht sitzt nicht mittig im

Abb. 260 Nîmes (Frankreich), Tunnel «Galerie des Cantarelles» bei Sernhac. Der Grundriß des Tunnelverlaufs zeigt neben dem endgültigen Ausbau auch die fehlerbehafteten Vortriebe der Suchstollen, besonders in den Baulosen B und C. Der Längsschnitt im Bereich der Baulose A/B zeigt die Höhenprobleme.

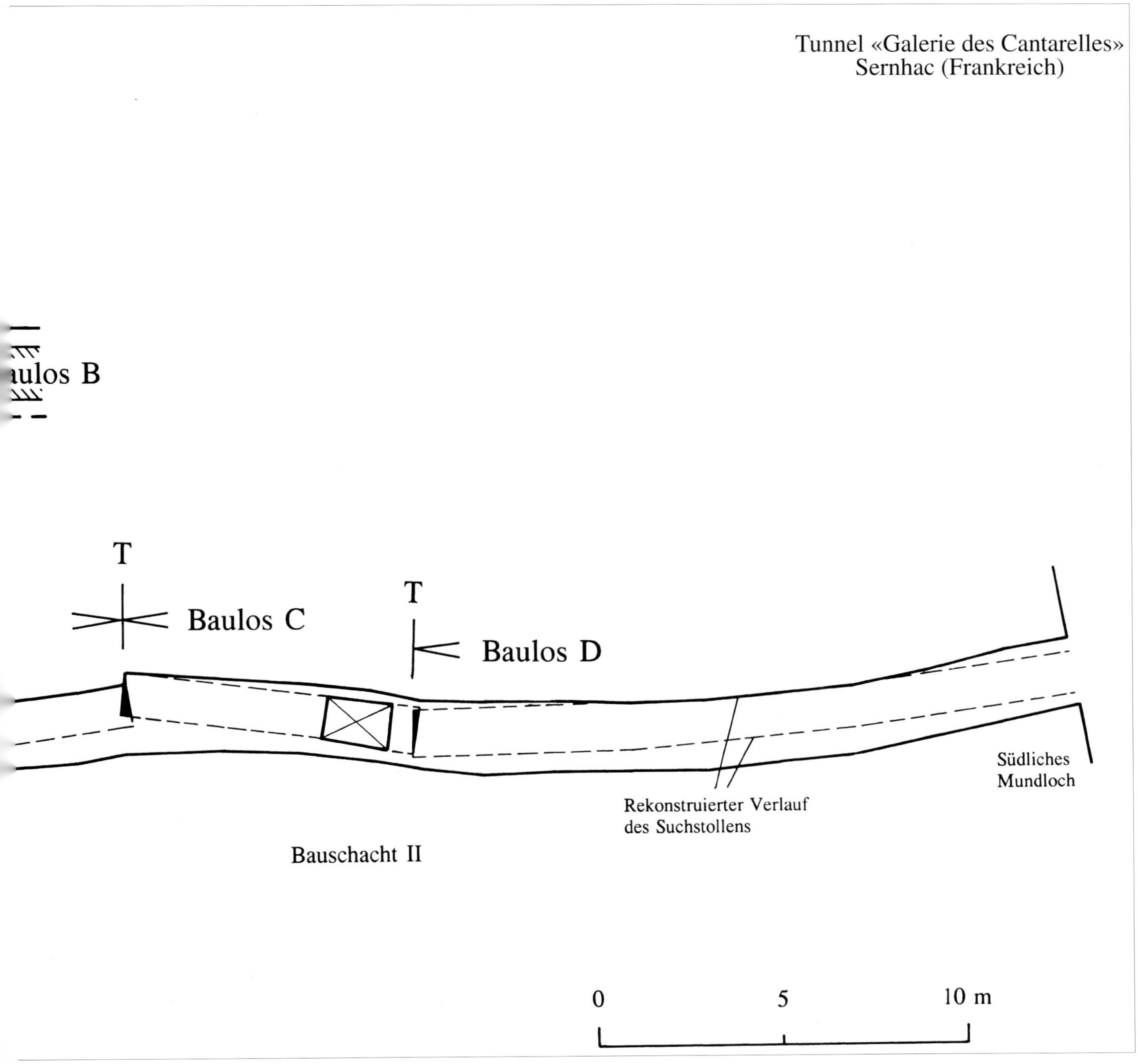

Tunnelverlauf, er ist vielmehr leicht verdreht zur Tunnelausrichtung und seine Südwestecke liegt außerhalb der Tunnelwandung. Hier sind in der westlichen Tunnelwand die Abbauspuren eines vom Schacht ausgegangenen Vortriebs in beiden Richtungen erkennbar. Dieser Abbau liegt nicht in Tunnelausrichtung, sondern in Verlängerung der Seitenwände des Bauschachtes. Es handelt sich also um die Arbeitsspuren des bei Schacht I begonnenen Suchstollens (Abb. 259). Der Suchstollen mit seiner Höhe von 1,45 m nimmt allerdings nicht die gesamte Höhe des endgültigen Tunnels (2,55 m) ein. Die Vortriebsspuren nach Norden (gegen Baulos A) sind nur 1,0 m lang und verursachen in der Westwandung einen Einschnitt von 0,8 m Tiefe. Da der Suchstollen 0,55 m über der Tunnelsohle ansetzt, ist hier eine kleine Bank stehengeblieben.

Bei den Arbeitsspuren nördlich des Schachtes handelt es sich aber nicht einmal um den Vortrieb des Suchstollens, der aufgrund der Befundlage von Schacht I ausgehend nach Süden aufgefahren worden sein muß, sondern vielmehr nur um einen in rückwärtiger Richtung über den Bereich des Bauschachtes hinausgehenden

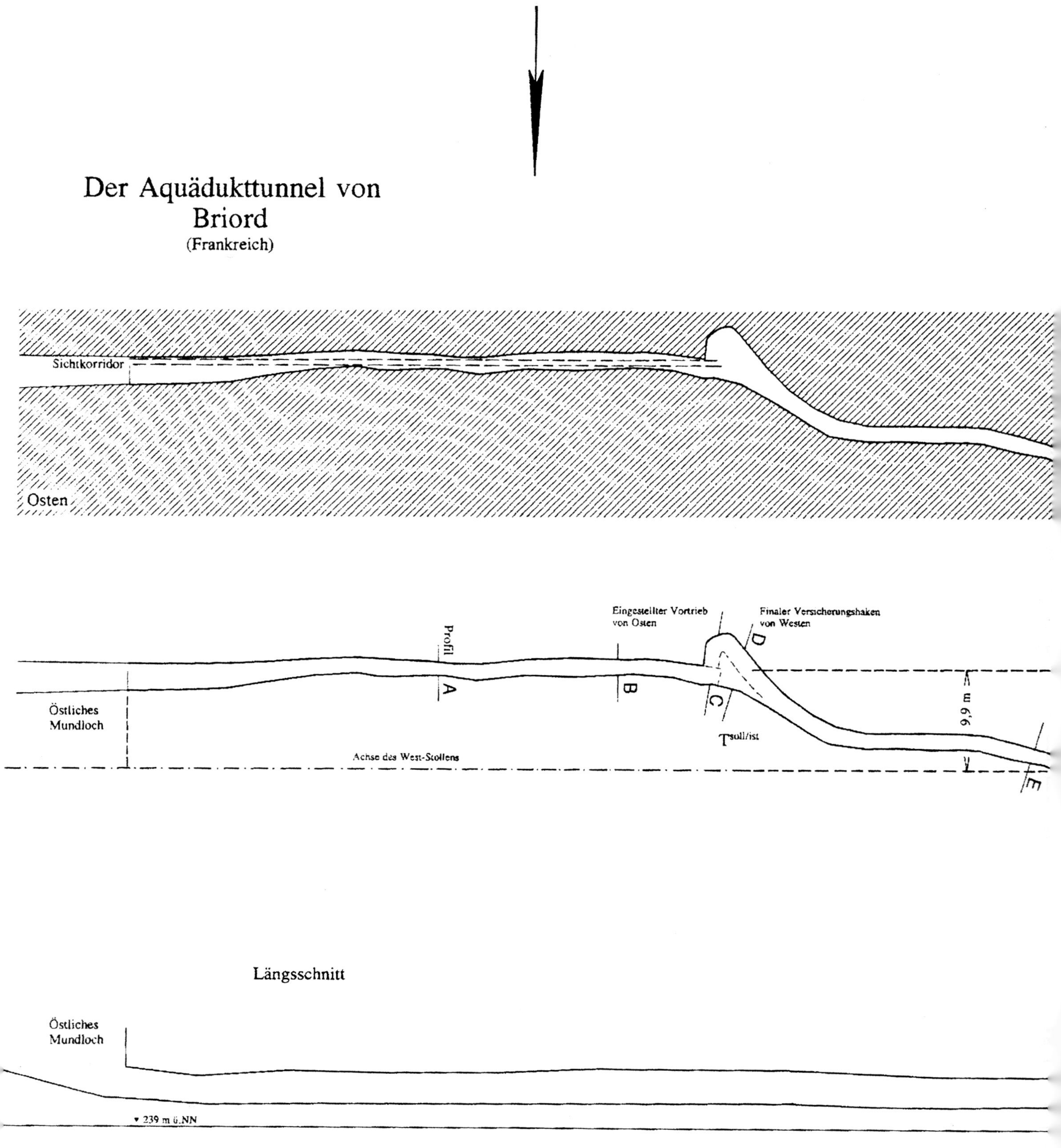

Arbeitsraum von etwa 1 m Länge. Ein solcher Arbeitsraum war notwendig, um die Förderung des ausgebrochenen Materials an das Tageslicht handhaben zu können, ohne den Vortrieb zu stören.

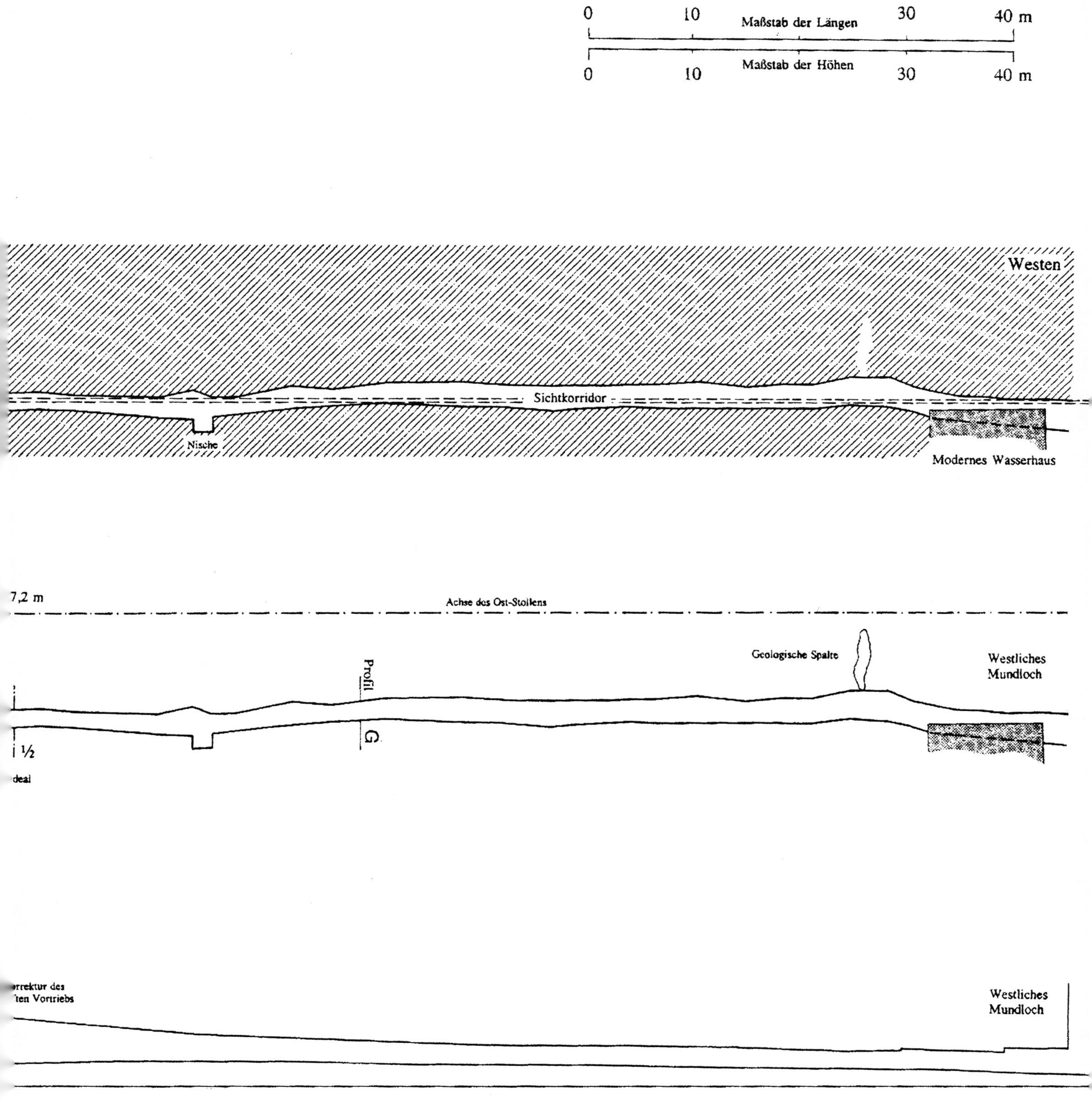

Abb. 261 Briord (Frankreich). Tunnelgrundriß und -längsschnitt.

Hier bestätigt sich eine Beobachtung, die auch im Nordtunnel schon gemacht wurde: Die Bauschächte wurden in der Regel so angelegt, daß die Ausrichtung ihrer Seitenwände der Richtung der von hier aus aufzufahrenden Vortriebe entsprach. Für den von Bauschacht I im Cantarelles-Tunnel nach Süden aufgefahrenen Suchstollen bedeutet dies, daß sich Arbeitsspuren in Verlängerung der Schachtwände im endgültigen Tunnelprofil wiederfinden lassen müßten. Und in der Tat läßt sich auf diese Weise sogar der Treffpunkt zwischen dem von hier aufgefahrenen Baulos B und dem Anschlußbaulos C nachweisen: Etwa in der Mitte der Strecke zwischen den Schächten I und II sieht man in der östlichen Tunnelwand einen Versprung von 0,30 m. Um diesen Wert versetzt traf der Suchort von Baulos

B auf den entgegenkommenden Suchort (Abb. 260).

In den seitlichen Wänden des Bauschachtes I sind im Abstand von ca. 0,5 m insgesamt 12 Steiglöcher eingemeißelt; zwischen dem 5. und dem 6. Steigloch von unten, in einer Höhe von 3,1 m über der Tunnelsohle, sind auf beiden Seiten die Auflager für 3 Balken herausgearbeitet.

In Baulos C muß der Vortrieb von Schacht II ausgehend nach Norden erfolgt sein, denn dort finden wir nach 5,5 m den zuvor beschriebenen 0,30 m-Versprung als Treffpunkt mit Baulos B. Bei Schacht II ist – ebenso wie schon bei Schacht I – ein Arbeitsraum (hier 0,8 m) in rückwärtiger Richtung nachzuweisen, der an einem auffälligen Versprung in der Ostwand erkennbar ist. Der Vortrieb nach Norden erfolgte in Breite des Bauschachtes, wobei man ein wenig nach links abgedriftet ist. Der ehemalige Suchort des Vortriebs von Schacht II aus ist zum Teil mit dem 0,30 m-Versprung identisch. Mit Schacht und Arbeitsraum mißt die Bauloslänge 7,4 m.

Der Verlauf des 17,8 m langen Vortriebs in Baulos D zeigt eine zügige und ohne große Korrekturen aufgefahrene Strecke. Der in Mundloch Süd begonnene Vortrieb folgt auf der in Richtung von Schacht II abgesteckten Linie mit einer leichten Abdriftung nach links. Da durch das Mundloch eine Überprüfung der Vortriebsrichtung auf recht einfache Weise möglich war, konnte die Richtungsabweichung bis zum Ende des Bauloses wieder ausgeglichen werden. Der Fehlerausgleich gelang so gut, daß man mit dem Suchort von Baulos D fast mittig auf den Arbeitsraum von Baulos C (bei Schacht II) traf.

Im Südtunnel von Sernhac gibt es neben den von den beiden Mundlöchern vorgetriebenen Stollen zwei Baulose, die von Bauschächten aus vorgetrieben worden sind. Der Vortrieb von den Bauschächten aus ist auffällig kürzer als der von den Mundlöchern aus. Das kann nur damit begründet werden, daß die Richtung eines Suchstollenvortriebs von Bauschächten aus nur über zwei in den Schächten herabhängende Schnurlote zu verlängern war, während man von den Mundlöchern aus Kontrollmessungen zu Meßpunkten im Freien auf einfache Weise vornehmen konnte. Das bedeutet weiterhin, daß Vortriebsrichtungen in von Bauschächten ausgehenden Stollen immer auf der Verlängerung der durch die Lote markierten Linie liegen mußten, da ansonsten die rückwärtige Orientierung des Vortriebs gar nicht mehr möglich war. Drohte man also beim Vortrieb aus dieser Zwangslinie herauszukommen, so mußte im fortschreitenden Vortrieb gegengesteuert werden. War man gar zu weit von der Richtung abgekommen, so mußte von der entsprechenden Wandung soviel Gestein abgeschrotet werden, daß der freie Rückblick zu den Meßloten wieder gewährleistet war.

Im Südtunnel von Sernhac wird erkennbar, daß man zwar von beiden Bauschächten aus Probleme mit der Einhaltung der Vortriebsrichtung hatte, Richtungskorrekturen aber immer vornahm, bevor man die Sichtlinie zu den beiden Orientierungsloten verlassen hatte. Daß die von den beiden Bauschächten ausgehenden Baulose B und C nicht auf gerader Linie aufeinander zustreben, sondern in schräger Richtung, dürfte beabsichtigt gewesen sein, da auf diese Weise selbst bei mit Richtungsfehlern behafteten Vortrieben ein Treffen zwangsläufig vorgegeben war.

Der Tunnel von Briord

Der Tunnel von Briord[307] zeigt in seinen Arbeitsspuren und in seiner Grundrißdarstellung nach der vermessungstechnischen Aufnahme deutliche Spuren seiner Planung und Trassierung. Sofort erkennbar wird, daß dieser Tunnel von zwei Seiten aus im Gegenortverfahren ohne die Anlage von Bauschächten aufgefahren worden ist. Der Treffpunkt beider Baulose (T^{ist}) liegt nicht in der Mitte des 197,2 m langen Tunnels, sondern deutlich nach Osten versetzt: zwei mit paralleler Linienführung gerade in den Berg vorgetriebene Stollen werden durch das schräg aufgefahrene Endstück des Westteils miteinander verbunden.

Diese Art der Tunneltrassierung ist in anderen Bauwerken bisher nicht aufgefallen, weshalb sich als erstes die grundsätzliche Frage stellt, ob dieser parallel versetzt geführte Vortrieb der beiden Stollen Teil der Strategie des Baumeisters war, oder ob er das Ergebnis einer fehlerhaften Tunnelabsteckung ist, wie J. Thomas meint.[308] Danach wären im Vortrieb tatsächlich Richtungsfehler zu konstatieren, wobei vorausgesetzt wird, daß nach dieser Strategie beabsichtigt gewesen wäre, von zwei Mundlöchern aus auf einer direkten und geradlinigen Verbindungslinie aufeinander zuzustreben.

Allerdings hätte bei einer solchermaßen fehlerhaften Richtungsabsteckung der vorgefundene Tunnelgrundriß nur schwerlich entstehen können. In diesem Fall hätte dem Bauleiter nämlich bei der Absteckung der Ausgangsrichtungen für beide Vortriebe derselbe Fehler, und zwar jeweils nach links gerichtet, unterlaufen müssen. Eine fehlerhafte Richtungsabsteckung hätte aber eher zu einer Schieflage der Ausrichtung der beiden Vortriebsrichtungen zueinander geführt; denn zweimal genau denselben Absteckfehler zu machen, erscheint eher schwieriger, als die Richtungen von zwei Seiten aus richtig abzustecken. Zudem ist zu bedenken: Läge die Richtungsabweichung in einem fehlerhaften Vermessungspunkt im Verlauf der Trasse begründet, so würde das eher dazu geführt haben, daß die Vortriebsrichtungen nach einer Seite hin abdriften. Die beiden Suchstollen wären also auf einer Seite nach links abgedriftet, auf der anderen Seite hingegen nach rechts.

Auf diese Weise wären die beiden Vortriebe nicht parallel aneinander vorbeigelaufen, sondern hätten sich zwangsläufig irgendwo im Bereich des Solltreffpunktes T^{soll} getroffen. Ein solchermaßen entstandener Schnitt war – wie wir in anderen Beispielen bereits gesehen haben – oftmals sogar ein beabsichtigtes Trassierungselement, um ein Treffen mit Sicherheit herbeizuführen.

Nun sind im Briord-Tunnel – wie wir weiter unten noch sehen werden – gravierende Fehler sowohl bei der Richtungs- als auch bei der Höhenübertragung nachweisbar. Ob das aber dazu berechtigt, auch in den in beiden Baulosen vorgefundenen Vortriebsrichtungen die Auswirkungen von Absteckfehlern zu sehen, scheint aber dennoch nicht berechtigt zu sein: Die Exaktheit, mit der beide Baulose parallel zueinander aufgefahren wurden, ist verblüffend und scheint eher das Ergebnis einer durchdachten Planung zu sein (Abb. 261).

Wie dem auch gewesen sei, vielleicht war sich der Baumeister seiner eingeschränkten Vermessungsmöglichkeiten durchaus bewußt und hat diese parallele Linienführung planmäßig in seiner Tunnelstrategie untergebracht. Auf diese Weise wußte er während des Vortriebs jederzeit zumindest, auf welcher Seite von ihm sich die jeweils gegenüberliegende Baustelle befand. Als vorsichtiger Baumeister konnte er danach jederzeit planmäßig einen Schrägstollen auffahren las-

***Abb. 262** Briord (Frankreich). Die ausgewählten Querprofile des Tunnels zeigen vor allem, daß die Suchstollen in beiden Baulosen höher angelegt waren, als das endgültige Tunnelprofil. Die zwei parallelen Spuren des Vortriebs sind in der Firste der Profile jeweils gut erkennbar.*

sen, um den Gegenstollen zwangsweise zu treffen. Diese Hypothese hat viel für sich, wenngleich sich noch zeigen wird, daß er sich trotz dieser Vorsichtsmaßnahme nicht über den genauen Parallelabstand im Klaren gewesen sein muß. Dieser Abstand läßt sich im Aufmaß zu 9,9 m ermitteln.[309]

Betrachten wir zunächst das östliche Baulos, denn hier zeigen sich nur die üblichen Schwierigkeiten beim Vortrieb eines Suchstollens. Der Stollen wurde zwei-

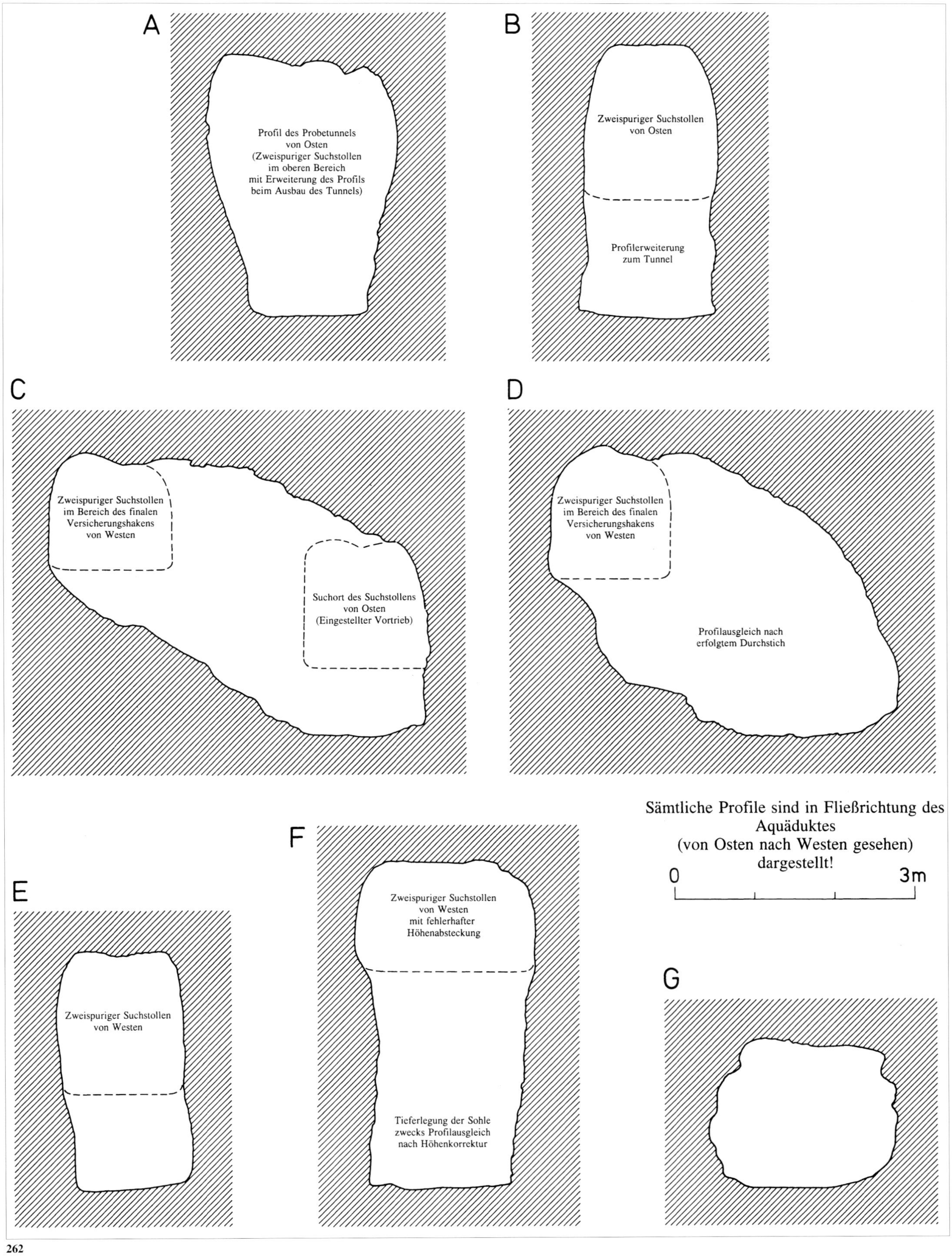

262

spurig aufgefahren, d.h. ein in Längsrichtung vorhandener Grat in der Firste zeigt die Arbeitsspuren zweier nebeneinander arbeitender Bergleute. Dabei hat der Stollen nicht von Anfang an seinen vollen Querschnitt erhalten, sondern ist nachträglich auf das planmäßige Niveau tiefergelegt worden. Diese Tieferlegung der Sohle ist in den Tunnelwandungen auf beiden Seiten erkennbar: sie beginnt 5 m vom östlichen Mundloch entfernt in einer Größenordnung von 0,7 m und erreicht kurz vor dem Ende des Oststollens 1,5 m (s. Abb. 262, Profile A und B). Da der Suchstollen an beiden Stellen 1,5 m bzw. 1,8 m hoch ist, wird eine auffällige Erweiterung des Querschnitts in der lichten Höhe von 2,2 m auf 3,3 m deutlich. Der Suchstollen hatte also ein rückläufiges Gefälle, während die Sohle nach dem endgültigen Bau ein Gefälle in Fließrichtung des Wassers erhielt.[310]

Das wurde erforderlich, da man den Suchstollen leicht schräg nach oben führend angelegt hat, um Sickerwasser aus der Baustelle abzuleiten. Die Querprofile A und B veranschaulichen diese Situation, wobei besonders in B die klare Trennung zwischen Suchstollen und endgültigem Querschnitt sowie der Grat in der Firste deutlich wird.

Am Ende des Suchstollens ist die ursprüngliche Situation zwar durch die Baumaßnahmen beim Zusammentreffen überprägt worden, dennoch ist in der Firste das Oberteil des alten Suchorts erhalten geblieben. Damit ist ein eindeutiger Hinweis auf das Ende dieses Suchstollens 56 m unterhalb seines Mundlochs gegeben. In der Erkenntnis, daß man nicht von zwei Seiten aus suchend aufeinander zuarbeiten kann, hat man mit Erreichen dieses Punktes die Baustelle Ost verlassen. Von Westen aus wird man zu diesem Zeitpunkt mindestens gleich tief in den Berg vorgedrungen sein, möglicherweise aber auch bereits etwas weiter, denn bei 60 m erkennt man eine deutliche Vortriebskorrektur.

Es ist bezeichnend, daß in beiden Suchstollen von den bis zu diesen Punkten vorgetriebenen Suchorten aus eine Sichtverbindung zum jeweils rückwärtigen Mundloch gegeben war. Eine Richtungsübertragung von außen in den Berg dürfte also eigentlich unproblematisch gewesen sein.

Offensichtlich wurde im westlichen Baulos mit Erreichen einer Vortriebsstrecke von ca. 80 m eine erneute Kontrollmessung durchgeführt. Das Ergebnis muß zu der (irrigen) Feststellung geführt haben, daß man sich höhenmäßig nicht auf der geplanten Trassenlinie befand. Man glaubte offensichtlich, im Westen etwa 2 m zu tief zu liegen. Deshalb begann man mit einer Korrektur im Bereich der Sohlenneigung, indem man den Suchstollen West im weiteren Vortrieb schräg nach oben führte.[311] Diese schräg nach oben gerichtete Strecke hat immer noch die Anfangsausrichtung auf der Sichtlinie zum rückwärtigen Mundloch; sie wurde über einen Vortrieb von ca. 25 m geführt.

Eine erneute Kontrollmessung muß das Ergebnis gebracht haben, daß diese Höhenkorrektur unnötig war, da man sich mit der Anfangsstrecke tatsächlich auf der richtigen Höhe befunden hatte. Man legt das letzte Stück des Suchstollens auf das Anfangsniveau zurück, was einer Nacharbeitung der Sohle im Suchstollen um 1,6 m entspricht (Abb. 263).

Im weiteren Vortrieb begann man mit der Suchphase zwecks Erreichen von T^{soll}: der Suchstollen wurde schräg nach Süden geführt. Hätte man die nun eingeschlagene Richtung beibehalten, so wäre man mit ziemlicher Sicherheit auf die Ortsbrust des Suchstollens Ost getroffen. Nach 10 m Vortriebs änderte man aber erneut die Richtung, indem man auf eine Parallele zur Ausgangsrichtung einschwenkte. Nach rund 12 m verließ man auch diese Richtung wieder, um erneut nach Süden abzuknicken. Dieser Knick setzte aber zu früh an, und darin ist noch einmal ein eindeutiger Hinweis auf Fehler in den Kontrollmessungen gegeben. Dieses Mal führte die Richtungsänderung dazu, daß man die Ost-Trasse vor ihrem Ende kreuzte und dabei den Suchort Ost um einige Meter verfehlte. Man 'schießt' sogar über das Ziel hinaus.

Die nächste Kontrollmessung hat auch darüber Klarheit gebracht, denn man vollzog mit dem Vortrieb eine Kehrtwendung in Form einer Haarnadelkurve, um nunmehr in entgegengesetzter Richtung im rechten Winkel auf das Ende des Bauloses Ost zu treffen. Man traf den Suchort Ost also seitlich auf einem Umweg von Süden. In der Anlage dieses finalen Versicherungshakens wird die Strategie des Baumeisters sichtbar, die im vorhergehenden Vortrieb gemachten Fehler zu eliminieren (Abb. 264).

Nach erfolgtem Durchschlag hatte der Tunnelgrundriß einen ungünstigen Verlauf: Der bei der Kehrtwendung in der Vortriebsrichtung stehengebliebene Fels ragte wie ein Dorn in die Tunneltrasse und hätte den freien Durchfluß des Wassers behindert. Deshalb wurde dieser Felsvorsprung weggenommen und damit die

263

264

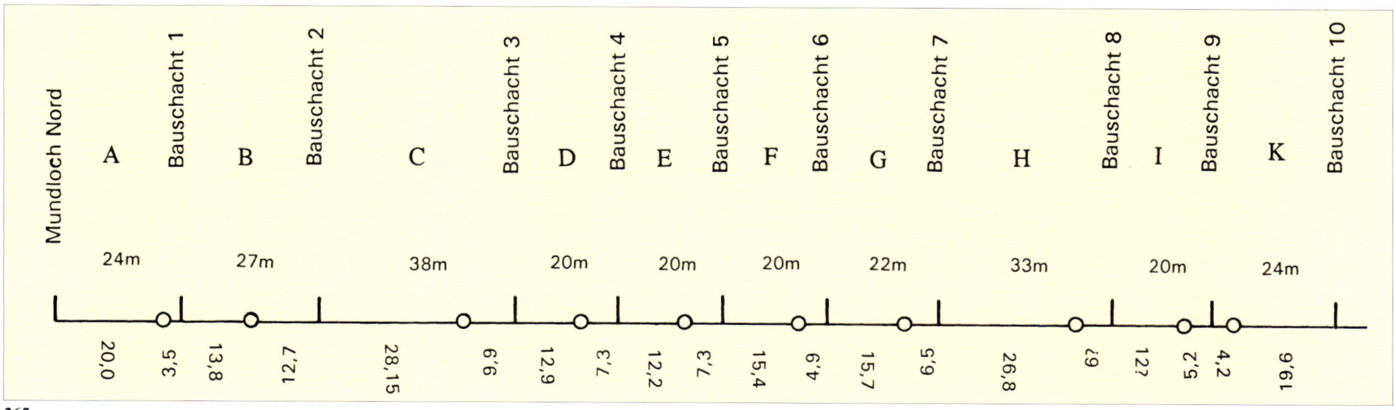

265

nördliche Tunnelwandung abgeglichen. In der nicht nachgearbeiteten südlichen Tunnelwand und in der Firste kann man die Spuren des Suchstollens noch deutlich sehen und dadurch die Korrekturmaßnahmen anschaulich und eindeutig nachvollziehen. Auch in diesem Bereich ist erkennbar, daß vor Ort zwei Bergarbeiter nebeneinander gearbeitet haben.

Das Versorgungsziel des im Tunnel verlegten Aquäduktes ist nicht ohne weiteres zu bestimmen. Nicht einmal 1 km vom Tunnelausgang entfernt lag beim heutigen Briord zwar ein antiker Siedlungsplatz, von einem Aquädukt zwischen Tunnel und Siedlung ist allerdings nichts nachgewiesen. Die Lage des Tunnelausgangs 35 m über dem Tal im Hang des Bergrückens, der die Ebene von Briord vom Tal des Brivaz-Flusses trennt, läßt auch noch für andere Hypothesen Raum. Danach wäre hier ein günstiger Platz für den Bau und Betrieb einer oder mehrerer Mühlen gewesen.[312] Für diese Zweckbestimmung spricht noch etwas: Im Tunnel ist auf einer Höhe von 243 m ü. NN – also über Sohlenniveau zwischen 1,8 m im Ostteil und 2,5 m im Westteil – eine durchgängige und horizontale Linie als obere Begrenzung einer Kalkablagerung erkennbar.[313] Da in dieser Höhe nicht der Wasserspiegel eines Aquäduktes gelegen haben kann, läßt sich vermuten, der Tunnel könne auch als Wasserreservoir gedient haben. Mit einem Fassungsvermögen von 700 m³ waren auf diese Weise Schwankungen des Wasserdargebotes auszugleichen und Wasserkraft für den Betrieb der Mühlen in genügender Stärke bereitzustellen. Bei geringem Wasseraufkommen konnte Wasser gesammelt werden, um den Betrieb der Mühlen wenigstens periodisch aufrechtzuerhalten.

Von der Strategie seiner Planung und Trassierung her ist der Tunnel von Briord ein äußerst interessantes und auch aufschlußreiches Objekt. Man kann sowohl in der Richtungsvermessung als auch in der Höhenvermessung gravierende Fehler des Bauleiters feststellen, deren Auswirkungen erst nach Kontrollmessungen und Bauwerkskorrekturen eliminiert worden sind. Die Vorgehensweise des Baumeisters macht in nachträglicher Betrachtung den Eindruck, er habe im Tunnelbau nur wenig Erfahrung vorzuweisen gehabt. Das bezieht sich jedoch hauptsächlich auf seine praktischen Fähigkeiten, denn seine Fehler sind erst bei den Vermessungsarbeiten während des Baubetriebs aufgetreten. Von der Strategie her war der Tunnel gut durchdacht, was allein an dem unkonventionellen Konzept, zwei Tunnelbaulose parallel verschoben gegeneinander aufzufahren, um sich dann mittels eines Schrägstollens zu treffen, sichtbar wird.

Der Tunnel von Briord wird auch heute noch als Aquädukttunnel genutzt. Die moderne Wasserleitung ist allerdings als Rohrleitung im Boden des Tunnels verlegt worden.

Der Tunnel von Carhaix

Im Nordwesten Frankreichs sind in römischer Zeit nur wenige größere Aquädukte gebaut worden. Zwangsläufig lassen sich deshalb auch Aquädukttunnel nur vereinzelt vorfinden. Ein besonders schönes Beispiel liefert allerdings der Aquädukt für das antike Vorgium, heute Carhaix.[314]

Die Aquädukttrasse ist insgesamt rund 27 km lang, und sie schmiegt sich, wie das für eine Gefälleleitung üblich ist, eng an das Relief der durchfahrenen Landschaft an. Wegen des geringen Höhenunterschiedes von weniger als 10 m zwischen Wasserfassung und Versorgungsgebiet war die Projektierung der Trasse sehr sensibel vorzunehmen, was im durchschnittlichen Gefälle von 0,3 ‰ deutlich wird. Im oberen Lauf der Leitung mußten mehrere Seitentäler ausgefahren werden, weil hier offensichtlich weitere Wasservorkommen erschlossen werden sollten. Das kostete einiges der wertvollen Energiehöhe, die an anderen Stellen eingespart werden mußte. Das war allerdings technisch nur durch den Bau von Brücken oder Tunneln möglich.

Im Mittellauf der Trasse bot es sich an, die weite Umfahrung eines Bergspornes zu vermeiden, um durch den Bau eines Tunnels Trassenstrecke zu reduzieren und Energiehöhenverluste zu vermeiden. Auf diese Weise gelang es, einen 7 km langen Streckenabschnitt der an das Geländerelief angepaßten Gefälleleitung auf 800 m Tunnelstrecke zu verkürzen.

Der Tunnel wurde in Qanatbauweise aufgefahren, fällt aber dadurch ein wenig aus dem Rahmen, daß er auf schnurgerader Trassenlinie geplant worden ist: Die ansonsten übliche gewundene Linienführung, die Geländeeinschnitte ausnutzte, um kürzere Schachtteufen zu erreichen, konnte hier entfallen, da der durchfahrene Bergsporn weit ausladend und gleichmäßig reliefiert ist. Die Überdeckung des Hangenden erreicht an der stärksten Stelle 25 m (Abb. 265).

Der Tunnel ist heute von seinem unteren Ende (im Norden) aus zugänglich und auf eine Strecke von rund 300 m zu bekriechen und zu begehen. Der obere (südliche) Teil ist durch den Einsturz eines antiken Bauschachtes nicht zugänglich;

Abb. 263 ***Briord (Frankreich). Fehlerhaft schräg nach oben aufgefahrener Suchstollen im westlichen Baulos. Nach Feststellung des Fehlers wurde die Sohle eingetieft und der Vortrieb fortgeführt; im Hintergrund sieht man den weiter aufgefahrenen Suchstollen.***

Abb. 264 ***Briord (Frankreich). Der Suchstollen des westlichen Bauloses ist in der rechten Wandung im oberen Bereich gut erkennbar. Man vollzieht von Westen einen finalen Versicherungshaken, um das östliche Baulos zu treffen.***

Abb. 265 ***Carhaix (Frankreich). Skizze des untersuchten Tunnelabschnitts (Umzeichnung nach einem Tunnelaufmaß von Provost, Carhaix).***

266

267

268

auch das obere Mundloch ist eingestürzt und versperrt den Zugang vom anderen Ende. Es kann aber angenommen werden, daß der Tunnel im oberen Bereich eine dem zugänglichen Teil vergleichbare Bauweise aufweist.

Der Tunnel ist mit Ausnahme des in offener Bauweise errichteten Anfangsteils mit einem begehbaren Querschnitt versehen, dessen Höhe zwischen 1,58 m und 2,54 m beträgt. Der niedrige Wert findet sich in den Tunnelstrecken unter den Bauschächten. Gleiches gilt für die Breiten des Tunnels, die zu 0,70 m bis 1,10 m ermittelt wurden. Das Tunnelprofil zeigt in auffälliger Weise, daß auch in Carhaix vor dem endgültigen Tunnel ein Probetunnel aufgefahren wurde. Da auch dieser bereits einen begehbaren Querschnitt hatte, war für die Sohlenabgleichung lediglich ein geringes Nacharbeiten erforderlich (Abb. 266).

Der zugängliche Bereich des Tunnels ist in den Jahren 1995 und 1996 sorgfältig vermessen und dokumentiert worden, so daß die vorhandenen Besonderheiten erkennbar sind. Dazu gehört auffälligerweise, daß die Treffsicherheit zwischen den einzelnen Bauschächten im Anfangsbereich außerordentlich hoch ist, während es in den beiden letzten der zugänglichen Baulose grobe Richtungsfehler beim Vortrieb gegeben hat.

Die 20 m lange Anfangsstrecke des Tunnels ist in offener Bauweise errichtet und mit Schieferbruchsteinen völlig ausgebaut worden. Anschließend wurde dieser Bereich wieder mit Erdreich überdeckt. Das eigentliche Tunnelmundloch erreicht man also erst, wenn man diesen Anfangsbereich durchkrochen hat. Die Bauschächte sind nur vom Tunnelinneren aus festzustellen, denn über Tage ist bisher nur ein einziger Schacht archäologisch untersucht worden. Aber auch unter Tage ist die genaue Festlegung der Schachtabstände nicht ohne Zweifel möglich, da nur einer der Schächte in der Firste frei erkennbar ist, sämtliche anderen Schächte sind vermauert worden.

Als mittlere Schachtabstände wurden die folgenden Maße ermittelt:[315]

Baulos A (Mundloch Nord bis Schacht 1):	24 m
Baulos B (Schacht 1 bis Schacht 2):	27 m
Baulos C (Schacht 2 bis Schacht 3):	38 m
Baulos D (Schacht 3 bis Schacht 4):	20 m
Baulos E (Schacht 4 bis Schacht 5):	20 m
Baulos F (Schacht 5 bis Schacht 6):	20 m
Baulos G (Schacht 6 bis Schacht 7):	22 m
Baulos H (Schacht 7 bis Schacht 8):	33 m ?
Baulos I (Schacht 8 bis Schacht 9):	20 m ?
Baulos K (Schacht 9 bis Schacht 10):	24 m

Die Situation zwischen den drei letzten Schächten ist wegen der zuvor schon angesprochenen Verbauung nicht restlos geklärt. Da von den Ausgräbern über allen Verbauungen ein antiker Bauschacht vermutet wird, ist in der 1995 vorgenommenen Rekonstruktion auch über der 13 m langen Strecke zwischen den Schächten 8 und 9 die Existenz eines Bauschachtes angenommen worden. Dieser mag zwar tatsächlich vorhanden sein, die Schachtabstände sprechen aber eher dagegen. Wahrscheinlich ist man beim Vortrieb vom einzigen nicht verbauten Schacht aus (Schacht 8) auf schwieriges Gestein gestoßen, was den weiteren Vortrieb des 13 m langen Streckenabschnitts erforderlich gemacht hat. Spätere archäologischen Untersuchungen mögen die in diesem Bereich offenen Fragen klären.

Auffällig ist aber weiterhin, daß erst ab Baulos I bei der Übertragung der Vortriebsrichtung nach unter Tage gewisse Schwierigkeiten auftraten, denn in den davorliegenden Baulosen war die Treffsicherheit recht groß. Die Baulose I und K allerdings weisen regelrechte Vortriebsfehler auf, die jeweils durch den Vortrieb vom Gegenschacht aus behoben werden mußten. In Baulos I war man am Ende der Vortriebsstrecke im weiten Bogen nach Westen abgedriftet, wurde dann aber vom geradlinig aufgefahrenen Stollen von Schacht 9 aus getroffen. Im Baulos K war man zwar von beiden Schächten (9 und 10) aus geradlinig aufgefahren, drohte sich aber im geplanten Treffpunkt zu verfehlen. Ein Querschlag stellte hier die Verbindung beider Stollenvortriebe sicher (Abb. 267).

In den übrigen Baulosen (A bis H) war die Treffsicherheit erstaunlich hoch. Diese Genauigkeit ist in sämtlichen Treffpunkten entweder in den Wandungen oder in der Tunnelfirste ablesbar. Größere Versprünge treten nur selten auf, wobei selbst die größten Versprünge nie Werte über einen Meter erreichen: Der auffälligste Fehler wird im Baulos E sichtbar, weil hier in der Verbindung der beiden Suchstollen sowohl in der Richtung als auch in der Höhe Vortriebsfehler sichtbar werden (Abb. 268 und 269).

Durch die in der Tunnelfirste und in den Wandungen deutlich sichtbaren Treffpunkte zwischen den Suchstollen wird bezüglich des Ablaufs im Baubetrieb in der antiken Tunnelbaustelle einiges nachvollziehbar. Da der ausgebaute Tunnel über seine gesamte Länge ein Gefälle von nur 0,4‰ hat (also rund 30 cm auf 800 m), waren Höhenprobleme bei der Trassierung nicht relevant. Bei diesen Höhenverhältnissen konnte man den Berg ohne Probleme von zwei Seiten aus angehen, wenn man die Sohlen der Suchstollen jeweils leicht ansteigend anlegte, um das im Schiefer reichlich eintretende Sickerwasser abzuleiten. Die Reihenfolge der einzelnen Baulose wird man nacheinander von Süden und von Norden gleichermaßen abgewickelt haben, und zwar jeweils von den Mundlöchern des späteren Tunnels aus zu seiner Mitte hin. Bei einem derartigen Ablauf des Baubetriebs dienten die jeweils aufgefahrenen Strecken der Entwässerung der nachfolgenden Baulose.

In acht Baulosen – A, C, D, E, F, G, H und I, vom nördlichen (unteren) Mundloch aus betrachtet – wird deutlich, daß der Treffpunkt zwischen den Suchstollen jeweils näher beim folgenden Bauschacht liegt. Die längere Vortriebsstrecke wurde also jeweils von der Talseite aus aufgefahren. In einem Baulos (B) liegt der Treffpunkt fast mittig zwischen den Bauschächten 1 und 2. Erst zur Mitte des Tunnels hin verändert sich die Situation, denn in Baulos K hat man die längere Vortriebsrichtung von der Bergseite aus aufgefahren (s. Abb. 265).

Es ist also offensichtlich kein einheitliches Vortriebsschema beim Bau der einzelnen Suchstollen erkennbar. Es ist beispielsweise nicht ersichtlich, daß von den beiden Mundlöchern aus jeweils fortschreitend erst eine Horizontalstrecke aufgefahren und danach der nächste Schacht abgeteuft wurde, wie man es wegen des reichlich vorhandenen Grundwassers vermuten könnte.

Auch eine weitere Variante scheint für die Rekonstruktion der Baustellenabwicklung nicht in Frage zu kommen. Danach hätte man wegen der Grundwasserprobleme einerseits von beiden Mundlöchern aus fortschreitend arbeiten können, dabei aber durchaus jeweils gleichzeitig an einem Suchstollen und dessen nachfolgendem Schacht. In jedem Baulos hätte dann der Baufortschritt die Lage des Treffpunktes bestimmt, und zwar abhängig von den Problemen mit dem Gestein in den jeweils zueinander gehörigen Suchstollen und Schächten. Bei diesem Verfahren wäre man wegen der Mehrarbeiten von der Seite des Folgeschachtes aus allerdings immer in Zeitverzug gewesen. Es scheint vielmehr möglich, daß hier in mehreren Baulosen hintereinander gleichzeitig gearbeitet wurde. Diese Annahme wird gestützt durch die Erkenntnis, daß in einem erkennbaren Fall (Baulos K) die Vortriebsstrecke von einem Folgeschacht aus – also in Richtung der Bauabwicklung rückwärts – länger vorgetrieben wurde als vom vorhergehenden Schacht aus. Bevor man vom Folgeschacht aus mit dem Vortrieb rückwärts beginnen konnte, war der Bauschacht natürlich erst einmal abzuteufen, und das erforderte eine gewisse Zeit, die nur durch das jeweilige Vorausarbeiten weiterer Bautrupps vorab geleistet worden sein konnte. Letztere Art des Baubetriebs erforderte zwar mehr Personal, gewährleistete andererseits aber auch eine schnellere Bauabwicklung.[316]

Zwei in die Tunnelwandung nördlich von Bauschacht 3 eingeritzte Zahlen sind nach wie vor rätselhaft. Es handelt sich um zwei im Abstand von 3,4 m beieinanderliegende Zahlen in römischen Ziffern; beide wurden in der östlichen Wandung jeweils von oben nach unten an glatten Stellen in den Stein geritzt. Die südliche von beiden zeigt eine XXVIǂ, die nördliche eine XXVII (Abb. 270). Ob es sich bei der ersten Zahl um eine 26 oder 27 handelt, ist unklar. Wahrscheinlich wurde hier durch doppeltes Durchstreichen der letzten I aus einer irrtümlich eingeritzten 27 nachträglich eine 26 gemacht, während die zweite Ziffer unzweideutig als 27 zu lesen ist. Die Zählweise erfolgt von Süden nach Norden, also in Fließrichtung des Wassers.

Da ansonsten im Tunnel bisher keine Inschriften erkannt wurden, ist die Bedeutung dieser Zahlen schwer einzuschätzen. Sollte es sich um eine Numerierung der beiden nächstliegenden Bauschächte handeln, so müßte der Nullpunkt der Zählung am südlichen (oberen) Ende des Tunnels liegen. Bei einer Tunnellänge von 800 m und einem Abstand der Inschriften vom nördlichen Mundloch von 100 m verbleibt eine Distanz zum südlichen Mundloch in der Größenordnung von 700 m. Bringt man

269

270

***Abb. 266** Carhaix (Frankreich). Der Blick in den Tunnel zeigt deutlich das im oberen Bereich erkennbare Profil des Suchstollens mit der nachträglichen Tieferlegung im Sohlenbereich.*

***Abb. 267** Carhaix (Frankreich). Der geradlinige Vortrieb war fehlerhaft, er wurde deshalb eingestellt. Ein Querschlag nach links stellte die Verbindung zum Gegenstollen her. Das Endstück des fehlerhaften Vortriebs verblieb als Blindstollen im Bauwerk.*

***Abb. 268** Carhaix (Frankreich). Beispiel für einen Richtungsfehler zwischen zwei Baulosen.*

***Abb. 269** Carhaix (Frankreich). Beispiel für einen Höhenfehler zwischen zwei Baulosen.*

***Abb. 270** Carhaix (Frankreich). Römische Ziffern an der Tunnelwandung in Baulos C zeigen zwei Zahlen **XXVIǂ** und **XXVII**, worin möglicherweise die antike Bauschachtzählung 26 und 27 zu sehen ist (im Bild die 27).*

in diese Rechnung eine fiktive Bauschachtzählung ein, so ergibt sich aus den in den Inschriften angegebenen 26/27 Schächten eine Bauloslänge von etwas weniger als 27 m. Aus der Vermessung des Tunnels im Bereich der zehn nördlichen Baulose läßt sich ein mittlerer Schachtabstand von 25 m errechnen. Bringt man die beiden Werte in Vergleich, so erscheint eine Deutung der römischen Zahlen als Bauschachtzählung als durchaus wahrscheinlich.

Die Untersuchungen haben noch einige interessante Aspekte zur Beleuchtung der Tunnelbaustelle erbracht. Die Lampennischen in den Wandungen des Tunnels wurden im untersuchten Teil in einer Anzahl von rund 400 ermittelt. Sie liegen in einem Abstand von 30 cm, 60 cm, 90 cm oder 1,20 m und wurden dabei nur auf zwei Niveaus angetroffen, die im wesentlichen jeweils im oberen Bereich seitlich des Suchortes angelegt wurden.

Die Tunnel von Aix-en-Provence

Im Verlauf des bei La Traconnade in Jouques (Dép. Bouches du Rhône) beginnenden Aquäduktes für Aquae Sextiae/Aix-en-Provence fielen zwei Tunnelabschnitte besonders auf. Bei Bastide Thenoux kann ein Tunnel auf 200 m Länge noch begangen werden. Spuren der Steinbearbeitung und auch Lampennischen sind im Inneren gut erkennbar. Bei Chênes-Vertes ist ein Tunnel an mehreren Stellen anhand seiner Bauschächte obertägig nachzuweisen. In zwei Fällen liegen die Bauschächte exakt 55 m auseinander. Sie haben einen Durchmesser von 1 m und sind ausgemauert. Der Tunnel, zu dessen Bau sie dereinst gedient haben, liegt 11 bzw. 9 m tief in der Erde.[317]

Das Tunnel- und Stollensystem von Grand

Ein bemerkenswerter Pragmatismus römischer Ingenieure wird in verschiedenen Bauwerken sichtbar, zumal die besonders aufwendigen Brücken, Druckleitungen und Tunnel nur dann gebaut wurden, wenn eine Trasse einfacher und billiger nicht auszubauen war. Andererseits hat man sich wohl nur selten von einem Bauvorhaben durch technisch begründete Einwände abhalten lassen. Wenn der technische Aufwand zum Erreichen eines Planungszieles durchführbar war, hat man den Plan auch umgesetzt – vorausgesetzt, man fand den unverzichtbaren Geldgeber für das Projekt.

Gilt der Pont du Gard von Nîmes als ein Musterbeispiel römischen Brückenbaus, so nimmt Lyon unter den Städten mit Druckrohrleitungen eine herausragende Stellung ein. In einer Liste von Städten mit Aquädukttunneln sind beide Städte vertreten. Es sind zwar hauptsächlich die großen Städte, deren Aquädukttrassen auch mit Tunneln ausgestattet werden mußten. Das lag ganz einfach an den Streckenlängen der Aquädukte und den Schwierigkeiten der durchfahrenen Landschaften. Aber in Frankreich sind auch kleine antike Siedlungen durchaus mit technisch aufwendigen Aquädukten versorgt worden.

Das unterirdische Stollen/Tunnelsystem von Grand fällt ein wenig aus dem Rahmen der in dieser Arbeit zu beschreibenden Aquädukttunnel, soll aber wegen der vorgefundenen bergmännischen Arbeiten nicht unerwähnt sein.[318]

Bei der Anlage der römischen Siedlung fand man zur Wassergewinnung lediglich eine Karstquelle vor, deren Schüttung stark von den Regenfällen abhängig war. In Trockenzeiten versiegte diese Quelle völlig. Gleichwohl errichtete man hier ein Heiligtum, als dessen Nachfolger die heutige Pfarrkirche anzusehen ist.[319] Hier füllte das Wasser einen Quelltopf und konnte nach Bedarf geschöpft werden. Anschließend versickerte es wieder, um in einer etwas tieferliegenden Galerie talwärts zu fließen, wobei es in seinem anschließenden Verlauf im 'Puits de Routeuil' und in der 'Source de la Maldite' weitere Male an das Tageslicht trat.

Der natürliche Hohlraum liegt je nach Geländerelief in einer Tiefe von 4 m bis 12 m und zieht sich unter einer Geländemulde hangwärts. Er hat sich auf einer nur schwer wasserdurchlässigen Mergelschicht gebildet, auf der sich das durch den zerklüfteten Kalkstein einsickernde Wasser sammelt. Da der Einzugsbereich dieser Sickergalerie nach beiden Seiten hin begrenzt ist, war das Wasseraufkommen nur zu steigern, wenn man das natürliche System künstlich auffächerte. Genau das taten die römischen Ingenieure: Nach dem Qanatverfahren fuhren sie ein weitverästeltes System der Wassergewinnung auf, das in einer Länge von 7 km bereits erforscht ist; man vermutet insgesamt 15 km Sickergalerien. Es breitet sich mit zwei Hauptarmen unter dem Hochplateau aus, wobei jeder dieser Arme weitere Verästelungen aufweist. Zusammen mit der natürlich entstandenen Sickergalerie traten die künstlich aufgefahrenen Stollen dieses Systems beim Heiligtum an das Tageslicht.

Je nach der Tragfähigkeit des gewachsenen Felses wurden die Arme der Galerie ausgebaut, so daß man heute überwölbte oder mit Platten abgedeckte Streckenabschnitte vorfindet. War der Fels tragfähig, konnte man auf einen Ausbau verzichten. Da das auf diese Weise zum Quelltopf am Heiligtum geleitete Wasser in erster Linie kultischen Zwecken diente, wurde für die Trinkwasserversorgung von Grand zusätzlich ein mehrere Kilometer langer Aquädukt gebaut, von dem Reste nachgewiesen sind. Diese zusätzliche Wasserzuführung war auch wegen der im Stadtgebiet höherliegenden Thermen notwendig.

Luxemburg

Der Raschpëtzer-Tunnel von Walferdingen

Die auf dem Gebiet des heutigen Großherzogtums gefundenen Tunnelbauten zur Wassergewinnung sind in einem engen Zusammenhang mit den im Saar-Mosel-Raum auf deutschem Gebiet gefundenen Anlagen zu sehen. Das hat zum einen mit der auffälligen Häufung von Fundorten antiker Tunnel in dieser Region zu tun, zum anderen aber auch mit der auffällig gleichen Technik des Tunnelbaus, denn es sind ausschließlich nach dem Qanat-Verfahren gebaute Anlagen vorzufinden.

In verschiedener Hinsicht außergewöhnlich ist die antike Wassergewinnung im luxemburgischen Walferdingen, die auch «Raschpëtzer-Qanat» genannt wird.[320] Außergewöhnlich für eine ländliche Anlage sind zum einen die Dimensionen dieses Bauwerks, denn es wurden Schachtteufen von bis zu 35 m erreicht. Bemerkenswert ist aber weiterhin, daß in Walferdingen erstmals versucht worden ist, einen samt Bauschächten völlig verschütteten Tunnel dieser Größenordnung zur Gänze freizulegen. In seit 1986 mit großer Hartnäckigkeit durchgeführten jährlichen Grabungskampagnen gelang es bisher, das Kopfstück und große Abschnitte des Mittelteils samt der Bauschächte freizulegen.[321]

Insgesamt ist der Tunnel rund 600 m lang, denn sein Versorgungsziel muß in

Abb. 271 Walferdingen (Luxemburg), Raschpëtzer-Tunnel. Lageplan des Tunnelverlaufs (aus: Kohl 1987, 5).

Abb. 272 Walferdingen (Luxemburg). Längsprofil durch den Raschpëtzer-Tunnel (aus: Kohl 1995).

einem der im Alzette-Tal gelegenen römischen Siedlungsplätze angenommen werden (Abb. 271). Eine in Frage kommende *villa rustica* liegt vom Ursprung des Tunnels etwa 775 m entfernt, wobei das Endstück der Wasserleitung in offener Bauweise errichtet werden konnte.

Es ist heute nicht mehr nachzuvollziehen, warum man zur Wasserversorgung dieses Siedlungsplatzes einen derartigen Aufwand betrieben hat, man muß einfach feststellen, daß man den östlichen Alzette-Hang und die anschließende Petschend-Höhe mit einem Tunnel durchstoßen hat, um die dahinterliegende Haedchen-Senke mit ihrem unterirdischen Wasserdargebot zu erreichen (Abb. 272).

Es scheint, als sei man bei der Erschließung dieses Wasserdargebotes wie bei der Anlage eines Qanates vorgegangen (s. Kapitel «Die Qanate des alten Orients», S. 33), denn die Haedchen-Senke ist an der Erdoberfläche nicht ohne weiteres als Quellgebiet zu erkennen. Vermutlich hat man hier als erstes einen 'Mutterschacht' niedergebracht, um die Ergiebigkeit dieser Stelle zu ergründen. Dieser Schacht erreichte eine Teufe von 19 m. Nachdem man ein positives Ergebnis erzielt hatte, war das zwischen Wasserdargebot und Versorgungsziel liegende Gelände zu begutachten, um eine möglichst ökonomische Trasse für den Bau einer Wasserleitung zu finden.

Die Haedchen-Senke lag zwar erheblich höher als die zu versorgende Villa im Alzette-Tal, aber das in 19 m Tiefe liegende Wasservorkommen und die als natürliches Hindernis quer zur Trasse liegende Petschend-Höhe erforderten einen Tunnelbau mit entsprechenden Abmessungen. Von der Haedchen-Senke aus verläuft die Tunneltrasse ziemlich rechtwinklig durch den Rücken der Petschend-Höhe, um gleich nach deren Durchquerung ihre Verlaufsrichtung zu ändern: Mit Erreichen der Oberkante des Hanges zum Alzette-Tal knickt die Tunneltrasse nach Nordwesten ab, um nun im Hang der zu versorgenden Villa zuzustreben. Die Bauschächte werden dabei kontinuierlich kürzer, bis zu der Stelle, an der der Tunnel an das Tageslicht trat und von wo aus das Wasser in einer im offenen Graben verlegten Rinne geleitet wurde.[322] Diese Art der Trassenführung verlängerte zwar die auszubauende Strecke, erforderte allerdings insgesamt betrachtet die kürzeren Bauschächte.

Auch die zur Durchquerung der Petschend-Höhe gewählte Linie rechtwinklig zur Rückenlinie des Berges verringerte den Arbeitsaufwand, denn man kam in diesem Streckenabschnitt mit vier Bauschächten aus. Hätte man die Petschend-Höhe schräg durchfahren, wäre die Anzahl der Schächte im Bereich von 35 m Teufe größer geworden.

Die seit 1986 durchgeführten Ausgrabungen ergeben ein sehr detailfreudiges Bild eines römischen Aquädukt-Tunnels.[323] Man hatte sich zur Eröffnung des Forschungsunternehmens «Raschpëtzer» die Freilegung des Schachtes 5 vorgenommen, wobei diese Numerierung nichts mit der tatsächlichen Reihenfolge der Schächte zu tun hat, sondern vom ersten der obertägig sichtbaren Schachttrichter ausgehend (gegen die später festgestellte Fließrichtung des Wassers) vorgenommen worden ist. Der Schacht hat einen Durchmesser von 1 m. Man muß sich dabei vor Augen halten, daß bis zum Erreichen des unteren Schachtendes nicht einmal klar war, welchem Zweck die Schächte auf der Petschend-Höhe überhaupt gedient hatten. Vor diesem Hintergrund ist die Erleichterung der Forschungsgruppe verständlich, als man am 3. Oktober 1986 mit Erreichen der Schachtsohle auf nach Osten und Westen abzweigende horizontale Stollen traf. Weitere Freilegungen brachten bald darauf eine noch intakte steinerne Wasserleitungsrinne ans Licht. Danach war klar, daß man es hier mit einem Aquädukttunnel zu tun hatte.

Bei der Verfolgung der horizontalen Hohlräume stieß man in Richtung Westen nach 36 m erwartungsgemäß auf den an der Oberfläche erkennbaren Schacht 4, der sich im Tunnel als Schuttkegel abzeichnete. In östlicher Richtung stieß man in unbekanntes Terrain vor. Kurz vor dem nächsten Schacht war das Durchkriechen des Tunnels durch einen Sanddamm und eine Mauer versperrt. Es zeigte sich später, daß in der Tunnelsohle unter Schacht 6 ein Höhenversprung vorhanden war.

Für eine Grundrißbetrachtung stand nach diesen Arbeiten der Abschnitt zwischen den Schächten 4-5-6 zur Verfügung. Aber bereits dieser fragmentarische Ausschnitt des Gesamttunnels ließ

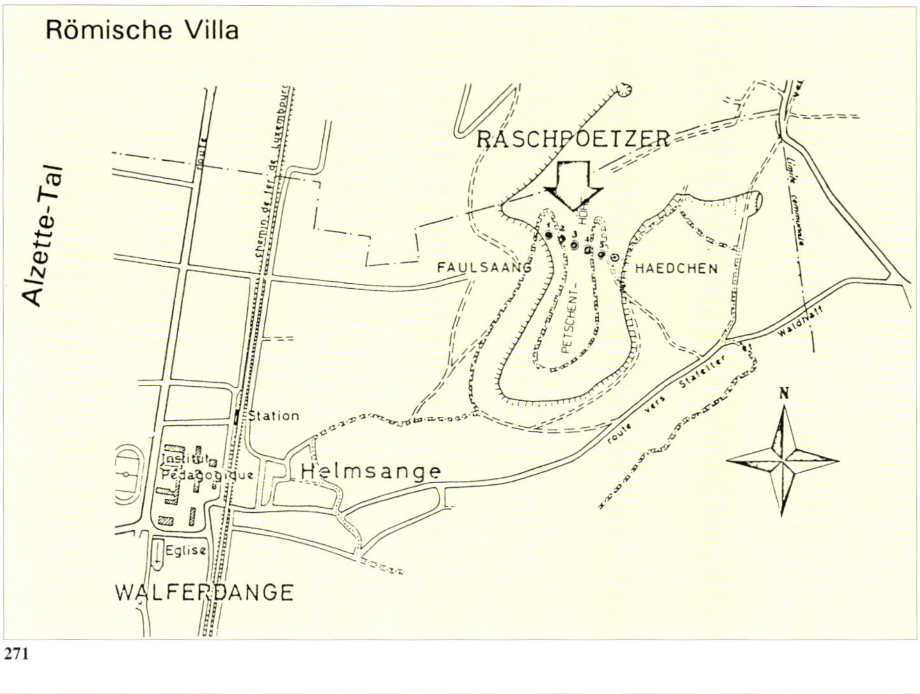

271

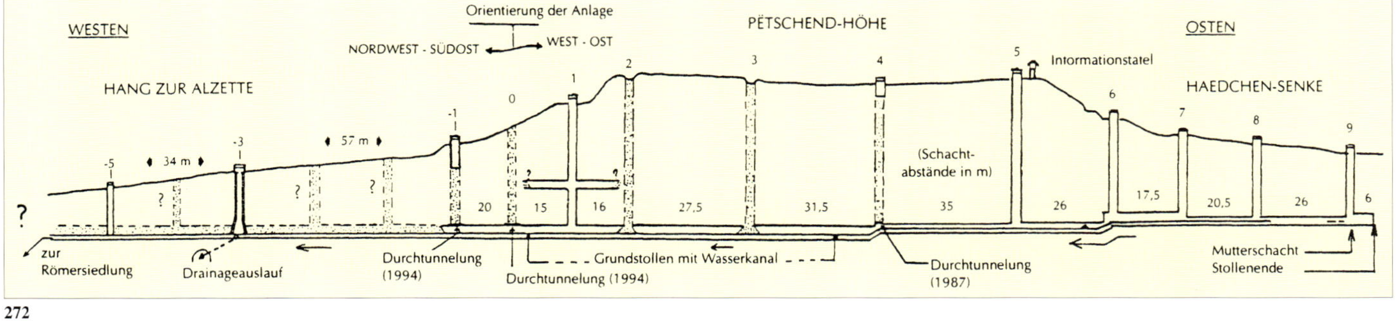

272

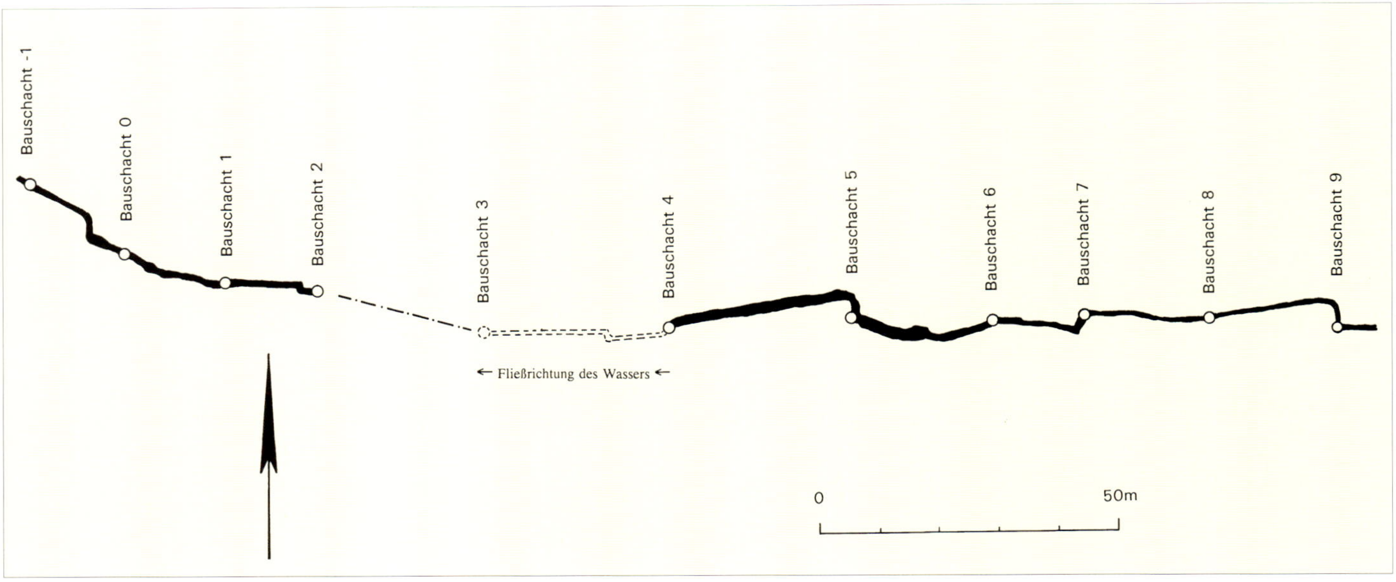

273

274

los 5/6 erst begonnen, nachdem der Durchschlag des Bauloses 4/5 von Schacht 4 aus gelungen war. Um im Verlauf der später zu installierenden Wasserleitung keinen Knick unterbringen zu müssen, hat man den Vortrieb 5/6 nicht in der Mitte von Schacht 5 begonnen, sondern in Verlängerung des Durchschlags von Baulos 4/5. Im Vortrieb von 5/6 finden wir nach 9,1 m und weiteren 8,5 m jeweils zwei deutliche Richtungskorrekturen zum Schacht 6 hin (Abb. 274). Das könnte darauf hinweisen, daß man nicht noch einmal einen solch großen Richtungsfehler entstehen lassen wollte, wie in Baulos 4/5. Diese Vorgehensweise könnte der Grund für das ziemlich exakte

die Problematik der antiken Tunnelbauer erkennen: Der Vortrieb zwischen den Schächten 4 und 5 war offensichtlich nur von Schacht 4 aus vorgenommen worden, denn er zeigt sich relativ geradlinig, und zwar in einer Länge, die dem Abstand zwischen den Schächten ziemlich genau entsprach. Man traf den Schacht 5 allerdings nicht, sondern erreichte ihn mit einem seitlichen Fehler von etwa 3 m.[324] Ein finaler Hakenschlag als Abschluß dieses Bauloses stellte schließlich die Verbindung her. Da dabei Schacht 5 nur seitlich angeschnitten worden ist, scheint es, als sei der gesamte Vortrieb in diesem Baulos von Schacht 4 aus erfolgt. Ein Vortrieb von zwei Seiten aus ist hier also auch nicht festzustellen.

Der Vortrieb zwischen den Schächten 5 und 6 setzt in Schacht 5 an derselben Stelle an, wo dieser von Schacht 4 aus getroffen worden war. Schacht 6 hingegen wird beim Vortrieb geradlinig getroffen. Das könnte nun bedeuten, man habe bei Schacht 6 mit dem Vortrieb begonnen und Schacht 5 genauso ungenau getroffen, wie es von Schacht 4 aus geschehen war. Eine Rekonstruktion in dieser Weise erscheint allerdings aus mehreren Gründen unwahrscheinlich. Da der Tunnel bereits beim Bau das (schwache) Gefälle der späteren Wasserleitung erhalten hat, wird man tunlichst immer gegen die Fließrichtung gearbeitet haben. Auf diese Weise hielt man den Suchort von Sickerwasser frei. Das einsickernde Wasser floß zum rückwärtigen Bauschacht, wo es durch Ausschöpfen mitsamt dem Aushubmaterial entsorgt werden konnte.

Es scheint, als habe man mit dem Bau-

Abb. 273 Walferdingen (Luxemburg), Raschpëtzer-Tunnel. Grundrißaufnahme der einzelnen Baulose zwischen den Schächten -1 und 9, aufgenommen von Studenten des Institut Supérieur de Technologie, Luxemburg (n. Kayser 1995, 204).

Abb. 274 Walferdingen (Luxemburg), Raschpëtzer-Tunnel. In der südlichen Wandung des Bauloses 5/6 sind Vortriebskorrekturen als deutliche Versprünge zu sehen (Foto: G. Waringo).

Abb. 275 Walferdingen (Luxemburg), Raschpëtzer-Tunnel. Das Längsprofil in Baulos 6/7 zeigt deutlich Höhenkorrekturen: Nur durch nachträgliche Abschrägung der Sohle war das Anschlußbaulos 5/6 überhaupt zu erreichen.

Abb. 276 Walferdingen (Luxemburg), Raschpëtzer-Tunnel. Die Querprofile im Baulos 6/7 zeigen, daß die Sohle nur in einer Breite tiefergelegt worden ist, wie sie für den Einbau der Wasserleitung notwendig war.

Zusammentreffen des Vortriebs mit Bauschacht 6 sein, der zwar nicht hundertprozentig getroffen wird, aber immerhin nur mit einem Fehler von der Größenordnung eines halben Schachtdurchmessers (ca. 0,5 m). Der im Bereich von Bauschacht 6 festgestellte Höhenversprung zwischen den beiden Baulosen 5/6 und 6/7 ist ein weiterer Hinweis darauf, daß vom Bauschacht 6 aus kein Vortrieb in Richtung Westen angesetzt hat, sondern daß in Baulos 5/6 nur aus einer Richtung, und zwar von Bauschacht 5 aus, gearbeitet worden ist.

Der Höhenversprung im Bereich von Schacht 6 ist bemerkenswert. Er dokumentiert nämlich, daß von Bauschacht 6 aus der Vortrieb für das Baulos 6/7 gestartet worden ist. Weiterhin wird hier ein Höhenmeßfehler deutlich, der erst durch nachträgliche Abarbeitungen im Sohlenbereich von Baulos 6/7 eliminiert werden konnte. Man kann in Baulos 6/7 nämlich einen ziemlich horizontalen Vortrieb im Bereich der Firste feststellen, das Profil wird nach Westen hin aber immer höher, da man die Sohle kontinuierlich tiefergelegt hat (Abb. 275). Vor dieser nachträglichen Sohlenabschrägung haben sich die Baulose 5/6 und 6/7 höhenmäßig nicht einmal getroffen: Baulos 6/7 lag mit der Sohle höher als die Firste in Baulos 5/6.[325] Die Abschrägung erfolgte in einer Größenordnung, daß die Überleitung der Wasserrinne zum anschließenden Baulos möglich wurde. Eine vollständige Sohlenangleichung hat man aber nicht durchgeführt, so daß auch nach der Korrektur noch ein Höhenversprung von fast 1 m übrigblieb. Darüber hinaus hat man die Sohlenangleichung auch nicht über die gesamte Sohlenbreite des Tunnels geführt, sondern nur in einer Breite, wie sie für den Einbau der Wasserleitungsrinne notwendig war (Abb. 276). Beim Einbau der Wasserleitung entstand dann beim Übergang zum Baulos 5/6 eine Sturzstrecke in dieser Größenordnung von 1 m.

Diese Befundsituation belegt eindeutig, daß von Schacht 6 aus nur der Vortrieb in Richtung Osten aufgefahren worden ist, wobei man im Grundriß des Bauloses 6/7 feststellen kann, daß dieser über die gesamte Bauloslänge geführt worden ist. Trotz einiger Richtungskorrekturen trifft man den Bauschacht 7 aber nicht, sondern erreicht einen Punkt 3 m zu weit südlich. Mittels eines rechtwinkligen Querschlages in dieser Größenordnung wird der Schacht dann erreicht. Mit dem gesamten Tunnel befand man sich in diesem Abschnitt unter einer mächtigen Sandsteinschicht, die man geschickt ausnutzte. So wird das Hangende aus eben dieser Sandsteinschicht gebildet, was zu einer soliden Konstruktion geführt hat.

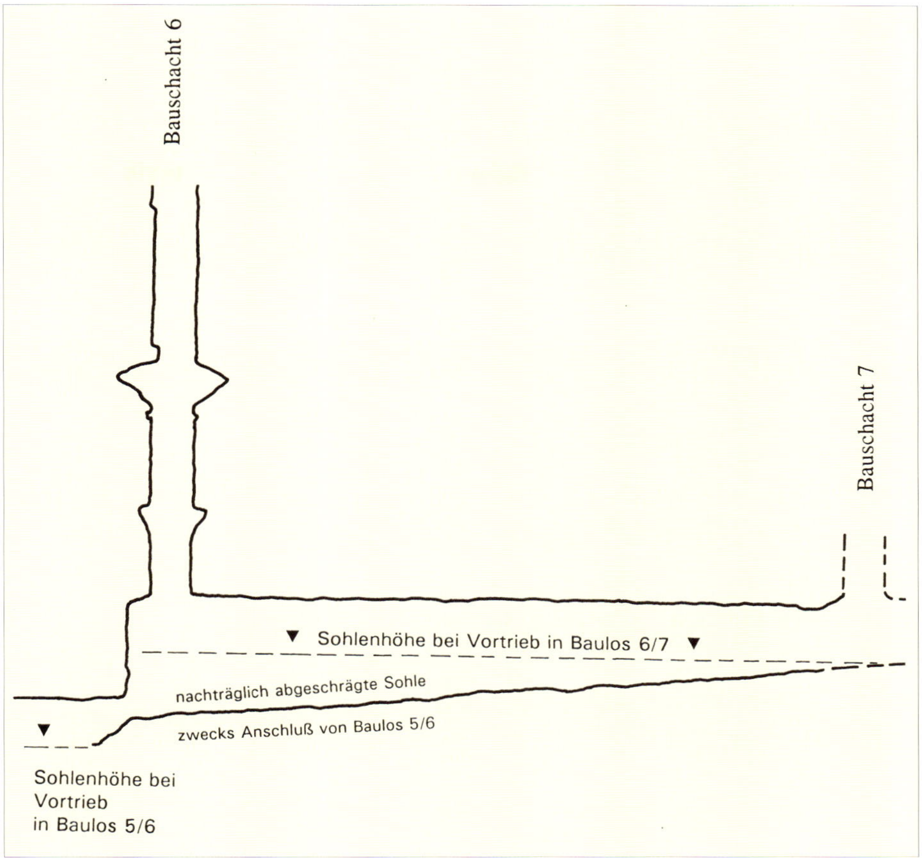

275

Bei den weiteren Freilegungsarbeiten waren natürlich jeweils die Abschnitte im Bereich der Bauschächte mit besonderer Vorsicht zu durchstoßen. Starke Stützkonstruktionen ermöglichten eine Unterfahrung dieser Gefahrenstellen. Nach Westen hin zeigte sich ein Höhenversprung in der Tunnelsohle unter Schacht 4. Da der Tunnel von Westen aus zudem nicht genau auf Schacht 4 traf, sondern diesen seitlich nur touchiert, kann von hier aus kein Vortrieb begonnen worden sein. Es scheint, als habe man das Baulos 3/4, wie zuvor in den Baulosen 4/5, 5/6 und 6/7 schon gesehen, nur aus einer Richtung – und zwar von Westen aus – aufgefahren. Daß man in Baulos 3/4 wiederum nach Osten gegen das Gefälle gearbeitet hat, kam der Bewältigung der Grundwasserprobleme nur entgegen. Zwei im Vortrieb 3/4 festgestellte Richtungswechsel stellen demnach nicht die Treffpunktsituation zwischen zwei gegeneinander aufgefahrenen Vortrieben dar, sondern lediglich eine zweifache Richtungskorrektur von Westen aus.[326]

Bis zu diesem Zeitpunkt der Arbeiten war der Forschungsgruppe noch nicht klar, wo das Tunnelsystem seinen Anfang hatte. Weitere Arbeiten bergwärts führten zur Freilegung der Schächte 7, 8 und 9 mit den dazwischenliegenden Tunnel-

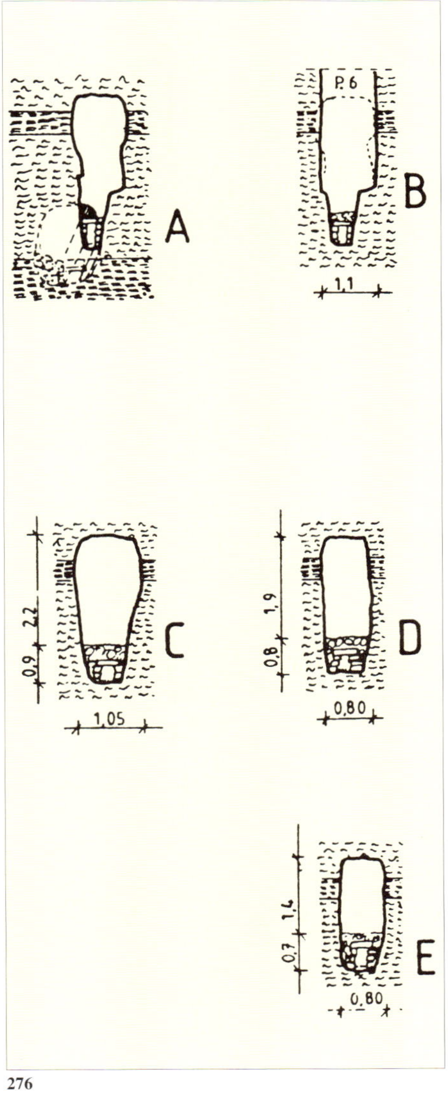

276

277

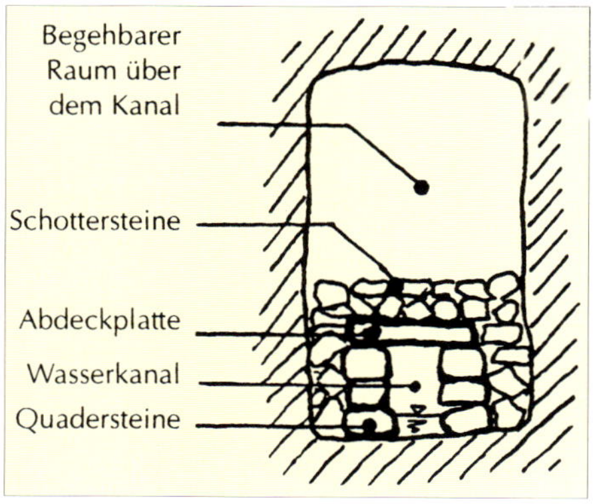

278

strecken und damit zu endgültigen Erkenntnissen über die Art der Wassergewinnung. Der Befund in Baulos 7/8 zeigte dabei erstmals untrügliche Hinweise auf einen Vortrieb von zwei Seiten: Von Westen aus hatte man 14,5 m vorgetrieben – mit einer deutlichen Richtungskorrektur nach 8 m –, ehe man auf den 6,5 m langen Vortrieb von Schacht 8 aus traf. Der Treffpunkt zeigt sich als regelrechter Versprung, wie er nur beim Aufeinandertreffen zweier Bautrupps entstanden sein kann. Auch setzen beide Vortriebe in ihren Ausgangsschächten 7 und 8 mittig an.

Mit dem Baulos 8/9 erreichten die Ausgrabungen die Zone der Wassergewinnung. Das wurde schon dadurch deutlich, daß man 6 m hinter dem Schacht 8 auf den Anfangspunkt der steinernen Wasserleitungsrinne traf (Abb. 277 und 278). Der Bereich bis zum Schacht 9 samt einem darüber hinausreichenden Wassergewinnungsstollen, der als Blindstollen 5,6 m tief in den Berg führte, war nicht ausgebaut, so daß das Grundwasser ungehindert in ihn einsickern konnte. Ein weiteres Wasserdargebot bestand in einer kleinen Quelle, deren Ader man im Baulos 8/9 angeschnitten hatte. Baulos 8/9 wurde auf die ersten 20 m seines Vortriebs ziemlich gerade aufgefahren, erreichte den Bauschacht 9 allerdings erst mittels eines auf den letzten 5 m aufgefahrenen Bogens. Der Vortrieb traf den Schacht seitlich.

Als technisches Detail fällt im Sohlenbereich von Bauschacht 9 noch eine kleine Nische auf, die – nordwestlich gerichtet – so weit ausbuchtet, daß sie einem Mann gerade Unterschlupf bieten könnte. Hierin ist entweder ein von Schacht 9 aus gegen Schacht 8 begonnener, aber aufgegebener Vortrieb zu sehen oder aber – wahrscheinlicher – eine Ausweichnische für den Arbeiter beim Bedienen der Fördereinrichtung für das Aushubmaterial. Solch ein Befund wird im antiken Tunnelbau im Bereich der Schachtsohlen häufig angetroffen: Auch wenn ein Suchstollen nur in einer Richtung aufgefahren wurde, legte man in rückwärtiger Verlängerung meist eine kleine Nische an, damit die Arbeiter beim Hebevorgang der Fördereinrichtung dahinein zurücktreten konnten.

Nach den Ausgrabungen am Mittelteil des Tunnels (Petschend-Höhe) und im Bereich der Wassergewinnungszone (Haedchen-Senke) wandte sich die Forschungsgruppe ab 1992 dem Tunnelverlauf im Hang des Alzette-Tales zu.

Dabei trat im Bereich des Bauschachtes 1 ein überraschender Befund zutage. Beim Ausheben der Verfüllung traf man zwar wie erwartet bei 30,4 m Teufe auf den Tunnel, man hatte aber bereits bei 20,6 m Teufe einen in gleicher Ausrichtung ebenfalls nach Osten und Westen verlaufenden «oberen» Stollengang passiert. Dieser Hohlraum ähnelte in der Bauweise dem Aquädukttunnel, wies aber keine Einbauten auf. Der Gang konnte weder nach Osten noch nach Westen bis zu seinem Ende verfolgt werden, so daß auch nicht bekannt ist, ob es Anschlüsse zu den benachbarten Schächten gibt, oder ob er völlig isoliert in der Baustelle zu sehen ist.

Dieser Befund löste natürlich Spekulationen aus, da er aus der Funktion des Gesamtbauwerks heraus nicht zu erklären ist. Zum einen könnte sich um die Auswirkungen eines Vermessungsfehlers bei der Höhenabsteckung handeln. Dem widerspräche allerdings, daß man von diesem Schacht aus Suchstollen nach Westen und Osten aufgefahren hat. Diese Verfahrensweise können wir in keinem der anderen Bauschächte feststellen. Man könnte in diesem Schacht aber auch einen Probeschacht sehen, der zum Zeitpunkt der Tunnelplanung angelegt wurde, um die Festigkeit des zu durchfahrenden Erdreichs zu testen. Ein in dieser Höhenlage nicht befriedigendes Ergebnis hätte dann dazu geführt, den Tunnel auf einem tieferen Niveau anzulegen.[327]

Die weiteren Arbeiten im Talhang der Alzette sind noch im Gange. Vermutet werden sechs weitere Bauschächte (0 bis -5), von denen die Schächte 0 und -1 bereits auf Tunnelniveau erkannt und unterminiert worden sind. Nr. -3 wurde über Tage entdeckt. Es handelt sich dabei um einen senkrechten Bauschacht, den man durchgängig mit einer aus Bruchsteinen ausgemauerten Wandung versehen hat. Auf seiner Sohle wurde eine in den Hang gerichtete Drainage erkannt. Beides kann mit dem auf dieser Seite der Petschend-Höhe anstehenden Baugrund zu tun haben. Während auf der Ostseite fester Sandstein das Deckgebirge bildete, traf man im Alzette-Hang auf Lockergestein. Der Ausbau des Schachtes und die Drainage müssen in diesem Zusammenhang gesehen werden.

Als Regelquerschnitt kann man für den Raschpëtzer-Tunnel eine Breite von 0,7 m und eine Höhe von 1,8 m angeben.

Abb. 277 Walferdingen (Luxemburg), Raschpëtzer-Tunnel. Beginn der steinernen Wasserleitungsrinne in Baulos 8/9 (Foto: G. Waringo).

Abb. 278 Walferdingen (Luxemburg), Raschpëtzer-Tunnel. Baulos 8/9, Querprofil des Tunnels mit eingebauter Wasserleitung (n. Kohl/Faber 1990,127).

Abb. 279 Emerange-Schwarzaerd (Luxemburg). Die Schächte eines in Qanatbauweise errichteten Aquädukttunnels zeichnen sich im Luftbild als dunkle Flecken ab (Foto: A. Schoellen, Ponts et Chaussées, Luxemburg).

Abb. 280 Noertzange-Stiwelbierg (Luxemburg). Ein seltener Anblick: Ein in Qanatbauweise errichteter Aquädukttunnel wurde bei Straßenbauarbeiten horizontal gekappt. Das Bild zeigt einen Bauschacht mit einem nach vorn abgehenden Suchstollen. Hinter dem Schacht ist der Arbeitsraum dieses Bauloses zu sehen, der vom Vortrieb des nächsten Bauloses getroffen wurde (Foto: R. Waringo, MNHA, Luxemburg).

Abb. 281 Noertzange-Stiwelbierg (Luxemburg). Jeder der Fluchtstäbe zeigt die Lage eines antiken Bauschachtes an. Zwischen den Bauschächten die Suchstollen; in den Treffpunkten sind kleine Ausgleichsstrecken zu erkennen (Foto: A. Schoellen, Ponts et Chaussées, Luxemburg).

Damit entstand ein Hohlraum, in dem ein Arbeiter vor Ort arbeiten konnte. Vereinzelte Lampennischen wurden angetroffen. Die auf der Tunnelsohle verlegte Wasserleitungsrinne hatte lichte Maße von 0,15 m bis 0,20 m Breite und 0,4 m Höhe, ihre Wangen bestanden aus Handquadersteinen, und sie war mit Steinplatten abgedeckt. Der außerhalb der Wangen bis zur Tunnelwandung verbleibende Freiraum war mit Steinschutt verfüllt. Das gesamte Gerinne war mit einer Schicht von Schottersteinen zugedeckt. Über dem Gerinne verblieb ein Freiraum. Lediglich im Bereich einiger Schächte war eine schon römerzeitliche Verfüllung erkennbar, die als Sandplombe den oberen Schachtabschnitt ausfüllte (Abb. 278).

Es ist zwar auch für den Raschpëtzer-Tunnel keine Bauinschrift überliefert, dennoch gibt es für eine Datierung der Anlage einige Hinweise, als deren sicherste die Ergebnisse zweier dendrochronologischer Untersuchungen von Holzproben durch das Rheinische Landesmuseum Trier gelten dürfen. Eine zuerst gefundene Holzprobe stammte aus Schacht 6, sie weist über das festgestellte Fällungsdatum in das Jahr 267 n. Chr.[328] Eine in Schacht 8 gefundene Eichenbohle führt in das Jahr 150 n. Chr.[329]

Da die erste Probe in Verfüllschichten im Tunnel gefunden wurde, die gleichzeitig eine Außerbetriebsetzung der Wasserversorgung belegen, scheint hier ein Zeugnis für den Verfall der Leitung vorzuliegen; sie kann also nach 267 n. Chr. nicht mehr in Betrieb gewesen sein. Dieses Datum läßt sich durchaus in der Geschichte des Rhein-Mosel-Raumes unterbringen, denn die Leitung könnte bei den Frankeneinfällen dieser Zeit zerstört worden sein.[330] Das frühere Datum belegt entweder die Bauzeit oder eine Reparaturphase des Tunnels. Da es sich bei der gefundenen Holzprobe um den Rest eines Eichenbalkens handelt, könnte man diesen vielleicht dem Schachtausbau zuordnen. Es ist also nicht unwahrscheinlich, die Bauzeit des Raschpëtzer-Tunnels in der Zeit um das Jahr 150 n. Chr., möglicherweise auch einige Jahre vorher anzusiedeln. Die Anlage hätte demnach für mindestens 100 Jahre ihren Dienst erfüllt.

Der Tunnel von Emerange-Schwaarzaerd

Ein weiterer Aquädukttunnel wurde in Luxemburg im Rahmen der Luftbildprospektion vor dem Bau der Saarbrücker Autobahn entdeckt.[331] 1994 war in den Feldern bei Emerange-Schwaarzaerd der Grundriß einer am Rande einer leicht geneigten Hochfläche gelegenen *villa rustica* entdeckt worden. Im September 1995 wurde dieser Befund durch erkennbare Spuren eines Aquädukttunnels ergänzt: Im reifenden Getreide der Felder oberhalb der Villa wurden aus der Luft kreisrunde dunkle Verfärbungen gesehen, die die Lage ehemaliger Bauschächte andeuteten (Abb. 279). Der Befund wird von der Straße Mondorf-Burmerange gestört: Nördlich der Straße liegt die Wassergewinnungszone, die aus zwei scherenförmig geöffneten Armen besteht. Der nach Nordnordwesten zeigende Arm besteht aus fünf Bauschächten, deren Öffnungen sich auf einer geraden Linie als kreisrunde dunkle Flecken im reifenden Getreide abheben. Der zweite Arm ist ostwärts ausgerichtet und zeigt sich im Luftbild in sieben (oder acht)

279

280

281

dunklen Flecken, die ebenfalls auf einer geraden Linie liegen.

Es scheint, als habe man mit den beiden Armen dieses Systems ein unterirdisches Wasserdargebot erschlossen. Das in diesem Bereich aufgefangene Wasser wird einem Sammler zugeführt, der an der Stelle beginnt, wo die beiden Arme zusammentreffen.[332] Von diesem Tunnelabschnitt sind nur die ersten beiden Bauschächte als Verfärbung im Getreide zu sehen, der Befund südlich der Straße in Richtung Villa war in der 1995er Bewuchssituation nicht zu erkennen. Die Ausrichtung der Anfangsstrecke des rund 300 m langen Tunnels zeigt aber eindeutig auf die Villa. Am nördlichen Rand der Villa ist im Luftbild eine dunkelgrüne Verfärbung erkennbar, die das Endstück des Tunnels darstellen könnte: der noch immer leicht wasserführende Tunnel könnte für eine feuchte Stelle im Feld verantwortlich sein.

1988 war man bei Sondierungsgrabungen in Berchem auf zwei nicht ausgemauerte Brunnenschächte gestoßen, die allerdings nicht bis zur Sohle freigelegt werden konnten.[333] In nachträglicher Betrachtung und unter Berücksichtigung des Befundes von Emerange-Schwaarzaerd könnte man auch in Berchem darauf schließen, zwei Bauschächte eines Tunnelsystems angetroffen zu haben.

Während der Befund von Emerange-Schwaarzaerd nur aus dem Luftbild bekannt ist und hier noch keine weitergehenderen archäologischen Untersuchungen vorgenommen worden sind, ist der Befund von Berchem nicht abschließend untersucht worden, um klare Aussagen zu seiner Funktion machen zu können.

Der Tunnel von Noertzange

Ein weiterer Tunnel bei Noertzange wurde zwar durch Straßenbau im Bereich der 'Collectrice du Sud' weitgehend zerstört, konnte zuvor jedoch archäologisch untersucht werden. Beim Auskoffern der Bautrasse wurde ein großer Abschnitt dieses Tunnelsystems horizontal geschnitten.[334] Die Arbeiten fanden in einer Tiefe statt, die zwischen 3,5 m und 6,0 m lag und dem Niveau des antiken Tunnels knapp unter seiner Firste entsprach, so daß bei diesen Arbeiten der zusammenhängende Grundriß eines Tunnelabschnitts mitsamt seinen Bauschächten angeschnitten wurde.[335] Die teilweise Zerstörung dieses Bodendenkmals ist natürlich bedauerlich, wenngleich sie wohl unvermeidbar war. Sie führte jedoch zu einer ungewöhnlichen, ja außergewöhnlichen Dokumentation eines antiken Tunnels, denn auf diese Weise hat man wohl noch nie in ein solches Bauwerk hineingeschaut (Abb. 280): Der Tunnel lag im Maßstab 1 : 1 offen und konnte obertägig eingemessen werden, um seinen Grundriß aufzunehmen.[336] So hatten auch die antiken Baumeister ihren Tunnel nie sehen können (Abb. 281).

Der offenliegende Grundriß zeigte sogar die Richtungsabweichungen im unterirdischen Vortrieb, die man vorgenommen hatte, um den nächsten Bauschacht zu treffen. Im Tunnel, der ein Profil von b = 0,5 m und h = 1,5 m aufwies, war auf der Sohle die wasserführende Rinne aus Stein aufgemauert. Sie hatte lichte Weiten von 0,20 m x 0,25 m.

Im Grundriß gleicht der Noertzange-Tunnel dem Emerange-Schwaarzaerd-Tunnel. Zwei Arme bildeten die Wassergewinnungszone, wobei ein Arm Richtung Westen zeigt und durch vier Bauschächte nachgewiesen ist. Der zweite Arm zeigt nach Nordosten und hat zehn Bauschächte. Der mittlere Schachtabstand konnte mit 7 m ermittelt werden. Im Zwickel beider Arme beginnt die Transportstrecke des Tunnels, die auf eine Länge von 13 Bauschächten nachgewiesen ist und nach Südosten zeigt. Im Tunnel wurde ein Gefälle von 1 % ermittelt.

Eine gallo-römische Scherbe, in der Verfüllung eines der Schächte gefunden, kann nur bedingt als Datierungshilfe dienen. Sie weist zwar in das 2. oder 3. Jh. n. Chr., muß aber nicht zwangsläufig die Bauzeit belegen. Die dendrochronologische Untersuchung eines Holzfundes bestätigt diese Datierung. Das zeigt, daß dieser Tunnel im 2./3. Jh. n. Chr. in Betrieb war. Allerdings könnte der Tunnel bezüglich seiner Bauzeit vergleichbar sein mit den Tunneln von Saarbrücken und Walferdingen (s. S. 176), deren Erbauung durch einen Münzfund, bzw. durch dendrochonologische Daten für die Mitte des 2. Jhs. n. Chr. belegt ist.

Deutschland

Die römischen Tunnel in Deutschland sind bezüglich ihrer Bauweise, aber auch wegen der Fundumstände bemerkenswert. Dabei ist die durchaus beachtenswerte Anzahl von Fundstellen, räumlich – bis auf wenige Ausnahmen – regional sehr eingegrenzt. Ein wenig aus dem Rahmen fallen die Tunnel von Brey, Saarbrücken und vom Drover Berg (s. S. 187 und 189) bei Düren, die übrigen lassen sich räumlich dem Neuwieder Becken und der oberen Moselregion zuordnen. Letztere ist noch zu ergänzen um die Fundstellen in Luxemburg (s. S. 176).

Tunnelfundstellen im Neuwieder Becken sind mehrfach beim Bimsabbau zutagegetreten. Diese Tunnel dienten in

282

***Abb. 282** Kaltenengers, Kreis Koblenz. Römischer Aquädukttunnel mit Bauschacht im Bims (Foto: W. Haberey).*

***Abb. 283** Miesenheim, Kreis Mayen. Befundaufnahme der römischen Quellfassung mit angeschlossenem Aquädukttunnel. Die Pfeile geben die Lage der Quellaustritte an. Rechts oben ein Bauschacht des Tunnels (aus: Roeder 1961, 224).*

der Regel der Versorgung der vielen über das Land verteilten *villae rusticae*. Die zur Versorgung herangezogenen Quellen waren in diesem Gebiet durch die Vulkanausbrüche der Zeit um 9000 v. Chr. verschüttet worden. Wollte man dieses Quellwasser nutzen, so mußte man versuchen, das Wasserdargebot unterirdisch anzuzapfen. Die zu diesem Zweck gebauten Tunnel sind sich in der Bauart recht ähnlich, denn sie wurden in Qanatbauweise erstellt, wobei die Bauschächte auffällig dicht beieinanderlagen.[337]

Auch in der zweiten Region im oberen Moselraum ist in der Regel die Qanatbauweise die vorherrschende Bauweise. In dieser Region ist der Zeitraum der Entdeckung der Tunnelbauten auffällig, denn die Bauten traten häufig in den ersten zwei Jahrzehnten unseres Jahrhunderts an das Tageslicht. Die Ursache hierfür liegt in der verstärkten Suche nach Wasserquellen für den Ausbau der dörflichen Versorgung in dieser Zeit. Da die modernen Wasserbauer in dieser Zeit bei der Wassersuche nach denselben Kriterien vorgingen wie ihre römischen Vorgänger, mußten sie zwangsläufig zum selben Ergebnis kommen. Als Folge davon sind beim Bau der neuzeitlichen Quellfassungen und Wasserleitungen römische Aquädukttunnel angeschnitten worden.

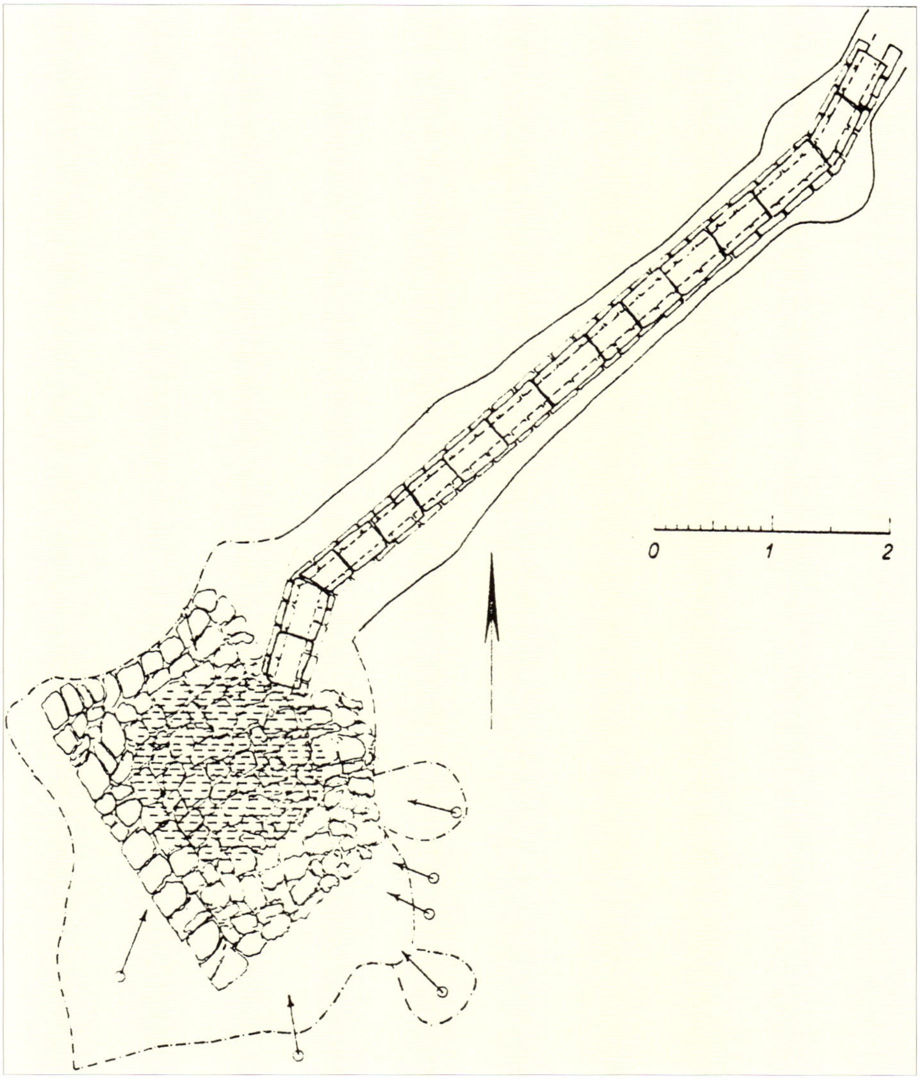

283

Die Aquädukttunnel im Neuwieder Becken

Hier waren also unter der Bimsdecke Tunnel anzulegen, wenn man die verschütteten Quellen nutzen wollte. Die Mächtigkeit der Bimsschichten bestimmte deshalb die Teufen für den Tunnelbau, wobei Schachtteufen von mehr als 9 m erreicht werden konnten. Die Schächte selbst waren in der Regel kreisrund und mit einem Durchmesser von 1 m ohne Ausbau angelegt worden. Der Schachtabstand liegt bei 8 m bis 14 m, wobei wieder einmal deutlich wird, daß bei geringem markscheiderischen Selbstvertrauen kurze Schachabstände projektiert wurden, um das Vortriebsrisiko klein zu halten.

Kaltenengers

Der beim Bimsabbau angeschnittene Aquädukttunnel von Kaltenengers, Kreis Koblenz (Rheinland-Pfalz) zeigt einen für diese Anlagen typischen Querschnitt (Abb. 282): In seinem ursprünglichen Zustand war der Tunnelgang 0,6 m breit und 1,3 m bis 1,8 m hoch; er durchfuhr in leicht geneigter Trassenführung entweder in ganzer Höhe Bimsschichten – streckenweise wurde er aber auch in den darunterliegenden Auenlehm eingeschnitten. Die Bauschächte sind kreisrund mit einem Durchmesser von 1,1 m ausgestattet; ihr Abstand beträgt ziemlich regelmäßig 9,5 m. Auf der Sohle des Tunnels war eine steinerne Rinne von 0,2 m x 0,2 m verlegt, die eine ebenfalls steinerne Abdeckung hatte. In Zusammenhang mit älteren Anschnitten dieses Tunnels, der um 1900 zum ersten Mal aufgefallen war, kann davon ausgegangen werden, daß er das Wasser in mehreren Leitungsästen sammelte. Wenige Einzelfunde belegen die römische Zeitstellung der Anlage.[338]

Miesenheim

Im Falle der ähnlichen Anlage von Miesenheim, Kreis Mayen (Rheinland-Pfalz) wurde sogar die Brunnenstube am Kopfende des Tunnels gefunden. J. Roeder beschreibt den Befund detailliert: *«Mit einer ausgedehnten Brunnenstube begann eine Wasserleitung im Nordteil der Gemarkung Miesenheim. Sie machte sich im Planum als eine große unregelmäßige Verfärbung mit annähernd kreisförmigem Umriß bemerkbar. Da der Bimsabbau drängte, so ließen wir die Grube durch einen Eimerbagger, der freilich große Zerstörungen anrichtete, ausheben, nur der unterste Teil wurde mit der Hand freigeschält. In der Mitte des Schachtes befand sich ein etwa 2,7 m zu 2,4 m messendes, fast quadratisches Pflaster aus unregelmäßigen Tuffsteinbrocken mit aufgebogenem Rand als Sammelbecken. Die Sohle des eigentlichen Abflußkanals mündete am Rand dieses Beckens und lag etwas höher als die tiefste Stelle dieses Beckens, so daß sich die im Wasser enthaltenen Sinkstoffe (Lehm, Erde) erst im Becken absetzten, bevor das geklärte Wasser in den eigentlichen Leitungskanal abfloß. Nach den allerdings nur kurzfristigen Beobachtungen, die wir hier vor der endgültigen Zerstörung durch den Bimsabbau anstellen konnten, erfolgte der Wasserausstoß nicht gleichmäßig, sondern in einem gewissen Rhythmus. Am Rande der Quellfassung traten einzelne Wasseradern aus, die durch Un-*

terhöhlungen beim Bau der ganzen Anlage freigelegt waren.»[339] Der Befund gibt einen anschaulichen Einblick in die Bautechnik einer solchen Anlage, denn während die Quellfassung in offener Baugrube ausgebaut worden ist, wurde die angeschlossene Wasserleitung in einem in Qanatbauweise errichteten Tunnel als Steinrinne verlegt (Abb. 283).

Die Aquädukttunnel im oberen Moselraum

Die Aquädukttunnel im oberen Moselraum und in Luxemburg (s. S. 177) sind in vergleichbarer Bauweise errichtet worden, obwohl hier die geologischen Formationen nicht von vulkanischem Bims überdeckt waren. Die Anfang des Jahrhunderts an verschiedenen Stellen angetroffenen Tunnelbauwerke sind sich untereinander sehr ähnlich, so daß man fast von einem entsprechenden «Standard» im Bau von Aquädukten für ländliche Siedlungen sprechen möchte. In der Regel wurden hier in römischer Zeit unterirdische Aquädukte in Qanatbauweise errichtet.

Darscheid

Im Juni 1913 machte der Dorflehrer von Darscheid, Kreis Daun (Rheinland-Pfalz) eine Mitteilung an das Landesmuseum Trier, daß man bei der Anlage einer Jauchegrube einen «unterirdischen Gang» entdeckt habe. Die 1,3 m hohe und 0,6 m breite Anlage konnte auf eine Länge von 15 m untersucht werden.[340] Da keinerlei Funde gemacht wurden, konnte über die Zweckbestimmung nur spekuliert werden. Der Vergleich zu ähnlichen Funden aus der weiteren Umgebung ließ keine andere Möglichkeit zu, als in dieser Anlage den Teil einer unterirdisch geführten Wasserleitung zu einer ebenfalls noch unbekannten römischen Villa zu sehen. Ein ähnlicher Fund in Hörscheid (s. u.) könnte mit diesem Fund in Zusammenhang stehen.

Farschweiler

In Farschweiler, Kreis Trier-Saarburg (Rheinland-Pfalz) wurde 1928 ein Wasserleitungstunnel angeschnitten und konnte auf eine Länge von 60 m untersucht werden. Die Tunnelsohle verlief ziemlich horizontal und hatte eine geländebedingte Überdeckung, die zwischen 1 m und 3 m schwankte.[341] Besondere Beachtung verdient ein Hinweis aus der Fundmeldung, wonach *«über dieser Leitung ... an einer Stelle ein Hohlraum von cirka 7 bis 10 m Länge»* zu sehen war. Möglicherweise handelt es sich dabei um einen antiken Bauschacht, der in diesem Fundzusammenhang einen Hinweis auf die Bautechnik geben könnte.

Hermeskeil

Mitte des 19. Jhs. fand man am Erzberg nördlich von Hermeskeil, Kreis Trier-Saarburg (Rheinland-Pfalz) einen römischen Wasserleitungstunnel, der allerdings erst durch Samesreuther als solcher gedeutet worden ist. Vorher glaubte man, hierin verstürzte Erzgänge, Getreidespeicher oder Reste von Gerbereigruben sehen zu müssen. Die alte Fundmeldung ist jedoch sehr aufschlußreich: *«Durch die Mitte des Felsbodens finden sich in gerader Linie in der Richtung des Bergkammes neun ganz regelmäßig senkrecht in den gesunden Felsen gehauene quadratische Löcher von 4,5 Fuß Breite und 7,5 Fuß Tiefe, immer 15 Schritte voneinander entfernt. Einige derselben wurden wurden 1837 ... ausgeräumt.»* Dabei fanden sich große Mengen römischen Bauschuttes sowie römische Keramik.[342] Die Annahme, in diesem Bauwerk einen Wasserleitungstunnel sehen zu können, wird unterstützt durch den alten Flurnamen 'An dem alten Kanal' aus der näheren Umgebung.

Hörscheid

Bei der Suche nach ergiebigen Quellen für die Wassserversorgung in der Darscheider Heide von Hörscheid, Kreis Daun (Rheinland-Pfalz) traf man im Jahre 1924 auf einen römischen Wasserleitungstunnel, der von seiner Ausrichtung her mit der Anlage von Darscheid (s. o.) in Verbindung stehen könnte. Die Fundmeldung von 1924 ergänzt eine ältere aus dem Jahre 1817, wonach man *«vor ungefähr 50–60 Jahren ... zwischen Hoerscheid und Darscheid ... unterirdische Gänge»* gefunden hatte.[343] Der Tunnel war mit einer fast spitzbogigen Überwölbung durch den anstehenden weichen Kalkstein aufgefahren worden. Er war ca. 2,1 m hoch und 0,6 m breit und hatte einen geradlinigen Verlauf. Aus einer Handskizze der Fundaufnahme ergibt sich, daß seine Überdeckung im Profil nur etwa 1 m stark war und daß auf der Tunnelsohle eine aus Bruchsteinen gesetzte und überdeckte Wasserleitung verlegt war. Darüber hinaus wies der Befund *«etwa alle 10 m»* einen Luftschacht aus; auch hierin ist ein Hinweis auf die im Moselraum angewendete Qanatbauweise zu erkennen.

Lieser

Wieder einmal bei der Suche nach einem neuen Wasserdargebot für die örtliche Wasserversorgung stieß man in Lieser, Kreis Bernkastel-Wittlich (Rheinland-Pfalz) auf einen römischen Vorgängerbau. Die Fundstelle lag vor dem Dorfe in der Nähe der Paulskirche und zeigte einen unterirdisch geführten Kanal in 1,7 m bis 5 m Tiefe unter der Erdoberfläche. In einem 1,8 m hohen und 0,75 m breiten Tunnel war eine U-förmige Rinne aus Sandstein verlegt und mit Sandsteinplatten abgedeckt. In den 0,46 m breiten Rinnensteinen war eine 0,16 m breite Rinne 0,13 m eingetieft.[344] Schächte wurden seinerzeit nicht gefunden, so daß über die Bauweise des Tunnels nichts ausgesagt werden kann. Im Fundzusammenhang wurde noch eine Zweigleitung sowie die Quellfassung in Form einer Sickergalerie gefunden.

Lingenfeld

Eine bei Lingenfeld (Germersheim, Rheinland-Pfalz) gefundene Anlage ließ sich in ihrer Zweckbestimmung nicht einwandfrei zuordnen. Sie stand in enger Verbindung mit einem Bergwerk auf Ton, wobei sie sowohl der Entwässerung als auch der Wassergewinnung gedient haben könnte. In einem Tunnel von 1,5 m Höhe und 0,65 m Breite waren auf der Sohle zwei parallel geführte Stränge einer Tonrohrleitung verlegt, wobei man Heizungsrohre zweckentfremdet verlegt hat. Abgedeckt waren die Rohrleitungen mit Dachziegeln.[345] Über den Tunnel selbst sind keine weiteren Angaben gemacht worden.

Mehring

Beim Bau einer neuen Wasserleitung für die Ortschaft Mehring, Kreis Trier-Saarburg (Rheinland-Pfalz) fiel eine römische Brunnenstube dem Neubau zum Opfer. Den anschließenden römischen Wasserleitungstunnel mit einer Höhe von nur 0,9 m nutzte man hingegen für die Verlegung der modernen Rohrleitung. Die im Tunnelverlauf vorgefundenen Schächte im Abstand von jeweils 10 m belegen die Qanatbauweise für den Tunnelbau. Das Versorgungsziel der Leitung ist nicht ermittelt, man vermutet aber, daß es bei einem römischen Gutshof lag.[346]

Neumagen

Bei Neumagen, Kreis Trier-Saarburg (Rheinland-Pfalz) waren im Jahre 1912 zwecks Erschließung neuer Wasserdargebote Suchgräben angelegt worden. In diesem Zusammenhang wurde ein Schacht freigelegt, der in 4,1 m Tiefe zu einem Wasserleitungstunnel führte. Dieser war in nordnordwestlicher Richtung weiterzuverfolgen und führte in 5,6 m Entfernung zu einem zweiten Schacht. Hier lag die Tunnelsohle 2,2 m unter der Erdoberfläche. Der Tunnel war in beiden Richtungen ansatzweise weiterzuverfolgen. Auf seiner Sohle war eine Wasserleitung aus Schieferbruchsteinen mit Innenmaßen von 0,11 m h und 0,14 m b verlegt. Einzelfunde wurden nicht gemacht, aber P. Steiner deutet die Füllung der Schächte aus grobem Kies dahingehend, daß sie nicht als Bauschächte, sondern als Filterschächte gedient haben könnten.[347] Nun ist das nicht anzuschließen, es sei aber darauf hingewiesen, daß die Schächte selbst in diesem Falle vor Inbetriebnahme der Wasserleitung als Bauschächte gedient haben müßten. Ob dieser Wasserleitungstunnel mit archäologischen Befunden aus Neumagen der Jahre 1925, 1959 und 1968 in Zusammenhang steht, müßte eingehender geprüft werden.[348]

Niederemmel

Kurz nach der Jahrhundertwende waren in Niederemmel, Kreis Bernkastel-Wittlich (Rheinland-Pfalz) zehn aufeinanderfolgende Schächte eines Wasserleitungstunnels gefunden worden. Der Tunnel lag 5,1 m tief im anstehenden Fels und hatte eine lichte Höhe von 1,82 m. Im Sohlenbereich war die Wasserleitungsrinne 0,15 m tief und 0,30 m breit ausgespart und mit Schieferplatten abgedeckt worden.[349] Dieser Befund steht offensichtlich in Zusammenhang mit späteren Befunden in Niederemmel: 1959 wurde bei Kanalisationsarbeiten römisches Mauerwerk gefunden, wovon ein Teil möglicherweise zu einem Brunnenbecken gehört hat. Desweiteren wurde bei dieser Baumaßnahme eine römische Wasserleitung durchschnitten.[350] Ein Jahr später wurde wenig oberhalb dieser Fundstelle bei Anlage eines Grabens in 1,2 m Tiefe die Firste eines römischen Wasserleitungstunnels angeschnitten. Der Tunnel war 0,60 bis 0,65 m breit und hatte eine lichte Höhe von mindestens 2,2 m (seine Sohle wurde bei der Untersuchung nicht erreicht). Bei der Befundaufnahme berichtete ein älterer Anwohner, daß im Jahre 1894 rund 120 m von hier entfernt der Schacht eines Tunnels angeschnitten worden sei.[351] Die topographische Lage beider Tunnelfundstellen zueinander läßt an einem zusammenhängenden Verlauf keinen Zweifel aufkommen.

284

Abb. 284 ***Zeltingen-Rachtig, Kreis Bernkastel-Wittlich. Blick in den Aufschluß des römischen Wasserleitungstunnels (Foto: N. Schenk 1914, Archiv Rheinisches Landesmuseum Trier)***

Pölich

Die Zusammenhänge zwischen Wasserzuleitung in einem Tunnel und Versorgungsgebiet sind in Pölich, Kreis Trier-Saarburg (Rheinland-Pfalz) nachgewiesen. Hier galt der Tunnelbau der Versorgung eines freistehenden Badegebäudes bei einer römischen Villa. Im Trassenverlauf der Leitung wechseln sich Tunnel- und offene Grabenstrecken ab: Dort wo die Trasse eine Felsformation durchfuhr, hat man sie in einem offenene Graben verlegen können. Der Ausbau ist hier 1,4 m tief und durchschnittlich 0,5 m breit. Dort wo die geologische Formation wechselte, hat man im anstehenden Lehmboden eine Tunnelstrecke aufgefahren. Im Tunnel hat man an den Seitenwänden Schieferplatten aufgestellt und darüber das Tunnelprofil mit einer weiteren Schieferplatte abgedeckt. Die Bauschächte, deren Abstände zwischen 10 m und 25 m schwankten, waren kreisrund.[352]

Talling

In Talling, Kreis Bernkastel-Wittlich (Rheinland-Pfalz) konnte ein römischer Wasserleitungstunnel samt seinem Kopfstück untersucht werden. Die Tunneltrasse wurde von der Straße Talling-Thalfang durchschnitten, deren Ausbau zwei Bauschächte zum Opfer fielen. Insgesamt wurden acht Schächte gefunden, die auf einer geraden Linie Abstände von 8 bis 9 m zueinander aufwiesen. Der Durchmesser der kreisrunden Schächte betrug 1,0 m bis 1,15 m bei einer Tiefe von bis zu 5,5 m. Das Kopfstück des Tunnels bildet ein Schacht, der eine Wasserader schneidet. In diesem Bereich ist die Tunnelsohle ein wenig eingetieft, wohl um zur Beruhigung des Wasserablaufs beizutragen. Der 1,5 m bis 1,8 m hohe Tunnel hat ein geringes Gefälle, das zwischen den Bauschächten 2 und 6 zu 0,4 m ermittelt werden konnte. Ab Schacht 8 scheint die Trasse im offenen Graben ausgebaut worden zu sein; hier verläßt sie auch ihre geradlinige Verlaufsrichtung, um in einen mehrfach geknickten Verlauf überzugehen, der noch auf eine Strecke von 100 m verfolgt werden konnte. Die Tunnelstrecke im Anfangsbereich der Wasserleitung nahm das Wasser von insgesamt sieben Quellen auf; es handelt sich also bei genauer Betrachtung um eine im Tunnelbau angelegte Sickergalerie.[353]

Zeltingen-Rachtig

In Zeltingen-Rachtig, Kreis Bernkastel-Wittlich (Rheinland-Pfalz) wurde 1912 das Mittelstück eines römischen Wasserleitungstunnels (Abb. 284) durch Anschnitt bei «Quellschürfungen» wiederholt freigelegt. Der Ursprung des Tunnels kann bei einer schon 1912 fast versiegten Quelle des 'Kirchenwingerts' vermutet werden. Der vermutlich 1,2 m hohe Tunnel war bei seiner Freilegung bis auf 0,6 m zugeschwemmt. Ein in die Tunnelsohle installiertes Becken aus Sandstein (0,46 m h, 0,54 m b, 0,64 m l) wird sowohl von Steiner als auch von Samesreuther als Schlammfang gedeutet. Allerdings schreibt Steiner an gleicher Stelle, daß dieses Becken mit einem Holzdeckel abgedeckt war und einen Abfluß nach außen hatte.[354] Da dieses Becken quer zur Tunnelrichtung gefunden wurde, kann es nur durch eine seitliche Öffnung im Tunnel installiert worden sein. Die Vermutung von Anwohnern, dieses Becken sei erst um 1870 eingebaut worden, um eine Viehtränke zu speisen, ist nach dieser Befundsituation nicht von der Hand zu weisen; zumal es nachweislich 1921 noch einmal erneuert worden ist. Der Tunnel wurde im Jahre 1933 erneut angeschnitten.[355]

Trier

Im Stadtgebiet von Trier (Rheinland-Pfalz) wurden mannigfaltige Wasserleitungsfunde gemacht; die Fernwasserleitung aus dem Ruwertal gehört zu den technischen Großbauten der Römerzeit. Streckenabschnitte kleinerer, örtlicher Leitungen sind auch im Tunnelverfahren aufgefahren worden. Die Leitung von Mariahof bis in die Nähe des Herrenbrünnchens ist möglicherweise streckenweise als Tunnel angelegt worden; archäologische Befunde sind nicht bekannt.[356] 1935 wurde allerdings in der Olewiger Straße ein im anstehenden Schiefer aufgefahrener Tunnel angeschnitten, der 7,9 m unter der Erdoberfläche angetroffen wurde. Die wasserführende Rinne war in *opus caementicium* ausgeführt.[357] Der Aquädukttunnel, der im 'sog. Kirchenbungert' in den Weinbergen auf der Weißmark angetroffen wurde, konnte auf 310 Länge verfolgt werden. Er ist allerdings nicht zweifelsfrei den Römern zuzuordnen, sondern kann auch später für das Kloster St. Matthias gebaut worden sein.[358]

Wiltingen

In Wiltingen, Kreis Trier-Saarburg (Rheinland-Pfalz) wurde bei der Neubau einer Wasserversorgung ein Aquädukttunnel angeschnitten, der durch seine Trassenausrichtung nur der Versorgung der bekannten römischen Villa gedient haben kann. Es wurden zwei quadratische Schächte mit den Abmessungen von 1,15 m im Geviert vorgefunden, die 8,13 m Abstand voneinander hatten. Einer der Schächte hatte abgerundete Ecken und reichte bis zu einer Tiefe von 4,5 m in den anstehenden Schiefer, womit er um 0,1 m tiefer lag als die Sohle des angeschlossenen Tunnels. Der Tunnel selbst war im Profil 1,2 m hoch und 0,5 m breit. Eine Wasserleitung in Form einer Rinne oder eine Rohrleitung wurde nicht aufgefunden, so daß man annehmen muß, die Tunnelsohle sei als Wasserleitung benutzt worden.[359]

Zemmer

Auch für den Aquädukttunnel von Zemmer, Kreis Trier-Saarburg (Rheinland-Pfalz) konnte weder der Ursprung der Wasserleitung noch das Versorgungsziel ermittelt werden. Es handelte sich bei diesem Befund beim Schönfelder Hof um einen 1,5 m hohen und 0,6 m breiten Tunnel im anstehenden Sandstein, der auf seiner Sohle eine in Steinen gefaßte und abgedeckte Wasserleitung führte. Stellenweise liegt der Tunnel bis zu 9 m tief, so daß die in Abständen von 20 bis 30 m abgeteuften Bauschächte entsprechende Maße aufweisen (Abb. 285). Es wurden insgesamt

285

***Abb. 285** Zemmer, Kreis Trier-Saarburg. Der Aquädukttunnel und einer seiner Bauschächte (Foto: Archiv Rheinisches Landesmuseum Trier).*

***Abb. 286** Brey bei Koblenz. Blick in den römischen Trinkwassertunnel. Die wasserführende Rinne ist in die Tunnelsohle eingelassen und überdeckt (Foto: H. Lilienthal, Bonn).*

***Abb. 287** Saarbrücken, Halberg-Tunnel. Grundriß und Längsprofil im Bereich der Baustelle für einen Gasbehälter (n. Keller 1965, 67).*

fünf Bauschächte nachgewiesen, die sich im Querschnitt nach oben hin verjüngen.

Nahe dem Schönfelder Hof mündete der Tunnel in einen unterirdischen Raum, der, einem viereckigen Keller nicht unähnlich, teilweise sogar mit Steinen überwölbt war. Der Raum lag auf Tunnelniveau in 9 m Tiefe und war durch einen viereckigen Schacht mit 1,6 m langen Seitenkanten zu erreichen. Nähere Untersuchungen waren hier nicht möglich, da die Anlage mit Wasser gefüllt und in Nutzung war.[360]

Drei herausragende Tunnel in Deutschland

Brey

Der Aquädukttunnel von Brey, Kreis Koblenz (Rheinland-Pfalz) unterscheidet sich nicht nur durch seine Einzellage, sondern auch durch einen deutlich größeren Querschnitt von den zuvor beschriebenen Tunneln. Beim Tunnel von Brey handelt es sich um das Mittelstück einer ansonsten unbekannten römischen Wasserleitung, d. h. in diesem Fall sind weder die Wasserfassung noch das Versorgungsziel bekannt.[361] Der Tunnel wurde im Jahre 1954 entdeckt, 1960 archäologisch untersucht und hernach mit einem Schutzbau versehen und zugänglich gemacht. Im Bereich von drei Bauschächten, die bei einem Durchmesser von 1,5 m bis 2,0 m immerhin 4,4 m tief in den Fels gehen, ist die Leitung auf eine Länge von rund 25 m freigelegt. Der Tunnel selbst hat eine Höhe von 1,7 m bis 2,2 m bei einer mittleren Breite von 1,2 m und wurde in Qanatbauweise aufgefahren.

Für den Transport des Trinkwassers wurde nach vollendetem Tunnelbau eine steinerne Rinne in die Sohle eingelassen und mit Steinplatten überdeckt (Abb. 286). Die Rinne mit den Innenmaßen 0,24 m Breite und 0,16 m Höhe führt mit einem Gefälle von 2,6% heute noch Wasser. Allerdings ließ sich selbst durch Farbbeimengungen nicht ermitteln, wohin die Leitung führt; auch das Quellgebiet ist nicht bekannt.

Der Halberg-Tunnel von Saarbrücken

Etwas weitergehend sind die Befunde beim Saarbrücker Halberg-Tunnel.[362] Saarbrücken (Saarland) war in römischer Zeit ein kleiner *vicus*, einer jener Marktflecken, die sich allenthalben an den großen Fernstraßen des Reiches fanden. Er lag im Schnittpunkt der Straßen von Straßburg nach Trier und von Metz nach Worms, wobei letztere an dieser Stelle die Saar überquerte. Der Ort wuchs und wurde in spätrömischer Zeit mittels eines Kastells befestigt. In nachrömischer Zeit verschwand er von der Bildfläche; das mittelalterliche Saarbrücken entwickelte sich dann ein wenig flußabwärts neu.

Die Bewohner des *vicus* wurden zum einen aus den vielen archäologisch nachgewiesenen Schachtbrunnen mit Trinkwasser versorgt, aber es gab auch eine ganz bemerkenswerte, etwa 2 km lange Wasserleitung. In ihrem Oberlauf, in den Schluchten am Schwarzenberg, war deren Gerinne schon früher nachgewiesen worden; ein bedeutender technikgeschichtlicher Befund gelang bei den Erdarbeiten zum Bau eines Gasbehälters unterhalb des Halberges im Jahre 1956 (Abb. 287). In 8 m Tiefe unterhalb der Erdoberfläche fand sich bei diesen Arbeiten ein weiteres Teilstück der Wasserleitungstrasse, die in diesem Bereich aber als in einem Tunnelbauwerk verlegte Kanalrinne angelegt worden war. Hier war der Kanal nicht im offenen Graben gebaut und anschließend wieder mit Erdreich abgedeckt worden, sondern seine durch das Gelände bedingte Tieflage hatte an dieser Stelle einen Tunnelbau erforderlich gemacht.

In der kreisrunden Baugrube des Gas-

286

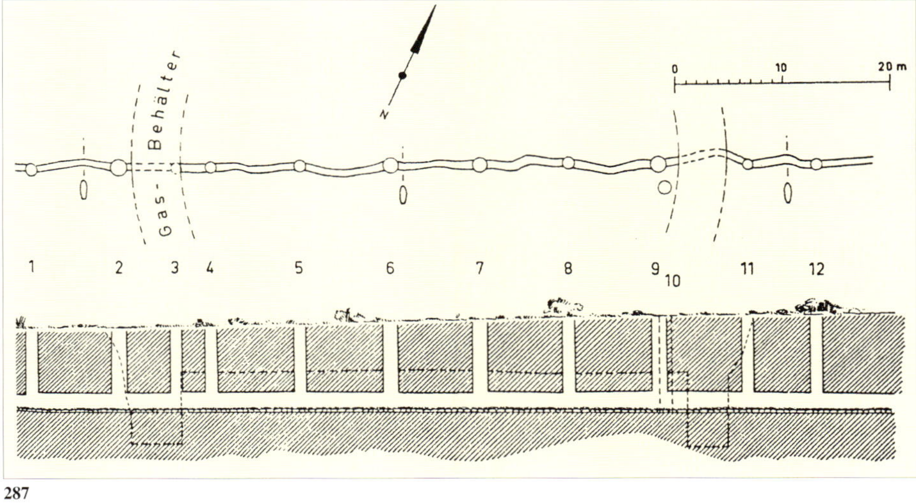

287

288

289

290

behälters, wie auch im anschließenden Gelände, konnte im Bereich einer 73 m langen Strecke ein guter Einblick in die hier zur Anwendung gekommene Tunnelbauweise gewonnen werden, denn neben der Tunnelröhre selbst wurden auch elf der antiken Bauschächte freigelegt. Ein 12. Schacht lag etwas abseits der Tunneltrasse, und obwohl er mit 6,85 m eine den übrigen Schächten entsprechende Tiefe hatte, war er auf der Sohle nicht mit dem Tunnel verbunden worden. Möglicherweise handelte es sich dabei um einen Probeschacht, jedenfalls war er schon in römischer Zeit wieder mit Bauschutt verfüllt worden (Abb. 287–290).

Die Bauschächte mit Durchmessern von 1,05 m bis 1,40 m machen deutlich, daß auch dieser Tunnel in Qanatbauweise aufgefahren worden ist: In Abständen, die zwischen 3,26 m und 8,43 m lagen, wurden bis zur vorausberechneten Tiefe Schächte angeteuft, die in Sohlenhöhe durch Stollenvortriebe in beiden Richtungen der Trasse miteinander verbunden wurden. Auf diese Weise erhielt der Tunnel seinen Querschnitt von 0,5 m Breite und 1,9 m Höhe. Danach wurde im Tunnel ein Steinkanal verlegt, den man mit Kalksteinplatten abdeckte. Ein Münzfund datiert den Bau des Tunnels in die Zeit des Kaisers Antoninus Pius (138–161 n. Chr.).

Abb. 288 Saarbrücken, Halberg-Tunnel. Schacht 3 mit anschließendem Tunnelabschnitt (Foto: Staatliches Konservatorenamt, Saarbrücken).

Abb. 289 Saarbrücken, Halberg-Tunnel. Schacht 3, im Hintergrund Schacht 4 (Foto: Staatliches Konservatorenamt, Saarbrücken).

Abb. 290 Saarbrücken, Halberg-Tunnel. Schacht 11, unten der anschließende Tunnelabschnitt (Foto: Staatliches Konservatorenamt, Saarbrücken).

Abb. 291 Kreuzau-Drove / Vettweiß-Soller, Kreis Düren, Drover-Berg-Tunnel. Lageplan des Tunnelverlaufs.

Abb. 292 Kreuzau-Drove / Vettweiß-Soller, Kreis Düren, Drover-Berg-Tunnel. Das Luftbild des Standortübungsplatzes Drover Heide zeigt quer zu den Panzerrollbahnen die Trichter der antiken Bauschächte des Tunnels (Luftbild: Landesvermessungsamt Nordrhein-Westfalen, veröffentlicht mit Genehmigung vom 4. 8. 1982).

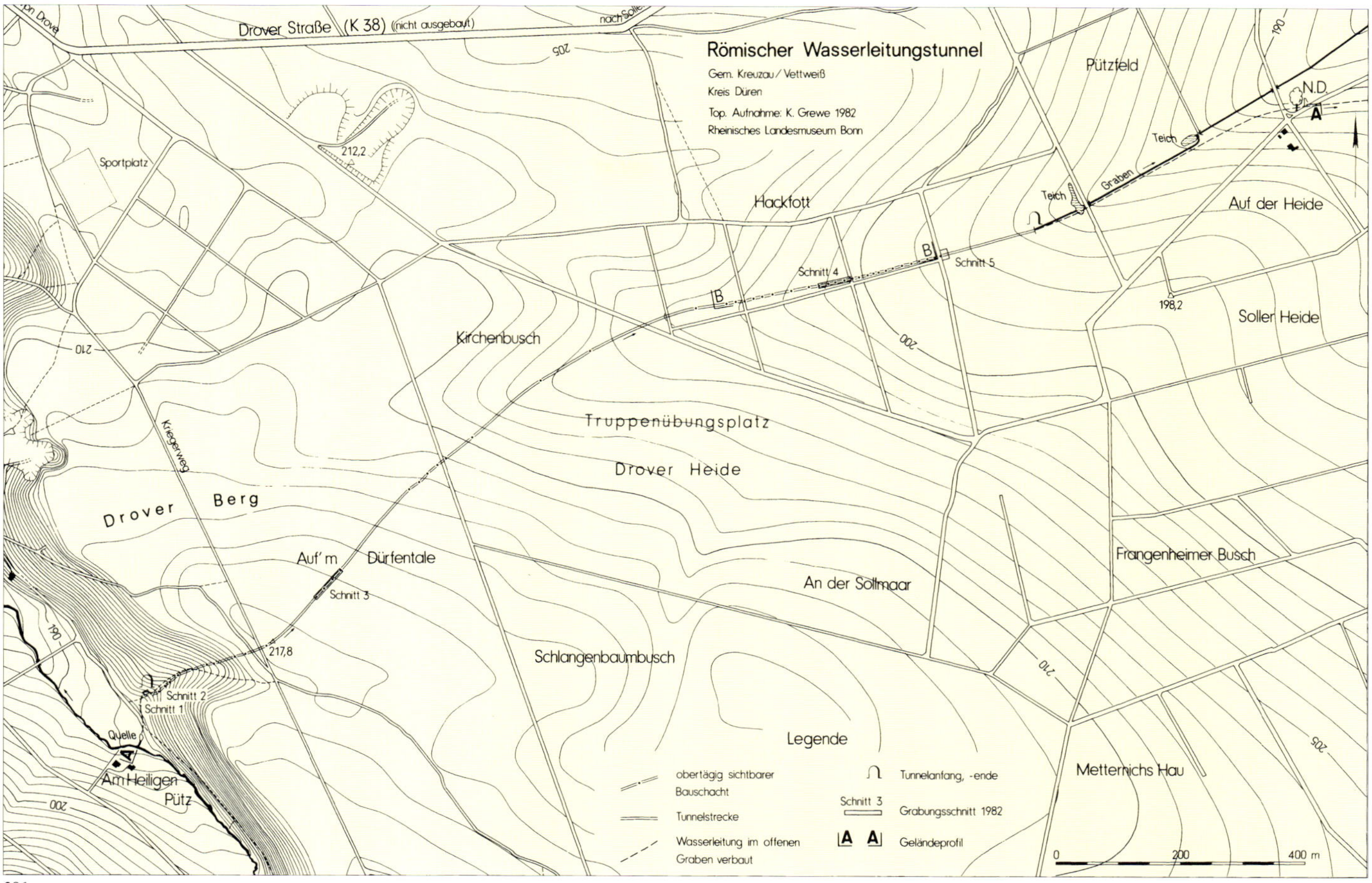

291

Der Drover-Berg-Tunnel bei Düren

Der Tunnel zwischen der Quelle «Heiliger Pütz» bei Drove und Soller ist schon etwa seit der Jahrhundertwende bekannt; von früheren Ausgrabungsversuchen existieren allerdings lediglich Beschreibungen oder amateurhafte Skizzen.[363]

Im Gelände ist die Tunneltrasse an einer lückenhaften Kette von Bauschächten, die sich an der Oberfläche durch trichterförmige Mulden mit Durchmessern von bis zu 6 m abzeichnen, zu erkennen. Durch den Betrieb des Truppenübungsplatzes und durch den Verkehr von Kettenfahrzeugen sind zahlreiche Trichter allerdings zerstört worden. Die heute noch im Gelände auszumachenden ca. 50 Bauschächte liegen vereinzelt im Truppenübungsplatz-Gelände, größtenteils aber an dessen Rand oder im Waldgebiet außerhalb. Der Gesamtverlauf des Tunnels ließ sich nach der topographischen Aufnahme der Schachttrichter allerdings noch rekonstruieren (Abb. 291).

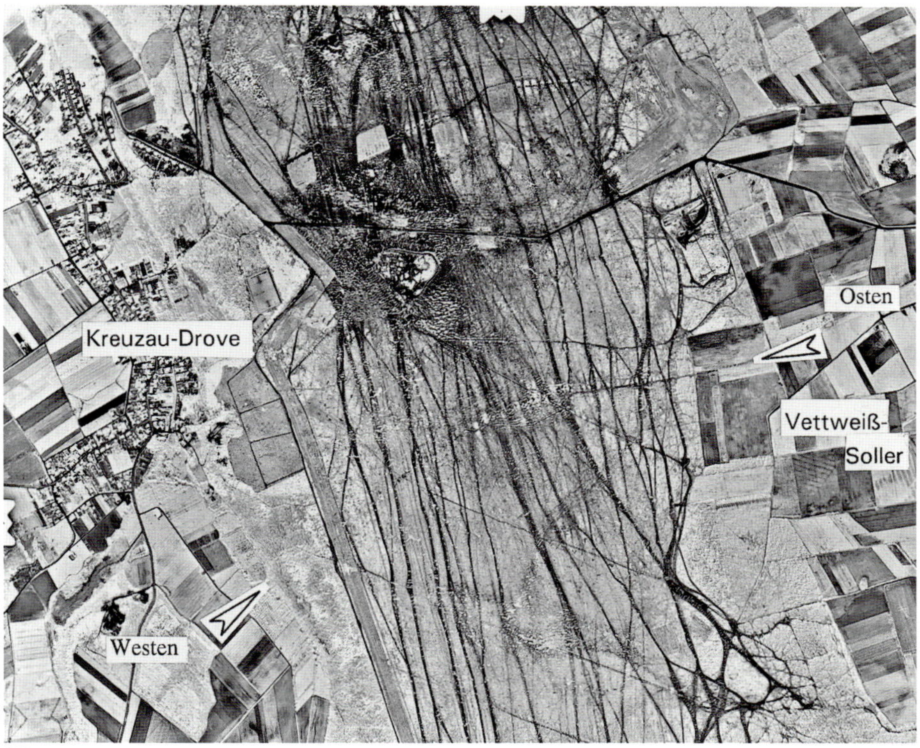

292

Über das Tunnelbauwerk selbst, besonders über die Dimensionen und die exakten Abstände der Bauschächte, sollte eine Ausgrabung Aufschluß geben, die 1982 im Bereich mehrerer besonders gefährdeter Schächte durchgeführt wurde. Weiterhin sollte eine Grabung am Beginn des Tunnels, wo die eigentliche Wasserleitung noch in erreichbarer Tiefe zu vermuten war, die Bauausführung der wasserführenden Rinne klären.[364]

Der vom Tunnel durchfahrene Drover Berg fällt nach Nordosten – zur Zülpicher Börde hin – mit sanfter Neigung ab. Nach Südwesten – zur Eifel hin – ist der Bergrücken jedoch scharf begrenzt. Hier hat der Drover Bach sich tief in die Landschaft eingeschnitten und am Drover Berg einen steilen Hang entstehen lassen. Die am Heiligen Pütz beginnende Wasserleitung verläuft eine kurze Strecke am Fuß dieses Steilhanges talwärts, um dann rechtwinklig zum Hang hin abzubiegen. Im Steilhang selbst ist die Tunneltrasse dann

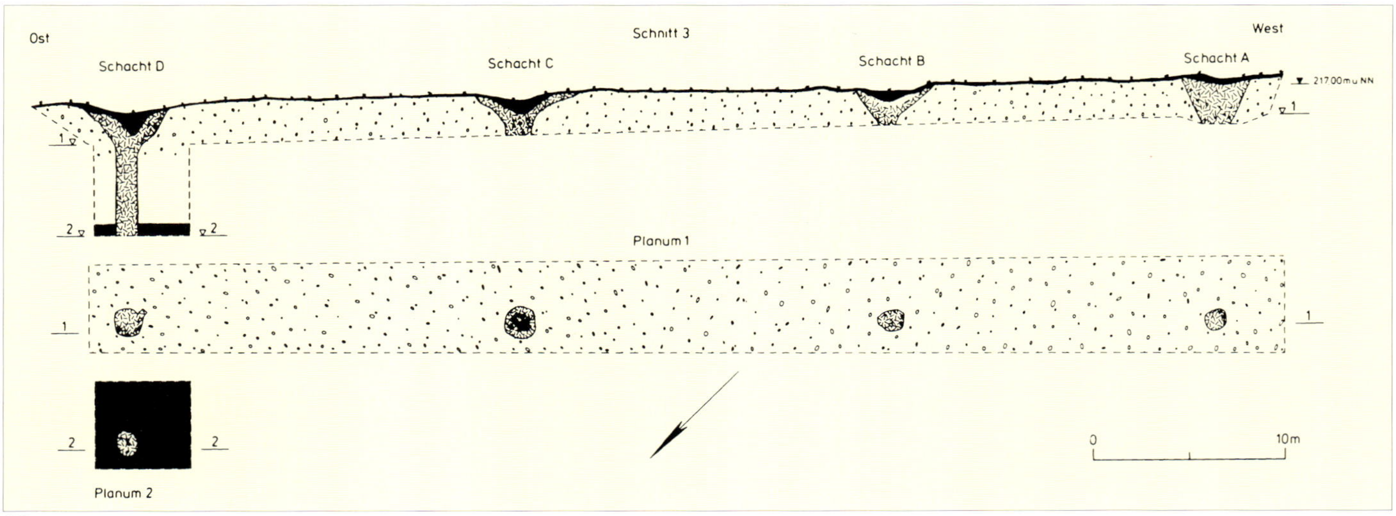

293

294

Dieses Verfahren erscheint auf den ersten Blick unvernünftig, weil hierdurch die Bauschächte – wenn auch nur geringfügig – tiefer werden mußten. Der Sinn dieser leichten Trassenverschiebung kann nur darin gesehen werden, daß man bei Regenfällen während der Bauzeit auf diese Weise die Oberflächenwasser von den Bauschächten fernhalten wollte. Weiterhin konnte sich nach Abschluß der Bauarbeiten und der Wiederverfüllung der Schächte kein Oberflächenwasser in diesen sammeln und auf diese Weise auch nicht bis in den Tunnel durchsickern, somit auch nicht das im Kanal geführte Quellwasser verunreinigen.

Abb. 293 Kreuzau-Drove / Vettweiß-Soller, Kreis Düren, Drover-Berg-Tunnel. Schnitt 3 zeigt die Trichter von vier Bauschächten, Planum und Längsschnitt.

Abb. 294 Kreuzau-Drove / Vettweiß-Soller, Kreis Düren, Drover-Berg-Tunnel. Schnitt 3. Das Grabungsfoto zeigt im Planum die Verfärbungen der wiederverfüllten Bauschächte.

Abb. 295 Kreuzau-Drove / Vettweiß-Soller, Kreis Düren, Drover-Berg-Tunnel. Schnitt 4 zeigt die Trichter von vier Bauschächten, Planum und Längsschnitt.

Abb. 296 Kreuzau-Drove / Vettweiß-Soller, Kreis Düren, Drover-Berg-Tunnel. Schnitt 4. Das Grabungsfoto zeigt den mittig geschnittenen Trichter im Profil samt dem halben verfüllten Schacht im Planum.

Abb. 297 Kreuzau-Drove / Vettweiß-Soller, Kreis Düren, Drover Berg-Tunnel. Im Bereich von Schnitt 2 biegt die Wasserleitung aus dem Hangverlauf in den Tunnel ein. Das Foto zeigt die mit imbrices *abgedeckte Wasserleitungsrinne und Spuren des verfüllten Baugrabens.*

schon obertägig zu erkennen, da sich Schachttrichter an Schachttrichter reiht. Diese Linie zieht sich dann leicht gewunden über den ganzen Berg, wobei auch auf der Höhe immer wieder Abschnitte dieser Schachttrichter-Kette oder einzelne Trichter erhalten sind. Das Endstück des Tunnels liegt außerhalb des Waldes und damit außerhalb des Truppenübungsplatzes in der freien Feldflur und ist durch einen Graben überprägt worden.

Der Tunnel mit einer Gesamtlänge von 1660 m unterquert den Drover Berg in einer maximalen Tiefe von 26 m unter dem Scheitelpunkt des durchbrochenen Bergrückens. Damit ergibt sich auch die größte Teufe der Bauschächte bis zu ca. 26 m. Die Tunnelachse verläuft nicht etwa geradlinig über den Berg, sondern sie folgt – der Eigenart der Qanatbauweise entsprechend – der Einsenkung eines Sattels. Dadurch wurde der Tunnel zwar länger, es waren dafür auf dieser Linie aber die kürzesten Bauschächte abzuteufen.

Noch etwas stimmt mit anderen Tunneln dieser Bauart überein: Man hatte zwar die Linie der geringsten Geländehöhe über den Berg gesucht, folgt dieser dann aber mit der Tunneltrasse um einige Meter seitlich versetzt. Beim Drover-Berg-Tunnel wird dies besonders auf der westlichen Seite im nach Drove abfallenden Steilhang deutlich: Die Linie der römischen Schächte erklettert den Berghang parallel zum Verlauf eines kleinen trockenen Seitentales, aber gut 10 m von der eigentlichen Sohle dieses Siefens nach Süden versetzt. Auf halber Höhe wechselt die Tunnelachse mit einem leichten Schlenker auf die Nordseite des Taleinschnitts über. Sie folgt dann der Sattellinie über den Bergrücken, aber auch hier deutlich zu einer Seite hin versetzt.

Die Bauschächte folgen – wie schon beschrieben – zwar keiner geraden Linie über den Berg, ein Ergebnis der Ausgrabungen von 1982 ist aber, daß sie einer plausiblen Linie folgen, die sich in einer großen Windung über den Berg zieht. Keiner der Schächte 'tanzt aus der Reihe', was ohne Frage das Ergebnis einer gelungenen Vermessungsarbeit in römischer Zeit ist. Der Abstand der Schächte schwankt zwischen 12 und 15 m in den Hanglagen und 17 bis 20 m auf der Höhe der Drover Heide. Bei den Arbeiten unter Tage mußten also maximal Vortriebsrichtungen dieser Größenordnung eingehalten werden. Es ist bemerkenswert, daß die Schachtabstände mit zunehmender Schachtteufe größer werden, wobei weiterhin auffällt, daß die Schachtabstände in ihren Abmessungen den Schachtteufen ziemlich gleich sind. Es erscheint also durchaus möglich, daß mit der Absteckung der Schachtabstände den Bauleuten gleichzeitig die Teufe der jeweils anzulegenden Schächte angegeben wurde.

Die Lage des Tunnelanfangs unter dem Wald hat zum Erhalt dieses Bodendenkmals wenigstens in diesem Streckenabschnitt beigetragen. Aber auch im Bereich des Truppenübungsplatzes konnten sich einige der Schachttrichter erhalten. Das hat weniger mit einer besonderen Achtung der Rekruten vor einem archäologischen Objekt zu tun als vielmehr mit deren äußerst praktischem Denkvermögen: Geriet man nämlich mit einem Panzer in einen der Schachttrichter des Tunnels, war erheblicher Aufwand erforderlich, um da wieder herauszukommen. Folglich führen Fahrspuren der Panzer manchmal um die Trichter herum, wobei einige kleine 'archäologische Schutzzonen' entstanden sind. Diese sind oftmals mit Birken- und Weidengehölz umstanden, woran in der ansonsten eher als Einöde auffallenden Heidelandschaft der Trassenverlauf des Tunnels schon terrestrisch gut erkennbar ist. Besonders gut ist die Trasse aber aus der Luft auszumachen (Abb. 292). Vom Flugzeug aus sieht man besonders bei schrägstehender Sonne die Schattenflecken in den Trichtern, die sich, zu einem Gesamtbild ergänzt, wie eine über den Bergrücken gelegte Perlenkette darstellen.

Bei der archäologischen Untersuchung von 1982 wurden insgesamt fünf Schnitte angelegt. Schnitt 1 wurde am Fuß des Steilhanges zum Drover Bach angelegt, ein weiterer Schnitt im Bereich vor dem Tunnelanfang (2) und drei Schnitte (3 bis 5) auf der Höhe des Drover Berges. Die Schnitte 3 und 4 wurden als Baggerschnitte über Abschnitte von jeweils vier Bauschächten geführt, wobei die

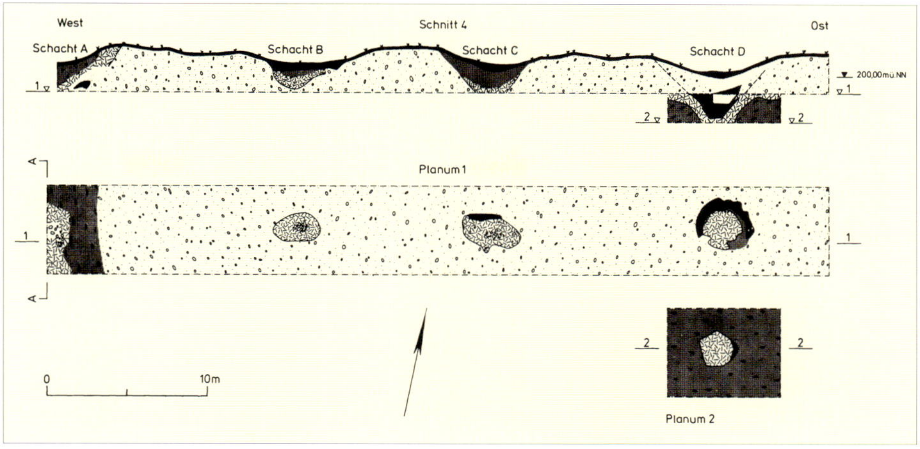

295

296

Schächte in Verlaufsrichtung der Tunneltrasse halbiert wurden, um Profile durch die Trichter zu erhalten.[365] In einer Tiefe von 2–3 m wurden die Schachthälse erreicht. Danach wurden das Planum erweitert, um die Schächte in Gänze zu erfassen.

In Schnitt 3 nahm der Abstand der Schächte von 17,0 m (A/B) über 19,5 m (B/C) auf 20,5 m (C/D) zu. Die Schachtdurchmesser schwankten zwischen 1,2 m und 1,5 m. In den Profilen war die Ursache für das Entstehen der Trichter gut erkennbar (Abb. 293). Schon beim Verfüllen der Schächte nach Bauabschluß waren deren Ränder eingebrochen; der entstandene Hohlraum wurde – wie die Schächte auch – mit Ton verfüllt (Abb. 294). Durch Einsacken des Füllmaterials entstand die Trichterform der Schachtöffnungen. Eingeschwemmtes Oberflächenmaterial sorgte für eine gewisse Auffüllung, führte aber nie zu einer vollständigen Einebnung der Oberfläche.

Im Bereich von Schacht D wurde der Schnitt bis in eine Tiefe von 6,5 m geführt, um etwas über die Schachtform

297

aussagen zu können. Dabei zeigte sich, daß der kreisrunde Schacht mit gleichbleibendem Durchmesser von 1,2 m senkrecht abgeteuft worden ist. Mit bis zu 26 m Teufe sind am Westrand des Drover Berges die tiefsten Schächte angelegt worden.

Der Befund in Schnitt 4 (Abb. 295) glich dem von Schnitt 3. Die Schachtabstände lagen hier bei 15 m (A/B), 12 m (B/C) und 14 m (C/D). Die Schachtdurchmesser schwankten zwischen 1,5 m und 2,5 m (Abb. 296).

Schnitt 5 wurde 150 m vor dem Tunnelende angelegt. Der Baggerschnitt quer zur Tunneltrasse wurde auf mehreren Ebenen geführt, um das Niveau des Tunnels, das in einer Tiefe von 6 m bis 8 m errechnet wurde, zu erreichen. Die Firste des vollständig mit Ton verfüllten Tunnels wurde planmäßig erreicht. Mit Tieferlegung des Schnittes wurde das Tunnelprofil mehr und mehr freigelegt; es zeigte sich im Profil durch eine klare Abgrenzung der Verfüllung zum umgebenden Erdreich. Da das vollständige Tunnelprofil nicht freigelegt werden konnte, ist die Lage der Wasserleitung in der Profilzeichnung ergänzt worden.[366]

Die ausgeprägte Spitze im Tunnelquerschnitt, so wie sie sich im Grabungsprofil abzeichnet, dürfte ihre Ursache darin haben, daß das Profil dicht neben einem antiken Bauschacht angelegt wurde. Hier wurde offensichtlich die Seilschleifspur angeschnitten, die sich durch das Hebewerkzeug in die Kante zwischen Tunnelfirste und Schachtwand eingekerbt hatte.

Erst nach der Fertigstellung des Tunnels ist der Kanal eingebaut worden. Er wurde 1982 am Fuße des westlichen Berghanges in zwei Schnitten freigelegt, d. h. noch vor dem eigentlichen Tunnel. Im ersten Schnitt (Schnitt 1) nahe der Quelle lag er nur 1,4 m tief, im zweiten (Schnitt 2) wurde er in 4,0 m Tiefe angetroffen, und zwar an der Stelle, wo er aus dem Hangverlauf in die Tunnelstrecke abknickt.

Der Kanal, der in ein an den Seiten und am Boden 30 cm starkes Bett aus Kieseln gegossen wurde, besteht aus einer U-förmigen Rinne aus gelbsandigem Gußbeton mit Kieseleinschlüssen, der bei der Ausgrabung sofort zerbröselte; an die Bergung eines zusammenhängenden Leitungsstückes war daher an dieser Stelle nicht zu denken. Die Wangen des Kanals hatten Stärken von 0,20 m (links) und 0,24 m (rechts). Die Rinne mit einer lichten Höhe von 0,26 m und einer lichten Weite von 0,20 m bis 0,24 m war innen mit einer dünnen Schicht (0,5 cm) wasserdichten Putzes überzogen und mit bis zu 4 cm starken halbrunden Dachziegeln (*imbrices*) abgedeckt (Abb. 297 und 298). Lediglich im Bereich des scharfen Knickes vor dem Tunnel war der Winkel zwischen den *imbrices* mit einem keilförmig zugeschlagenen Sandstein überdeckt. Eine starke Packung aus Ton sorgte dafür, daß von oben kein Fremdwasser in den Kanal eindringen konnte (Abb. 299).

Im Bereich der Quelle, die heute den Namen «Heiliger Pütz» führt, ist von einer römischen Fassung nichts mehr zu sehen. Die Schüttmenge der Quelle wird nach einer älteren Messung mit 480 m^3/Tag angegeben. Das Niveau des Wasserspiegels im Quelltopf liegt bei 191,78 m ü. NN, damit also knapp 0,5 m über dem nur 40 m abwärts in Schnitt 1 angetroffenen Leitungsaufschluß; ein Überleiten des Quellwassers war also ohne Probleme möglich.

Wir haben es im Falle des Drover-Berg-Tunnels mit dem größten antiken Bauwerk dieser Art nördlich der Alpen zu tun. Gleichwohl besteht nach wie vor die Schwierigkeit, dieses Bauwerk einem Bauherrn oder auch nur einem Versorgungsziel zuzuordnen. Die durch den Drover Berg geführte Wasserleitungstrasse tritt im Osthang des Berges an das Tageslicht, d. h. sie wird als unterirdisch verlegte Rinne mit natürlichem Gefälle weitergeführt. Nahe der Ortschaft Soller ist die Leitung mit südöstlich ausgerichtetem Verlauf noch einmal nachgewiesen worden, dann verliert sich ihre Spur.

Von der Richtung her käme als größerer Siedlungsplatz Zülpich/vicus Tolbiacum als Versorgungsziel in Frage. Entsprechende Funde wurden allerdings nie gemacht, so daß dieses Ziel eher ausscheiden dürfte. In gleicher Richtung wurde allerdings eine römische *villa rustica* nachgewiesen, die durch Lesefunde als mit einer reichen Ausstattung versehen vermutet werden darf. Vielleicht war es der Besitzer dieser Villa in Vettweiß-Froitzheim, der zur Versorgung seines Anwesens das Wasser vom «Heiligen Pütz» herleitete und dazu den Bau des Drover-Berg-Tunnels veranlaßte.

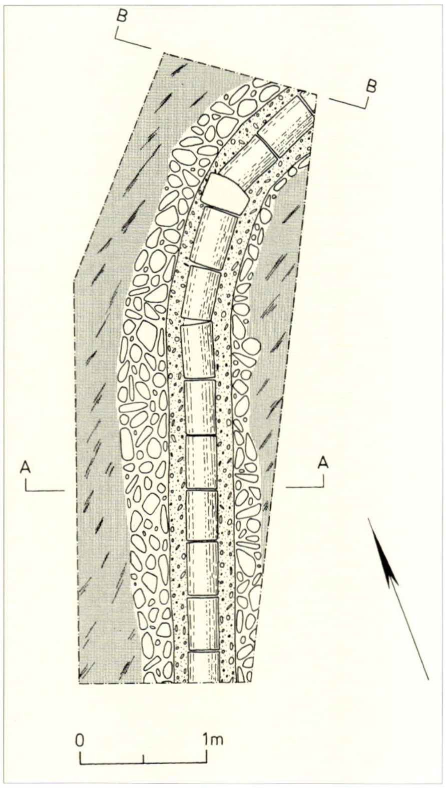

298

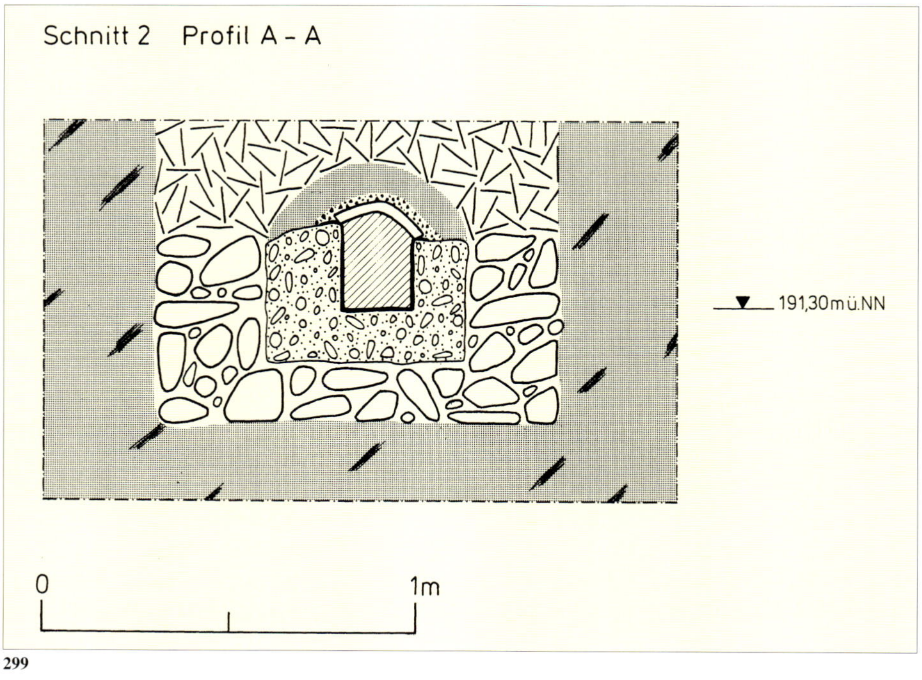

299

***Abb. 298** Kreuzau-Drove / Vettweiß-Soller, Kreis Düren, Drover-Berg-Tunnel. Schnitt 2, Planumszeichnung.*

***Abb. 299** Kreuzau-Drove / Vettweiß-Soller, Kreis Düren, Drover-Berg-Tunnel. Schnitt 2, Profil durch die Wasserleitungsrinne.*

Tunnelbau als Kriegslist

Die Aquädukttunnel der israelitischen Königszeit galten natürlich in erster Linie der Wasserversorgung der auf Tells angesiedelten Städte. Dadurch, daß man sich aber vom Stadtgebiet aus einen künstlichen Zugang zu den außerhalb der Stadtmauern liegenden Quellen verschaffte, war die Wasserversorgung in Belagerungszeiten gesichert. Da man gleichzeitig den natürlichen Zugang zu den Quellen verschließen konnte, blieben sie darüber hinaus den Blicken des Feindes verborgen und konnten von ihm auch nicht genutzt werden. Das in diesen Baumaßnahmen sichtbar werdende Konzept galt der Vorsorge für Krisenzeiten.

Nur durch eine Kriegslist konnte Jerusalem unter David erobert werden, und es wurde bereits ausgeführt, daß der Warren-Schacht (s. S. 46) möglicherweise eine wichtige Rolle dabei spielte. Bei der Eroberung Vejis (s. S. 75) durch die Römer wird beschrieben, daß man sich die etruskischen *cuniculi* zunutze machte, um in die Stadt einzudringen. Der Bau von Fluchttunneln hat eine Tradition, die mindestens aus der Zeit der frühen Christen bis in unsere Tage reicht.[367]

Es sind aber auch durchaus Stollen- und Tunnelbauten bekannt, die im Rahmen taktischer Kriegsführung gebaut worden sind und u. a. das Ziel hatten, den Gegner durch Überraschungsangriffe zu überrumpeln. Da diese Tunnel nach Beendigung der Kampfmaßnahmen kaum mehr Bedeutung hatten, verfielen sie rasch und sind archäologisch nicht mehr nachzuweisen. Hinweise auf derartige Bauwerke finden sich aber bei einigen – wenigen – antiken Schriftstellern.

Eine Ausnahme bildet das Konterstollensystem von Alt Paphos (Zypern), das in Resten archäologisch nachgewiesen werden konnte.[368] Als die Perser 498 v. Chr. die befestigte Stadt belagerten, versuchten sie, die Stadtmauer mittels einer gewaltigen aus Erdreich angeschütteten Angriffsrampe zu erstürmen. Die Verteidiger der Stadt bauten als Gegenmaßnahme vom Stadtgebiet aus drei Stollen unter der eigenen Stadtmauer hindurch bis unter diese Angriffsrampe. Auf diese Weise versuchte man die Rampe zum Einsturz zu bringen und das Erdreich fortzutragen.

Herodot schreibt, daß die Perser beim Angriff auf Barka versucht hatten, durch einen Angriffsstollen unter der Stadtmauer her in die Stadt zu gelangen: *«Als das persische Heer, das unter Führung des Aryandes als Hilfsheer für Pheretime aus Ägypten abgeschickt worden war, vor Barka ankam, belagerte es die Stadt. Man hatte die Forderung gestellt, die Mörder des Arkesilaos* (565–555 v. Chr. König von Kyrene) *auszuliefern, aber da das ganze Volk mitschuldig war, blieb die Forderung unerfüllt. So belagerten denn die Perser die Stadt Barka neun Monate lang, gruben unterirdische Gänge bis in die Stadt hinein und suchten sie mit Gewalt zu erstürmen. Die Gänge aber wurden durch einen Schmied aufgedeckt mit Hilfe eines ehernen Schildes. Er fand die Gräben dadurch, daß er rings an der Innenseite der Mauer herumging und den Schild an den Boden hielt. Wo nicht gegraben wurde, hörte man nichts, aber wo gegraben wurde, hallte das Erz des an den Boden gehaltenen Schildes wider. Die Barkaier gruben nun den Persern entgegen und töteten die Grabenden.*

So wurden die unterirdischen Gänge entdeckt. Die Stürmenden schlugen die Barkaier ab.»[369] Dem Angriffsstollen war also mit einem Konterstollen entgegengearbeitet worden; durch ein Treffen beider Bauwerke war der Angriffsversuch paralysiert worden.

Caesar beschreibt im 'Gallischen Krieg' einen eigenen Angriffsdamm, der vom Gegner mit Konterstollen unterminiert wurde. In der Schlacht gegen Vercingetorix bei Avaricum (52 v. Chr.) ließ Caesar einen solchen Angriffsdamm bauen, der in seinem Inneren einen Gang (*cuniculus*) verbarg. Darin sollten seine Soldaten bis zur Stadtmauer vordringen, um diese einbrechen oder untergraben zu können. Die Gallier wehrten sich mit einer dem Angriff angepaßten Verteidigungstaktik: Sie bauten vom Stadtgebiet aus einen Stollen unter den Angriffsdamm und brachten ihn dadurch zum Einsturz; an anderer Stelle setzen sie ihn von unten her in Flammen: *«Obwohl die Belagerung durch so viele derartige Gegenmaßnahmen behindert wurde, und die Soldaten die ganze Zeit hindurch durch Kälte und andauernde Regenfälle behindert wurden, überwanden sie dennoch durch ununterbrochene Arbeit alle diese Schwierigkeiten und richteten in fünfundzwanzig Tagen einen dreihundertdreißig Fuß breiten und achtzig Fuß hohen Belagerungsdamm auf. Als dieser die feindliche Mauer fast berührte, ich bei der Schanzarbeit nach meiner Gewohnheit biwakierte und die Soldaten anfeuerte, die Arbeit nicht einen Augenblick zu unterbrechen, entdeckte man kurz nach der dritten Nachtwache, daß der Damm rauche. Die Feinde hatten ihn von einem Minengang aus in Brand gesteckt.»*[370]

Ihre Kenntnisse vom Tunnelbau hatten die Gallier beim Bergbau erworben: *«Den Angriffsdamm unterminierten sie mit um so größerer Sachkenntnis, als es bei ihnen Erzgruben gibt und alle Arten von Minengängen bei ihnen bekannt und gebräuchlich sind.»*[371]

Aber Dämme und Stollen wurden nicht nur zum direkten Angriff gebaut, sie konnten auch ein Hilfsmittel sein, um die Eingekesselten auszutrocknen. Bei der Belagerung von Uxellodunum (51/50 v. Chr.) spielt die Wasserversorgung der Belagerten eine große Rolle. *«Er [Caesar] unternahm daher einen Versuch, dem Feind das Wasser abzuschneiden. Ein Fluß durchströmte das in der Tiefe liegende Tal, das fast den ganzen Berg umschloß, auf dem die ringsum steil abfallende Stadt Uxellodunum lag. Diesen Fluß konnte er der Örtlichkeit wegen nicht ableiten; denn sein Bett lag so tief unten am Fuß des Berges, daß man nach keiner Seite hin noch tiefere Abzugsgräben ziehen konnte.»*[372]

Statt dessen nahm er nun die Zuwege der Belagerten zum Fluß unter Beschuß, so daß sie von dieser Art der Wasserversorgung abgeschnitten waren. Sie versorgten sich fortan aus einer stark schüttenden Quelle gleich unterhalb der Stadtmauer. *«Nur Caesar sah – die übrigen wünschten es lediglich –, daß man die Städter von dieser Quelle abschneiden könne.»*[373]

Der Ausschaltung auch dieser Wasserversorgung galten mehrere gezielte Maßnahmen. Dazu gehörte die Errichtung eines Belagerungsdammes sowie von Laufhallen, von denen aus ein Stollen Richtung Quelle vorgetrieben wurde. Da die Zuwege zur Quelle zudem unter ständigen Beschuß genommen wurden, war die Stadt praktisch von ihrer Wasserversorgung abgeschnitten. Die Belagerten wehrten sich jedoch verzweifelt. Mit Feuerrädern versuchte man die Belagerung zu sprengen und verwickelte dabei die Römer in größere Kampfhandlungen. Die römischen Truppen mußten nun einerseits ihre brennenden Belagerungswerke löschen, aber gleichzeitig auch die ausfallenden Städter bekämpfen. *«Während aber die Belagerten ihren Widerstand hartnäckig fortsetzten und, selbst nachdem ein großer Teil der Ihrigen vor Durst zugrunde gegangen war, bei ihrem Beschluß verharrten, wurden endlich die Adern der Quelle durch die unterirdischen Gänge abgegraben und weggeleitet. So versiegte plötzlich die stets fließende Quelle, was die Belagerten in so große Verzweiflung brachte, daß sie glaubten, nicht Menschenwitz, sondern Götterwille habe dies zustande gebracht. So mußten sie sich denn notgedrungen ergeben.»*[374]

Mittelalterliche Tunnelbauwerke, die man den Krieglisten zurechnen könnte, geistern als oftmals spannende Geschichten durch die Sagenwelt der Ritter. Meist geht es um Fluchttunnel von den Burgen ins Freie oder um Verbindungstunnel zwischen zwei Burgen. Ein dem bei Herodot (s. o.) beschriebenen Angriffsstollen ähnliches Bauwerk des Mittelalters, dem man wie in Barka von innerhalb der Stadtmauer entgegengearbeitet hat, ist aus St. Andrews in Schottland bekannt. Die Beschreibung dieses den Kriegslisten zuzurechnenden Tunnels soll gleichzeitig den thematischen Übergang vom Tunnelbau der Antike zum Mittelalter und in die frühe Neuzeit einleiten.

St. Andrews hat sich in unseren Tagen als außergewöhnlich schönes Seebad und Zentrum des Golfspiels einen Namen gemacht. Es ist aber auch in der Geschichte der britischen Inseln ein wichtiger Ort: Hier wurde im Jahre 1412 die erste Universität Schottlands gegründet, und hier ist auch ein wichtiger Ort in der Geschichte der Reformation. Die durch die Reformation begründeten kriegerischen Auseinandersetzungen führten schließlich auch zum Bau der zu beschreibenden Angriffs- und Gegenangriffsstollen während der Burgbelagerung von 1546–47.[375]

Die Belagerer der Burg, vor den Mauern ansonsten zur Untätigkeit verurteilt, entwickelten den Plan, die Burgmauern von außen zu unterminieren, um auf diese Weise in das Innere eindringen zu können. Sie setzen etwa 50 m außerhalb von Burgmauer und Burggraben an, einen Stollen aufzufahren. Da der Anfangspunkt des Stollens heute unter der modernen Bebauung verborgen ist, läßt sich nicht mehr mit Gewißheit sagen, ob man anfangs mittels eines Schachtes in einer gewissen Tiefe mit dem Vortrieb begonnen hatte oder ob man von Anfang an schräg in den Boden vorgetrieben war. Der Stollen selbst ist jedenfalls schräg nach unten geführt worden, wobei man die Sohle mit Treppenstufen zur besseren Begehbarkeit versehen hat. Durch einen Querschnitt von 1,8 m Breite und 2,1 m Höhe war der Angriffsstollen mit lichten Maßen ausgestattet, die sowohl den Arbeitern als auch den Packtieren, die in Satteltaschen den Abraum nach außen brachten, Platz ließen. Mit dem schräg nach unten gerichteten Vortrieb sollten sowohl der Burggraben als auch das Mauerfundament unterminiert werden.

Im November 1546 berichtet der französische Botschafter in London, daß sich der Earl of Arran durch einen Angriffsstollen einen gewaltsamen Zugang zu St. Andrews Castle verschaffen wolle. Er berichtet aber auch, daß die Verteidiger schon an einem Gegenangriffsstollen arbeiten würden. Der raffiniert geplante Angriff kann also nicht lange geheimzuhalten gewesen sein, wenn die Gegenmaßnahmen im November desselben Jahres schon im Gange waren.

In der Tat sind dem Angriffsstollen alsbald unterirdische Aktivitäten von der Burgseite aus entgegengesetzt worden. Deren Ziel war offensichtlich, die unterirdischen Angreifer noch in der Erde abzufangen und damit den Angriff unschädlich zu machen. Man war sich aber wohl nicht von Anfang an klar, auf welcher Linie der Angriff exakt vorgetrieben wurde, denn zwei Versuchsschächte, die man in den Wachstuben rechts und links des Eingangs angelegt hatte, wurden aufgegeben, ohne mit einem größeren Vortrieb von hier aus überhaupt zu beginnen. In einem dritten Versuch setzte man außerhalb der Mauer unmittelbar östlich des Fore Tower an. Hier befand man sich im Bereich der Berme zwischen Burgmauer und Burggraben, war aber durch eine zweite Mauer, die ehemals am Rand des Burggrabens stand, vor den Blicken der Belagerer geschützt.

Die Vortriebsrichtung der *Countermine* zielte im Bereich der ersten 6 m fast exakt in südlicher Richtung und damit recht genau dem Angriffsstollen entgegen. Dann knickte man aber rechtwinklig nach Osten ab, gab diesen Vortrieb aber nach weiteren 6 m wieder auf, um die Anfangsrichtung in leichtem Bogen nach Südwesten weiterzuverfolgen. Mit diesem Stollen lag man nun ziemlich richtig, denn nach weiteren 10 m Vortriebs kam man in den Bereich der Ortsbrust des Angriffsstollens. Vermutlich hat man die Arbeiten der Angreifer gehört und dabei festgestellt, daß der Kopf des Angriffsstollens nur unweit des eigenen Vortriebs liegen mußte. Tatsächlich lag man nur rund 1 m auseinander. Man knickte mit dem Vortrieb der *Countermine* in die vermutete Richtung ab und schnitt dabei mit der eigenen Sohle die Firste des Angriffsstollens an. Damit war der Angriff erst einmal paralysiert.

Der Durchbruch ist zwar erweitert worden, so daß ein Durchschlupf möglich war, aber allein die Entdeckung des Angriffsstollens machte das ganze Angriffsvorhaben wertlos, so daß es wohl gar nicht zu größeren Kämpfen unter der Erde gekommen ist. Im Falle von Zweikämpfen im Tunnel hätten die Verteidiger der Burg ohnehin die bessere Position gehabt; sie hätten den ganzen Tunnel auch einfach unter Wasser setzen können.

Die technischen Erben Roms

Mit dem Niedergang des römischen Weltreiches ging neben vielem anderen auch ein Niedergang städtischer Kultur einher. Die für die Technikgeschichte wichtige Frage, ob es zu einem völligen Erliegen städtischer Infrastrukturen kam oder ob es in gewissen Bereichen Möglichkeiten für ein Überleben technischen Wissens gab, ist eine Kernfrage. Aus der Sicht des Mittelalters hieße dieselbe Frage, hat es ein Überleben technischen Wissens gegeben oder sind die Beispiele der im frühen und hohen Mittelalter gefundenen Lösungen technologische Neuentwicklungen.

Die jüngere Forschung hat zumindest für den Bereich des Wasserbaus und der Technik der Wasserversorgung gezeigt, daß sich deren Entwicklung wie ein roter Faden durch die Technikgeschichte zieht:[376] Es gab durchaus Orte, an denen antike Wasserversorgungsanlagen ohne Änderung ihrer Funktion die Zeiten der Völkerwanderung überlebt haben. Das Bild ist aber äußerst uneinheitlich. Für ein Überleben war mancherorts ein unveränderter Bedarf verantwortlich, wie wir es dort feststellen können, wo sich antike Strukturen auch nach dem Ende der Römerzeit noch erhalten konnten, beispielsweise in Südfrankreich. Aber das war nicht allein auschlaggebend. Wichtig war weiterhin, daß hinter dem Willen zur Erhaltung beispielsweise einer Fernwasserversorgung nicht nur ein öffentliches Interesse, sondern darüber hinaus auch eine gewisse Staatsgewalt stand, die die notwendigen Finanzen und das technische 'Know-how' bereitstellen konnte.

Hierfür beispielhaft sind Herrscher wie Theoderich der Große und Karl der Große. Der eine ließ eine antike Wasserleitung wiederherstellen, und der andere baute für seine Pfalz in Ingelheim einen völlig neuen Aquädukt – in römischer Bautechnik, denn einen Entwicklungsschub hat es bis zum 8. Jh. nicht mehr gegeben. In Spanien sind es die Araber, die sowohl eigenes 'Know-how' mitbringen als auch römische Techniken übernehmen und weiterentwickeln.

Ein anderer Weg für das Überleben technischen Wissens fand sich mit der Verbreitung des christlichen Glaubens. Da für die christliche Taufe in der Frühzeit der Kirche aus rituellen Gründen fließendes Wasser benötigt wurde, hat man sich oftmals der antiken Wasserversorgungsanlagen bedient. In Aix-en-Provence und Poitiers beispielsweise schloß man die Taufkirchen an die antike Wasserversorgung an, in Lyon baute man in antiker Technik neu – allesamt in der Mitte des 1. Jts. Aber auch in Bonn und Boppard gibt es archäologische Befunde dafür, daß man die antike Wasserversorgung für die Taufkirchen nutzbar gemacht hatte.

Mit dem Aufkommen des Mönchtums findet eine echte Neubelebung statt. Da das Mönchtum sich von Italien ausgehend über Europa verbreitete, kamen mit den Mönchen erneut auch Kenntnisse antiker Techniken aus dem Kernland des römischen Imperiums in die ehemaligen Provinzen. Auch das wichtigste technische Handbuch der Antike bleibt aktuell und in Nutzung, schließlich ist man in den Klöstern durchaus in der Lage, den lateinischen Text Vitruvs zu lesen. Überhaupt sind Vitruvs 'Zehn Bücher über die Baukunst' das wichtigste Hilfsmittel zum Erhalt der Kenntnisse von antiker Technik und ihrer Verbreitung. Das gilt uneingeschränkt bis in die Renaissancezeit; erst nach 1500 wird Vitruv in die deutsche Sprache übersetzt und dadurch auch dem nicht des Lateinischen Kundigen zugänglich.[377]

Im Tunnelbau tritt nach dem Niedergang des Imperium Romanum eine Pause ein. Ab dem 5. Jh. sind für mehrere Jahrhunderte keine Neubauten mehr feststellbar. Schon diese Tatsache macht ersichtlich, daß wir es beim Tunnelbau mit einer Bautechnik zu tun haben, die, wie kaum eine andere, der staatlichen oder kirchlichen Macht, großer finanzieller Mittel und eines speziellen technischen Wissens bedurfte, um zur Anwendung zu kommen. Und es nimmt nicht wunder, daß die ersten Tunnel, die in der Nachantike entstehen, von klösterlichen Gemeinschaften in Angriff genommen wurden.

Als Ausnahme kann Siena (Italien) gelten, wo im 13. Jh. ein unterirdisches Wasserversorgungssystem angelegt wird, das heute noch seine Dienste tut.[378] Ein System, das schließlich 25 km Stollen- und Tunnelstrecken erreichen sollte, um die großartigen Brunnen der Stadt zu versorgen.

Aber auch die klösterlichen Tunnel des Hochmittelalters sind eher Ausnahmeerscheinungen. An den Fingern einer Hand lassen sich die im Mittelalter gebauten Anlagen abzählen. Die beiden bedeuten-den Tunnelbauten des Mittelalters im deutschsprachigen Raum sind der Mönchberg-Tunnel in Salzburg (Österreich)[379] und der Fulbert-Stollen in Maria Laach (Rheinland-Pfalz),[380] hinzu kommt noch ein kleiner Tunnel in Bad Frankenhausen (Thüringen). In Frankreich ist eine ähnliche Anlage in Nissan-lez-Enserune bekannt.[381]

Es darf dabei nicht vergessen werden, daß es vor dem Bau dieser Tunnel eine Pause von rund 800 Jahren gegeben hat, in der nach heutigem Wissen keine Tunnel gebaut worden waren.

Deutschland

Maria Laach

In Maria Laach mögen zwei Gründe ausschlaggebend gewesen sein, daß die Mönche des Klosters Maria Laach unter ihrem zweiten Abt Fulbert zwischen 1152 und 1170 einen Tunnel durch den südlichen Rand des Laacher Kessels gebaut haben.[382] Durch diesen künstlichen Abfluß wurde erreicht, den Hochwasserstand zu begrenzen, so daß eine Überschwemmungsgefahr für die Klostergebäude in Zukunft ausgeschlossen wurde. Zudem wurde auf diese Weise direkt vor den Toren des Klosters eine große Fläche fruchtbaren Landes gewonnen.

Leider gibt es aus der Planungs- oder der Bauzeit des Tunnels keine Unterlagen mehr. Der erste schriftliche Bericht vom Tunnel stammt aus der Amtszeit des 11. Laacher Abtes Theoderich II. von Lehmen (1256–1295). Als Bauzeit wurde für den ersten Tunnel am Laacher See bisher immer nur die Amtszeit des zweiten Laacher Abtes Fulbert (1152–77) angegeben. Leider fanden sich bei den Untersuchungen im Stollen weder Einzelfunde, noch Holzverbauungen, die einer exakten Datierung nützlich sein könnten.

In der Regierungszeit des Abtes Fulbert fällt in diesem Zusammenhang allerdings ein Jahreswert in der Dendrochronologie auf, der auf einen extrem niedrigen Zuwachs der Eichen hindeutet. Dieses geringe Wachstum könnte das Ergebnis einer besonders auffälligen Niederschlags-Depression des Jahres 1164 sein. Das Jahr 1164 ist für die Dendrochronologen ein wichtiges Weiserjahr, weil es sich bei allen Proben im Gebiet der westdeutschen Eichenchronologie zeigt. Möglicherweise hatte das geringe Wachstum der Eichen im Jahre 1164 seine Ursachen in extrem geringen Niederschlägen. Das wiederum könnte zu einem niedrigen Wasserstand des Laacher Sees geführt und somit auch den Tunnelbau begünstigt haben.

Die angewendete Bauweise ist das Qanatverfahren. Ähnlich wie bei verschiedenen antiken Tunnelbauten wurde die Achse über Tage abgesteckt. Im Verlauf dieser Linie wurden dann in unterschiedlichen Abständen senkrechte Schächte bis zu einer vorher errechneten Tiefe ausgeschachtet. Von hier aus wurden jeweils zu den Anschlußschächten nach beiden Seiten Stollen vorgetrieben. Nach dem Durchbruch der gesamten Strecke wurde dem Kanal das notwendige Gefälle gegeben. Der Fulbertstollen erreichte eine Gesamtlänge von etwa 880 m bei einem mittleren Querschnitt von 1,5 x 3,5 m. Nach diesen Maßen ergibt sich für den Aushub ein imposantes Volumen von rund 5000 m^3.

Beim Vergleich der Linienführung mit den Höhenverhältnissen in der Landschaft wird klar, daß Fulberts Mönchs-Ingenieure in etwa der Linie niedrigster Höhen über den Kesselrand gefolgt sind und damit dem Bau kürzerer Schächte den Vorzug vor einer kürzeren Trasse gaben. Damit wird eine auffällige Übereinstimmung nicht nur zu einem antiken Bauverfahren allgemein, sondern auch hinsichtlich eines wesentlichen Details dieser Technik deutlich. Und es fragt sich natürlich, wo kommt das technische Wissen zum Bau eines solchen Tunnels nach 800 Jahren technischer Brache auf diesem Gebiet plötzlich her.

Wir können nur vermuten, daß die Laacher Mönche natürlich in der Lage waren, Vitruvs Texte zu lesen und deshalb etwas von den in der Antike zur Anwendung gekommenen Techniken wußten. Möglicherweise hatten die Benediktiner aber auch Verbindung zu ihrem Mutterhaus in Italien, und den Mönchen dort waren die antiken Tunnel zur Seeabsenkung in den Albaner Bergen sicherlich bekannt gewesen – zumal sie sich noch in Funktion befanden. Geologische Probleme hatten die Laacher Mönche mit ihrem Tunnel aber sicher nicht, denn der Tuff, bei den Vulkanausbrüchen 10 000 Jahre vorher als Lavaasche hier abgelagert, war leicht zu durchörtern.

Bad Frankenhausen

Der Kleine Wipper-Tunnel bei Bad Frankenhausen (Thüringen) stammt etwa aus dem Jahre 1350.[383] Auch dieser Tunnel ist mit einer Klosteranlage in Verbindung zu bringen, wobei es anscheinend gleich zwei Nutznießer nach dem Bau des Tunnels gegeben hat. Die Mönche des Klosters Göllingen im Tal der Wipper klagten nämlich einerseits über zuviel Wasser, das zu einer ständigen Verlandung ihrer Fischteiche führte, während in Frankenhausen auf der anderen Seite des nahegelegenen Hanfenberges für den Betrieb der Mühlräder einer Saline über zu wenig Wasser Klage geführt wurde.

Man baute also durch den Hanfenberg einen Flußumleitungstunnel, der schließlich 540 m lang werden sollte. Seine lichte Höhe beträgt 1,6 m, seine Breite 0,6 m. Auch dieser Tunnel wurde in Qanatbauweise aufgefahren, denn mit seinem Verlauf identisch sieht man über den Berg eine Kette von Trichtern, die ein Indikator für Bauschächte sein könnte.[384]

Es ist auffällig, daß das Mittelalter mit nur wenigen Beispielen für Tunnelbau in das Licht der Technikgeschichte tritt. Das gilt nicht nur für Deutschland, sondern darüber hinaus auch für die Länder, die in der Antike mit großartigen Technikbauten aufwarten konnten. Eine neue Entwicklung entsteht mit dem Aufkommen bergbaulicher Tätigkeiten; wonach sich ab dem 15. Jh. auch in Deutschland eine Blütezeit abzeichnet.

Anmerkungen und Bildnachweis

Anmerkungen

1 Mommsen 1871, 9.
2 *Larousse* 1989, XV, 10467.
3 *Encyclopædia Britannica* 1973, XVIII, 749.
4 Neumann 1966, 555.
5 *Meyer* 1889, XV, 906.
6 *Meyer* 1978.
7 *Brockhaus* 1974, XIX, 114.
8 Altwasser 1992a, 10.
9 *Duden* 1969, VIII, 235.
10 Grewe 1991b, 279.
11 Altwasser 1992a, 10.
12 *Beton-Lexikon* 1990, 318.
13 *Beton-Lexikon* 1990, 305.
14 Hetzel 1955.
15 Neumann 1966, 555.
16 Fahlbusch 1982, 93.
17 Grewe 1985, 55.
18 Leveau 1995.
19 Hild/Hellenkemper 1990a, 182.
20 Hild/Hellenkemper 1990b, 293–294.
21 *Burgenkarte* 1974, Blatt 3, 73.
22 Potter 1992, 167; 180.
23 Grewe 1994.
24 Radt 1993, 88.
25 Radt 1993, 79-80.
26 Borchhardt 1980.
27 *CIL* XIII, 5166; Moosbrugger-Leu 1968 406 ff.; Drack/Fellmann 1988, 524.
28 Grewe/Öziş/Baykan/Atalay 1994.
29 Kienast 1995, 141.
30 Grewe 1985, 70.
31 Heron, *Dioptr.* 15 (ed. H. Schöne 1903, 238); Diels 1914, 9.
32 Grewe 1985, 34–42.
33 Kienast 1995, 148–163.
34 Schmidt 1935, 151.
35 Heron (n. Thévenot 1693, 245); Schmidt 1935, 155, Anm. 545.
36 Grewe 1985, 22. (Die Lote befinden sich in einer Privatsammlung, konnten vom Verfasser aber in Augenschein genommen werden.)
37 Della Corte 1922, 29; Nowotny 1923, 22; Schöne 1901, 127.
37a Grewe 1985, 22.
38 *CIL* 5.2, Nr. 6786; Grewe 1980, 164; Adam 1984, 9.
39 Schöne 1903.
40 Vitruv VIII, 5,1–3 (Übersetzung von C. Fensterbusch, Darmstadt 1964).
41 Grewe 1981d, 205; Grewe 1985, 18–21.
42 *CIL* VI, 1261.
43 *CIL* VI, 1975; Helbig [1]1891, Nr. 420; Helbig [4]1944, Nr. 1214; Grewe 1985, 15.
43a *Oudheidkundige Mededeelingen uit's Rijksmuseum van Oudheden te Leiden* 10–12, 1929–31, 24; *Britannia* 10, 1979, 351; Grewe 1985, 14–16.
44 Butler 1933; Schmidt 1935; Samesreuther 1938; Suter 1952; Lô 1953; Smith 1954; Cressey 1958; Troll 1963; Forbes 1964; Wulff 1968; Al Karagi/Mazaheri 1970; Bičik 1971; Redmer 1971; Troll/Braun 1972; Redmer 1978; Goblot 1979a; Goblot 1979b; Al Karagi/Hochheim 1880; Grewe 1981a; Kuros 1981; Weisgerber 1981; Gerster 1982; Kuros 1982; Hellenkemper 1983; Lunde 1983; Laureano 1987; Beaumont 1989; Faber 1989; Kohl/Faber 1990; Kohl/Waringo/Faber 1995; Friedrich 1995; Garbrecht 1995.
45 Die Bezeichnungen für Qanate sind regional verschieden; weitere geläufige Bezeichnungen sind: Kahris, Käris im Iran, Foggara im saharischen Raum, khiras in Afghanistan, sahrig im Yemen, falaj in Oman, ngoula oder kriga in Tunesien, chegga in Bou Saada, Khatt'âra in Süd-Marokko.
46 Al Karagi/Mazaheri 1970.
47 Faber 1989.
48 Al Karagi/Hochheim 1880.
49 Faber 1989. Die hier angeführten Al Karagi-Zitate stammen (mit einer Ausnahme, s. Anm. 52) aus der Übersetzung von Georges Faber.
50 Kuros 1982, 25.
51 Faber 1989, P 6. (Aly Mazaheri meint, daß die Qanate in der Praxis immer horizontal angelegt wurden. Das erforderliche Minimalgefälle hätte sich dann durch Fegen und Abschaben der Qanatsohle ergeben, s. Anm. 46).
52 Al Karagi/Hochheim 1880, III, 4.
53 Weisgerber 1981, 247.
54 *Bulletin des Études arabes* 40, 1948, 210.
55 Troll 1963.
56 Kuros 1981, 22.
57 Forbes 1964, 158.
58 Kuros 1981, 22.
59 Vitruv VIII, 6. 3 (Übersetzung C. Fensterbusch, Darmstadt 1964).
60 Fritz 1990, 61.
61 Michener 1965.
62 Shiloh o. J., 226–228; Fritz 1990, 124–131.
63 Lamon 1935, Abb. 2–3; Shiloh o. J., 206; Fritz 1990, 126; Magall 1986, 134.
64 Pritchard 1962, 53 ff.; Wright 1963; Cole 1980; Shiloh o. J., 211–213; Fritz 1990, 125–126.
65 Schumacher 1910; Shiloh o. J., 214.
66 Yadin 1975; Yadin 1976.
67 Yadin 1969, 14–19; Shiloh o. J., 207–209; Magall 1986, 134; Fritz 1990,126.
68 Macalister 1912, 256–265; Dever 1969; Shiloh o. J., 209–210.
69 Robinson/Smith 1841; Wilson/Warren 1871; Kautsch 1882; Guthe 1882; Warren 1884; Schick 1890; Clermont-Ganneau 1897; Vincent 1911a; Vincent 1911b; Baumann 1913; Thumm 1925; Benzinger 1927; Löwengart 1929; Weill 1947; Simons 1952; Kuhárszky 1966; Herdmenger 1966; Har-El 1975; Yadin 1976; Ussishkin 1976; Mazar 1976; Wilkinson 1978; Shaheen 1979; Galling 1979; Shiloh 1981; Shiloh 1983; Kienast 1984a; Grewe 1985; Frankel 1985; Magall 1986; Grewe 1986A; Weippert 1988; Fritz 1990; Gill 1991; Millard 1991; Shanks 1991; Jaroš 1992; Abells 1993; Avizohar 1993; Sigelmann/Ravek 1993; Porat 1993; Abells 1994; Gill 1994; Wilford 1994; Jaroš 1997. – Pritchard o. J.
70 Gill 1991; Gill 1994.
71 Die Inschriften am Tunnel von Çevlik (Antakya, Türkei, s. S. 108)) belegen lediglich die Bauherren Titus und Vespasian (79 n. Chr.) sowie Erneuerungsphasen, wogegen die Inschrift des Nonius Datus aus Saldae (Bejaia, Algerien, s. S. 135) eine echte Beschreibung der Tunnelbautechnik darstellt, allerdings erst um 151 n. Chr.
72 Eine solche Quelle nennt man intermittierend. Im Falle der Gihon-Quelle versagt die intermittierende Schüttung seit etwa 40 Jahren, wofür die moderne Besiedlung in Ostjerusalem eine Ursache sein kann.
72a Gill 1991.
73 Wilson/Warren 1871, 244–250; Vincent 1911a; 1911b.
74 Dieses Gebäude ist vermutlich erst unter Herodes (37–4 v. Chr.) entstanden, wodurch die Annahme bestärkt wird, daß die Wassernutzung der Gihon-Quelle über den Warren-Schacht auch in den Zeiten nach König Hiskia noch in Betrieb war.
75 Vincent 1911a, 1911b; Simons 1952; Weippert 1988, 455–456.
76 Shiloh 1981, 39. – Früher schreibt Shiloh: *«Viele Gelehrte weisen die gängige Identifizierung der 'Röhre/zinor', die im 2. Samuel 5,6–9 erwähnt wird, mit dem Warren-Schaft verständlicherweise zurück, da dieser nach den farbigen Schilderungen im Jerusalem der Jebusiter bereits existiert hätte.»* (Shiloh 1983, 33).
77 Gill 1994, 23.
78 Robinson/Smith 1841.
79 Warren 1884, 355, zitiert n. Pritchard o. J., 51. (In der gleichen Weise ließen sich auch die Umstände bei der Aufnahme mancher Tunnel im Rahmen dieser Arbeit beschreiben.)
80 Pritchard o. J., 52; Shanks 1991.
81 *« ... als der Tunnel gebohrt wurde. Und dieses ist die Art und Weise, auf die er gebohrt wurde. Während ... noch waren ... Hacken, jeder Mann in Richtung auf seinen Gefährten, und während noch drei Ellen zu durchbohren waren, hörte man die Stimme eines Mannes, der seinem Gefährten etwas zurief, denn es war ein Überhang im Felsen, rechts und links. Und als der Tunnel gebohrt wurde, schlugen die Steinhauer den Felsen weg, jeder Mann in Richtung auf seinen Gefährten, Hacke gegen Hacke, und das Wasser floß von der Quelle bis zum Reservoir, 1200 Ellen weit, und die Höhe des Felsens über den Köpfen der Steinhauer betrug 100 Ellen.»* (*ANET* 1955, 321).
«[Vollendet wurde] der Durchbruch und so verhielt es sich mit dem Durchbruch: Als noch [die Steinhauer schwangen] die Beilhacken, jeder auf seinen Genossen zu, und als noch 3 Ellen zu durchschlagen [waren, wurde gehört] die Stimme eines jeden, der seinen Genossen rief, denn es war ein Spalt im Felsen von rechts nach [links]. Und am Tage des Durchbruchs schlugen die Steinhauer – jeder auf seinen Genossen zu –, Beilhacke gegen Beilhacke. Da floß das Wasser vom Ausgangsort zum Teich an 1200 Ellen. – Und einhundert Ellen betrug die Höhe des Felsens über den Köpfen der Steinhauer.» (Galling 1979, 66 f.).
«Das war der Durchbruch: und dies war die Sache des Durchbruchs. Während die Hauer schwangen die Picke, jeder auf seinen Genossen zu, und während noch drei Ellen für den Durchbruch waren, da wurde gehört die Stimme eines jeden, der rief zu seinen Genossen. – denn es war ein Riß im Felsen von rechts und von ... Und am Tag des Durchbruchs schlugen die Hauer, jeder, um sich seinen Genossen zu nähern, Picke gegen Picke und es floß das Wasser vom Ausgangsort bis zum Teich an die zweihundert und tausend Ellen. Und hundert Ellen war die Höhe des Felsens über dem Kopf der Hauer.» (Jaroš 1992, 124).
«Die Durchbohrung, und dies war der Hergang der Durchbohrung ... Die Hacken eines jeden gegen die des anderen. – Und als sie noch drei Ellen ... rief einer dem anderen, denn es war ein Spalt im Felsen zur Rechten Hand. Und am Tage ... der Durchbohrung hieben die Aushauenden einer gegen den anderen Hacke auf Hacke. – und es ergoß sich ... das Wasser von dem Ausgangspunkt in den Teich 1200 Ellen weit und 100 ... Ellen war die Höhe des Felsens über den Aushauenden.» (Kuhárszky 1966, 42).
«(? ... completion of) the piercing through. And this is the story of the piercing through. While (the stone-cutters were swinging their) axes, each toward his fellow, while there were yet three cubits to be pierced through, (There was heard) the voice of a man calling to his fellow, for there was a crevice (?) on the right. ... And on the day of the piercing through, the stone-cutters struck through each to meet his fellow, axe against axe.

Then ran the water from the spring to the pool for twelvehundred cubits, and a hundred cubits was the height of the rock above the heads of the stone-cutters.» (SNAITH 1958, 209–211).

« ... the tunnelling (was finished). And this was the matter of the tunneling: While [the hewers wielded] the axe, each man toward his fellow, and while there were still three cubits to be he[wn, there was hear]d a man's voice call/ing to his fellow, for there was a crack(?) in the rock on the right and [on the lef]t. And at the end of the/tunnelling the hewers hacked each man toward his fellow, axe upon axe. And there flowed / the waters from the spring towards the reservoir for two hundre[d and] a / thousand cubits. And a hu[nd]red cubits was the height of the rock above the head[s] of the hewers.» (AMIRAN 1976, 78; MAZAR 1976, 22; YADIN 1976, 78).

«[Das war] der Durchbruch, und dies war die Sache des Durchbruchs: Während [schwangen Steinhauer die] Haue, jeder auf seinen Genossen zu, und während noch drei Ellen für den Durchbruch war[en, da wurde gehört] die Stimme eines jeder, der rief zu seinem Genossen; denn es war ein Riß im Felsen von Süden und [von No]rden. Und am Tage des Durchbruchs schlugen die Hauer, jeder, um sich zu nähern seinem Genossen Hacke gegen [Ha]cke. Und es floß das Wasser vom Ausgangsort bis zum Teich an die 200 und 1000 Ellen. Und 100 Ellen war die Höhe des Felsens über dem Kopf der Steinhauer.» (JAROŠ 1997, 477).

[82] PRITCHARD o. J., 53 f.

[83] VINCENT 1911a; VINCENT 1911b.

[84] GILL 1991; GILL 1994; WILFORD 1994.

[85] WEIPPERT 1988; IBRAHIM/MITTMANN 1989; GENZ 1996; MÜLLER i. V.; weitere Arbeiten zur frühen Wasserversorgung in Palästina: MILLER 1980; HELMS 1981; HELMS 1982.

[86] Die Befahrung des Stollen-/Tunnelsystems und eine grobe Prospektion der Schachtöffnungen im Berghang fanden im April 1996 statt; daran nahmen teil: H.-D. Bienert, E. Grewe, K. Grewe und D. Müller (Pläne des Stollen-/Tunnelsystems liegen noch nicht vor, eine Vermessung ist geplant).

[87] FRITZ 1990, 166, Anm. 6.

[88] Bei der 1996er Befahrung des Tunnels konnten Mörtelproben des Wandverputzes entnommen werden, die R. Malinowski von der Chalmers Tekniska Högskola in Göteborg untersucht hat.

[89] ZILLER 1877; DÖRPFELD 1901, 1 f., Taf 37, 348; GRÄBER 1905; CAMP 1979; KIENAST 1987a; TÖLLE-KASTENBEIN 1990; TÖLLE-KASTENBEIN 1994.

[90] A. MILCHHÖFER, in: CURTIUS-KAUPERT, *Karten von Attika* (1883) 22.

[91] GRÄBER 1905.

[92] TÖLLE-KASTENBEIN 1994, 32–38.

[93] R. Tölle-Kastenbein erwähnt einen entsprechenden Hinweis des Markscheiders H.-J. Palm, TÖLLE-KASTENBEIN 1994, 37. – Zur Gebirgsmechanik allgemein: WAHL 1962, 239.

[94] TÖLLE-KASTENBEIN 1994, 32.

[95] KIENAST 1995, 100–105.

[96] CAVALLARI/HOLM 1883, 95 ff., Taf. A und B; LUPUS 1887, 252 ff.; PACE 1938, 419 ff.; GUASPARRI 1940; BURNS 1974, 389 ff. Abb. 1; COLLIN BOUFFIER 1987.

[97] GRÄBER 1905, 16–21.

[98] TÖLLE-KASTENBEIN 1994, 36.

[99] GRÄBER 1905, 21 ff.

[100] TÖLLE-KASTENBEIN 1994, 38.

[101] GARBRECHT 1987, 24–28.

[102] GARBRECHT/HOLTORFF 1973, 52.

[103] FAHLBUSCH 1979, 6.

[104] GARBRECHT 1987, 37.

[105] FAHLBUSCH 1979, 6.

[106] FABRICIUS 1884; GOODFIELD/TOULMIN 1965; KASTENBEIN 1966; VAN DER WAERDEN 1968; BURNS 1971; KIENAST 1977; SCHUBERT 1979; KIENAST 1979; KIENAST 1981; KIENAST 1983; PETERS 1984; KIENAST 1984a; KIENAST 1984b; WERNER 1986; KIENAST 1986/87; GREWE 1986; KIENAST 1987B; TÖLLE-KASTENBEIN 1990; TÖLLE-KASTENBEIN 1991; TÖLLE-KASTENBEIN 1994; MAIDL/KOENNING 1997.

[107] KIENAST 1995.

[108] HERODOT, *Historien* III, 60 (Übersetzung von A. Horneffer, Stuttgart 1971).

[109] Erwähnt seien nur: MERCKEL 1899, 499 ff.; NEUBURGER 1919, 425 f.; FELDHAUS 1931, 122.

[110] KIENAST 1995, Anm. 63.

[111] KIENAST 1995, 18–37.

[112] KIENAST 1995, 38. – Um dem bis zu 8,26 m eingetieften Leitungsgraben genügend Standfestigkeit zu geben, hat man ihn nicht auf seine gesamte Länge als offenen Graben ausgehoben, sondern über dem Arbeitsraum für die Verlegung der Tonrohrleitung streckenweise Stege stehengelassen. Man hat in diesen Abschnitten – jeweils von den offenen Grabenstrecken aus – auf dem Niveau der Grabensohle begehbare Verbindungen hergestellt, die nach der Leitungsverlegung auch die Inspektion und Reparatur der Leitung ermöglichten.
In dieser Konzeption einen «Tunnel unter dem Tunnel» zu sehen, erscheint abwegig. Bei dieser Theorie geht man nämlich von einer Konzeption aus, die zwei Tunnel übereinander beinhaltet (TÖLLE-KASTENBEIN 1994, 36): der obere Tunnel hätte danach nur den Zweck, den Druck des darüberliegenden Gebirges abzufangen und bei Felseinstürzen die den unteren Tunnel gefährdenden Druckwellen abzuleiten.
Diese Konzeption ist im antiken Tunnelbau an keinem Ort zweifelsfrei nachzuweisen. Im Eupalinos-Tunnel ist ein solches Konzept auszuschließen, da sich die Tiefe des Grabens erst nach der Fertigstellung des Tunnels ergeben hatte: Eine unvorhersehbare Veränderung der Quellaustrittshöhe erforderte die Tieferlegung der Leitungssohle auf der gesamten Strecke um rund 4 m. Wäre dieses Ereignis nicht eingetreten, hätte der Leitungsgraben im Tunnel eine maximale Tiefe von 4 m erreicht und hätte auf der gesamten Tunnelstrecke als offener Graben geführt werden können.

[113] KIENAST 1995, 68–83.

[114] Dieser Betrachtung liegt der Aufmaßplan des Tunnels von K. Pestal (KIENAST 1995, Anm. 60) zugrunde. Bei der Bearbeitung wurde die absolute Richtigkeit dieses Planes vorausgesetzt; leichte Maßverschiebungen können sich durch Verzug in der zur Verfügung gestellten Lichtpause ergeben. Auch die an der Tunnelwand angebrachten Markierungen wurden in diese Betrachtungen lagemäßig so einbezogen, wie sie von Kienast ermittelt worden sind. Da darüber hinaus Kienasts Entschlüsselung der Zählweise der an der westlichen Tunnelwand angebrachten Marken logisch erscheint, wurde auch diese übernommen.

[115] Das Grundmaß von 20,6 m wurde aus den gut erkennbaren Markierungen im Südstollen errechnet. Kienast nennt bezüglich der ermittelten Markierungsabstände irrtümlich eine Spannbreite von 19,45 m bis 21,20 m, dabei ist allerdings der zwischen den Markierungen MM 80 und MM 90 gemessene Wert von 21,85 m unberücksichtigt geblieben (KIENAST 1995, Anm. 233a und Tabelle 1, S. 151). Die beiden Extremwerte 19,45 m und 21,85 m liegen im Südstollen allerdings unmittelbar hintereinander, so daß der Mittelwert aus beiden mit 20,65 m dem Grundmaß wieder deutlich nahekommt.

[116] Kienast hält es allerdings für möglich, daß der Plan des Eupalinos von vornherein einen exzentrischen Treffpunkt unter der Kammlinie des durchbohrten Berges vorsah (KIENAST 1995, 146).

[117] KIENAST 1995, 146.

[118] Die von Eupalinos angewendeten Methoden der Lage- und Höhenvermessung sind nicht mehr nachzuvollziehen, aber es dürfte sich um zeitgemäße Verfahren gehandelt haben; siehe Kapitel «Strategie und Trassenführung», S. 18.

[119] KIENAST 1995, 148–160. Es sei nicht unerwähnt, daß neben den der Tunneltrassierung zuzurechnenden Markierungen eine Unzahl weiterer Markierungen gefunden wurde. Kienast erkennt mindestens sieben Systeme, und es ist das Ergebnis seiner akribischen Arbeit, in diesem Puzzle eine Systematik erkannt zu haben.

[120] KIENAST 1995, 137–139.

[121] KIENAST 1995, 139.

[122] Diese Methode könnte man mit dem Einfädeln eines Fadens vergleichen: Man wird das Nadelör kaum treffen, wenn zwei verschiedene Leute Nadel und Faden halten und jeweils der eine versucht, den anderen zu treffen. Hält hingegen einer die Nadel in seiner einen Hand und den Faden in der anderen, so kann das Werk gelingen.

[123] KIENAST 1995, 139–172.

[124] KIENAST 1995, 167–169.

[125] Danach hätte Eupalinos den Nullpunkt seines ursprünglichen Systems aufgegeben, um im neuen System die durch die Umgehungsstrecke voraussichtlich verursachte Verlängerung schon im voraus zu berücksichtigen. Eine Planänderung aus diesem Grunde erscheint aus heutiger Sicht unangebracht, denn auch ein Ingenieur unserer Zeit wird es möglichst vermeiden, innerhalb einer Baustelle seine Bezugspunkte oder -linien zu verändern. Aus der Sicht des Eupalinos kommt hinzu, daß eine Veränderung des Nullpunktes zu dem in Frage kommenden Zeitpunkt äußerst gefährlich war, denn im Falle einer nochmaligen Änderung seines Vortriebsplanes hätte er sich in heillose Verwirrung gestürzt.

[126] Der Rekonstruktion liegt der Aufmaßplan von Pestal und Kienast zugrunde.

[127] Dabei ist zu bedenken, daß die an der westlichen Tunnelwandung gefundenen Meßmarken in keinem Fall den eigentlichen Meßpunkt bezeichnen konnten. Dieser muß aus praktischen (vermessungstechnischen) Gründen im Tunnelprofil gelegen haben. Die Meßmarke an der Wand bezeichnet lediglich die Stelle, an der man den Meßpunkt innerhalb des Tunnels suchen mußte. In der ersten Hälfte der Umgehungsstrecke wurden die Festpunkte offensichtlich rechtwinklig zur Vermessungslinie an die Tunnelwand projiziert und markiert. Diese rechtwinklig zu einer Grundlinie abgesteckte Seite bezeichnet man in der praktischen Vermessung als «Lot», den dazugehörigen Punkt auf der Meßlinie als «Lotfußpunkt».

[128] KIENAST 1995, 147–148.

[129] KIENAST 1995, 37–38 und 99–102.

[130] *Cuniculus, cuniculi,* lat. für Stollen, unterirdischer Gang. (Von den unzähligen *cuniculi* mit kleinem Querschnitt sind die wenigen etruskischen Tunnelbauten großen Querschnitts, z. B. für Flußumleitungen, zu unterscheiden.)

[131] POTTER 1979.

[132] RAVELLI/HOWARTH 1984.

[133] RAVELLI/HOWARTH 1984, 3.

[134] RAVELLI/HOWARTH 1984, 5–6 (dort weitere Quellen des 19. Jhs.).

[135] LIVIUS V, 10, siehe auch Anm. 150; NARDINO 1647.

[136] NIBBY 1819.

[137] BROCCHI 1820.

[138] BRAUN 1852.

[139] DESCHEMET 1857.

[140] CANEVARI 1875.

[141] QUILICI 1979. – Ein weiterer römisch-etruskischer Aquädukttunnel bei Acquarossa (Viterbo/ Italien) ist weniger aus der archäologischen oder sonstigen kulturgeschichtlichen Literatur bekannt als vielmehr aus einem Bericht über die Untersuchung von Betonproben: MALINOWSKI 1976; MALINOWSKI 1977.

[142] RAVELLI/HOWARTH 1984, 12.

[143] In der Laacher Gegend (Rheinland) und in der Moselregion wurden nach dieser Technik in römischer Zeit Wasservorkommen erschlossen. In der Laacher Gegend wurden auf diese Weise die bei den letzten Vulkanausbrüchen vor 11 000 Jahren verschütteten Quellgebiete angezapft, während in der Moselregion unterirdische Wasserdargebote genutzt wurden (siehe Kapitel «Römischer Tunnelbau», S. 195 bzw. 184).

[144] Den italienischen Kollegen Vittorio Castellani und Walter Dragoni ist für eine Führung im Fosso di Ponte Terra und eine ergiebige Diskussion vor Ort zu danken.

[145] CAPPA/CASTELLANI/DRAGONI/FELICI 1990–1991, 121.

[146] RAVELLI/HOWARTH 1984, 18.

[147] JUDSON/KAHANE 1963, 89.

[148] FREDERIKSEN/WARD-PERKINS 1957, 123–125; POTTER 1979, 85.

[149] JUDSON/KAHANE 1963; POTTER 1979; STEINGRÄBER 1981; RAVELLI/HOWARTH 1984.

[150] LIVIUS V, 10 (siehe auch Anm. 135): *«Der unterirdische Gang war zu diesem Zeitpunkt mit aus-*

gesuchten Soldaten angefüllt und spie plötzlich im Tempel der Juno, der auf dem Berghügel lag, Bewaffnete aus». (Übersetzung von H. J. Hillen, Darmstadt 1991).

[151] STEINGRÄBER 1981, 491.

[152] POTTER 1979, 86.

[153] STEINGRÄBER 1981, 491.

[154] BOITANI/CATALDI/PASQUINUCCI 1974, 234.

[155] RODENWALDT/LEHMANN 1962.

[156] CALOI/CAPPA/CASTELLANI.

[157] UCELLI 1940; GREWE 1981c; GREWE 1985; GREWE 1986a; GREWE 1989; CASTELLANI/-DRAGONI 1990; CASTELLANI/DRAGONI 1991b.

[158] GREWE 1981c; GREWE 1985; GREWE 1986a; GREWE 1989; CASTELLANI/DRAGONI 1990; CASTELLANI/DRAGONI 1991b; CALOI/CASTELLANI 1991, 207.

[159] LANCIANI 1988; COARELLI 1981.

[160] UCELLI 1940.

[161] Dieses Mißverständnis in der Arbeit Ucellis (UCELLI 1940) ist zum ersten Mal V. Caloi und V. Castellani aufgefallen, die daraus resultieren, Ucelli habe der Tunnelbau-Anleitung des antiken Fachschriftstellers Vitruvius mehr Glauben geschenkt als dem Tunnelaufmaß. (CALOI/CASTELLANI 1991, 207).

[162] UCELLI 1940, 37–54.

[163] CALOI/CASTELLANI 1991, 207.

[164] Zwei Schrägschächte stoßen seitlich auf den Tunnel. Zusätzlich geht seitlich ein horizontaler Tunnelgang ab, der einem *cuniculus* ähnlich ist. Es ist aber unverständlich, warum tief im Berg ein solcher vorhanden sein sollte, denn das würde die Existenz eines noch älteren Emissars möglich machen. Diese Situation ist zwanzigjähriger Forschungsarbeit zum Trotz noch ungeklärt (CALOI/CASTELLANI 1991, 207): *«...twenty years of visits to the tunnel have convinced us that many aspects of the manufact have to be carefully reconsidered, and many conclusions changed».*

[165] CALOI/CASTELLANI 1991, 212.

[166] CASTELLANI/DRAGONI 1991a, 54; CALOI/CASTELLANI 1991, 211.

[167] GREWE 1981c; GREWE 1985; GREWE 1986a; GREWE 1989; CASTELLANI/DRAGONI 1990; CASTALLANI/DRAGONI 1991b.

[168] LIVIUS V, 15,2–7 (Übersetzung von H. J. Hillen, Darmstadt 1991).

[169] CASTELLANI/DRAGONI 1990, 80–88.

[170] CALOI/CAPPA/CASTELLANI.

[171] CALOI/CAPPA/CASTELLANI.

[172] CALOI/CAPPA/CASTELLANI.

[173] Antike Schriftsteller: PLINIUS D. Ä. (s. Anm. 184, 191 u. 197); TACITUS (s. Anm. 189); Cassius DIO (s. Anm. 180 u. 190); SUETON (s. Anm. 177, 178, 179 u. 183). – Neuere Literatur: PHOEBONIUS 1678; FABRETTI 1683; PIRANESI 1779; HIRT 1796; AFAN DE RIVERA 1823; AFAN DE RIVERA 1836; KRAMER 1839; ROTROU 1871; BRISSE/ROTROU 1876; MARTIN 1878; MERCKEL 1899; COZZO 1970; DE RUYT 1973; MESSINEO 1979; AMATO 1980; GREWE 1981c; SERVIDIO/RADMILLI 1979; GREWE 1985; GREWE 1986a; GREWE 1989; CASTELLANI/DRAGONI 1990; LEVEAU 1993; PETERS 1994; DÖRING 1995; BURRI o. J.

[174] *Historia Augusta, Römische Herrschergestalten*, Bd. 1: Von Hadrianus bis Alexander Severus. Übersetzt v. H. Pohl, bearbeitet v. E. Mertens u. a. (Zürich 1976).

[175] MARTIAL, *Epigramme*. Hrsg. v. R. Helm (Zürich u. a. 1957).

[176] Naumachie = Gladiatorenkampf als inszeniertes Seegefecht. An die zur Einweihungsfeierlichkeit veranstaltete Naumachie könnte auch ein Graffito in den Mauern des Apollo-Tempels von Alba (später in eine Peters-Kirche umgewandelt) erinnern: Es stellt einen Vierruderer dar. TACITUS *Annalen* XII, 56: *«Um ebendiese Zeit wurde nach Durchbrechung eines Berges zwischen dem Fucinersee und dem Lirisstrome, damit die Großartigkeit des Werkes von mehreren geschaut werden könnte, auf dem See selbst ein Seetreffen veranstaltet, wie es einst Augustus auf einem jenseits des Tiber gegrabenen Teiche, aber mit leichten Fahrzeugen und geringerer Truppenzahl gegeben hatte. Claudius rüstete Drei- und Vierruderer und neunzehntausend Mann aus und faßte den ganzen Umkreis mit Flößen ein, damit man nicht hie und da entkommen könnte, dabei jedoch Raum genug umspannte für die ganze Macht des Rudervolks, der Steuerleute Kunst, der Schiffe Anlauf und des Kampfes Brauch. Auf den Flößen standen Rotten und Schwadronen prätorischer Cohorten, vor ihnen Brustwehren, um von ihnen mit Catapulten und Ballisten zu schießen. Den übrigen Teil des Sees nahmen in verdeckten Schiffen die Seesoldaten ein. Die Ufer, Hügel und Berghöhen füllte amphitheatralisch eine unzählbare Menge aus den nächsten Freistädten und andere aus Rom selbst, aus Schaulust oder Aufmerksamkeit gegen den Fürsten. Er selbst in prächtigem Feldherrnmantel und nicht weit davon Agrippina in mit Gold durchwirkter Chlamys führten den Vorsitz. Gekämpft ward, obwohl unter Verbrechern, mit dem Mute tapferer Männer, und nach vielen Wunden erst entzog man sie der gänzlichen Vernichtung.»* (Es wurde die Übersetzung der Tacitus-Ausgabe des Phaidon-Verlags von 1935 verwendet, die auf W. Boettichers Übersetzung aufbaut).

[177] SUETON, *Kaiserbiographien: Claudius* 20: *«Bauwerke schuf er* [Claudius] *mehr großartige und notwendige, als zahlreiche. Die hervorragendsten derselben sind: die von Gajus begonnene Wasserleitung; ferner der Emissar des Fucinersees und der Hafen von Ostia, ...»* (weiter Anm. 178).

[178] SUETON, *Kaiserbiographien: Claudius* 20: *«... Werke, die er unternahm und vollendete, obschon er von den beiden letztgenannten wußte, daß Kaiser Augustus das erstere den Marsern trotz ihrer wiederholten Gesuche abgeschlagen, und daß der vergötterte Cäsar zwar die Idee zu dem letzteren mehrfach aufgenommen, aber wegen der Schwierigkeiten immer wieder aufgegeben hatte.»* (Übersetzung A. Stahr, Stuttgart 1864, 346).

[179] SUETON, *Kaiserbiographien: Claudius* 20: *«Die Ableitung des Fucinersees unternahm er ebensowohl wegen des davon erhofften Gewinns, als wegen des Ruhms, da sich Unternehmer fanden, welche die Ableitung auf ihre Kosten zu bewerkstelligen versprachen, wenn ihnen der Besitz des trockengelegten Erdreichs zugestanden würde.»* (Übersetzung A. Stahr, Stuttgart 1864, 346).

[180] CASSIUS DIO LX, 11,5: *«Er* [Claudius] *wollte auch den Fucinersee im Gebiete der Marser in den Liris ableiten, damit nicht nur das umliegende Land bebaut, sondern auch der Fluß leichter befahren werden können; doch war das Geld zwecklos ausgegeben.»* (Übersetzung O. Veh, Zürich, München 1986, 439).

[181] Messineo hebt hervor, daß die bei Cassius Dio erwähnte Textstelle häufig und fälschlicherweise dahingehend gedeutet wird, daß der Fuciner See nach einem anfänglichen Plan in den Salto entwässert werden sollte, und daß danach auf Schleichwegen über den Tiber sogar Überschwemmungen für Rom zu befürchten gewesen wären. Von der Durchführbarkeit her bezeichnet er diese Interpretation als absurd. (MESSINEO 1979, 3).

[182] Die Frage, ob in den antiken Bauplänen von Caesar über Claudius bis Hadrian eine Trockenlegung des Fuciner Sees oder lediglich eine Absenkung und Stabilisierung des Wasserspiegels vorgesehen war, ist ausführlich diskutierter Bestandteil vieler Fucino-Publikationen. Es wurde sogar mit einem archäologischen Projekt begonnen, das ausschließlich die Klärung dieser Frage als Zielsetzung hat: Danach müßte sich im Fuciner Becken eine das Zentrum umkreisende ringförmige Zone von Funden claudischer Zeitstellung und daneben ein engerer Ring mit Funden hadrianischer Zeitstellung nachweisen lassen, wenn es in römischer Zeit nie zu einer gänzlichen Trockenlegung gekommen ist. (MESSINEO 1979, 25–26).

[183] SUETON, *Kaiserbiographien: Claudius* 20: *«Auf eine Länge von dreitausend Schritt wurde der Berg teils durchgraben, teils durchhauen, und so brachte er mit Mühe und erst nach Verlauf von elf Jahren den Kanal zustande, obschon fortwährend volle dreißigtausend Menschen ohne Unterbrechung bei der Arbeit beschäftigt waren.»* (Übersetzung A. Stahr, Stuttgart 1864, 346).

[184] PLINIUS XXXVI, 24 (Übersetzung C. F. L. Strack 1968).

[185] SCHIØLER 1973; SCHIØLER 1989; GREWE 1995.

[186] Bei mittelalterlichen Reparaturen des Einlaufbauwerks hatte man mehrere Steine verwendet, die sich beim Abbruch der Anlagen im 19. Jh. als mit der Vorderseite nach innen vermauerte antike Reliefs präsentierten. Dazu gehörte eine reliefierte Stadtansicht, vermutlich Alba (Abb. s. BURRI 1994, 142–143), und eine Arbeitsszene aus dem antiken Tunnel. Bei dem auf dem Relief im Vordergrund dargestellten Gewässer dürfte es sich um den Fuciner See handeln; die Schiffe könnten eine Anspielung auf die bei der Eröffnung veranstaltete Naumachie sein.

[187] SERVIDIO/RADMILLI 1979. 27 Kupfereimer wurden von de Rivera geborgen, wobei er selbst diese Funde eher den Wiederherstellungsarbeiten unter Friedrich II. zugewiesen hat (AFAN DE RIVERA 1836, 75). Messineo meint nachvollziehbar, daß man in römischer Zeit kaum Werkzeug im Tunnel zurückgelassen haben dürfte, allenfalls hätte man beschädigtes Werkzeug in zur Verfüllung vorgesehene Bauschächte geworfen. (MESSINEO 1979, 24).

[188] *CIL* IX, 3888–3890. Derartige Kennzeichnungen von Streckenabschnitten ('Kilometrierungen') finden wir im Ansatz auch im Aquädukttunnel von Carhaix (Frankreich, s. S. 173) sowie (nach Messineo 1979, 23) auch in einem Tunnel unter dem Posilip bei Neapel, in welchem in einem Graffito auch in einem der ganz wenigen Fälle der Terminus Emissar in der Form EMISSARIUM PACONIANUM angewendet worden ist. Dieser Aquädukttunnel liegt neben der Trasse des Straßentunnels Cripta Neapolitana (s. S. 125) unter dem Posilip bei Neapel; in ihm sind im Abstand von 29,5 m (= 100 röm. Fuß) Markierungen in den Putz geritzt, die bestimmte Streckenabschnitte bezeichnen: C – CC – CCC – CCCC usw. (BASSEL 1883, 27–28). Zur Bezeichnung vertikaler Abbauabschnitte sind Fußangaben auch in der Abbauwand der als Felsterrasse geführten Straße in Terracina (Italien, s. S. 12) angebracht worden.

[189] TACITUS *Annalen* XII, 57 (Es wurde die Übersetzung der Tacitus-Ausgabe des Phaidon-Verlags von 1935 verwendet, die auf W. Boettichers Übersetzung aufbaut).

[190] CASSIUS DIO LXI, 5: *«Als der Fucinersee einstürzte, wurde Narcissus deshalb hart gerügt; denn das Unternehmen lag in seinen Händen, und man dachte, er habe viel weniger Mittel als empfangen hiefür aufgewendet und dann absichtlich den Einsturz herbeigeführt, damit sein Vergehen nicht aufgedeckt werde.»* (Übersetzung O. Veh, Zürich, München 1986, 19). – In einem zwischen Avezzano und dem Tunnelanfang gefundenen Grabstein eines Veteranen der 7. Praetorianerkohorte Hadrians wird erwähnt, er sei *curator aquaeductus* gewesen (*CIL* IX, 3922). Hieraus und aus der Fundsituation zu schließen, er sei beim Tunnelbau beschäftigt gewesen, ist nicht ohne weiteres zulässig, denn der Terminus ist ansonsten nur in der Verwaltung von Wasserversorgungen nachgewiesen. Sueton verwendet für den Tunnelbau den Terminus *emissarium*, auch Plinius verwendet diesen Terminus für einen Tunnel in Spanien. Weiterhin ist *emissarium* in zwei Inschriften belegt (E. DE RUGGIERO, *Dizionario epigrafico di antichità romane*, Rom 1895 ff., s. v. Emissarium). (MESSINEO 1979, 7.) Statt dessen kann angenommen werden, der Veteran sei zur Betreuung eines Aquäduktes eingesetzt gewesen, der Wasser von Rio Sonno heranführte. (ORLANDI 1967, 75ff.).

[191] PLINIUS, siehe Anm. 184.

[192] u. a. PIRANESI 1779; HIRT 1796; AFAN DE RIVERA 1836; BRISSE/ROTROU 1876.

[193] Die Anzahl der Baulose im Tunnelbau ergibt sich aus der Anzahl der Bauschächte ergänzt um die beiden an den Mundlöchern aufgefahrenen Stollen, wobei bei einem Emissar in der Regel auch seeseitig mit einem Bauschacht begonnen werden mußte. Die Angaben zu den Bauschächten am Fuciner See schwanken in der Literatur, da zwischen übergroßen Schachtabständen oftmals weitere Schächte vermutet werden. So kommt es

zur Angabe von 32 (Peters 1994, 308), 33 (Castellani/Dragoni 1990, 80–17) oder 38 vertikalen Schächten (Döring 1995, 86).

[194] Unter dem Monte Salviano in 2 km Breite Kalkstein, auf der Seeseite des Berges vorwiegend Ton als Seeablagerung, auf der Liri-Seite abwechselnd sandiger Ton, Kalkstein, Konglomerat.

[195] Es wird auch für möglich gehalten, daß dieser Schacht erst unter Friedrich II. und Alfons von Aragon ausgebaut worden ist. (Orlandi 1967, 75).

[196] Ähnlich einem Bypass im Nemi-Tunnel (s. S. 83).

[197] Plinius XXXVI, 24 (s. Anm. 184).

[198] In der Nähe des Einlaufbeckens fanden sich die Reste ehemals geräumiger Wohnungen und Bäder. In einem als Kiosk gedeuteten Raum wurde eine Inschrift gefunden, die den Priestern des Fucino-Kultes gewidmet war (*CIL* IX, 3887). Schon darin könnte man einen Hinweis darauf sehen, daß der See in römischer Zeit nie ganz abgelassen werden sollte, da es die Götter hätte verstimmen können.

[199] Hirt 1796.

[200] Piranesi 1779.

[201] Der Vorwurf Agrippinas wegen betrügerisch eingesparter Gelder entpuppte sich vielleicht im nachhinein als ungerecht; zumindest hat der Kaiser dem Narcissus Gelegenheit zur Nachbesserung des Bauwerks gegeben.

[202] Die Arbeiten erfolgten im Rahmen einer interdisziplinären und internationalen Zusammenarbeit initiiert von Philippe Leveau, Aix-en-Provence (Université de Provence).

[203] Auvergne 1905, 133–137; Stübinger 1909; Constans 1921, 138–141.

[204] *CIL* XII, 981.

[205] Die Kürze der Forschungskampagne im Sommer 1989 ließ eine exakte Bestimmung des Tunnelgefälles nicht zu, da für eine derartige Untersuchung die eingeschwemmten (und eingetrockneten) Schlammassen hätten entfernt werden müssen.

[206] v. Fellenberg 1875; Bourquin 1973; Schnitter 1988; Herrmann 1989; Vischer 1991; Vischer 1992.

[207] Belke 1984, 157–158.

[208] Dikilitaş liegt östlich des Beyşehir Çayı, 10 km nordöstlich von Usada; der Tunnel liegt etwa 5 km nordöstlich der Ortschaft Dikilitaş.

[209] Die genauen Abmessungen konnten beim Besuch des Tunnels im Jahre 1994 nicht ermittelt werden, da nur wenig Zeit für die Besichtigung zu Verfügung stand. Verheerende Regenfälle hatten die Zufahrtswege nahezu unpassierbar gemacht.

[210] Besonders fraglich ist die Datierung dieses Bauwerks, die u. a. auch in die römische Zeit führt. Da einiges tatsächlich dafür spricht, dieses Bauwerk römisch einzuordnen, ist es dem Kapitel «Römischer Tunnelbau» eingegliedert worden.

[211] Katavothre (griech.): Schluckloch in Karstgebieten, in dem das Wasser von Flüssen und Seen versickert.

[212] Die Untersuchungen wurden von J. Weichenberger vorgenommen (Knauss 1990, 265).

[213] Leake 1835; Forchhammer 1837; Fiedler 1840; Urlichs 1840; Vischer 1857; Lolling 1878; Kenny 1935; Knauss 1987a; Knauss 1987b; Knauss 1990.

[214] Ross 1848; Bursian 1862; Curtius 1892; Kambanis 1893; Noack 1894; Guillon 1948; Lauffer 1981; Lauffer 1986; Lauffer 1989.

[215] Philippson 1894.

[216] *IG* XII, 9,191.

[217] Knauss 1990, 112.

[218] Knauss 1990, 122f.

[219] Seleukia Pieria, mit Unterbrechungen unter seleukidischer Herrschaft, in römischer Zeit Flottenstützpunkt.

[220] Einen ersten Hinweis auf diesen Tunnel verdanke ich Gisela Hellenkemper, Bonn.

[221] van Berchem 1985, 47–87. (Von den Inschriften *IGLS* 1131–1140 sind 1131, 1136 und 1137 relativ leicht zu finden. 1131 befindet sich am Anfang des Zulaufkanals zum oberen Tunnel, die beiden anderen im Kanalgraben unterhalb der Tunnel nahe der Felsbrücke.)

[222] *IGLS* 1131.

[223] Garbrecht 1985; Garbrecht 1990, 4; Garbrecht 1995, 137–144.

[224] Aygen 1985; Alkan/Öziş 1991a; Alkan/Öziş 1991b.

[225] Ritzlinien bei der Bauabsteckung sind sowohl für die Grundrißübertragung (siehe römisches Theater von Bulla Regia in Tunesien; Grewe 1986b), wie auch als Höhenangaben (siehe Felsterrasse von St. Donnas, Aosta-Tal, S. 12) ein in römischer Zeit gängiges Hilfsmittel. Das im Zulaufkanal des Titus-Tunnels eingemeißelte Auge – wenn es nicht nur der Abwehr von Unheil dienen sollte – und die darüber befindliche Ritzlinie könnten mit der Höhendifferenz zwischen der Dammkrone der Talsperre und der Oberkante des Tunnelmundlochs zu tun haben. In diesem Falle wären Auge und Ritzlinie (rein hypothetisch) als Hochwassermarken zu deuten: wurde das Auge vom Hochwasser erreicht, war das Leistungsvermögen des Tunnels erschöpft – bei einem weiteren Anstieg des Hochwassers bis zur Ritzlinie lief die Talsperre über.

[226] Domergue 1970, 255–286. Zwei weitere Tunnel, die der Goldgewinnung durch Ablagerung in einem Flußbett dienten, sind in Portugal bekannt. Sie liegen im Verlauf des Rio Alva nördlich von Pombeiro, nur 2,5 km voneinander entfernt; Domergue 1987, 516; Domergue 1990, 469.

[227] Da der Tunnel in seiner ganzen Breite vom Wasser des Rio Sil durchströmt wurde, konnte das Innere nur schwimmend begutachtet werden. Eine genaue Vermessung war mit den im Sommer 1991 zur Verfügung stehenden Vermessungsgeräten nicht durchzuführen.

[228] Brünnow / v. Domaszewski 1904; Dalman 1908a; Dalman 1908b; Lindner 1983; Lindner 1987; Wiegand 1921.

[229] 1964 kam es letztmalig zu einer Überschwemmung des Siks mit mehr als 20 toten Touristen. Danach wurde die antike Schutzeinrichtung wiederhergestellt.

[230] Grewe 1996, 125–128.

[231] *CIL* X, 1614; Maiuri 1968, 158–163.

[232] Strabo V, 245. (Übers. K. Kärcher 1829, 462).

[233] Pagano/Reddé/Roddaz 1982.

[233a] Pagano 1985–86, Taf. 1.

[234] Seneca 57,2. (Deutscher Text aus Potter 1992, 182). – Sowohl im Cocceius-Tunnel als auch in der Cripta Neapolitana (s. S. 124 bzw. 125), die als Straßentunnel gebaut waren, sind kleine Nebentunnel für Wasserleitungen zu finden. Auch die Grotta di Seiano (s. S. 126) scheint von einem Aquädukttunnel begleitet worden zu sein; nähere Untersuchungen hierzu stehen allerdings noch aus. Beim Bau des neuen Straßentunnels etwa 50 m neben der Cripta Neapolitana Ende des 19. Jhs. wurde der Aquädukttunnel angeschnitten. In den Putz der Wasserleitung waren mehrere Markierungen (siehe Anm. 188) und Inschriften geritzt, die u. a. von einem Macrinus berichten, der diese Wasserleitung bis zu einem Emissar durchschritten habe. In dieser Inschrift findet der Begriff *emissarium* eine seiner seltenen Verwendungen (Bassel 1883, 27–28; Maiuri 1968, 14–17; 158–163; Amalfitano 1990, 38–41).

[235] Weber 1976.

[236] Strabo V, 246. (Übersetzung K. Kärcher 1829, 462); Amalfitano 1990, 29. – Der Text Strabos wäre ohne weiteres auch für die Cripta Neapolitana zutreffend. Da diese aber an anderer Stelle (Seneca 57,2, s. Anm. 234) als völlig dunkel beschrieben wird, kommt für Strabos Textstelle eher die Grotta di Seiano mit ihren drei Fensterstrecken in Betracht.

[237] *CIL* X, 6930.

[238] *CIL* X, 1488.

[239] Während des Besuchs auf der Insel Ponza wurde noch ein weiterer Tunnel entdeckt, der in der Baia del Inferno tief im Fels gebaut worden ist. Durch vom Meer abgesprengte Felsmassen wurde dieser Tunnel, der offensichtlich der Wasserversorgung gedient hat, an mehreren Stellen freigelegt (Aquädukttunnel Ponza, s. S. 141).

[240] Coarelli 1984, 384–385; Coralini 1992, 88–89.

[241] Luni 1992, 93–104. – Einen ersten Hinweis auf den Felsdurchstich und den Tunnel am Furlo-Paß verdanke ich Jørgen Hansen (Værløse, Dänemark).

[242] Luni 1992, 100.

[243] Man wird bei Gefälleabsteckungen auch in der Antike aus praktischen Gründen möglichst ‘glatte’ Werte geplant haben, da diese sich am einfachsten herstellen ließen: Zwei Holzpfählchen mit beispielsweise 100 Fuß Abstand und einem Höhenunterschied von 3 Fuß waren leicht abzustecken und gaben die Neigungslinie für ein 3%iges Gefälle vor. Dabei ist anzumerken, daß ein aus dem Fußmaß entwickeltes 3%iges Gefälle selbstverständlich auch im metrischen System 3 % aufweist (s. «Strategie und Trassenführung», S. 18).

[244] Heute ist der antike Baubestand am Südende des Tunnels nicht mehr zu erkennen, da das Mundloch einen neuen Ausbau erfahren hat, wobei es bis zu 8 m aus dem Tunnel herausgezogen worden ist. Dadurch ist auch die zum Durchstich führende augusteische Straße überbaut worden.

[245] *CIL* XI, 6106.

[246] Am Tunnel angebrachte Restaurierungsinschriften weisen in die Jahre 1763 und 1857.

[247] Grewe 1985.

[248] Mommsen 1871; *Revue africaine* 1875; Cagnat 1895; Krebs 1897; Feldhaus 1952; Freis 1984; Grewe 1985; Eck 1987; Leveau 1988; Eck 1994; Pferdehirt 1995; de Waele 1996; Laporte 1997. Der Inschriftenstein steht heute vor dem Verwaltungsgebäude der Stadt Bejaia, Algerien, eine Kopie im Museo della Civiltà Romana in Rom, eine weitere im Museum für antike Schiffahrt in Mainz.

[249] Feldhaus 1952, 352; Leveau 1988, 215–218; Laporte 1997, 723.

[250] Cherbonneau, *Recueil de la soc. arch. de Constantine* 1868, 479, Taf. 5.

[251] Mommsen 1871, 5–9; Jordan 1879, 263–274.

[252] Damit bestätigt sich auf eindrucksvolle Weise ein von Plinius d. J., damals Statthalter von Bithynien in Kleinasien, mit Kaiser Traian geführter Briefwechsel. Plinius möchte einen Binnensee bei Nikomedia mit dem Meer verbinden und bittet Traian um die Abstellung eines *librators*. Traian rät ihm, sich an den Statthalter von Niedermoesien zu wenden, denn in den Provinzen würde es an solchen Fachleuten nicht fehlen. Er gibt sodann noch den Rat, der *librator* möge durch entsprechende Vermessungen prüfen, ob durch den geplanten Kanalbau der See nicht leerlaufe. (Mommsen 1871, 6; Grewe 1987a, 15–16). Zum Berufsbild des antiken Baumeisters u. a.: Eck 1987, 129–154; Eck 1994, 10–22.

[253] *CIL* 8,1, 2728 (cf. 18122); *ILS* II,1, 5795. Übersetzungen bei Grewe 1985, 70 (B. Beyer-Rotthoff); Pferdehirt 1995, 69–70 und de Waele 1996, 176-177. Die hier vorgelegte Übersetzung basiert auf Grewe 1985, 70 und wurde vom Verfasser nach technischen Gesichtspunkten neu bearbeitet.

[254] Cagnat 1895, 71.

[255] Leveau 1988, 218. – Ein weiterer in Nordafrika gefundener Inschriftenstein scheint auf einen Tunnel bei Lambaesis zu verweisen. In der Inschrift wird von «*perforato monte*» («nachdem der Berg durchbohrt war») gesprochen (*CIL* VIII, 2661; *ILS* 5788); freundlicher Hinweis von Werner Eck, Köln.

[256] Mommsen 1871, 8.

[257] Ein echter Kult ist nur für *spes* bezeugt, vgl. Wissowa 1909.

[258] Frontinus; Ashby 1935; Frontinus Gesellschaft 1982; Lanciani 1988; Hodge 1992; Aicher 1995.

[259] Wegen der Lage der Stadt auf mehreren Geländeerhebungen im Tiber-Tal waren die aus den Bergen kommenden Wasserleitungen durch Talsenken vor dem Stadtareal zu führen. Deshalb waren die auf den Hügeln liegenden Versorgungsstellen nur zu erreichen, wenn man die Leitungen auf Brücken (oder besser: Hochleitungen) durch die Kampagna führte.

[260] *puteus, putei*, lat., eigentlich: Grube, künstlicher Brunnen, Zisterne, Verlies; in diesem Zusammenhang: Bauschacht für einen in Qanatbauweise errichteten Tunnel.

[261] *cippus, cippi*, lat., in diesem Zusammenhang: Streckensteine entlang den Aquädukttrassen, die unseren heutigen Kilometersteinen an den Straßen entsprachen.

[262] Ashby 1935, 128.

[263] Ashby 1935, 115.
[264] Anio Vetus (272–269 v. Chr.), Aqua Marcia (144–140 v. Chr.), Anio Novus (38–52 n. Chr.) und Aqua Claudia (38–52 n. Chr.).
[265] Ashby 1935, 70 (Karte 4, IV,5).
[266] Ashby 1935, 73.
[267] Ashby 1935, 76.
[268] Ashby 1935, 115.
[269] Ashby 1935, 126 ff.
[270] Ashby 1935, 280 (Karte 5, I,27).
[271] Ashby 1935, 196 (Karte 7 und Fig. 16); Aicher 1995, 154 ff.
[272] Giorgetti 1988.
[273] Giorgetti 1985; Mazzoli 1985.
[274] Diese Art der Vorgehensweise bei der Absteckung von Sohlengefälle ist an und für sich logisch, sie mußte allerdings erst archäologisch nachgewiesen werden: (Grewe 1985, 34–42).
[275] Aus der Tagesleistung kann nur schwer auf die gesamte Bauzeit des Tunnels geschlossen werden, da in vielen Baulosen gleichzeitig gearbeitet worden ist. Giorgetti nimmt für den gesamten Tunnel eine Bauzeit von etwa 12 Jahren an. Die Leistungsfähigkeit des Tunnels hat er zu 35 000 m³/Tag errechnet. (Giorgetti 1988, 185).
[276] Der Aquädukttunnel wurde anläßlich eines Besuchs des Chiaia di Luna-Tunnels auf Ponza (s. S. 127) im Jahre 1995 durch Zufall entdeckt; Literatur mag vorhanden sein, liegt aber nicht vor.
[277] Leake 1835, I., 185–199; Soustal 1981a, 213–214; Tölle-Kastenbein 1988, 175–184.
[278] Soustal 1981b, 155.
[279] Es ist nicht unbegründet anzunehmen, daß sowohl für die Zerstörung der augusteischen Aquäduktbrücke, als auch für einen ersten Tunneleinsturz ein Erdbeben die Ursache war.
[280] Fahlbusch 1987b; Lamprecht 1992; Grewe 1994.
[281] Die römische Wasserleitung von Side war Forschungsprojekt im Rahmen der Diplomarbeit von vier Diplomanden der RWTH Aachen. In dieser Arbeit wurden nicht nur eine Bestandsaufnahme der Bauwerksreste durchgeführt, sondern auch ein Leistungsverzeichnis erstellt sowie u. a. auch eine Ermittlung von Aufwandswerten für die antiken Bauleistungen vorgenommen. (Engels/Hupperich/Müller/Olberding 1983).
[282] Für freundliche Mitarbeit bei der Vermessung des Tunnels ist A. Alkan, Izmir herzlich zu danken.
[283] Engels/Hupperich/Müller/Olberding 1983, 199–217.
[284] Engels/Hupperich/Müller/Olberding (1983, 217) kommen pro Baulos auf einen Mann-Tage-Aufwand von 5692,5. Bei einer nach Arbeitsablauf ermittelten Bauzeit von 383 Tagen war demnach der Einsatz von durchschnittlich 15 Mann erforderlich. Interessant ist weiterhin, daß der Aufwand für einen Tunnelbau das 1,7-fache des Aufwandes für den Bau einer Leitung im offenen Graben betrug. Schon bei einer Streckenersparnis von 40 % waren beide Bauweisen kostenneutral.
[285] Der Aquädukt von Aspendos ist seit einiger Zeit Ziel eines Forschungsprojektes von Susanna Piras und Paul Kessener (Universität Nimwegen). Bei der Prospektion der Trasse wurden von ihnen vier Tunnel entdeckt, die ohne Zweifel zum Aspendos-Aquädukt gehören. Nach dem freundlichen Hinweis auf diese Aquädukttunnel konnte am 9. 10. 1996 eine gemeinsame Begehung der Trasse stattfinden. Zum Aquädukt von Aspendos siehe auch: Fahlbusch 1987d, 172–175.
[286] Hild/Hellenkemper 1990c, 318.
[287] Ilan/Amit 1989, 283–288.
[288] Condor/Kitchener 1882, 22–23; Peleg 1987, 176–178; Peleg 1989, 115–122; Peleg 1991, 191–195; Peleg 1992, 4–5; Porat 1993, 49–56. – Für eine Führung vor Ort und ausführliche Gespräche ist Yehuda Peleg, Maayan Tzvi herzlich zu danken.
[289] Sigelmann/Ravek 1993, 27–43; Avizohar 1993, 44–48.
[290] Mazar 1987, 185–188; Mazar 1989, 169–196. – Für eine Führung vor Ort und ausführliche Gespräche ist Tsvika Tsuk, Tel Aviv herzlich zu danken.
[291] Kerner/Hoffmann 1993; Kerner 1994; Kerner 1995; Krebs/Michaelis 1994; Neubauer 1993; Weber 1991a; Weber 1991b.
[292] Krebs/Michaelis 1994, Abb. 37. Ob durch diese höhenmäßig gestaffelte Anordnung aber gleichzeitig die bei Vitruv vorgeschlagene Aufteilung einer getrennten Versorgung mit Rohrleitungen für Laufbrunnen, Thermen und Privathaushalte gesichert ist, bleibt fraglich (Vitruv VIII 6, 1; 2; siehe hierzu auch mehrere Artikel in: de Haan/Jansen 1996). Wahrscheinlicher ist eine Aufteilung des Wassers auf verschiedene Stadtgebiete anzunehmen.
[293] Krebs/Michaelis 1994, Abb. 3.
[294] Der Abstand zwischen den Schächten variiert zwischen 10 m und 40 m und läge damit durchaus im Bereich, den Vitruv als Abstand für Bauschächte im Tunnelbau vorschlägt. Da zumindest einer der Schächte erst nach der Durchörterung als reiner Versorgungsschacht aufgefahren wurde, kommt den ermittelten Schachtabständen hinsichtlich einer solchen Betrachtung wenig Bedeutung zu.
[295] Die topographische Tunnelaufnahme von Krebs und Michaelis (siehe Anm. 293) lag bei einem Besuch des Tunnels im April 1996 vor und konnte bezüglich einiger technischer Details ergänzt werden.
[296] Sämtliche Maße sind aus Vermessungen des Leichtweiß-Instituts der TU Braunschweig (Krebs/Michaelis 1994) übernommen worden. Da klare Höhenangaben für sämtliche vier Mundlöcher nicht gemacht waren, mußten die Sohlenhöhen für den unteren Tunnel aus dem Längsprofil (Abb. 18) abgegriffen werden.
[297] Für eine Führung vor Ort und ausführliche Gespräche ist Yasmine Makaroun, Beirut und Lévon Nordiguian, Beirut herzlich zu danken.
[298] Für wertvolle Hinweise, Mitarbeit bei der Tunnelvermessung, ergiebige Diskussionen und Gastfreundschaft ist Jean Burdy, Lyon herzlich zu danken. Auch meinem Sohn Felix danke ich herzlich, er hat sich durch knöchelhohe Schlammschichten nicht abhalten lassen, mit mir den Tunnel in Chagnon zu vermessen.
[299] Burdy 1996c.
[300] Burdy 1993.
[301] Grewe 1985; Grewe 1986a; Burdy 1996a; Burdy 1996b.
[302] An der Schule von Chagnon steht ein technikgeschichtlich bedeutender Inschriftenstein, dessen Text einen Schutzstreifen über dem unterirdisch verlaufenden Aquädukt ausweist (Grewe 1986a, 43; Burdy 1996a, 295–297). Ein Stein mit ähnlicher Inschrift wurde 1996 in Saint-Joseph gefunden (Burdy 1996a, 393–396).
[303] Grewe 1992; Burdy 1996a.
[304] Die lichten Maßen der eingebauten Wasserleitung betragen b = 0,55–0,60 m und h = 1,5 m.
[305] Die bisherige Annahme, der Aquädukt nach Nîmes sei von Agrippa gebaut worden, wird durch neuere Erkenntnisse widerlegt. Eine Inschrift am Pont du Gard wird aus paläographischen Überlegungen in die julisch-claudische Zeit datiert. Da Keramikfunde am Tunnel von Sernhac in die Zeit zwischen 40 und 80 n. Chr. weisen, scheint die Gesamtanlage – einschließlich der Tunnelbauten bei Sernhac – unter Claudius (Kaiser von 41 bis 54 n. Chr.) gebaut worden zu sein. (Fabre/Fiches/ Paillet 1991, 370; Kek 1996a, 168).
[306] Bessac 1991, 289–316. – Die eigenen Vermessungen fanden zwischen 1991 und 1994 statt.
[307] Erste Beobachtungen dieses Tunnels stammen vom Anfang unseres Jahrhunderts (Marchand 1903).
[308] Thomas 1987, 5.
[309] An anderer Stelle werden 11,5 m genannt (Thomas 1987, 5). Die von J. Thomas im Jahre 1987 vorgelegte Tunnelaufmessung stimmt im Wesentlichen mit den Ergebnissen der eigenen Vermessungen aus den Jahren 1993 und 1994 überein. J. Thomas ist für die bereitwillige Überlassung seiner Forschungsergebnisse herzlich zu danken. Da der Zugriff auf diese Arbeiten erst nach den eigenen Vermessungen gegeben war, bestand eine gute Möglichkeit zur gegenseitigen Kontrolle der Vermessungsergebnisse.
[310] Das endgültige Sohlengefälle beträgt im Ostteil des Tunnels 0,05 m. Im Westteil beträgt es 0,70 m, was darauf zurückzuführen ist, daß die Neigung des westlichen Suchstollens bereits in Fließrichtung des Wassers zeigte.
[311] Im östlichen Suchstollen blieben die Arbeiten eingestellt. Alle weiteren Maßnahmen, um zu einem Treffpunkt zu gelangen, wurden nur noch von Westen aus aufgefahren. Dabei hat man dem Westbaulos sicherlich auch deshalb den Vorzug gegeben, weil sich das Aushubmaterial im nach Briord gerichteten Hang besser ablagern ließ als im höherliegenden Tal des Brivaz-Flusses.
[312] Die Geländesituation von Briord ähnelt in auffälliger Weise der Situation bei den Mühlen von Barbegal (s. S. 11). Auch dort liegen die Mühlen im Hang eines Bergrückens, der für die Anlage einer Wasserleitung tief eingeschnitten wurde. Zur Wasserversorgung der Mühlen von Barbegal siehe: Leveau 1995.
[313] Thomas 1987, 5.
[314] Guyomard 1980; Provost/Leprêtre 1997. (Für eine freundliche Betreuung und Führung anläßlich eines Besuches in Carhaix sowie für die Überlassung ausführlicher Unterlagen ist B. Leprêtre herzlich zu danken.)
[315] Die angegebenen Maße wurden aus dem 1995 und 1996 erstellten Aufmaß (Grundriß und Längsprofil) ermittelt. Sie weichen zum Teil erheblich von den in den Vorberichten genannten Maßen ab.
[316] Diese Erkenntnis wirft noch einmal die Frage auf, ob es in der Bauabwicklung beim Bau eines Tunnels in der Qanatbauweise Unterschiede gibt, die durch den jeweiligen Auftraggeber verursacht sein könnten. Beim Bau eines städtischen Aquäduktes stand natürlich mehr technisches Fachpersonal zur Verfügung als beim Bau eines Aquäduktes für eine ländliche Villa. Es konnten auch Terminprobleme die Ursache für die Entscheidung für oder gegen eine bestimmte Baustellenplanung sein.
[317] Boiron/Moliner 1987, 173–176.
[318] André/Bertaux 1991, 34–37; Bertaux 1990, 146–149; Bertaux 1991, 28–33. Einen Hinweis auf das Tunnel- und Stollensystem von Grand verdanke ich Andrei Miron, Saarbrücken. Für eine ausführliche Führung vor Ort ist Jean-Paul Bertaux, Grand herzlich zu danken.
[319] Indem man Kirchenbauten über Quellen gründete, fand das Bild von «Christus als Born des Lebens» seinen Ausdruck.
[320] Kohl 1987; Faber 1989; Kohl/Faber 1990; Kohl/Waringo/Faber 1995; Faber/Kohl/Waringo 1996; Schoellen 1997. Die Forschungsgeschichte am Raschpëtzer-Tunnel beginnt im Jahre 1914 mit einem Ausgrabungsversuch beim später mit der Nummer 5 gezählten Schacht. Dieser Schacht wurde 1967 bis 1970 weiter freigelegt, und 1986 erreichte man das Tunnelniveau. Weitere Schächte waren an den durch eingesackte Verfüllung entstandenen Trichtern im Waldboden erkennbar.
[321] Der Verfasser hatte mehrfach Gelegenheit, sich über den Fortgang der Arbeiten an Ort und Stelle zu informieren. Für gewinnbringende Gespräche ist Georges Faber, Pit Kayser, Nicolas Kohl und Guy Waringo herzlich zu danken. Besonders zu danken ist auch für den uneingeschränkten Zugang zum Dokumentationsmaterial in Form von Fotos und Zeichnungen. Auf die nützlichen Arbeiten von G. Faber zum Thema Qanatbau, besonders seine Übersetzung des diesbezüglichen Textes von Al Karagi aus dem 11. Jh. n. Chr., wurde bereits verwiesen (s. Anm. 49).
[322] Das Tunnelende kann aufgrund der durchfahrenen Topographie nur vermutet werden, archäologische Befunde stehen hierzu noch aus.
[323] Die nachfolgende Beschreibung folgt in etwa der zeitlichen Abfolge der Ausgrabungsarbeiten. Damit soll eine Schwierigkeit einer solchen Tunnelausgrabung gewürdigt werden, die Rückschlüsse auf das Gesamtproblem mit dem Fortgang der Arbeiten unter immer neuen Gesichtspunkten zuläßt.
[324] Der seitliche Abstand des Schachtes zum Tunnel hat von Anfang an zu Irritationen geführt. So soll die Theorie von G. Faber nicht unterschlagen werden, in diesem Schacht sei ein älterer Brunnen einer keltischen Fliehburg zu sehen, den man in das

Tunnelsystem einbezogen habe. (Kohl/Faber 1990, 136–137).

[325] Es darf bei dieser Fehlerbetrachtung aber nicht übersehen werden, daß das im Trassenverlauf untere Baulos (5/6) höhenmäßig tiefer lag als das vorhergehende Baulos (6/7). Damit waren korrektive Maßnahmen leichter durchzuführen, als wenn der Fehler umgekehrt aufgetreten wäre. Im letzteren – ungünstigeren – Fall hätte man die Sohle im Bereich des gesamten Bauloses tieferlegen müssen. Da dieselbe Situation auch zwischen den Baulosen 3/4 und 4/5 auftritt, sei festgestellt, daß Fehler zwar nicht vermeidbar waren, daß man sich aber offensichtlich bemüht hat, die Fehlermöglichkeiten zu beeinflussen, um ihre Behebung möglichst einfach durchführen zu können. Ähnliches ist an anderen Orten in den Übergangsstellen zwischen Baulosen oder Bauabschnitten auch beim obertägigen Aquäduktbau festgestellt worden. Siehe Eifelwasserleitung nach Köln und Aquädukt von Siga/Algerien: Grewe 1985, 34–42; Grewe 1986c, 97–105.

[326] Die Theorie vom gegenseitigen Vortrieb im Baulos 3/4 (Kohl/Faber 1990, 154–155) ist für dieses Baulos auch deshalb zu verwerfen, da im Bereich der Knicke keinerlei Fehl-Vortriebe in Form von Nischen festzustellen sind. Beim Vortrieb von zwei Seiten aus wäre man zumindest aus einer Richtung zu weit vorgestoßen, so daß im nachträglichen Aufmaß eine Blindstrecke festzustellen wäre. Ein solcher Fehl-Vortrieb wäre festzustellen, selbst wenn er sich nur im Zentimeter-Bereich bewegen würde. Man hat in keinem der beiden Knicke über den notwendigen Vortrieb hinausgearbeitet, sondern jeweils bei Feststellung des Richtungsfehlers den Vortrieb sofort korrigiert.

[327] Kohl/Waringo/Faber 1995, 68–72; 195–199.

[328] Dendrochronologische Untersuchung von M. Neyses, Rheinisches Landesmuseum Trier vom 14. 7. 1989; Kohl/Faber 1990, 212–213.

[329] Dendrochronologische Untersuchung von M. Neyses, Rheinisches Landesmuseum Trier vom 31. 5. 1990; Kohl/Faber 1990, 254–257.

[330] Die Ereignisse dieser Zeit werden auch als Grund für die Zerstörung der großen Kölner Eifelwasserleitung angenommen. (Grewe 1986c, XIV).

[331] Schoellen 1997. – Die Kenntnis vom Emerange-Schwaarzaerd-Tunnel verdanke ich einem freundlichen Hinweis von André Schoellen, Service archéologique, Ponts & Chaussées. A. Schoellen ist auch für die bereitwillige Überlassung des Dokumentationsmaterials zu danken. Bei Befliegungen im Sommer 1996 wurden von A. Schoellen weitere sieben Bauschächte entdeckt.

[332] Bei der modernen Drainage eines Ackers würde man bezüglich der Seitenarme von 'Saugern' sprechen, während man die Leitung zur Villa als 'Sammler' bezeichnen würde.

[333] Freundlicher Hinweis von A. Schoellen vom 11. 9. 1995.

[334] Schoellen 1997. – Die Kenntnis vom Noertzange-Tunnel verdanke ich einem freundlichen Hinweis von André Schoellen, Service archéologique, Ponts & Chaussées. A. Schoellen ist auch für die bereitwillige Überlassung des Dokumentationsmaterials zu danken.

[335] Insgesamt wurden 27 Bauschächte festgestellt. Drei weitere Bauschächte waren schon früher beim Bau der Straße Dudelange-Noertzange betroffen und waren nicht mehr erkennbar. Ihre Lage kann aufgrund der Gesamtsituation jedoch mühelos ergänzt werden.

[336] *Museé-info, Bulletin d'Information du Museé National d'Histoire et d'Art,* Luxembourg, Mai 1991, 10–11.

[337] Haberey 1972, 142–149.

[338] Haberey/Röder 1941, 337–339 u. T. 44; Haberey 1972, 145–147.

[339] Fundbericht von J. Röder, *Germania* 39, 1961, 219; Haberey 1972, 146–147.

[340] Fundmeldung des Lehrers Wilhelmus, Darscheid vom 11. 6. 1913; *Trierer Jahresber.* 7/8, 1914/15, 19; *Trierer Zeitschrift* 1, 1926, 4, 193; Samesreuther 1938, 43; Ortsakten des Rheinischen Landesmuseums Trier.

[341] Fundmeldung von M. Jacoby, Farschweiler vom 22. 8. 1927; *Trierer Zeitschrift* 3, 1928, 185; *Trierer Zeitschrift* 5, 1930, 162; Samesreuther 1938, 58; Ortsakten des Rheinischen Landesmuseums Trier.

[342] Fundmeldung im handschriftlichen Nachlaß von Pastor Schmitt, Trier; *Jahresber. d. Gesellschaft f. nützl. Forschungen Trier* 1865–1868, 25 f.; Samesreuther 1938, 64; Ortsakten des Rheinischen Landesmuseums Trier.

[343] *Bonner Jahrb.* 130, 1925, 351; Samesreuther 1938, 64; Ortsakten des Rheinischen Landesmuseums Trier.

[344] Samesreuther 1938, 81; Ortsakten des Rheinischen Landesmuseums Trier, Befundaufnahme vom 10. 4. 1907.

[345] Samesreuther 1938, 81–82.

[346] Samesreuther 1938, 88; Ortsakten des Rheinischen Landesmuseums Trier.

[347] Fundmeldung von Kaufmann Piacenza, Neumagen und Fundaufnahme von P. Steiner am 20. 12. 1912; Samesreuther 1938, 90; Ortsakten des Rheinischen Landesmuseums Trier.

[348] Ortsakten des Rheinischen Landesmuseums Trier.

[349] *Trierer Jahresber.* 1, 1908, 20; Samesreuther 1938, 91–92.

[350] Ortsakten des Rheinischen Landesmuseums Trier, Befundaufnahme durch Badry vom 13. 10. 1959.

[351] Ortsakten des Rheinischen Landesmuseums Trier, Befundaufnahme durch Badry vom 28. 1. 1960.

[352] *Trierer Zeitschrift* 6, 1931, 186; Samesreuther 1938, 94–95; Ortsakten des Rheinischen Landesmuseums Trier.

[353] *Trierer Jahresber.* 5, 1912, 26; Samesreuther 1938, 110–111 (hier unter dem Ortsnamen Thalfang aufgeführt); Ortsakten des Rheinischen Landesmuseums Trier.

[354] P. Steiner, *«Unterirdischer Gang» bei Rachtig.* in: *Trierische Landeszeitung* vom 13. 2. 1934; *Germania* 19, 1935, 68; Samesreuther 1938, 96; Ortsakten des Rheinischen Landesmuseums Trier.

[355] *Trierer Zeitschrift* 9, 1934, 155.

[356] P. Steiner, *Trierer Volksfreund* vom 12. 10. 1926; Samesreuther 1938, 113.

[357] Samesreuther 1938, 113.

[358] Samesreuther 1938, 116.

[359] *Trierer Jahresber.* 5, 1912, 26; Samesreuther 1938, 132–133; Ortsakten des Rheinischen Landesmuseums Trier.

[360] *Bonner Jahrb.* 133, 1928, 300–301; *Trierer Zeitschrift* 3, 1928, 179; Samesreuther 1938, 134–135; Ortsakten des Rheinischen Landesmuseums Trier.

[361] Haberey 1972, 148; Eich 1975, 37; Grewe 1981b, 136–137; Grewe 1988, 90–92. (Haberey berichtet von einem auffällig ähnlichen Bauwerk bei Retterath, Kreis Mayen; Haberey 1972, 148).

[362] Kolling 1964; Keller 1965; Haberey 1972, 148–149; Grewe 1988, 92–93.

[363] Schoop 1913, 156; Samesreuther 1938, 104–106.

[364] Grewe 1983, 159; Grewe 1987b, 608–611; Grewe 1988, 89–93; *Bonner Jahrb.* 184, 1984, 624.

[365] Es wurden dazu Trassenausschnitte ausgewählt, in denen die Schachttrichter weitgehend zerstört waren.

[366] In einer Tiefe von knapp 9 m drang das Grundwasser mit großer Heftigkeit in den Grabungsschnitt. Mit der vorhandenen Feuerwehrpumpe war das eindringende Wasser mengenmäßig nicht mehr zu bewältigen; hinzu kam, daß auch die Förderhöhe für die Pumpe fast erreicht war. Damit waren die Möglichkeiten eines kostenlosen Pumpeneinsatzes mit Mitteln der Freiwilligen Feuerwehr ausgeschöpft, ein weitergehenderer Einsatz wäre nur mit kommerziellen Mitteln möglich gewesen, für den im Rahmen dieser Untersuchungen kein finanzieller Spielraum mehr zur Verfügung stand. Der Freiwilligen Feuerwehr Soller ist für ihren Einsatz herzlich zu danken.

[367] In Antakya (Türkei) sind in der steilen Felswand über der Kirche des hl. Petrus die seitlichen Öffnungen eines in die Berge führenden Fluchttunnels zu sehen. Diese «Fenster» waren nach dem Bau zugemauert worden, sind aber heute durch Einsturz des Füllmauerwerks teilweise wieder offen (K. Grewe, Bereisung 1996). – Ein spektakulärer Fluchttunnel wurde 1964 aus dem Ost-Berliner Stadtgebiet unter der Berliner Mauer hindurch nach West-Berlin gebaut. Er diente 57 Menschen als Weg in die Freiheit (R. Hildebrandt, *Es geschah an der Mauer,* Berlin [18]1992, 66–69).

[368] Karageorghis 1975, 68–69.

[369] Herodot, *Historien* IV, 200 (Übersetzung v. A. Horneffer, Stuttgart 1971).

[370] Caesar, *Der Gallische Krieg,* VII, 24 (Übersetzung von G. Dorminger). Einen weiteren Ausfalltunnel beschreibt Caesar in Zusammenhang mit der Belagerung der Sontiaten beim Feldzug des Crassus in Aquitanien, *Der Gallische Krieg,* III, 21.

[371] Caesar, *Der Gallische Krieg,* VII, 22 (Übersetzung von G. Dorminger).

[372] Caesar, *Der Gallische Krieg,* VIII, 40 (Übersetzung von K. Blümel).

[373] Caesar, *Der Gallische Krieg,* VIII, 41 (Übersetzung von K. Blümel).

[374] Caesar, *Der Gallische Krieg,* VIII, 43 (Übersetzung von K. Blümel).

[375] Cruden 1958; Cruden 1975; Cruden 1981; Gifford 1988; Tabraham 1990; Fawcett 1992.

[376] Grewe 1987c; Grewe 1991a.

[377] Rivius 1548.

[378] Balestracci 1984.

[379] Dopsch 1991.

[380] Grewe 1979; Grewe 1984; Grewe 1991b.

[381] Bei Nissan-lez-Ensérune (Dep. Hérault, Frankreich) wurde im Jahre 1248 der Étang de Montady auf ähnliche Weise trockengelegt. Da die Drainagekanäle sternförmig zur Mitte des Sees hin angelegt wurden, spricht man von einer «Feldersonne». Der Entwässerungskanal beginnt im Schnittpunkt aller Drainagekanäle und leitet das Wasser durch einen Tunnel aus der Senke hinaus.

[382] Das Kloster Maria Laach war 1093 von Pfalzgraf Heinrich gestiftet worden. Nach Heinrichs Tod im Jahre 1095 wurde die Stiftung von seinem Nachfolger Siegfried zwar anfangs vernachlässigt, später aber erneuert und der Besitz schließlich 1112 den Mönchen übergeben. Der Bau der Kirche wurde unter dem 2. Abt des Klosters, Fulbert (1152–77), soweit vollendet, daß die Kirchweihe am 24. August 1156 durch den Trierer Erzbischof stattfinden konnte. Die Abtei wurde 1802 aufgehoben und die Gebäude erst verpachtet und später an den Trierer Regierungspräsidenten Delius verkauft. 1892 wurde das Kloster von der Benediktiner-Abtei Beuron aus neu besiedelt. Der Tunnel erfüllte bis in das vorige Jahrhundert hinein seinen Zweck und wurde dann durch Einbrüche an seinem Südende unbrauchbar. 1844 wurde unter dem damaligen Besitzer Delius 5 m unter dem Fulbert-Tunnel ein zweiter Tunnel gebaut. Dieser ist heute noch in Betrieb.

[383] Nach handschriftlichen Aufzeichnungen von Johann Schnapauff zitiert; heute in der Nachlaßverwaltung des Deutschen Museums München.

[384] Nach eigenem Augenschein festgestellt. Eine Tunnelvermessung liegt noch nicht vor.

Bildnachweis

Der Urhebernachweis befindet sich jeweils bei den Abbildungen am Ende der Bildunterschriften. Abbildungen ohne Urheberangabe stammen sämtlich vom Verfasser.

Adresse des Autors

Dr. Klaus Grewe
Landschaftsverband Rheinland
Rheinisches Amt für Bodendenkmalpflege
Endenicher Str. 133
53115 Bonn

Literaturverzeichnis

ABELLS 1993
Z. ABELLS, *Jerusalems's Water Supply – From the 18th Century BC to the Present* (Jerusalem 1993).

ABELLS 1994
Z. ABELLS, *The City of David Water Systems* (Jerusalem 1994).

ADAM 1984
J.-P. ADAM, *La construction romaine. Matériaux et techniques* (Paris 1984).

AFAN DE RIVERA 1823
C. AFAN DE RIVERA, *Considerazioni sul progetto di prosciugare il Lago Fucino e di congiungere il Mar Tirenno all'Adriatico per mezzo di un canale di navigatione* (Napoli 1823).

AFAN DE RIVERA 1836
C. AFAN DE RIVERA, *Progetto della restaurazione dello emissario di Claudio e dello scolo del Fucino* (Napoli 1836).

AICHER 1995
P. J. AICHER, *Guide to the aqueducts of ancient Rome* (Wauconda, Illinois 1995).

AL KARAGI/HOCHHEIM 1880
MOHAMED AL KARAGI (ABU BEKR MUHAMMED BEN ALHUSEIN ALKARKHI), *Genügendes über Arithmetik (Al Kafi fil Hisab).* Ins Deutsche übertragen von Adolf Hochheim (Halle a/S. 1880).

AL KARAGI/MAZAHERI 1970
MOHAMED AL KARAGI, *La civilisation des eaux cachées. Traité de l'exploitation des eaux souterraines.* Ins Französische übertragen von Aly Mazaheri. Manuskriptdruck Université de Nice (Nice 1970).

ALKAN/ÖZIŞ 1991a
A. ALKAN; Ü. ÖZIŞ, *Su Mühendisliği Tarihi Açısından Çevlik Kanal ve Tünelleri,* in: *Teknik Dergi* 2, Juli 1991, 353–366.

ALKAN/ÖZIŞ 1991b
A. ALKAN; Ü. ÖZIŞ, *Çevlik Canals and Tunnels From the Point of View of Hydraulics Engineering History,* in: *Teknik Dergi* 2, Dezember 1991, 92–95.

ALTWASSER 1992a
E. ALTWASSER, *Mittelalterliche «Tunnelungen» – Ihre Vorbilder und Nachwirkungen,* in: E. ALTWASSER (Hrsg.), *Tunnel – Orte des Durchbruchs* (Marburg 1992) 10–23.

ALTWASSER 1992b
E. ALTWASSER (Hrsg.), *Tunnel – Orte des Durchbruchs* (Marburg 1992).

AMALFITANO 1990
P. AMALFITANO (Hrsg.), *I campi flegrei. Un itinerario archeologico* (Venedig 1990).

D'AMATO 1980
S. D'AMATO, *Il primo Prosciugamento del Fucino* (Avezzano 1980).

AMIRAN 1976
R. AMIRAN, *The Water Supply of Israelite Jerusalem,* in: YIGAEL YADIN (Hrsg.), *Jerusalem Revealed. Archaeology in the Holy City 1968–1974* (New Haven and London 1976) 75–78.

AMIT/HIRSCHFELD/PATRICH 1989
D. AMIT; Y. HIRSCHFELD; J. PATRICH (Hrsg.), *The Aqueducts of Ancient Palestine* (Jerusalem 1989).

ANDRÉ/BERTAUX 1991
O. ANDRÉ; V. BERTAUX, *Les aqueducs souterrains construits par les Romains,* in: *Les Dossiers d'Archéologie* 162, 1991, 7/8, 34–37.

ANET 1955
J. B. PRITCHARD, *Ancient Near Eastern Texts Relating to the Old Testament* (Princeton 1955).

ANTINORI 1781
A. L. ANTINORI, *Raccolta delle Memorie Istoriche delle tre Province degli Abruzzi* (Neapel 1781).

ARIAGNO/MEYSSONNIER 1985
D. ARIAGNO; M. MEYSSONNIER, *Aqueducs souterrains, in: Inventaire préliminaire des cavités naturelles et artificielles du Département du Rhône* (Lyon 1985) 51–58.

ARORA/FRANZEN 1987
S. K. ARORA; J. H. G. FRANZEN, *Ein mittelalterliches Fluchtgangsystem aus Königshoven, Stadt Bedburg, Erftkreis,* in: *Ausgrabungen im Rheinland '85/86* (Bonn 1987) 131–137.

ASHBY 1935
T. ASHBY, *The Aqueducts of Ancient Rome* (Oxford 1935).

AUVERGNE 1905
J. AUVERGNE, *«Fontvieille inédit». Restes d'aqueducs romains: les rigoles de Parisot, le conduit souterrain des «Taillades» et le bas-relief dit «La conquille»,* in: *Bulletin des Aix du Vieil Arles* 2, 1905, Nr. 4, 133–137.

AVIZOHAR 1993
Y. AVIZOHAR, *Mapping the Dam Shafts,* in: *Niqrot Zurim, Journal of the Israel Cave Research Center* 19, 1993, 44–48 [hebräisch m. engl. Zusammenfass.].

AYGEN 1985
T. AYGEN, *2000 Yıllık Bir Mühendislik Šaheseri Vespasianus-Titus Barajı,* in: *Ilgi* 43, Istanbul 1985, 7–10.

BALESTRACCI 1984
D. BALESTRACCI, *I Bottini – Acquedotti medievali senesi* (Siena 1984).

BASSEL 1883
R. BASSEL, *Neu entdeckte antike Wasserleitung des Macrinus in Neapel,* in: *Centralblatt der Bauverwaltung* 1883, 27–28.

BAUMANN 1913
E. BAUMANN, *Hiskia-Kanal,* in: *Zeitschrift des Deutschen Palästinavereins* 1913, 1.

BEAUMONT 1989
P. BEAUMONT u. a., *Qanat, Karit, Khattara* (Cambridgeshire 1989).

BELKE 1984
K. BELKE, *Dikilitaş,* in: *Tabula Imperii Byzantini* 4: *Galatien und Lykaonien* (Wien 1984) 157.

BENZINGER 1927
J. BENZINGER, *Hebräische Archäologie* ([3]1927); wegen Siloah-Kanal S. 35.

VAN BERCHEM 1985
D. VAN BERCHEM, *Le port de Séleucie de Piérie et l'infrastructure logistique des guerres parthiques,* in: *Bonner Jahrbücher* 185, 1985, 47–87.

V. BERG/WEGNER 1992
A. VON BERG; H.-H. WEGNER, *Ausgrabungen, Funde und Befunde im Bezirk Koblenz* [Andernach; Nickenich], in: H.-H. WEGNER (Hrsg.), *Berichte zur Archäologie an Mittelrhein und Mosel* (Trier 1992) 468; 485.

BERROTH 1949
A. BERROTH, *Joabs Schacht und Hiskias Tunnel. Dreitausend Jahre Bauingenieur-Geodäsie,* in: *Schweizerische Zeitschrift für Vermessung und Kulturtechnik* 47, 1949, 185–190; 202–207.

BERTAUX 1990
J.-P. BERTAUX, *Le réseau souterrain du site antique de Grand (Vosges),* in: *La Lorraine antique – ville et villages* (Metz 1990) 146–149.

BERTAUX 1991
J.-P. BERTAUX, *Les galeries souterraines,* in: *Les Dossiers d'Archéologie* 162, 1991, 7/8, 28–33.

BESSAC 1991
J. C. BESSAC, *Le chantier du creusement des galeries du vallon des Escaunes à Sernhac,* in: G. FABRE; J.-L. FICHES; J.-L. PAILLET (Hrsg.), *L'Aqueduc de Nîmes et le Pont du Gard – Archéologie, Géosystème et Histoire* (Nîmes 1991) 289–316.

Beton-Lexikon 1990
H.-O. LAMPRECHT; F. KIND-BARKAUSKAS; H. WOLF (Hrsg.), *Beton-Lexikon* (Düsseldorf 1990).

Bibel
Die Bibel – Altes und Neues Testament (Stuttgart 1980).

BIČIK, 1971
I. BIČIK, *Kanats in Iran,* in: *Sbornik čs. spol. zemepisné* 1971, 76, 1, 66–69 [tschech.].

BLACK 1937
A. BLACK, *The Story of Tunnels* (New York & London [um] 1937).

BOIRON/MOLINER 1987
R. BOIRON; M. MOLINER, *Aix-en-Provence,* in: FRONTINUS-GESELLSCHAFT (Hrsg.), *Die Wasserversorgung antiker Städte, Geschichte der Wasserversorgung* Band 2 (Mainz 1987) 173–176.

BOITANI/CATALDI/PASQUINUCCI 1974
F. BOITANI; M. CATALDI; M. PASQUINUCCI, *Die Städte der Etrusker* (Freiburg i. B. 1974).

BORCHARDT 1980
J. BORCHARDT (Hrsg.), *Myra – Eine lykische Metropole in antiker und byzantinischer Zeit. Istanbuler Forschungen* 30 (Berlin 1980) 47 ff.

BOURQUIN 1973
M. BOURQUIN, *Der römische Wasserstollen bei Hagneck. Bielerseebuch* (Biel 1973).

BRAUN 1852
A. E. BRAUN, *Sulle sostruzioni antichissime del Quirinale e del Palatino. Discorso letto nella solenne adunanza della Fondazione di Roma, 1852. Annali dell'Instituto di Corrispondenza Archeologica, N. S. IX* (Rom 1852).

BRISSE/ROTROU 1876
A. BRISSE; L. DE ROTROU, *Le dessèchement du Lac Fucine. Précis historique et technique* (Roma 1876).

BROCCHI 1820
G. B. BROCCHI, *Dello stato fisico del suolo di Roma. Memoria per servire da illustrazione alla carta geognostica di questa città* (Rom 1820).

Brockhaus 1974
Brockhaus Enzyklopädie (Wiesbaden [17]1974).

BRÜNNOW/VON DOMASZEWSKI 1904
R. BRÜNNOW; A. VON DOMASZEWSKI, *Die Provincia Arabia* I. (Straßburg 1904).

BURDY 1979
J. BURDY, *Lyon – Lugdunum et ses 4 aqueducs,* in: *Dossiers de l'Archéologie* 38, 1979, 62 ff.

BURDY 1986
J. BURDY, *Tranchée et Tunnels, ponts, murs et arches, chutes* [im Verlauf der Aquädukte nach Lyon], in: *L'Araire* Nr. 66, 1986, 7–12.

BURDY u. a. 1991
J. BURDY u. a., *Le «Tunnel de Fontanes» St-Martin-La-Plaine (Loire). S. C. V. Activités* 54 (Villeurbanne 1991).

BURDY 1993
J. BURDY, *Lyon: L'aqueduc romain de la Brévenne. Département du Rhône, Prèinventaire des Monuments et Richesses artistiques* III (Lyon 1993).

BURDY 1996a
J. BURDY, *L'Aqueduc romain du Gier. Département du Rhône, Préinventaire des Monuments et Richesses Artistiques* IV (Lyon 1996).

BURDY 1996b
J. BURDY, *Lyon – L'aqueduc romain du Gier. Thèse* (Lyon 1996).

BURDY 1996c
J. BURDY, *Lyon – Recherches sur les aqueducs romains du Lyon. Thèse* (Lyon 1996).

Burgenkarte 1974
EIDGENÖSSISCHE LANDESTOPOGRAPHIE, *Burgenkarte der Schweiz* (Bern 1974).

BURNS 1971
A. BURNS, *The Tunnel of Eupalinos and the Tunnel Problem of Hero of Alexandria,* in: *Isis* 62, 1971, 172–185.

BURNS 1974
A. BURNS, *Technology and Culture* 15, 1974, 389 ff.

BURRI 1991
E. BURRI, *Storia di un Lago: il Fucino in Abruzzo,* in: *Terra. Rivista di scienze ambientali e territoriali* 1991, 42–52.

BURRI 1994
E. BURRI (Hrsg.), *Sulle rive della memoria – Il lago Fucino e il suo emissario* (1994).

BURRI o. J.
E. BURRI, *Lake Fucino (Abruzzo – Central Italy). Ancient and Recent Drainage of a Karstic Lake,* in: *International Symposium on Human Influence on Karst,* Postojna, Iugoslavia, (o. J.) 19–31.

BURSIAN 1862
C. BURSIAN, *Geographie von Griechenland,* 2 Bände. (Leipzig 1862).

BUTLER 1933
M. A. BUTLER, *Irrigation in Persia by Kanats,* in: *Civil Engineering* 3, 1933, Nr. 2.

CAESAR
CAESAR, *Der Gallische Krieg.* Deutsche Übersetzung von G. Dorminger (München 1973).

CAESAR
GAIUS JULIUS CAESAR, *Sämtliche Werke. Der Gallische Krieg.* Deutsche Übersetzung von K. Blümel (Essen, Stuttgart [2]1984).

CAESAR
CAESAR, *Der Gallische Krieg.* Deutsche Übersetzung von O. Schönberger. Tusculum-Bücherei (Darmstadt 1990).

CAGNAT 1895
R. CAGNAT, *Musées de l'Algérie et de la Tunisie: Lambèse* (Paris 1895).

CALOI/CASTELLANI 1991
V. CALOI; V. CASTELLANI, *Note on the Ancient Emissary of Lake Nemi,* in: *3rd International Symposium on Underground Quarries* (Neapel 1991) 206–220.

CALOI/CAPPA/CASTELLANI
Antichi emissari nei Colli Albani (in Vorbereitung).

CAMP 1979
J. MCKESSON CAMP, *The Water Supply of Ancient Athens from 3000 to 86 B.C. University Microfilms International* (Ann Arbor, Mich. 1979).

CANEVARI 1875
R. CANEVARI, *Notizie sulle fondazioni dell'edificio del Ministero delle Finanze in Roma. Atti della Reale Accademia dei Lincei* XXIX, V (Rom 1875).

CAPPA/CASTELLANI/DRAGONI/FELICI 1990–91
G. CAPPA; V. CASTELLANI; W. DRAGONI; A. FELICI, *Ponte Terra: Evidenze per un sistema arcaico di acquedotti sotterranei,* in: *Le Grotte d'Italia – Atti XVI Cong. Naz. Spel.* (4) XV, 1990–1991, 121–135.

CASSIUS DIO
CASSIUS DIO, *Römische Geschichte.* Deutsch von O. Veh (Zürich, München 1986).

CASTELLANI/DRAGONI 1990
V. CASTELLANI; W. DRAGONI, *Contribution to the History of Underground Structures: Ancient Roman Tunnels in Central Italy,* in: *International Symposium on Unique Underground Structures, Proceedings* 2 (Denver, Colorado 1990) 80,1–80,20.

CASTELLANI/DRAGONI 1991a
V. CASTELLANI; W. DRAGONI, *Gli Etruschi maestri di idraulica* (Perugia 1991).

CASTELLANI/DRAGONI 1991b
V. CASTELLANI; W. DRAGONI, *Italian Tunnels in Antiquity,* in: *Tunnels & Tunneling,* March 1991, 55–58.

CASTELLANI/DRAGONI 1997
V. CASTELLANI; W. DRAGONI, *Ancient Tunnels: from Roman Outlets back to the Early Greek Civilization,* in: *XII. Congr. Int. Spel.* (La Chaux-de-Fond 1997) o. S.

CAVALLARI/HOLM 1883
F. S. CAVALLARI; A. HOLM, *Topografia archeologica di Siracusa* (Palermo 1883).

CIL
Corpus Inscriptionum Latinarum (Berlin 1862 ff.).

CLERMONT-GANNEAU 1897
CH. CLERMONT-GANNEAU, *Les tombeaux de David et des rois de Juda et le tunnel-aqueduc de Siloe,* in: *Comptes Rendus de l'Académie des Inscriptions et des Belles-Lettres* 25, 1897, 383 ff.

COARELLI 1981
F. COARELLI, *Dintorni di Roma* (Bari 1981).

COARELLI 1984
F. COARELLI, *Guida archeologiche Laterza* [Dintorni di Roma] (Roma, Bari 1984).

COLE 1980
D. COLE, *How Water Tunnels Worked,* in: *Biblical Archaeological Review* 6, 1980, 8–29.

COLLIN BOUFFIER 1987
S. COLLIN BOUFFIER, *L'alimentation en eau de la colonie grecque de Syracuse – Réflexions sur la cité et son territoire,* in: *Mélanges de l'École Française de Rome* 99, 1987, 661–691.

CONDOR/KITCHENER 1882
C. R. CONDOR; H. H. KITCHENER, *The Survey of Western Palestine, Memories* Band 2, *Samaria* (London 1882).

CONSTANS 1921
L. A. CONSTANS, *Arles antique* (Paris 1921).

CORALINI 1992
A. CORALINI, *Osservazioni sulle gallerie stradali,* in: QUILICI, L.; QUILICI GIGLI, ST., *Tecnica stradale romana* (Rom 1992) 83–92.

COZZO 1970
G. COZZO, *Ingegneria romana* (Roma 1970) [*L'Emissario Claudiano del Fucino*, 299–318].

CRESSEY 1958
G. B. CRESSEY, *Qanats, Karez and Foggaras.* in: *Geographical Review* 48, (New York) 1958, 27–46.

CRUDEN 1958
S. CRUDEN, *St Andrews Castle* (Edinburgh 1958).

CRUDEN 1975
S. CRUDEN, *St Andrews Castle* (Edinburgh [6]1975).

CRUDEN 1981
S. CRUDEN, *The Scottish Castle* (Edinburgh 1981).

CURTIUS 1892
E. CURTIUS, *Die Deichbauten der Minyer,* in: *Sitzungsberichte der Berliner Akademie der Wissenschaften,* Bd. 55, 1892.

D'AMATO 1980
S. D'AMATO, *Il primo prosciugamento del Fucino* (Avezzano 1980).

DALMAN 1908a
G. DALMAN, *Petra und seine Felsheiligtümer* (Leipzig 1908).

DALMAN 1908b
G. DALMAN, *Neue Petra-Forschungen* (Leipzig 1908).

Darscheid 1926
(Römische Stollenwasserleitung) bei Darscheid, Kreis Daun; Fundbericht, in: *Bonner Jahrbücher* 131, 1926, 389.

DELLA CORTE 1922
M. DELLA CORTE, *Groma,* in: *Mon. Antichi* 28, 1922, 29.

DESCHEMET 1857
C. H. DESCHEMET, *Fouilles de S. Sabine. Annali dell'Instituto di Corrispondenza Archeologica,* Bd. 29 (Rom 1857).

DEVER 1969
W. G. DEVER, *The Water Systems at Hazor and Gezer,* in: *The Biblical Archaeologist* 34, 1969, 71–78.

DIELS 1914
H. DIELS, *Antike Technik* (Berlin, Leipzig 1914).

DIMITROV/HENNINGER 1972
N. DIMITROV; O. HENNINGER, s. v. *Tunnelabsteckungen und Tunnelbau,* in: *Bautechnik* Band 6 (Reinbek 1972) 1333–1359.

DOMERGUE 1970
C. DOMERGUE, *Introduction à l'étude des Mines d'Or du Nord-Ouest de la Péninsule Ibérique dans l'antiquité,* in: CATEDRA DE SAN ISIDORO (Hrsg.), *Legio VII Gemina* (Leon 1970) 255–286.

DOMERGUE 1987
C. DOMERGUE, *Mines antiques du Portugal,* in: *Catalogue des mines et des fonderies antiques de la*

Péninsule Ibérique Band 2. *Publications de la Casa de Velazquez, Série archélogie* VIII, Madrid 1987, 516.

DOMERGUE 1990
C. DOMERGUE, *Les mines de la Péninsule Ibérique dans l'antiquité romaine*, in: *Collection de l'École Française de Rome* 127, 1990, 469.

DOPSCH 1991
H. DOPSCH, *Der Salzburger Almkanal*, in: FRONTINUS-GESELLSCHAFT (Hrsg.), *Die Wasserversorgung im Mittelalter, Geschichte der Wasserversorgung* Band 4 (Mainz 1991) 282–286.

DÖRING 1995
M. DÖRING, *Der Emissar des Sees von Fucino/Italien*, in: *Schriftenreihe der Frontinus-Gesellschaft* 19, 1995, 81–110.

DÖRPFELD 1901
W. DÖRPFELD, *Antike Denkmäler* II 4 (1901).

DRACK/FELLMANN 1988
W. DRACK; R. FELLMANN, *Die Römer in der Schweiz* (Stuttgart 1988).

DUDDECK 1981
H. DUDDECK, *Die Entwicklung der technischen Wissenschaft «Tunnelbau»*, in: *Rheinisch-Westfälische Akademie der Wissenschaften – Natur-, Ingenieur- und Wirtschaftswissenschaften, Vorträge N.* 305, 1981, 7–48.

Duden 1969
Großes Duden-Lexikon (Mannheim 1969).

ECK 1987
W. ECK, *Magistrate, «Ingenieure», Handwerker: Zum Sozialstatus von «Wasserleitungsbauern» in der römischen Welt*, in: *Leichtweiß-Institut für Wasserbau, Kolloquium «Wasserbau in der Geschichte» zu Ehren von G. Garbrecht* (Braunschweig 1987) 129–154.

ECK 1994
W. ECK, *Bedeutende «Ingenieure» der griechisch-römischen Welt*, in: *Schriftenreihe der Frontinus-Gesellschaft* 18, 1994, 10–22.

EICH 1975
P. EICH, *Antike Wasserversorgung in Brey zur Römerzeit*. in: *Festschrift* (Brey 1975) 37 ff.

Encyclopædia Britannica 1973
Encyclopædia Britannica (London [15]1973–74).

ENGELS/HUPPERICH/MÜLLER/OLBERDING 1983
M. ENGELS; M. HUPPERICH; R. MÜLLER; M. OLBERDING, *Die Wasserleitung nach Side – Eine Betrachtung aus bautechnischer Sicht.* Diplomarbeit (Aachen 1983).

FABER 1989
G. FABER, *Raschpëtzer, Qanate und ähnliche Anlagen – Ein Konstruktionsvergleich.* Manuskriptdruck (Walferdingen 1989).

FABER/KOHL/WARINGO 1996
G. FABER; N. KOHL; G. WARINGO, *Der Walferdinger «Raschpëtzer-Qanat»*. Faltblatt (Walferdingen 1996).

FABIO/FASSITELLI o. J.
E. FABIO; L. FASSITELLI, *Roma – ingegneria e industria, engineering and industry* ([14]Roma o. J.).

FABRE/FICHES/PAILLET 1991
G. FABRE; J.-L. FICHES; J.-L. PAILLET, *L'aqueduc de Nîmes et le Pont du Gard* (Nîmes 1991).

FABRETTI 1683
R. FABRETTI, *De columna Traiani Syntagma. Emissarii lacus Fucini descriptio* (Roma 1683).

FABRICIUS 1884
E. FABRICIUS, *Alterthümer auf der Insel Samos*, in: *Athenische Mitteilungen* 9, 1884, 165 ff.

FAHLBUSCH 1979
H. FAHLBUSCH, *Elemente römischer Fernwasserleitungen*, in: *Mitteilungen des Leichtweiß-Instituts für Wasserbau der Technischen Universität Braunschweig* 64 (Braunschweig 1979) o. S.

FAHLBUSCH 1981
H. FAHLBUSCH, *Wasserversorgung griechischer Städte, dargestellt am Beispiel Pergamon*, in: *Mitteilungen des Leichtweiß-Instituts für Wasserbau der Technischen Universität Braunschweig* 71 (Braunschweig 1981) 135–174.

FAHLBUSCH 1982
H. FAHLBUSCH, *Vergleich antiker griechischer und römischer Wasserversorgungsanlagen. Mitteilungen des Leichtweiß-Instituts für Wasserbau der Technischen Universität Braunschweig* 73 (Braunschweig 1982).

FAHLBUSCH 1987a
H. FAHLBUSCH, *Elemente griechischer und römischer Wasserversorgungsanlagen*, in: FRONTINUS-GESELLSCHAFT (Hrsg.), *Die Wasserversorgung antiker Städte, Geschichte der Wasserversorgung* Band 2 (Mainz 1987) 133–164.

FAHLBUSCH 1987b
H. FAHLBUSCH, *Side*, in: FRONTINUS-GESELLSCHAFT (Hrsg.), *Die Wasserversorgung antiker Städte, Geschichte der Wasserversorgung* Band 2 (Mainz 1987) 218–221.

FAHLBUSCH 1987c
H. FAHLBUSCH, *Die Wasserversorgung des hellenistischen Pergamon*, in: *Mitteilungen des Leichtweiß-Instituts für Wasserbau der Technischen Universität Braunschweig* 97, *Kolloquium «Wasserbau in der Geschichte»* (Braunschweig 1987) 65–98.

FAHLBUSCH 1987d
H. FAHLBUSCH, *Aspendos*, in: FRONTINUS-GESELLSCHAFT (Hrsg.), *Die Wasserversorgung antiker Städte, Geschichte der Wasserversorgung* Band 2 (Mainz 1987) 172–175.

FAHLBUSCH 1992
H. FAHLBUSCH, *Die Wasserversorgung in der Antike – Versuch einer Standortbestimmung*, in: *Schriftenreihe der Frontinus-Gesellschaft* 17 (Bonn 1993) 85–106.

FAWCETT 1992
R. FAWCETT, *St Andrews Castle* (St Andrews 1992).

FELDHAUS 1931
F. M. FELDHAUS, *Die Technik der Antike und des Mittelalters* (Berlin 1931).

FELDHAUS 1952
F. M. FELDHAUS, *Römische Wasserleitungen in Nordafrika*, in: *Das Gas- und Wasserfach* 93, 1952, 352.

V. FELLENBERG 1875
E. V. FELLENBERG, *Der römische Wasserstollen bei Hagneck am Bielersee*, in: *Anzeiger für Schweizerische Altertumskunde* 1875, Nr. 3.

FIEDLER 1840
K.-G. FIEDLER, *Reise durch alle Teile des Königreichs Griechenland*, 2 Bände (Leipzig 1840).

FORBES 1964
R. J. FORBES, *Water Supply*, in: *Studies in Ancient Technology*, Bd. 1 (Leiden 1964) 145–189.

FORCHHAMMER 1837
P.-W. FORCHHAMMER, *Hellenika, Griechenland: Im Neuen das Alte* (Berlin 1837).

FRANKEL 1985
R. FRANKEL, *The Hellenistic Aqueduct of Acre-Ptolemais*, in: *Atiqot, English Series* 17, 1985, 134–138; Tafel 22.

FREIS 1984
H. FREIS, *Historische Inschriften zur römischen Kaiserzeit. Von Augustus bis Konstantin. Texte zur Forschung* Band 49 (Darmstadt 1984).

FREDERIKSEN/WARD-PERKINS 1957
M. W. FREDERIKSEN; J. B. WARD-PERKINS, *The Ancient Road-System of the Central and Northern Ager Faliscus*, in: *Papers of the British School at Rome* 25, 1957, 67–203.

FREMERSDORF 1941
F. FREMERSDORF, *Römischer Wasserleitungsstollen bei Fischenich, Landkreis Köln; Fundbericht*, in: *Bonner Jahrbücher* 146, 1941, 416–417.

FRIEDRICH 1995
H. FRIEDRICH, *Das Geheimnis der prähistorischen Aquädukte*, in: *Efodon* 2, 1995, 12–13.

FRITZ 1990
V. FRITZ, *Die Stadt im alten Israel.* Beck'sche Archäologische Bibliothek (München 1990).

FRONTINUS
SEXTUS JULIUS FRONTINUS, *De aquis urbis Romae*. Dt. Übersetzung von Gerhard Kühne, in: FRONTINUS-GESELLSCHAFT (Hrsg.), *Wasserversorgung im antiken Rom, Geschichte der Wasserversorgung* Band 1 (München/Wien 1982; [2]1983) 79–128.

FRONTINUS-GESELLSCHAFT 1983
FRONTINUS-GESELLSCHAFT (Hrsg.), *Wasserversorgung im antiken Rom, Geschichte der Wasserversorgung* Band 1 (München/Wien 1982; [2]1983).

FRONTINUS-GESELLSCHAFT 1987
FRONTINUS-GESELLSCHAFT (Hrsg.), *Die Wasserversorgung antiker Städte, Geschichte der Wasserversorgung* Band 2 (Mainz 1987).

FRONTINUS-GESELLSCHAFT 1988
FRONTINUS-GESELLSCHAFT (Hrsg.), *Die Wasserversorgung antiker Städte, Geschichte der Wasserversorgung* Band 3 (Mainz 1988).

FRONTINUS-GESELLSCHAFT 1991
FRONTINUS-GESELLSCHAFT (Hrsg.), *Die Wasserversorgung im Mittelalter, Geschichte der Wasserversorgung* Band 4 (Mainz 1991).

GALLING 1979
K. GALLING, *Textbuch zur Geschichte Israels* ([3]1979).

V. GALL 1967
H. V. GALL, *Zu den kleinasiatischen Treppentunneln*, in: *Archäologischer Anzeiger* 1967, 504–527.

GARBRECHT 1985
G. GARBRECHT, *Wasser: Vorrat, Bedarf und Nutzung in der Geschichte und Gegenwart* (Hamburg 1985).

GARBRECHT 1987
G. GARBRECHT, *Die Wasserversorgung des antiken Pergamon*, in: FRONTINUS-GESELLSCHAFT (Hrsg.), *Die Wasserversorgung antiker Städte, Geschichte der Wasserversorgung* Band 2 (Mainz 1987) 11–48.

GARBRECHT 1990
G. GARBRECHT, *Talsperre und Tunnel am Hafen Seleukia*, in: *Frontinus-Mitteilung* 27, 1990, 6.

GARBRECHT 1995
G. GARBRECHT, *Meisterwerke antiker Hydrotechnik* (Stuttgart, Leipzig 1995).

GARBRECHT/FAHLBUSCH 1975
G. GARBRECHT; H. FAHLBUSCH, *Wasserwirtschaftliche Anlagen des antiken Pergamon – Die Kaikos-Leitung*, in: *Mitteilungen des Leichtweiß-Instituts für Wasserbau der Technischen Universität Braunschweig* 44 (Braunschweig 1975).

GARBRECHT/FAHLBUSCH 1978
G. GARBRECHT; H. FAHLBUSCH, *Wasserwirtschaftliche Anlagen des antiken Pergamon: Umbau und Neubau der Kaikos-Leitung*, in: *Mitteilungen des*

Leichtweiß-Instituts für Wasserbau der Technischen Universität Braunschweig 60 (Braunschweig 1978).

GARBRECHT/HOLTORFF 1973
G. GARBRECHT; G. HOLTORFF, *Wasserwirtschaftliche Anlagen des antiken Pergamon – Die Madradag-Leitung,* in: *Mitteilungen des Leichtweiß-Instituts für Wasserbau der Technischen Universität Braunschweig* 37 (Braunschweig 1973).

GENZ 1996
H. GENZ, *Water Supplies of Early Bronze Age Towns. Preliminary Remarks on the Water Supplies of Early Bronze Age Towns in the Southern Levant,* in: *German Protestant Institute of Archaeology in Amman* 1, 1, 1996, 6–11.

GERSTER 1982
G. GERSTER, *Wasserkanäle unter der Wüste,* in: *Bild der Wissenschaft* 1982, Heft 2, 30–37.

GIEBLER 1896
C. GIEBLER, *Über einige älteste Wasserleitungen und deren Beziehungen zu den neuen,* in: *Schillings Journal* 1896, 518; 1897, 185.

GIFFORD 1988
J. GIFFORD, *The Buildings of Scotland: Fyfe* (Edinburgh 1988).

GILL 1991
D. GILL, *Subterranean Waterworks of Biblical Jerusalem: Adaption of a Karst System,* in: *Science* 254, 1991, 1467–1471.

GILL 1994
D. GILL, *Geology Solves Long-Standing Mysteries of Hezekiah's Tunnelers: How They Met,* in: *Biblical Archaeology Review* July/August 1994, 21–33; 64.

GIORGETTI 1985
D. GIORGETTI, *L'acquedotto romano di Bologna: l'antico cunicolo ed il sistema di avanzamento in cavo cieco,* in: *Acquedotto 2000,* Ausstellungskatalog (Bologna 1985) 37–107.

GIORGETTI 1988
D. GIORGETTI, [Die antike Wasserversorgung von] *Bologna.* in: FRONTINUS-GESELLSCHAFT (Hrsg.), *Die Wasserversorgung antiker Städte, Geschichte der Wasserversorgung* Band 3 (Mainz 1988) 180–185.

GOBLOT 1979a
H. GOBLOT, *Les Qanats – Une technique d'acquisition de l'eau. Industrie et artinasat* 9 (Paris, La Haye, New York 1979).

GOBLOT 1979b
H. GOBLOT, *Essai d'une histoire des techniques de l'eau sur le plateau iranien,* in: *Persica* 8, 1979, 117–127.

GOODFIELD/TOULMIN 1965
J. GOODFIELD; S. TOULMIN, *How was the Tunnel of Eupalinos Aligned,* in: *Isis* 56, 1965, 46–55.

GRÄBER 1905
F. GRÄBER, *Die Enneakrunos,* in: *Athenische Mitteilungen* 30, 1905, 1–64, Taf. 1–3.

GREWE 1979
K. GREWE, *Der Fulbert-Stollen am Laacher See – Eine Ingenieurleistung des hohen Mittelalters,* in: *Zeitschrift für Archäologie des Mittelalters* 7, 1979, 107–142.

GREWE 1980
K. GREWE, *Die Groma auf dem Grabstein des Mensors Lucius Aebutius Faustus,* in: *Der Vermessungsingenieur* 31, 1980, 164.

GREWE 1981a
K. GREWE, *Foggara, Stollenbauten zur Oasenbewässerung in In Salah (Algerien),* in: *Der Vermessungsingenieur* 32, 1981, 94–99.

GREWE 1981b
K. GREWE, *Der römische Trinkwasserstollen von Brey bei Koblenz,* in: *Der Vermessungsingenieur* 32, 1981, 136–137.

GREWE 1981c
K. GREWE, *Valle di Ariccia, Nemi-See, Albaner See. Antike Entwässerungstunnel in den Albaner Bergen,* in: *Der Vermessungsingenieur* 32, 1981, 203–206.

GREWE 1981d
K. GREWE, *Über die Rekonstruktionsversuche des Chorobates,* in: *Allgemeine Vermessungs-Nachrichten* 88, 1981, 205.

GREWE 1982
K. GREWE, *Göschenen, Airolo (Schweiz) – Der Eisenbahntunnel durch den St. Gotthard,* in: *Der Vermessungsingenieur* 33, 1982, 49–53.

GREWE 1983
K. GREWE, *Der Aquädukttunnel durch den Drover Berg bei Vettweiß-Soller, Kreis Düren,* in: *Ausgrabungen im Rheinland 1981/82* (Bonn 1983) 159 ff.

GREWE 1984
K. GREWE, *Der Fulbert-Stollen am Laacher See,* in: *Der Vermessungsingenieur* 35, 1984, 220–225.

GREWE 1985
K. GREWE, *Planung und Trassierung römischer Wasserleitungen. Schriftenreihe der Frontinus-Gesellschaft* Supplementband 1 (Wiesbaden 1985).

GREWE 1986a
K. GREWE, *Zur Geschichte des Wasserleitungstunnels,* in: *Antike Welt,* 2. Sondernummer, 1986, 65–76.

GREWE 1986b
K. GREWE, *Römische Bauabsteckung durch Ritzlinien am Beispiel des Amphitheaters von Bulla Regia (Tunesien),* in: *Der Vermessungsingenieur* 37, 1986, 76.

GREWE 1986c
K. GREWE, *Atlas der römischen Wasserleitungen nach Köln. Rhein. Ausgrabungen* 26 (Bonn 1986).

GREWE 1987a
K. GREWE, *Der Canal d'Entreroches in seinem technikgeschichtlichen Umfeld,* in: K. GREWE (Hrsg.), *Canal d'Entreroches – Der Bau eines Schiffahrtsweges von der Nordsee bis zum Mittelmeer im 17. Jh.* (Stuttgart 1987).

GREWE 1987b
K. GREWE, *Vettweiß-Soller – Wasserleitungstunnel,* in: H. G. HORN (Hrsg.), *Die Römer in Nordrhein-Westfalen* (Stuttgart 1987) 608–611.

GREWE 1987c
K. GREWE, *Beispiele für das Überleben antiker Fernwasserleitungen in mittelalterlicher Zeit,* in: *Kolloquium «Wasserbau in der Geschichte» zu Ehren von G. Garbrecht, Leichtweiß-Institut für Wasserbau* (Braunschweig 1987) 101–128.

GREWE 1988
K. GREWE, *Römische Wasserleitungen nördlich der Alpen,* in: FRONTINUS-GESELLSCHAFT (Hrsg.), *Die Wasserversorgung antiker Städte, Geschichte der Wasserversorgung* Band 3 (Mainz 1988) 45–98.

GREWE 1989
K. GREWE, *Etruskische und römische Tunnelbauten in Italien,* in: *Mitteilungen des Leichtweiß-Instituts für Wasserbau der Technischen Universität Braunschweig,* Heft 103, 1989.

GREWE 1991a
K. GREWE, *Wasserversorgung und -entsorgung im Mittelalter. Ein technikgeschichtlicher Überblick,* in: FRONTINUS-GESELLSCHAFT (Hrsg.), *Die Wasserversorgung im Mittelalter, Geschichte der Wasserversorgung* Band 4 (Mainz 1991) 9–88.

GREWE 1991b
K. GREWE, *Der Fulbert-Stollen am Laacher See,* in: FRONTINUS-GESELLSCHAFT (Hrsg.), *Die Wasserversorgung im Mittelalter, Geschichte der Wasserversorgung* 4 (Mainz 1991) 277–281.

GREWE 1992
K. GREWE, *Lugdunum/Lyon: Der Aquädukt aus dem Fluß Gier. Antike Welt der Technik III,* in: *Antike Welt* 23, 1992, 82–90.

GREWE 1994
K. GREWE, *Die römische Wasserleitung nach Side (Türkei). Antike Welt der Technik VI,* in: *Antike Welt* 25, 1994, 192–203.

GREWE 1995
K. GREWE, *Wasserbauliche Objekte im Britischen Museum London,* in: *Frontinus-Mitteilung* 32, 1995, 4–8.

GREWE 1996
K. GREWE, *Antike Straßentunnel in Kampanien,* in: N. DE HAAN; G. C. M. JANSEN (Hrsg.), *Cura Aquarum in Campania. Beiträge des 9. int. Symposiums zur Geschichte der Wasserwirtschaft und des Wasserbaus im Mediterranen Raum,* Pompeji 1.–8. Okt. 1994, *Babesch* Supplementband 4 (Leiden 1996) 125–128.

GREWE/ÖZIŞ/BAYKAN/ATALAY 1994
K. GREWE; Ü. ÖZIŞ; O. BAYKAN; A. ATALAY, *Die antiken Flußüberbauungen von Pergamon und Nysa (Türkei). Antike Welt der Technik VII,* in: *Antike Welt* 25, 1994, 348–352.

GROTHE 1966
H. GROTHE, s. v. *Tunnelabsteckungen,* in: N. DIMITROV; O. HENNINGER (Hrsg.), *Lexikon der Bautechnik* [*Lueger Lexikon der Technik* Band 11], (Stuttgart 1966) 555.

GUASPARRI 1940
F. GUASPARRI, *Le Acque demaniali di Siracusa e l'antico canale Galermi* (Rom 1940).

GUILLON 1948
P. GUILLON, *La Béotie antique* (Paris 1948).

GUTHE 1882
H. GUTHE, (Plan des Siloah-Tunnels), in: *Zeitschrift des Deutschen Palästinavereins* 5, 1882, 286.

GUYOMARD 1980
E. GUYOMARD, *L'Aqueduc de Vorgium (Carhaix). A la recherche d'un projet vieux de près de 2000 ans.* Essai (Rostrenen 1980).

GUYOMARD 1986
E. GUYOMARD, *L'Aqueduc de Vorgium (Carhaix) – A la recherche d'un projet vieux de près de 2000 ans* (Saint Brieux 1986).

DE HAAN/JANSEN 1996
N. DE HAAN; G. C. M. JANSEN, *Cura Aquarum in Campania, Babesch Supplement* 4 (Leiden 1996).

HABEREY 1972
W. HABEREY, *Die römischen Wasserleitungen nach Köln* (Bonn 1972) 142 ff.

HABEREY/RÖDER 1941
W. HABEREY; J. RÖDER, *Römische Wasserleitungsstollen in Kaltenengers und Urmitz, Landkreis Koblenz; Fundbericht,* in: *Bonner Jahrbücher* 146, 1941, 337–339.

HALLER 1920
K. HALLER, *Die Wasserversorgung im alten Jerusalem,* in: *Die gesunde Stadt* 1920, 117–118.

HAR-EL 1975
M. HAR-EL, *Die Wasserversorgung Jerusalems in der Antike,* in: *Ariel* 24, 1975, 3–12.

HEIDENREICH 1973
R. HEIDENREICH, *Nachtrag zu den «Treppentun-*

neln», in: *Archäologischer Anzeiger* 1973, 269–272.

HELBIG 1891
W. HELBIG, *Führer durch die öffentlichen Sammlungen klassischer Alterthümer in Rom* (Leipzig 1891); [s. a. MEINHARDT/SIMON 1966].

HELLENKEMPER 1983
H. HELLENKEMPER, s. v. *Byzantinische Brunnen*, in: *Lexikon des Mittelalters* Band 2 (München 1983) 780–781.

HELMS 1981
S. W. HELMS, *Jawa – Lost City of the Black Desert* (London 1981).
HELMS 1982

S. W. HELMS, *Paleo-Beduin and Transmigrant Urbanism*, in: *Studies in the History and Archaeology of Jordan* 1, 1982, 97–113.

HERDMENGER 1966
HERDMENGER, *Die ältesten Tunnelbauten der Welt*, in: *Welt der Schule* 19, 1966, 40–41.

HERODOT
HERODOT, *Historien*. Deutsche Gesamtausgabe, übersetzt von A. Horneffer (Stuttgart [4]1971).

HERON
H. SCHÖNE, *Herons von Alexandria Vermessungslehre und Dioptra* (Leipzig 1903).

HERRMANN 1989
H. E. HERRMANN, *Der römische Wasserstollen aus dem Hagneckmoos in den Bielersee, Heimatbuch des Seelandes und Murtengebiets* 6, 1989.

HETZEL 1955
K. HETZEL, *Tunnelbau*, in: *Schleicher Taschenbuch für Ingenieure* II (Berlin 1955) 90.

HILD/HELLENKEMPER 1990a
F. HILD; H. HELLENKEMPER, *Kastalaba*, in: *Tabula Imperii Byzantini 5: Kilikien und Isaurien* (Wien 1990) 293–294.

HILD/HELLENKEMPER 1990b
F. HILD; H. HELLENKEMPER, *Anazarbos*, in: *Tabula Imperii Byzantini 5: Kilikien und Isaurien* (Wien 1990) 178–185.

HILD/HELLENKEMPER 1990c
F. HILD; H. HELLENKEMPER, *Korykos*, in: *Tabula Imperii Byzantini 5: Kilikien und Isaurien* (Wien 1990) 315–320.

HIRT 1796
A. L. HIRT, *Reise von Grottaferrata nach dem Fucinischen See und Monte Cassino* (hrsg. von Fr. Schiller), St. 11 und 12 (Tübingen 1796).

HODGE 1992
A. T. HODGE, *Roman Aqueducts and Water Supply* (London 1992).

HORN 1987
H. G. HORN (Hrsg.), *Die Römer in Nordrhein-Westfalen* (Stuttgart 1987).

Hörscheid 1925
Die Stollenwasserleitung bei Hörscheid, Kreis Daun; Fundbericht, in: *Bonner Jahrbücher* 130, 1925, 351.

IBRAHIM/MITTMANN 1989
M. IBRAHIM; S. MITTMANN, *Zeiraqun*, in: D. HOMÈS-FRÉDÉRICQ; J. HENNESSY (Hrsg.), *Archaeology of Jordan* II, 2: *Field Reports*, Sites L–Z, Akkadia Suppl. VIII (Leuven 1989) 641–646.

IG
Inscriptiones Graecae (Berlin 1873–1939; 1913 ff.).

IGLS
Inscriptions grecques et latines de la Syrie (Paris 1929–1959).

ILAN/AMIT 1989
Z. ILAN; D. AMIT, *The Aqueduct of Kumran*, in: D. AMIT; Y. HIRSCHFELD; J. PATRICH (Hrsg.), *The Aqueducts of Ancient Palestine* (Jerusalem 1989) 283–288.

ILS
H. DESSAU, *Inscriptiones latinae selectae* (Berlin 1892–1916).

JANTZEN u. a. 1973
U. JANTZEN; R. C. S. FELSCH; W. HOEPFNER u. a., *Samos 1971. Die Wasserleitung des Eupalinos*, in: *Archäologischer Anzeiger* 1973, 72–89 u. Taf.

JANTZEN u. a. 1974
U. JANTZEN u. a., *Samos 1972. Die Wasserleitung des Eupalinos*, in: *Archäologischer Anzeiger* 1974, 401–404 u. Taf.

JANTZEN u. a. 1975
U. JANTZEN; R. C. S. FELSCH; H. KIENAST, *Samos 1973*, in: *Archäologischer Anzeiger* 1975, 19–35.

JAROŠ 1992
K. JAROŠ, *Kanaan – Israel – Palästina, Ein Gang durch die Geschichte des Heiligen Landes. Kulturgeschichte der antiken Welt* Band 51 (Mainz 1992).

JAROŠ 1997
K. JAROŠ, *Die ältesten Fragmente eines Bibeltextes*, in: *Antike Welt* 28, 1997, 475–477.

JORDAN 1879
H. JORDAN, *Kritische Beiträge zur Geschichte der lateinischen Sprache* 3. Der Bericht des Ingenieurs Nonius Datus (Berlin 1879) 263–274.

JUDSON/KAHANE 1963
S. JUDSON; A. KAHANE, *Underground Drainageways in Southern Etruria and Northern Latium*, in: *Papers of British School of Rome* 31, 1963, 74–99; Taf. 14–17 und 30.

KAMBANIS 1893
M. L. KAMBANIS, *Le dessèchement du Lac Copaïs par les anciens*, in: *Bulletin de Correspondance Hellénique* 16, 1892; 17, 1893.

KARAGEORGHIS 1975
V. KARAGEORGHIS, *Zypern. Museen und Monumente von Griechenland* (o.J. ±1975).

KASTENBEIN 1959
W. KASTENBEIN, *Untersuchungsarbeiten auf Samos. Der Stollen des Eupalinos.* Manuskript (1959).

KASTENBEIN 1960
W. KASTENBEIN, *Untersuchungen am Stollen des Eupalinos auf Samos*, in: *Archäologischer Anzeiger* 1960, 178–198.

KASTENBEIN 1966
W. KASTENBEIN, *Markscheiderische Vermessung im Dienste archäologischer Forschung. Der Stollen des Eupalinos – ein Bauwerk des Polykrates auf Samos*, in: *Mitteilungen aus dem Markscheidewesen* 73, 1966, Heft 1/2, 26–36.

KASTENBEIN 1988
R. (TÖLLE-)KASTENBEIN, *Zum Louros-Tunnel für Nikopolis*. in: *Technisch-wissenschaftliche Mitteilungen der Ruhr-Universität Bochum, Institut für Konstruktiven Ingenieurbau*, Nr. 88-3 (Bochum 1988) 175–187.

KAUTSCH 1882
KAUTSCH, *Zur Siloah-Inschrift*, in: *Zeitschrift des Deutschen Palästinavereins* 5, 1882.

KAYSER 1995
P. KAYSER, *Vermessungsarbeiten für die Raschpëtzer*, in: N. KOHL; G. WARINGO; G. FABER, *Raschpëtzer – Die Ausgrabungschronik der Jahre 1991–1995* (Walferdingen 1995) 203–211.

KEK 1996a
D. KEK, *Der Symbolcharakter der römischen Aquädukte*, in: *Schriftenreihe der Frontinus-Gesellschaft* 20, 1996, 167ff.

KEK 1996b
D. KEK, *Der römische Aquädukt als Bautypus und Repräsentationsarchitektur. Charybdis – Schriften zur Archäologie* Band 12 (Münster 1996).

KELLER 1965
F. J. KELLER, *Der römische Wasserleitungsstollen am Halberg bei Saarbrücken*, in: *Berichte der Staatlichen Denkmalpflege im Saarland* 12, 1965, 67–77.

KENNY 1935
E. J. A. KENNY, *The Ancient Drainage of the Copaïs*, in: *Annals of Archaeology and Antropology* 22 (Liverpool [1]1935).

KERNER 1994
S. KERNER, *The German Protestant Institute for Archaeology and other German projects in Jordan*, in: *The Near East in Antiquity* 4, 1994, 49–63 [Umm Qais: 54ff.].

KERNER 1995
S. KERNER, *Bericht über die Grabung in Gadara 1991–1994*, in: V. FRITZ (Hrsg.), *Jahrbuch des Deutschen Evangelischen Instituts für Altertumswissenschaft des Heiligen Landes* 4, 1995.

KERNER/HOFFMANN 1993
S. KERNER; A. HOFFMANN, *Gadara-Umm Qais – Preliminary Report on the 1991 and 1992 Seasons.* in: *Annual of the Department of Antiquities of Jordan* 37, 1993, 359–374.

KIENAST 1977
H. J. KIENAST, *Der Tunnel des Eupalinos auf Samos*, in: *Architectura* 7, 1977, 97–116.

KIENAST 1979
H. J. KIENAST, *Der Wasserleitungsstollen des Eupalinos auf Samos*, in: *Mitteilungen des Leichtweiß-Instituts für Wasserbau der Technischen Universität Braunschweig* 64 (Braunschweig 1979).

KIENAST 1981
H. J. KIENAST, *Bauelemente griechischer Wasserversorgungsanlagen*, in: *Mitteilungen d.Leichtweiß-Instituts für Wasserbau der Technischen Universität Braunschweig* 71 (Braunschweig 1981) 43–68.

KIENAST 1983
H. J. KIENAST, *Die Wasserleitung des Eupalinos auf Samos*, in: *Wasser und Boden* 35, 1983, 361–365.

KIENAST 1984a
H. J. KIENAST, *Der Hezekiah-Tunnel und der Eupalinos-Tunnel auf Samos – Ein Vergleich*, in: *Mitteilungen des Leichtweiß-Instituts für Wasserbau der Technischen Universität Braunschweig* 82 (Braunschweig 1984) o. S.

KIENAST 1984b
H. J. KIENAST, *Planung und Ausführung des Tunnels des Eupalinos*, in: *Diskussionen zur archäologischen Bauforschung* 4 (Berlin 1984) 104 ff.

KIENAST 1986/87
H. J. KIENAST, *Der Tunnel des Eupalinos auf Samos*, in: *Mannheimer Forum 86/87* (Mannheim 1986/87) 179–241.

KIENAST 1987a
H. J. KIENAST, *Athen.* in: FRONTINUS-GESELLSCHAFT (Hrsg.) *Die Wasserversorgung antiker Städte, Geschichte der Wasserversorgung* Band 2 (Mainz 1987) 167–171.

KIENAST 1987b
H. J. KIENAST, *Samos.* in: FRONTINUS-GESELLSCHAFT (Hrsg.), *Die Wasserversorgung antiker Städte, Geschichte der Wasserversorgung* Band 2 (Mainz 1987) 214–217.

KIENAST 1995
H. J. KIENAST, *Die Wasserleitung des Eupalinos auf Samos.* DEUTSCHES ARCHÄOLOGISCHES INSTITUT, *Samos* Band XIX (Bonn 1995).

KNAUSS 1987a
J. KNAUSS, *Mykenische Wasserwirtschaft und Landgewinnung in den geschlossenen Becken Griechenlands,* in: *Mitteilungen des Leichtweiß-Instituts für Wasserbau der Technischen Universität Braunschweig, Kolloquium «Wasserbau in der Geschichte»* (Braunschweig 1987).

KNAUSS 1987b
J. KNAUSS, *Die Melioration des Kopaisbeckens durch die Minyer im 2. Jt. v. Chr. Wasserbau und Siedlungsbedingungen im Altertum* [Kopais 2], Bericht Nr. 57 des Instituts für Wasserbau der TU München (München 1987).

KNAUSS 1990
J. KNAUSS, *Wasserbau und Geschichte. Mynische Epoche – Bayerische Zeit (Vier Jahrhunderte – ein Jahrzehnt). Berichte der Versuchsanstalt Obernach und des Lehrstuhls für Wasserbau und Wassermengenwirtschaft der Technischen Universität München* 63 (München 1990).

KOHL 1987
N. KOHL, *... so kam es zur Entdeckung der unterirdischen «Raschpëtzer»-Galerien im Helmsinger Wald* (Walferdingen 1987).

KOHL 1998
N. KOHL, *Die «Raschpëtzer»-Saga. Ereignisse – Daten – Zahlen.* Forschungsstand 1. 1. 1998 (Walferdingen 1998).

KOHL/FABER 1990
N. KOHL; G. FABER, *25 Jahre Raschpëtzer-Forschung* (Walferdingen 1990).

KOHL/WARINGO/FABER 1995
N. KOHL; G. WARINGO; G. FABER, *Raschpëtzer – Die Ausgrabungschronik der Jahre 1991–1995* (Walferdingen 1995).

KOLLING 1964
A. KOLLING, *Das römische Saarbrücken. Führungsblätter des Staatlichen Konservatorenamtes* 3 (Saarbrücken 1964) 15–21.

KRAMER 1839
G. KRAMER, *Der Fuciner See, ein Beitrag zur Landeskunde Italiens* (Berlin 1839).

KREBS 1897
W. KREBS, *Antike Wasserversorgungen in Nordafrika,* in: *Journal für die Gasbeleuchtung und Wasserversorgung* 40, 1897, 273–275.

KREBS/MICHAELIS 1994
H. KREBS; D. MICHAELIS, *Hydraulisch-wasserbautechnische Untersuchungen im Zusammenhang mit dem antiken Wasserversorgungssystem von Gadara (Umm Qais).* Unveröffentl. Studienarbeit (Braunschweig 1994).

KRÜGER 1928
KRÜGER, *Eine römische Schacht-Wasserleitung bei Zemmer, Landkreis Trier; Fundbericht,* in: *Bonner Jahrbücher* 133, 1928, 300–301.

KUHÁRSZKY 1966
T. KUHÁRSZKY, *Zur Wasserversorgung für das alte Jerusalem und über einen unterirdischen Kanalbau im Altertum,* in: *Gesundheitsingenieur* 87, 1966, 38–42.

KUROS 1981
G.-R. KUROS, *Kanate/Kärise – Wasserwirtschaftliche Bauten im Iran,* in: *Schriftenreihe der Frontinus-Gesellschaft* 5, 1981, 17–28.

KUROS 1982
G.-R. KUROS, *Kanate – Eine 3000 Jahre alte Technik der Wasserversorgung,* in: *Kultur & Technik* 6, 1982, 240–246.

LAFON 1979
X. LAFON, *La voie littorale Sperlonga-Gaeta-Formia,* in: *Mélanges de l'École Française de Rome* 91, 1979, 1, 24 ff.

LAMON 1935
R. S. LAMON, *The Megiddo Water System. Oriental Institute Publications* (Chicago 1935).

LAMPE 1963
D. LAMPE, *The Tunnel. The Story of the World's First Tunnel under a Navigable River Dug beneath the Thames* 1824–42 (London 1963).

LAMPRECHT 1984
H.-O. LAMPRECHT, *Opus Caementitium – Bautechnik der Römer* (Düsseldorf 1984).

LAMPRECHT 1992
H.-O. LAMPRECHT, *Die römische Wasserleitung nach Side/Türkei,* in: *Frontinus-Mitteilung* Nr. 29, Mai 1992, 3–4.

LANCIANI 1988
R. LANCIANI, *Notes from Rome,* in: *Papers of the British School at Rome* 1988, 170.

LANDELS 1979
J. G. LANDELS, *Die Technik in der antiken Welt* (München 1979).

LAPORTE 1997
J.-P. LAPORTE, *Notes sur l'aqueduc de Saldae (Bougie),* in: *Atti dell'XI convegno di studi Cartagine,* 15–18 dicembre 1994 (±1997) 711–762.

Larousse 1989
Grand Larousse universel (Paris 1989).

LASSALLE 1979
V. LASSALLE, *Le pont du Gard et l'aqueduc de Nîmes,* in: *Dossiers de l'Archéologie* 38, 1979, 52.

LAUFFER 1981
S. LAUFFER, *Wasserbauliche Anlagen des Altertums am Kopaissee.* in: *Mitteilungen des Leichtweiß-Instituts für Wasserbau der Technischen Universität Braunschweig* 71 (Braunschweig 1981) 237–266.

LAUFFER 1986
S. LAUFFER, *Kopais* I. *Untersuchungen zur historischen Landeskunde Griechenlands* (Frankfurt 1986).

LAUFFER 1989
S. LAUFFER, *Griechenland-Lexikon der historischen Stätten von den Anfängen bis zur Gegenwart* (München 1989).

LAUREANO 1987
P. LAUREANO, *Les Ksour du Sahara algérien,* in: *ICOMOS-Information* 1987, Nr. 3, 24–35.

LEAKE 1835
W. M. LEAKE, *Travels in Northern Greece,* Bd. 1 und 2 (London 1835).

LEVEAU 1979
P. LEVEAU, *Les techniques de construction des aqueducs,* in: *Dossiers de l'Archéologie* 38, 1979, 8 ff.

LEVEAU 1988
P. LEVEAU, *Saldae,* in: FRONTINUS-GESELLSCHAFT (Hrsg.), *Die Wasserversorgung antiker Städte, Geschichte der Wasserversorgung* Band 3 (Mainz 1988) 215–218.

LEVEAU 1993
P. LEVEAU, *Mentalité économique et grand travaux: Le drainage du Lac Fucin,* in: *Annales ESC* 1993, 1, 3–16.

LEVEAU 1995
P. LEVEAU, *Les moulins de Barbegal, les Ponts-Aqueducs du Vallon de l'Arc et l'Histoire naturelle de la Valle de Baux,* in: *Académie des Inscriptions et Belles-Lettres, Comptes Rendus des Séances de l'Année 1995* (Janvier-Mars), 115–144.

LINDNER 1983
M. LINDNER, *Petra und das Königreich der Nabatäer* (München [4]1983).

LINDNER 1987
M. LINDNER, *Petra,* in: FRONTINUS-GESELLSCHAFT (Hrsg.), *Die Wasserversorgung antiker Städte, Geschichte der Wasserversorgung* Band 2 (Mainz 1987) 196–201.

LIVIUS
TITUS LIVIUS, *Römische Geschichte,* Buch IV–VI. Lateinisch und deutsch hrsg. von Hans Jürgen Hillen (Darmstadt 1991).

LÔ 1953
CAPITAINE LÔ, *Les foggaras du Tidekelt,* in: *Travaux de l'Institut de recherches sahariennes* X,2, 1953, 139ff.

LOLLING 1878
H. G. LOLLING, *Reisenotizen aus Griechenland 1876 und 1877* (= Urbaedecker). *Reise um den Kopaissee.* Manuskriptdruck (1878; neu herausgeg. vom DAI Athen, Berlin 1989).

LÖWENGART 1929
ST. LÖWENGART, *Wasserversorgung Palästinas,* in: *Umschau* 33, 1929, 271–273.

LUNDE 1983
P. LUNDE, *Oman: the Falajs.* in: *Aramco World Magazine* 34, 1983, Heft 3, 28.

LUNI 1992
M. LUNI, *Le fasi di «monumentalizzazione» della Flaminia nella Gola del Furlo.* in: L. QUILICI; ST. QUILICI GIGLI, *Tecnica Stradale Romana* (Rom 1992) 93–104.

LUPUS 1887
B. LUPUS, *Die Stadt Syrakus im Altertum* (Straßburg 1887).

MACALISTER 1912
R. A. S. MACALISTER, *The Excavations of Gezer* I (London 1912).

MAGALL 1986
M. MAGALL, *Archäologie und Bibel. Wissenschaftliche Wege zur Welt des Alten Testaments* (Köln 1986).

MAIDL/KOENNING 1997
B. MAIDL; R. KOENNING, *Tunnelbau in der Antike – Das Eupalineon auf Samos,* in: *Bauingenieur* 72, 1997, 497–513.

MAIURI 1968
A. MAIURI, *Die Altertümer der Phlegräischen Felder. Führer durch die Museen und Kunstdenkmäler Italiens* (Rom 1968).

MALINOWSKI 1976
R. MALINOWSKI, *Betongolv och Väggbeklädnadsmaterial i Romersk-Etruskisk Akvedukt i Acquarossa. Chalmers Tekniska Högskola, Avdelningen för Byggnadsmaterial,* publ. 76:2 (Göteborg 1976).

MALINOWSKI 1977
R. MALINOWSKI, *Einige Baustoffprobleme der antiken Aquädukte,* in: J.-P. BOUCHER (Hrsg.), *Tagung über römische Wasserversorgungsanlagen* (Lyon 1977) 245–274.

MARCHAND 1903
ABBÉ MARCHAND, *Briord,* in: *Annales de la Société d'Émulation de l'Ain* 1903.

MARTIN 1878
F. M. MARTIN, *M. de Mont-Richer et le Canal de Marseille* (Paris 1878) [Claudius-Tunnel am Fuciner See: 123–139].

MAZAR 1976
A. MAZAR, *Water for Jerusalem – An Historical Perspective,* in: *Kidma* 3, 1976, Nr. 2, 20–24.

MAZAR 1979
B. MAZAR, *Der Berg des Herrn* (Bergisch Gladbach 1979).

MAZAR 1984
A. MAZAR, *Survey of the Jerusalem Aqueduct.* in: *Mitteilungen des Leichtweiß-Instituts für Wasserbau der Technischen Universität Braunschweig* 82 (Braunschweig 1987).

MAZAR 1987
A. MAZAR, *Jerusalem,* in: *Die Wasserversorgung antiker Städte, Geschichte der Wasserversorgung* Band 2 (Mainz 1987) 185–188.

MAZAR 1989
A. MAZAR, *A Survey of the Aqueducts Leading to Jerusalem,* in: D. AMIT; Y. HIRSCHFELD; J. PATRICH (Hrsg.), *The Aqueducts of Ancient Palestine* (Jerusalem 1989) 169–196.

MAZZOLI 1985
G. B. MAZZOLI, *La memoria storica dell'acquedotto romano di Bologna: dall'alto Medioevo all'ottocento,* in: *Acquedotto 2000,* Ausstellungskatalog (Bologna 1985) 123–135.

MEINHARDT/SIMON 1966
E. MEINHARDT; E. SIMON, *Grabaltar des Titus Aper,* in: W. HELBIG, *Führer durch die öffentlichen Sammlungen klassischer Altertümer in Rom* (hrsg. v. H. Speier), II. *Die klassischen Sammlungen* (Tübingen [4]1966) 59.

MERCKEL 1899
C. MERCKEL, *Die Ingenieurtechnik im Altertum* (Berlin 1899).

MESSINEO 1979
G. MESSINEO, *L'emissario di Claudio,* in: A. SERVIDIO; A.M. RADMILLI u.a., *Fucino cento anni 1877–1977* (L'Aquila 1979) 139–167.

MEYER 1888
J. MEYER, *Le percement des grands tunnels sous les Alpes. Note historique* (Lausanne 1888).

Meyer 1889
Meyers Konversations-Lexikon (Leipzig [4]1889).

Meyer 1978
Meyers Enzyklopädisches Lexikon (Mannheim [9]1978).

MICHENER 1965
J. A. MICHENER, *The Source* (New York 1965); *Die Quelle* (München 1966).

MILLARD 1991
A. MILLARD, *Schätze aus biblischer Zeit* [Der Tunnel des Königs Hiskia] (Gießen [3]1991) 126–127.

MILLER 1980
R. MILLER, *Water Use in Syria and Palestine from the Neolithic to the Bronze Age,* in: *World Archaeology* 11, 1980, 331–341.

MOMMSEN 1871
TH. MOMMSEN, *Tunnelbau unter Antoninus Pius,* in: *Archäologische Zeitung* NF III, 1871, 5.

MOOSBRUGGER-LEU 1968
R. MOOSBRUGGER-LEU, *Ein unbekanntes Stück Römerstraße im Jura,* in: *Provincialia. Festschrift R. Laur-Belart* (Basel und Stuttgart 1968) 406 ff.

MÜLLER i.V.
D. MÜLLER, *Bericht zur Vermessung des Tunnelsystems von Khirbet ez-Zeraqon* (in Vorbereitung).

MÜLLER-SALZBURG/FECKER/GÖTZ 1979
L. MÜLLER-SALZBURG; E. FECKER; H.-P. GÖTZ, *Trotz 3000 Jahren Erfahrung – Risiko Tunnelbau,* in: *Bild der Wissenschaft* 16, 1979, Heft 3, 72–83.

NARDINO 1647
F. NARDINO, *L'antica Veio* (Rom 1647).

NEUBAUER 1993
M. NEUBAUER, *Qanatir, der Tunnel von Umm Qais, Tektonik des Jordangrabens und geochemische Untersuchungen an Gesteinen aus der jordanischen Kreide.* Diplomarbeit (Würzburg 1993).

NEUBURGER 1919
A. NEUBURGER, *Die Technik des Altertums* (Leipzig 1919).

NEUMANN 1966
E. NEUMANN, s. v. *Tunnelbau.* in: N. DIMITROV; O. HENNINGER (Hrsg.), *Lexikon der Bautechnik* [*Lueger Lexikon der Technik* Band 11] (Stuttgart 1966) 555–581.

NEWHOUSE 1992
E. L. NEWHOUSE (Hrsg.), *The Builders – Marvels of Engineering* (New York 1992).

NIBBY 1819
A. NIBBY, *Viaggio antiquario ne' contorni di Roma* (Rom 1819).

NOACK 1894
F. NOACK, *Arne,* in: *Athenische Mitteilungen* 19, 1894, 405–485.

NOWOTNY 1923
E. NOWOTNY, *Groma,* in: *Germania* 7, 1923, 22.

ORLANDI 1967
L. ORLANDI, *Die Marsi und der Ursprung von Avezzano* (Neapel 1967).

ÖZIŞ 1994
Ü.ÖZIŞ, *Su Mühendisliği Tarihi Açısından Türkiye'deki Eski Su Yapıları* (Ankara 1994); [wg. Titus-Tunnel in Çevlik].

PACE 1938
B. PACE, *Arte e civiltà della Sicilia antica* II (1938).

PACE 1983
P. PACE, *Gli Acquedotti di Roma antica* (Roma 1983).

PAGANO 1985–86
M. PAGANO, *Considerazioni sull'antro della Sibilla a Cuma,* in: *Rendiconti dell'Accademia di Archeologia Lettere e Belle Arti di Napoli* 60, 1985–86, 69–94; Taf. I–XVI.

PAGANO/REDDÉ/RODDAZ 1982
M. PAGANO; M. REDDÉ; J.M. RODDAZ, *Recherches archéologiques et historiques sur la zone du lac d'Averne,* in: *Mélanges de l'École Française de Rome* 94, 1982, 271–323.

PAGET 1967a
R. F. PAGET, *The 'Great Antrum' at Baiae: A Preliminary Report,* in: *Papers of the British School at Rome* 35 (NF 22), 1967, 102–112 u. Taf.

PAGET 1967b
R.F. PAGET, *In the Footsteps of Orpheus* (London 1967).

PELEG 1984a
Y. PELEG, *The Water Supply System of Caesarea,* in: *Mitteilungen des Leichtweiß-Instituts für Wasserbau der Technischen Universität Braunschweig* 82 (Braunschweig 1987) o. S.

PELEG 1984b
Y. PELEG, *Die Wasseranlagen von Megiddo,* in: *Mitteilungen d. Leichtweiß-Instituts für Wasserbau der Technischen Universität Braunschweig* 82 (Braunschweig 1987) o. S.

PELEG 1987
Y. PELEG, *Caesarea Maritima,* in: FRONTINUS-GESELLSCHAFT (Hrsg.), *Die Wasserversorgung antiker Städte, Geschichte der Wasserversorgung* Band 2 (Mainz 1987) 176–178.

PELEG 1989
Y. PELEG, *The Water System of Caesarea,* in: D. AMIT; Y. HIRSCHFELD; J. PATRICH (Hrsg.), *The Aqueducts of Ancient Palestine* (Jerusalem 1989) 115–122.

PELEG 1991
Y. PELEG, *Die Wasserversorgung von Caesarea Maritima,* in: *3R international* 30, 1991, Heft 4, 191–195.

PELEG 1992
Y. PELEG, *Tunnel des römischen Kanals für Caesarea freigelegt,* in: *Frontinus-Mitteilung* Nr. 29, Mai 1992, 4–5.

PETERS 1984
K. PETERS, *Der Tunnel – Das Eupalineion auf Samos. Veröffentlichungen des Förderkreises Vermessungstechnisches Museum e. V.* 8 (Dortmund 1984).

PETERS 1987
K. PETERS, *Nivelliergeräte des Altertums,* in: *Der Vermessungsing.* 38, 1987, 97.

PETERS 1988
K. PETERS, *Der Orthogonalpolygonzug nach Heron,* in: *Der Vermessungsing.* 39, 1988, 189–192.

PETERS 1994
K. PETERS, *Der Claudiustunnel – ein bedeutendes Bauwerk aus altrömischer Zeit,* in: *Der Vermessungsingenieur* 45, 1994, 306–313.

PFERDEHIRT 1995
B. PFERDEHIRT, *Das Museum für antike Schiffahrt* (Mainz 1995).

PHILIPPSON 1894
A. PHILIPPSON, *Der Kopais-See in Griechenland und seine Umgebung,* in: *Zeitschrift der Gesellschaft für Erdkunde* 29, 1894.

PHOEBONIUS 1678
Historiae Marsorum libri tres (Napoli 1678)

PIRANESI 1779
G. B. PIRANESI, *Dimostrazioni dell'Emissario del Lago Fucino.* Kupferstich (Rom 1779).

PLINIUS
GAIUS PLINIUS SECUNDUS, *Naturgeschichte.* Übersetzt von C. F. L. Strack (Darmstadt [2]1968).

PORAT 1993
Y. PORAT, *The Water Tunnel of the Upper Aqueduct to Caesarea in the Kurkar Ridge at Jisr-e-Zarka,* in: *Niqrot Zurim, Journal of the Israel Cave Research Center* 19, 1993, 49–56 [hebräisch m.engl.Zusammenfass.].

POTTER 1979
T.W. POTTER, *The Changing Landscape of South Etruria* (London 1979).

POTTER 1992
T.W. POTTER, *Das römische Italien* (Stuttgart 1992).

PRITCHARD 1962
J.B. PRITCHARD, *Gibeon – Where the Sun Stood Still. The Discovery of the Biblical City* (Princeton 1962).

PRITCHARD o. J.
J. B. PRITCHARD, *Die Archäologie und das Alte Testament* (Wiesbaden o. J.).

PROVOST/LEPRÊTRE 1997
A. PROVOST; B. LEPRÊTRE, *L'aqueduc gallo-romain de Carhaix (Finistère). Rapide synthèse des recherches en cours,* in: *Les aqueducs de la gaule romaine et des régions voisines, Revue Caesarodunum* 31, 1997 (in Vorbereitung).

QUILICI 1979
L. QUILICI, *Roma primitiva e le origini della civiltà laziale* (Rom 1979).

RADT 1993
B. RADT, *Anatolien* I (München 1993).

RAVELLI/HOWARTH 1984
F. RAVELLI; P. J. HOWARTH, *Etruscan Cuniculi: Tunnels for the Collection of Pure Water.* Vortragsmanuskript (Fort Collins 1984).

REDMER 1971
H. REDMER, *Wandlungen südalgerischer Oasen, gezeigt am Beispiel der Siedlung In-Salah,* in: *Forschungen zur allgemeinen und regionalen Geographie* Festschrift Kurt Kayser (1971) 318ff.

Redmer 1978
H. REDMER, *Luftbild einer Foggara-Oase,* in: *Sahara – 10000 Jahre zwischen Weide und Wüste,* Ausstellungskatalog (Köln 1978) 406ff.

Revue africaine 1875
Aqueduc de Bougie, in: *Revue africaine* 1875, 334–336.

RIVIUS 1548
Vitruvius deutsch. Erste deutschsprachige Ausgabe von W. Ryff [Rivius] (Basel 1548).

ROBINSON/SMITH 1841
E. ROBINSON; E. SMITH, *Biblical Researches in Palestine: A Journal of Travels in the Year 1838,* Band 1 (London 1841).

RODENWALDT/LEHMANN 1962
E. RODENWALDT; H. LEHMANN, *Die antiken Emissare von Cosa-Ansedonia, ein Beitrag zur Frage der Entwässerung der Maremmen in etruskischer Zeit. Sitzungsber. d. Heidelberger Akademie der Wissenschaften, math.-nat.wiss. Klasse,* 1962, 1 (Heidelberg 1962) 3–31.

RÖDER 1961
J. RÖDER, *Römische Wasserleitungen in der Pellenz,* in: *Germania* 39, 1961, 219 ff.

ROSS 1848
L. ROSS, *Reisen des Königs Otto und der Königin Amalia in Griechenland* (Halle 1848).

ROTROU 1871
L. DE ROTROU, *Prosciugamento del Lago Fucino* (Florenz 1871).

DE RUYT 1973
F. DE RUYT, *La tentative d'assèchement du lac Fucin, sous l'empereur Claude et la découverte d'un buste d'Agrippine en bronze doré à Alba Fucens,* in: *Bulletin de l'Académie royale de Belgique, Classe de Lettres* 1973, 53–66 u. Taf.

RZIHA 1867–1872
F. RZIHA, *Lehrbuch der gesammten Tunnelbaukunst* (Berlin 1867–1872; ²Berlin 1874; Reprint Essen 1986).

SAITZ 1988
H. H. SAITZ, *Tunnel der Welt – Welt der Tunnel* (Berlin 1988).

Saldae (Bougie) 1866
Inscription Relative à la Construction d'un Aqueduc à Bougie, in: *Le Musée de Lambèse* (1866).

SAMESREUTHER 1938
E. SAMESREUTHER, *Römische Wasserleitungen in den Rheinlanden,* in: *26. Bericht der Römisch-Germanischen Kommission* 1936 (Berlin 1938) 24–157.

SANDSTRÖM 1963
G. E. SANDSTRÖM, *The History of Tunnelling. Underground Workings through the Ages* (London 1963).

SCHICK 1890
C. SCHICK, *Siloah-Kanal,* in: *Zeitschrift des Deutschen Palästinavereins* 13, 1890, 229.

SCHICK 1878
C. SCHICK, *Die Wasserversorgung der Stadt Jerusalem,* in: *Zeitschrift des Deutschen Palästinavereins* 1878, I., 132.

SCHIØLER 1989
T. SCHIØLER, *Rekonstruktion einer römischen Feuerlöschpumpe im Antiquarium Comunale,* in: *Mitteilungen des Leichtweiß-Instituts für Wasserbau der Universität Braunschweig* 103, 1989, 281–322.

SCHIØLER 1973
T. SCHIØLER, *Roman and Islamic Waterlifting Wheels* (Odense 1973).

SCHMIDT 1935
F. SCHMIDT, *Geschichte der geodätischen Instrumente und Verfahren im Altertum und Mittelalter* (Kaiserslautern 1935; Reprint Stuttgart 1988: *Schriftenreihe des Förderkreises Vermessungstechnisches Museum e. V.* Band 14).

SCHMIDT 1892
M. SCHMIDT, *Die Methoden der unterirdischen Orientierung und ihre Entwicklung seit 2000 Jahren. Sammlung populärer Schriften* 15 (Berlin 1892).

SCHNEIDER 1992
H. SCHNEIDER, *Einführung in die antike Technikgeschichte* (Darmstadt 1992).

SCHNITTER 1988
N. SCHNITTER, *Römischer Wasserbau in der Schweiz,* in: *Wasser, Energie, Luft* 1988, H. 7/8.

SCHOELLEN 1997
A. SCHOELLEN, *De surprenants ouvrages hydrauliques romains,* in: *Archéologia* 332, Mars 1997, 62–66.

SCHÖNE 1901
H. SCHÖNE, *Das Visirinstrument der römischen Feldmesser,* in: *Jahrbuch des Deutschen Archäologischen Instituts* 16, 1901, 127.

SCHÖNE 1903
H. SCHÖNE, *Herons von Alexandria Vermessungslehre und Dioptra* (Leipzig 1903).

SCHOOP 1913
A. SCHOOP, *Die römische Wasserleitung bei Soller, Kreis Düren,* in: *Zeitschrift des Aachener Geschichtsvereins* 35, 1913, 156–157.

SCHUBERT 1979
F. SCHUBERT, *Archäologie und Photographie* [18. Wasserstollen des Eupalinos auf Samos] (Mainz 1979).

SCHUMACHER 1910
G. SCHUMACHER, *The Great Water Passage of Khirbet Bel'Ameh,* in: *Palestine Exploration Fund* 43, 1910, 107–112.

SERVIDIO/RADMILLI 1979
A. SERVIDIO; A. M. RADMILLI u. a., *Fucino cento anni 1877–1977* (L'Aquila 1979).

SHAHEEN 1977
N. SHAHEEN, *The Siloam End of Hezekiah's Tunnel,* in: *PalExplQ* 109, 1977, 107–112.

SHAHEEN 1979
N. SHAHEEN, *The Sinnous Shape of Hezekiah's Tunnel,* in: *PalExplQ* 111, 1979, 103–108.

SHANKS 1991
H. SHANKS, *«Please Return the Siloam Inscription to Jerusalem»,* in: *Biblical Archaeology Review* May/June 1991.

SHILOH 1981
Y. SHILOH, *Jerusalem's Water Supply During Siege – The Discovery of Warren's Shaft,* in: *Biblical Archaeology Review* July/August 1981, 39ff.

SHILOH 1983
Y. SHILOH, *Jerusalem zur Zeit der Kanaaniter und Israeliten – Die Davidstadt,* in: *Ariel* 54, 1983, 17–34.

SHILOH o. J.
Y. SHILOH, *Underground Water Systems in Eretz-Israel in the Iron Age,* in: L. G. PERDUE; L. E. TOOMBS; G. L. JOHNSON (Hrsg.), *Archaeology and Biblical Interpretation* (Jerusalem o. J.) 203–244.

SIGELMANN/RAVEK 1993
A. SIGELMANN; Y.(SHUKA) RAVEK, *Ancient Water System in Upper Nahal Taninim,* in: *Niqrot Zurim, Journal of the Israel Cave Research Center* 19, 1993, 27–43 [hebräisch m. engl. Zusammenfass.].

SIMONS 1952
J. SIMONS, *Jerusalem in the Old Testament* (Leiden 1952).

SMITH 1954
A. SMITH, *Blind White Fish in Persia. Readers Union* (London 1954) 231.

SNAITH 1958
N. H. SNAITH, *Documents from Old Testament Times* (New York 1958).

SOCIN 1902
A. SOCIN, *Die Siloainschrift* (Leipzig 1902).

SOUSTAL 1981a
P. SOUSTAL, *Nikopolis,* in: *Tabula Imperii Byzantini* 3: *Nikopolis und Kephallenia* (Wien 1981) 213–214.

SOUSTAL 1981b
P. SOUSTAL, *H. Georgios,* in: *Tabula Imperii Byzantini* 3: *Nikopolis und Kephallenia* (Wien 1981) 155.

STEINGRÄBER 1981
S. STEINGRÄBER, *Etrurien* (München 1981).

STERPOS/CASTAGNOLI 1970
D. STERPOS; F. CASTAGNOLI, *La strada romana. Quaderni di Autostrade* 17, Rom 1970.

STRABO
STRABO, *Geographie.* Deutsche Übersetzungen von K. Kärcher (Stuttgart 1829); Großkurd (1830); A. Forbiger (1855–1914).

STRECKERT o. J.
W. STRECKERT, *Die Entwicklung und die Geschichte des Tunnelbaus.* Unveröffentl. Vortragsmanuskript (o. O., o. J.).

STÜBINGER 1909
O. STÜBINGER, *Die Wasserleitungen von Nîmes und Arles* (Heidelberg 1909).

SUETON
SUETON, *Kaiserbiographien: Tiberius Claudius Drusus Cäsar.* Deutsch von A. Stahr (Stuttgart 1864) 346.

SUTER 1952
K. SUTER, *Die Foggara des Touat,* in: *Vierteljahresschrift der Naturforschenden Gesellschaft in Zürich* 97, 1952, H. 3, 145 ff.

TABRAHAM 1990
C. TABRAHAM, *Scottish Castles and Fortifications* (Edinburgh 1990).

TACITUS
CORNELIUS TACITUS, *Sämtliche Werke: Annalen* (Ausgabe des Phaidon-Verlages 1935).

THÉVENOT 1693
THÉVENOT, *Mathematici veteres* (Paris 1693).

THOMAS 1987
J. THOMAS, *Contribution à l'Étude de l'Aqueduc de Briord-Montagnieu (Ain)* (Briord 1987) 4–6.

THOMPSON/DE VRIES 1972
H. O. THOMPSON; B. DE VRIES, *A Water Tunnel At Muqibleh,* in: *Annual of the Department of Antiquities* 17, 1972, 89–90 u. Taf.

THUMM 1928
K. THUMM, *Zur Geschichte der Wasser-, Boden- und Lufthygiene nach Bibel und Talmud,* in: *Kleine Mitteilungen* 4, 1928, Nr. 12, 330–340; 5, 1929, Nr. 1/4, 63–82; 5, 1929, Nr. 8/10, 205–215; 6, 1930, Nr. 5/6, 144–156.

TÖLLE-KASTENBEIN 1988
R. TÖLLE-KASTENBEIN, *Zum Louros-Tunnel für Nikopolis,* in: INST. F. KONSTRUKTIVEN INGENIEURBAU RUHR-UNIVERSITÄT BOCHUM (Hrsg.), *Technisch-wissenschaftliche Mitteilungen* Nr. 88-3 (Festschrift Maidl), August 1988, 175–184.

TÖLLE-KASTENBEIN 1990
R. TÖLLE-KASTENBEIN, *Antike Wasserkultur* (München 1990).

TÖLLE-KASTENBEIN 1991
R. TÖLLE-KASTENBEIN, *Doppelstollen – Ein Phänomen griechischer Wasserleitungen,* in: *Kultur & Technik* 15, 1991, Heft 2, 38–43.

TÖLLE-KASTENBEIN 1994
R. TÖLLE-KASTENBEIN, *Das archaische Wasserleitungsnetz für Athen und seine späteren Bauphasen.* Zaberns Bildbände zur Archäologie 19 (Mainz 1994).

TOMLINSON 1969
R. A. TOMLINSON, *Perachora: The Remains outside the two Sanctuaries,* in: *The Annual of the British School at Athens* 64, 1969, 155–258 u. Taf.

TROLL 1963
C. TROLL, *Qanat-Bewässerung in der Alten und Neuen Welt,* in: *Mitteilungen der Österreichischen Geographischen Gesellschaft* 105, 1963, 313–330.

TROLL/BRAUN 1972
C. TROLL; C. BRAUN, *Madrid – Die Wasserversorgung der Stadt durch Qanate im Laufe der Geschichte. Akademie der Wissenschaften und der Literatur; Abhandlungen der mathematisch-naturwissenschaftlichen Klasse* Nr. 5 (Mainz 1972).

TSUK 1989
T. TSUK, *The Water-Supply System of Tzippori (Sepphoris).* in: *Mitteilungen des Leichtweiß-Instituts für Wasserbau der Technischen Universität Braunschweig* 103 (Braunschweig 1989) 357–380.

TSUK/AYALON 1993
T. TSUK; E. AYALON, *The Herzliya Tunnel – A Byzantine Drainage System,* in: *Niqrot Zurim, Journal of the Israel Cave Research Center* 19, 1993, 57–66 [hebräisch m. engl. Zusammenfass.].

TUBB/CHAPMAN 1990
J.N. TUBB; R.L. CHAPMAN, *Archaeology and The Bible* (London 1990).

UCELLI 1940
G. UCELLI, *Le Navi di Nemi* (Roma 1940).

URLICHS 1840
H.N. URLICHS, *Reisen und Forschungen in Griechenland* (Bremen 1840).

USSISHKIN 1976
D.USSISHKIN, *The Original Length of the Siloam Tunnel in Jerusalem,* in: *Levant – Journal of the British School of Archaeology in Jerusalem* 8, 1976, 82–95 u. Taf.

VINCENT 1911a
H.VINCENT, *Jerusalem sous terre* (London 1911).

VINCENT 1911b
H.VINCENT, *Underground Jerusalem: Discoveries on the Hill of Ophel* (London 1911).

VISCHER 1991
D.L. VISCHER, *Ein römischer Entwässerungsstollen in der Schweiz?,* in: *Vermessung, Photogrammetrie, Kulturtechnik* 1991, Heft 6.

VISCHER 1992
D.L. VISCHER, *Der römische Stollen bei Hagneck,* in: *Industriearchäologie* 1992, Heft 2, 21–23.

VISCHER 1857
W. VISCHER, *Erinnerungen und Eindrücke aus Griechenland* (Basel 1857).

VITRUV
VITRUV, *De Architectura libri decem.* Übersetzung von C. Fensterbusch (Darmstadt 1964).

VOGEL 1964
R.M. VOGEL, *Tunnel-Engineering, a Museum Treatment* (1964).

DE WAELE 1996
J. DE WAELE, *Een Romeins ingenieursproject – De tunnel van Nonius Datus.* in: *Hermeneus* 68, 1996, 173–181.

VAN DER WAERDEN 1968
B. L.VAN DER WAERDEN, *Eupalinos and his Tunnel.* in: *Isis* 59, 1968, 82–83.

WAHL 1962
S. V. WAHL, s.v. *Gebirgsmechanik, Gesteinsmechanik,* in: *Lueger – Lexikon des Bergbaus* (Stuttgart 1962).

WARREN 1884
CH. WARREN, *The Survey of Western Palestine: Jerusalem* (London 1884).

WEBER 1976
E. WEBER, *Tabula Peutingeriana, Codex Vindobonensis 324* (Graz 1976).

WEBER 1991a
T. WEBER, *Gadara of the Decapolis: Tiberiade Gate, Qanawat el-Far'oun and Bait Rusan: Achievements in Excavation and Restauration at Umm Qais 1989–1990,* in: *The Near East in Antiquity* 2, 1991, 123 ff.

WEBER 1991b
T. WEBER, *Gadara of the Decapolis – Preliminary Report on the 1990 Season at Umm Qais,* in: *Annual of the Department of Antiquities of Jordan* 35, 1991, 223–231.

WEICHENBERGER 1986a
J. WEICHENBERGER, *Über den Bau von Erdställen,* in: *Der Erdstall* Nr. 12, 1986, 45–57.

WEICHENBERGER 1986b
J. WEICHENBERGER, *Eine Studienreise zu künstlichen Höhlen in Italien,* in: *Der Erdstall* Nr. 12, 1986, 58–71.

WEILL 1947
R. WEILL, *La cité de David* (Paris 1947).

WEIPPERT 1988
H. WEIPPERT, *Palästina in vorhellenistischer Zeit. Handbuch der Archäologie, Vorderasien* II, Bd.1 (München 1988).

WEISGERBER 1981
G. WEISGERBER, *Mehr als Kupfer in Oman – Ergebnisse der Expedition 1981,* in: *Der Anschnitt* 33, 1981, 174–263.

WERNER 1986
D. WERNER, *Ingenieurleistungen vor 2500 Jahren – die Wasserleitung des Eupalinos für das alte Samos,* in: *Wissenschaftliche Zeitschrift der Hochschule für Architektur und Bauwesen Weimar,* Reihe B, Heft 2,3, 32. Jg., 1986, 52–58.

WIEGAND 1921
TH. WIEGAND (Hrsg.), *Wissenschaftliche Veröffentlichungen des Deutsch-Türkischen Denkmalschutzkommandos.* Heft 3: *Petra* (Berlin, Leipzig 1921).

WILFORD 1994
J.N. WILFORD, *Biblical Puzzle Solved: Jerusalem Tunnel is a Product of Nature,* in: *New York Times* vom 9.August 1994, C1–C8.

WILKINSON 1978
J. WILKINSON, *The Pool of Siloam,* in: *Levant – Journal of the British School of Archaeology in Jerusalem* 10, 1978, 33–51.

WILSON/WARREN 1871
R.E. WILSON; R.E. WARREN, *The Recovery of Jerusalem* (London 1871).

WISSOWA 1909
G. WISSOWA, s.v. *Spes,* in: W.H. ROSCHER (Hrsg.), *Ausführliches Lexikon der griechisch-römischen Mythologie,* Band 4 (Leipzig 1909–1915) 1295–1297.

WRIGHT 1963
G.E. WRIGHT, *The Water System of Gibeon by James B. Pritchard,* in: *Journal of Near Eastern Studies* 22, 1963, 210–211.

WULFF 1968
H.E. WULFF, *The Qanats of Iran,* in: *Scientific American* 218, 1968, H. 4, 94–105.

YADIN 1969
Y. YADIN, *Excavations at Hazor 1968–1969,* in: *Israel Exploration Journal* 19, 1969, 1–19.

YADIN 1975
Y. YADIN, *Hazor – The Rediscovery of a Great Citadel of the Bible* (London 1975).

Yadin 1976
Y. YADIN, *Hazor – Die Wiederentdeckung der Zitadelle König Salomos* (Hamburg 1976).

ZILLER 1877
E. ZILLER, *Untersuchungen über die antiken Wasserleitungen Athens,* in: *Athenische Mitteilungen* 2, 1877, 107–131, Taf. 6–9.

Zusammenfassungen

Deutsch, Englisch, Niederländisch

LICHT AM ENDE DES TUNNELS
Planung und Trassierung im antiken Tunnelbau

Zur Gestaltung seines Lebensraumes war der Mensch zu allen Zeiten gefordert, Eingriffe in die Natur vorzunehmen. Dabei galt es immer, sich einerseits vor natürlichen Ereignissen zu schützen, andererseits aber auch, die Ressourcen der Natur auszuschöpfen, soweit die Möglichkeiten der Zeit es zuließen. Beim Eingriff in den Wasserhaushalt der Natur zum Beispiel spannt sich der Bogen vom Schutz vor Hochwasser bis zur Wassergewinnung aus einer Quelle durch den Bau eines kleinen Wehres. Das Dach über dem Kopf dürfte eines der ersten Hilfsmittel des Menschen gegen das Naturereignis Regen gewesen sein, wobei der natürliche Unterstand unter einem Baum ein Vorbild zum späteren Hausbau gewesen sein könnte. Ein umgestürzter Baum über einem Bachlauf bildete mit Sicherheit das Vorbild zum Brückenbau.

Schon im Schöpfungsauftrag, sich die Erde untertan zu machen, wird deutlich, daß der Mensch nur überleben konnte, wenn er seine geistige Überlegenheit, seinen Intellekt und seine Kreativität einsetzte. Das galt sowohl für die Nahrungsgewinnung als auch für die Gestaltung des menschlichen Lebensraumes.

Indem die menschlichen Gemeinschaften wuchsen, nahmen auch die Probleme zu. Um die Großfamilien, die Dörfer und dann die Städte zu versorgen, war eine Infrastruktur zu schaffen, die zunächst die Grundbedürfnisse befriedigte, die mit der Zeit dann aber auch wachsenden und gehobenen Ansprüchen genügen sollte. Das Grundnahrungsmittel Wasser spielte zu allen Zeiten eine herausragende Rolle im täglichen Leben. Deshalb sind die ersten Siedlungsplätze immer in der Nähe von Wasserstellen zu finden. Dort, wo das Wasser nicht ohne weiteres und frei zugänglich war, mußte eine künstliche Schöpfstelle geschaffen werden. Brunnenbauten sind neben kleinen Stauvorrichtungen wohl die ersten Maßnahmen, die der Wasserversorgung dienten.

Da der Mensch immer mehr auch seine Sicherheit berücksichtigen mußte, waren seine Siedlungsplätze entsprechend möglicher äußerer Gefahren durch wilde Tiere und feindlich gesinnte Menschen auszuwählen. Das machte allerdings den Ausbau einer Infrastruktur nicht einfacher. Ein Hügel, der sich als schützendes Siedlungsareal hervorragend eignete, war natürlich schwerer mit Wasser zu versorgen als eine Siedlung im Tal an einem Bachlauf.

Indem die Menschen sich in größeren Lebensgemeinschaften zusammenzuschlossen, kam es zum Bau von ummauerten Häusergruppen. Neue handwerkliche Fertigkeiten waren gefragt, um eine dörfliche oder städtische Gemeinschaft zu gründen und um das tägliche Leben darin zu gestalten. In der Bewältigung der täglichen Grundprobleme, beispielsweise der Entsorgung des städtischen Areals vom Regenwasser und der Versorgung mit Trinkwasser, wurden Kunstbauten erforderlich, die weit über die bis dahin bekannten Möglichkeiten hinausgingen. Nun wurde technisches Geschick gefordert.

Mit dem Aufkommen des Eisens um 1000 v. Chr. stand dem Menschen ein neuer Rohstoff für die Gestaltung seiner Werkzeuge zur Verfügung. Damit war die Bautechnik zu revolutionieren, denn nun waren neue Möglichkeiten der Steinbearbeitung gegeben. Es wird bisher allgemein angenommen, daß die kleinen Tunnelbauten der israelitischen Königsstädte ihre Entstehung der Einführung der Eisenwerkzeuge zu verdanken haben. In den auf Tells angesiedelten Städten hatte man sich Zugang zu den im Außenhang sprudelnden Quellen verschafft, indem man vom Stadtgebiet aus Treppenschächte und unterirdische Gänge anlegte. Neue Befunde in Jordanien lassen aber durchaus Raum für weitergehendere Schlüsse, denn die Funde im Stadtgebiet von Khirbet ez-Zeraqon, das zur Wasserversorgung ein verzweigtes künstliches Stollennetz im Untergrund aufweist, lassen eine Datierung der Anlage in die frühe Bronzezeit (3. Jt. v. Chr.) möglich erscheinen.

Mit dem Bau der Aquädukttunnel in den israelitischen Königsstädten wird die Geschichte des Tunnelbaus eingeleitet. Parallel dazu verlief die Entwicklung der Wasserversorgungstechnik im alten Iran, wo zur selben Zeit ein besonderer Typus der Wassergewinnung aus unterirdischen Ressourcen gebaut wurde: Die Qanate, die als Technik des Tunnelbaus bis in unsere Zeit Einfluß haben, sind meisterhafte Bauwerke des frühen Ingenieurwesens. Um in den ariden und halbariden Zonen die Oasen mit Wasser zu versorgen, baute man unterirdische Aquädukte zu wasserführenden Erdschichten, die sich am Fuß der Hänge weit entfernt liegender Berge befinden konnten. Nach Feststellung des Wasserdargebotes durch einen Probeschacht, «Mutterschacht» genannt, steckte man die Trasse zur Oase ab. In einer Kette von dicht beieinanderliegenden Schächten wurde unterirdisch die Verbindung gesucht, die schließlich den Qanat darstellte, der das Wasser über Strecken von bis zu 70 km – und an manchen Orten darüber hinaus – leiten konnte.

Al Karagi, ein arabischer Mathematiker des 11. Jhs. n. Chr., hat ein Handbuch über den Qanatbau verfaßt, das die Bautechnik in aller Deutlichkeit vorstellt. Die verwendeten Werkzeuge, die Bautechnik und auch die Technik der Trassierung werden von ihm erläutert; seine Beschreibung ist ein vollständiges Spiegelbild dieses Verfahrens und damit eine einzigartige Quelle zur Technikgeschichte. Dieses Verfahren des Tunnelbaus, das Qanatverfahren (wegen der speziellen Technik auch Lichtlochverfahren genannt), hat seine Wurzeln also im alten Iran und wird später von den Etruskern und dann den Römern hundertfach und perfekt angewandt werden.

Bei den ersten Großbauten im Tunnelbau konnte man sich diese Erfahrung allerdings noch nicht zunutze machen. Sowohl der Hiskia-Tunnel in Jerusalem (705–701 v. Chr.) als auch der Eupalinos-Tunnel auf Samos (Ende 6. Jh. v. Chr.) sind nach einem anderen Verfahren gebaut: dem Gegenort-Verfahren. Hierbei wird ein Tunnel von zwei Seiten aus aufgefahren, und man versucht, sich in der Mitte zu treffen. Der Grundriß sowohl des Hiskia-Tunnels als auch des Eupalinos-Tunnels lassen jedoch die Schwierigkeit der Richtungsübertragung von über Tage nach unter Tage deutlich erkennen.

Im Aufmaß des Tunnelgrundrisses werden die großen Schwierigkeiten der Ingenieure Hiskias deutlich: Erst nach vielen Richtungskorrekturen beim Vortrieb gelingt der Durchschlag. Dieses Ereignis gab zu großem Jubel Anlaß; schließlich wurde durch diesen Bau nicht nur die Wasserversorgung Jerusalems zur Zeit der Belagerung durch die Assyrer (701 v. Chr.) sichergestellt, sondern gleichzeitig dem Feind der Zugang zum Wasser verwehrt. Die Bibel würdigt Hiskias Leistung an mehreren Stellen überschwenglich, und eine Inschrift beschreibt das Ereignis des Tunneldurchschlags. Die in jüngster Zeit genannte These, der Hiskia-Tunnel sei kein geplantes Bauwerk, sondern man sei beim Bau des Tunnels lediglich geologischen Spalten im Berg gefolgt, ist nach Ausweis des Tunnelgrundrisses nicht haltbar. Die mehrfach festzustellenden Richtungskorrekturen können nur das Ergebnis von Kontrollmessungen sein, und diese setzen die Grundlage eines Planes für den Tunnelbau voraus.

Als erster auch im modernen Sinne ingenieurmäßig durchdachter Großtunnel, in dessen Ausführung eine Strategie der Planung und Trassierung erkennbar ist, kann der Eupalinos-Tunnel auf der griechischen Insel Samos gelten. Der von Eupalinos unter Polykrates gebaute Tunnel wurde als Gegenort-Tunnel mit Treffpunkt in der Mitte geplant und ist 1036 m lang. Eupalinos gelingt es, trotz eines unbemerkten Richtungsfehlers in einem der beiden Stollen und trotz mehrfacher, vermutlich durch geologische Probleme erzwungener Planungsänderungen, ein Treffen seiner beiden Baulose herbeizuführen. Er bedient sich dazu eines Rasters, das er über seinen Bauplan legt und das ihm eine jederzeitige Kontrolle seines Vortriebs gestattet. Eine Umwegstrecke im Berg ist durch eine Änderung des Vortriebswinkels in der Größenordnung von tangens 1 : 3 für ihn berechenbar und im Bauplan nachzuvollziehen. Genial ist die Strategie des Eupalinos in der Schlußphase des Vortriebs vor dem Durchschlag. Während er in einem Baulos den Vortrieb eingestellt und durch Vermessungen die exakte Lage von dessen Suchort bestimmt hat, vollzieht er im Vortrieb des entgegenkommenden Bauloses einen finalen Versicherungshaken, also einen Bogenschlag, der alle von ihm festgestellten Fehler – einschließlich der unentdeckten – eliminiert: Er vollzieht im Vortrieb einen großen Bogen, mittels dessen er den Suchort des in Ruhestellung befindlichen Bauloses seitlich trifft. Die Leistung des Eupalinos steht in der Frühzeit einzig da, und nicht ohne Grund zählt schon Herodot den Tunnel zu den großartigsten Bauwerken in ganz Hellas.

In der technikgeschichtlichen Betrachtung ist wenig beachtet, daß fast zeitgleich mit den großen Leistungen in Jerusalem und Samos im Land der Etrusker Tunnel gebaut wurden. Unzählige *cuniculi* – im Qanat-Verfahren gebaute Tunnel zur Entwässerung, aber auch zur Wasserversorgung – sind im Land um Rom gebaut worden. Die großen Tunnel in den Albaner Bergen, allesamt der Seeabsenkung dienend, sind teilweise rein etruskische Bauwerke oder, wenn sie unter den Römern gebaut worden sind, zumindest unter etruskischem Einfluß. Auch die Tunnel von Ariccia, Albaner See und Nemi-See sind den Großtunneln zuzurechnen, wobei im Falle der beiden letztgenannten sogar das Gegenort-Verfahren angewendet wurde. Als Großraumtunnel könnte man die beiden etruskischen Bauwerke von Veji und Ponte Terra bezeichnen, die zur Flußumleitung gebaut worden sind. Ohne die Vorleistungen und Vorbilder der Etrusker in die technikgeschichtliche Betrachtung einzubeziehen, sind die im römischen Tunnelbau erbrachten Leistungen nicht zu bewerten.

Mit den Römern wird die Technik des Tunnelbaus über die von ihnen beherrschten Teile Europas, Nordafrikas und Kleinasiens verbreitet. Man baut Straßentunnel, Flußumleitungstunnel, Tunnel zur Seeableitung und sogar zur Goldgewinnung. Am meisten werden allerdings Aquädukttunnel gebaut. Bevorzugte Bautechnik ist das Qanat-Verfahren, da sich die Gefahr des Nichttreffens in einer Baustelle mit kurzen Baulosen verringert.

Ein im Gegenort-Verfahren gebauter Tunnel hätte fast zum Scheitern eines Aquäduktbaus geführt, da man sich im Berg verfehlt hatte. Aus der Inschrift des mit der Trassierung beauftragten Ingenieurs Nonius Datus erfahren wir am Beispiel von Saldae in Nordafrika einiges über die Planung und Organisation einer antiken Großbaustelle. Auch die Stellung des Ingenieurs in der Antike wird sichtbar, denn Nonius Datus ist Angehöriger der Legion und wird für den Bau des Aquäduktes abgestellt. Die Bauarbeiter waren zu diesem zivilen Bauwerk aus ihren Militäreinheiten abkommandiert worden. Nonius Datus zitiert sogar den Briefwechsel, der geführt wurde, um ihn als Bauleiter zu bekommen. Bei diesem Auftrag wird es sich um die größte Herausforderung im Berufsleben dieses Ingenieurs gehandelt haben. Aber vermutlich nicht nur deshalb hat er seinen Bericht niederschreiben lassen. Es ist durchaus anzunehmen, daß man die Fehlleistungen bei diesem Tunnelbau dem Nonius Datus anlasten wollte. Er, der die Planung von Anfang an durchgeführt hatte, wollte ganz einfach seinen Anteil am schließlichen Gelingen des Bauwerks herausgestellt sehen. Der Bericht des Nonius Datus ist sehr datailliert; indem er ihn unter die Schlagworte *patientia, virtus* und *spes* stellte, zeigt er uns die Tugenden, die er für einen Tunnelbauer für wichtig erachtet: Geduld, Tatkraft und Zuversicht.

Tunnelbau war durchaus geeignet, das Wohlwollen des Herrschers, aber auch seine Macht zu demonstrieren. Es ist deshalb nicht verwunderlich, wenn an einem großen Tunnelbau wie dem Flußumleitungs-Tunnel von Çevlik bei Antakya in der Türkei eine Inschrift mit den Namen der Bauherren – in diesem Falle der Kaiser Vespasian und Titus – angebracht worden ist.

Da ist es auch verständlich, daß das größte Tunnelbauwerk der Antike schon während seiner Bauzeit große Beachtung fand und Plinius d. Ä. den Bau gewissermaßen als offizieller Berichterstatter begleitete. Da wird sogar Hofklatsch sichtbar, wenn in den antiken Quellen zu lesen ist, wie Agrippina bei Kaiser Claudius gegen Narcissus intrigierte, der mit der Finanzverwaltung dieses Tunnelbaus betraut war. Der im Jahre 52 n. Chr. mit einem inszenierten Seegefecht eingeweihte Tunnel hatte elf Jahre Bauzeit bei einem Einsatz von angeblich 30 000 Arbeitern erfordert. Mit 5595 m Länge, bei Schachtteufen unter dem Monte Salviano von bis zu 122 m, sollte er den Seespiegel des Fuciner Sees tieferlegen und konstanthalten, was allerdings in der Antike nur unvollständig gelang. In dieser Hinsicht war man am Fuciner See erst im 19. Jh. erfolgreich.

Im Rheinland und im angrenzenden Luxemburg ist – vermutlich ab dem 2. Jh. n. Chr. – eine große Anzahl von Aquädukttunneln gebaut worden. Hier wurde ausschließlich die Qanatbauweise angewandt. Es ist auffällig, daß es nicht die großen Städte sind, die mittels Tunneln versorgt werden, sondern ausschließlich kleine Siedlungsplätze, in der Regel reichere *villae rusticae*. Der römische Drover-Berg-Tunnel bei Düren in Nordrhein-Westfalen mit seinen 1660 m Länge und Schachtteufen von bis zu 26 m kann als größter antiker Tunnelbau nördlich der Alpen gelten.

Schon Theodor Mommsen, der als einer der ersten die Inschrift des Nonius Datus bearbeitet hat, hoffte bezüglich der offengebliebenen Fragen, daß *«vielleicht ein verständiger Ingenieur unserer Epoche aus dem Bauwerk selbst dasjenige zu lösen wisse, was uns im Bericht seines römischen Vorfahren unverständlich bleibt»*. Damit ist sehr anschaulich beschrieben, was an der Bearbeitung des Themas «Planung und Trassierung im antiken Tunnelbau» gereizt hat. Der Plan war, nicht nur die geschichtlichen Quellen zum Thema antiker Tunnelbau aufzuarbeiten, sondern darüber hinaus auch noch in den zugänglichen Bauwerken nach Spuren der Bautätigkeit zu suchen, sie aufzumessen und zu entschlüsseln. Tatsächlich zeigten sich in vielen der untersuchten Tunnel Spuren von Probestollen, die man vor dem Ausbau den Sollprofils aufgefahren hatte, um das Gelingen des Durchschlags sicherzustellen. Besonders die Großraumtunnel, wie sie im Zuge von Flußumleitungen gebaut wurden, zeigen derartige Spuren sehr deutlich. Da nach erfolgtem Durchschlag der Probestollen das endgültige Profil meist durch Verbreiterung und Tieferlegung der Sohle erreicht wurde, hat man die Tunnelfirste selten nachgearbeitet. Deshalb konnten sich hier Spuren erhalten, die heute bei der Entschlüsselung der Strategie der Baumeister bezüglich ihrer Planungs- und Trassierungsmethoden helfen können.

Diese Arbeit ist eine Reverenz an die antiken Tunnelbauer und ihre Leistungen. Und nicht nur die vielleicht zufällig überlieferten Namen wie Eupalinos, Cocceius und Nonius Datus, auch die vielen unbekannten Ingenieure der Antike haben sich mit ihren Bauwerken unauslöschlich in die Technikgeschichte eingeschrieben.

Sicherlich ist damit nicht alles zum Thema Tunnelbau gesagt, was zu sagen wäre. Es war erklärtermaßen nicht die Absicht, mit dieser Arbeit die «Geschichte des Tunnelbaus» zu beschreiben. Mit dieser Arbeit sollte – durchaus im Sinne Mommsens – versucht werden, den Teilbereich aus dem Komplex Tunnelbau zu beschreiben, der sich mit der Planung und der Umsetzung des Bauplanes in die Wirklichkeit befaßt. Es ist also nicht die Geschichte des Tunnelbaus, die hier gezeigt wird, aber vielleicht doch eines: ein wenig «Licht am Ende des Tunnels».

Summary

LIGHT AT THE END OF THE TUNNEL
Planning and laying out tunnels in antiquity

In forming his environment, Man has always found it necessary to meddle with Nature. He has always done this, on the one hand to protect himself from natural catastrophes, on the other hand to utilise the resources of Nature as far as the possibilities of time allowed. For instance, the encroachment into the natural water resources ranges from protecting himself against flooding to obtaining water from a source by constructing a small weir. A roof over his head must have been one of the first aids of Man against the natural incidence of rain, whereby the naturally occurring protection beneath a tree may have provided a prototype for later housebuilding. A fallen tree over a stream would certainly have given him the idea of building bridges.

Even at the Creation, when he received the mandate to hold dominion over the Earth, it is clear that Man could only survive by utilising his spiritual superiority, his intellect and his creativity. This applied not only to obtaining food, but also forming the human environment.

The problems increased in proportion to the growth of human communities. In order to serve the enlarged families, the villages and then the towns, it was necessary to provide an infrastructure which at first satisfied the needs of life, which in time, though, had to meet the requirements of increasingly higher demands. The basic need of water has always played a major role in daily life. Thus, the first settlements are always to be found in the vicinity of water-sources. Wherever water was not readily or openly available, an artificial drawing-place had to be created. Wells and small dams are certainly the first measures taken to serve the provision of water.

As Man found it more and more necessary to look towards his safety, settlements were correspondingly chosen away from the possible exterior dangers of wild animals and human enemies. However, this did not simplify the construction of an infrastructure. A hill which was excellently suited as a protective settlement area was, of course, more difficult to provide with water than a valley settlement next to a stream.

When human beings amalgamated into larger communities, walled groups of houses were built. New crafts were needed to found a village or town community and to form its daily life. In order to cope with the basic needs of daily life, for instance the removal of rain-water from the urban area and the supply of drinking-water, it was essential to create artificial constructions which went far beyond the possibilities known hitherto. From then on technical skill was called for.

With the introduction of iron around 1000 B.C. a new raw material became available with which Man could fashion his tools. He could also revolutionise building techniques, as there arose new possibilities for working stone. Upto now it has been assumed that the small tunnels of the royal towns of Israel owed their origins to the introduction of iron tools. In the towns founded on tells access to the springs bubbling up in the hillside was gained by excavating stepped shafts and underground passageways from the town's area. New finds from Jordan, however, allow room for further speculation, as the finds from the town of Khirbet ez-Zeraqon, which boasts a complicated net of artificial passages for supplying water, could well allow a dating of the complex to the early Bronze Age (3rd millennium B.C.).

With the construction of the aqueduct tunnel in the Israelitic royal towns the history of tunnel-building begins. Parallel to this ran the development of water-supply in ancient Iran, where at the same time a particular type of water-supply from underground resources was built: the qanats, which as a technique of tunnelling have remained influential upto our own day, are masterful constructions of early engineering. In order to supply water to the oases in the arid and semi-arid zones, subterranean aqueducts were built to geological strata yielding water and which could lie at the base of slopes of far-off mountains. Having ascertained the amount of water by means of a test shaft called the 'mother shaft', the line to the oasis was pegged out. By digging a chain of shafts lying close to one another the course was located underground and in the end represented the qanat, which was able to supply water over stretches of upto 70 km.

Al Karagi, an Arab mathematician of the 11th century A.D., wrote a handbook on qanat-building, which clearly demonstrates the mode of construction. He explains the tools used, the construction methods and the technique of laying out the course. His description gives a complete reflection of this method and is thus a unique source for technological history. This method of tunnelling, the qanat-method (also called the light-hole-method, because of the special technique employed), was to be later used a hundredfold and to perfection by the Etruscans and then the Romans.

The first major projects in tunnelling did not make use of this experience, however. Not only the tunnel of Hiskia in Jerusalem (705–701 B.C.), but also the tunnel of Eupalinos on Samos (late 6th century B.C.) were built using another system, the two-end-method, i.e. a tunnel is excavated from two sides with the intention of meeting in the middle. However, the ground-plans of both the tunnel of Hiskia and that of Eupalinos clearly demonstrate the difficulty of transferring the direction above ground to below ground.

The considerable helplessness of Hiskia's engineers is clearly shown by the extent of the tunnel's plan. Only after many changes in direction during tunnelling did the break through succeed, an event which resulted in considerable celebration. After all, this construction not only secured Jerusalem's water-supply during the siege of the Assyrians (701 B.C.), but at the same time excluded the enemy from access to the water. In several places the Bible praises Hiskia's achievement rapturously and an inscription describes the occasion of the break through. The recently expressed theory that the tunnel of Hiskia was not a planned structure of engineering, but that during construction one simply followed geological faults in the mountain, is on the evidence of the tunnel's ground-plan untenable. The several changes in direction can only be the result of controlled measuring and this requires the basis of a plan for the tunnel's construction.

The first large tunnel in the modern sense of a well-devised piece of engineering, for the construction of which a strategy for planning and laying out is discernible, is the tunnel of Eupalinos on the Greek island of Samos. Built during the reign of Polycrates, it was conceived as a two-end-tunnel with the meeting-point in the middle and a length of 1036 m. Eupalinos succeeded in connecting both of his sections despite an unrecognised mistake in the direction of one of the passages and despite several alterations in the planning, probably owing to geological necessities. For this he used a raster, which he lay over his construction plan and which allowed him to control his progress at any one time. He was able to calculate and determine in the construction plan a section of detour in the mountain by changing the angle of progression roughly in the region of tangent 1 to 3. Eupalinos's strategy towards the end of the cutting process before the break through was ingenious. Having stopped the driving in one construction section and determined its precise location by measurement, from the other section he initiated a final drive guaranteed to eliminate all of his recognised, as well as the one unrecognised mistakes. He carried out driving a large arc, by which he laterally met the section laid still. During the early period Eupalinos's achievement stands out uniquely and it was not without reason that Herodotus reckoned the tunnel to be one of the most outstanding constructions in the whole Greek world.

Regarding the history of technology little attention has hitherto been paid to the fact that almost contemporaneous with the impressive achievements in Jerusalem and Samos tunnels were being built in the land of the Etruscans. In the countryside around Rome there were constructed countless cuniculi, tunnels built in the qanat-method not only for drainage, but also for supplying water. The large tunnels in the Alban Hills, all of which served the lowering of the lake, were partly pure Etruscan constructions, or, even when built by the Romans, were carried out under Etruscan influence. The tunnels from Ariccia, the Alban Lake and Lake Nemi can also be included in the large tunnels, whereby the latter two were constructed using the two-end-method. One could describe the two Etruscan constructions at Veii and Ponte Terra, built to divert a river, as regional tunnels. When considering technological history by excluding the earlier achievements and prototypes of the Etruscans, the accomplishments made in Roman tunnelling cannot be measured.

With the Romans the technology of tunnelling was extended to those parts of Europe, North Africa and Asia Minor under their rule. Tunnels were built for roads, diverting rivers, draining lakes and even for gold-mining. In the main, however, tunnels for aqueducts were constructed. The preferred building method was the qanat-method, which reduced the danger of not finding water within a building-site by employing short construction sections.

One tunnel, built in the two-end-method, almost led to the failure of an aqueduct construction, as one actually missed one another in the mountain. From the inscription of the engineer charged with the laying out, Nonius Datus, we learn from the example of Saldae in North Africa much about the planning and organisation of a large construction site in antiquity. Moreover, the standing of the engineer in antiquity can be ascertained, as Nonius Datus was a member of a legion and was released from duties to build the aqueduct. The building workers were also detached from their military units to work on this civil project. Nonius Datus even cites the exchange of letters which preceded him being made site manager. It was to be the greatest challenge in the professional life of this engineer. But one can assume that this was not the only reason for writing down his report. It is quite probable that Nonius Datus was charged with with the mistakes made during the building of this tunnel. Having carried out the planning from the very beginning, he simply wanted to see his part in the eventual success of the construction emphasized. The report of Nonius Datus is very detailed: by placing it under the headings *patientia*, *virtus* and *spes* he shows us the virtues which he regarded as important for a tunneller; patience, enterprise and faith.

Tunnelling was certainly suitable for demonstrating the benevolence of a ruler, but also his power. It is, therefore, hardly surprising when an inscription with the names of the financiers is set up at a large tunnel, as in the case of the emperors Vespasian and Titus at a tunnel diverting a river at Çevlik near Antakya in Turkey. It is also understandable that the largest tunnel of antiquity was much admired even during its construction and that Pliny the Elder accompanied its construction somewhat in the capacity of an official reporter. One can even recognise society chit-chat when reading in the classical sources how Agrippina engages with Emperor Claudius in intrigue against Narcissus. The tunnel, which was inaugurated in A. D. 52 with a mock sea-battle, took 11 years to construct and is said to have employed 30 000 workers. With a length of 5595 m and shaft-depths beneath the Monte Salviano of upto 122 m, the tunnel was designed to lower the surface level of the Fucine Lake and keep it constant, which, however, was only partly in successful antiquity. As far as the Fucine Lake is concerned one did not manage this until the 19th century.

In the Rhineland and neighbouring Luxemburg a large number of aqueduct tunnels was built, presumably from the 2nd century onwards. Without exception the qanat-method was used here. It is conspicuous that it was not the large towns that were supplied by tunnels, but exclusively the small settlements, usually the richer *villae rusticae*.

Referring to the questions remaining unanswered, Theodore Mommsen, one of the first to work on the inscription of Nonius Datus, expressed the hope that *«perhaps a learned engineer of our own times will be able to extract from the con-*

struction itself that which remains incomprehensible in the report of his Roman predecessor». This describes vividly the incentive to deal with the subject of «planning and laying out tunnels in antiquity». The plan was not only to examine the historical sources concerning ancient tunnelling, but beyond that to search in those constructions which are still accessible for traces of building methods, to survey and to explain them. In fact, in many of the tunnels investigated traces of trial-tunnels were found which had been driven before the construction of the section proper, in order to ensure the success of the break through. Especially the regional tunnels built to aid the diversion of rivers reveal clearly these traces. Since after the successful break through of the trial-tunnel the final profile was created mostly by widening and lowering the floor, the tunnel's roof was seldom refinished. Thus, traces remain here which today can help in deciphering the strategy of the architects concerning their methods of planning and laying out.

This paper was written with due reverence to the ancient tunnellers and their achievements. Not only the names which have perhaps survived by chance, like Eupalinos and Nonius Datus, not forgetting Cocceius, who under Augustus built famous road-tunnels near Cumae and near Naples, but also the many anonymous engineers of antiquity deserve through their constructions an indissoluble entry in the history of technology.

Certainly, there is far more to say about ancient tunnelling than has been presented here. It was not intended to describe «The History of Tunnelling» in this paper. Following Mommsen's idea, I have tried to describe a subsection of the subject of tunnelling dealing with the planning and realization of the construction plan in the reality. It is, then, not the history of tunnelling which is told here, but perhaps one thing: a little «light at the end of the tunnel».

Samenvatting

LICHT AAN HET EINDE VAN DE TUNNEL
Planning en tracering in de bouw van antieke tunnels

Voor de ordening van zijn leefwereld heeft de mens altijd al de noodzaak gevoeld om in de natuur in te grijpen. Hij moest zich daarbij enerzijds wapenen tegen gebeurtenissen in de natuur en anderzijds gebruik maken van de natuurlijke bronnen, voor zover de omstandigheden van het moment dit toelieten. Bij voorbeeld bij het ingrijpen bij in de natuurlijke waterhuishouding gaat dit van de bescherming tegen overstromingen tot aan de waterwinning uit een bron door de aanleg van een waterkering. Een dak boven het hoofd is wel het eerste hulpmiddel tegen het natuurfenomeen 'regen' geweest, waarbij het schuilen in de natuur onder een bladerdak van een boom wel model heeft gestaan voor de bouw van een overdekte hut. Een dwars over een beek gevallen boom vormde wel het voorbeeld voor de bouw van de eerste brug.

Al in de opdracht van de schepping, de natuur aan zich te onderwerpen, wordt duidelijk dat de mens slechts kon overleven door de inzet van zijn superioriteit, intellect en creativiteit. Dit gold evenzeer voor de voedselwinning als voor de vorming van zijn milieu.

Naarmate de leefgemeenschappen groter werden, namen ook de problemen toe. Om familie-eenheden, dorpen en later ook steden te verzorgen, moest een infrastructuur geschapen worden, die aanvankelijk vooral in de primaire behoeftes voorzag; gaandeweg moest deze ook tegemoetkomen aan steeds hogere eisen. De primaire levensbehoefte aan water heeft altijd een belangrijke rol in het dagelijkse leven gespeeld. Vandaar dat de eerste nederzettingen altijd in de buurt van water te vinden zijn. Waar water niet zonder meer te bereiken was, werd een kunstmatige schepplaats of put aangelegd. Brongebouwen en kleine verzamelbekkens zijn wel de eerste maatregelen voor de waterhuishouding.

Daar de mens steeds meer ook aan zijn eigen veiligheid moest denken, werden zijn nederzettingen zo gekozen dat zij beschut waren tegen wilde dieren en vijandig gezinde mensen, hetgeen de inrichting van de infrastructuur niet bepaald eenvoudiger maakte. Een heuvel, die bijzonder geschikt was voor een nederzetting, was natuurlijk moeilijker van water te voorzien dan een nederzetting die in een dal aan een beek lag.

Toen grotere groepen mensen zich in leefgemeenschappen aaneensloten, kwam het ook tot de bouw van ommuurde wooncentraties. Nieuwe ambachtelijke vaardigheden waren nodig om een dorps- of stadgemeenschap te stichten en om er het leven van alledag voortgang te laten vinden. Om alledaagse problemen betreffende de afvoer van hemelwater en de verzorging van drinkwater te regelen, waren kunstmatige installaties noodzakelijk die de tot dan toe bekende mogelijkheden ver te boven gingen. Hier was technisch vernuft noodzakelijk.

Met de introductie van het ijzer omstreeks 1000 v. Chr. kreeg de mens de beschikking over een nieuwe grondstof voor de vervaardiging van zijn werktuigen. Zo volgde ook een omwenteling in de bouwtechniek, omdat nieuwe instrumenten voor de bewerking van steen konden worden gemaakt. Tot dusverre wordt algemeen aangenomen dat de kleine tunnels in de koningssteden van Israel hun ontstaan danken aan de introductie van ijzeren werktuigen. In de steden die op tells – geleidelijk door bewoning opgehoogde heuvels – gevestigd waren, had men zich van de stad uit met trappenschachten en onderaardse gangen toegang verschaft tot bronnen die doorgaans buiten de muur op de hellingen opwelden. Nieuwe vondsten in Jordanië bieden echter ruimte voor verregaande conclusies met betrekking tot een vroege datering: het kunstmatig gangenstelsel voor de watervoorziening in het stadsgebied van Khirbet ez-Zeraqon lijkt terug te gaan tot de Vroege Bronstijd (derde millennium v. Chr.).

De geschiedenis van de tunnelbouw begint bij de watertunnels in de koningssteden van Israel. Daaraan parallel loopt de ontwikkeling van de technieken van watervoorziening in het Oude Iran, waar tezelfdertijd een speciaal type waterwinning uit onderaardse voorraden werd aangelegd: de qanats, die tot in onze dagen beslissend zijn geweest voor de techniek van de tunnelbouw, zijn meesterlijke staaltjes van de vroege ingenieurskunst. Teneinde in droge en halfdroge gebieden de oases van water te voorzien, legde men op watergeleidende aardlagen ondergronds waterleidingen aan, die vaak vanaf de voet van veraf gelegen bergen kwamen. Wanneer door middel van een 'moederschacht' was vastgesteld dat er water voorhanden was, werd het tracé naar de oase uitgezet. In een serie van dicht bij elkaar gegraven verticale schachten werd onderaards een verbinding gezocht, die uiteindelijk de qanat vormde, welke soms water over afstanden van wel 70 km aanvoerde.

De Arabische mathematicus Al Karagi heeft in de elfde eeuw n. Chr. een handboek over de qanatbouw geschreven, waarin de aanleg en het traceren van tunnels wordt uiteengezet. Zijn beschrijving is een volledige uiteenzetting van dit procédé, die daarmee een unieke bron voor de geschiedenis van de techniek vormt. Dit soort tunnelbouw met qanats – waarvoor in het Duits ook de sprekende term 'Lichtlochverfahren' wordt gebruikt – wordt later ook door de Etrusken en Romeinen dikwijls met grote perfectie toegepast.

Bij de eerste grote tunnels maakte men evenwel nog geen gebruik van deze ervaring. Zowel de tunnel van Hiskia in Jeruzalem (705–701 v. Chr.) als ook die van Eupalinos (late zesde v. Chr.) verduidelijken evenwel de moeilijkheid van het overbrengen van het tracé van het daglicht naar ondergronds.

Bij de bestudering van de plattegrond van de tunnel wordt de onbeholpenheid van de ingenieurs van Hiskia duidelijk; pas na ettelijke correcties van de richting komt men uiteindelijk tot het punt van de doorsteek. Deze gebeurtenis gaf aanleiding tot grote uitbundigheid; uiteindelijk werd hierdoor immers niet alleen de watervoorziening van Jeruzalem ten tijde van de belegering door de Assyriërs (701 v. Chr.) veilig gesteld, maar de vijand kreeg daardoor ook geen toegang tot het water. De Bijbel geeft op verschillende plaatsen hoog op van Hiskias prestatie en een inscriptie beschrijft het moment van de tunneldoorbraak. De recentelijk naar voren gebrachte these dat de tunnel van Hiskia geen bewust geprojecteerd werk van een ingenieur is, maar dat men zich bij de aanleg heeft laten leiden door geologische spleten in de berg, is op basis van de plattegrond van de tunnel onhoudbaar. De meermaals aangebrachte correcties in de richting kunnen slechts het resultaat van controlemetingen zijn, welke een tekening of plattegrond vooronderstellen.

Het eerste grote, ook in moderne zin doordachte tunnelproject van een ingenieur, waarin bij de uitvoering ook sprake is van een strategie van planning en tracering, is de tunnel van Eupalinos op het Griekse eiland Samos. Deze tunnel, die onder de tiran Polykrates door Eupalinos werd aangelegd, heeft een lengte van 1036 m. en werd van twee kanten uit begonnen met het trefpunt in het midden. Ondanks een onbewuste richtingsfout in een van beide gangen en niettegenstaande herhaaldelijke, waarschijnlijk door geologische problemen veroorzaakte planwijzigingen is Eupalinos er toch in geslaagd om beide gangen tot hetzelfde trefpunt te brengen. Daarbij heeft hij gebruik gemaakt van een raster, dat hij over zijn bouwplattegrond heeft gelegd en dat hem voortdurend controle van de voortgang van de werkzaamheden toestaat. Eupalinos heeft door verandering van de hoek in de orde van de tangens van 1 : 3 een omweg ondergronds berekend, welke in de plattegrond nog te zien is. Zijn strategie in de laatste fase vóór de doorsteek is geniaal. Terwijl hij in de ene werkput de werkzaamheden stopzet en door metingen de juiste positie weet te bepalen, voert hij in de tegemoetkomende gang voor de veiligheid een laatste bocht, waarmee hij alle geconstaeerde fouten – ook de onbewust gemaakte – elimineert. Hij beschrijft bij het graven een grote boog, die de stilgelegde werkput in de flank treft. De prestatie van Eupalinos staat in deze vroege tijd geheel alleen en niet zonder reden rekent Herodotos dit project tot de meest grandioze ondernemingen in heel Griekenland.

In de geschiedenis van de techniek is te weinig opgemerkt dat bijna gelijktijdig met de prestaties in Jeruzalem en Samos in Etrurië tunnels worden gebouwd. Tal van cuniculi, dit zijn volgens het qanat-systeem vervaardigde tunnels voor de aan- en afvoer van water, zijn in het gebied rond Rome gebouwd. De grote tunnels in de Albaanse bergen, die alle dienen om het niveau van de kratermeren te laten zakken, zijn gedeeltelijk zuiver Etruskische werken of staan, indien in de Romeinse tijd gebouwd, onder Etruskische invloed. Ook de tunnels van Ariccia, van het meer van Albano en van Nemi kunnen worden beschouwd als grote projecten; in het geval van beide laatstgenoemde tunnels werd gelijktijdig van twee kanten uit gegraven. Als grote tunnels zijn ook beide Etruskische constructies van Veii en Ponte Terra te beschouwen, die de omlegging van de rivierbedding beoogden. Zonder de prestaties en de kennis van de Etrusken in de geschiedenis van de techniek te betrekken is de tunnelbouw van de Romeinen niet te begrijpen.

Door de Romeinen wordt de techniek van de tunnelbouw over heel hun imperium in Europa, Noord-Afrika en Klein-Azië verspreid. Men legt tunnels aan op wegen, om rivieren om te leiden, om meren droog te leggen en zelfs om goud te winnen. Het meest frequent komen evenwel waterleidingtunnels voor. De meest toegepaste methode is het qanat-systeem, omdat hierdoor het risico dat men elkaar in een aan weerszijden begonnen tunnel niet treft, door de korte graaftrajecten verminderd wordt.

Een tunnel die vanuit twee punten aangelegd is, zou bij de aanleg van een waterleiding bijna tot een fiasco hebben geleid, omdat men elkaar in de berg inderdaad gemist had. Uit de inscriptie van Nonius Datus, de ingenieur, die de opdracht tot het uitzetten van het tracé gekregen had, vernemen wij iets over de aanleg en de organisatie van een antiek megaproject. Ook de positie van de antieke ingenieur wordt hierdoor duidelijk, omdat Nonius Datus bij een legioen dienst doet en voor de aanleg van het aquaduct wordt overgeplaatst. Ook de bouwvakkers voor dit civiele project waren militairen. Nonius Datus citeert zelfs de brief waardoor hij de leiding over het project kreeg. Waarschijnlijk is dit de grootste uitdaging uit zijn hele beroepsleven geweest, maar dit is wel niet de enige reden waarom deze ingenieur de episode heeft laten optekenen. Het ligt voor de hand dat men de wanprestaties bij de aanleg van deze tunnel op het conto van Nonius Datus wilde schrijven. Vandaar dat hij, die het project van meet af aan had opgezet, zijn aandeel aan het uiteindelijke succes van het project zwart op wit wilde vastleggen. Het verslag van Nonius Datus is zeer gedetailleerd; onder de steekwoorden *patientia*, *virtus* en *spes* laat hij zien welke deugden hij van groot belang acht voor een tunnelbouwer: geduld, daadkracht en vertrouwen.

Tunnelbouw was bij uitstek geschikt om de welgezindheid en tevens de macht van de heerser te demonstreren. Het mag daarom nauwelijks verwondering wekken dat bij een tunnel die de rivier de Çevlik bij Antakya in Turkije omleidde, een inscriptie met de naam van de bouwheren – in casu de keizers Vespasianus en Titus – is aangebracht. Dan wordt ook duidelijk dat het grootste tunnelproject uit de Oudheid, het Fucinomeer, reeds in zijn tijd opmerkelijk was en dat Plinius de Oude de bouw in zekere zin als officiële verslaggever begeleidde. Daar is zelfs sprake van paleisroddels, als men in de antieke bronnen leest dat Agrippina bij keizer Claudius tegen de financieel verantwoordelijke Narcissus intrigeert. De tunnel, die in 52 n. Chr. werd ingewijd met een geënsceneerd zeegevecht, kostte de bouwtijd van elf jaar en vroeg de inzet van 30 000 arbeiders. Met een lengte van ca. 5595 m. en een schachtdiepte tot 122 m. onder de Monte Salviano moest de tunnel de waterspiegel van het Fucinomeer verlagen en constant houden, hetgeen in de Oudheid evenwel slechts ten dele gelukt is. In dit opzicht had men eerst in de negentiende eeuw meer geluk.

In het Rijnland en in het aangrenzende Luxemburg is vermoedelijk vanaf de 2de eeuw n. Chr. een groot aantal tunnels voor de waterleiding aangelegd. Hierbij werd uitsluitend het qanat-systeem toegepast. Het is opvallend dat het niet de grote steden zijn, die door tunnels worden bevoorraad, maar uitsluitend kleine nederzettingen, doorgaans rijkere hereboerderijen (*villae rusticae*).

Reeds Theodor Mommsen, die als een van de eersten de inscriptie van Nonius Datus heeft gepubliceerd, heeft met betrekking tot de open gebleven vragen de hoop uitgesproken dat: *«vielleicht ein verständiger Ingenieur unserer Epoche aus dem Bauwerk selbst dasjenige zu lösen wisse, was uns im Bericht seines römischen Vorfahren unverständlich bleibt.»* Daarmee is op plastische wijze beschreven, wat bij het uitwerken van het thema 'Planning en tracering in de bouw van antieke tunnels' zo interessant was. Het is daarbij de opzet geweest, niet alleen de historische bronnen voor de antieke tunnelbouw te behandelen, maar bovendien in de toegankelijke overblijfsels te zoeken naar sporen van bouwactiviteiten, deze op te meten en te interpreteren. Er waren inderdaad in tal van onderzochte voorbeelden sporen van proeftunnels te vinden, welke nog vóór de uitvoering van het definitieve profiel waren aangelegd om zich te verzekeren van een succesvolle doorsteek. Vooral bij megaprojecten als bij de verlegging van een rivierbedding zijn dergelijke sporen onmiskenbaar. Aangezien na de doorsteek van de proeftunnel het definitieve profiel door verbreding en verdieping van de gang werd gerealiseerd, heeft men de nok van de tunnel slecht zelden bijgewerkt. Daardoor bleven hier sporen bewaard die thans helpen de strategie van de ingenieur bij de aanleg en de tracering te reconstrueren.

Deze studie is een hommage aan de antieke tunnelbouwers en hun prestaties, en dit niet slechts aan toevallig overgeleverde namen als Eupalinos, Cocceius en Nonius Datus, maar ook aan de vele naamloze vakbroeders uit de Oudheid, die door hun werk een onuitwisbaar stuk geschiedenis van de techniek hebben geschreven.

Hiermee is beslist niet alles over de tunnelbouw gezegd. Het is, zoals hier duidelijk vastgesteld zij, niet de opzet van deze studie geweest met de 'geschiedenis van de tunnelbouw' te schrijven, doch het lag, geheel in de zin van Mommsen, in de bedoeling, een onderdeel van het complexe geheel 'tunnelbouw' te beschrijven, dat de projectering en realisering van de tunnelbouw in de praktijk omvat. Hier wordt dus niet de geschiedenis van de tunnelbouw geboden, maar misschien toch wel 'een beetje licht aan het einde van de tunnel'.

Zaberns Bildbände zur Archäologie
Sonderhefte der ANTIKEN WELT

Reihenübersicht

ÄGYPTEN

Barbara Borg
»Der zierlichste Anblick der Welt«
Ägyptische Porträtmumien
VI, 108 Seiten mit 99 Farb- und 32 Schwarzweißabb.

Arne Eggebrecht (Hrsg.)
Pelizaeus-Museum Hildesheim
Die ägyptische Sammlung
144 Seiten mit 146 Farb- und 6 Schwarzweißabb.
Nur noch erhältlich über: Roemer- und Pelizaeus-museum
Am Steine 1–2, 31134 Hildesheim

Mohammed El-Saghir
Das Statuenversteck im Luxortempel
2. Aufl., 76 Seiten mit 210 Abb., Strichzeichnungen und Plänen

Günter Grimm
ALEXANDRIA
Die erste Königsstadt der hellenistischen Welt. Bilder aus der Nilmetropole von Alexander dem Großen bis Kleopatra VII.
IV, 168 Seiten mit 134 Farb- und 158 Schwarzweißabb.

Renate Krauspe (Hrsg.)
Das Ägyptische Museum der Universität Leipzig
V, 136 Seiten mit 87 Farb- und 23 Schwarzweißabb.

Michael Pfrommer
ALEXANDRIA
Im Schatten der Pyramiden
Ca. 120 Seiten mit 100 meist farb. Abb.
In Vorbereitung

Helmut Satzinger
Das Kunsthistorische Museum in Wien
Die Ägyptisch-Orientalische Sammlung
120 Seiten mit 90 Farb- und 2 Schwarzweißabb.

Heike Schmidt / Joachim Willeitner
Nefertari
Gemahlin Ramses' II.
2. Aufl., IV, 144 Seiten mit 108 Farb- und 117 Schwarzweißabb.

Sylvia Schoske (Hrsg.)
Staatliche Sammlung ägyptischer Kunst München
128 Seiten mit 127 Farb- und 11 Schwarzweißabb.

Abdel G. Shedid
Die Felsgräber von Beni Hassan in Mittelägypten
Vergriffen

VORDERER ORIENT UND KLEINASIEN

Anton Bammer / Ulrike Muss
Das Artemision von Ephesos
Das Weltwunder Ioniens in archaischer und klassischer Zeit
IV, 92 Seiten mit 115 Abb.

M. van Ess / Th. Weber
Baalbek
In Vorbereitung

Friedmund Hueber
Ephesos
Gebaute Geschichte
IV, 111 Seiten mit 104 Farb- und 36 Schwarzweißabb.

Frank Kolb / Barbara Kupke
Lykien
Die Geschichte Lykiens im Altertum
Vergriffen

Peter Neve
Ḫattuša – Stadt der Götter und Tempel
Neue Ausgrabungen in der Hauptstadt der Hethiter
2. Aufl., 104 Seiten mit 272 Farb- und Schwarzweißabb., 8 Farbtafeln, Ktn., Grundrissen und Plänen

Ehud Netzer
Die Paläste der Hasmonäer und Herodes' des Großen
In Vorbereitung

Wolfgang Oberleitner
Das Heroon von Trysa
Ein lykisches Fürstengrab des 4. Jahrhunderts v. Chr.
IV, 68 Seiten mit 68 Farb- und 64 Schwarzweißabb.

Anneliese Peschlow-Bindokat
Der Latmos
Eine unbekannte Gebirgslandschaft an der türkischen Westküste
IV, 88 Seiten mit 134 Farb- und 24 Schwarzweißabb.

Andreas Schmidt-Colinet (Hrsg.)
Palmyra – Kulturbegegnung im Grenzbereich
2. Aufl., IV, 82 Seiten mit 63 Farb- und 65 Schwarzweißabb.

Christine Strube
»Die Toten Städte«
Stadt und Land in Nordsyrien während der Spätantike
IV, 91 Seiten mit 62 Farb- und 107 Schwarzweißabb.

Leo Trümpelmann
Zwischen Persepolis und Firuzabad
Gräber, Paläste und Felsreliefs im alten Persien
Vergriffen

Klaus Tuchelt
Branchidai-Didyma
Geschichte und Ausgrabung eines antiken Heiligtums
64 Seiten mit 119 Farb- und Schwarzweißabb., Ktn. und Plänen

Th. Weber / R. Wenning (Hrsg.)
Petra
Antike Felsstadt zwischen arabischer Tradition und griechischer Norm
IV, 172 Seiten mit 131 Farb- und 107 Schwarzweißabb.

Gernot Wilhelm (Hrsg.)
Zwischen Tigris und Nil
100 Jahre Ausgrabungen der Deutschen Orientgesellschaft in Vorderasien und Ägypten
IV, 144 Seiten mit 144 Farb- und 88 Schwarzweißabb.

Zaberns Bildbände zur Archäologie
Sonderhefte der ANTIKEN WELT

Reihenübersicht

VOR- UND FRÜHGESCHICHTE

Mette Moltesen / Cornelia Weber-Lehmann
Etruskische Grabmalerei
Faksimiles und Aquarelle
2. Aufl., 100 Seiten mit 132 Farb- und 23 Schwarzweißabb.

Museum für Vor- und Frühgeschichte Berlin (Hrsg.)
Merowingerzeit
Die Altertümer im Museum für Vor- und Frühgeschichte
116 Seiten mit 111 Farb- und 29 Schwarzweißabb., 2 Karten

GRIECHENLAND

Angelika Dierichs
Erotik in der Kunst Griechenlands
2. Aufl., 136 Seiten mit 104 Farb- und 157 Schwarzweißabb.

K. Knoll / H. Protzmann / I. und M. Raumschüssel
Die Antiken im Albertinum
Staatliche Kunstsammlungen Dresden – Skulpturensammlung
109 Seiten mit 89 Farb- und 10 Schwarzweißabb.

Michael Siebler
Troia
Geschichte – Grabungen – Kontroversen
Vergriffen

Renate Tölle-Kastenbein
Das archaische Wasserleitungsnetz für Athen
IV, 120 Seiten mit 177 Abb., 9 Pläne

ROM UND SEINE PROVINZEN

Angelika Dierichs
Erotik in der Römischen Kunst
144 Seiten mit 123 Farb- und 65 Schwarzweißabb.

Arnold Esch
Römische Straßen in ihrer Landschaft
Das Nachleben antiker Straßen um Rom mit Hinweisen zur Begehung im Gelände
VI, 161 Seiten mit 199 Farb- und 47 Schwarzweißabb.

Josef Fink (†) / Beatrix Asamer
Die römischen Katakomben
2. Aufl., IV, 82 Seiten mit 64 Farb- und 45 Schwarzweißabb.

Marcus Junkelmann
Reiter wie Statuen aus Erz
Römische Paraderüstungen
IV, 128 Seiten mit 140 Farb- und 72 Schwarzweißabb.

Erwin M. Ruprechtsberger
Die Garamanten
Geschichte und Kultur eines libyschen Volkes in der Sahara
2. Aufl., 88 Seiten mit 46 Farb- und 80 Schwarzweißabb.

Die Saalburg (Hrsg.)
Traian in Germanien – Traian im Reich
In Vorbereitung

Egon Schallmayer (Hrsg.)
Hundert Jahre Saalburg
Vom römischen Grenzposten zum europäischen Museum
IV, 196 Seiten mit 58 Farb- und 167 Schwarzweißabb.

Jakob Seibert
Hannibal
Feldherr und Staatsmann
IV, 77 Seiten mit 59 Farb- und 106 Schwarzweißabb.

Aus unserer neuen Reihe »ORBIS PROVINCIARUM«:

Band 1
Tilmann Bechert
Die Provinzen des Römischen Reiches
Einführung und Überblick
Ca. 190 Seiten mit 200 Abb.
In Vorbereitung

Band 2
Margot Klee
Germania Superior
Eine römische Provinz im Wandel der Zeit
In Vorbereitung

KULTURGESCHICHTE

Deutsche Gesellschaft zur Förderung der Unterwasserarchäologie e.V. (Hrsg.)
In Poseidons Reich
Archäologie unter Wasser
IV, 104 Seiten mit 86 Farb- und 80 Schwarzweißabb., Karten und Plänen

Alessandra R. Giumlia-Mair / Paul T. Craddock
Das schwarze Gold der Alchimisten – Corinthium Aes
Vergriffen

Klaus Grewe
Licht am Ende des Tunnels
Planung und Trassierung im antiken Tunnelbau
IV, 218 Seiten mit 149 Farb- und 152 Schwarzweißabb.

Emmerich Paszthory
Salben, Schminken und Parfüme im Altertum
Vergriffen

Marcus Junkelmann
»Vierzig Jahrhunderte blicken auf euch herab!«
Napoleon in Ägypten 1798–1799
In Vorbereitung

Karl-Wilhelm Weeber
Panem et Circenses
Massenunterhaltung als Politik im alten Rom
176 Seiten mit 48 Farb- und 157 Schwarzweißabb., Karten und Plänen

Rotraud Wisskirchen
Die Mosaiken der Kirche Santa Prassede in Rom
Vergriffen

Übersichtskarte mit antiken
Tunnelbauten in Europa,
Nordafrika und Kleinasien

- Eine Auswahl -